紫薇新品种创制与栽培技术研究

New Variety Creation and Cultivation Techniques of Lagerstroemia

王晓明 陈明皋 潘会堂 曾慧杰 何才生 等 著

中国林业出版社

·北京·

致谢：

　　本书由国家重点研究计划项目"花卉高效育种技术与品种创制（2019YFD1001000）"资助。

图书在版编目（ＣＩＰ）数据

紫薇新品种创制与栽培技术研究 / 王晓明等著．--
北京：中国林业出版社，2022.11
ISBN 978-7-5219-1916-5

Ⅰ．①紫… Ⅱ．①王… Ⅲ．①紫薇－品种－研究②紫
薇－栽培技术－研究 Ⅳ．① S685.99

中国版本图书馆 CIP 数据核字（2022）第 186253 号

策划编辑：李　顺
责任编辑：李　顺　王思源　薛瑞琦
封面设计：*视美藝術設計*

出版：中国林业出版社
　　　（100009，北京市西城区刘海胡同 7 号，电话 83223120）
电子邮箱：cfphzbs@163.com
网址：www.forestry.gov.cn/lycb.html
印刷：北京博海升彩色印刷有限公司
版次：2022 年 11 月第 1 版
印次：2022 年 11 月第 1 次
开本：787mm×1092mm　1/16
印张：25.75
字数：410 千字
定价：288.00 元

《紫薇新品种创制与栽培技术研究》
编著委员会

主 任

王晓明　陈明皋

副主任

潘会堂　曾慧杰　何才生　李永欣

蔡　能　乔中全　王湘莹　陈　艺

委员（按姓氏笔画排序）

马英姿　王晓明　王湘莹　王　甜　乔中全　陈明皋　陈　艺

陈卓梅　陈亮明　何才生　何　钢　李永欣　李茂娟　李　亚

许　欢　邵雯雯　杨彦伶　罗雪梦　周　围　胡　杏　唐　丽

黄小珍　黄菲颖　黄兰清　曹　野　曾慧杰　焦　垚　蔡　能

蔡　明　廖　科　潘会堂　魏溧姣

序

紫薇是中国的传统名花，栽培历史悠久，是夏季最重要的木本观花植物之一。紫薇适应性强，花期长，花色丰富艳丽，观赏价值高，文化底蕴深厚，深受人们的喜爱。紫薇的应用形式广泛，可孤植、丛植，也可做花带、花海，或造型成花瓶、花柱、花廊等，一些品种还可用于盆花生产，在园林花木产业中具有重要的地位。紫薇在我国园林应用范围广，北至北京，南至海南，西达陕西西安、四川灌县，东至山东青岛、上海，是我国21个城市的市花。

全世界紫薇属植物至少有53种，中国原产19种，主要分布于长江流域及以南地区，在我国栽培较多的引进种有3个。紫薇是紫薇属中抗寒性最强、分布区最广的种，也是我国栽培应用最广泛的种类，中国是其自然分布的中心。我国的紫薇研究起步较晚，缺乏具有较高商业价值的优良品种。近些年，在国家各级部门的重视和支持下，在我国紫薇科技工作者的努力下，紫薇育种和栽培技术研究成绩斐然，培育出一批具有我国自主知识产权的紫薇新品种，在紫薇轻简栽培技术开发等方面取得很大进展，紫薇苗木产业蓬勃发展。

湖南省林业科学院、北京林业大学、江苏省中国科学院植物研究所、湖北省林业科学研究院、浙江省林业科学研究院、湖南省郴州市林业科学研究所等单位在紫薇育种和栽培技术开发方面做了大量的工作，取得一系列科研成果。基于此，湖南省林业科学院王晓明研究员牵头组织相关专家和学者著成《紫薇新品种创制与栽培技术研究》一书，总结了紫薇育种和栽培技术研发方面的研究成果。我有幸最先读到这本书，深感欣慰。

本书内容全面反映了我国紫薇研究的现状，介绍了在紫薇育种技术、重要性状遗传规律、结实性、繁殖技术、遗传转化、配方施肥、容器育苗及紫薇在矿区废弃地生态修复中的作用等方面的研究进展，并介绍了近期培育的紫薇新品种，全面展示了紫薇研究的最新成就。本书内容翔实，图文并茂，具有前瞻性、创新性和实用性，是紫薇科学研究和从业人员难得的一本参考书，对推动我国紫薇研究和产业发展具有重要作用，意义深远。

值此该书出版之际，我特向著者及其研究团队的卓越工作成效致敬，并对该书的出版表示热烈祝贺！期待我国的紫薇研究更上一层楼！

北京林业大学教授
国家花卉工程技术研究中心主任
国家花卉产业技术创新战略联盟理事长
中国园艺学会观赏园艺专业委员会主任委员
2022年8月30日

前　言

　　紫薇（*Lagerstroemia indica* L.），别名"百日红""痒痒树""满堂红"等，属于千屈菜科紫薇属，落叶小乔木或灌木。大量文献记载，全世界紫薇属植物至少有53种，但国际植物名称检索表报道有近80种，主要分布在亚洲东部、东南部、南部和澳大利亚的北部，中国有紫薇属植物24种，其中19种原产于中国。紫薇在我国分布范围较广，主要分布长江流域及以南地区，华北地区和黄河以南也有种植。紫薇是贵州贵阳、湖南郴州、河南安阳和信阳、山东泰安、湖北襄阳、山西晋城、江苏徐州、陕西咸阳等21个城市的市花。紫薇是我国花木的主要特色产品和品牌，在我国花木产业中占据很重要的地位。

　　紫薇是我国夏季少花时节的主要观花树种，花期长达3个月，花色美丽丰富，适应性强，在园林中有极高的观赏价值和应用价值。紫薇抗污染能力强，对二氧化硫、氟化氢及氯气的抗性强，能吸入有害气体，又能吸滞粉尘，具有良好的净化空气的功能。紫薇还具有药用功能，李时珍《本草纲目》记载，其皮、木、花有活血通经、止痛、消肿、解毒的功能。紫薇树形优美，花色艳丽，花期长，观赏价值高，园林应用广泛，既可作桩景、盆景、孤植、群植以及行道树，又可用于高速公路等绿化及防沙、护坡，也是营造花境的优良树种。

　　中国是紫薇的原产地，已有1500余年的栽培历史。紫薇的文字记载始见东晋时期王嘉的《拾遗记》。唐代逐渐兴起栽种紫薇热，紫薇在唐代和宋代以后也很受重视。明清时期紫薇的栽培品种与种植方式进一步发展。明代王世懋在《学圃杂疏》中记载紫薇有红、紫、淡红、白四种。清代紫薇栽培已遍及黄河流域以南地区，是江南庭园建设的必选花木。目前我国仍保存大量的紫薇古树，在湖南省城步苗族自治县儒林镇栗坪村现有一株国内罕见的川黔紫薇巨树，胸径2.3m，树高38m，树冠投影面积393m²，树龄约1200年，堪称"紫薇王"。

　　紫薇是我国的传统名花，文化底蕴深厚。传说紫薇花是紫薇星的化身，象征着平安祥和。紫薇花为"官样花"，寓意尊贵与富贵。紫薇花期长达百日，象征幸福长久，朋友情深义重。紫薇花开满堂红，象征友谊与爱情。紫薇花又称"吉祥幸福花"，象征着紫气东来，寓意吉祥。紫薇自古深受人们喜爱，古代无数的文人墨客创作了许多歌咏紫薇的佳作，白居易、杜牧、欧阳修和陆游等都有紫薇的赞美之作。最著名的是南宋杨万里的《紫薇花》："似痴如醉弱还佳，露压风欺分外斜。谁道花无红百日，紫薇长放半年花。"紫薇也有了"百日红"的美名。

　　我国紫薇种质资源多，育种材料丰富，种植和应用历史久远，但紫薇育种和栽培技术研究起步较晚，具有较高商业价值和育种价值的品种较少，具有特异花型、株型、花香、高抗病、高抗寒的优良新品种较缺乏。近些年，我国紫薇科技工作者潜心研究，攻坚克难，在紫薇育种和栽培技术领域取得一批卓有成效的科技成果，培育一大批紫薇新品种，已有137个紫薇品种获得国家植物新品种授权（截至2022年6月底），在紫薇繁育和栽培关键技术研究领域取得较大突破，引领紫薇产业发展。为此，湖南省林业科学院紫薇研究团队王晓明研究员牵头，组织了北京林业大学、江苏省中国科学院植物研究所、湖北省林业科学研究院、浙江省林业科学研究院、湖南省郴州市林业科学研究所等相关专家和学者编著了《紫薇新品种创制与栽培技术研究》一书，提炼和总结了近些年在紫薇新品种创制和栽培技术研究方面取得的阶段性研究成果。全书共分5个部分，综述了国内外紫薇新品种创制与栽培技术研究现状，介绍了近些年培育出的紫薇新品种，详细论述了紫薇新品种创制、繁殖和栽培技术的研究成果。全书共有14章，包括紫薇新品种创制与栽培技术研究概述、紫薇新品种选育研究、大花紫薇与紫薇杂交后代重要观赏性状遗传分析、紫薇和川黔紫薇远缘杂交亲和性研究、结实紫薇与不结实紫薇生物学特性比较研究、紫薇花器官发育相关基因研究、紫薇叶色变化规律及遗传转化体系的构建、紫薇扦插和嫁接技术研究、紫薇组织培养及内源激素含量变化研究、修剪和植物生长调节剂及叶面肥对紫薇花期和生理特性影响研究、配方施肥对紫薇容器苗生长和开花及生理的影响研究、基质和容器对紫薇容器苗生长及生理的影响研究、紫薇在铅锌矿废弃地生态修复中的关键技术研究。希望能为紫薇科技人员、企业及花农等相关人员提供有益的参考，推动紫薇新品种及栽培新技术推广应用，促进紫薇产业可持续健康发展。

　　本书的研究内容得到了科技部、国家林业和草原局、湖南省科技厅、湖南省林业局、长沙市科技局等单位的项目资助，在此表示诚挚的感谢！

　　鉴于著者的水平和时间有限，书中错误在所难免，敬请读者批评指正。

著者

2022年8月26日

目　录

第1部分

概　述

第1章 紫薇新品种创制与栽培技术研究概述

1.1 紫薇新品种创制研究概述

全世界紫薇属（*Lagerstroemia*）植物至少有53种，主要分布在亚洲东部、东南部、南部和澳大利亚的北部，中国有24种，其中19种原产于中国。美国虽不是紫薇的原产国，却是世界上紫薇育种最成功的国家。美国从亚洲引种紫薇种后，采取杂交育种与选择育种相结合、诱变育种辅以选择育种的手段，在抗病性、株型、花色、叶色等方面培育了一大批优良品种。国内紫薇属育种虽然起步较晚，但近年来也通过选择育种、杂交育种等手段培育出了大量新品种。

1.1.1 杂交育种

1.1.1.1 抗性育种

紫薇抗白粉病的能力差，对紫薇抗性育种贡献最大的是美国国家植物园的Egolf。1962年开始，Egolf利用紫薇（*L. indica*）种间杂交培育出'Catawba''Cherokee'等6个耐白粉病的品种，但是育成品种只对白粉病有一定的耐受性，抗病效果并不明显（王金凤 等，2013；陈卓梅 等，2018）。后来，从日本引入对白粉病具有很强抗性的屋久岛紫薇（*L. fauriei*），Egolf将紫薇与屋久岛紫薇杂交培育出20多个对白粉病抗性较强的紫薇品种，其中'Tuscarora'等4个品种抗褐斑病能力也较强（王金凤 等，2013；陈卓梅 等，2018）。

2005年开始，美国佐治亚大学研究基金会的Dirr也通过紫薇与屋久岛紫薇的杂交培育出了一系列更抗病且花色艳丽、株形紧凑的品种——'Gamad Ⅰ'~'Gamad Ⅸ'（王金凤 等，2013）；Plant Introductions公司从这些品种的后代中选育出了抗病性强的'PIILAG Ⅰ'~'PIILAG Ⅲ'（王金凤 等，2013；陈卓梅 等，2018）。

同紫薇相比，福建紫薇（*L. limii*）、南紫薇（*L. subcostata*）以及川黔紫薇（*L. excelsa*）在抗白粉病特性上均具有明显的优势，且紫薇与福建紫薇、南紫薇有天然杂交种存在（王献，2004）。特别是福建紫薇、紫薇和屋久岛紫薇三者的人工杂交品种已于1996年被Egolf培育成功，名为'Arapaho''Cheyenne'，具有极强的抗白粉病特性，是紫薇抗病育种的新突破（王金凤 等，2013）。

1.1.1.2 株型育种

美国在培育抗病紫薇的同时，还以直立性、矮化等为其育种目标。Egolf通过杂交选育出了半矮生的品种'Caddo''Tonto'；Katsuo通过紫薇种内杂交选育出了花紫红色的'Purple Queen'、花白色的'White Fairy'、花粉紫色带白边的'Summer Dream'、花亮红紫色的'Summer Flash'和'Summer Venus'等一系列分枝多、花量大的矮生紫薇品种（王金凤 等，2013）。

Pooler 等（1999）选育出了'Pocomoke'和'Chickasaw'2个矮生品种。2003年，Fleming和Zwetzig通过紫薇种内杂交还获得了耐寒矮化紫薇品种——'Violet Filli''Coral Filli''Red Filli'，这3个品种植株矮小、分枝多、花量大，且极为抗寒，冬季温度低至−34.4℃仍能存活（陈卓梅 等，2018）。

Carroll用紫薇和屋久岛紫薇的杂交种'Tuskegee'与紫薇进行回交，得到了株型直立、冠型更圆、生长迅速、花深红色的杂交品种'Trured'（王金凤 等，2013）。潘会堂等用屋久岛紫薇和紫薇品种'Pocomoke'的杂交后代进行回交，选育出我国第一个株型低矮、自然呈球形、开花艳丽的紫薇品种'粉精灵'（品种权号：20180180），可作盆栽观赏和园林地被植物。

1.1.1.3 叶色育种

紫薇叶片多为绿色，虽然Whitcomb诱变选育的'Whit Ⅲ''Whit Ⅵ''Whit Ⅷ'新叶为紫色，但随着叶片成熟度增加和夏季的到来，其紫色退去。2003年，密西西比州立大学的Knight和McLaurin利用紫薇与屋久岛紫薇的杂交种'Sarah's Favorite'做母本，'Whit Ⅳ'做父本，杂交培育出第一个真正的彩叶品种——'Chocolate Mocha'，其叶片在整个生长季节均为褐紫色；2014年，Kardos从'PIILAG-Ⅴ'（母本）和'PIILAG-Ⅵ'（父本）杂交后代中选育出'PIILAG-Ⅸ'，同样具有深栗紫色的叶片和红色的花（陈卓梅 等，2018）。

Pounders等（2013）以'Chocolate Mocha'为父本，与'Whit Ⅶ''Arapaho''Whit Ⅰ''Whit Ⅷ'等品种杂交得到花色为红色或白色、叶片为黑紫色的'Ebony Embers''Ebony Fire''Ebony Flame''Ebony Glow'和'Ebony and Ivory'。

江苏省中国科学院植物研究所通过紫花绿叶品种'繁花似锦'和粉花金叶品种'金幌'杂交，筛选出幼叶紫红色（63B）、成熟叶黄色（5A）且叶色均一的新品种'紫金'（品种权号：20180035）。

1.1.1.4 花色育种

花色上，1996年Donald Egolf推出的紫薇、屋久岛紫薇和福建紫薇3个物种的杂交品种'Arapaho'和'Cheyenne'，均为花色红艳的品种（王金凤 等，2013）。美国Plant Introductions公司Helvick等从'PIILAG Ⅲ'בWHIT Ⅳ'的杂交后代中选育出'PIILAG Ⅶ'，为鲜红花色品种（陈卓梅 等，2018）。

北京林业大学张启翔等从紫薇'Dallas Red'和'Velma's Royal Delight'杂交后代中选育出'火焰'（花深红色，RHS 53B）、'眷恋'（花红色，RHS 54A）、'娇篮'（花红色，RHS 53D）、'灵梦'（花为红白复色）4个品种（品种权号：20180041、20180042、20180043、20180044）。湖南省林业科学院王晓明等以'Pink Velour'为父本和母本'Dynamite'进行杂交，获得了新叶浅紫红色、花深红色的新品种'晓明1号'（品种权号：20160170）。

1.1.1.5 花香育种

蔡明等以紫薇作母本与花芳香的尾叶紫薇（L. caudata）进行种间杂交试验，以期获得芳香型紫薇品种，但各正交组合的亲和性有明显差异，存在受精前障碍，而反交组合亲和性较好，不存在受精前障碍；并从反交组合（紫薇品种'俏佳人'为父本）杂交后代中选育出花味芳香的白色花品种'御汤香妃'，获得新品种权；还以紫薇和尾叶紫薇分别与散沫花属（Lawsonia）的散沫花（Lawsonia inermis）进行远缘杂交，仅得到了少量果实，其种子发育正常，推测该组合除了存在受精前隔离外，亦有可能存在一定程度的受精后隔离，但杂交后代的种子是否能萌发，子代是否可育等有待进一步观测（王金凤 等，2013）。

1.1.1.6 其他目标

Pounders 等（2007）用大花紫薇（*L. speciosa*）与紫薇进行种间杂交，得到了性状介于两亲本间的杂种实生苗，但是只有树高和树冠宽具备杂交种的特征，花色及花的大小并未表现出变异。张启翔等通过大花紫薇和紫薇杂交选育出'风华绝代'（品种权号：20160113），具有花大、株型开展和不结实等特点。

潘会堂等通过屋久岛紫薇和紫薇杂交获得紫红色花的'千层绯雪'和枝条平展或下垂的'紫嫣'2个新品种（品种权号：20160114和20160115）。Ju等（2019）发现紫薇与大花紫薇的杂交后代回交时存在不亲和，其杂交障碍发生在授粉后，可作为母本通过胚挽救的方法产生后代。

1.1.2 诱变育种

紫薇诱变育种主要有化学诱变和物理诱变两种方法。

1.1.2.1 化学诱变

紫薇化学诱变育种主要是使用EMS（甲基磺酸乙酯）进行诱变获得颜色不同的品种和使用秋水仙素进行诱变获得花大的多倍体品种。

1998年，美国的Whitcomb用EMS对紫薇种子进行诱变，获得了颜色鲜红、复色花及可持续开花等8个各具特色的优良紫薇品种（'WHITⅠ'~'WHITⅧ'），并先后获得美国专利（王金凤 等，2013；陈卓梅 等，2018）。其中，'WHITⅠ'花色红艳，花瓣有一圈白边，可耐−20~−25℃的低温。'WHITⅡ'和'WHITⅣ'是现有紫薇中花色最红的品种；'WHITⅡ'花瓣正红色，边缘偶尔有白边；'WHITⅣ'新叶及花蕾颜色更为深红，花瓣红色，花量更密集。'WHITⅢ'和'WHITⅤ'为小灌木型品种，前者新叶深酒红色，花瓣紫红色；后者株型更紧凑，花瓣红色，边缘偶尔出现白边。'WHITⅥ'白色花，种子半不育。'WHITⅦ'生长较慢，新叶深灰紫色，花色暗红。'WHITⅧ'新叶深紫色，花瓣为粉红色，大多数花不育。伍汉斌等（2017）用EMS处理南紫薇种子发现，随着处理浓度的增加，种子发芽率呈下降趋势；低浓度促进幼苗地径和株高的生长，高浓度抑制幼苗地径和株高的生长；叶片数和叶片面积都随着EMS浓度的增加先增大后减小。刘继虎等（2018）用NaN₃溶液处理南紫薇种子，综合考虑发芽率和苗高，最佳诱变浓度为20mmol·L⁻¹。

为了达到延长花期、增加花茎提高观赏性并提高抗寒性的目的，育种者通常通过诱变育种的方法获得多倍体。中国研究者在用秋水仙素进行紫薇多倍体诱导方面进行了许多研究。童俊、宋平等通过秋水仙素处理种子、幼苗生长点、愈伤组织、无菌苗茎段等部位，发现多倍体植株株高、冠幅存在增高增大（穆红梅，2011）和减小（Ye et al.，2010；宋新红，2012）两种情况，而叶片长和宽、叶片厚度较对照显著增加（穆红梅，2011），叶色较深、叶片较粗糙（Wang et al.，2012）；花径、花瓣长、花瓣基部爪长均较二倍体增加，单朵花观赏价值大大提高，但花序长和花朵数反而减少（宋新红，2012）；气孔及保卫细胞明显增大，气孔密度减小（宋平，2009）；其抗白粉病能力以及抗虫害的能力均较二倍体有所提高（Ye et al.，2010）。Zhang 等（2010）发现保卫细胞中叶绿体的数量是区分不同倍性水平植株的稳定可靠的标志。陈磊（2011）发现旺盛的生长势和叶片变圆（叶形指数变小）是倍性增加的重要指标，可以通过肉眼观测对诱导处理后的苗进行初步筛选。王晓娇（2013）发现除草剂 Oryzalin（安磺灵）对紫薇无菌苗丛芽伤害比秋水仙素要小。

尽管中国在化学诱变育种上进行了许多研究，但真正形成的新品种不多，其中，山东农业大学丰震等诱导的四倍体'四海升平'已经获得植物新品种授权（品种权号：20130114），湖南省林业科学院用秋水仙素处理'Ebony Flame'种子获得了'紫佳人'和'红宝石'2个花色紫红色的新品种并获授权。

1.1.2.2 物理诱变

紫薇物理诱变主要集中在辐射育种，其研究也多集中在辐射剂量、种子活力和幼苗的长势上。原蒙蒙（2015）用 $^{60}Co-\gamma$ 射线辐射紫薇种子，极显著抑制了种子的发芽势、活力指数和胚根长度，延迟了种子萌发高峰的出现时间，降低了幼苗的株高、成活率，抑制了幼苗真叶的展露。秦萌（2013）的研究发现，$^{60}Co-\gamma$ 射线辐射紫薇种子，不同剂量的辐射在幼苗生长前期均起抑制作用；一定范围内随剂量的增加抑制作用增强；但随着时间的推移，小剂量的辐射抑制作用减轻。聂硕（2016）用 $^{60}Co-\gamma$ 辐射'金4号''四海升平'等紫薇种子，发现辐射对长雄蕊瓣化现象具有一定的促进作用。郑绍宇（2018）的研究表明，$^{60}Co-\gamma$ 辐射对紫薇种子的萌发和生长具有不同程度的促进或抑制作用，不同品种间存在差异。张斌等（2010）用N离子束注入紫薇种子，发现离子注入能提高紫薇的光能利用效率，促进紫薇幼苗产生更多的叶绿素a，提高潜在光合能力和耐荫性。

物理诱变育种还停留在研究上，真正育成的品种不多。山东农业大学聂硕等（2016）从'六月飞雪'种子辐射后代中得到对白粉病有极强抗性的抗病1号、抗病2号。湖南省林业科学院从'Ebony Embers''Ebony Flame'种子 $^{60}Co-\gamma$ 射线辐射后代中筛选出'紫琦''紫翠''红精灵'3个品种，其中2个已获植物新品种授权。

1.1.3 选择育种

紫薇选择育种主要体现在叶色、花色和株型等方面。Plant Introductions 公司的 Kardos、Helvick 等从'Chocolate Mocha'自然杂交后代中选育出叶片为栗紫色的'PIILAG-Ⅳ''PIILAG-Ⅴ''PILLAG-Ⅷ'；Berry 从'Ebony'系列等紫薇的自然杂交后代中选育出'11LI''1LI''18LI''CS2012-12'，这4个紫薇品种与前述的5个'Ebony'系列紫薇品种被称为'黑钻石'系列紫薇，已被商业化生产（陈卓梅 等，2018）。

2004年，河南遂平名品花木园林有限公司王华明从紫薇实生播种苗后代中选育出一株小枝上部叶片为鲜红色或暗红色、耐受性强的彩叶紫薇'红云'紫薇（品种权号：20120039）。江苏省中国科学院植物研究所从'粉晶'紫薇上发现一个叶色金黄色的芽变，通过无性繁殖选育出成熟叶金黄色（RHS 9A）的'金幌'紫薇（品种权号：20140105）。邱国金等从紫薇实生苗中自然变异芽的无性繁殖苗中选育出新品种'仑山

1 号'（品种权号：20180071），其春季嫩叶红色，6 月下旬后枝条下部叶片转变为墨绿色，上部叶片暗红色，花深粉色。

美国 Plant Introductions 公司 Dirr 和 Kardos 从 'PIILAG-Ⅲ' 的自然杂交后代中选育出花深红色的 'PIILAG-Ⅵ'（陈卓梅 等，2018）。湖北省林业科学研究院杨彦伶等用 'Victor' 自然杂交种子开展实生选育工作，最终获得花色鲜红、着花密度大的灌木紫薇新品种 '赤霞'（品种权号：20120041）。Kardos、王晓明等从紫薇中发现并选育出了花为紫色的 'Purple Magic' '紫精灵'，弥补了紫薇缺乏深紫色花品种的空白（陈卓梅 等，2018）。

华南农业大学奚如春等从紫薇自然杂交种子实生苗中选育出花茎达到 6~8cm 的大花品种 '紫婵'（品种权号：20190418）。北京林业大学潘会堂等选育出我国第一个株型低矮的垂枝紫薇品种 '玲珑'（品种权号：20180321），适宜作盆栽观赏。王晓明等也发现并选育出矮生紫薇 '玲珑红'（品种权号：20180382）。王晓明等还发现并选育出不结实的紫薇 '湘韵'（Wang et al.，2014）。江苏省中国科学院从屋久岛紫薇自然杂交后代中筛选出抗白粉病、耐热抗寒性强的 '屋久岛紫薇 1 号'（张凡 等，2018），其叶色和树干颜色随季节而变化，观赏性强。

1.1.4 分子育种

1.1.4.1 分子标记辅助育种

随着分子生物学的发展，利用分子标记开展植物遗传多样性、亲缘关系分析、遗传图谱构建等方面的研究已经成为植物研究中的重点和热点。王献等（王献，2004；顾翠花 等，2008）建立了紫薇品种和南紫薇的 AFLP（扩增片段长度多态性）反应体系，构建了紫薇品种的 AFLP 指纹图谱，筛选出了适合紫薇种质资源评价分析的 AFLP 核心引物，评价了紫薇群体的亲缘关系。Pounders 等（Pounders et al.，2007；Cai et al.，2010，2011；Wang et al.，2011；Liu et al.，2013）筛选出紫薇品种、尾叶紫薇、屋久岛紫薇及种间杂种的 SSR（简单重复序列）位点，用于鉴别品种（种）、进行遗传多样性、群体结构及亲缘关系分析。He 等（2014）首次利用双假测交构建了尾叶紫薇（母本）和紫薇（父本）杂交后代的基于 AFLP 和 SSR 标记的紫薇遗传连锁图谱，为分子标记辅助后代选择提供了基础信息。张恩亮等（2016）首次利用 EST-SSR（表达序列标签—简单重复序列）分子标记技术进行位点开发，获得 28 对具有多态性的引物。乔亚东等（2020）利用 SNP（单核苷酸多态性）分子标记技术对 85 份紫薇材料进行聚类分析，筛选出 21 个高质量的 SNP 标记。

Ye 等（2016）使用 SLAF-seq（特异性位点扩增片段测序）方法对屋久岛紫薇和紫薇的 F_1 种群进行了株高、间节长度等 6 种性状的表型分析，识别和验证与矮化性状相关的 SNP 标记；并利用主基因 + 多基因遗传分析研究了屋久岛紫薇和紫薇杂交 6 个世代的株高等 3 个性状的遗传力及基因效应，为紫薇理想株型的 QTL（数量性状基因座）定位和选育提供理论指导（Ye et al.，2017）。徐静静等（2010）使用 ISSR（简单重复序列间扩增）进行聚类分析的结果表明白色、紫色及粉色系的单株基本聚在一起。谢宪（2017）通过 AFLP 技术进行了紫薇杂交组合亲代和子代的聚类分析，表明紫薇紫色和红色单株能聚成一支，粉色单株比较分散。章寒等（2021）获得与花香物质合成相关基因序列和大量有效SSR标记，将为深入了解尾叶紫薇花香物质合成与代谢、分子标记辅助育种等研究奠定基础。

1.1.4.2 转基因育种

在通过转基因手段进行紫薇育种方面，成功案例甚少。

陈彦通过花粉管通道转化技术将小盐芥（*Thellungiella halophila*）总DNA导入紫薇后，经过初步的高盐筛选得到了耐盐转化幼苗（陈彦，2006）；后来用改良农杆菌介导的花序浸渍法和花粉管通道法将GFP（绿色荧光蛋白）基因转化紫薇，发现花粉管通道法的结实率比花序浸渍法的高，更适合于紫薇转基因新品种的培育，为培育紫薇新品种奠定基础（陈彦 等，2012）。王轲（2015）进行了农杆菌介导的紫薇 'Sarah favorite' 叶片GUS（β−葡萄糖苷酸酶）基因瞬时表达，摸索出合适的预培养时间、菌液浓度、侵染时间和共培养时间等条件，但是未获得转化植株。

总体来说，紫薇转基因育种工作开展较晚，也没有获得具有较大推广价值和育种价值的新品种。

1.2 紫薇繁殖和栽培技术研究概述

紫薇属于千屈菜科紫薇属，落叶小乔木或灌木。在我国分布范围较广，主要分布于长江流域及以南地区，华北地区和黄河以南也有种植。研究紫薇品种分类时，常将紫薇种类分为紫薇、银薇、赤薇、翠薇4个品系（张启翔，1991）。作为中国的传统名花，紫薇从古至今受到了人们的喜爱。紫薇在我国经过一千多年的栽培育种，衍生出了很多新品种，这些新品种大多是由野生种引入栽培，经过人工选育而来，如今通过各种新型的育种手段如远缘杂交、辐射育种及基因工程等，传统与现代技术结合，使紫薇品种愈加丰富（王敏 等，2008）；陈卓梅等（2018）从美国专利品种角度分析了我国紫薇育种的发展趋势。

1.2.1 紫薇繁殖技术研究

紫薇的繁殖方法多种多样，包括有性繁殖和无性繁殖。其中有性繁殖主要是播种繁殖，无性繁殖主要有扦插、嫁接、组培等；杨彦伶等（2012）制定了紫薇无性繁殖育苗技术规程。

1.2.1.1 紫薇种子繁殖研究

种子繁殖对于植物延续有着重要意义，种子繁殖可以选育出紫薇新品种，丰富紫薇种质资源，但种子繁殖过程易受季节和地方限制，且所需时间长，选育的新品种不能通过种子繁殖保持母本的优良特性。影响种子萌发的原因可分为种子自身因素和外部环境因素。种子自身因素主要有休眠状态下不萌发，有些种子需要经过低温春化作用才可萌发等；外部环境因素主要有温度、光照、水分、土壤等。赤霉素可以有效打破种子休眠，促进种子萌发，但不同植物种子对赤霉素的敏感程度有所区别；温度在种子萌发中也有着不可替代的作用，而盐浓度与种子的渗透性呈显著至极显著正相关。

关于紫薇属种子萌发的研究有众多报道。温艺超等（2010）详细论述了紫薇有关种子育苗的技术；贾永正等（2016）研究盐胁迫对紫薇种子萌发特性的影响，紫薇种子在 $0\sim50mmol\cdot L^{-1}$ 盐浓度范围内生长较好；种子的发芽率与盐浓度之间呈显著负相关，并且高浓度 NaCl 对紫薇种子的萌发和幼苗生长有明显的抑制作用（闻杰 等，2012）；温度是影响大花紫薇种子萌发的重要因素（许鸿源 等，2005），55℃恒温水浴 30min 的发芽率最高，40℃恒温水浴的发芽势最高（徐涛 等，2019）；南紫薇有光促萌发性，温度对光照有较强的补偿（顾翠花 等，2011）；GA_3、6-BA 和 NAA 能提高南紫薇种子的发芽率和发芽势（宋平 等，2009）；蒙真铖等（2014）发现 GA_3、TDZ、IAA 能有效促进毛萼紫薇种子的萌发及幼苗生长；肖杰等（2020）研究认为 NAA、IBA 和 GA_3 三种外源激素均可正向调控'红火箭'等紫薇的发芽率。

1.2.1.2 紫薇扦插技术研究

扦插繁殖可以保持紫薇的优良性状，维持紫薇独特的观赏特性，且技术简便，有利于提高苗木生产量（赵士洪，2019）；但有研究发现株型较低矮的矮生型和匍匐型紫薇的扦插成活率较低（刘晓 等，2017）。紫薇扦插技术常用硬枝扦插和嫩枝扦插，目前多利用不同外源激素和基质促进扦插育苗。朱志祥（2005）、李云龙等（2011）分别以福利埃氏紫薇、屋久岛紫薇为材料，研究了扦插过程中不同因子对紫薇扦插生根及生长的影响；宋满坡（2009）研究了不同浓度的生根剂对矮化紫薇扦插生根的影响；李永欣等（2012）研究了扦插基质、插穗木质化程度、植物生长调节剂种类及其浓度对'红叶'紫薇扦插生根的影响；乔中全等（2015）对不育紫薇'湘韵'扦插过程中内源激素含量变化进行分析表明：高浓度 IAA 有利于插穗根原基分化形成，低浓度的 ABA 有助于扦插生根；王栋等（2021）认为'红火球''红火箭'紫薇嫩枝扦插最适基质配比为泥炭：珍珠岩（1：2），'红叶'扦插选用泥炭：珍珠岩：炉渣（1：1：1）配比最为适宜，扦插生根处理激素以 ABT1 号生根粉 $100mg\cdot L^{-1}$ 处理 1h 在成活率等各方面表现最佳。

1.2.1.3 紫薇嫁接技术研究

紫薇嫁接主要用于野生树桩和实生繁殖培养的砧木嫁接优良新品种，嫁接时间分为春季和秋季，适宜的嫁接方法主要有三刀腹接和三刀切接，前者适宜秋季嫁接，后者适宜春季嫁接，嫁接成活率比普通切接提高 $10\%\sim15\%$。采用高接换冠技术，能充分利用原有的紫薇老品种快速培育出紫薇大规格优良新品种大苗，满足市场对大规格紫薇新品种的需求。嫁接当年即可形成良好树冠和当年开花的优势，能大大缩短大规格苗木的培育时间，快速达到绿化美化效果。张晨（2017）通过不同采穗时间、不同穗条处理、不同嫁接时间、不同嫁接方法对紫薇进行研究，得出不同试验因子均对紫薇高枝嫁接有不同程度的影响。

1.2.1.4 紫薇组织培养研究

植物组织培养属于植物的无性繁殖，通过植物组织培养出来的苗木依然可以保持母株原有的优良性状和遗传特征；且培养过程中管理方便，生长周期短，可在短时间内获得大量繁殖，满足生产的需求，极大地提高经济效益。

1. 植物组织培养的理论基础

植物组织培养，其原理依据为植物细胞的全能性。植物组织培养过程一般包括初代离体培养、继代增殖培养、生根培养和炼苗移栽等。植物外植体有三种分化途径，分别是腋芽萌发途径、间接器官发生途径和体细胞发生途径。间接器官发生途径通常会通过创造新的损伤来诱导愈伤组织发生，其中脱分化过程对促进新的组织和器官再生至关重要。植物组织培养应用广泛，涉及植物品种改良、种质资源储存及克隆繁殖等。

2. 紫薇组织培养国内外研究

国内关于紫薇组织培养的研究，最早的记录是黄钦才（1984）利用紫薇的腋芽作为外植体进行繁殖的实验；姜旭红等（2004）以嫩茎为外植体诱导日本紫薇丛生芽，确定了丛生芽增殖和壮苗生根所用的培养基；杨彦伶等（2005）以紫薇优良单株的幼茎为外植体，诱导丛生苗的产生并继而诱导其生根；此后的研究多以培养基添加的营养物和植物激素为主，如张秦英（2008）发现BA可提高不定苗的诱导率，并且认为2，4-D是叶片发生再生芽的必要因素；黄菲颖（2022）确定了'紫精灵'紫薇中部茎段为最适外植体，筛选出了适宜的初代、继代、生根、愈伤组织诱导和愈伤组织分化培养基。在国外研究方面，1986年Zhang与Davies以WPM为基本培养基培养紫薇茎段的结果表明，多氯苯甲酸（PBA）对腋芽增殖的影响最大；Niranjan等（2005）研究了紫薇体细胞胚的发生，并对其进行人工包衣制造人工种子；Sumana K R 等（2000）以根尖为外植体，转入到添加不同浓度生长素的改良MS培养基中，研究了生长素对生根的影响。

国内外紫薇组织培养的研究对后续紫薇组培体系的建立及遗传转化体系的研究提供了良好的理论基础和实践参考。可以看出，紫薇属的组培快繁研究已经相对成熟，不同品种的紫薇在初代萌芽、继代增殖及生根率上通过调节植物生长激素的种类和浓度都能取得较好的结果。但是现阶段紫薇属的组织培养依旧停留在利用紫薇各器官和组织来研究组培快繁阶段，相比之下在愈伤组织诱导及分化阶段的探索涉及不多或研究不深入，取得的成果较少。

（1）外植体选择

紫薇外植体一般选择量多且取材方便的茎尖、茎段及芽等，外植体的选择及取材的季节不同会影响紫薇初代培养的成活率和萌芽率。外植体如带芽茎段多取自优树，经过组织培养可以保留母株的优良特性（梁建 等，2021）；饶丹丹等（2020）选择带腋芽茎段作为'紫玉'紫薇的初代外植体；王闯等（2010）则选择矮生紫薇种子的胚芽作为外植体。外植体进行初代培养之前需要进行消毒灭菌处理，70%（或75%）酒精和0.1%$HgCl_2$溶液是最常用的灭菌搭配，根据外植体种类和幼嫩程度不同，其灭菌时间也会有所调整。

（2）初代培养

外植体在超净工作台经过消毒灭菌处理后，被接种到初代培养基上。紫薇的初代培养基根据品种或外植体种类不同而有所差别。最常用的基本培养基为DKW、1/2MS

和 MS。蔡能等（2017）研究'紫韵'紫薇时选择 DKW 培养基对茎段外植体进行初代诱导培养，萌芽较快。蔡明等（2007）用 1/2MS 培养基离体培养紫薇一年生嫩枝，萌芽率达到了 89.3%。初代培养的植物激素选择 6-BA 和 NAA 配合使用较多，且 6-BA 浓度一般大于 NAA 浓度。陈晓航等（2017）研究美国黑钻紫薇茎段的初代培养时选择 6-BA 1.5mg·L⁻¹ 和 NAA 0.1mg·L⁻¹ 时诱导芽效果最好。

（3）继代增殖

外植体初代培养一段时间后，为防止因培养基中的养分消耗造成组培苗营养不良及代谢物积累过多等问题，需要及时转移到新鲜的继代培养基上。继代培养基一般与初代培养基不同或根据组培苗生长需要在初代培养基的基础上进行改进。不同品种的紫薇在增殖培养基的选择上会有差异，特别是细胞分裂素和生长素的种类及浓度。目前紫薇的继代增殖培养多取得了较好的结果，如范淑芳等（2017）研究黑叶紫薇增殖培养时其增殖芽数高达 18.8 个；朱建峰（2010）研究激素对紫薇不定芽的增殖发现 6-BA 促进作用最佳，与 NAA 配合使用效果更好。

（4）生根培养

紫薇生根培养最常用的基本培养基为 1/2MS 和 1/2DKW，生长素对生根有促进作用，常用的生长素有 IBA 和 NAA；而细胞分裂素的浓度一般小于生长素，或者不加。曹受金等（2010）用 1/2MS 作为基本培养基，NAA 浓度为 0.5mg·L⁻¹ 诱导丛生芽生根，生根率为 87.5%；蔡能等（2016）研究'晓明 1 号'紫薇生根诱导时，添加了浓度为 0.1mg·L⁻¹ 的 NAA，生根率达到了 100%。

（5）炼苗移栽

移栽时选择生长健壮、根系粗壮的紫薇组培苗进行炼苗和移栽。移栽之前需要开瓶炼苗，提高组培苗的适应性及光合作用的能力。移栽基质要杀菌消毒，避免组培苗因感染病菌生长不良。适合紫薇的移栽基质主要有泥炭、草炭、珍珠岩等，通常需要两种或三种按比例混合使用。黑叶紫薇的组培苗栽培到泥炭：珍珠岩（7：3）的移栽基质中成活率可达 100%（范淑芳 等，2017）。

（6）愈伤组织诱导和分化

植物组织培养再生是指利用植物离体器官或组织等诱导出愈伤组织再分化形成不定芽，培养成完整植物体的过程；建立有效的再生体系，是在组织培养水平上进行多倍体诱导的坚实基础。愈伤组织的诱导及不定芽的分化是建立紫薇高效遗传转化体系的重要技术和手段，可提供重要的材料和基础（陈满丽 等，2022）。

紫薇愈伤组织的诱导和分化需要添加不同配比的生长素和细胞分裂素，常用的生长素为 2，4-D 和 NAA，细胞分裂素则多为 6-BA。Niraiijan 等（2005）和 Rahman（2010）对紫薇的再生体系有初步研究，但建立的体系不够完善；王轲（2015）以紫薇品种'Sarah Favorite'和'粉晶'的未成熟胚为外植体进行愈伤组织诱导和分化再生，最佳诱导率为 80.6%、愈伤组织分化率为 51.8%，对云南紫薇和'Sarah Favorite'的子叶诱导愈伤组织最佳的诱导率分别为 87.5% 和 45.6%，但未成功分化出不定芽。陈红等（2018）用屋久岛紫薇的子叶作为诱导愈伤组织分化再生的外植体，添加 6-BA 和 IBA 进行诱导培养，愈伤组织分化率为 18.7%。

1.2.2 紫薇栽培技术研究

紫薇耐旱、耐瘠薄、不耐涝，紫薇喜阳不耐荫蔽，应选择向阳、土层较为深厚、肥沃疏松、透气排水良好的土壤栽植。紫薇的栽培特性主要有耐粗放管理、耐贫瘠、耐修剪等特点（黎榕，2016）。贾立新等（2009）对紫薇的修剪做出了研究，认为应当主要在休眠季进行修剪，在生长季节进行辅助修剪。王会宁等（2011）研究分析了紫薇的冻害原因和其他植物的抗冻机理，并制定了一套紫薇的过冬技术。

1.2.2.1 修剪技术

采用修剪、环割等栽培措施是传统的促进花蕾分化的调控技术，修剪后的植株其生长得到抑制，相对延缓了发育进程，从而延迟花期。延迟的日期根据植物种类、品种及修剪程度、修剪时段和外界环境的不同而不同，对当年生枝条上开花的花木，在其生长期内早修剪则早抽枝、早开花，晚修剪则晚开花。

早期学者研究了紫薇修剪对树体抗寒性的影响，夏末至初冬进行修剪降低了紫薇的耐寒性，建议对紫薇进行冬末或早春修剪；Coker等（2006）对多个紫薇品种每5年进行一次重度修剪，开花后每2周进行开花评价；北京地区紫薇剪除第一次开花的花穗可实现花期持续至国庆节前后（于方玲，2016）；通过修剪4/5当年生枝与施肥结合能实现厦门地区紫薇盛花天数显著增加，达到二次开花、花期延长的目的（詹福麟，2020）。还有学者研究紫薇一年多次花开的技术措施，如沙飞等（2020）证明紫薇在夏季采用轮次修剪处理后能够获得一年花开四度的最佳状态。合理的修剪不仅可以改良紫薇主干干形、增加主干生长，还能够抑制病虫害的大量发生；林春阳等（2014）应用冬剪与夏剪结合技术使速生紫薇、玫瑰红紫薇等品种的地径年生长量显著提高，同时发现速生紫薇对冬剪反应敏感，多花型紫薇对夏剪反应更敏感。

根据不同修剪强度又可将修剪方式分为轻度修剪、中度修剪、重度修剪。郭俊强等（2012）采用重度修剪为主的方式修剪紫薇，得出4cm极重短截对紫薇生长的影响效果最佳。张秀春（2000）对紫薇进行不同程度的修剪试验，修剪后紫薇的开花期产生明显变化，全部轻截和部分中截的植株有较好的观赏效果，全株重截对紫薇生长开花有不良影响。有学者在亚热带地区研究了修剪类型和修剪时间两种因素对紫薇开花行为的影响，结果表明2月份在距地面75cm处进行修剪表现出增加花量、延长花期的最好效果（Dihingia S, et al., 2016，2017）；罗雪梦（2022）认为不同修剪时期及修剪强度对'丹红'紫薇花期和生理特性有显著影响，7月、8月上旬修剪后花期结束时间延迟至10月上中旬，重度修剪后C/N值小幅度升高以延长'丹红'紫薇花期。

1.2.2.2 施肥技术

施肥可以改善植物营养状况，促进植株生长发育。施肥包括土壤施肥、叶面施肥及二氧化碳气态施肥等，施肥能够调整花卉植物体内各元素的平衡状态，促进花蕾的生长发育。段士凯（2020）总结了紫薇移植后苗木施肥复壮、入冬前基肥抗病抗寒、花后根外追肥、花蕾分化期多施用磷肥和钾肥等技术措施，确保花期和花质；Owings等（2000）在研究秋季施氮量和施钾量对观赏灌木的影响时发现，氮肥对紫薇生长性状的影响更为显著，钾肥则不明显；王昊等（2018）开发了复色紫薇专有的施肥模式：施肥方法和花期追肥配比是影响复色紫薇性状最主要的 2 个因素，能获得较好的促花增色效果。杨彦伶等（2014）研究施肥对 5 年生紫薇生长和开花特性的影响，总结出施肥对紫薇的生殖生长高于营养生长，即开花影响作用更明显；P 是影响幼龄紫薇营养生长及开花质量最主要因素，NP 和 NPK 处理对幼龄紫薇生长及开花具有明显促进作用。吴宇等（2020）以紫薇为研究对象，将草炭、珍珠岩、园林废弃物堆肥以不同配比混合组成 7 种基质配方，对不同配方基质理化性质和紫薇苗木的生长形态指标进行测定，得到试验的最优基质配比为泥炭 55%、珍珠岩 25%、园林废弃物堆肥 20%。罗雪梦（2022）研究发现不同氮、磷、钾叶面肥对'丹红'紫薇花期和碳氮含量有显著影响，均衡肥、高氮肥、高磷肥、高钾肥均对'丹红'紫薇总花期起延长作用，高磷肥对总花期延长效果最好。戴庆敏等（2007）采用 BA、GA$_3$ 处理盆栽矮紫薇发现，激素涂抹下，200mg·L^{-1} BA 及 1000mg·L^{-1} GA$_3$ 处理浓度下新芽萌发率最高，于盛花期观察发现激素处理后的矮紫薇花量显著增加。水培具有易管理、利生根、病虫害少、洁净卫生和成苗率更高等特点。水培紫薇营养液的不同配方以改良霍格兰配方 1/80 倍浓度，培养的紫薇叶片 SOD 和 CAT 活性最高，最适宜紫薇杆插苗生长（刘丹 等，2019）。

1.2.2.3 病虫害防控

紫薇开花时间长、抗污染能力强，但也有白粉病、绒蚧等病虫害。龙正权等（2011）对紫薇白粉病进行了详细调查研究。紫薇绒蚧是一种严重影响紫薇生长周期并且非常难以根治的虫害，张叶新（2011）提出了一套防治紫薇绒蚧的方案。林燕春等（2009）发现了一种新的虫害星天牛，该害虫是在江西萍乡地区紫薇中发现的。刘兴芝等（2011）研究了紫薇白粉病、褐斑病、霉污病、紫薇绒蚧、紫薇长斑蚜的表现症状、发生规律和防治方法。2012 年，姚力等详细论述了紫薇病虫害的种类以及防治方法。这些研究对紫薇病虫害防治起到了指导性的作用。

参考文献

蔡明，田苗，王敏，等，2007.紫薇离体再生体系建立的初步研究 [C].中国园艺学会观赏园艺专业委员会年会论文集：259-263.

蔡能，王晓明，李永欣，等，2016.紫薇优良品种'晓明 1 号'组培快繁体系的建立 [J].中国农学通报，32(1)：22-27.

蔡能，王晓明，李永欣，等，2017.'紫韵'紫薇组培快繁技术研究 [J].湖南林业科技，44(6)：16-20.

曹受金，刘辉华，田英翠，2010.紫薇的组织培养与快速繁殖 [J].北方园艺，(8)：149-151.

陈红，陆小清，王传永，等，2018.屋久岛紫薇子叶愈伤组织诱导及植株再生技术初探 [J].江苏林业科技，45(5)：14-16，20.

陈磊，2011.紫薇无性系建立及多倍体诱导技术研究 [D].天津：天津大学.

陈满丽，王鹏，吕芬妮，等，2022.紫薇腋芽高效遗传转化技术体系构建 [J].分子植物育种，20(4)：1191-1197.

陈晓航，2017.美国黑钻紫薇组培快繁体系的建立[D].南京：南京农业大学.

陈彦，2006.小盐芥总DNA导入紫薇的研究[D].南京：南京林业大学.

陈彦，孙宽莹，张涛，2012.通过改良农杆菌介导的floral-dip法和花粉管通道法转化紫薇[J].浙江大学学报(农业与生命科学版)，38(3)：250-255.

陈英，2009.浅谈如何使紫薇桩花开四度[J].科技信息，(11)：725.

陈卓梅，沈鸿明，张冬林，等，2018.从美国专利品种看中国紫薇育种发展趋势[J].浙江林业科技，38(1)：49-61.

戴庆敏，丰震，王长宪，等，2007.盆栽矮紫薇花期调节试验初报[J].北方园艺，(12)：114-116.

段士凯，2020.增加紫薇观赏性的养护技术要点[J].园艺技术，(4)：4-5.

范淑芳，简大为，刘斌，等，2017.黑叶紫薇组培快繁技术的研究[J].荆楚理工学院学报，32(4)：9-13.

顾翠花，王守先，张启翔，2008.我国紫薇属植物AFLP分子标记体系的优化[J].浙江林学院学报，25(3)：298-303.

顾翠花，王守先，2011.南紫薇种子萌发特性研究[J].种子，30(10)：33-36.

郭俊强，宋建伟，刘俊年，2012.不同修剪程度对紫薇新梢生长的影响[J].安徽农业科学，40(31)：15310-15311.

黄菲颖，2022.'紫精灵'紫薇组织培养及内源激素含量变化研究[D].长沙：中南林业科技大学.

黄钦才，1984.紫薇腋芽培养[J].植物生理学通讯，(3)：44.

贾立新，侣传杰，2009.紫薇的栽培管理技术[J].现代园艺，(8)：65.

贾永正，张子晗，喻方圆，等，2016.盐胁迫对紫薇种子萌发特性的影响[J].种子，35(10)：87-91，94.

姜旭红，宋刚，张虎，等，2004.日本紫薇的组织培养与快速繁殖[J].植物生理学通讯，(6)：707.

黎榕，2016.美国紫薇引种及扦插技术研究[D].南昌：江西农业大学.

李永欣，余格非，王晓明，等，2012.美国红叶紫薇扦插技术研究[J].湖南林业科技，(5)：112-114.

李云龙，李乃伟，陆小清，等，2011.屋久岛紫薇扦插育苗技术研究[J].江苏农业科学，(1)：220-221.

梁建，刘世晗，刘桢，等，2021.紫薇属植物组织培养技术研究进展[J].北方园艺，(23)：142-149.

林春阳，孙丽峥，樊留太，2014.修剪对紫薇主干生长的影响[J].河南林业科技，34(4)：19-22.

林燕春，章富忠，张迁西，2009.星天牛在紫薇上的发生为害观察及其防治技术研究[J].中国植保导刊，(1)：25-27.

刘丹，牛贺雨，彭梦嫂，等，2019.不同配方营养液对水培紫薇扦插苗生长的影响[J].贵州农业科学，47(3)：96-100.

刘继虎，孔思梦，伍汉斌，等，2018.NaN$_3$对南紫薇诱变剂量的确定[J].黑龙江八一农垦大学学报，30(3)：10-14.

刘晓，李卓，唐丽丹，等，2017.紫薇茎段离体培养体系的优化[J].河南农业科学，46(3)：112-117.

刘兴芝，王运忠，王红梅，2011.紫薇常见病虫害的发生与防治[J].现代农业科技，(6)：181-182.

龙正权，王先华，2011.不同栽培方式对紫薇白粉病的影响[J].林业实用技术，(1)：36-37.

罗雪梦，王晓明，曾慧杰，等，2021.修剪措施对紫叶紫薇花蕾中内源激素和碳氮营养含量的影响[J].西北植物学报，41(11)：1876-1883.

蒙真铖，丁琼，宋希强，等，2014.植物生长调节剂对毛萼紫薇种子萌发及幼苗生长的影响[J].热带作物学报，35(9)：1791-1794.

穆红梅，杨传秀，陆长民，等，2011.秋水仙素处理日本矮紫薇种子变异的初步研究[J].北方园艺，(17)：103-105.

聂硕，张林，王峰，等，2016.紫薇种子辐射变异和抗性初步研究[J].农学学报，6(5)：47-52.

乔东亚，王鹏，王淑安，等，2020.基于SNP标记的紫薇遗传多样性分析[J].南京林业大学学报(自然科学版)，44(4)：21-28.

乔中全，王晓明，曾慧杰，等，2015.不育紫薇'湘韵'扦插过程中内源激素含量变化[J].湖南林业科技，(1)：49-53.

秦萌，2013.紫薇花粉活力、贮藏方法及辐射剂量对种子萌发影响的研究[D].郑州：河南农业大学.

饶丹丹，王湘莹，蔡能，等，2020.紫叶紫薇良种组培快繁研究[J].中南林业科技大学学报，40(12)：75-82.

沙飞，杨海牛，刘芳，等，2020.轮次修剪对紫薇多轮开花的影响[J].北方园艺，(20)：77-82.

宋满坡，2009.不同浓度的ABT·GGR和NNA对矮化紫薇扦插生根的影响[J].安徽农业科学，(27)：13045-13046.

宋平，2009.紫薇再生体系的建立及多倍体诱导研究[D].北京：北京林业大学.

宋平，张启翔，潘会堂，等，2009.3种植物生长调节剂对南紫薇种子萌发的影响[J].种子，28(3)：58-60.

宋新红，2012.紫薇多倍体的诱导、鉴定及内多倍性[D].泰安：山东农业大学.

王闯，刘敏，刘殿红，等，2010.矮生紫薇的组织培养与再生技术研究[J].安徽农业科学，38(8)：3914-3915.

王栋，曹晓娟，2021.不同基质和激素及浓度对美国紫薇嫩枝微型扦插育苗的影响[J].陕西林业科技，49(3)：52-55.

王昊，刘博，蔡卫佳，2018.复色紫薇优化施肥模式研究[J].北方农业学报，46(6)：110-114.

王会宁，李荣林，2011.紫薇安全越冬防护技术[J].中国园艺文摘，27(11)：126-127.

王金凤，柳新红，陈卓梅，2013.紫薇属植物育种研究进展[J].园艺学报，40(9)：1795-1804.

王轲，2015.四种紫薇属植物快繁与再生体系的建立[D].北京：北京林业大学.

王敏，宋平，任翔翔，等，2008.紫薇资源与育种研究进展[J].山东林业科技，(2)：66-68.

王献，2004.我国紫薇种质资源及其亲缘关系的研究[D].北京：北京林业大学.

王晓娇，2013.紫薇同源四倍体的获得及组培快繁技术研究[D].北京：北京林业大学.

温艺超，林蜜，李海滨，2010.紫薇育苗技术研究报告[J].热带林业，38(3)：30-32.

闻杰，高志明，2012.NaCl胁迫对紫薇种子萌发和幼苗生长的影响[J].北方园艺，(2)：40-41.

吴宇，张蕾，邸东柳，等，2020.园林废弃物堆肥替代泥炭对紫薇容器育苗影响研究[J].林业与生态科学，35(1)：105-111.

伍汉斌，万志兵，刘继虎，2017.不同浓度EMS对紫薇幼苗的诱变效应[J].凯里学院学报，35(3)：88-91.

肖杰，薛欢，苑景淇，等，2020.外源激素对紫薇种子萌发的影响[J].浙江农业科学，61(6)：1119-1122.

谢宪，2017.紫薇杂交后代的花色AFLP及抗病分析[D].泰安：山东农业大学.

徐静静，王立新，郁建锋，2010.不同花色紫薇的ISSR分析[J].常熟理工学院学报，24(4)：13-17.

徐涛，王成志，张珂岩，等，2019.不同催芽方式对紫薇种子萌发的影响[J].现代园艺，(3)：17-19.

许鸿源，钟文勇，陈建丽，等，2005.几种因素对大花紫薇种子萌发的影响[J].种子，(9)：57-58，61.

杨彦伶，李振芳，李金柱，等，2014.施肥对紫薇生长开花特性的影响研究初报[J].湖北林业科技，43(1)：1-3+28.

杨彦伶，李振芳，张新叶，等，2013.紫薇新品种'赤霞'[J].林业科学，49(9)：186，189.

杨彦伶，涂光新，李振芳，等，2012.紫薇无性繁殖育苗技术规程[J].湖北林业科技，(1)：87-90.

杨彦伶，杨柳，张亚东，2005.紫薇组织培养技术[J].林业科技开发，19(2)：50-52.

于方玲，2016.北京地区紫薇的二次开花及养护技术[J].现代园艺，(24)：27.

原蒙蒙，2015.紫薇种间杂交及'粉娇容'种子辐射育种研究[D].郑州：河南农业大学.

詹福麟，2020.厦门地区紫薇二次成花调控技术研究[J].亚热带植物科学，49(3)：220-224.

张斌，李志辉，傅新文，等，2010.N^+注入对紫薇光合特性和叶绿素含量的影响[J].激光生物学报，19(3)：4.

张晨，2017.紫薇高枝嫁接繁殖技术研究[D].北京：北京林业大学.

张恩亮，王鹏，李亚，等，2016.紫薇EST-SSR标记的开发和利用[J].北方园艺，(22)：5.

张凡，王传永，陆小清，等，2018.紫薇新品种'屋久岛紫薇1号'[J].园艺学报，45(S2)：2825-2826.

张启翔，1991.紫薇品种及其在城市绿地中应用的研究[J].北京林业大学学报，13(4)：57-66.

张秦英，2008.紫薇离体培养再生体系的建立[C].中国观赏园艺研究进展：324-326.

张秀春，吕玉勇，2000.修剪和温度对紫薇花期的影响[J].江苏林业科技，(1)：70-72.

张叶新，2011.常州地区不同药物对防治紫薇绒蚧效果的研究[J].湖南农业科学，(14)：32-33.

章寒，吴宜静，张一鸣，等，2021.尾叶紫薇全长转录组测序及微卫星标记开发[J].江西农业大学学报，43(4)：919-930.

赵士洪，2019.紫薇栽培管理技术[J].西北园艺(综合)，(1)：20-21.

郑绍宇，徐梁，申星，等，2018.^{60}Co-γ辐射对不同紫薇品种种子萌发及幼苗生长的影响[J].浙江林业科技，38(1)：77-81.

朱建峰，2010.五种植物的组织培养及耐盐性研究[D].保定：河北农业大学.

朱志祥，蒋伟，刘燕，2005.福利埃氏紫薇扦插繁殖技术试验[J].江苏林业科技，(4)：28-30.

Cai M,Meng R,Pan H T,et al.,2010.Isolation and characterization of microsatellite markers from *Lagerstroemia caudata*(Lythraceae) and cross-amplification in other related species[J].Conservation Genetics Resources,2(s1):89-91.

Cai M,Pan H T,Wang X F,et al.,2011.Development of novel microsatellites in *Lagerstroemia indica* and DNA fingerprinting in Chinese *Lagerstroemia* cultivars[J]. Scientia Horticulturae,131:88-94.

Coker C,Anderson J M,Knight P R,et al,2006.Crapemyrtle evaluations in south Mississippi[J].HortScience,41(3):512-512.

Dihingia S,Saud B K,2016.Effect of type and time of pruning on flowering behaviour of Crape Myrtle(*Lagerstroemia indica* L.) in subtropical landscape[J].Research on Crops,17(4):829-833.

Dihingia S,Saud B K,2017.Effect of different pruning dates on growth and flowering of Crape Myrtle for beautification of landscape area(*Lagerstroemia indica* L.)[J].Indian Horticulture Journal,7(2):168-170.

He D,Liu Y,Cai M,et al.,2014.The first genetic linkage map of crape myrtle(*Lagerstroemia*) based on amplification fragment length polymorphisms and simple sequence repeats markers[J].Plant Breeding,133:138-144.

Ju Y Q,Hu X,Jiao Y,et al.,2019.Fertility analyses of interspecific hybrids between *Lagerstroemia indica* and *L.speciosa*[J].Czech Journal of Genetics and Plant Breeding,55(1):28-34.

Liu Y,He D,Cai M,et al.,2013.Development of microsatellite markers for *Lagerstroemia indica*(Lythraceae) and related species[J].Applications in Plant Sciences,1(2):1200203.

Naz S,Ali A,Siddique A,2008.Somatic embryogenesis and plantlet formation in different varieties of sugarcane(*Saccharum officinarum* L.) HSF-243 and HSF-245[J]. Journal of Aapos,24(4):593-598.

Niranjan M H,Sudarshana M S,2005.In vitro response of encapsulated somatic embryos of *Lagerstroemia indica* L.[J].India Journal of Experimental Biology,43:552-554.

Owings A D,Bush E W,Stephen Crnko G,2000.Effects of nitrogen application rate and supplemental potassium on fall production of nursery crops[J].HortScience,35(4):553-554.

Pounders C,Rinehart T,Sakhanokho H,2007.Evaluation of interspecific hybrids between *Lagerstroemia indica* and *L.speciosa*[J].HortScience,42(6):1317-1322.

Pounders C,Scheffler B E,Rinehart T A.2013.'Ebony Embers','Ebony Fire','Ebony Flame','Ebony Glow',and 'Ebony and Ivory' Dark-leaf Crapemyrtles[J]. HortScience,48(12):1568-1570.

Rahman M M,Amin M N,Rahman M B,et al.,2010.*In vitro* adventitious shoot organogenesis and plantlet regeneration from leaf-derived callus of *Lagerstroemia Speciosa*(L.) pers[J].Propagation of Ornamental Plants,10(3):149-155.

Sumana K R,Kaveriappa K M,2000.Micropropagation of *Lagerstroemia* reginae Roxb through shoot bud culture[J].India J.Plant Physiol,5(3):232-235.

Wang X J,Wang X F,Cai M,et al.,2012.*In vitro* chromosome doubling and tetraploid identification in *Lagerstroemia indica*[J].International Journal of Food,Agriculture & Environment,10(3&4):1364-1367.

Wang X M,Chen J J,Zeng H J,et al.,2014.*Lagerstroemia indica*'Xiangyun',a seedless crape myrtle[J].HortScience,49(12):1590-1592..

Wang X,Wadl P A,Pounders C,et al.,2011 Evaluation of Genetic Diversity and Pedigree within Crapemyrtle Cultivars Using Simple Sequence Repeat Markers[J].Journal of the American Society for Horticultural Science American Society for Horticultural Science,136(2):116-128.

Ye Y J,Cai M,Ju Y Q,et al.,2016.Identification and validation of SNP markers linked to dwarf traits using SLAF-Seq Technology in *Lagerstroemia*[J].PLoS ONE,11(7):e0158970. Doi:10.1371/journal.pone.0158970.

Ye Y J,Wu J Y,Feng L,et al.,2017.Heritability and gene effects for plant architecture traits of crape myrtle using major gene plus polygene inheritance analysis[J].Scientia Horticulturae,225:335-342.

Ye Y M,Tong J,Shi X P,et al.,2010.Morphological and cytological studies of diploid and colchicine-induced tetraploid lines of crape myrtle(*Lagerstroemia indica* L.)[J].Scientia Horticulturae,124:95-101.

Zhang M,Davies F T,1986.In vitro culture of crape myrtle[J].Hort seience,21(4):1044-1045.

Zhang Q Y,Luo F X,Liu L,et al.,2010.In vitro induction of tetraploids in crape myrtle(*Lagerstroemia indica* L.)[J].Plant Cell,Tissue and Organ Culture,101(1):41-47.

第 2 部分
紫薇新品种介绍

第2章 紫薇新品种介绍

中国紫薇育种工作起步较晚，但近年来我国紫薇育种进程加快，通过选择育种、杂交育种、诱变育种等已培育出一大批紫薇新品种。截至2022年6月，全国已获得国家植物新品种保护权的紫薇新品种137个。国内培育紫薇新品种的单位主要有北京林业大学、湖南省林业科学院、江苏省中国科学院植物研究所、湖北省林业科学研究院、浙江林业科学研究院、浙江森城实业有限公司、山东农业大学、华中农业大学、浙江农林大学、湖南省郴州市林业科学研究所等。湖南省林业科学院作为我国紫薇育种研究的主要科研机构，目前已培育出紫薇新品种81个，其中52个品种获得国家植物新品种保护权，18个品种被审定为国家级、省级林木良种。

2.1 彩叶紫薇品种

2.1.1 紫韵（*Lagerstroemia indica* 'Ziyun'）

该品种是湖南省林业科学院紫薇研究团队从紫薇自由授粉的种子实生苗中选育出的紫薇新品种，于2016年获得国家植物新品种权（品种权号：20160172），2018年被审定为湖南省林木良种（良种编号：湘S-SV-LI-009-2018）。2017年荣获第九届中国花卉博览会银奖。

小乔木，枝条直立，老枝褐色，新枝深紫红色，小枝四棱明显，柔毛密度低；叶片椭圆形，叶背柔毛密度低，叶缘不起伏，嫩叶灰紫色（RHS 187A），成熟叶灰紫色（RHS N187A），长3.0~4.7cm，宽1.8~3.9cm；顶生圆锥花序；花蕾圆柱形，长0.76~0.86cm，宽0.66~0.74cm，紫红色（RHS 59C），缝合线中度突起，顶端有突起；花萼长0.92~1.03cm，花萼棱明显；花径3.6~4.2cm，花色紫红（RHS 58B），花瓣长1.6~1.9cm，花瓣边缘褶皱，瓣爪长0.55~0.62cm，颜色与花色相同；花期6—10月；蒴果圆形，长0.98~1.14cm，宽0.85~0.96cm，成熟时深褐色。果期10—12月。

该品种在中国紫薇适生的地区均可种植。其对土壤要求不严，喜光，忌涝，适宜在温暖湿润的气候条件下生长。其耀眼的紫红色叶片横贯春、夏、秋三季，配以锦簇的紫红色花，可观叶又观花，观赏期超长，极具观赏价值，可广泛应用于园林绿化、花景和特色小镇营造等。

图2.1 紫韵

2.1.2 紫霞（*Lagerstroemia indica* 'Zixia'）

该品种是湖南省林业科学院紫薇研究团队从紫薇自由授粉的种子实生苗中选育出的紫薇新品种，于2018年获得国家植物新品种权（品种权号：20180381），2019年被审定为湖南省林木良种（良种编号：湘S-SV-LI-009-2019）；荣获2019中国北京世界园艺博览会铜奖。

小乔木，枝条直立，干皮褐色，小枝四棱明显，柔毛密度低，翅短；叶片椭圆形，叶背柔毛密度低，叶缘起伏；成熟叶深褐色（RHS 200A），叶片中等大小，长7.2~8.0cm，宽3.9~4.8cm；圆锥花序；花蕾圆锥形，绿和红色，长0.94~1.03cm，宽0.73~0.90cm，缝合线中度突起，顶端有突起；花萼棱明显，没有密被柔毛，长1.27~1.35cm；花紫红色（RHS N57C），花径3.57~5.00cm，花瓣边缘褶皱，瓣爪长0.49~0.60cm，瓣爪紫红色（RHS 58B）；花期6—10月；蒴果椭圆形，长1.40~1.51cm，宽1.05~1.20cm，成熟时深褐色，果期10—11月。

该品种在我国紫薇适生的地区均可种植。其生长较快，花量大，抗逆性较强，可广泛应用于园林绿化及庭院栽培等。

图2.2 紫霞

2.1.3 紫彩（*Lagerstroemia indica* 'Zicai'）

该品种是湖南省林业科学院紫薇研究团队以'Ebony Embers'紫薇为父本，'紫精灵'紫薇为母本，杂交后经选育而成的紫薇新品种，于2019年获得国家植物新品种权（品种权号：20190395）。

乔木状，植株生长习性半直立，干皮褐色；小枝四棱明显，柔毛密度低，翅短；叶片狭卵形，叶背柔毛密度低，叶缘无起伏，新叶褐色（RHS N200A），成熟叶片灰紫色（RHS N186A），叶长4.3~5.9cm，宽2.5~3.4cm；圆锥花序；花蕾圆柱形，深紫红色（RHS 59A），长0.83~0.90cm，宽0.72~0.80cm，缝合线中度突起，顶端有突起；花萼微具棱，没有密被柔毛，长0.90~1.10cm；花深紫红色（RHS 61A），花径3.4~3.6cm，花瓣边缘褶皱，瓣爪长0.50~0.60cm，瓣爪深紫红色（RHS 61A）；花期6—10月；蒴果椭圆形，长0.89~1.03cm，宽0.84~0.97cm，成熟时深褐色，果期10—11月。

该品种在中国湖南、广东、广西、河南、湖北、四川、云南、贵州等紫薇适生区域均可种植。其适应性较强，较耐旱，适合培养行道树、点缀或片植等。

图 2.3 紫彩

2.1.4 紫琦（*Lagerstroemia indica* 'Ziqi'）

该品种是湖南省林业科学院紫薇研究团队以 ^{60}Co-γ 射线辐射诱变 'Ebony Flame' 紫薇种子而选育出的紫薇新品种，于 2019 年获得国家植物新品种权（品种权号：20190397）。

乔木状，植株生长习性半直立，干皮深褐色；小枝四棱明显，柔毛密度低，翅短；叶片椭圆形，叶背柔毛密度低，叶缘无起伏，成熟叶片灰紫色（RHS N186A），叶长 5.0~6.1cm，宽 2.7~3.6cm；圆锥花序；花蕾圆锥形，深紫红（RHS 59A），长 0.77~0.85cm，宽 0.66~0.73cm，缝合线中度突起，顶端突起；花萼微具棱，没有密被柔毛，长 0.99~1.08cm；花紫红色（RHS 64A），花径 3.0~3.9cm，花瓣边缘褶皱，瓣爪长 0.73~0.87cm，瓣爪紫红色（RHS 64B）；花期 6—10 月；蒴果圆形，长 0.86~1.01cm，宽 0.81~0.95cm，成熟时深褐色，果期 10—11 月。

该品种在中国紫薇适生的地区均可种植。其对土壤要求不严，喜光，适宜在温暖湿润的气候条件下生长；适合培养行道树、点缀或片植等。

图 2.4 紫琦

2.1.5 丹红紫叶（*Lagerstroemia indica* 'Ebony Embers'）

2014 年湖南省林业科学院紫薇研究团队从美国引种，经过驯化选育，于 2018 年被审定为湖南省林木良种（良种编号：湘 S-ETS-LI-008-2018）。

乔木状，植株生长习性半直立，干皮褐色；小枝紫红色，四棱明显，柔毛密度低，翅短；叶片椭圆形，叶背柔毛密度低，叶缘起伏，嫩叶深紫红色（RHS 59B），成熟叶灰紫色（RHS N186A），叶长 4.9~8.6cm，宽 3.7~5.7cm；圆锥花序，花蕾为圆锥形，灰紫色（RHS 187A），长0.81~1.02cm，宽0.68~0.75cm、缝合线中度突起，顶端有突起；花萼微具棱，没有密被柔毛，长1.0~1.2cm；花深红色（RHS 46A），花径2.92~3.60cm，花瓣边缘褶皱，瓣爪长0.67~0.75cm，瓣爪红色（RHS 54A）；6月上旬始花，盛花期7—9月，末花期10月中旬；蒴果椭圆形，长1.09~1.15cm，宽0.99~1.05cm，成熟时深褐色，果期10—11月。

该品种在我国紫薇适生的地区均可种植。其较耐旱，耐瘠薄，喜阳不耐荫蔽。紫叶红花，鲜艳华贵，观赏价值极高，可广泛应用于园林绿化和花景、花海、特色小镇营造。

图2.5 丹红紫叶

2.1.6 火红紫叶（*Lagerstroemia indica* 'Ebony Flame'）

2012年湖南省林业科学院紫薇研究团队从美国引种，经过驯化选育，于2018年被审定为湖南省林木良种（良种编号：湘S–ETS–LI–012–2018）。

乔木状，植株生长习性半直立，干皮褐色；小枝紫红色，四棱明显，当年生枝条平均111.3cm，柔毛密度低，翅短；叶片椭圆形，叶背柔毛密度低，叶缘起伏，嫩叶灰紫色（RHS 183B），成熟叶灰紫色（RHS N186A），叶长6.9~8.3cm，宽4.0~5.6cm；圆锥花序；花蕾为圆锥形，灰紫色（RHS 187B），长0.83~0.95cm，宽0.70~0.78cm，缝合线中度突起，顶端有突起；花萼微具棱，没有密被柔毛，长1.0~1.2cm；花为深红色（RHS 46A），花径3.0~3.9cm，花瓣边缘褶皱，瓣爪长0.6~0.7cm，瓣爪为红色（RHS 39B）；花期6—10月；蒴果椭圆形，长1.07~1.21cm，宽0.98~1.17cm，成熟时深褐色，果期10—11月。

图2.6 火红紫叶

该品种在我国紫薇适生的地区均可种植。其喜阳，适应性强，抗干旱和耐瘠薄能力较强；生长势旺，直立性强。紫叶红花，艳丽动人，集观花、观叶于一体，观赏价值高，可广泛应用于园林绿化和花景、花海、特色小镇营造等。

2.1.7　赤红紫叶（*Lagerstroemia indica* 'Ebony Fire'）

该品种是2012年湖南省林业科学院紫薇研究团队从美国引种，经过驯化选育，于2018年被审定为湖南省林木良种（良种编号：湘S-ETS-LI-013-2018）。

小乔木状，植株生长习性半直立，干皮褐色；小枝紫红色，四棱明显，柔毛密度低，翅短；叶片椭圆形，叶背柔毛密度低，叶缘起伏，嫩叶灰紫色（RHS 187A），成熟叶灰紫色（RHS N186A），叶长4.4~5.9cm，宽2.9~4.6cm；圆锥花序；花蕾为圆锥形，深紫红色（RHS 59A），长0.64~0.77cm，宽0.58~0.80cm，缝合线中度突起，顶端有突起；花萼棱明显，没有密被柔毛，长0.9~1.0cm；花深红色（RHS 46A），花径2.2~3.8cm，花瓣边缘褶皱，瓣爪长0.4~0.6cm，瓣爪红色（RHS 52C）；5月底始花，盛花期7—9月，末花期10月中旬；蒴果圆形，长0.87~1.15cm，宽0.87~0.95cm，成熟时深褐色，果期10—11月。

该品种在我国紫薇适生的地区均可种植。其喜阳，适应性强，抗干旱和耐瘠薄能力较强；生长势一般，分枝较多，观赏价值高，可广泛应用于园林绿化、花海营造等。

图2.7　赤红紫叶

2.1.8　紫玲（*Lagerstroemia indica* 'Ziling'）

该品种是湖南省林业科学院紫薇研究团队以'Ebony Embers'紫薇为父本，'紫精灵'紫薇为母本，杂交后经选育而成的紫薇新品种，于2020年获得国家植物新品种权（品种权号：20200419）。

灌木状，植株生长习性半直立，干皮褐色；小枝四棱明显，柔毛密度低，翅短；叶片椭圆形，叶缘起伏，叶背柔毛密度低，新叶褐色（RHS 200B），成熟叶片灰紫色（RHS 186A），叶长4.8~6.0cm，宽2.7~3.6cm；圆锥花序；花蕾圆锥形，绿和红色，长0.87~0.99cm，宽0.78~0.97cm，缝合线突起弱，顶端有突起；花萼微具棱，没有密被柔毛，长0.50~1.20cm；花紫红色（RHS 70A），花径3.8~4.1cm，花瓣边缘褶皱，瓣爪长0.55~0.70cm，瓣爪紫红色（RHS 70A）；花期6—10月；蒴果椭圆形，长0.94~1.11cm，宽0.90~1.02cm，成熟时褐色，果期10—11月。

该品种在我国紫薇适生的地区均可种植。其适应性较强，较耐旱，喜光，忌涝；可应用于园林绿化和花景、花海等营造。

图 2.8 紫玲

2.1.9 紫黛（*Lagerstroemia indica* 'Zidai'）

该品种是湖南省林业科学院紫薇研究团队以'Ebony Embers'紫薇为父本，'紫精灵'紫薇为母本，杂交后经选育而成的紫薇新品种，于2020年获得国家植物新品种权（品种权号：20200422）。

植株灌木状，半直立；干皮褐色；小枝四棱明显，翅短，柔毛密度低；叶片椭圆形，叶背柔毛密度低，叶缘无起伏，成熟叶深褐色（RHS 200A），叶长 6.60~8.54cm，宽 4.21~4.90cm；花蕾圆锥形，绿和红色，缝合线突起弱，无附属物，顶端有突起，长 0.72~0.85cm，宽 0.61~0.65cm；花萼微具棱，无密被柔毛，长 0.90~0.95cm；花紫红色（RHS 64B），花径 2.9~3.5cm，花瓣边缘褶皱明显，瓣爪紫红色（RHS 64B），瓣爪长 0.75~0.90cm；花期6—10月；蒴果椭圆形，长 1.06~1.38cm，宽 0.91~0.96cm，成熟时褐色。

在我国湖南、广东、广西、河南、湖北、四川等紫薇适生区域均可种植。对土壤要求不严，适应性较强，较耐旱，喜光，怕涝，忌地下水位高的低湿地。可应用于园林绿化等。

图 2.9 紫黛

2.1.10 紫恋（*Lagerstroemia indica* 'Zilian'）

该品种是湖南省林业科学院紫薇研究团队以'Ebony Flame'紫薇为父本，'Catawba'紫薇为母本，杂交后经选育而成的紫薇新品种，于2020年获得国家植物新品种权（品种权号：20200288）。

灌木状，植株生长习性半直立，干皮褐色；小枝四棱明显，柔毛密度低，翅短；叶片椭圆形，叶背柔毛密度低，叶缘起伏；成熟叶褐色（RHS N200A），叶长 3.7~5.5cm，宽 2.2~3.5cm；圆锥花序；花蕾圆锥形，绿和红色，长 0.6~0.80cm，宽 0.60~0.70cm，缝合线突起弱，顶端有突起；花萼微具棱，没有密被柔毛，长 0.70~0.90cm；花深紫红色（RHS 72B），花径 2.5~3.2cm，花瓣边缘褶皱明显，瓣爪紫红色，长 0.40~0.60cm；花期 7—10 月；蒴果圆形，长 0.96~1.34cm，宽 0.73~0.90cm，成熟时褐色，果期 10—11 月。

该品种在我国紫薇适生的地区均可种植。其对土壤要求不严，适应性较强，较耐旱，喜光，忌涝；可应用于园林绿化及庭院栽培等。

图 2.10 紫恋

2.1.11 红宝石（*Lagerstroemia indica* 'Hongbaoshi'）

该品种是湖南省林业科学院紫薇研究团队用秋水仙素处理 'Ebony Flame' 紫薇种子而选育出的紫薇新品种，于 2020 年获得国家植物新品种权（品种权号：20200426）。

半直立，灌木状，干皮褐色；小枝四棱明显，翅短，柔毛密度低；叶片椭圆形，叶背柔毛密度低，叶缘没有起伏，成熟叶褐色（RHS N200A），叶长 3.6~4.2cm，叶宽 1.8~2.0cm；花萼长 0.72~0.81cm；花蕾圆锥形，绿和红色，长 0.54~0.59cm，宽 0.49~0.56cm，花蕾缝合线突起弱，顶端有突起；花深紫红色（RHS 71A），花径 2.7~3.1cm，花瓣边缘褶皱，瓣爪长 0.48~0.59cm，颜色与花色一致；花期 6—10 月；蒴果椭圆形，长 0.74~0.80cm，宽 0.63~0.66cm，成熟时深褐色，果期 10—11 月。

该品种在我国紫薇适生的地区均可种植。其对土壤要求不严，适应性较强，较耐旱，喜光，忌涝；可应用于园林绿化及庭院栽培等。

图 2.11 红宝石

2.1.12 潇湘红（*Lagerstroemia indica* 'Xiaoxianghong'）

该品种是湖南省林业科学院紫薇研究团队以'紫韵'紫薇为父本，'Royalty'紫薇为母本，杂交后经选育而成的紫薇新品种。于2020年获得国家植物新品种权（品种权号：20200427）。

灌木状，植株半直立，干皮褐色；小枝四棱明显，柔毛密度低，翅短；叶片椭圆形和倒卵形，叶背柔毛密度低，叶缘无起伏，成熟叶褐色（RHS N200A），叶片中等大小，长4.3~5.2cm，宽2.4~3.8cm；圆锥花序；花蕾圆锥形，长0.77~0.90cm，宽0.61~0.69cm，绿和红色，缝合线突起弱，无附属物，顶端有突起；花萼长0.93~1.02cm，花萼微具棱，没有密被柔毛；花深红色（RHS 53B），花径3.2~4.0cm，花瓣边缘褶皱，瓣爪长0.65~0.79cm，瓣爪深红色（RHS 53B）；花期6—10月；蒴果椭圆形，长0.92~1.03cm，宽0.73~0.79cm，成熟时褐色，果期10—11月。

该品种在我国紫薇适生的地区均可种植。其对土壤要求不严，适应性较强，较耐旱，喜光，忌涝；可应用于园林绿化和花景营造等。

图 2.12 潇湘红

2.1.13 潇湘紫（*Lagerstroemia indica* 'Xiaoxiangzi'）

该品种是湖南省林业科学院紫薇研究团队以'紫韵'紫薇为父本，'红叶'紫薇为母本进行杂交，在杂交后代植株中选育出的紫薇新品种。于2021年获得国家植物新品种权（品种权号：20210614）。

图 2.13 潇湘紫

灌木状，半直立，干皮褐色；小枝四棱明显，翅短，柔毛密度中；叶片椭圆形，叶缘起伏，叶背柔毛密度低，成熟叶灰紫色（RHS N186A），叶长3.8~4.7cm，宽

2.3~2.9cm；花萼棱明显，长0.82~1.07cm；花蕾圆锥形，红色，长0.66~0.75cm，宽0.51~0.57cm，缝合线突起弱，顶端有突起；花深紫红色（RHS 67A），花径3.7~4.1cm，花瓣边缘褶皱，瓣爪长0.77~0.86cm，颜色与花色一致；花期6—10月；蒴果椭圆形，长0.71~0.83cm，宽0.67~0.72cm，成熟时深褐色，果期10—11月。

在中国紫薇适生地区均可种植。对土壤要求不严，适应性较强，较耐旱，喜光，忌涝，适宜在温暖湿润的气候条件下生长。可应用于园林绿化和花景营造等。

2.1.14 舞彩（*Lagerstroemia indica* 'Wucai'）

该品种是湖南省林业科学院紫薇研究团队以'Ebony Flame'紫薇为父本，'紫韵'紫薇为母本，杂交后经选育而成的紫薇新品种。于2021年获得国家植物新品种权（品种权号：20210612）。

灌木状，植株生长习性半直立，干皮褐色；小枝四棱明显，柔毛密度低，翅短；叶片椭圆形，叶缘不起伏，叶背柔毛密度低，成熟叶片深褐色（RHS 200A），叶长4.30~5.40cm，宽2.20~3.40cm；圆锥花序；花蕾圆锥形，红色，长0.82~0.87cm，宽0.72~0.75cm，缝合线突起弱，顶端有突起；花萼微具棱，没有密被柔毛，长0.82~0.86cm；花深红色（RHS 53C），花径3.0~3.5cm，花瓣边缘褶皱，瓣爪长0.70~0.80cm，瓣爪深红色（RHS 53C）；花期6—10月；蒴果椭圆形，长0.85~0.98cm，宽0.71~0.86cm，成熟时深褐色，果期10—11月。

在中国紫薇适生地区均可种植。对土壤要求不严，适应性较强，较耐旱，喜光，适宜在温暖湿润的气候条件下生长。可应用于园林绿化和花景营造及庭院栽培等。

图 2.14　舞彩

2.1.15 潇湘粉蝶（*Lagerstroemia indica* 'Xiaoxiangfendie'）

该品种是湖南省林业科学院紫薇研究团队以'紫韵'紫薇为父本，'红叶'紫薇为母本，杂交后经选育而成的紫薇新品种。于2022年获得国家植物新品种权（品种权号：20220137）。

灌木状，植株生长习性半直立，干皮褐色；小枝四棱明显，翅短，柔毛密度低；叶片椭圆形，成熟叶片灰紫色（RHS N186A），叶片无洒金，叶缘不起伏，叶背柔毛密度低，叶长4.3~5.2cm，宽2.7~3.1cm；圆锥花序；花萼微具棱，没有密被柔毛，长0.90~1.10cm；花蕾圆柱形，绿和红色，缝合线突起弱，无附属物，顶端有突起，长0.74~0.81cm，宽0.62~0.70cm；花径3.0~3.9cm，花浅紫红色（RHS 62C），花瓣边缘褶皱，瓣爪长 0.50~0.80cm，瓣爪紫红色（RHS 59C）；花期6—10月；蒴果椭圆形，长 1.00~1.21cm，宽0.92~1.04cm，成熟时褐色，果期10—11月。

该品种在中国紫薇适生地区均可种植。其对土壤要求不严，适应性较强，花色淡雅，观赏价值高，可应用于园林绿化、花海营造及庭院栽培等。

图 2.15 潇湘粉蝶

2.1.16 紫妍（*Lagerstroemia indica* 'Ziyan'）

该品种是湖南省林业科学院紫薇研究团队以'Ebony Embers'紫薇为父本，'Catawba'紫薇为母本，杂交后经选育而成的紫薇新品种，于2019年获得国家植物新品种权（品种权号：20190398）。

小乔木状，植株半直立，干皮褐色；小枝四棱明显，柔毛密度中等，翅短、波状；叶片椭圆形，叶背柔毛密度中等，叶缘无起伏，新叶灰紫色（RHS N187B），成熟叶褐色（RHS N200A），叶片中等大小，长5.4~7.1cm，宽3.4~4.1cm；圆锥花序；花蕾圆锥形，长0.87~0.95cm，宽0.79~0.87cm，绿和红色，缝合线中度突起，顶端有突起；花萼长0.99~1.18cm，花萼棱明显，没有密被柔毛；花紫红色（RHS 67B），花径3.0~3.9cm，花瓣边缘褶皱，瓣爪长0.55~0.65cm，瓣爪紫红色（RHS 67C）；花期6—10月；蒴果椭圆形，长1.11~1.20cm，宽0.95~1.10cm，成熟时深褐色，果期10—11月。

该品种在中国紫薇适生的地区均可种植。其适应性强，较耐旱，花量大，可广泛用于园林绿化及庭院栽培等。

图 2.16 紫妍

2.1.17 岭南粉韵（*Lagerstroemia indica* 'Lingnanfenyun'）

该品种是湖南省郴州市林业科学研究所以'Ebony Embers'紫薇为父本，'紫精灵'

紫薇为母本，杂交后经选育而成的紫薇新品种。于2022年获得国家植物新品种权（品种权号：20220130）。

灌木状，生长习性半直立，干皮褐色；小枝四棱明显，柔毛密度低，翅短；叶片椭圆形，叶缘不起伏，叶背柔毛密度低，成熟叶片褐色（RHS N200A），叶长6.3~6.7cm，宽4.0~4.3cm；圆锥花序；花蕾圆锥形，红色，长0.81~0.95cm，宽0.78~0.92cm，缝合线突起弱，无附属物，顶端有突起；花萼微具棱，没有密被柔毛，长0.86~0.99cm；花紫红色（RHS 64B），花径3.2~3.8cm，花瓣边缘褶皱，瓣爪长0.92~0.95cm，瓣爪紫红色（RHS 64B）；花期6—10月；蒴果椭圆形，长0.90~1.11cm，宽0.78~1.00cm，成熟时褐色，果期10—11月。

该品种在中国紫薇适生的地区均可种植。其适应性强，较耐旱，喜光，忌涝，适宜在温暖湿润的气候条件下生长，可广泛用于园林绿化及庭院栽培等。

图 2.17　岭南粉韵

2.1.18 岭南贵妃（*Lagerstroemia indica* 'Lingnanguifei'）

该品种是湖南省郴州市林业科学研究所以^{60}Co-γ射线辐射诱变'Ebony Glow'紫薇种子而选育出的紫薇新品种。于2022年获得国家植物新品种权（品种权号：20220117）。

图 2.18　岭南贵妃

灌木状，植株生长习性半直立，干皮褐色；小枝四棱明显，柔毛密度低，翅短；叶片椭圆形，叶缘不起伏，叶背柔毛密度中，成熟叶片深褐色（RHS 200A），叶长4.7~6.2cm，宽2.3~3.7cm；圆锥花序；花蕾圆锥形，红色，长0.66~0.78cm，宽0.69~0.78cm，缝合线突起弱，顶端有突起；花萼微具棱，没有密被柔毛，长0.80~1.10cm；花紫红色（RHS 64A），花径3.1~4.5cm，花瓣边缘褶皱，瓣爪长0.50~0.65cm，瓣爪为紫红色（RHS 64B）；花期6—10月；蒴果椭圆形，长0.86~1.03cm，宽0.85~0.99cm，成熟时褐色，果期10—11月。

该品种在中国紫薇适生的地区均可种植。其适应性强，较耐旱，喜光，忌涝，适宜在温暖湿润的气候条件下生长，可广泛用于园林绿化及庭院栽培等。

2.1.19 巧克力（*Lagerstroemia indica* 'Qiaokeli'）

该品种是浙江森城实业有限公司从'Delta Jazz'紫薇自由授粉的种子实生苗中选育的紫薇新品种。该品种于2018年12月获得国家植物新品种权（品种权号：20180394）。

低矮小灌木，植株生长习性半直立，干皮褐色；小枝四棱明显，翅短，柔毛密度中；叶片卵形，成熟叶片深褐色（RHS 200A），叶片无洒金，叶缘起伏，叶背柔毛密度低，叶长3.50~3.70cm，宽1.7~1.8cm；圆锥花序；花萼微具棱，没有密被柔毛，长0.80~0.90cm，宽1.20~1.30cm；花蕾圆锥形，深紫红色（RHS 59A），缝合线中度突起，无附属物，顶端有突起，长0.74~0.81cm，宽0.62~0.70cm；花径3.0~3.9cm，花深紫红色（RHS 60C），花瓣边缘褶皱，瓣爪长0.30~0.40cm，瓣爪紫红色（RHS 60C）；花期6—10月；蒴果圆形，长0.72~0.80cm，宽0.70~0.73cm，成熟时褐色，果期10—11月。

该品种适宜在中国湖南、江苏、安徽、河南、湖北、四川等地及紫薇适生区域种植。其适应性较强，喜光，适合培养盆花，也可片植等。

图2.19 巧克力

2.1.20 金幌（*Lagerstroemia indica* 'Jinhuang'）

该品种是江苏省中国科学院植物研究所在'粉晶'紫薇发现金叶芽变，经选育而成的紫薇金叶系列新品种。该品种于2014年获得国家植物新品种权（品种权号：20140105）。

灌木，株型开展，4年生苗株高100~150cm，冠幅80~120cm，干皮灰色；小枝四棱明显，明显具翅；叶片长3.5~5cm，宽2.3~3.2cm，叶片椭圆形和卵圆形，嫩叶略带黄红色，成熟叶片呈现金黄色（RHS 9A），萌芽至梅雨季节叶色保持黄色，7—8月强光下叶色变淡至白色（RHS NN155B）；花蕾长0.6~0.7cm，宽0.7~0.8cm，呈球形，花蕾微红色，基部微绿色；花序长达14.5cm，宽达14cm，着花数26~54朵；花萼长0.85~0.95cm，棱较明显；花紫红色（RHS N57C），花径为3.8~4.5cm，花瓣长1.0~1.2cm，宽1.3~1.5cm，花瓣边缘褶皱，瓣爪紫红色（RHS 63C），长0.7~0.9cm；果实椭圆形，长1.1~1.2cm，宽0.8~0.9cm，花期8—9月。

该品种在中国紫薇适生的地区均可种植。植株长势不够强劲，自身抗病性较弱，但春季色叶期叶色表现极佳，不易染病。'金幌'是世界上首个金叶紫薇品种，金黄色叶，配紫红色花，花叶具赏，可应用于园林绿化等及庭院栽培等。

图 2.20　金幌

2.1.21 紫金（*Lagerstroemia indica* 'Zijin'）

　　该品种是江苏省中国科学院植物研究所以'金幌'紫薇为父本，紫红品种的紫薇为母本，杂交后经选育而成的紫薇'金叶'系列新品种。该品种于2018年获得国家植物新品种权（品种权号：20180035）。

　　灌木，3年生苗株高70~100cm，干皮灰色；小枝四棱明显，明显具翅；叶片长3.5~5cm，宽2.3~3.2cm，椭圆形，新叶黄绿色，成熟叶片橙黄至黄色；花蕾长0.6~0.7cm，宽0.7~0.8cm，球形，花蕾微红色，基部微绿色；花序长8.5cm，宽6.5cm，着花数6~11朵；花萼长0.85~0.95cm，棱较明显；花径为3.8~4.0cm，花紫红色（RHS 68B），花瓣长1.0~1.2cm，宽1.3~1.5cm，花瓣边缘褶皱，瓣爪颜色与花瓣颜色一致，长0.7~0.9cm；果实椭圆形，长1.1~1.2cm，宽0.8~0.9cm，花期7—9月。

　　该品种在中国紫薇适生的地区均可种植。其对环境条件的适应能力较强，耐干旱和寒冷，喜肥沃、深厚、疏松呈微酸性或酸性土壤，喜光但不耐强光。可应用于园林绿化及庭院栽培等。

图 2.21　紫金

2.2 红薇品种

2.2.1 红火箭（*Lagerstroemia indica* 'Red Rocket'）

　　该品种是2004年湖南省林业科学院紫薇研究团队从美国引种，经过驯化选育，于2012年被审定为湖南省林木良种（良种编号：湘S-SV-LI-042-2012），2018年被审定为国家级林木良种（国S-ETS-LI-002-2018）。

小乔木，植株半直立，干皮褐色；小枝四棱明显，柔毛密度低，翅短；叶片椭圆形，叶背柔毛密度低，叶缘无起伏，新叶灰紫色（RHS 187A），成熟叶绿色（RHS NN137A），叶片长5.0~7.8cm，宽3.1~4.1cm；圆锥花序，犹如火箭；花蕾圆柱形，长0.86~0.98cm，宽0.75~0.83cm，绿和红色，缝合线突起弱，无附属物，顶端有突起；花萼长1.04~1.18cm，花萼微具棱，没有密被柔毛；花深红色（RHS 45A），花径3.5~4.5cm，花瓣边缘褶皱，瓣爪长0.77~0.80cm，瓣爪紫红色（RHS 59D）；花期6—10月；蒴果圆形，长0.99~1.05cm，宽0.96~1.10cm，成熟时褐色，果期10—11月。

该品种在中国紫薇适生的地区均可种植，已在我国大面积推广应用。其适应性广，抗逆性强。着花密度大，花期长，生长速度较快。适合于孤植、丛植，培植为花篱，可制作盆景和桩景。

图2.22 红火箭

2.2.2 红叶（*Lagerstroemia indica* 'Pink Velour'）

又名'天鹅绒'紫薇。该种是2004年湖南省林业科学院紫薇研究团队从美国引种，经过驯化选育，于2012年被审定为湖南省林木良种（良种编号：湘S-SV-LI-040-2012），2018年被审定为国家级林木良种（国S-ETS-LI-001-2018）

图2.23 红叶

小乔木，植株半直立，干皮褐色；小枝四棱明显，柔毛密度低，翅短；叶片椭圆形，叶背柔毛密度低，叶缘无起伏，新叶深紫红色（RHS 61A），成熟叶绿色（RHS NN137A），叶片长5.8~6.9cm，宽4.0~4.7cm；圆锥花序；花蕾圆柱形，长0.83~0.93cm，宽0.72~0.81cm，绿和红色，缝合线突起弱，无附属物，顶端无突起；花萼长1.10~1.15cm，花萼棱明显，没有密被柔毛；花深紫红色（RHS 67A），花径3.5~4.1cm，花瓣边缘褶皱，瓣爪长 0.73~0.81cm，深紫红色（RHS 67A）；花期 6—10月；蒴果圆形，长 0.97~1.04cm，宽 0.95~1.08cm，成熟时褐色，果期 10—11月。

该品种在中国紫薇适生的地区均可种植，已在我国大面积推广应用。其喜光，适应性广，耐旱和耐寒能力较强，但耐盐碱不强。花量大，有淡雅香味，极具观赏价值。适合于孤植、丛植，培植为花篱，可制作盆景和桩景，也可用于花海、花景打造。

2.2.3 红火球（*Lagerstroemia indica* 'Dynamite'）

该品种是 2004年湖南省林业科学院紫薇研究团队从美国引种，经过驯化选育，于 2012年被审定为湖南省林木良种（良种编号：湘 S-SV-LI-041-2012），2013年认定为国家级林木良种（国 R-ETS-LI-006-2013）。

小乔木，植株半直立，干皮褐色；小枝四棱明显，柔毛密度低，翅短；叶片椭圆形，叶背柔毛密度低，叶缘无起伏，新叶黄绿色（RHS 146B），成熟叶绿色（RHS NN137B），叶片长 5.3~8.4cm，宽 3.8~6.3cm；圆锥花序，犹如一团火球；花蕾圆锥形，长 0.86~0.98cm，宽 0.75~0.83cm，深红色（RHS 53A），缝合线突起弱，无附属物，顶端无突起；花萼长 1.16~1.32cm，花萼棱明显，没有密被柔毛；花深红色（RHS 46A），多云或阴天时花色略淡，花瓣边缘偶尔有白色斑，花径 3.4~4.5cm，花瓣边缘褶皱，瓣爪长 0.52~0.59cm，瓣爪紫红色（RHS 59C）；花期 6—10月；蒴果圆形，长 1.10~1.18cm，宽 1.08~1.20cm，成熟时褐色，果期 10—11月。

该品种在中国紫薇适生的地区均可种植，已在我国大面积推广应用。其耐旱，较耐低温，抗病性较强，是制作盆景、桩景的良好材料，可孤植或丛植。

图 2.24 红火球

2.2.4 丹霞（*Lagerstroemia indica* 'Danxia'）

该品种是湖南省林业科学院紫薇研究团队从紫薇自由授粉的种子实生苗中选育出的紫薇新品种，于 2017年获得国家植物新品种权（品种权号：20160168），2019年被审定为湖南省林木良种（良种编号：湘 S-SV-LI-013-2019）。

灌木，枝条直立、紧凑密集，老枝褐色，新枝红色，小枝四棱明显，翅短，柔毛密度低；叶片椭圆形，叶缘无起伏，叶背柔毛密度低，幼叶灰紫色（RHS 187A），成熟叶深绿色，略带红晕，叶长 2.5~5.9cm，宽 1.8~3.5cm；顶生圆锥花序；花蕾圆柱形，长 0.74~0.79cm，宽 0.67~0.73cm，深紫红色（RHS 59A），顶端微突起；花萼长 0.75~0.88cm，花萼微具棱，没有密被柔毛；花径 3.0~3.8cm，花深紫红色（RHS 61B），花瓣长 0.9~1.4cm，花瓣边缘褶皱，瓣爪长 0.5~0.63cm，深紫红色（RHS 61B）；花期6—10月；蒴果椭圆形，长 0.71~0.91cm，宽 0.55~0.71cm，成熟时深褐色，果期10—11月。

该品种在中国湖南、江苏、安徽、河南、四川等紫薇适生区域均可种植。其耐干旱，较耐寒，喜光。可广泛用于园林绿化及庭院栽培等。

图 2.25 丹霞

2.2.5 湘韵（*Lagerstroemia indica* 'Xiangxun'）

该品种是湖南省林业科学院紫薇研究团队在野外发现的不结实优株，经过选育而成的紫薇新品种。于2014年被审定为湖南省林木良种（良种编号：湘S-SV-LI-021-2014），2017年获得国家植物新品种权（品种权号：20170169）。

小乔木，植株直立。新枝绿色略带红色，小枝四棱明显，柔毛密度低，翅短；叶椭圆形，叶背密被柔毛程度高，叶片长 5.6~8.1cm，宽 3.1~4.8cm，幼叶略带红色，成熟叶深绿色；花蕾圆锥形，绿和红色，长 0.9~1.2cm，宽 0.7~0.9cm，缝合线突起较弱，顶端无突起；花萼长 1.0~1.35cm，花萼微具棱，没有密被柔毛；花径 3.9~5.3cm；花紫红色（RHS 68A），花瓣长 2.1~2.6cm，宽 1.1~1.7cm，花瓣边缘褶皱，瓣爪长 0.72~1.1cm，浅紫红色（RHS 63D）。花期6月中旬至10月下旬；不结实。

该品种在中国紫薇适生的地区均可种植。其对土壤要求不严，喜光，耐旱。因开花后不结实，花谢后不需要修剪，又可形成花蕾，继续开花，花期长。可广泛用于园林绿化及庭院栽培等。

图 2.26 湘韵

2.2.6 晓明 1 号（*Lagerstroemia indica* 'Xiaoming No.1'）

该品种是湖南省林业科学院紫薇研究团队以 '红叶' 紫薇（'Pink Velour'）为父本，

'红火球'紫薇（'Dynamite'）为母本，杂交后经选育而成的紫薇新品种。于 2016 年获得国家植物新品种权（品种权号：20160170），2020 年被审定为湖南省林木良种（良种编号：湘 S–SV–LI–011–2019）。

小乔木，枝条直立，老枝黄褐色，新枝红色，小枝四棱明显，翅短，小枝柔毛密度低；叶片阔椭圆形，叶背柔毛密度低，长 5.0~7.0cm，宽 3.4~5.1cm，嫩叶紫红色（RHS 58A），成熟叶深绿色；花蕾圆柱形，长 0.87~0.94cm，宽 0.71~0.81cm，深红色（RHS 53B），缝合线中度突起，顶端无突起；花萼长 1.0~1.2cm，花萼棱明显，没有密被柔毛；花径 3.1~4.0cm，花深紫红色（RHS 60A）。花瓣长 1.4~1.7cm，宽 0.9~1.6cm，花瓣边缘褶皱，瓣爪长 0.4~0.57cm，瓣爪与花瓣同色；花期 6 月中旬至 10 月中旬；蒴果圆形，成熟时褐色，果期 10—11 月。

该品种在中国紫薇适生的地区均可种植。其对土壤要求不严，耐干旱，较耐寒冷，喜光。可广泛用于园林绿化及庭院栽培等。

图 2.27　晓明 1 号

2.2.7 彩霞（*Lagerstroemia indica* 'Caixia'）

该品种是湖南省林业科学院紫薇研究团队从紫薇自由授粉的种子实生苗中选育出的紫薇新品种。于 2017 年获得国家植物新品种权（品种权号：20170126），2020 年被审定为湖南省林木良种（良种编号：湘 S–SV–LI–007–2019）。

图 2.28　彩霞

小乔木，枝条直立，干皮褐色；小枝四棱明显，柔毛密度低，翅短，翅波状；叶片椭圆形，叶背柔毛密度低，叶缘没有起伏，新叶紫红色，成熟叶暗灰绿色，叶长 5.0~8.3cm，宽 2.3~4.5cm；圆锥花序；花蕾圆锥形，深红色（RHS 53A），长 0.77~0.89cm，宽 0.62~0.67cm，缝合线中度突起，顶端有突起；花萼棱明显，没有密被柔毛，长 0.92~1.03cm；花深紫红色（RHS 67A），花径 3.40~3.73cm，花瓣边缘褶皱，瓣爪长 0.47~0.58cm，颜色与花色一致；花期 6—10 月；蒴果椭圆形，长 1.08~1.26cm，宽 0.78~0.85cm，成熟时深褐色，果期 10—11 月。

该品种在中国紫薇适生的地区均可种植。其对土壤要求不严，喜光。花色艳丽，花量大，抗性强，适合做行道树、高速公路隔离带等。

2.2.8 玲珑红（*Lagerstroemia indica* 'Linglonghong'）

该品种是湖南省林业科学院紫薇研究团队从紫薇自由授粉的种子实生苗中选育出的矮生紫薇新品种。于 2018 年获得国家植物新品种权（品种权号：20180382），2020 年被审定为湖南省林木良种（良种编号：湘S-SV-LI-012-2019）。

灌木，生长缓慢，植株生长习性开展，干皮褐色，小枝四棱明显、柔毛密度低，翅短；叶片椭圆形和倒卵形，叶背柔毛密度低，叶缘无起伏，叶片绿色（RHS NN137A），叶长 2.2~3.2cm，宽 1.0~1.6cm；圆锥花序；花蕾圆锥形，绿和红色，长 0.71~0.80cm，宽 0.59~0.62cm，缝合线突起弱，顶端无突起；花萼棱明显，没有密被柔毛，长 0.97~1.12cm；花深红色（RHS N45B），花径 3.28~4.02cm，花瓣边缘褶皱，瓣爪长 0.57~0.82cm，瓣爪深红色（RHS N45C）；花期 6—10 月；蒴果椭圆形，长 1.09~1.19cm，宽 0.61~0.80cm，成熟时深褐色，果期 10—11 月。

该品种在中国紫薇适生的地区均可种植。其适应性强，耐干旱，较耐寒，喜光。该品种是矮化紫薇中珍稀的大红色品种，适合于市政园林绿化，乡村花卉景观营造，可做地被、盆花和紫薇球等，也是营建花海旅游项目的优良品种。

图 2.29 玲珑红

2.2.9 紫銮（*Lagerstroemia indica* 'Ziluan'）

该品种是湖南省林业科学院紫薇研究团队主持从紫薇自由授粉的种子实生苗中选育出的紫薇新品种。于 2018 年获得国家植物新品种权（品种权号：20180370）。

乔木，枝条直立，干皮褐色；小枝四棱明显、柔毛密度高，翅较短；叶片椭圆形或倒卵形，叶背柔毛密度中，叶缘没有起伏，叶片绿色（RHS 137A），叶长 8.1~10.8cm，宽 5.0~6.1cm；圆锥花序；花蕾为圆锥形，绿和红色，长 0.59~0.74cm，宽 0.52~0.72cm，缝合线突起较强，顶端有突起，有附属物；花萼棱明显，密被柔毛，长 0.90~0.94cm；花紫红色（RHS N74B），花径 4.2~5.3cm，花瓣边缘褶皱，瓣爪长 0.8~1.2cm，紫红色（RHS 63B）；花期 6—10 月；蒴果椭圆形，长 1.18~1.37cm，宽 0.92~1.37cm，成熟时褐色，果期10—11月。

该品种在中国湖南、江苏、安徽、河南、四川等紫薇适生区域均可种植。其耐干旱，较耐寒，其对土壤要求不严，喜光，适应性强。生长速度快，适合培养行道树。

图 2.30　紫銮

2.2.10 紫湘（*Lagerstroemia indica* 'Zixiang'）

该品种是湖南省林业科学院紫薇研究团队以'Ebony Embers'紫薇为父本，'Catawba'紫薇为母本，杂交后经选育而成的紫薇新品种。于2019年获得国家植物新品种权（品种权号：20190400）。

小乔木状，植株生长习性半直立，干皮褐色；小枝四棱明显，柔毛密度中等，翅短；叶片椭圆形，叶背柔毛密度低，叶缘无起伏，成熟叶片绿色（RHS NN137A），叶长5.80~7.85cm，宽3.10~4.40cm；圆锥花序；花蕾圆锥形，绿和红色，长0.86~0.95cm，宽0.76~0.90cm，缝合线突起弱，顶端突起明显；花萼微具棱，没有密被柔毛，长1.05~1.20cm；花深紫红色（RHS 72A），花径4.20~5.10cm，花瓣边缘褶皱，瓣爪长0.75~0.90cm，瓣爪紫红色（RHS 59C）；花期6—10月；蒴果椭圆形，长1.21~1.26cm，宽1.03~1.11cm，成熟时深褐色，果期10—11月。

该品种在中国紫薇适生的地区均可种植。其适应性较强，较耐旱，其对土壤要求不严，喜光。可广泛用于园林绿化及庭院栽培等。

图 2.31　紫湘

2.2.11 紫秀（*Lagerstroemia indica* 'Zixiu'）

该品种是湖南省林业科学院紫薇研究团队从紫薇自由授粉的种子实生苗中选育出的紫薇新品种。于2019年获得国家植物新品种权（品种权号：20190401）。

小乔木状，植株生长习性半直立，干皮褐色；小枝四棱明显，柔毛密度中，翅短；叶片椭圆形，叶背密被柔毛程度高，叶缘无起伏，新叶绿色，成熟叶片深绿色，叶长4.8~8.3cm，宽3.2~4.8cm；圆锥花序；花蕾圆锥形，绿和红色，长0.78~0.89cm，宽0.73~0.82cm，缝合线中度突起，顶端有突起，无附属物；花萼微具棱，无密被柔毛，长0.85~1.04cm；花紫红色（RHS 64A），花径3.6~4.0cm，花瓣边缘褶皱，瓣爪长0.74~0.90cm，瓣爪颜色与花色相同；花期6—10月；蒴果圆形，长0.83~1.02cm，宽0.71~0.98cm，成熟时深褐色，果期10—11月。

该品种在中国紫薇适生的地区均可种植。其适应性较强，较耐旱，对土壤要求不严，喜光，略耐荫，忌涝，适宜在温暖湿润的气候条件下生长。可广泛用于园林绿化及庭院栽培等。

图2.32 紫秀

2.2.12 紫怡（*Lagerstroemia indica* 'Ziyi'）

该品种是湖南省林业科学院紫薇研究团队从'Ebony Glow'紫薇自由授粉的实生苗中选育出的紫薇新品种。于2020年获得国家植物新品种权（品种权号：20200285）。

灌木状，植株生长习性半直立，干皮褐色；小枝四棱明显，柔毛密度中，翅短；叶片椭圆形，叶背柔毛密度中，叶缘无起伏，新叶橄榄绿色，成熟叶片颜色绿，叶长4.4~5.7cm，宽2.5~3.9cm；圆锥花序；花蕾圆锥形，绿和红色，长0.70~0.79cm，宽0.66~0.75cm，缝合线突起弱，顶端有突起；花萼微具棱，长0.96~1.02cm；花深紫色（RHS N79C），花径3.4~4.0cm，花瓣边缘褶皱，瓣爪长0.59~0.67cm，瓣爪深紫色（RHS N79C）；花期6—10月；蒴果圆形，长0.96~1.1cm，宽0.88~1.04cm，成熟时褐色，果期10—11月。

图2.33 紫怡

该品种在中国紫薇适生的地区均可种植。其适应性较强，较耐旱，喜光。花密集，可广泛用于园林绿化及庭院栽培等。

2.2.13 紫娇（*Lagerstroemia indica* 'Zijiao'）

该品种是湖南省林业科学院紫薇研究团队从紫薇自由授粉的实生苗中选育出的紫薇新品种。于2020年获得国家植物新品种权（品种权号：20200420）。

灌木状，植株生长习性半直立，干皮褐色；小枝四棱明显，柔毛密度低，翅短；叶片椭圆形，叶缘无起伏，叶背柔毛密度低，新叶深紫红色（RHS 60A），成熟叶片绿色，叶长4.50~6.80cm，宽2.90~3.90cm；圆锥花序；花蕾圆锥形，绿和红色，长0.82~0.94cm，宽0.75~0.83cm，缝合线突起弱，顶端有突起；花萼微具棱，没有密被柔毛，长1.05~1.15cm；花深紫红色（RHS 72A），花径2.4~3.8cm，花瓣边缘褶皱，瓣爪长0.61~0.70cm，瓣爪深紫红色（RHS 72A）；花期6—10月；蒴果圆形，长1.07~1.16cm，宽0.84~0.88cm，成熟时褐色，果期10—11月。

该品种在中国紫薇适生的地区均可种植。其适应性较强，较耐旱，对土壤要求不严，喜光。可广泛用于园林绿化及庭院栽培等。

图 2.34　紫娇

2.2.14 紫佳人（*Lagerstroemia indica* 'Zijiaren'）

该品种是湖南省林业科学院紫薇研究团队在秋水仙素处理的紫薇种子实生苗中选育的紫薇新品种。于2020年获得国家植物新品种权（品种权号：20200423）。

图 2.35　紫佳人

灌木状，半直立；干皮褐色；小枝四棱明显，翅短，柔毛密度中；叶片阔卵形，叶背柔毛密度中，叶缘无起伏，成熟叶绿色（RHS NN137A），叶长7.72~9.69cm，宽

5.00~5.58cm；花蕾圆锥形，绿和红色，缝合线突起弱，无附属物，顶端有突起，长0.90~1.05cm，宽0.86~0.88cm；花萼微具棱，不密被柔毛，长1.27~1.32cm；花深紫红色（RHS 71A），花径4.6~5.0cm，花瓣边缘褶皱明显，瓣爪深紫红色（RHS 71A），瓣爪长0.80~0.86cm；花期6—10月；蒴果圆形，长1.21~1.43cm，宽0.97~1.16cm，成熟时褐色。

该品种在中国紫薇适生的地区均可种植。其适应性较强，较耐旱，喜光。可广泛用于园林绿化及庭院栽培等。

2.2.15 芙蓉红（*Lagerstroemia indica* 'Furonghong'）

该品种是湖南省林业科学院紫薇研究团队从紫薇自由授粉的实生苗中选育出的紫薇新品种。于2020年获得国家植物新品种权（品种权号：20200424）。

灌木状，植株生长习性半直立，干皮褐色；小枝四棱明显，柔毛密度低，翅短；叶片椭圆形，叶缘无起伏，叶背柔毛密度低，叶片绿色（RHS NN137A），叶长7.60~9.40cm，宽5.60~7.20cm；圆锥花序；花蕾圆锥形，绿和红色，长0.80~0.88cm，宽0.59~0.67cm，缝合线突起弱，顶端有突起；花萼微具棱，没有密被柔毛，长1.00~1.10cm；花紫红色（RHS 64C），花径4.1~4.8cm，花瓣边缘褶皱，瓣爪长0.72~0.85cm，瓣爪紫红色（RHS 64C）；花期6—10月；蒴果椭圆形，长1.07~1.16cm，宽0.84~0.88cm，成熟时褐色，果期10—11月。

该品种在中国紫薇适生的地区均可种植。其适应性较强，耐旱，喜光，花量大，抗逆性较强，可广泛用于园林绿化及庭院栽培等。

图2.36 芙蓉红

2.2.16 钰琦红（*Lagerstroemia indica* 'Yuqihong'）

该品种是湖南省林业科学院紫薇研究团队以'Ebony Embers'紫薇为父本，'玲珑红'紫薇为母本，杂交后经选育而成的紫薇新品种。于2020年获得国家植物新品种权（品种权号：20200425）。

灌木状，植株生长习性半直立，干皮褐色；小枝四棱明显，柔毛密度低，翅短；叶片椭圆形，叶缘起伏，叶背柔毛密度低，成熟叶片绿色，叶长6.1~7.4cm，宽3.1~4.0cm；圆锥花序；花蕾圆锥形，绿和红色，长0.76~0.85cm，宽0.65~0.73cm，缝合线突起弱，顶端有突起；花萼微具棱，没有密被柔毛，长0.72~1.05cm；花深红色（RHS 53A），花径3.0~3.9cm，花瓣边缘褶皱，瓣爪长0.51~0.65cm，瓣爪深红色（RHS

53A）；花期6—10月；蒴果圆形，长0.96~1.16cm，宽0.88~1.02cm，成熟时褐色，果期10—11月。

该品种在中国紫薇适生的地区均可种植。其对土壤要求不严，适应性较强，耐旱，喜光，花色亮丽，可广泛用于园林绿化及庭院栽培等。

图 2.37　钰琦红

2.2.17 紫翠（*Lagerstroemia indica* 'Zicui'）

该品种是湖南省林业科学院以$^{60}Co-\gamma$射线辐射诱变'Ebony Flame'紫薇种子而选育出的紫薇新品种。于2020年获得国家植物新品种权（品种权号：20200428）。

灌木状，植株半直立，干皮褐色；小枝四棱明显，柔毛密度低，翅短；叶片椭圆形和卵形，叶背柔毛密度低，叶缘无起伏，成熟叶绿色，叶片中等大小，长5.8~7.9cm、宽3.4~4.4cm；圆锥花序；花蕾圆锥形，长0.66~0.79cm、宽0.53~0.63cm，绿和红色，缝合线突起弱，无附属物，顶端有突起；花萼长0.86~0.95cm，花萼微具棱，没有密被柔毛；花深紫红色（RHS 72A），花径3.4~3.7cm，花瓣边缘褶皱，瓣爪长0.64~0.68cm，瓣爪深紫红色（RHS 61B）；花期6—10月；蒴果椭圆形，长0.92~1.38cm，宽0.83~0.88cm，成熟时褐色，果期10—11月。

该品种在中国紫薇适生的地区均可种植。其适应性较强，较耐旱，对土壤要求不严，喜光，略耐荫，忌涝，适宜在温暖湿润的气候条件下生长。可广泛用于园林绿化及庭院栽培等。

图 2.38　紫翠

2.2.18 紫悦（*Lagerstroemia indica* 'Ziyue'）

该品种是湖南省林业科学院紫薇研究团队以'紫韵'紫薇为父本，'Royalty'紫薇为母本，杂交后经选育而成的紫薇新品种。于2020年获得国家植物新品种权（品种权号：20200429）。

灌木状，植株半直立，干皮褐色；小枝四棱明显，柔毛密度低，翅短；叶片椭圆形，叶背柔毛密度中等，叶缘无起伏，成熟叶绿色，叶片中等大小，长4.4~5.1cm，宽2.2~2.6cm；花蕾圆锥形，长0.77~0.87cm，宽0.62~0.67cm，绿和红色，缝合线突起弱，无附属物，顶端有突起；花萼长0.95~1.05cm，花萼微具棱，没有密被柔毛；花深紫红色（RHS 72A），花径2.7~3.2cm，花瓣边缘褶皱，瓣爪长0.60~0.75cm，瓣爪深紫红色（RHS 72A）；花期6—10月；蒴果圆形，长9.40~10.76cm，宽9.00~9.72cm，成熟时褐色，果期10—11月。

该品种在中国紫薇适生的地区均可种植。其对土壤要求不严，适应性较强，喜光，花量多，抗性好。可广泛用于园林绿化及庭院栽培等。

图 2.39 紫悦

2.2.19 湘西红（*Lagerstroemia indica* 'Xiangxihong'）

该品种是湖南省林业科学院紫薇研究团队以'Ebony Embers'紫薇为父本，'玲珑红'紫薇为母本，杂交后经选育而成的矮生紫薇新品种。于2020年获得国家植物新品种权（品种权号：20200431）。

图 2.40 湘西红

灌木状，生长缓慢，植株生长习性半直立，干皮褐色；小枝四棱明显，柔毛密度低，翅短；叶片披针形，叶缘无起伏，叶背柔毛密度低，成熟叶绿色（RHS NN137A），叶长3.8~4.1cm，宽1.4~1.7cm；圆锥花序；花蕾球形，绿和红色，长0.61~0.71cm，宽0.55~0.64cm，缝合线突起弱，顶端无突起；花萼微具棱，没有密被柔毛，长 0.80~0.90cm ；花紫红色（RHS 58B），花径 3.0~3.9cm，花瓣边缘褶皱，瓣爪长 0.75~0.85cm，瓣爪紫红色（RHS 58B）；花期 6—10 月；蒴果圆形，长 0.74~0.85cm，宽 0.72~0.80cm，成熟时褐色，果期 10—11 月。

该品种在中国紫薇适生的地区均可种植。其适应性较强，喜光，花密，生长慢，是优良的矮生紫薇新品种，可片植、孤植、盆栽，也可培养成紫薇球、盆花等。

2.2.20 紫仙子（*Lagerstroemia indica* 'Zixianzi'）

该品种是湖南省林业科学院紫薇研究团队以 'Ebony Embers' 紫薇为父本，'紫精灵' 紫薇为母本进行杂交，在杂交后代植株中选育出的紫薇新品种。于 2021 年获得国家植物新品种权（品种权号：20210613）。

灌木状，植株生长习性半直立，干皮褐色；小枝四棱明显，柔毛密度低，翅短；叶片椭圆形，叶缘无起伏，叶背柔毛密度低，成熟叶片深绿色（RHS 137A），叶长 4.4~5.5cm，宽 3.4~4.1cm ；圆锥花序；花蕾圆锥形，绿和红色，长 0.74~0.85cm，宽 0.68~0.71cm，缝合线突起弱，顶端无突起；花萼微具棱，没有密被柔毛，长 0.90~1.10cm ；花深紫红色（RHS 71A），花径 3.4~4.2cm，花瓣边缘褶皱，瓣爪长 0.75~0.90cm，瓣爪深紫红色（RHS 71C）；花期 6—10 月，开花后不结实，无果实。

该品种在中国紫薇适生的地区均可种植。其适应性较强，较耐旱，喜光，花量大。该品种显著特点是开花不结实，花后不需要修剪，连绵不断分化芽，花期特长。可广泛用于园林绿化。

图 2.41　紫仙子

2.2.21 潇湘红馨（*Lagerstroemia indica* 'Xiaoxianghongxin'）

该品种是湖南省林业科学院紫薇研究团队以 '紫韵' 紫薇为父本，'红叶' 紫薇为母本进行杂交，在杂交后代植株中选育出的紫薇新品种。于 2022 年获得国家植物新品种权（品种权号：20220131）。

灌木状，半直立，干皮褐色；小枝四棱明显，翅短，柔毛密度低；叶片椭圆形，成熟叶绿色带紫，叶长 3.55~4.20cm，宽 2.41~3.00cm，叶背柔毛密度低，叶缘没有起伏；花萼微具棱，长 0.98~1.10cm，没密被柔毛；花蕾圆柱形，绿和红色，长 0.72~0.86cm，宽 0.61~0.72cm，花蕾缝合线突起弱，顶端有突起，无附属物；花深红色（RHS 53A），花径 3.00~4.52cm，花瓣边缘褶皱，瓣爪深红色（RHS 53A），长 0.80~0.95cm ；花期 6—10 月；蒴果椭圆形，长 0.88~1.03cm，宽 0.79~0.88cm，成熟时褐色，果期 10—11 月。

该品种在中国紫薇适生的地区均可种植。其适应性较强，喜光，花量大，花色艳丽，生长势旺，可广泛用于园林绿化及庭院栽培等。

图 2.42 潇湘红馨

2.2.22 潇湘彩蝶（*Lagerstroemia indica* 'Xiaoxiangcaidie'）

该品种是湖南省林业科学院紫薇研究团队以'紫韵'紫薇为父本，'红叶'紫薇为母本进行杂交，在杂交后代植株中选育出的紫薇新品种。于2022年获得国家植物新品种权（品种权号：20220136）。

灌木状，植株生长习性半直立，干皮褐色；小枝四棱明显，翅短，柔毛密度中；叶片椭圆形，新叶灰橙色（RHS 177A），成熟叶片绿色（RHS NN137A），叶片无洒金，叶缘不起伏，叶背柔毛密度低，叶长4.4~5.3cm，宽2.9~3.1cm；圆锥花序；花萼微具棱，没有密被柔毛，长0.80~0.95cm；花蕾圆锥形，红色，缝合线突起弱，无附属物，顶端有突起，长0.63~0.70cm，宽0.55~0.66cm；花径2.5~3.4cm，花紫红色（RHS 58A），花瓣边缘褶皱，瓣爪长0.60~0.75cm，瓣爪紫红色（RHS 58A）；花期6—10月；蒴果圆形，长0.97~1.13cm，宽0.85~1.05cm，成熟时褐色，果期10—11月。

该品种在中国紫薇适生的地区均可种植。其对土壤要求不严，适应性较强，喜光，花量大，可广泛用于园林绿化及庭院栽培等。

图 2.43 潇湘彩蝶

2.2.23 潇湘美人（*Lagerstroemia indica* 'Xiaoxiangmeiren'）

该品种是湖南省林业科学院紫薇研究团队以'Ebony Embers'紫薇为父本，'玲珑红'紫薇为母本，在杂交后代植株中选育出的矮生紫薇新品种。于2022年获得国家植物新品种权（品种权号：20220129）。

灌木状,生长较慢,植株生长习性半直立,干皮褐色;小枝四棱明显,翅短,柔毛密度低;叶片椭圆形,成熟叶片绿色,叶片无洒金,叶缘起伏,叶背柔毛密度低,叶长2.9~4.9cm,宽1.5~2.3cm;圆锥花序;花萼微具棱,没有密被柔毛,长0.92~1.00cm;花蕾圆锥形,绿和红色,缝合线突起弱,无附属物,顶端无突起,长0.60~0.77cm,宽0.56~0.68cm;花径3.8~4.0cm,花深红色(RHS 53A),花瓣边缘褶皱,瓣爪长0.69~0.82cm,瓣爪深红色(RHS 53A);花期6—10月;蒴果圆形,长0.82~0.91cm,宽0.77~0.93cm,成熟时褐色,果期10—11月。

该品种在中国紫薇适生的地区均可种植。其较耐旱和耐瘠薄,喜光。生长速度慢,是优良的深红色矮生品种,可广泛用于园林绿化、花海及花景营建。

图 2.44 潇湘美人

2.2.24 潇湘粉韵(*Lagerstroemia indica* 'Xiaoxiangfenyun')

该品种是湖南省林业科学院紫薇研究团队以'紫韵'紫薇为父本,'Royalty'紫薇为母本进行杂交,在杂交后代植株中选育出的紫薇新品种。于2022年获得国家植物新品种权(品种权号:20220130)。

植株灌木状,半直立;干皮褐色;小枝四棱明显,翅短,柔毛密度低;叶片椭圆形,叶背柔毛密度低,叶缘无起伏,成熟叶绿,叶长5.80~6.32cm,宽3.40~3.63cm;花蕾圆锥形,绿和红色,缝合线突起弱,无附属物,顶端有突起,长0.69~0.78cm,宽0.52~0.62cm;花萼微具棱,没有密被柔毛,长0.90~1.05cm;花深紫红色(RHS 61B),花径2.13~2.60cm,花瓣边缘褶皱明显,瓣爪深紫红色(RHS 61B),长0.52~0.83cm;花期6—10月;蒴果椭圆形,长1.06~1.26cm,宽0.92~1.01cm,成熟时褐色。

图 2.45 潇湘粉韵

该品种在中国紫薇适生的地区均可种植。其对土壤要求不严，适应性较强，喜光。花序大，花量多，可广泛用于园林绿化及庭院栽培等。

2.2.25 潇湘艳舞（*Lagerstroemia indica* 'Xiaoxiangyanwu'）

该品种是湖南省林业科学院紫薇研究团队从紫薇自由授粉的实生苗中选育出的矮生紫薇新品种。于2022年获得国家植物新品种权（品种权号：20220138）。

灌木状，植株生长习性半直立，干皮褐色；小枝四棱明显，翅短，柔毛密度低；叶片椭圆形，成熟叶片绿色，叶片无洒金，叶缘不起伏，叶背柔毛密度低，叶长2.6~4.3cm，宽1.5~2.2cm；圆锥花序；花萼微具棱，没有密被柔毛，长0.7~0.8cm；花蕾圆锥形，绿和红色，缝合线突起弱，无附属物，顶端无突起，长0.46~0.53cm，宽0.45~0.55cm；花径2.7~3.2cm，花深紫红色（RHS 67A），花瓣边缘褶皱，瓣爪长0.40~0.45cm，瓣爪深紫红色（RHS 67A）；花期6—10月；蒴果圆形，长0.73~0.88cm，宽0.71~0.80cm，成熟时褐色，果期10—11月。

该品种在中国紫薇适生的地区均可种植。其适应性较强，较耐旱，喜光。生长速度慢，花量大，特别适合培养紫薇球，可广泛用于园林绿化及庭院栽培等。

图 2.46 潇湘艳舞

2.2.26 潇湘红魁（*Lagerstroemia indica* 'Xiaoxianghongkui'）

该品种是湖南省林业科学院紫薇研究团队从紫薇自由授粉的实生苗中选育出的紫薇新品种。于2022年获得国家植物新品种权（品种权号：20220126）。

图 2.47 潇湘红魁

灌木状，植株生长习性半直立，干皮褐色；小枝四棱明显，翅短，柔毛密度低；叶片椭圆形，成熟叶片绿色，叶片无洒金，叶缘不起伏，叶背柔毛密度低，叶长

5.6~6.8cm，宽 3.1~3.7cm；圆锥花序；花萼微具棱，没有密被柔毛，长 1.05~1.15cm；花蕾圆锥形，绿和红色，缝合线突起弱，无附属物，顶端有突起，长 0.79~0.86cm，宽 0.64~0.70cm；花径 3.4~3.7cm，花深红色（RHS N45A），花瓣边缘褶皱，花瓣褶皱程度密，瓣爪长 0.55~0.75cm，瓣爪深红色（RHS 45A）；花期 6—10 月；蒴果椭圆形，长 0.96~1.05cm，宽 0.88~0.92cm，成熟时褐色，果期 10—11 月。

该品种在中国紫薇适生的地区均可种植。其适应性较强，较耐旱，抗性强，喜光，花瓣褶皱很密，花量大，花色深红，艳丽无比，是非常优秀的深红色紫薇品种，可广泛用于园林绿化及庭院栽培等。

2.2.27 粉精灵（*Lagerstroemia indica* 'Fengjingling'）

该品种是北京林业大学园林学院以屋久岛紫薇（*Lagerstroemia fauriei*）做母本，紫薇品种（'Pocomoke'）做父本进行杂交后从实生苗后代选育出的矮生紫薇新品种。该品种于 2018 年 12 月获得国家植物新品种权（品种权号：20180180）。

低矮灌木，2 年生苗株高约 0.3m，冠幅 40~50cm，枝条直立，老枝黄褐色，小枝四棱明显。叶椭圆形，先端渐尖，叶基楔形，长 2~4cm，宽 1~3cm，侧脉 3~5 对。花萼长约 0.8cm，萼裂片长约 0.3cm，萼筒长约 0.5cm，花萼棱明显，钟形。花蕾圆锥形，缝合线中度突起。花序长约 12cm，宽约 7cm，每花序着花数 10~30 朵。花浅红色（RHS 55B），花径约 3~4cm，花瓣长 0.9cm，宽 1.1cm，瓣爪长 0.6cm，花瓣基部有白晕。花期 6—9 月，果期 10—11 月。

该品种是优良的矮生紫薇新品种，适宜种植于中国北京及以南等地紫薇适生区域，作为公共绿化及庭院栽培或盆栽，适合培养紫薇盆花或紫薇球。

图 2.48　粉精灵

2.2.28 玲珑（*Lagerstroemia indica* 'Linglong'）

该品种是北京林业大学园林学院从紫薇品种（'Pocomoke'）自由授粉的种子实生苗中选育的紫薇新品种。于 2018 年 12 月获得国家植物新品种权（品种权号：20180321）。

低矮灌木，3 年生苗株高约 0.2m，冠幅 60~70cm，枝条下垂，老枝褐色，小枝四棱明显，翅短，柔毛密度低。叶片小，长椭圆形，绿色，无洒金，叶缘不起伏，叶片扭曲。花萼长度居中，微具棱，没有密被柔毛。花蕾长度短，宽度窄，圆锥形，绿和红色，缝合线突起弱，无附属物，顶端有突起。花径小，单色花，深紫红色（RHS 67A），花瓣边缘明显褶皱，瓣爪长度短，深紫红色（RHS 67A），雄蕊无瓣化。果实小，圆形，褐色。萌芽期、花期呈中等水平。

该品种适宜种植于中国北京及以南等紫薇适生的区域，作为盆栽，观赏效果佳，亦可用于公共绿化及庭院栽培等，适合培养紫薇盆花或紫薇球。

图 2.49 玲珑

2.2.29 绚紫（*Lagerstroemia indica* 'Xuanzi'）

该品种是湖北省林业科学研究院以'Royalty'紫薇为母本，'福建紫薇'为父本进行杂交，在杂交后代植株中选育出的紫薇新品种。于2018年获得国家植物新品种权（品种权号：20180383）。

灌木状，植株生长习性半直立，萌蘖性强。2年生苗株高1.54m，冠幅1.83~1.85m，地径3.29cm。干皮棕褐色，不剥落。小枝四棱明显，微具翅。叶片椭圆形，叶片长10.1cm，宽5.3cm。花萼长0.93cm，花萼棱明显，密被柔毛。花蕾红色，圆锥形，长0.8~0.9cm，宽0.7~0.8cm，顶端微突起，缝合线中度突起。花序长15.8cm，宽13.4cm，每花序着花数30~89朵。花径4.5~5.0cm，花深红色（RHS 70A），花瓣边缘褶皱明显，瓣爪紫红色，瓣爪长度0.6~0.7cm。花期7—9月。果椭圆形，长1.06cm，宽0.8cm，果期8—11月。

在中国紫薇适生的地区均可种植。适应性较强，较耐旱，喜光。可广泛用于园林绿化及庭院栽培等。

图 2.50 绚紫

2.2.30 红妆（*Lagerstroemia indica* 'Hongzhuang'）

该品种是湖北省林业科学研究院以'Velma's Royal Delight'紫薇为父本，'Siren red'紫薇为母本进行杂交，在杂交后代植株中选育出的紫薇新品种。于2020年获得国家植物新品种权（品种权号：20200418）。

灌木状，植株生长习性半直立，萌蘖性强。2年生苗株高1.21m，冠幅1.26m，地径1.38cm。干皮棕褐色，小枝四棱明显，翅短，柔毛密度低；叶片椭圆形，叶长4.3~5.6cm，宽2.8~3.7cm，叶背柔毛密度低，叶缘无起伏，叶片绿色；花蕾圆锥形，长1.0~1.2cm，宽0.9~1.2cm，绿和红色，缝合线中度突起，顶端无突起，无附属物；花萼长0.9~1.4cm，萼裂片长0.3~0.6cm，花萼微具棱，无密被柔毛；花径4~4.8cm，花深红色（RHS 53A），花瓣边缘褶皱，瓣爪长0.9~1.1cm，瓣爪深紫红色（RHS 59B）；花期7—9月；蒴果圆形，长1.0~1.4cm，宽0.7~0.9cm，成熟时深褐色。

该品种在中国湖北、湖南、浙江、江苏、安徽、江西、广西、广东、河南等紫薇适生区域均可种植。其花量大，艳丽，可广泛用于园林绿化及庭院栽培等。

图 2.51　红妆

2.2.31 芳伶（*Lagerstroemia indica* 'Fengling'）

该品种是湖北省林业科学研究院以'Velma's Royal Delight'紫薇为父本，'Siren red'紫薇为母本进行杂交，在杂交后代植株中选育出的紫薇新品种。于2020年获得国家植物新品种权（品种权号：20200436）。

图 2.52　芳伶

灌木状，植株生长习性半直立。2年生苗株高1.12m，冠幅1.32m，地径1.37cm。干皮棕褐色。小枝四棱明显，翅短、柔毛密度低；叶片椭圆形，叶长5.6~6.9cm，宽3.1~4.1cm，叶背柔毛密度低，叶缘起伏，叶片绿色；花蕾球形，长1.0~1.3cm，宽0.9~1.2cm，绿和红色，缝合线突起弱，顶端有突起，无附属物；花萼长0.8~1.1cm，花萼微具棱，无密被柔毛；花径3.8~4.9cm，花深紫红色（RHS 71A），花瓣边缘褶皱，瓣爪长0.8~1.0cm，瓣爪颜色同花色；花期7—9月；蒴果圆形，长1.1~1.3cm，宽0.8~1.0cm，成熟时深褐色。

该品种在中国湖北、湖南、浙江、江苏、安徽、江西、广西、广东、河南等紫薇适生区域均可种植。可广泛用于园林绿化及庭院栽培等。

2.3 董薇品种

2.3.1 紫精灵（*Lagerstroemia india* 'Zijingling'）

该品种是湖南省林业科学院紫薇研究团队从紫薇自由授粉的种子实生苗中选育出的紫薇新品种。于2016年获得国家植物新品种权（品种权号：20160171），2019年被审定为湖南省林木良种（良种编号：湘S-SV-LI-010-2018）。2017年荣获第九届中国花卉博览会金奖。

小乔木，枝条直立，老枝褐色，新枝红色，小枝四棱明显，微具翅，柔毛密度低；叶片椭圆形，叶背柔毛密度低，叶缘不起伏，嫩叶浅绿色，成熟叶深绿色，长4.0~7.6cm，宽2.1~4.8cm；顶生圆锥花序；花蕾圆柱形，长0.76~0.86cm，宽0.66~0.74cm，绿和红色，缝合线中度突起，顶端微突起；花萼长0.89~0.97cm，花萼棱明显；花径3.8~4.7cm，花紫罗兰色（RHS N81A），花瓣长1.0~1.5cm，花瓣边缘褶皱，瓣爪长0.49~0.72cm，深紫色（RHS N78A）；花期6—10月；蒴果圆形，长0.6~0.94cm，宽0.62~0.85cm，成熟时深褐色，果期10—11月。

该品种在中国湖南、浙江、江西、贵州、山东、江苏、安徽、河南、四川等紫薇适生区域均可种植。其耐干旱，较耐寒，喜光。初开花为深紫色，渐退为紫蓝色，一树多花色。开花早，花量大，结实少，花期超长。其罕见的紫蓝色花，绵延不断的绽放效果，是营建紫薇花海的首选，可广泛应用于园林绿化、特色小镇、乡村旅游、高速公路等。

图2.53 紫精灵

2.3.2 紫莹（*Lagerstroemia indica* 'Ziying'）

该品种是湖南省林业科学院紫薇研究团队从紫薇自由授粉的种子实生苗中选育出的紫薇新品种。于2017年获得国家植物新品种权（品种权号：20180116），2019年被审定为湖南省林木良种（良种编号：湘S-SV-LI-008-2019）。荣获2019中国北京世界园艺博览会铜奖。

小乔木，枝条直立，干皮褐色，小枝四棱明显，柔毛密度低，翅短；叶片椭圆形，叶背柔毛密度低，叶缘不起伏，嫩叶深紫色（RHS N77A），枝条中部叶片深灰绿色（RHS N189A），下部叶片灰紫色（RHS N186A），叶长4.5~5.6cm，宽2.7~3.4cm；圆锥花序；花蕾圆柱形，绿和红色，长 0.74~0.85cm、宽 0.61~0.67cm，缝合线突起弱，顶端有突起；花萼无棱，没有密被柔毛，长 0.90~1.03cm；花深紫色（RHS N78B），花径 2.04~3.45cm，花瓣边缘褶皱，瓣爪长 0.57~0.69cm，颜色与花色一致；花期 6—10 月；蒴果圆形，长 1.0~1.16cm，宽 0.83~0.93cm，成熟时深褐色，果期 10—11 月。

该品种在中国紫薇适生的地区均可种植。其对土壤要求不严，喜光，适宜在温暖湿润的气候条件下生长。紫叶配深紫色花，美极了，可广泛应用于园林绿化、花海和花景营造等。

图 2.54　紫莹

2.3.3 紫婉（*Lagerstroemia indica* 'Ziwan'）

该品种是湖南省林业科学院紫薇研究团队以 'Ebony Embers' 紫薇为父本，'Catawba' 紫薇为母本，杂交后经选育而成的紫薇新品种。于 2019 年获得国家植物新品种权（品种权号：20190399）。

乔木状，植株生长习性半直立，干皮褐色；小枝四棱明显，柔毛密度中，翅短；叶片椭圆形，叶背柔毛密度低，叶缘无起伏，新叶黄绿色（RHS 147A），成熟叶褐色（RHS N200A），叶长 4.70~6.00cm，宽 2.65~3.20cm；圆锥花序；花蕾圆锥形，绿和红色，缝合线中度突起，无附属物，顶端有突起，长 0.81~0.90cm，宽 0.75~0.86cm；花萼棱明显，没有密被柔毛，长 1.00~1.10cm；花紫罗兰色（RHS N80A），花径 3.65~4.15cm，花瓣边缘褶皱，瓣爪深紫红色（RHS 72A）、瓣爪长 0.55~0.65cm；花期 6—10 月；蒴果椭圆形，长 1.07~1.22cm，宽 0.88~0.97cm，成熟时深褐色，果期 10—11 月。

该品种在中国湖南、广东、广西、河南、湖北、四川等紫薇适生区域均可种植。其适应性较强，较耐旱，喜光。可应用于园林绿化及庭院栽培等。

图 2.55　紫婉

2.3.4 紫芙蓉（*Lagerstroemia indica* 'Zifurong'）

该品种是湖南省林业科学院紫薇研究团队从紫薇自由授粉的种子实生苗中选育出的紫薇新品种。于2020年获得国家植物新品种权（品种权号：20200430）。

灌木状，植株生长习性半直立，干皮褐色；小枝四棱明显，柔毛密度低，翅短；叶片椭圆形，叶背柔毛密度低，叶缘没有起伏，成熟叶深褐色（RHS 200A），叶长4.2~5.0cm，宽2.3~2.9cm；花萼微具棱，长0.85~1.09cm；花蕾圆锥形，绿和红色，长0.80~0.86cm，宽0.62~0.70cm，缝合线突起弱，顶端无突起；花径4.00~4.30cm，花紫罗兰色（RHS N80A），花瓣边缘褶皱，瓣爪长0.56~0.71cm，紫红色（RHS 64A）；花期6—10月；蒴果圆形，长0.95~1.12cm，宽0.93~1.11cm，成熟时褐色，果期10—11月。

该品种在中国紫薇适生的地区均可种植。其适应性较强，较耐旱，喜光，适宜在温暖湿润的气候条件下生长。可应用于园林绿化和花景营造及庭院栽培等。

图 2.56 紫芙蓉

2.3.5 紫梦（*Lagerstroemia indica* 'Zimeng'）

该品种是湖南省林业科学院紫薇研究团队以'Ebony Embers'紫薇为父本，'紫精灵'紫薇为母本，杂交后经选育而成的紫薇新品种。于2019年获得国家植物新品种权（品种权号：20190396）。

图 2.57 紫梦

小乔木状，植株生长习性半直立，干皮褐色；小枝四棱明显，柔毛密度高，翅短；叶片椭圆形，叶背柔毛密度中，叶缘起伏，成熟叶片绿色（RHS NN137B），叶长4.4~5.7cm，宽2.5~3.4cm；圆锥花序；花蕾圆锥形，绿和红色，长0.75~0.99cm，宽0.69~0.85cm，缝合线中度突起，顶端有突起；花萼棱明显，没有密被柔毛，长

1.08~1.23cm；花深紫色（RHS N78A），花径 3.6~4.5cm，花瓣边缘褶皱，瓣爪长 0.65~0.74cm，瓣爪深紫红色（RHS 71C）；花期 6—10 月；蒴果圆形，长 0.92~1.07cm，宽 0.82~0.92cm，成熟时深褐色，果期 10—11 月。

该品种在中国紫薇适生的地区均可种植。其适应性较强，较耐旱，对土壤要求不严，但种植在肥沃、深厚、疏松的土壤中生长更健壮。可广泛用于园林绿化及庭院栽培等。

2.3.6 紫魁（*Lagerstroemia indica* 'Zikui'）

该品种是湖南省林业科学院紫薇研究团队以 'Ebony Flame' 紫薇为父本，'紫精灵' 紫薇为母本，杂交后经选育而成的紫薇新品种。于 2020 年获得国家植物新品种权（品种权号：20200287）。

灌木状，植株生长习性半直立，干皮褐色；小枝四棱明显，柔毛密度低，翅短；叶片卵形，叶背柔毛密度低，叶缘无起伏，新叶灰紫色（RHS 187B），成熟叶片绿色，叶长 3.5~4.9cm，宽 2.1~3.5cm；圆锥花序；花蕾圆锥形，灰紫色（RHS 187A），长 0.76~0.83cm，宽 0.60~0.69cm，缝合线突起弱，顶端有突起；花萼微具棱，没有密被柔毛，长 0.99~1.04cm；花深紫色（RHS N79C），花径 3.2~3.7cm，花瓣边缘褶皱，瓣爪长 0.68~0.72cm，瓣爪深紫红色（RHS 60A）；花期 6—10 月；蒴果圆形，长 0.92~1.07cm，宽 0.82~0.92cm，成熟时褐色，果期 10—11 月。

该品种在中国紫薇适生的地区均可种植。其适应性较强，较耐旱，对土壤要求不严。可广泛用于园林绿化及庭院栽培等。

图 2.58 紫魁

2.3.7 苍翠（*Lagerstroemia indica* 'Cangcui'）

该品种是湖南省林业科学院紫薇研究团队主持从紫薇自由授粉的种子实生苗中选育出的紫薇新品种。于 2018 年获得国家植物新品种权（品种权号：20180371）。

乔木，枝条直立，干皮褐色；小枝四棱明显，柔毛密度高，翅较短；叶片椭圆形，叶背柔毛密度中，叶缘没有起伏，叶片绿色（RHS NN137A），叶长 8.0~13.7cm，宽 5.6~6.7cm；圆锥花序，花蕾圆锥形，绿和红色，长 0.55~0.74cm，宽 0.58~0.74cm，缝合线突起较强，顶端有突起，有附属物；花萼棱明显，密被柔毛，长 0.90~0.94cm；花浅紫色（RHS N75A），花径 4.2~5.3cm，花瓣边缘褶皱，瓣爪长 0.9~1.1cm，深紫红色（RHS 67A）；花期 6—10 月；蒴果椭圆形，0.96~1.10cm，宽 0.78~0.93cm，成熟时褐色，果期 10—11 月。

该品种在中国湖南、江苏、安徽、河南、四川等紫薇适生区域均可种植。其耐干旱，较耐寒，喜光，适应性强。生长速度快，适合培养行道树等。

图 2.59 苍翠

2.3.8 紫幻（*Lagerstroemia indica* 'Zihuan'）

该品种是湖南省林业科学院紫薇研究团队从 'Ebony Flame' 紫薇自由授粉的实生苗中选育出的紫薇新品种。于2020年获得国家植物新品种权（品种权号：20200286）。

灌木状，植株生长习性半直立，干皮褐色，小枝四棱明显，柔毛密度低，翅短；叶片椭圆形，叶背柔毛密度低，叶缘无起伏，叶片绿色（RHS NN137B），叶长 3.1~4.0cm，宽2.1~2.6cm；圆锥花序；花蕾圆锥形，绿和红色，长 0.61~0.89cm，宽0.60~0.70cm，缝合线突起弱，顶端突有起；花萼微具棱，没有密被柔毛，长0.76~0.93cm；花深紫色（RHS N78A），花径2.91~3.85cm，花瓣边缘褶皱，瓣爪长0.58~0.72cm，瓣爪紫红色（RHS 58A）；花期6—10月；蒴果椭圆形，长0.94~1.02cm，宽0.72~0.77cm，成熟时深褐色，果期10—11月。

该品种在中国紫薇适生的地区均可种植。其适应性较强，喜光，抗性较强。花量大而密集，可广泛用于园林绿化及庭院栽培等。

图 2.60 紫幻

2.3.9 潇湘紫星（*Lagerstroemia indica* 'Xiaoxiangzixing'）

该品种是湖南省林业科学院从 'Ebony Fire' 紫薇的实生苗中选育出的新品种。于2022年获得国家植物新品种权（品种权号：20220132）。

灌木状，植株生长习性半直立，干皮褐色；小枝四棱明显，柔毛密度低，翅短；叶片绿色，椭圆形，叶长3.90~5.20cm，宽2.10~2.60cm，叶缘无起伏，叶背柔毛密度低；

圆锥花序；花蕾圆锥形，红色，长 0.63~0.75cm，宽 0.61~0.69cm，缝合线突起弱，顶端突起有；花萼微具棱，没有密被柔毛，长 0.81~1.05cm；花深紫色（RHS N79C），花径 3.2~3.6cm，花瓣边缘褶皱，瓣爪深紫色（RHS N79C），长 0.57~0.72cm；花期6—10月；蒴果圆形，长 0.95~1.12cm，宽 0.91~1.09cm，成熟时褐色，果期10—11月。

　　该品种在中国紫薇适生的地区均可种植。其适应性较强，较耐旱，喜光，忌涝，适宜在温暖湿润的气候条件下生长。可广泛用于园林绿化及庭院栽培等。

图 2.61　潇湘紫星

2.3.10　风华绝代（*Lagerstroemia indica* 'Fenghuajuedai'）

　　该品种是北京林业大学园林学院以紫薇品种'粉晶'（'Fen Jing'）做母本，大花紫薇（*Lagerstroemia speciosa*）做父本进行种间杂交，从实生苗后代中选育出的紫薇新品种。于2016年12月获得国家植物新品种权（品种权号：20160113）。

　　株型开展，有明显的主干，4年生苗株高约1.3m，冠幅约2m。干皮黄褐色，块状剥落，小枝明显四棱。叶片椭圆形，叶片大，长 10~13cm，宽 5~8cm，侧脉7~9对。花萼长 1.1cm，花萼棱明显，无毛。花蕾圆锥形，缝合线中度突起。花序长达28cm，宽16cm，着花数60~100朵。花径达6.5cm，花单色，紫罗兰色（RHS N84A），花瓣长 2cm，宽 2.5cm，瓣爪长 0.6cm，瓣爪颜色与花瓣颜色一致。花期6—9月，不结实。

　　该品种适于中国福建、云南、广东、广西、海南等亚热带及热带地区露地栽植。其喜阳光充足而温暖的气候，对土壤要求不严。可广泛用于园林绿化及庭院栽培等。

图 2.62　风华绝代

2.3.11　云裳（*Lagerstroemia indica* 'Yunchang'）

　　该品种是北京林业大学园林学院和广西林业科学研究院发现天然重瓣变异的大花

紫薇（*Lagerstroemia speciosa*），经选育而成的大花紫薇重瓣新品种。于2020年12月获得国家植物新品种权（品种权号：20200154）。

乔木，植株生长习性半直立，两年生嫁接苗株高约3m，干皮灰色，小枝四棱不明显，光滑无翅。叶大，椭圆形，深绿色，两面均无毛，叶缘无起伏，侧脉9~13对。顶生圆锥花序，花轴、花梗及花萼外面均被少量紫红色糠秕状密毡毛；花蕾球形，紫红色，缝合线突起，顶端具突起；花萼长，裂片三角形，反曲，内面无毛，具明显棱，附属体鳞片状；花重瓣，花紫罗兰色（RHS N81B），花瓣5~6枚，长2.5~3.5cm，花瓣边缘明显褶皱，有紫红色肥厚瓣爪，长约0.5cm；雄蕊上百枚，花药全部瓣化，长约2.5cm，瓣爪花丝状，长约1cm；花柱萎缩，长约5mm；花期6—8月。子房球形萎缩，直径约0.7cm，子房壁厚，无毛；不结实。

该品种适宜种植于中国福建、广东、广西等热带及南亚热带地区，作为城市绿化及庭院栽培等。因植株雄性不育，宜采用嫁接或扦插方式进行繁殖。

图2.63 云裳

2.3.12 岭南紫蝶（*Lagerstroemia indica* 'Lingnanzidie'）

该品种是湖南省郴州市林业科学所从紫薇自由授粉的种子实生苗中选育出的紫薇新品种。于2022年获得国家植物新品种权（品种权号：20220115）。

图2.64 岭南紫蝶

灌木状，植株生长习性半直立，干皮褐色；小枝四棱明显，柔毛密度低，翅短；叶片椭圆形，叶缘无起伏，叶背柔毛密度低，成熟叶片绿色，叶长4.8~5.9cm，宽3.1~3.6cm；圆锥花序；花蕾圆柱形，绿和红色，长0.72~0.81cm，宽0.65~0.77cm，缝合线突起弱，顶端有突起；花萼微具棱，没有密被柔毛，长0.92~0.99cm；花紫罗兰色（RHS N81A），花径3.8~4.5cm，花瓣边缘褶皱，瓣爪长0.62~0.73cm，瓣爪深紫红色

（RHS 72A）；花期6—10月；蒴果椭圆形，长1.11~1.21cm，宽0.92~1.00cm，成熟时褐色，果期10—11月。

该品种在中国湖南、广东、广西、河南、湖北、四川等紫薇适生区域均可种植。其适应性较强，较耐旱，其对土壤要求不严，喜光，可广泛用于园林绿化及庭院栽培等。

2.3.13 沁紫（*Lagerstroemia indica* 'Qinzi'）

该品种是浙江省林业科学研究院从紫薇自由授粉的实生苗中选育出的紫薇新品种。于2018年获得国家植物新品种权（品种权号：20180161）。

乔木，植株生长习性半直立，14年生株高5.8m，胸径11.8cm，冠幅4.5m，干皮褐色；小枝四棱明显，柔毛密度低，翅短；叶长5.12~5.75cm，宽3.75~4.33cm，椭圆形，叶缘无起伏，叶背柔毛密度低，成熟叶深绿色；花蕾球形，长0.92~1.05cm，宽0.94~1.05cm，绿和红色，缝合线突起弱，顶端无突起；花萼微具棱，没有密被柔毛，长1.03~1.22cm；花径为3.25~4.03cm，花紫罗兰色（RHS N80B），花瓣长1.58~1.76cm，宽1.28~1.49cm，花瓣边缘褶皱，瓣爪长0.68~0.79cm，颜色同花色。花期7—10月。不具结实性。

该品种适宜在中国湖南、浙江、江苏、安徽、河南、湖北、四川等紫薇适生区域种植。适应性较强，其可广泛用于园林绿化及庭院栽培等。

图2.65 沁紫

2.4 银薇品种

2.4.1 紫玉（*Lagerstroemia indica* 'Ziyu'）

该品种是湖南省林业科学院从紫薇自由授粉的种子实生苗中选育出的紫薇新品种。于2018年获得国家植物新品种权（品种权号：20180380），2019年被审定为湖南省林木良种（良种编号：湘S-SV-LI-010-2019）。

小乔木，枝条直立，干皮褐色，小枝四棱明显、柔毛密度低，翅短；叶片椭圆形，叶背柔毛密度低，叶缘有起伏，嫩叶红色，成熟叶深褐色（RHS 200A），叶长5.3~5.9cm，宽2.8~3.4cm；圆锥花序；花蕾圆锥形，绿和红色，长0.87~0.93cm，宽0.59~0.70cm，缝合线中度突起、顶端有突起；花萼微具棱，没有密被柔毛，长1.01~1.10cm；花白色（RHS NN155D），花径3.41~4.37cm，花瓣边缘褶皱，瓣爪长0.51~0.67cm，瓣爪黄白色（RHS 155B）；花期6—10月；蒴果椭圆形，长0.91~1.12cm，宽0.66~0.89cm，成熟时深褐色，果期10—11月。

该品种在中国紫薇适生的地区均可种植。其适应性较强，较耐旱，喜光。生长速度快，树形直立，结实率低，不足5%，适合培养行道树等。

图2.66 紫玉

2.4.2 白云（*Lagerstroemia indica* 'Baiyun'）

该品种是湖南省林业科学院紫薇研究团队以'紫韵'紫薇为父本，'红叶'紫薇为母本进行杂交，杂交后经选育而成的紫薇新品种。于2020年获得国家植物新品种权（品种权号：20200421）。

灌木状，半直立；干皮褐色；小枝四棱明显，翅短，柔毛密度低；叶片椭圆形，叶背柔毛密度低，叶缘无起伏，成熟叶绿色（RHS N137D），叶长4.30~7.90cm，宽2.40~4.10cm；花蕾球形，绿和红色，缝合线突起弱，无附属物，顶端有突起，长0.73~0.81cm，宽0.67~0.78cm；花萼微具棱，无密被柔毛，长0.75~0.95cm；白色（RHS N155A），花径3.2~4.5cm，花瓣边缘褶皱明显，瓣爪紫红色（RHS 59C），瓣爪长0.65~0.85cm；花期6—10月；蒴果椭圆形，长1.15~1.32cm，宽0.91~1.03cm，成熟时深褐色，果期10—11月。

该品种在中国紫薇适生的地区均可种植。其适应性较强，较耐旱，喜光，可广泛用于园林绿化及庭院栽培等。

图2.67 白云

2.4.3 飞雪紫叶（*Lagerstroemia indica* 'Ebony and Ivory'）

2012年湖南省林业科学院紫薇研究团队从美国引种，经过驯化选育，于2018年被审定为湖南省林木良种（证书编号：湘S-ETS-LI-011-2018）。2017年荣获第九届中国花卉博览会银奖。

　　小乔木状，植株生长习性半直立，干皮褐色；小枝紫红色，四棱明显，柔毛密度中，翅短；叶片椭圆形，叶背柔毛密度中，叶缘不起伏，嫩叶深紫红色（RHS 59B），成熟叶灰紫色（RHS N186A），叶长4.6~6.2cm，宽3.2~4.1cm；圆锥花序；花蕾为圆锥形，绿和红色，长0.64~0.77cm，宽0.58~0.80cm，缝合线突起弱，顶端无突起；花萼微具棱，没有密被柔毛，长0.85~1.04cm；花白色（RHS NN155D），花径2.4~3.6cm，花瓣边缘褶皱，瓣爪长0.55~0.60cm，瓣爪紫红色（RHS 64B）；花期6—10月；蒴果圆形，长0.77~0.96cm，宽0.77~0.86cm，成熟时深褐色，果期10—11月。

　　该品种在中国紫薇适生的地区均可种植。其对土壤要求不严格，喜阳，适应性强，抗干旱和耐瘠薄能力较强。树体生长势中等，直立性一般，紫叶白花，尽显高贵与素雅，观赏价值高，可广泛应用于园林绿化、花海营造及庭院栽培等。

图2.68　飞雪紫叶

2.4.4　银辉紫叶（*Lagerstroemia indica* 'Ebony Glow'）

　　2012年湖南省林业科学院紫薇研究团队从美国引种，经过驯化选育，于2018年被审定为湖南省林木良种（证书编号：湘S-ETS-LI-014-2018）。

　　小乔木状，植株生长习性半直立，干皮褐色；小枝紫红色，四棱明显，柔毛密度中，翅短；叶片椭圆形，叶背柔毛密度中，叶缘不起伏，嫩叶深紫红色（RHS 59B），成熟叶深褐色（RHS 200A），叶长4.4~7.4cm，宽3.5~4.9cm；圆锥花序；花蕾为圆柱形，绿和红色，长0.78~0.93cm，宽0.59~0.72cm，缝合线突起弱，顶端有突起；花萼棱明显，没有密被柔毛，长0.9~1.1cm；花白色（RHS NN155B），花径2.9~4.4cm，花瓣边缘褶皱，瓣爪长0.70~0.96cm，瓣爪灰紫色（RHS 186C）；花期6—10月；蒴果椭圆形，长1.16~1.35cm，宽1.04~1.16cm，成熟时深褐色，果期10—11月。

图2.69　银辉紫叶

该品种在中国紫薇适生的地区均可种植。其喜阳，适应性强，抗干旱和耐瘠薄能力较强。树体生长势中等，直立性一般，紫叶白花，瓣爪灰紫色，与众不同，可广泛应用于园林绿化、花海营造及庭院栽培等。

2.4.5 白雪（*Lagerstroemia indica* 'Baixue'）

该品种是浙江省林业科学院主持从紫薇自由授粉的实生苗中选育出的紫薇新品种。于2018年获得国家植物新品种权（品种权号：20180162）。

乔木，半直立，14年生株高6.1m，胸径10.5cm，冠幅2.5m；干皮褐色；小枝四棱，明显具翅，微被柔毛；叶长5.80~6.42cm，宽2.33~3.58cm，椭圆形和倒卵形，绿色；花蕾球形，绿色，缝合线突起弱，顶端无突起；花萼微具棱，没有密被柔毛；花径4.92~5.03cm，花白色（RHS NN155D），花瓣边缘褶皱，瓣爪紫红分（RHS 63C），雄蕊无瓣化现象。花期7—9月。果实椭圆形，长1.30~1.40cm，宽0.90~1.10cm，果期9—11月。

该品种适宜在中国湖南、浙江、江苏、安徽、河南、湖北、四川等紫薇适生区域种植。可广泛应用于园林绿化及庭院栽培等。

图2.70 白雪

2.5 复色品种

2.5.1 灵梦（*Lagerstroemia indica* 'Lingmeng'）

该品种是北京林业大学利用紫薇品种 'Dallas Red' 与 'Velma's Royal Delight' 杂交所得的杂种后代。于2016年获得国家植物新品种权（品种权号：20160171）。

小乔木，枝干直立或斜伸，萌蘖性弱。2年生苗株高约112cm，冠幅131cm。干皮灰褐色。小枝四棱明显，微具翅。叶片椭圆形，长3.4cm，宽2.3cm。花萼长1.1cm，花萼棱明显，无密被柔毛。花蕾圆锥形，缝合线中度突起。花序长15cm，宽11cm，每花序着花数30~35朵。花径3.8cm。花复色，主色深红色（RHS 53D），副色为白色（RHS NN155C）。花瓣长0.9cm，宽1.3cm，花瓣边缘皱褶明显，瓣爪深红色（RHS 53D），瓣爪长0.6cm。花期8—10月。果实椭圆形，长0.9cm，宽1.0cm，果期9—11月。

该品种适生范围广，黄河以南地区均可露地栽植，黄河以北地区1~2年生植株需进行越冬保护。其对土壤要求不严，可广泛应用于园林绿化及庭院栽培等。

图 2.71 灵梦

2.5.2 幻粉（*Lagerstroemia indica* 'Huanfen'）

　　该品种是浙江省林业科学院主持从紫薇自由授粉的实生苗中选育出的紫薇新品种。于 2015 年获得国家植物新品种权（品种权号：20150123）。

　　乔木，14 年生株高 5.6m，胸径 11.5cm，冠幅 4.86m。干皮褐色，剥落；枝条直立，小枝四棱，明显具翅，微被柔毛；叶片长 5.85~6.68cm，宽 3.15~4.23cm，椭圆形，叶背稍被柔毛，幼叶绿色，成熟叶深绿色；花蕾球形，长 0.90~1.00cm，宽 0.85~0.95cm，绿和红色，缝合线微突起；花萼长 1.05~1.15cm，其中筒长 0.58~0.66cm，裂片长 0.50~0.58cm，微具棱；花径为 4.07~4.82cm，花复色，主色白色（RHS N155B），副色紫红色（RHS 73A），花瓣长 1.80~2.10cm，宽 1.42~1.63cm，花瓣边缘褶皱，瓣爪长 0.55~0.65cm，颜色渐变，由联结花萼部的绿色（RHS 143D）向联结花瓣部的紫红色（RHS 65C）过渡。果实椭圆形，长 1.00~1.10cm，宽 0.90~1.00cm。花期 7—9 月，果期 8—11 月。

　　该品种适宜在中国湖南、浙江、江苏、安徽、河南、湖北、四川等紫薇适生区域种植。对土壤要求不严，喜阳光充足而温暖的气候。可广泛用于园林绿化及庭院栽培等。

图 2.72 幻粉

2.5.3 草原莱斯（*Lagerstroemia indica* 'Prairie lace picotee'）

　　该品种是美国 Carl E. Whitcom 在 1978 年用 EMS（甲磺酸乙酯）处理紫薇自由授粉的种子，从化学诱变种子的实生苗中选育出紫薇复色花新品种。于 1985 年申请了美国植物专利（专利号 6365）。湖南省林业科学院紫薇研究团队于 2014 年从美国佛罗里达大学引进。

　　小乔木，半直立；干皮褐色，脱落；小枝四棱明显，翅短，柔毛密度低；叶片椭圆形，叶背柔毛密度低，叶缘无起伏，成熟叶绿色（RHS NN137A），叶长 4.2~5.9cm，宽3.4~4.4cm；花蕾圆柱形，绿和红色，缝合线突起弱，无附属物，顶端有突起，长0.77~0.89cm，宽0.72~0.89cm；花萼微具棱，无密被柔毛，长0.90~1.10cm；复色花，主色为深红色（RHS 53C），副色为白色（RHS NN155D），花径3.2~3.6cm，花瓣边缘褶皱明显，瓣爪深紫红色（RHS 60B），瓣爪长0.90~1.10cm；花期7—10月；蒴果圆形，长0.77~0.94cm，宽0.73~0.86cm，成熟时深褐色，果期10—11月。

该品种在中国紫薇适生的地区均可种植。其适应性较强，较耐旱，喜光，可广泛用于园林绿化及庭院栽培等。

图2.73 草原莱斯

2.5.4 女王莱斯（*Lagerstroemia indica* 'Queen lace picotee'）

该品种在1982出现于美国阿肯色州Morrilton市的Morningside Farm/Nursery苗圃。据说该品种来自马里兰州Westminster市的Carroll Gardens苗圃。该品种育种情况不明，没有专利记录。湖南省林业科学院紫薇研究团队于2014年从美国佛罗里达大学引进。

小乔木，半直立；干皮褐色，脱落；小枝四棱明显，翅短，柔毛密度低；叶片椭圆形，叶背柔毛密度低，叶缘无起伏，成熟叶绿色（RHS NN137A），叶长5.0~8.4cm，宽3.5~5.5cm；花蕾球形，绿和红色，缝合线突起弱，无附属物，顶端无突起，长0.87~0.95cm，宽0.78~0.92cm；花萼微具棱，无密被柔毛，长1.05~1.22cm；复色花，主色为紫红色（RHS 58A），副色为白色（RHS NN155C），花径3.7~4.5cm，花瓣边缘褶皱明显，瓣爪紫红色（RHS 58B），瓣爪长0.88~1.03cm；花期7—10月；蒴果圆形，长0.82~0.98cm，宽0.78~0.89cm，成熟时深褐色，果期10—11月。

该品种在中国紫薇适生的地区均可种植。其适应性较强，较耐旱，喜光，可广泛用于园林绿化及庭院栽培等。

图2.74 女王莱斯

第 3 部分
紫薇新品种创制

第3章 紫薇新品种选育研究

3.1 '晓明1号'紫薇杂交育种研究

　　紫薇是我国夏季的主要观花树种，适应性强，花色艳丽，花期长达3个月，观赏价值很高，且用途广泛，抗污染能力强（牟少华 等，2002；张洁 等，2007）。紫薇既可用于城市园林绿化、美化，又可用于高速公路等绿化及防沙、护坡，其植株还可入药，花朵可提取香精。国外对紫薇育种非常重视，美国、日本都曾选育出一批紫薇新品种（牟少华 等，2002；张洁 等，2007；王敏 等，2008；王金凤 等，2013；邵静，2001；郭玉敏 等，2006），如美国选育出近30个抗病的紫薇栽培品种和'Tonto'等矮生品种，以及数个大红花色品种；日本培育出矮化品种'日本百日红'等（张洁 等，2007；王敏 等，2008；王金凤 等，2013；邵静，2001；郭玉敏 等，2006）。我国也选育出一些紫薇品种，如北京林业大学选育出'垂枝白''白密香'等，湖北省林业科学研究院选育出'赤霞'等，湖南省林业科学院选育出'红火球''红火箭''红叶''湘韵'等（张洁 等，2007；王敏 等，2008；王金凤 等，2013；邵静，2001；郭玉敏 等，2006；Wang X M et al.，2014；王晓明 等，2008；李永欣 等，2012；乔中全 等，2015）。在紫薇杂交育种方面，美国Egolf用屋久岛紫薇（*L. fauriei*）与当地紫薇进行了杂交，选育出了20多个抗白粉病的栽培新品种；D.Egolfca采用当地紫薇（*L. indica*）、屋久岛紫薇和福建紫薇（*L. limii*）作为亲本进行种间杂交，培育出了2个开鲜红色花朵的紫薇品种，名为'Arapaho'和'Cheyenne'；Pounders等采用大花紫薇为亲本，与紫薇种间杂交，获得了杂种实生苗（张洁 等，2007；王敏 等，2008；王金凤 等，2013；邵静，2001；郭玉敏 等，2006）；国内蔡明、陈彦、任翔翔（蔡明，2010；陈彦，2006；任翔翔，2009）等开展了紫薇开花、授粉特性及杂交育种研究；李志军（李志军，2009）对紫薇辐射育种进行了初探，这为选育紫薇优良新品种奠定了一定基础。

　　本研究针对我国紫薇优良新品种缺乏等问题，以'红叶'紫薇和'红火球'紫薇为亲本，开展杂交育种研究，从杂交后代籽播苗中选择优良植株。经过生物学特征、物候期观察及品种比较试验，选育出了杂交紫薇优良新品种'晓明1号'。

3.1.1 试验材料

　　以'红叶'紫薇（*Lagerstroemia indica* 'Pink Velour'）和'红火球'紫薇（*Lagerstroemia indica* 'Dynamite'）为亲本，开展正反杂交育种研究。

3.1.2 试验方法

3.1.2.1 紫薇杂交育种试验

　　①杂交亲本开花习性观察。以种植于湖南省林业科学院试验林场的'红叶'紫薇和'红火球'紫薇为试验对象，观测时间为2006年7月上旬。分别选取3株无病虫害的紫薇植株，在每株上选取具有代表性、无病虫害的花枝进行标记，连续5d从4：00—7：00每隔20min对标记花枝的开花情况进行观察记录。

　　②杂交育种试验。将'红叶'与'红火球'进行自交和正反杂交试验，即'红

叶'♀×'红叶'♂、'红火球'♀×'红火球'♂、'红火球'♀×'红叶'♂、'红叶'♀×'红火球'♂4个组合。杂交前选择发育正常、生长健壮、无病虫害的紫薇植株作为杂交亲本，选用主茎花或一级分枝中部的大小适中的花蕾作杂交用。在花蕾将要完全开放时，去掉花瓣和雄蕊，套袋保护；待柱头出现黏液，花药出现粉状颗粒时，进行人工授粉。各杂交组合分别授粉100朵，授粉时间为7：00—8：00，分别统计杂交组合结实率，进行育性分析。结实率=（总结果数/总授粉花朵数）×100%。

③杂交种子发芽试验。人工授粉成功后，待果实表皮由绿变褐，将外果皮木质化的果实从母本植株上采收，放入干燥的硫酸纸袋中。按顺序将采收的不同杂交组合果实摊开晾晒，室内温度保持在20~25℃，待果实自然开裂后，收集种子。

播种时先将种子去翅，经过40℃温水浸泡24h后，用镊子点播于装有经消毒的草炭土基质的穴盘，播种后再覆盖一薄基质，覆膜保持湿度。将点播好的穴盘置于光照14h·d^{-1}、温度26℃、湿度不小于50%的光照培养箱中，培养2~4周后种子萌发（郭玉敏等，2006）。

3.1.2.2 杂交优良品种选育

2008年7—8月在湖南省林业科学院，以'红叶'和'红火球'为亲本，开展正反杂交育种研究，2009年2月将杂交种子播于穴盘，置于光照培养箱内催芽，3月播种于大田（株行距30cm×30cm）。2009—2010年在'红叶'×'红火球'杂交实生苗中筛选优良变异植株。2011年剪取优良变异植株枝条，进行扦插繁殖和嫁接繁殖，并对扦插苗和嫁接苗进行植物学特性观测。2012年进行品种比较试验，参试品种为'晓明1号''红叶'和'红火球'，按随机区组设计，每小区5株，5次重复，株行距为1.5m×1.5m。2012—2015年连续4年，每年观测其生长情况和开花性状，比较品种之间植物学特性。

3.1.2.3 开花特性调查

调查花期，并在盛花期，选取植株中上部光照充分且生长正常的花进行观测。每株随机选择10个花枝，用英国皇家园艺学会植物比色卡（RHS，2015）比对花色，用直尺和电子数显卡尺分别测量花序、花径、花蕾、花萼、花瓣等。

3.1.2.4 叶片特性调查

选择健康枝条上的成熟叶片进行观测。每株随机选择5个枝条，观察叶形，用直尺测量枝条上成熟叶片的长度和宽度，用英国皇家园林学会植物比色卡比对叶色。

3.1.2.5 生长量调查

每个重复选择3株生长健壮、无病虫害的植株进行数据调查。在紫薇植株春梢停止生长后，每株随机选择10个当年生主枝，调查叶片及枝条性状，用直尺和电子数显卡尺分别测量枝条长度（枝条基部至花序顶端）、粗度（当年生枝条基部1cm处测量）。

3.1.3 结果与分析

3.1.3.1 紫薇杂交育种试验

①杂交亲本开花习性在长沙地区7月中旬晴朗天气里，父本'红叶'花蕾的花瓣

逐渐展开时间为5：00—7：00，随着花瓣展开，柱头、长雄蕊、短雄蕊逐渐伸展露出，约7：00，花药开始自中缝开裂，出现粉状颗粒，柱头出现黏液；母本'红火球'花蕾的花瓣逐渐展开时间为5：20—7：00，柱头、长雄蕊、短雄蕊逐渐伸展露出，约7：00，柱头出现黏液，花药出现粉状颗粒。如遇雨天或早晨气温较低，开花时间会推迟，花药散粉时间会推迟，雨天花药不能正常散粉。如果花萼张开，但之前没有开放，花朵则会直接萎蔫凋谢。

②不同时间段杂交效果。'红叶'和'红火球'的花药散粉时间约为7：00，故设7：00为第1个授粉时间点。设计'红火球'♀×'红叶'♂、'红叶'♀×'红火球'♂ 2个杂交组合，于7：00—11：00，每隔1h进行1次杂交授粉，每个处理各授粉25朵。不同时间段授粉的效果见表3.1。

由表3.1可知：紫薇杂交的效果与授粉的时间密切相关，在7：00—8：00杂交的效果最好，结实率88%~92%；从9：00以后杂交的结实率逐步降低，11：00的仅为40%多。其原因可能是因为随着温度的升高，花粉的活力逐步下降，柱头的可授性也随之降低。

表3.1　不同时间的杂交效果

时间	杂交组合	授粉朵数	结实数	结实率（%）
7：00	红火球♀ × 红叶♂	25	23	92
	红叶♀ × 红火球♂	25	22	88
8：00	红火球♀ × 红叶♂	25	22	88
	红叶♀ × 红火球♂	25	22	88
9：00	红火球♀ × 红叶♂	25	19	76
	红叶♀ × 红火球♂	25	20	80
10：00	红火球♀ × 红叶♂	25	15	60
	红叶♀ × 红火球♂	25	14	56
11：00	红火球♀ × 红叶♂	25	12	48
	红叶♀ × 红火球♂	25	10	40

③杂交组合结实率由表3.2可知：'红叶''红火球'自交组合的结实率分别为94.0%和92.0%，表明2个亲本的花粉育性正常，其柱头的可授性强；'红叶'与'红火球'的杂交组合也表现出育性较强的特点，正反交的结实率都在90%以上，2个杂交组合之间的结实率差别不大。

表3.2　杂交组合结实率

杂交组合	授粉朵数	结实数	结实率（%）
红叶♀ × 红叶♂	100	94	94.0
红火球♀ × 红火球♂	100	92	92.0
红火球♀ × 红叶♂	100	91	91.0
红叶♀ × 红火球♂	100	90	90.0

④杂交种子发芽试验收集到'红火球'♀×'红叶'♂与'红叶'♀×'红火球'♂2个杂交组合的成熟果实170个，种子4100粒。2个杂交组合平均每果种子数、种子萌发率见表3.3。'红叶'♀×'红火球'♂组合种子的萌发率为62.2%，稍高于'红火球'♀×'红叶'♂组合的萌发率（56.3%）。

表3.3 杂交种子萌发率

杂交组合	平均种子数（粒）	萌发率（%）
红火球♀×红叶♂	23.8±2.1	56.3
红叶♀×红火球♂	25.1±1.5	62.2

3.1.3.2 紫薇杂交优良品种选育

在'红火球'♀×'红叶'♂的子代中，发现1株苗木兼具了双亲的优良特性，遂将该植株选定为优良变异植株。对其扦插苗和嫁接苗的生物学特性观测结果表明，无性繁殖的植株能稳定保持母株的优良特性，将该变异品种暂定名为'晓明1号'（*Lagerstroemia indica* 'Xiaoming No.1'）。进一步品种比较试验结果表明，'晓明1号'兼具了双亲的优良性状，具有花色艳丽、花期长、花量大、生长较快等特点。

①'晓明1号'紫薇与其亲本紫薇的开花特性见表3.4。从花色上看，'晓明1号'为深紫红色（RHS 60A），处于'红火球'的深红（RHS 46A）和'红叶'紫红（RHS 67A）之间，略更接近'红火球'的花色；在阴天时'晓明1号'的部分花瓣出现白边，而'红火球'也有类似现象。这表明'晓明1号'花色的特征更多的遗传来自母本'红火球'。

表3.4 '晓明1号'紫薇开花特性

开花性状	紫薇品种		
	晓明1号	红叶	红火球
花色	RHS 60A	RHS 67A	RHS 46A
花径（cm）	3.99	3.81	3.90
花序长（cm）	25.5	22.0	26.7
花序宽（cm）	17.3	16.8	18.2
花序着花数（个）	117.7	96.3	91.3
花萼长（mm）	11.14	10.84	12.56
花瓣数（个）	6	6	6
花瓣长（mm）	15.43	16.04	16.68
瓣爪长（mm）	4.76	6.48	5.54
瓣爪颜色	与花色一致	与花色一致	与花色一致
花蕾长（mm）	9.01	8.57	10.41
花蕾宽（mm）	7.78	7.27	8.85

（续表）

开花性状	紫薇品种		
	晓明1号	红叶	红火球
花蕾颜色	红色	红色	红色
花蕾缝合线突起	强	强	强
花香程度	无	淡香	无

从花的大小而言，在花蕾时期'晓明1号'的花蕾平均大小为9.01mm×7.78mm，其花蕾的长度和宽度均大于'红叶'的（8.57mm×7.27mm），但小于'红火球'的（10.41mm×8.85mm），花蕾形状圆润饱满；在花蕾展开后，'晓明1号'单花的花瓣和瓣爪长的平均值分别为15.43mm、4.76mm，均小于2个亲本的，但花径（3.99cm）相对较大，大于'红叶'的（3.81cm）和'红火球'的（3.90cm）；从花序长、宽来看，'红火球'（26.7cm×18.2mm）＞'晓明1号'（25.5cm×17.3mm）＞'红叶'（22.0cm×16.8mm）；此外，'晓明1号'的花序着花数可达117.7个，超过了父本的（96.3个）和母本的（91.3个）。

芳香程度是植物开花的一个重要性状，父本'红叶'具有淡香，而母本'红火球'不带香味，'晓明1号'作为子代，与母本'红火球'相似，花无香味。

以上结果表明，'晓明1号'的花色性状遗传更多的来自母本'红火球'，有可能母本基因在紫薇花色性状遗传上占主导地位。

②'晓明1号'紫薇叶片特性见表3.5，'晓明1号'的叶片形状与'红叶''红火球'一样，都是椭圆形，略接近'红火球'一些；'晓明1号'平均叶长（5.49cm），稍小于'红叶'平均叶长（5.57cm），明显小于'红火球'平均叶长（6.33cm）；'晓明1号'的平均叶宽3.88cm，同样是略短于'红叶'的平均叶宽3.93cm，显著短于'红火球'的平均叶宽4.63cm，叶片大小总体而言要小于亲本。

'晓明1号'新叶紫红色（RHS 58A），成熟叶深绿色（RHS 139A），与'红叶'紫薇接近，表明'晓明1号'的叶色性状受父本影响更大，父本基因在紫薇叶色性状遗传上可能占主导地位。

表3.5　'晓明1号'紫薇叶片特性

叶片性状	紫薇品种		
	晓明1号	红叶	红火球
叶形	椭圆	椭圆	椭圆
叶长（cm）	5.49	5.57	6.33
叶宽（cm）	3.88	3.93	4.63
新叶颜色	紫红色(RHS 58A)	深紫红色(RHS 61A)	黄绿色(RHS 146B)
成熟叶颜色	深绿色(RHS 139A)	深绿色(RHS 139A)	绿色(RHS NN137B)
叶缘波状起伏	弱	很弱	弱
叶背密被柔毛程度	低	低	低

③晓明1号'枝条生长量由表3.6可知，当年生春梢长度以母本'红火球'的（105.8cm）最高，父本'红叶'的（98.8cm）次之，子代'晓明1号'的比双亲的略低，平均长度为95.1cm；'晓明1号'当年生春梢的平均粗度为1.23cm，比父本'红叶'的粗度（1.29cm）略细，比母本'红火球'的粗度（1.21cm）稍粗。总体而言，'晓明1号'的枝条生长量与其亲本相当，具有生长快的特点。

表3.6 '晓明1号'紫薇春梢生长量(单位：cm)

品种	2011年		2012年		2013年		2014年		平均	
	长度	粗度	长度	粗度	长度	粗度	长度	粗度	长度	粗度
晓明1号	77.5	1.01	89.3	1.14	97.6	1.37	116.0	1.41	95.1	1.23
红叶	80.3	1.12	91.6	1.25	105.4	1.31	118.1	1.48	98.8	1.29
红火球	98.3	0.95	105.5	1.14	107.2	1.33	112.2	1.42	105.8	1.21

④'晓明1号'物候期经连续4年观测，'晓明1号'在湖南省林业科学院试验林场的物候期见表3.7。'晓明1号'的萌芽期一般是3月中旬，6月中旬始花，7—9月是盛花期，10月中旬是末花期。'晓明1号'与杂交亲本相比，萌芽期一致，都是3月中旬，而初花期则要比父本'红叶'要迟约7d，与母本'红火球'相当，至10月中旬为末花期，花期可长达120多天，具有很高的观赏价值。

表3.7 '晓明1号'紫薇物候期

品种	萌芽期	初花期	盛花期	末花期	果实成熟期	落叶期
晓明1号	3月中旬	6月中旬	7—9月	10月中旬	10—11月	12月上旬
红叶	3月中旬	6月上旬	7—9月	10月下旬	10—11月	11月中旬
红火球	3月中旬	6月中旬	7—9月	10月中旬	10—11月	11月中旬

⑤'晓明1号'植物学特性：'晓明1号'为直立小乔木，植株干皮褐色，小枝四棱明显，小枝柔毛密度低，当年生春梢枝条平均长度95.10cm、粗度1.23cm；叶片呈椭圆或阔椭圆形，叶缘波状起伏弱，叶背密被柔毛程度低，叶片平均长5.49cm，平均宽3.88cm，嫩叶浅紫红色，成熟叶深绿色；圆锥花序，花序平均长23.5cm，平均宽17.3cm，花序平均着花数为117.7个；花蕾缝合线突起较强，花蕾平均长9.01mm，平均宽7.78mm，花径平均3.99cm；花瓣6片，平均长15.43mm；长雄蕊数为6个，短雄蕊数为39~43个；子房上位，蒴果。

3.1.4 结论与讨论

①杂交育种是紫薇优良新品种选育的有效方法。研究结果表明，'晓明1号'的亲本'红叶'和'红火球'的花粉活力正常、柱头可授性强，有利于开展杂交育种，其正反杂交也表现出较强的育性，正反交的结实率都在90%以上。研究发现紫薇花瓣、柱头、雄蕊伸展时间为5：00—7：00，紫薇杂交授粉适宜时间是7：00—8：00，这与陈彦（2006）、任翔翔（2009）等的研究结果一致。'红叶'和'红火球'杂交的结实率可高达88%~92%。杂交种子经过40℃温水浸泡24h后，萌发率达到56.3%~62.2%。

②在'红火球'♀ × '红叶'♂杂交子代中选育出的'晓明1号'，兼具双亲的

优良性状，且能稳定遗传。'晓明1号'当年生春梢的平均长度为95.1cm，平均粗度为1.23cm，新叶浅紫红色，成熟叶绿色，平均叶长5.49cm，平均叶宽3.88cm；花色为深紫红色（RHS 60A），部分花瓣边缘略带白边；花序平均长25.5cm，花序平均宽17.3cm，平均花径3.99cm，花萼平均长11.14mm，花瓣平均长15.43mm，花蕾平均大小9.01mm×7.78mm；萌芽期一般是3月中旬，6月中旬始花，7—9月是盛花期，10月下旬为末花期，花期达120d以上。总体而言，'晓明1号'的叶片特性、开花特性、春梢生长量、物候期等性状多处于父本和母本之间，兼具了'红叶'和'红火球'双亲的优良性状，具有花色艳丽、花期长、花量大、生长较快等特点。

③在紫薇杂交育种试验中发现'晓明1号'的叶色性状受父本影响更大，父本基因在紫薇叶色性状遗传上可能占主导地位，而其花色性状遗传更多的来自母本'红火球'，有可能母本基因在紫薇花色性状遗传上占主导地位，这有可能为紫薇定向杂交育种提供理论依据。至于叶片、花色性状的分子遗传机理，有待进一步研究。

3.2 '红火箭'等美国紫薇新品种品比试验

紫薇是我国夏季观花的主要园林观赏树种，具有花期长、花色艳丽、适应性广等特性，广泛应用于城镇园林绿化美化，是湖南郴州、河南安阳、湖北襄阳和山西晋城等17个城市的市花（陈俊愉，2001；王敏 等，2008；牟少华 等，2002；张洁 等，2007；王金凤 等，2013；陈卓梅 等，2018）。此外，据《本草纲目》记载，紫薇还具有药理功效，花朵可提取香精，开发利用潜力较大（牟少华 等，2002；张洁 等，2007）。目前我国紫薇主栽品种多数是银薇类、红薇类、堇薇类等品种，花色淡，缺乏花色红艳的优良品种，因此，开展花色红艳、观赏价值高的紫薇新品种选育迫在眉睫。

国内外紫薇育种研究主要集中于品种资源收集与评价、选择育种、杂交育种、诱变育种等（王敏 等，2008；牟少华 等，2002；张洁 等，2007；王金凤 等，2013；陈卓梅 等，2018；邵静，2001；王献 等，2005；蔡明 等，2010）。国外开展了以抗病、矮化为主要目标的紫薇育种工作。美国紫薇育种者利用屋久岛紫薇和当地紫薇杂交，选育出'Biloxi''Miami'和'Wichita'等30个紫薇抗病品种及'Chickasaw''Pocomoke'等矮生品种，还已培育出'Ebony Embers''Ebony Flame'等彩叶紫薇品种52个（王金凤 等，2013；陈卓梅 等，2018；邵静，2001）。虽然我国紫薇育种工作起步较晚，但近些年育种成效明显，已选育出30个获得国家植物新品种权的紫薇新品种，如'红云''赤霞''金幌''御汤香妃''湘韵''晓明1号'等（张洁 等，2007；王金凤 等，2013；王晓明 等，2016；Wang X M et al.，2014；王晓明 等，2008）。

3.2.1 试验材料

以美国紫薇新品种'红火箭'紫薇（*Lagerstroemia indica* 'Red Rocket'）、'红叶'紫薇（*Lagerstroemia indica* 'Pink Velour'）、'红火球'紫薇（*Lagerstroemia indica* 'Dynamite'）为试验材料，以当地'红花紫薇'（花浅粉红，绿叶，为赤薇品系品种）做对照品种（CK）。

3.2.2 试验方法

3.2.2.1 试验设计

将4个参试品种苗高30~35cm营养杯苗种植在试验地，株行距为2m×2m。品种比较试验采用随机区组设计，4个处理，5次重复，每小区10株。苗木定植后连续4年观测参试品种的生长量、开花习性。利用统计软件SPSS 24.0分析数据，采用邓肯氏新复极差法分析不同品种生长量的差异性。

3.2.2.2 生长量调查

于每年12月测量参试品种的树高、地径等生长量。

3.2.2.3 开花习性调查

在初花期至盛花期，于植株中上部选取生长正常的花进行观测，调查花蕾、花色、花序、花瓣、瓣爪、花萼、花径、花序着花数及花期等。用游标卡尺测量花径、花序的大小；用英国皇家园艺学会定制的色卡（RHS）观测花、瓣爪、叶、枝条等颜色。参照陈俊愉（1956）的记分评选法对开花习性进行评分。

3.2.3 结果与分析

3.2.3.1 紫薇新品种树高比较

4个紫薇参试品种的树高平均值见表3.8。由表3.8可知，4个参试品种1~4年生树高以'红火球'最高，其次是'红火箭'和'红叶'，对照品种'红花紫薇'最矮。方差分析表明，各品种之间的1~4年生树高均达到极显著差异水平，说明不同品种之间1~4年生树高差异极显著。多重比较分析表明：'红火球''红火箭''红叶'1~2年生树高与'红花紫薇'之间均存在极显著性差异，而3个美国紫薇品种之间差异不显著。3~4年生'红火球'树高既与'红花紫薇'有极显著性差异，又与'红火箭''红叶'之间均存在极显著性差异，但'红火箭'与'红叶'之间差异不显著。这说明随着树龄的增加，3个美国紫薇品种的树高也表现极显著性差异，仍以'红火球'生长较快。至第4年时，'红火球'的平均树高达295.6cm，'红火箭'和'红叶'次之，分别为271.3cm和268.3cm，而'红花紫薇'仅为236.2cm，明显低于3个美国紫薇品种。4年生'红火箭''红叶'和'红火球'紫薇树高分别比'红花紫薇'高14.9%、13.6%和25.2%。

表3.8 参试紫薇品种树高（单位：cm）

品种	1年生	2年生	3年生	4年生
红火箭	81.9aA	139.7aA	205.1bB	271.3bB
红叶	80.5aA	137.6aA	200.3bB	268.3bB
红火球	82.7aA	142.4aA	223.9aA	295.6aA
红花紫薇	71.3bB	126.6bB	178.4cC	236.2cC

注：同列不同大、小写字母分别表示0.01、0.05水平下差异显著（下同）。

3.2.3.2 紫薇新品种地径比较

4个参试紫薇品种的平均地径见表3.9。从表3.9可知，参试品种的地径1~2年生时以'红叶'的最大，而在3~4年生时则以'红火球'的最大，说明'红火球'的横向生长在后期表现较好。方差分析表明，各品种之间1~4年生的地径均达到极显著差异水平，说明不同品种之间1~4年生的横向生长差异极显著。多重比较分析表明：'红火球''红火箭''红叶'1~4年生的地径与'红花紫薇'之间存在极显著性差异，而1~3年生3个美国紫薇品种之间的地径差异不显著；4年生'红叶'与'红火球'、'红叶'与'红火箭'之间差异也不显著，但'红火箭'与'红火球'之间差异极显著。4年生'红火球'的平均地径为3.75cm，比'红火箭'粗9.65%。这表明随着树龄的增加，'红火箭'的横向生长在后期比红火球弱。4年生'红火箭''红叶'和'红火球'紫薇地径分别比'红花紫薇'粗11.40%、17.26%、22.15%。

表3.9　参试紫薇品种地径（单位：cm）

品种	1年生	2年生	3年生	4年生
红火箭	0.72aAB	1.56aA	2.50aA	3.42bB
红叶	0.78aA	1.67aA	2.65aA	3.60abAB
红火球	0.74aA	1.65aA	2.70aA	3.75aA
红花紫薇	0.62bB	1.37bB	2.22bB	3.07cC

3.2.3.3 紫薇新品种开花习性分析

经过连续4年观察4个参试紫薇品种的开花习性，结果见表3.10。由表3.10可知，'红火箭'花深红色（RHS 45A）；'红火球'花深红色（RHS 46A）；'红叶'花色略浅，为深紫红色（RHS 67A）；'红花紫薇'的花色最浅，为浅紫红色（RHS 63D）。4个紫薇品种的花径以'红火球'的最大，平均3.4cm，其次是'红火箭'和'红叶'的；'红花紫薇'的花径最小，平均3.8cm。'红火球'的花序比'红火箭'和'红叶'的分别长11.51%、20.09%；'红花紫薇'的花序最短，仅为18.3cm，比'红火球'的短了53.6%。花序宽以'红火球'最宽，平均18.5cm；'红火箭'和'红叶'的花序宽几乎没有差异，但'红火球''红火箭'和'红叶'3个美国紫薇品种的花序宽都比对照品种'红花紫薇'的大，分别大21.7%、16.5%和15.8%。'红叶'始花期比'红火球'早5~7d，'红火球'始花期又比'红火箭'早3~5d；'红花紫薇'始花期最晚，7月上旬才始花，比3个美国紫薇品种平均晚15~20d。4个参试紫薇品种的花期以'红叶'最长，平均达128d，'红火箭'的花期比'红火球'平均长9d，'红花紫薇'的花期较短，仅91d。单个花序着花数以'红叶'最多，达111.6个，其次是'红火箭'和'红叶'，而'红花紫薇'的花序着花数最少，它比'红叶''红火箭'和'红火球'的分别少41.07%、30.97%和25.64%。

参考陈俊愉（1956）的百分制计分评选法，结合紫薇开花的特点，以花色、花径、花序长、始花期、花期天数和花序着花数为指标，每个指标10分，总分60分，制定了紫薇开花习性评分标准（表3.11）。邀请同行专家打分，得到参试紫薇品种开花习性评分结果（表3.12），由表3.12可知，'红花紫薇'的开花习性评分较低，为35分；'红火箭''红叶'和'红火球'的开花习性评分很接近，差异不大，但三者的评分均在48分以上，比'红花紫薇'高出13分以上；3个美国紫薇品种综合的开花习性表现较好，具有较高的观赏价值。

表3.10 参试紫薇品种开花习性

品种	花色(RHS)	花径(cm)	花序长(cm)	花序宽(cm)	始花期	花期(d)	花序着花数(个)
红火箭	45A	3.1	25.2	17.6	6月10日—15日	116	97.9
红叶	67A	3.2	23.4	17.7	6月1日—5日	128	111.6
红火球	46A	3.4	28.1	18.5	6月6日—12日	107	93.4
红花紫薇	63D	3.8	18.3	15.2	7月1日—10日	91	76.2

表3.11 紫薇品种开花习性评分标准

开花习性	评分标准（总分：60分）
花色	颜色浅：1~4分；颜色中等：5~7分；颜色深：8~10分；无花为0分
花径（D）	D＜3cm：1~4分；3cm≤D＜4cm：5~7分；D≥4cm：8~10分；无花为0分
花序长（L）	L＜15cm：1~4分；15cm≤L＜20cm：5~7分；L≥20cm：8~10分；无花为0分
始花期	7月上旬始花：1~4分；6月下旬始花：5~7分；6月中旬或更早始花：8~10分；无花为0分
花期天数（T）	T＜80d：1~4分；80d≤T＜100d：5~7分；T≥100d：8~10分；无花为0分
花序着花数（S）	S＜90个：1~4分；90个≤S＜110个：5~7分；S≥110个：8~10分；无花为0分

表3.12 参试紫薇品种开花习性评分表

品种	花色	花径	花序长	始花期	花期长度	花序着花数	评分总计
红火箭	10	6	8	8	9	7	48
红叶	9	6	8	10	10	9	52
红火球	10	6	9	9	8	7	49
红花紫薇	6	7	6	6	6	4	35

3.2.3.4 紫薇新品种植物学特性分析

① '红火箭'紫薇。落叶小乔木，叶互生，长椭圆形，长2.9~7.4cm（平均5.4cm），宽1.7~4.5cm（平均3.1cm）。新叶灰紫色（RHS 187A），成熟叶绿色（RHS 139A）；新枝灰紫色（RHS 187A），老枝褐色。6月中旬始花，花期约4个月。花蕾圆柱形，顶端微突起。花色鲜红（RHS 45A），在多云或阴天时花色稍微变淡。圆锥花序，花序宽平均为17.6cm，花序长平均为25.2cm；花瓣6~7个，花萼6~7浅裂，长雄蕊6个，短雄蕊36~49个，花径3.8~4.5cm（平均3.1cm）。花期进行修剪，可多次开花；适应性广，具有较强抗旱、耐寒和抗白粉病能力；适合于孤植、丛植，培植为花篱，制作盆景和桩景，是观赏价值极高的紫薇优良新品种。

②'红叶'紫薇。落叶小乔木，叶互生，近圆形或阔椭圆形，长 3.5~7.2cm（平均5.61cm），宽 2.3~5.7cm（平均 3.4cm）。新叶深紫红色（RHS 61A），成熟叶深绿色（RHS 139A）；叶厚、革质，新枝红色。花蕾圆柱形，花紫红色（RHS 67A），瓣爪颜色与花色一致；花瓣 6 个，花萼 6 浅裂，长雄蕊 6~7 个，短雄蕊平均 35~37 个，花径 3.9~4.5cm（平均 3.2cm）；圆锥花序，花序宽平均为 17.7cm，花序长平均为 23.4cm。6 月初始花，花期长达 4 月以上，花量大，极易形成花蕾，花后短截枝顶，半月可形成花蕾，约 30d 又可第二次开花。喜光，适应性广，耐旱和耐寒能力较强；集观花、观叶于一体，极具观赏价值。在园林中可用于孤植或丛植，是制作盆景、桩景的良好素材。

③'红火球'紫薇。落叶小乔木，叶互生，近圆形或阔椭圆形，长 3.8~8cm（平均 5.5cm），宽 2.9~6cm（平均 3.4cm）。新叶黄绿色（RHS 146B），成熟叶绿色（RHS 137A）；新枝浅红色，老枝褐色。6 月上旬始花，花期 4 个月左右。花蕾圆锥形，顶端突起。花色深红（RHS 46A），偶尔花瓣稍微带点白边。圆锥花序，花序宽平均为 18.5cm，花序长平均为 28.1cm。花瓣 6 个，花萼 6 浅裂，长雄蕊 6 个，短雄蕊 34~46 个，花径 3.1~4.5cm（平均 3.4cm）；花盛开时如一团火球，甚是耀眼，观赏价值极高。花谢后修剪，一年可开花 2~3 次，耐旱、耐寒和抗病性能力较强，是制作盆景、桩景的良好材料，适合孤植或丛植。

3.2.4 结论与讨论

美国紫薇新品种'红火箭''红叶'和'红火球'品比试验结果表明，3 个美国紫薇品种之间的树高和地径均有差异，且不同树龄之间的树高和地径的差异性不同。随着树龄的增加，3 个美国紫薇品种树高和地径的差异性越来越显著。总体而言，'红火球'的树高和地径比'红火箭''红叶紫薇'大。与对照品种'红花紫薇'相比，3 个美国紫薇新品种均具有生长速度较快，生长量较大的特性；4 年生'红火箭''红叶'和'红火球'比对照品种'红花紫薇'的树高分别高 14.9%、13.6%、25.2%，地径分别粗 11.40%、17.26%、22.15%。

3 个美国紫薇新品种花色均红艳，其中'红火箭'花深红色（RHS 45A），'红叶'花深紫红色（RHS 67A），'红火球'花深红色（RHS 46A）。3 个美国紫薇新品种花期均长，6 月上旬或中旬始花，花期长达 4 个月左右，花径平均 3.2cm，花序长平均 25.5cm，花序宽平均 17.9cm，花序平均着花数 100.9 个，分别比对照品种'红花紫薇'高出 10.5%、39.3%、17.8%、32.4%。美国紫薇新品种综合开花习性都优于对照品种'红花紫薇'，具有极佳的观赏效果，是难得的大红紫薇品种，有广阔的推广应用前景。

研究发现，3 个美国紫薇新品种在我国品比试验地优良性状的表现与美国原产地大致相近，但花色、新叶颜色的 RHS 值略有差异。如'红叶'在我国品比试验地的花色、新叶颜色都是紫红，RHS 值分别为 67A、61A，而在美国原产地花色、新叶颜色也是紫红，但 RHS 值却是 61B、59A，颜色略微深些（Carl E et al.，1998a，1998b，1998c）。这可能是使用英国皇家园艺学会定制的色卡观测花色、新叶色的时间和环境不同所致，因为大红紫薇在多云天或阴天的花色略微淡些，刚萌发的新叶颜色深些，以后新叶颜色逐步变浅，成熟叶片则变成绿色。因此，建议制定紫薇花、叶、枝条、果实等器官颜色的观测标准，以利于紫薇品种之间性状的比较。

3.3 '丹红紫叶'等紫薇优良新品种引种选育

国外紫薇育种工作开展较早，自20世纪60年代，美国就通过杂交方法进行育种，也逐渐培育出了一批优良品种，此后紫薇育种工作进展迅速，不断有新品种选育研究报道。1987年，育种学家Egolf培育出'Biloxi''Miami'和'Wichita'紫薇，既抗白粉病又具有多花色及深色树干（Egolf，1987）；2003年，Fleming和Zwetzig（2003a，2003b，2003c）以抗寒为目标培育了系列耐寒紫薇品种'Violet Filli''Coral Filli''Red Filli'，这3个品种均系紫薇（*L. indica*）种内杂交后代中选育所得，冬季温度低至−34.4℃仍能存活。近年来，美国培育出Ebony系列紫叶紫薇新品种，苗木在美国市场供不应求，市场前景看好。

我国紫薇育种工作起步较晚，选育出的新品种多以抗性、花色、果实等为主要培育目标。江苏省中国科学院植物研究所选育出'屋久岛紫薇1号'（张凡 等，2018），抗白粉病，耐热抗寒；湖北省林业科学研究院通过紫薇品种'Victor'天然杂交种子播种实生选育出'赤霞'（杨彦伶 等，2013）；湖南省林业科学院在优良变异植株中选育出不育紫薇'湘韵'（Wang et al.，2014）。彩叶品种主要有'红叶''红云'等，前者嫩叶为深紫红色，但叶片成熟后变成绿色；后者嫩叶绿色，半月后转为紫红色，7月份以后转为暗红色（王晓明 等，2008；王华明，2009）；南京林业大学培育出紫薇新品种'金幌'（王淑安 等，2016），其幼叶紫红色，成熟叶金黄色。国内缺乏紫叶紫薇新品种。

因此，开展紫叶紫薇引种选育试验，选育出适应国内种植的紫叶紫薇优良品种，可以满足企业和花农对彩叶紫薇新品种的需求，加快紫薇品种更新，促进我国园林花卉苗木产业发展。

3.3.1 试验材料

以'丹红紫叶'（*L. indica* 'Ebony Embers'）、'火红紫叶'（*L. indica* 'Ebony Flame'）、'赤红紫叶'（*L. indica* 'Ebony Fire'）、'飞雪紫叶'（*L. indica* 'Ebony and Ivory'）、'银辉紫叶'（*L. indica* 'Ebony Glow'）、普通红花紫薇为试验材料，以叶色和花色为主要育种目标，开展紫薇优良新品种选育研究。

3.3.2 试验方法

3.3.2.1 品种选育

以多年生普通紫薇为砧木，美国引进紫薇枝条为接穗培育嫁接苗，进行新品种植物学特性和物候期观测。开展品种比较试验，连续3年观测参试品种的花色、叶色、开花特性、生长量等，并观测不同年份无性繁殖苗木的优良性状是否具有遗传稳定性。

3.3.2.2 调查

植物学性状调查按照常规方法，花色、叶色采用英国皇家园林学会植物比色卡（RHS，2015）测定，用直尺和电子数显卡尺分别测量叶片、花序和枝条的生长量。物候期观测参照相关报道（施奈勒，1965；竺可桢，1980；张福春，1985），结合紫薇生长特点进行。

3.3.3 结果与分析

3.3.3.1 紫薇优良品种引种选育

由表3.13可知，5个紫叶紫薇在试验地的花色、嫩叶和成熟叶颜色不同。'火红紫叶''赤红紫叶''丹红紫叶'都是深红色（RHS 46A），'银辉紫叶'为白色（RHS NN155B），'飞雪紫叶'也是白色（RHS NN155D）。'银辉紫叶''飞雪紫叶''丹红紫叶'的嫩叶颜色都是深紫红色（RHS 59B），'火红紫叶''赤红紫叶'的嫩叶颜色是灰紫色。'火红紫叶''赤红紫叶''飞雪紫叶'的成熟叶灰紫色（RHS N186A），'银辉紫叶'的成熟叶深褐色（RHS 200A），'丹红紫叶'则为黑色（RHS 203B）。普通红花紫薇的花浅紫红色（RHS 53C），嫩叶和成熟叶片均为绿色，只能观花，叶片的观赏价值较低。连续3年观测结果表明，5个紫叶紫薇性状稳定，表型一致，其植物学性状能稳定遗传，集观花、观叶于一体，园林景观价值高，是优良的紫叶紫薇新品种。

表3.13 紫薇的叶色、花色

品种	嫩叶叶色		成熟叶叶色		花色	
	试验地	原产地	试验地	原产地	试验地	原产地
火红紫叶	灰紫色（183B）	灰紫色（187A）	灰紫色（N186A）	深褐色（200A）	深红色（46A）	深红色（53A）
赤红紫叶	灰紫色（187A）	/	灰紫色（N186A）	灰紫色（187A）	深红色（46A）	深紫红色（60A）
银辉紫叶	深紫红色（59B）	灰紫色（187A）	深褐色（200A）	黑色（202A）	白色（NN155D）	浅紫红色（69C）
飞雪紫叶	深紫红色（59B）	/	灰紫色（N186A）	深褐色（200A）	白色（NN155D）	黄白色（155D）
丹红紫叶	深紫红色（59B）	灰紫色（187A）	灰紫色（N186A）	深褐色（200A）	深红色（46A）	深红色（53C）
普通红花紫薇（CK）	绿色（140C）	/	绿色（140A）	/	浅紫红色（55C）	/

紫叶紫薇是美国密西西比州波普勒维尔市的Cecil等（2013）培育出的新品种。通过与原产地紫薇性状比较，在长沙培育的5个紫叶紫薇与原产地的花色、叶色有所不同。其中'火红紫叶''赤红紫叶''丹红紫叶'花色比原产地更红，'飞雪紫叶'花色比原产地更白，成熟叶叶色比原产地更深。

3.3.3.2 不同紫薇品种的花序性状

由表3.14可知，参试紫薇品种的花序大小不一，其中'银辉紫叶'花序最大，平均长、平均宽比普通红花紫薇分别长13.9%，宽24.3%；'飞雪紫叶'花序大小（19.2cm×16.7cm）与普通红花紫薇花序大小（20.2cm×16.9cm）相差不大，'火红紫叶''赤红紫叶'及'丹红紫叶'花序则比普通红花紫薇小。5个紫叶紫薇的花序着花数均比普通红花紫薇多，其中'银辉紫叶'和'飞雪紫叶'最多，为126.1个和131.2个，比普通红花紫薇多175.9%、187.1%，说明紫叶紫薇着花密度大；5个紫叶紫薇中，'银辉紫叶'花径最大，为4.6cm，比普通红花紫薇大9.5%，'火红紫叶''赤红紫叶' '飞雪紫叶' '丹红紫叶' 花径比普通红花紫薇分别小7.1%、16.7%、9.5%、23.8%，表明紫叶紫薇大多花瓣紧凑，景观价值高。

表3.14 紫薇的花序性状

品种	花序长（cm）	花序宽（cm）	花径（cm）	花序着花数（个）
火红紫叶	14.2	15.3	3.9	60.0
赤红紫叶	13.5	15.7	3.5	51.2
银辉紫叶	23.0	21.0	4.6	126.1
飞雪紫叶	19.2	16.7	3.8	131.2
丹红紫叶	15.8	15.8	3.2	101.5
普通红花紫薇（CK）	20.2	16.9	4.2	45.7

3.3.3.3 不同紫薇品种叶片性状与枝条的生长量

由表3.15可知，5个紫薇新品种中，'火红紫叶' '丹红紫薇'叶片较大，比普通红花紫薇叶片长25.9%、8.6%，宽25.6%、7.7%；'赤红紫叶' '飞雪紫叶'叶片相对较小，其大小分别为5.1cm×3.2cm、5.2cm×3.5cm。按叶片从大到小排顺为'火红紫叶' '丹红紫叶' '银辉紫叶' '飞雪紫叶' '赤红紫叶'。当年生枝条长度84.4~111.3cm，粗度7.4~10.4mm；'火红紫叶'枝条最长（111.3cm），'丹红紫叶'枝条最粗（10.4mm），比普通红花紫薇长15.0%、宽76.3%；生长相对较慢的是'赤红紫叶'和'飞雪紫叶'，枝条长度均少于90cm，枝条粗度分别为7.9mm、10.0mm。按枝条长度从大到小排序为'火红紫叶' '银辉紫叶' '丹红紫叶' '飞雪紫叶' '赤红紫叶'，这与叶片大小排序基本一致。

表3.15 紫薇叶片大小与枝条生长量

品种	叶长（cm）	叶宽（cm）	枝条长度（cm）	枝条粗度（mm）
火红紫叶	7.3	4.9	111.3	7.4
赤红紫叶	5.1	3.2	84.4	7.9
银辉紫叶	5.8	3.8	107.3	8.8
飞雪紫叶	5.2	3.5	88.9	10.0
丹红紫叶	6.3	4.2	104.4	10.4
普通红花紫薇（CK）	5.8	3.9	96.8	5.9

3.3.3.4 不同紫薇品种的物候期

经连续3年观测，紫叶紫薇系列品种在湖南省长沙市的物候期为：3月中旬萌芽，6月上中旬开花，其中'赤红紫叶'和'火红紫叶'开花时间较其他紫薇早7~10d，7—9月是盛花期，10月中旬是末花期，花期4个月，其中'飞雪紫叶'花期比其他品种长15~20d。而普通红花紫薇6月下旬初花，8—9月是盛花期，9月下旬为末花期，花期仅有3个月。

3.3.4 结论与讨论

①从美国引进紫薇新品种，从中选育出 5 个紫叶紫薇优良品种，其嫩叶颜色为紫红色或灰紫色，成熟叶片颜色为黑紫色，且叶色保持黑紫色不变直到落叶；无性繁殖的苗木表型一致，优良性状具有遗传稳定性，具有花色鲜艳、叶色亮丽、花期长、生长快等优势，集观花、观叶于一体，观赏价值高。

②观测结果表明，随着叶片展开和长大，5 个紫叶紫薇叶色由紫红色或灰紫色渐变为深灰色，直至成熟叶变为黑紫色。'火红紫叶''银辉紫叶''丹红紫叶'紫薇叶片和枝条生长量均比普通红花紫薇大，这说明，虽然紫叶紫薇成熟叶片是黑紫色，只要叶片大，叶中含有一定量叶绿素，其当年生枝条生长量可以超过绿叶紫薇。

③通过与原产地紫薇性状比较，在长沙培育的 5 个紫叶紫薇与原产地紫薇的花色、叶色有所不同，说明地理位置和气候不同，同一紫薇品种性状会有少许改变。5 个紫叶紫薇新品种在长沙的观赏性更高。

参考文献

蔡明，王晓玉，张启翔，等，2010.紫薇品种与尾叶紫薇种间杂交亲和性研究[J].西北植物学报，30(4)：645-651.

曾慧杰，王晓明，李永欣，等，2015.两个紫薇品种引种栽培及逆境胁迫下脯氨酸含量分析[J].北方园艺，(16)：67-72.

陈俊愉，陈吉笙，1956.百分制计分评选法：一拟订并掌握柑桔株标准的一个新途径[J].华中农学院学报，84-100.

陈俊愉，2001.中国花卉品种分类学[M].北京：中国林业出版社：162-171.

陈彦，周坚，2006.紫薇受粉习性及花粉管生长的研究[J].聊城大学学报(自然科学版)，19(2)：53-54，96.

陈卓梅，沈鸿明，张冬林，等，2018.从美国专利品种看中国紫薇育种发展趋势[J].浙江林业科技，38(1)：49-61.

郭玉敏，叶要妹，刘坤山，等，2006.日本矮紫薇在武汉的引种适应性研究[J].湖北农业科学，45(3)，349-351.

李永欣，余格非，王晓明，等，2012.美国红叶紫薇扦插技术研究[J].湖南林业科技，39(5)：112-114.

李志军，2009.紫薇辐射育种初探[J].现代园艺，(8)：88-89.

牟少华，刘庆华，王奎玲，2002.紫薇研究进展[J].莱阳农学院学报，19(4)：276-278.

乔中全，王晓明，曾慧杰，等，2015.不育紫薇'湘韵'扦插过程中内源激素含量变化[J].湖南林业科技，42(1)：49-53.

任翔翔，张启翔，潘会堂，等，2009.大花紫薇开花及花粉特性研究[J].安徽农业科学，37(28)：13507-13509.

邵静，2001.美国紫薇属植物介绍[J].陕西林业科技，(2)：65-68.

施奈勒，1965，杨郁华译.植物物候学[M].北京：科学出版社.

王华明，2009.成果：红云紫薇[R].

王金凤，柳新红，陈卓梅，2013.紫薇属植物育种研究进展[J].园艺学报，40(9)：

1795-804.

王敏，宋平，任翔翔，等，2008.紫薇资源与育种研究进展[J].山东林业科技，(2)：66-68.

王淑安，王鹏，杨如同，等，2016.紫薇新品种'金幌'[J].园艺学报，43(3)：609-610.

王献，张启翔，2005.利用AFLP技术研究紫薇的亲缘关系[J].北京林业大学学报，27(1)：59-63.

王晓明，曾慧杰，李永欣，等，2016.'晓明1号'紫薇杂交育种研究[J].湖南林业科技，43(6)：1-6.

王晓明，陈明皋，李永欣，等，2008.成果：名优观赏树木组培及无土化栽培技术引进[R].

王晓明，李永欣，余格非，等，2008.紫薇新品种及繁殖技术[J].中国城市林业，6(1)：79-80.

杨彦伶，李振芳，张新叶，等，2013.紫薇新品种'赤霞'[J].林业科学，49(9)：186+189.

张凡，王传永，陆小清，等，2018.紫薇新品种'屋久岛紫薇1号'[J].园艺学报，45(s2)：1-2

张福春，1985.物候[M].北京：气象出版社.

张洁，王亮生，张晶晶，等，2007.紫薇属植物研究进展[J].园艺学报，34(1)：251.

竺可桢，宛敏渭，1980.物候学[M].北京：科学出版社.

Carl E.Whitcomb,1998a.Crape Myrtle plant named'Whit II':United States Plant Patent,US PP10:296[P].http://pdfpiw.uspto.gov/.piw?Docid=PP010296.

Carl E.Whitcomb,1998b.Crape Myrtle plant named'Whit III':United States Plant Patent,US Plant 10:319[P].http://pdfpiw.uspto.gov/.piw?Docid=PP010319.

Carl E.Whitcomb,1998c.Crape Myrtle plant named'Whit IV':United States Plant Patent,US Plant 11:342[P].http://pdfpiw.uspto.gov/.piw?Docid=PP011342.

Cecil P,Brian E S,Timothy A R,2013.'Ebony Embers','Ebony Fire','EbonyFlame','Ebony Glow',and 'Ebony and Ivory' Dark-leafCrapemyrtles[J].HortScience,48(12):1568-1570.

Egolf D R,1987.'Biloxi','Miaxni'and'Wichita'*Lagerstroemia*[J].HortScience,22(2):336-338.

Fleming D W,Zwetzig G A,2003a.Crape Myrtle plant named'VioletFilli'[P].United States Plant Patent,US PP14:267.

Fleming D W,Zwetzig G A,2003b.Crape Myrtle plant named'CoralFilli'[P].United States Plant Patent,US PP14:317.

Fleming D W,Zwetzig G A,2003c.Crape Myrtle plant named'RedFilli'[P].United States Plant Patent,US PP14:353.

Wang X M,Chen J J,Zeng H J,et al.,2014.*Lagerstroemia indica*'Xiangyun',a seedless crape myrtle[J].Hort Science,49(12):1590-1592.

第4章 大花紫薇与紫薇杂交后代重要观赏性状遗传分析

4.1 紫薇重要性状遗传分析

紫薇（*L. indica*）炎夏开花，花色美丽丰富，适应性强，在园林中有极高的观赏价值和应用价值。紫薇和大花紫薇（*L. speciosa*）是紫薇属重要的种质资源，其中紫薇为紫薇属的灌木，花色变异丰富、抗性强，园林应用较为广泛；而大花紫薇为紫薇属的乔木，花朵直径大，花序大而壮观，但抗寒性差，主要分布于中国广东、广西、福建以及东南亚地区。为了综合紫薇与大花紫薇的优良性状，培育出花大色艳、适应性强的紫薇品种，开展紫薇与大花紫薇的种间杂交试验。

表型变异分析是观赏植物种质创新与性状改良的基础。通过开展详尽系统的表型性状调查，可以了解重要性状的遗传变异机制，为亲本选择提供依据，对于育种工作的开展具有指导意义。目前，以大花紫薇为亲本的杂交工作开展较少（Pounders et al.，2007a，2007b；任翔翔 等，2009；胡杏 等，2014a，2014b），对其后代重要性状的表型变异分析和遗传规律分析相对有限。为了对大花紫薇与紫薇种间杂交进行更全面的评估，有必要对杂交所得材料进行系统的表型性状调查，为紫薇属的育种工作提供参考。此外，之前研究发现紫薇的株型、叶部和花部性状存在一定的相关性，但尚未在大花紫薇后代群体中验证。分析大花紫薇与紫薇杂交后代性状间的相关性，有助于在早期筛选出开花特性等成熟期才表现出的性状，加快育种进程。

4.1.1 试验材料

以大花紫薇与紫薇品种'Sacramento''Dynamite''Purple Velvet'及其种间杂交所得的F_1代群体为试验材料，共计680株子代。杂交授粉工作于2012年6—8月进行，12月份播种，于2013年5月将实生苗移栽至福建将乐紫薇种质资源圃内（胡杏，2014b）。3年生植株开花比例为22.94%，其中DS群体47.88%，SD群体56.82%，PD群体48.39%，DY群体和YD群体开花植株较少，分别为1.90%和17.02%。试验材料具体情况见表4.1、图4.1。

表4.1 试验材料的主要信息

试验材料	代码	样本量	花色	来源	主要特点
杂交亲本					
大花紫薇	DH	1	Purple Violet N80A	广东	直立乔木、浅紫色花
'Sacramento'	M35	1	Red Purple 67B	美国	低矮灌木、小枝下垂、紫红色花
'Dynamite'	DY	1	Red 45B	法国	直立乔木、红色花
'Purple Velvet'	M49	1	Red Purple 72A	美国	直立灌木、深紫色花
杂交后代					
大花紫薇 × 'Sacramento'	DS	165	Purple Violet N80B	种间杂交	株型有变异、紫色花
'Sacramento' × 大花紫薇	SD	44	Purple Violet N80B	种间杂交	株型有变异、紫色花
大花紫薇 × 'Dynamite'	DY	315	Red Purple N78B	种间杂交	株型直立、紫色花

（续表）

试验材料	代码	样本量	花色	来源	主要特点
'Dynamite' × 大花紫薇	YD	94	Red Purple N78B	种间杂交	株型直立、紫色花
'Purple Velvet' × 大花紫薇	PD	62	Purple Violet N80B Red Purple 64C	种间杂交	株型直立、花色变化

1. 大花紫薇；2. 'Sacramento'；3. 'Dynamite'；4. 'Purple Velvet'

图 4.1 亲本间形态差异

4.1.2 试验方法

4.1.2.1 性状测定

依据紫薇DUS测试指南，选取16个表型性状进行测定。其中数量性状13个，包括：叶部性状2个（叶长、叶宽），花部性状5个（花径、瓣爪长、花序长、花序宽、着花数），生长量相关指标4个（株高、冠幅、当年生枝条长度、当年生枝条粗度）、枝条形态相关性状2个（主枝GSA、侧枝GSA）。质量性状3个，包括株型、抗虫性与秋色叶表现（图4.2）。

1. 株型；2. 叶片；3. 单花；4. 花序

图 4.2 子代部分性状变异

表型性状调查在2015年7—10月进行，花部性状的调查在盛花期开展，当年生枝条长度和粗度在生长季结束后测定，秋色叶表现在秋季进行测定。叶片性状选取枝条顶端向下第4~6片成熟的叶片进行测定；花部性状以完全开放的花朵为准，花色参照英国皇家园艺学会比色卡（RHS）确定；抗虫性根据叶片咬食情况进行评定：咬食面积为叶面积 0~30% 为高抗型，30%~70% 为中抗型，＞70% 为低抗型；参照石俊的方法测量主枝、侧枝与垂直方向的夹角（GSA），对枝条形态进行评定（石俊，2016）。每个表型性状均进行 3 次重复测定。具体测定标准见表 4.2。

综合考虑各群体的遗传背景和性状表现，对不同群体统计的性状进行有针对性的调整。对 DS 和 SD 群体测定全部性状；因 DY、YD、PD 群体中均无株型及枝条形态的分离，故不做统计；因 DY 和 YD 群体中开花的样本较少，故不测定花部性状。

表 4.2　性状选取及测定标准

性状来源	性状	类型	赋值	性状描述
叶	叶长	数量性状	数值	叶基部到叶间长度
	叶宽	数量性状	数值	叶最宽处长度
	秋色叶	质量性状	0~2	无明显变化（0）；橙色（1）；红色（2）
花	花径	数量性状	数值	单朵花盛开时的最大宽度
	瓣爪长	数量性状	数值	单个花瓣基部瓣爪长度
	花序长	数量性状	数值	单个花序总长度
	花序宽	数量性状	数值	单个花序最宽处宽度
	着花数	数量性状	数值	单个花序着生单花总个数
植株	株高	数量性状	数值	植株高度
	冠幅	数量性状	数值	植株最宽处长度
	当年生枝条长度	数量性状	数值	单个当年生枝条的长度
	当年生枝条粗度	数量性状	数值	单个当年生枝条的基径
	主枝 GSA	数量性状	数值	植株主枝与垂直方向的夹角
	侧枝 GSA	数量性状	数值	植株侧枝顶端与垂直方向的夹角
	株型	质量性状	0~2	直立型（0）；中间型（1）；匍匐型（2）
	抗虫性	质量性状	0~2	高抗型（0）；中抗型（1）；低抗型（2）

4.1.2.2 数据统计与分析

对数量性状进行描述性统计并计算变异系数（coefficient of variation，CV），变异系数（%）=（标准差/均值）×100%，绘制性状分布的频率分布图；统计质量性状的频率分布；对数量性状进行主成分分析（PCA），根据 Kaiser 准则（特征值＞1）提取主成分，采用最大方差法进行因子旋转，并以第一、第二主成分为主坐标绘制性状的分布图（吴静，2016）；计算性状的亲中值及亲中优势；对性状进行相关性分析；以上数据处理工作均使用 PASW Statistics 18 软件完成。

4.1.3 结果与分析

4.1.3.1 数量性状的遗传变异

1. DS 及 SD 群体表型变异分析

在 DS 群体中，13 个数量性状的遗传变异系数在 14.05%~54.01% 之间（表 4.3），变异程度最大的是着花数，最小的是当年生枝条粗度。在株型性状中，遗传变异系数范围为14.05%~48.33%，其中生长量指标中的株高、冠幅的变异系数高于当年生枝条长度、当年生枝条粗度的变异系数，而枝条形态指标中的主枝GSA变异系数高于侧枝GSA变异系数；在叶部性状中，叶长与叶宽的变异系数为14.58%和16.61%，相对其他性状变异系数较小；在花部性状中，遗传变异系数范围为15.51%~54.01%，其中花序长、花序宽、着花数等与花序性状相关的变异系数分别为28.47%、30.39%、54.01%，高于花径、瓣爪长等与单花性状相关的变异系数。13个数量性状的变异系数均超过10%，说明个体间的表型值变异较大（贺丹，2012a）。13个数量性状的描述性统计详见表4.3。

表4.3 DS群体表型性状的描述性统计

性状	最小值	最大值	均值	标准差	偏度	峰度	变异系数（%）
株高（cm）	16.57	283.28	71.92	34.76	2.24	9.13	48.33
冠幅（cm）	24.53	249.87	131.67	43.35	-0.12	-0.18	32.93
当年生枝条长度（cm）	20.95	115.28	65.95	16.45	-0.25	0.11	24.95
当年生枝条粗度（cm）	1.57	3.49	2.45	0.34	0.40	0.81	14.05
主枝GSA（°）	5.60	72.20	29.48	11.90	0.35	0.43	40.35
侧枝GSA（°）	31.60	124.70	72.87	12.17	-0.08	1.85	16.70
叶长（cm）	4.96	13.99	9.34	1.36	-0.09	0.72	14.58
叶宽（cm）	2.01	5.81	3.84	0.64	0.12	0.31	16.61
花径（mm）	26.64	67.96	44.66	6.93	0.72	2.69	15.51
瓣爪长（mm）	3.42	8.05	4.74	0.89	1.36	3.18	18.79
花序长（cm）	5.87	25.84	15.38	4.38	0.43	-0.35	28.47
花序宽（cm）	3.49	21.65	12.26	3.73	0.20	0.34	30.39
着花数（个）	11.50	138.67	56.26	30.39	0.79	0.25	54.01

对13个数量性状绘制频率分布直方图，发现13个数量性状在群体中基本符合正态分布（图4.3）。冠幅、当年生枝条长度、侧枝GSA、叶长的偏度均为负值，分别是-0.12、-0.25、-0.08、-0.09，表示直方图向正态分布区域的右侧偏斜；株高、当年生枝条粗度、主枝GSA、叶宽、花径、瓣爪长、花序长、花序宽、着花数的偏度分别为2.24、0.40、0.35、0.12、0.72、1.36、0.43、0.20、0.79，均为正值，表示直方图向正态分布区域的左侧倾斜；冠幅、花序长的峰度均为负值，分别为-0.18、-0.35，表示正态分布平缓。株高、当年生枝条长度、当年生枝条粗度、主枝GSA、侧枝GSA、叶长、叶宽、花径、瓣爪长、花序宽、着花数的峰度均为正值，分别为9.13、0.11、0.81、0.43、1.85、0.72、0.31、2.69、3.18、0.34、0.25，表示正态分布陡峭。冠幅、当年生枝条长度、当年生枝条粗度、主枝GSA、叶长、叶宽、花序长、花序宽、着花数9个数量性状的偏度和峰度绝对值均小于1，符合正态分布的特点（贺丹，2012）。

在SD群体中，13个数量性状的遗传变异系数在12.79%–55.82%之间（表4.4），变异程度较高。变异程度最大的是着花数，最小的是花径。在株型性状中，遗传变异系数范围为14.05%–48.33%，其中生长量指标中的株高、冠幅的变异系数分别为38.89%

和29.02%，略高于当年生枝条长度、当年生枝条粗度的变异系数31.83%、17.16%，主枝 GSA 变异系数47.95%高于侧枝 GSA 变异系数20.41%；在叶部性状中，叶长与叶宽的变异系数为17.40%和18.46%；在花部性状中，遗传变异系数范围为15.51%–54.01%，其中花径的变异系数最小为12.79%，瓣爪长、花序长、花序宽、着花数等性状变异系数均大于30%，且着花数的变异系数最高为55.82%。13个数量性状的变异系数均超过10%，说明个体间的表型值变异较大。13个数量性状的描述性统计详见表4.4。

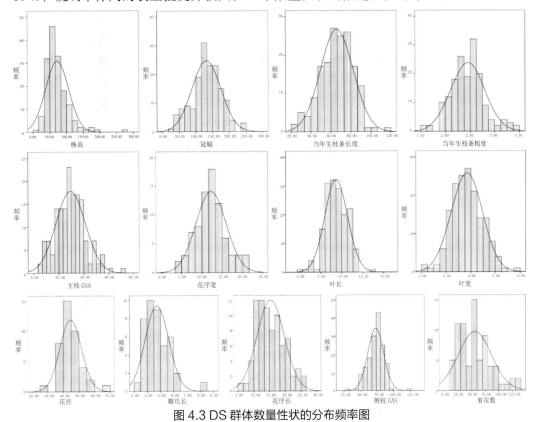

图 4.3 DS 群体数量性状的分布频率图

表4.4 SD群体表型性状的描述性统计

性状	最小值	最大值	均值	标准差	偏度	峰度	变异系数（%）
株高（cm）	29.72	162.37	75.60	29.40	0.83	0.75	38.89
冠幅（cm）	37.43	200.00	131.61	38.20	-0.26	-0.23	29.02
当年生枝条长度（cm）	33.29	130.23	67.47	21.48	0.73	0.42	31.83
当年生枝条粗度（cm）	1.90	3.96	2.71	0.47	0.52	0.29	17.16
主枝 GSA（°）	5.70	60.47	21.98	10.54	1.55	3.94	47.95
侧枝 GSA（°）	43.60	120.57	70.95	14.48	0.60	1.98	20.41
叶长（cm）	4.14	12.17	9.13	1.59	-0.74	0.99	17.40
叶宽（cm）	2.06	5.58	3.96	0.73	-0.07	-0.13	18.46
花径（mm）	33.90	58.31	45.78	5.85	0.20	2.09	12.79

（续表）

性状	最小值	最大值	均值	标准差	偏度	峰度	变异系数（%）
瓣爪长（mm）	2.52	6.98	4.61	1.43	0.36	−0.34	31.13
花序长（cm）	6.05	25.36	15.38	5.04	0.17	−0.76	32.75
花序宽（cm）	6.14	19.71	11.76	4.03	0.53	−0.86	34.27
着花数（个）	12.50	123.67	63.85	35.64	0.12	−1.19	55.82

对13个数量性状绘制频率分布直方图（图4.4），发现13个数量性状在SD群体中与正态分布拟合程度较DS群体稍差，主要原因为群体数量较小。冠幅、叶长、叶宽的偏度分别为−0.26、−0.74、−0.07，均为负值，表示直方图向正态分布区域的右侧偏斜；株高、当年生枝条长度、当年生枝条粗度、主枝GSA、侧枝GSA、花径、瓣爪长、花序长、花序宽、着花数的偏度均为正值，分别为0.83、0.73、0.52、1.55、0.60、0.20、0.36、0.17、0.53、0.12，表示直方图向正态分布区域的左侧倾斜；冠幅、叶宽、瓣爪长、花序长、花序宽、着花数的峰度均为负值，分别为−0.23、−0.13、−0.34、−0.76、−0.86、−0.19，表示正态分布平缓。株高、当年生枝条长度、当年生枝条粗度、主枝GSA、侧枝GSA、叶长、花径的峰度均为正值，分别为0.75、0.42、0.29、3.94、1.98、0.99、2.09，表示正态分布陡峭。株高、冠幅、当年生枝条长度、当年生枝条粗度、叶长、叶宽、瓣爪长、花序长、花序宽9个数量性状的偏度和峰度绝对值均小于1，符合正态分布的特点。

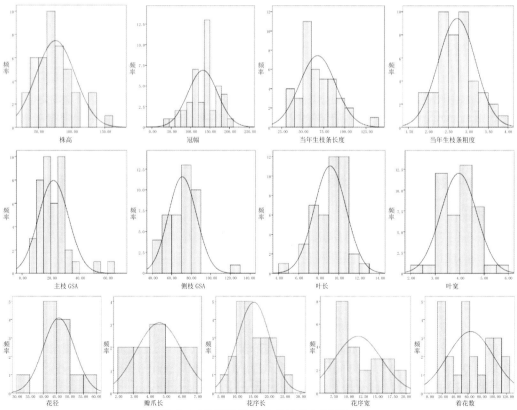

图4.4 SD群体数量性状的分布频率图

对于DS和SD这一组正反交群体来说，遗传变异特点基本一致。变异程度最大的均为着花数。生长量指标中的株高、冠幅的变异系数均高于当年生枝条长度、当年生枝条粗度的变异系数。主枝GSA变异系数高于侧枝GSA。13个数量性状的变异系数均超过10%，说明个体间的表型值变异较大。冠幅、当年生枝条长度、当年生枝条粗度、叶长、叶宽、花序长、花序宽的偏度与峰度绝对值均小于1，符合正态分布的分布特点。

2. DY 及 YD 群体表型变异分析

对DY群体的株高、冠幅、当年生枝条长度、当年生枝条粗度、叶长、叶宽进行描述性统计发现，6个数量性状的遗传变异系数在14.58%~33.95%之间（表4.5），变异程度最大的是当年生枝条长度，最小的是叶长，变异系数均超过10%，个体间的表型差异较大。各生长量指标中的株高、冠幅、当年生枝条粗度的变异系数分别为32.45%、33.60%、33.95%，高于当年生枝条粗度的变异系数19.26%。叶长与叶宽的变异系数为14.58%和16.64%。

表4.5 DY群体表型性状的描述性统计

性状	最小值	最大值	均值	标准差	偏度	峰度	变异系数（%）
株高（cm）	9.89	148.96	67.12	21.78	0.15	0.09	32.45
冠幅（cm）	15.20	162.97	64.50	21.67	0.79	2.17	33.60
当年生枝条长度（cm）	9.51	112.86	50.04	16.99	0.54	0.30	33.95
当年生枝条粗度（cm）	1.27	5.37	3.11	0.60	0.48	0.73	19.26
叶长（cm）	4.75	12.04	8.00	1.17	0.32	0.76	14.58
叶宽（cm）	2.42	6.44	3.99	0.66	0.45	0.45	16.64

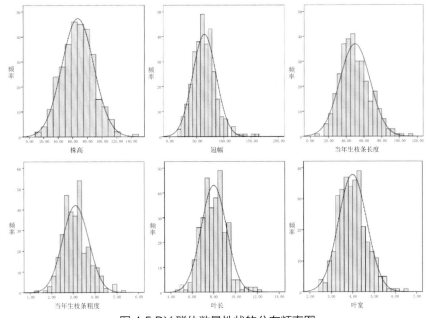

图 4.5 DY 群体数量性状的分布频率图

6个数量性状绘制频率分布直方图（图4.5）。发现6个性状的偏度分别为0.15、0.79、0.54、0.48、0.32、0.45，均为正值，表示直方图向正态分布区域的左侧倾斜；6个数量性状的峰度均为正值，分别为0.09、2.17、0.30、0.73、0.76、0.45，表示正态分布陡峭。株高、冠幅、当年生枝条长度、当年生枝条粗度、叶长、叶宽6个数量性状的偏度和峰度绝对值均小于1，符合正态分布的特点，与正态分布曲线拟合较好。

对YD群体的株高、冠幅、当年生枝条长度、当年生枝条粗度、叶长、叶宽进行描述性统计发现，6个数量性状的遗传变异系数在16.04%~40.16%之间（表4.6），变异程度最大的是株高，最小的是叶长，变异系数均超过10%，个体间的表型差异较大。各生长量指标中的株高、冠幅的变异系数分别为40.16%、37.60%，高于当年生枝条长度和当年生枝条粗度的变异系数26.58%和16.38%。叶长与叶宽的变异系数为16.04%和19.90%。

表4.6 YD群体表型性状的描述性统计

性状	最小值	最大值	均值	标准差	偏度	峰度	变异系数（%）
株高（cm）	24.38	194.42	79.79	32.04	1.11	1.65	40.16
冠幅（cm）	22.48	176.07	78.43	29.49	0.80	1.47	37.60
当年生枝条长度（cm）	20.68	75.78	43.46	11.55	0.24	−0.34	26.58
当年生枝条粗度（cm）	1.35	3.28	2.46	0.40	−0.38	0.35	16.38
叶长（cm）	4.09	11.56	8.39	1.35	−0.45	0.42	16.04
叶宽（cm）	2.21	7.51	4.46	0.89	0.11	0.90	19.90

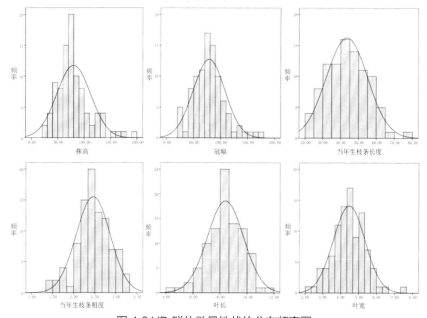

图4.6 YD群体数量性状的分布频率图

　　绘制 YD 群体 6 个数量性状的频率分布直方图（图 4.6）。其中当年生枝条粗度、叶长的偏度为负值，分别为 -0.38、-0.45，表示直方图向正态分布区域的右侧偏斜；株高、冠幅、当年生枝条长度、叶宽的偏度均为正值，分别为 1.11、0.80、0.24、0.11，表示直方图向正态分布区域的左侧倾斜；当年生枝条长度的峰度为 -0.34，正态分布平缓。株高、冠幅、当年生枝条粗度、叶长、叶宽的峰度均为正值，分别为 1.65、1.47、0.35、0.42、0.90，正态分布陡峭。当年生枝条长度、当年生枝条粗度、叶长、叶宽 4 个性状的偏度和峰度绝对值均小于 1，符合正态分布的特点。

　　DY 及 YD 群体数量较大，各性状表型变异分布与正态分布拟合较好。株高、冠幅、当年生枝条长度、当年生枝条粗度等生长量相关性状的变异系数高于叶长、叶宽等叶部性状的变异系数。当年生枝条长度的变异大于当年生枝条粗度的变异。叶长的变异系数大于叶宽的变异。正反交群体的 6 个数量性状变异系数均超过 10%，个体间的表型值变异较大。当年生枝条长度、当年生枝条粗度、叶长、叶宽 4 个数量性状在正反交群体中的偏度和峰度绝对值均小于 1，符合正态分布的特点。

3. PD 群体表型变异分析

　　在 PD 群体中，11 个数量性状的遗传变异系数在 9.06%~57.60% 之间，变异程度最大的是着花数，最小的是当年生枝条粗度。在生长量指标中，遗传变异系数范围为 21.44%~34.59%，株高、冠幅的变异系数略高于当年生枝条长度、当年生枝条粗度的变异系数；在叶部性状中，叶长与叶宽的变异系数为 21.28% 和 22.12%；在花部性状中，遗传变异系数范围为 9.06%~57.60%，其中花序长、花序宽、着花数等与花序性状相关的变异系数分别为 44.27%、37.89%、57.60%，高于花径、瓣爪长等与单花性状相关的变异系数。除花径变异系数为 9.06% 接近 10%，其余 10 个数量性状的变异系数均超过 10%，说明个体间的表型值变异较大。11 个数量性状的描述性统计详见表 4.7。

表 4.7　PD 群体表型性状的描述性统计

性状	最小值	最大值	均值	标准差	偏度	峰度	变异系数（%）
株高（cm）	46.02	183.75	108.43	37.50	0.27	-1.00	34.59
冠幅（cm）	44.90	232.27	128.91	38.58	-0.04	0.07	29.93
当年生枝条长度（cm）	23.39	89.59	60.30	15.69	-0.33	-0.53	26.01
当年生枝条粗度（cm）	1.09	3.77	2.52	0.54	-0.70	1.29	21.44
叶长（cm）	3.58	12.47	9.28	1.98	-1.33	1.81	21.28
叶宽（cm）	1.75	6.37	4.48	0.99	-0.92	0.74	22.12
花径（mm）	34.20	50.47	42.65	3.86	-0.07	-0.12	9.06
瓣爪长（mm）	2.57	8.57	4.75	1.46	1.11	1.16	30.69
花序长（cm）	5.26	38.98	18.46	8.17	0.52	-0.19	44.27
花序宽（cm）	4.40	25.86	13.71	5.19	0.08	-0.26	37.89
着花数（个）	9.33	217.00	67.09	38.64	1.24	3.48	57.60

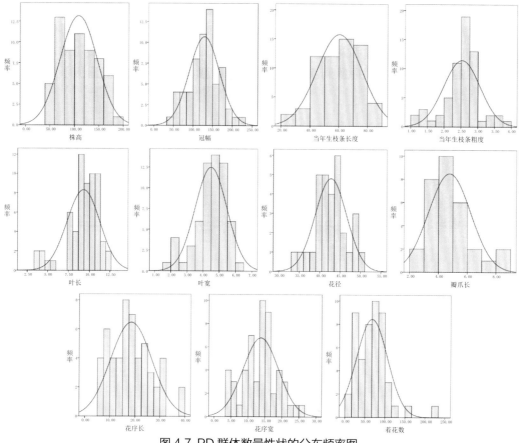

图 4.7 PD 群体数量性状的分布频率图

对 11 个数量性状绘制频率分布直方图（图 4.7）。冠幅、当年生枝条长度、当年生枝条粗度、叶长、叶宽、花径的偏度均为负值，分别是 –0.04、–0.33、–0.70、–1.33、–0.92、–0.07，表示直方图向正态分布区域的右侧偏斜；株高、瓣爪长、花序长、花序宽、着花数的偏度分别为 0.27、1.11、0.52、0.08、1.24，均为正值，表示直方图向正态分布区域的左侧倾斜；株高、当年生枝条长度、花径、花序长、花序宽的峰度均为负值，分别为 –1.00、–0.53、–0.12、–0.19、–0.26，表示正态分布平缓。冠幅、当年生枝条粗度、叶长、叶宽、瓣爪长、着花数的峰度均为正值，分别为 0.07、1.29、1.81、0.74、1.16、3.48，表示正态分布陡峭。株高、冠幅、当年生枝条长度、当年生枝条粗度、叶宽、花序长、花序宽 7 个数量性状的偏度和峰度绝对值均小于等于 1，符合正态分布的特点。

4.1.3.2 质量性状的频率分布

对大花紫薇与紫薇杂交后代的抗虫性、秋色叶、株型 3 个质量性状赋值，统计了 3 个质量性状在 F_1 代 5 个群体中的均值、标准差、方差和频率（表 4.8）。绘制各性状在群体中的频率分布（图 4.8）。

抗虫性在子代中的平均值为 0.68，标准差为 0.58，方差为 0.35。子代中高抗型占 42.40%，中抗型占 47.76%，低抗型占 9.84%。各群体中 PD 群体抗虫性最强，群体中高抗型占 70.50%；SD 群体抗虫性最弱，群体中高抗型占 13.60%，中抗型占 70.50%，低抗型占 15.90%。除 SD 群体外各群体以高抗型个体和中抗性个体占比例为最多，低抗型个体所占比例较少。比较不同杂交亲本的子代之间的抗虫性，PD 群体的抗虫性最强，DY 和 YD 群体次之，DS 和 SD 群体抗虫性最弱。

　　秋色叶表现在子代中的平均值为 0.94，标准差为 0.97，方差为 0.93。子代中无秋色叶表现的个体占 49.90%，秋色叶表现为中间色个体占 6.60%，秋色叶表现为红色个体占 43.54%。各群体中秋色叶表现相似，无秋色叶个体和秋色叶为红色个体所占比例相当，其中无秋色叶个体占比略高于秋色叶为红色个体。DY 群体中秋色叶表现最明显，无秋色叶个体仅占 39.50%；DS 群体中秋色叶表现最弱，无秋色叶个体占 57.00%。在不同亲本的子代之间，DY 及 YD 群体有秋色叶变化的个体占比最高，其次是 PD 群体，在 DS 和 SD 群体中有秋色叶变化的个体占比最低。

表 4.8　F₁ 群体质量性状的分布频率

性状	均值	标准差	方差	频率（%）		
				0	1	2
抗虫性						
DS	0.91	0.67	0.45	27.60	54.00	18.40
SD	1.02	0.55	0.30	13.60	70.50	15.90
DY	0.70	0.67	0.45	41.80	46.50	11.70
YD	0.45	0.56	0.31	58.50	38.30	3.20
PD	0.30	0.46	0.21	70.50	29.50	0.00
均值	0.68	0.58	0.35	42.40	47.76	9.84
秋色叶						
DS	0.80	0.95	0.90	57.00	6.30	36.70
SD	0.89	0.98	0.96	52.60	5.60	41.70
DY	1.05	0.92	0.84	39.50	15.60	44.90
YD	0.92	0.99	0.98	52.70	2.20	45.20
PD	1.02	0.99	0.98	47.50	3.30	49.20
均值	0.94	0.97	0.93	49.90	6.60	43.54
株型						
DS	1.42	0.61	0.37	6.10	45.70	48.20
SD	1.3	0.55	0.31	4.50	61.40	34.10
均值	1.36	0.58	0.34	5.30	53.55	41.15

　　在有株型分离的 DS 和 SD 群体中，株型表现的平均值为 1.36，标准差为 0.58，方差为 0.34，直立型、中间型、匍匐型个体所占比例分别为 5.30%、53.55%、41.15%。中间型和匍匐型所占比例相当，直立性个体所占比例极少。在 DS 群体中直立性、中间型、

匍匐型个体所占比例分别为6.10%、45.70%、48.20%，匍匐型个体占比最高。在SD群体中直立性、中间型、匍匐型个体所占比例分别为4.50%、61.40%、34.10%，中间型个体占比最高。以紫薇（株型匍匐）为母本的SD群体比以大花紫薇为母本的DS群体非直立型子代所占比例略高，但匍匐型个体所占比例略低。

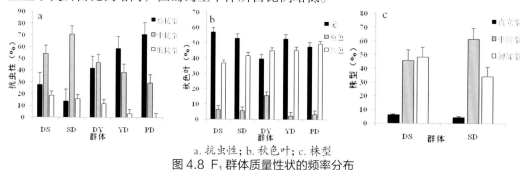

a. 抗虫性；b. 秋色叶；c. 株型
图4.8 F₁群体质量性状的频率分布

4.1.3.3 主成分分析

1. DS 及 SD 群体主成分分析

对DS群体的13个数量性状进行主成分分析，根据特征值（＞1）提取出的5个主成分累计贡献率为75.404%（表4.9）。决定第一主成分的主要有花序长、花序宽、着花数，决定第二主成分的主要有叶长、叶宽，决定第三主成分的主要有花径、瓣爪长，决定第四主成分的主要为冠幅、侧枝GSA，决定第五主成分的主要为主枝GSA（表4.10）。在数量性状的主坐标分布中发现，叶部、花序、着花数性状表现出沿横轴分布的趋势，花部、枝条分枝角度性状表现出沿纵轴分布的趋势（图4.9）。

表4.9 DS群体主成分的特征值和贡献率

成分	初始特征值		
	特征值	贡献率（%）	累计贡献率（%）
1	3.155	24.270	24.270
2	2.441	18.778	43.048
3	1.749	13.450	56.498
4	1.373	10.564	67.062
5	1.084	8.342	75.404

表4.10 DS群体数量性状的旋转成分矩阵

性状	主成分				
	1	2	3	4	5
株高	0.624	0.350	0.275	−0.156	0.002
冠幅	−0.176	0.174	0.063	0.874	−0.032
当年生枝条长度	0.233	0.438	−0.103	0.484	0.521
当年生枝条粗度	0.338	0.522	0.497	−0.230	−0.013
主枝GSA	0.001	−0.035	0.197	−0.057	0.925

（续表）

性状	主成分				
	1	2	3	4	5
侧枝 GSA	−0.078	−0.315	0.318	0.774	0.016
叶长	−0.014	0.790	−0.033	−0.060	0.089
叶宽	0.107	0.838	−0.072	0.118	−0.064
花径	0.075	−0.110	0.868	0.187	−0.003
瓣爪长	−0.144	−0.001	0.876	0.128	0.233
花序长	0.858	0.061	0.031	0.047	0.294
花序宽	0.832	−0.114	−0.090	−0.003	−0.046
着花数	0.746	0.144	−0.053	−0.175	−0.095

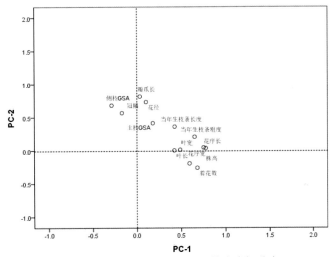

图 4.9　DS 群体数量性状的二维主坐标分布

对 SD 群体的 13 个数量性状进行主成分分析，根据特征值（＞1）提取出的 4 个主成分累计贡献率为 87.672%（表 4.11）。决定第一主成分的主要有株高、花径、瓣爪长、花序长、花序宽、着花数，决定第二主成分的主要有冠幅、当年生枝条长度、叶长、叶宽、花序长，决定第三主成分的主要为侧枝 GSA，决定第四主成分的主要为主枝 GSA（表 4.12）。在数量性状的主坐标分布中发现，叶部性状表现出沿横轴分布的趋势，其余性状的分布趋势不明显（图 4.10）。

表 4.11　SD 群体主成分的特征值和贡献率

成分	初始特征值		
	特征值	贡献率（％）	累计贡献率（％）
1	6.574	50.572	50.572
2	2.115	16.271	66.844

（续表）

成分	初始特征值		
	特征值	贡献率（%）	累计贡献率（%）
3	1.548	11.906	78.749
4	1.160	8.923	87.672

表4.12 SD群体数量性状的旋转成分矩阵

性状	主成分			
	1	2	3	4
株高	0.731	0.054	0.202	−0.547
冠幅	0.137	0.908	0.008	0.133
当年生枝条长度	0.196	0.869	0.280	−0.041
当年生枝条粗度	0.372	0.522	0.699	−0.045
主枝GSA	0.005	0.077	−0.002	0.945
侧枝GSA	−0.042	−0.138	−0.973	0.008
叶长	0.388	0.811	0.206	−0.090
叶宽	0.328	0.659	0.373	0.361
花径	0.724	0.378	−0.100	0.459
瓣爪长	0.803	0.271	0.089	0.092
花序长	0.609	0.522	−0.171	−0.474
花序宽	0.885	0.296	0.086	0.075
着花数	0.873	0.145	0.331	−0.228

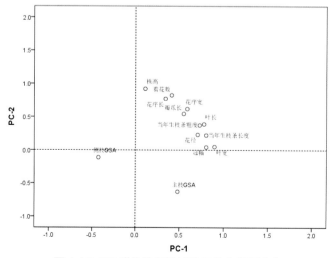

图4.10 SD群体数量性状的二维主坐标分布

在DS和SD群体中，决定第一主成分的主要性状均有花序长、花序宽、着花数，决定第二主成分的均有叶长、叶宽，另外决定前3个主成分的还有花径、瓣爪长，主枝GSA和侧枝GSA决定了群体的第三、四、五个主成分。因此可以把第一主成分称为花序性状因子，第二主成分为叶部性状因子，第三、四、五个主成分为花部性状因子和枝条形态性状因子。

2. DY及YD群体主成分分析

对DY群体的13个数量性状进行主成分分析，根据特征值（>1）提取出的4个主成分累计贡献率为95.615%（表4.13）。决定第一主成分的主要有花序长、花序宽、着花数、当年生枝条长度，决定第二主成分的主要有叶长、叶宽、株高，决定第三主成分的主要有冠幅、瓣爪长，决定第四主成分的主要有花径、当年生枝条粗度（表4.14）。在数量性状的主坐标分布中发现，花序性状表现出沿横轴分布的趋势，叶部性状表现出沿纵轴分布的趋势（图4.11）。

表4.13 DY群体主成分的特征值和贡献率

成分	初始特征值		
	特征值	贡献率（%）	累计贡献率（%）
1	4.159	37.806	37.806
2	3.213	29.207	67.013
3	2.015	18.318	85.331
4	1.131	10.284	95.615

表4.14 DY群体数量性状的旋转成分矩阵

性状	主成分			
	1	2	3	4
株高	0.060	0.930	0.214	0.203
冠幅	0.478	0.109	0.838	−0.004
当年生枝条长度	0.815	−0.149	−0.438	0.046
当年生枝条粗度	0.047	−0.081	−0.146	0.983
叶长	−0.123	0.911	−0.028	−0.391
叶宽	0.268	0.925	0.200	−0.081
花径	0.200	−0.037	0.526	0.825
瓣爪长	−0.256	0.498	0.795	0.105
花序长	0.922	0.136	0.252	0.016
花序宽	0.966	0.141	−0.046	0.144
着花数	0.890	0.001	0.321	0.089

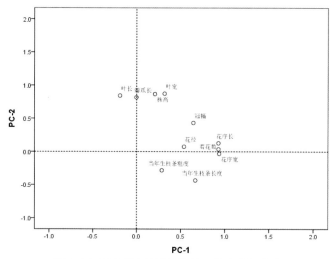

图4.11 DY群体数量性状的二维主坐标分布

对YD群体的13个数量性状进行主成分分析，根据特征值（＞1）提取出的4个主成分累计贡献率为79.654%（表4.15）。决定第一主成分的主要有当年生枝条长度、花序宽、着花数，决定第二主成分的主要有叶长、叶宽，决定第三主成分的主要有冠幅，决定第四主成分的主要有瓣爪长（表4.16）。在数量性状的主坐标分布中发现，花序性状表现出沿横轴分布的趋势，叶部性状表现出沿纵轴分布的趋势（图4.12）。

表4.15 YD群体主成分的特征值和贡献率

成分	初始特征值		
	特征值	贡献率（%）	累计贡献率（%）
1	3.787	34.425	34.425
2	2.221	20.192	54.617
3	1.440	13.095	67.713
4	1.314	11.941	79.654

表4.16 YD群体数量性状的旋转成分矩阵

性状	主成分			
	1	2	3	4
株高	0.301	0.509	0.622	0.175
冠幅	0.035	0.133	0.879	0.127
当年生枝条长度	0.857	−0.188	0.330	0.091
当年生枝条粗度	−0.114	0.156	0.435	0.631
叶长	0.241	0.901	0.052	0.027
叶宽	−0.018	0.927	0.173	0.047
花径	−0.550	−0.052	−0.484	0.563
瓣爪长	0.137	0.014	0.058	0.919

（续表）

性状	主成分			
	1	2	3	4
花序长	0.666	0.203	−0.383	0.064
花序宽	0.889	0.133	0.082	−0.142
着花数	0.811	0.235	0.043	0.040

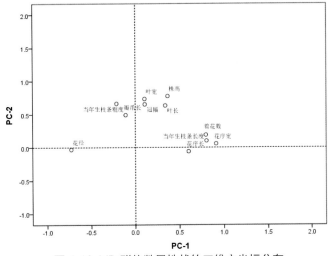

图4.12 YD群体数量性状的二维主坐标分布

　　在DY和YD群体中，决定第一主成分的主要性状有花序宽、着花数、当年生枝条长度，决定第二主成分的有叶长、叶宽，冠幅决定了群体的第三主成分，花径、瓣爪长决定了第三、四主成分。因此第一主成分为花序性状因子，第二主成分为叶部性状因子，第三、四主成分为花部性状因子。

3. PD群体主成分分析

　　对PD群体的13个数量性状进行主成分分析，根据特征值（＞1）提取出的4个主成分累计贡献率为77.832%（表4.17）。决定第一主成分的主要有叶长、叶宽，决定第二主成分的主要有花序长、花序宽，决定第三主成分的主要为着花数，决定第四主成分的主要为花径（表4.18）。在数量性状的主坐标分布中发现，叶部性状表现出沿横轴分布的趋势，其余性状无明显分布趋势（图4.13）。在PD群体中，第一主成分为叶部性状因子，第二、三主成分为花序性状因子，第四主成分为花部性状因子。

表4.17 PD群体主成分的特征值和贡献率

成分	初始特征值		
	特征值	贡献率（％）	累计贡献率（％）
1	4.401	40.009	40.009
2	2.055	18.682	58.691
3	1.089	9.904	68.595

（续表）

成分	初始特征值		
	特征值	贡献率（%）	累计贡献率（%）
4	1.016	9.238	77.832

表4.18 PD群体数量性状的旋转成分矩阵

性状	主成分			
	1	2	3	4
株高	−0.205	0.506	0.501	0.323
冠幅	−0.328	0.527	0.029	0.694
当年生枝条长度	0.350	0.681	−0.108	0.186
当年生枝条粗度	0.629	0.149	0.635	−0.097
叶长	0.869	0.274	0.221	0.109
叶宽	0.887	0.199	0.092	0.004
花径	0.205	−0.029	0.083	0.919
瓣爪长	−0.470	−0.288	−0.608	0.344
花序长	0.201	0.810	0.338	0.009
花序宽	0.306	0.715	0.175	−0.054
着花数	0.151	0.072	0.815	0.164

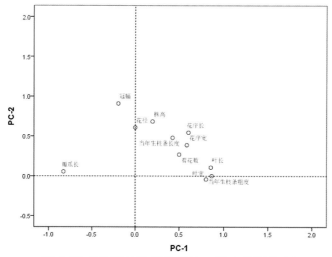

图4.13 PD群体数量性状的二维主坐标分布

大花紫薇与紫薇杂交的5个F₁代群体主成分分析结果基本一致：第一、二主成分为花序性状因子和叶部性状因子，第三、四主成分花部性状因子，说明这些性状是决定大花紫薇与紫薇杂交后代整体的表现的主要观赏性状，在表型评价和遗传分析中应重点考虑。

4.1.3.4 性状遗传分析

1. 株高、冠幅遗传

通过对 F_1 代与亲本的株高进行统计分析（表 4.19），F_1 群体株高的平均值相当于亲中值的 25.52%。各群体株高的平均值为亲中值的 18.77%~35.69%。从总体上看，杂交后代分离广泛，大小极值均相差较大。子代株高小于低亲占比最高，比例为 60.12%。株高介于双亲之间所占比例为 39.88%。在 DS、SD 及 PD 群体中，杂种后代的株高介于双亲之间所占比例最大，分别为 63.35%、70.45%、64.52%。株高小于低亲所占比例其次，分别为 36.65%、29.55%、35.48%。在 DY 及 YD 群体中，株高几乎全部小于低亲，所占比率分别为 100% 和 98.94%。各群体均无超亲子代出现。

表 4.19　F_1 代株高遗传分析

组合	样本量	亲本株高（cm）			杂种株高（cm）			杂种与亲本比较（%）			
		♀	♂	亲中值 $\bar{P}$	$\bar{x} + \delta$	变异系数 CV	极值	$\bar{X}/\bar{P}$	小于低亲	双亲之间	大于高亲
DS	165	522.25	58.31	290.28	71.92 ± 2.74	48.33	16.57~283.28	24.78	36.65	63.35	0.00
SD	44	58.31	522.25	290.28	75.60 ± 4.43	38.89	29.72~162.37	26.04	29.55	70.45	0.00
PD	62	85.30	522.25	303.77	108.43 ± 4.76	34.59	46.02~183.75	35.69	35.48	64.52	0.00
DY	315	522.25	193.10	357.68	67.12 ± 1.24	32.45	9.89~148.96	18.77	100.00		0.00
YD	94	193.10	522.25	357.68	79.79 ± 3.31	40.16	24.38~194.42	22.31	98.94	1.06	0.00
均值								25.52	60.12	39.88	

表 4.20　F_1 代冠幅遗传分析

组合	样本量	亲本冠幅（cm）			杂种冠幅（cm）			杂种与亲本比较（%）			
		♀	♂	亲中值 $\bar{P}$	$\bar{x} + \delta$	变异系数 CV	极值	$\bar{X}/\bar{P}$	小于低亲	双亲之间	大于高亲
DS	165	457.30	87.75	272.53	141.67 ± 3.42	32.93	24.53~249.87	51.98	16.15	83.85	0.00
SD	44	87.75	457.30	272.53	131.61 ± 5.76	29.02	37.43~200.00	48.29	13.64	86.36	0.00
PD	62	48.60	457.30	252.95	128.91 ± 4.90	29.93	44.90~232.27	50.96	1.61	98.39	0.00
DY	315	457.30	163.22	310.26	64.50 ± 1.23	33.60	15.20~162.97	20.79	100.00	0.00	0.00
YD	94	163.22	457.30	310.26	78.43 ± 3.04	37.60	22.48~176.07	25.28	97.87	2.13	0.00
均值								39.46	45.85	54.15	0.00

通过对 F_1 代与亲本的冠幅进行统计分析（表 4.20），F_1 群体冠幅的平均值相当于亲中值的 39.46%。各群体冠幅的平均值为亲中值的 20.79%~51.98%。杂交后代分离广泛，大小极值相差较大。子代冠幅小于低亲和介于双亲之间所占比例相当，分别为 45.84% 和 54.15%。在 DS、SD 及 PD 群体中，绝大多数杂种后代的冠幅介于双亲之间，所占比率分别为 83.85%、86.36%、98.39%。极少子代冠幅小于低亲，所占比率分别为 16.15%、13.64%、1.61%。在 DY 及 YD 群体中，子代的冠幅几乎全部小于低亲，所占比率分别为 100% 和 97.87%。各群体均无超亲子代出现。

2. 叶部性状遗传

通过对 F_1 代与亲本的叶长进行统计分析（表4.21），F_1 群体叶长的平均值相当于亲中值的63.16%。各群体叶长的平均值为亲中值的53.96%~70.57%。子代叶宽介于双亲之间所占比例最多，所占比例为93.08%。在PD、DY、YD群体中，绝大多数杂种后代的叶长介于双亲之间，所占比率分别为91.94%、84.13%、89.36%。叶长小于低亲所占比例较小，分别为8.06%、15.87%、10.64%。在DS及SD群体中，子代叶长全部介于双亲之间。各群体均无超亲子代出现。

通过对 F_1 代与亲本的叶宽进行统计分析（表4.22），F_1 群体叶宽的平均值相当于亲中值的69.03%。各群体叶宽的平均值为亲中值的50.08%~76.82%。子代叶宽介于双亲之间所占比例最多，所占比例为78.96%。在DS、SD群体中，子代的叶宽全部介于双亲之间。在PD及YD群体中，绝大多数杂种后代的叶宽介于双亲之间，所占比率分别为88.71%、67.02%。叶宽小于低亲所占比例较小，分别为11.29%、32.98%。在DY群体中，多数子代的叶宽小于低亲。各群体均无超亲子代出现。

表4.21 F_1 代叶长遗传分析

组合	样本量	亲本叶长（cm）			杂种叶长（cm）			杂种与亲本比较（%）			
		♀	♂	亲中值 $\bar{P}$	$\bar{x} + \delta$	变异系数 CV	极值	$\bar{X}/\bar{P}$	小于低亲	双亲之间	大于高亲
DS	165	22.79	3.65	13.22	9.33 ± 0.11	14.58	4.96~13.99	70.57	0.00	100.00	0.00
SD	44	3.65	22.79	13.22	9.13 ± 0.24	17.4	4.14~12.17	69.06	0.00	100.00	0.00
PD	62	5.51	22.79	14.15	9.28 ± 0.25	21.28	3.58~12.47	65.58	8.06	91.94	0.00
DY	315	22.79	6.86	14.83	8.00 ± 0.07	14.58	4.75~12.04	53.96	15.87	84.13	0.00
YD	94	6.86	22.79	14.83	8.39 ± 0.14	16.04	4.09~11.56	56.59	10.64	89.36	0.00
均值								63.16	6.92	93.08	0.00

表4.22 F_1 代叶宽遗传分析

组合	样本量	亲本叶宽（cm）			杂种叶宽（cm）			杂种与亲本比较（%）			
		♀	♂	亲中值 $\bar{P}$	$\bar{x} + \delta$	变异系数 CV	极值	$\bar{X}/\bar{P}$	小于低亲	双亲之间	大于高亲
DS	165	8.84	1.47	5.155	3.84 ± 0.05	16.61	2.01~5.81	74.49	0.00	100.00	0.00
SD	44	1.47	8.84	5.155	3.96 ± 0.11	18.46	2.06~5.58	76.82	0.00	100.00	0.00
PD	62	3.10	8.84	5.97	4.48 ± 0.13	22.12	1.75~6.37	75.04	11.29	88.71	0.00
DY	315	8.84	4.14	6.49	3.25 ± 0.06	16.64	2.42~4.26	50.08	60.95	39.05	0.00
YD	94	4.14	8.84	6.49	4.46 ± 0.09	19.90	2.21~7.51	68.72	32.98	67.02	0.00
均值								69.03	21.04	78.96	0.00

3. 花部性状遗传

通过对 F_1 代DS、SD、PD群体与亲本的花径进行统计分析（表4.23），F_1 代群体花径的平均值相当于亲中值的89.12%。各群体花径的平均值为亲中值的85.81%~91.80%。子代花径介于双亲之间所占比例最多，所占比例为98.41%。杂交后代花径几乎全部介于双亲之间。在 SD 及 PD 群体中，子代花径全部介于双亲之间。在 DS 群体中，子代的花径介于双亲之间所占比例为95.24%，小于低亲和大于高亲的个体在群体中所占比例均为2.38%。除 DS 群体外其余群体均无超亲子代出现。

表4.23　F₁代花径遗传分析

表4.23　F_1代花径遗传分析

组合	样本量	亲本花径（mm）			杂种花径（mm）			杂种与亲本比较（%）			
		♀	♂	亲中值 $\bar{P}$	$\bar{x}+\delta$	变异系数 CV	极值	$\bar{X}/\bar{P}$	小于低亲	双亲之间	大于高亲
DS	79	67.47	32.05	49.76	44.66 ± 1.08	15.51	26.64~67.96	89.75	2.38	95.24	2.38
SD	25	32.05	67.47	49.76	45.78 ± 1.69	12.79	33.96~58.31	91.80	0.00	100.00	0.00
PD	30	31.94	67.47	49.70	42.65 ± 0.69	9.06	34.20~50.47	85.81	0.00	100.00	0.00
均值								89.12	0.79	98.41	0.79

表4.24　F_1代瓣爪长遗传分析

组合	样本量	亲本瓣爪长（mm）			杂种瓣爪长（mm）			杂种与亲本比较（%）			
		♀	♂	亲中值 $\bar{P}$	$\bar{x}+\delta$	变异系数 CV	极值	$\bar{X}/\bar{P}$	小于低亲	双亲之间	大于高亲
DS	79	4.35	3.98	4.17	4.74 ± 0.14	18.79	3.42~8.05	113.76	21.43	21.43	57.14
SD	25	3.98	4.35	4.17	4.61 ± 0.43	31.13	2.52~6.98	110.64	33.33	8.33	58.33
PD	30	6.97	4.35	5.66	4.75 ± 0.26	30.69	2.57~8.57	83.87	54.84	35.48	9.68
均值								102.76	36.53	21.75	41.72

通过对 F_1 代 DS、SD、PD 群体与亲本的瓣爪长进行统计分析（表4.24），F_1 代群体瓣爪长的平均值相当于亲中值的102.76%，呈现出一定的亲中优势。各群体瓣爪长的平均值为亲中值的83.87%~113.76%。子代瓣爪长小于低亲、介于双亲之间、大于高亲的所占比例分别为36.53%、21.75%、41.72%。在 DS 及 SD 群体中，杂交后代瓣爪长大于高亲所占比例最高，分别为57.14%和58.33%，小于低亲所占比例次之，分别为21.43%和33.33%。在 PD 群体中，杂种后代小于低亲所占比例最大为83.57%，其次为介于双亲近之间，所占比例为35.48%。各群体均出现了超亲子代，表现出一定的亲中优势。

4. 花序性状遗传

通过对 F_1 代 DS、SD、PD 群体与亲本的花序长进行统计分析（表4.25），F_1 代群体花序长的平均值相当于亲中值的87.65%。各群体花序长的平均值为亲中值的86.84%~89.25%。子代花序长小于低亲、介于双亲之间、大于高亲的所占比例分别为50.68%、32.30%、17.02%，半数以上子代的花序长小于低亲。在 DS 及 SD 群体中，杂交后代花序长小于低亲及介于双亲之间所占比例相当。在 PD 群体中，大多数子代花序长小于低亲，所占比例为62.26%。3 个群体中花序长大于高亲个体所占比例分别为8.86%、12.00%和30.19%，以 PD 群体中超亲个体为最多。

通过对 F_1 代 DS、SD、PD 群体与亲本的花序宽进行统计分析（表4.26），F_1 代群体花序宽的平均值相当于亲中值的98.26%。各群体花序宽的平均值为亲中值的93.89%~103.01%，其中 PD 群体的花序宽均值相当于亲中值的103.01%，表现出略微的亲中优势。子代花序宽小于低亲、介于双亲之间、大于高亲的所占比例分别为47.76%、10.15%、43.17%，花序宽小于低亲所占比例最大为47.76%。在DS群体中，杂交后代花序宽小于低亲、介于双亲之间、大于高亲所占比例分别为41.77%、28.5%、32.91%。在SD群体中，小于低亲所占比例最高为60.00%，大于高亲所占比例次之为40.00%。在PD群体中，半数以上子代花序宽大于低亲，所占比例为56.60%，小于低亲所占比例次之为41.51%。3个群体中花序宽大于高亲个体所占比例分别为32.91%、40.00%和56.60%，以PD群体中超亲个体为最多。

表4.25 F_1代花序长遗传分析

组合	样本量	亲本花序长（cm）			杂种花序长（cm）			杂种与亲本比较（%）			
		♀	♂	亲中值 $\bar{P}$	$\bar{x}+\delta$	变异系数 CV	极值	$\bar{X}/\bar{P}$	小于低亲	双亲之间	大于高亲
DS	79	21.66	13.76	17.71	15.38 ± 0.49	28.47	5.87~25.84	86.84	41.77	49.37	8.86
SD	25	13.76	21.66	17.71	15.38 ± 1.01	32.75	6.05~25.36	86.84	48.00	40.00	12.00
PD	30	19.71	21.66	20.68	18.46 ± 1.12	44.27	5.26~38.98	89.25	62.26	7.55	30.19
均值								87.65	50.68	32.30	17.02

表4.26 F_1代花序宽遗传分析

组合	样本量	亲本花序宽（cm）			杂种花序宽（cm）			杂种与亲本比较（%）			
		♀	♂	亲中值 $\bar{P}$	$\bar{x}+\delta$	变异系数 CV	极值	$\bar{X}/\bar{P}$	小于低亲	双亲之间	大于高亲
DS	79	13.50	11.55	12.53	12.26 ± 0.42	30.39	3.49~21.65	97.88	41.77	28.57	32.91
SD	25	11.55	13.50	12.53	11.76 ± 0.81	34.27	6.14~19.71	93.89	60.00	0.00	40.00
PD	30	13.12	13.50	13.31	13.71 ± 0.71	44.27	4.40~25.86	103.01	41.51	1.89	56.60
均值								98.26	47.76	10.15	43.17

4.1.3.5 性状相关性分析

1. DS及SD群体性状相关性分析

对DS群体的13个数量性状进行相关性分析（表4.27）可知，各性状之间具有一定的相关性。株高、冠幅、当年生枝条长度、当年生枝条粗度4个性状之间呈极显著正相关。叶部性状叶长、叶宽与株高、冠幅、当年生枝条长度、当年生枝条粗度呈极显著正相关，与花序长、花序宽呈显著正相关。着花数与花序长、花序宽呈极显著正相关。花径与瓣爪长呈极显著正相关。叶长、叶宽与当年生枝条长度、当年生枝条粗度呈极显著正相关。

对SD群体的13个数量性状进行相关性分析（表4.28）。株高与主枝GSA呈极显著负相关、与侧枝GSA呈显著负相关，冠幅与侧枝GSA呈极显著正相关。株高与其他性状无明显相关性，但冠幅与当年生枝条长度、当年生枝条粗度、叶长、叶宽、序长、花序宽、着花数有明显相关性。当年生枝条长度、当年生枝条粗度与花序长、花序宽、着花数呈显著或极显著正相关。

可知，在 DS 和 SD 群体中，株高、冠幅、当年生枝条长度、当年生枝条粗度与叶长、叶宽、花序长、花序宽之间存在一定的相关性。在以大花紫薇为母本的 DS 群体中，花径、瓣爪长与其他性状无明显相关性；在以大花紫薇为父本的 SD 群体中花径、瓣爪长与花序长、花序宽呈显著正相关。在以大花紫薇为母本的 DS 群体中，枝条形态的相关性状主枝 GSA、侧枝 GSA 与其他性状相关性不明显，而在以大花紫薇为父本的 SD 群体中主枝 GSA、侧枝 GSA 与株高、冠幅呈一定程度的负相关。

表4.27　DS群体表型性状的相关性分析

性状	株高	冠幅	当年生枝条长度	当年生枝条粗度	主枝GSA	侧枝GSA	叶长	叶宽	花径	瓣爪长	花序长	花序宽
冠幅	0.228**											
当年生枝条长度	0.352**	0.608**										
当年生枝条粗度	0.468**	0.270**	0.295**									
主枝GSA	−0.071	−0.044	0.054	−0.038								
侧枝GSA	−0.142	0.066	0.126	−0.105	0.086							
叶长	0.182*	0.449**	0.590**	0.336**	−0.008	−0.021						
叶宽	0.270**	0.434**	0.554**	0.330**	0.019	−0.036	0.783**					
花径	0.119	0.215	0.079	0.154	0.202	0.327*	0.033	−0.005				
瓣爪长	0.090	0.202	0.119	0.254	0.335*	0.312*	0.058	0.007	0.730**			
花序长	0.562**	0.128	0.451**	0.231*	0.176	−0.003	0.222*	0.276*	0.126	0.018		
花序宽	0.339**	0.091	0.304**	0.234*	0.039	−0.112	0.266*	0.261*	0.043	−0.094	0.793**	
着花数	0.407**	0.106	0.254*	0.166	0.074	−0.136	0.123	0.166	0.081	−0.126	0.554**	0.532**

注：**. 在 0.01 水平（双侧）上显著相关。*. 在 0.05 水平（双侧）上显著相关。

表4.28　SD群体表型性状的相关性分析

性状	株高	冠幅	当年生枝条长度	当年生枝条粗度	主枝GSA	侧枝GSA	叶长	叶宽	花径	瓣爪长	花序长	花序宽
冠幅	0.172											
当年生枝条长度	0.251	0.702**										
当年生枝条粗度	0.180	0.350*	0.528**									
主枝GSA	−0.482**	−0.031	−0.206	−0.071								
侧枝GSA	−0.353*	0.395**	0.116	−0.098	0.255							
叶长	−0.006	0.421**	0.546**	0.522**	−0.191	0.312*						
叶宽	0.124	0.405**	0.605**	0.608**	−0.131	0.238	0.796**					
花径	−0.058	0.430	0.378	0.305	0.508	−0.155	0.151	0.245				
瓣爪长	0.545	0.386	0.587	0.486	−0.020	−0.179	0.429	0.398	0.697*			

（续表）

性状	株高	冠幅	当年生枝条长度	当年生枝条粗度	主枝GSA	侧枝GSA	叶长	叶宽	花径	瓣爪长	花序长	花序宽
花序长	0.257	0.590**	0.577**	0.482*	−0.230	0.229	0.346	0.371	0.518	0.468		
花序宽	0.389	0.532**	0.432*	0.469*	−0.018	0.066	0.310	0.398*	0.704**	0.642*	0.755**	
着花数	0.347	0.429*	0.517*	0.424*	−0.307	0.114	0.320	0.444*	0.632*	0.563	0.838**	0.849**

注：**. 在 0.01 水平（双侧）上显著相关。*. 在 0.05 水平（双侧）上显著相关。

2. DY 及 YD 群体性状相关性分析

对 DY 及 YD 群体的株高、冠幅、当年生枝条长度、当年生枝条粗度、叶长、叶宽进行性状间的相关性分析。从相关系数矩阵（表 4.29、表 4.30）可知，各性状之间均表现出极显著正相关，说明在这一正反交组合中子代的株高、冠幅、当年生枝条长度、当年生枝条粗度、叶长、叶宽之间彼此相关明显。

表 4.29 DY 群体表型性状的相关性分析

性状	株高	冠幅	当年生枝条长度	当年生枝条粗度	叶长
冠幅	0.571**				
当年生枝条长度	0.608**	0.583**			
当年生枝条粗度	0.386**	0.362**	0.392**		
叶长	0.312**	0.227**	0.333**	0.335**	
叶宽	0.408**	0.287**	0.405**	0.448**	0.803**

注：**. 在 0.01 水平（双侧）上显著相关。*. 在 0.05 水平（双侧）上显著相关。

表 4.30 YD 群体表型性状的相关性分析

性状	株高	冠幅	当年生枝条长度	当年生枝条粗度	叶长
冠幅	0.664**				
当年生枝条长度	0.604**	0.534**			
当年枝条生枝径	0.219*	0.320**	0.451**		
叶长	0.387**	0.382**	0.480**	0.510**	
叶宽	0.284**	0.379**	0.406**	0.425**	0.753**

注：**. 在 0.01 水平（双侧）上显著相关。*. 在 0.05 水平（双侧）上显著相关。

3. PD 群体性状相关性分析

对 PD 群体各表型性状进行相关性分析（表 4.31），发现株高、冠幅与花序长、花序宽呈极显著正相关。叶长与叶宽呈极显著正相关。花序长、花序宽与株高、冠幅、当年生枝条长度、当年生枝条粗度呈极显著正相关，与叶长、叶宽呈显著正相关。花径与除冠幅外其余性状无明显相关性，但瓣爪长与叶长、叶宽呈极显著正相关。着花数与株高、当年生枝条粗度、花序长、花序宽呈极显著正相关，与冠幅、瓣爪长呈显著正相关。

表4.31　PD群体表型性状的相关性分析

性状	株高	冠幅	当年生枝条长度	当年生枝条粗度	叶长	叶宽	花径	瓣爪长	花序长	花序宽
冠幅	0.617**									
当年生枝条长度	0.190	0.245								
当年生枝条粗度	0.144	−0.094	0.479**							
叶长	0.113	−0.119	0.516**	0.708**						
叶宽	0.128	−0.123	0.556**	0.693**	0.873**					
花径	0.219	0.413*	0.216	0.144	0.312	0.184				
瓣爪长	−0.169	0.297	−0.324	−0.741**	−0.661**	−0.597**	0.013			
花序长	0.657**	0.482**	0.388*	0.394*	0.396*	0.346*	0.135	−0.545**		
花序宽	0.559**	0.421**	0.371*	0.402*	0.349*	0.346*	0.095	−0.390*	0.775**	
着花数	0.499**	0.303*	0.155	0.439**	0.189	0.172	0.198	−0.408*	0.474**	0.545**

注：**. 在 0.01 水平（双侧）上显著相关。*. 在 0.05 水平（双侧）上显著相关。

4.1.4 结论与讨论

　　观赏植物的表型是基因型和环境共同作用的结果，对杂交群体的表型变异进行系统的统计与分析，对于更深层次育种工作的开展以及品种的培育与改良具有重要的借鉴意义。以大花紫薇与紫薇为育种材料进行种间杂交育种是为了培育花大、花色变异丰富、抗性强的紫薇品种。从目前 F_1 代群体的表现结果来看，花色未产生变异，仍为紫色。对于 'Sacramento' 'Dynamite' 'Purple Velvet' 3 个紫薇亲本来说，'Purple Velvet' 子代抗虫性最强，'Dynamite' 子代次之，'Sacramento' 子代抗虫性最弱。以低矮匍匐的 'Sacramento' 为亲本的杂交后代中，绝大多数个体均表现出一定的匍匐特性，而株型为直立型的亲本其杂交后代也均为直立型。秋色叶以 'Dynamite' 子代表现最为明显。

　　在本研究中，以大花紫薇为亲本的 5 个杂交 F_1 代群体在表型变异上表现出相似的规律。在研究所测定的数量性状中，子代的变异系数为 9.06%~57.60%，均接近或远高于 10%，各数量性状变异明显。且株高、冠幅、花序长、花序宽的变异系数普遍高于叶长、叶宽、花径、瓣爪长的变异系数，说明在以大花紫薇为亲本的育种过程中，植株体量、花序大小等性状相比叶片和单花大小等性状更能产生丰富的变异。各群体主成分分析结果基本一致：第一、二主成分为花序性状因子和叶部性状因子，第三、四主成分花部性状因子，说明这些性状是决定大花紫薇与紫薇杂交后代整体的表现的主要观赏性状。

　　对亲本与子代的株高、冠幅、叶长、叶宽、花径、瓣爪长、花序长、花序宽的进行亲中值统计，子代大部分性状的平均值均小于亲中值，只有 DS 和 SD 群体的瓣爪长、

PD群体的花序宽表现出一定的亲中优势，且仅在花径、瓣爪长、花序长、花序宽4个花部性状中有超亲子代出现，其余性状子代表现多介于双亲之间或小于低亲，无明显的亲中优势。各性状在子代中变异广泛，大小极值相差较大。王晓玉（2012）曾对紫薇与尾叶紫薇的杂交后代进行遗传分析，发现杂交后代的花径、花香、盛花期等性状均介于亲本之间，无明显超亲优势；徐婉（2014）对以尾叶紫薇为母本的杂交及自交群体进行开花持续期的遗传分析，发现各世代均无显著的亲中优势，但后代性状分离较为广泛，与本研究的结果相似。出现杂种衰退的原因可能由于亲本之间表型差异较大。各性状高亲值均为大花紫薇，低亲值均为紫薇，虽然子代表型均值小于亲中值，但相对于低亲亲本紫薇而言，已经在叶片和花序大小方面表现出一定程度的改良。

通过对表型性状之间相关性的研究，可以在植株幼年期对与开花特性等成熟期才表现出来的性状进行提前选择，加快育种进程。在本研究中，大花紫薇与紫薇杂交后代的性状之间表现出极显著或显著的相关性。子代的株高、冠幅、当年生枝条长度、当年生枝条粗度、花序长、花序宽、着花数之间表现出显著的正相关，而主枝GSA和侧枝GSA与株高、冠幅呈显著的负相关。说明花序大小、花量、株型方面的性状可以在早期通过植株体量与叶片大小进行选择。贺丹等（2012b）对尾叶紫薇与紫薇的F$_1$代群体的叶长、叶宽、叶面积、地径、株高5个表型性状间的相关性分析进行统计分析，发现F$_1$代的株高与叶长、叶宽之间呈极显著正相关。石俊（2016）在对屋久岛紫薇与紫薇的杂交后代进行株型和枝条形态相关的表型统计与分析中发现，株高与主枝基部GSA、小枝GSA呈显著正相关，冠幅与主枝基部GSA呈显著负相关、与小枝GSA不相关，株型和枝条形态与其他性状存在或多或少的关联。以上研究结果说明紫薇属内种间杂交的过程中，表型性状之间存在一定的关联性，对于辅助选择有一定的参考价值，尤其在株高、冠幅、叶长、叶宽、花序长、花序宽几个性状中关联最为密切。但对于株型等相对而言较难解释的性状，还应该继续细化表型指标与测定方法，提升数据的参考价值。

研究结果表明，杂种后代花色几乎未产生变异，仍为紫色。'Purple velvet'子代抗虫性最强，'Dynamite'子代次之，'Sacramento'子代抗虫性最弱。以低矮匍匐的'Sacramento'为亲本的杂交后代中，绝大多数个体均表现出一定的匍匐特性。'Dynamite'子代秋色叶表现最为明显。子代13个数量性状的变异系数介于9.06%~57.60%之间，均接近或远高于10%，变异明显。其中株高、冠幅、花序长、花序宽的变异系数普遍高于叶长、叶宽、花径、瓣爪长的变异系数。多数性状符合正态分布的分布特点，与正态分布曲线拟合较好。

对亲本与子代的株高、冠幅、叶长、叶宽、花径、瓣爪长、花序长、花序宽的进行遗传分析，发现子代大多数性状的平均值小于亲中值，仅在花径、瓣爪长、花序长、花序宽4个花部性状中有超亲后代出现，其余性状后代表现多介于双亲之间或小于低亲，无明显的亲中优势，但相对于低亲亲本紫薇而言，已经在株高、冠幅、叶片和花序大小方面表现出一定程度的改良。

研究结果表明，大花紫薇与紫薇杂交后代的性状之间表现出极显著或显著的相关性，其中子代的株高、冠幅、当年生枝条长度、当年生枝条粗度、花序长、花序宽、着花数之间表现出显著正相关，而主枝 GSA 和侧枝 GSA 与株高、冠幅呈显著负相关。说明花序大小、花量、株型等方面的性状可以在早期通过植株体量与叶片大小进行选择。大花紫薇与紫薇杂交的 5 个 F_1 代群体主成分分析结果基本一致：第一、二主成分为花序性状因子和叶部性状因子，第三、四主成分花部性状因子，说明这些性状对群体整体的性状表现最为重要，在表型评价中应重点考量。

4.2 大花紫薇与紫薇杂交后代育性评价

远缘杂交可以综合多个种属间的优良特性，培育出性状更为优良的新类型，是观赏植物种质创新的重要手段。远缘杂交中常有杂交不亲和或杂种不育现象发生，阻碍了育种进程。Pounders（2007）利用大花紫薇与紫薇进行种间杂交，发现杂交后代均不能结实，且花粉不具有生活力。胡杏（2014a）对一批大花紫薇与紫薇的杂交后代进行了育性评价，发现杂交后代中除 Lis-ZD6 外均高度不育，并推测不结实原因为受精后障碍。同时发现 Lis-ZD6 在花叶性状上与其他不可育子代有显著差异，但对子代表型性状的综合表现未做详尽评述。为了进一步探究大花紫薇与紫薇杂交后代的育性表现，本研究利用大花紫薇与紫薇种间杂交获得的多个正反交群体进行育性评价，对比分析结实子代与不结实子代的表型差异，以期为大花紫薇与紫薇杂交过程中优良单株的选择提供参考，为紫薇属种间杂交工作提供借鉴。

4.2.1 试验材料

以大花紫薇与紫薇品种‘Sacramento’‘Dynamite’‘Purple Velvet’，及其种间杂交所得的 F_1 代群体中开花的子代为试验材料。亲本及子代试验材料具体情况见表 4.32。

表 4.32　试验材料主要信息

试验材料	代码	样本量	花色	来源
杂交亲本				
大花紫薇	DH	1	Purple Violet N80A	广东
紫薇品种				
‘Sacramento’	M35	1	Red Purple 67B	美国
‘Dynamite’	Dy	1	Red 45B	法国
‘Purple Velvet’	M49	1	Red Purple 72A	美国
杂交后代				
大花紫薇 × ‘Sacramento’	DS	79	Purple Violet N80B	种间杂交
‘Sacramento’ × 大花紫薇	SD	25	Purple Violet N80B	种间杂交
大花紫薇 × ‘Dynamite’	DY	6	Red Purple 72B	种间杂交
‘Dynamite’ × 大花紫薇	YD	16	Red Purple 72B	种间杂交
‘Purple Velvet’ × 大花紫薇	PD	30	Purple Violet N80B Red Purple 64C	种间杂交

4.2.2 试验方法

对子代在自然条件下的开花过程及结实情况进行观察与统计，对子代的花药形态进行观察，对亲本和子代进行花粉生活力测定和柱头可授性观察。

4.2.2.1 花粉生活力检测

在紫薇开花之前（7：00左右），于散粉前采集花药，室内阴干散粉后用离心管收集，用脱脂棉塞住管口并放入硅胶使其充分干燥置于4℃冰箱内保存。

采用花粉培养法对亲本与子代的花粉生活力进行检测，培养液配方为$150g \cdot L^{-1}$蔗糖$+20mg \cdot L^{-1} H_3BO_3+20mg \cdot L^{-1} CaCl_2+100g \cdot L^{-1}$ PEG6000，pH=6（胡杏，2014b）。培养皿中放入用蒸馏水浸湿的滤纸保持培养皿内湿润，滴一滴培养液于凹槽载玻片上并放入培养皿中，盖好盖子。室温（25℃）下培养4h后观察花粉管萌发情况。每个样品重复3次，每次重复观察3个视野。花粉管萌发长度超过花粉粒半径以上视作萌发。

花粉萌发率=萌发花粉粒数/花粉粒总数×100%。

使用PASW Statistics 18软件对亲本及子代的花粉萌发率进行数据处理，并检验$P=0.05$水平上的差异显著性。

4.2.2.2 柱头可授性观察

于紫薇柱头可授性最强的时间（9：00—14：00），选取柱头完全伸直的花5~10朵，采集柱头，置于凹槽载玻片上，滴入联苯胺–过氧化氢反应液（$V_{1\%联苯胺}：V_{3\%过氧化氢}：V_{水}=4：11：22$），在显微镜下观察。若反应液变色并产生大量气泡，则柱头可授性较强；若只产生了少量气泡，则柱头的可授性较低；若不产生气泡，则柱头没有可授性。

4.2.3 结果与分析

4.2.3.1 亲本与子代开花过程

图4.14 紫薇'Dynamite'（上）与DY杂交后代（下）开花过程

对亲本和子代进行开花过程的观察。以紫薇 'Dynamite' 为例（图4.14），紫薇 'Dynamite' 在开花期内花器官经历完整的花蕾分化—开花—结实的过程，在开花过程中，5：00柱头伸出，6：00—7：00花瓣展开，8：00花瓣完全展开露出花药，9：00—10：00柱头分泌大量黏液，16：00花萼收拢，开花后第2天柱头和花丝弯曲、子房膨大，3~5d花瓣脱落留下果实。而杂交 F_1 后代的花器官在开花期内只经历花蕾分化—开花的过程，开花后花从花枝完全脱落，无果实宿存，且开花过程中柱头伸出后1~2d后花瓣才完全展开，散粉量小。

4.2.3.2 子代花药形态

对结实子代和不结实子代的花药形态进行观察（图4.15）发现，结实子代的花药发育饱满，呈深黄色，中间有凹槽，散粉容易；而不结实子代的花药为扁平状，呈浅黄色，花药表面有大量黏液，不易散粉。

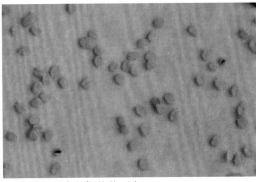

图 4.15 结实子代（左）及不结实子代（右）花药形态

4.2.3.3 亲本与子代花粉生活力与柱头可授性

由表4.33可知，4个亲本花粉萌发率均较高，其中大花紫薇、'Sacramento' 花粉萌发率分别为97.14%和97.45%，均高于90%；'Purple Velvet' 花粉萌发率为86.74%，'Dynamite' 花粉萌发率为78.55%，均高于70%。亲本柱头可授性均较强，自然条件下可正常结实。

杂交后代中DS、SD、DY、YD群体中开花个体花粉在培养条件下均不能萌发，柱头具有可授性但可授性不强，自然条件下无结实现象。在PD群体中，PD-22、PD-57、PD-69花粉萌发率分别为24.00%、50.49%、55.28%，花粉在培养条件下部分萌发，柱头具有可授性但可授性不强，在自然条件下有少量结实现象。PD群体中其余开花子代的花粉在培养条件下均不能萌发，柱头可授性不强，自然条件下无结实现象，与DS、SD、DY、YD群体中后代育性表现类似。

在显微镜下观察亲本和子代的花粉（图4.16）发现，大花紫薇、'Dynamite' 'Sacramento' 'Purple Velvet' 花粉在显微镜下呈规则的球形，花粉粒完整，花粉在培养液中大量萌发。而DS、SD、DY、YD，以及PD群体中不结实后代的花粉在显微镜下呈不规则性状，花粉粒畸形，花粉在培养液中不能萌发。PD群体中的PD-22、PD-57、PD-69花粉在显微镜下呈球形，同时又少量畸形花粉出现，花粉在培养液中部分萌发。

紫薇新品种创制与栽培技术研究

表4.33 亲本及杂种后代花粉萌发率、柱头可授性和结实情况

亲本及子代	花粉萌发率（%）	柱头可授性	结实情况
大花紫薇	97.14 ± 1.40a	+++	正常结实
'Sacramento'	97.45 ± 0.86a	+++	正常结实
'Dynamite'	78.55 ± 3.97c	+++	正常结实
'Purple Velvet'	86.74 ± 7.08b	++	正常结实
DS	0g	+	不结实
SD	0g	+	不结实
DY	0g	+	不结实
YD	0g	+	不结实
PD–5、PD–28、PD–66	0g	+	不结实
PD–22	24.00 ± 3.66f	+	部分结实
PD–57	50.49 ± 0.46e	+	部分结实
PD–69	55.28 ± 1.97d	+	部分结实

注：不同字母表示差异显著（P=0.05）。+表示柱头具有可授性；++表示柱头可授性较强；+++表示柱头可授性强。

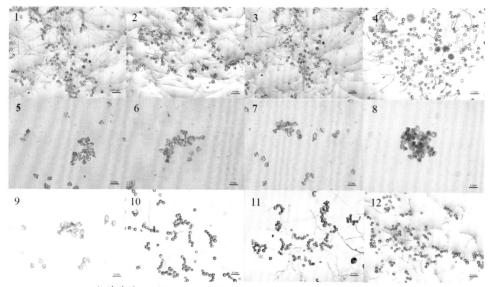

1. 大花紫薇；2. 'Sacramento'；3. 'Dynamite'；4. 'Purple Velvet'；
5. DS；6. SD；7. DY；8. YD；9~12. PD
图 4.16 亲本及杂种后代花粉萌发情况

由图4.17可见，柱头可授性检测中大花紫薇、'Dynamite''Sacramento''Purple Velvet'柱头在联苯胺反应液中均能产生大量气泡并迅速逸散，柱头可授性较强；而大花紫薇×紫薇杂交F₁代柱头在联苯胺反应液中也能产生气泡，但气泡量较少，柱头可授性略低但与亲本差异不明显。

112

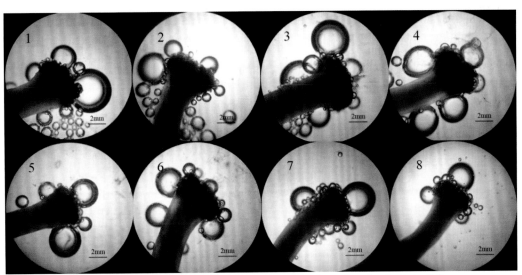

1. 大花紫薇；2. 'Sacramento'；3. 'Dynamite'；4. 'Purple Velvet'；5~8. 子代

图 4.17　亲本及子代柱头可授性

4.2.3.4 不同育性子代的表型评价

对 PD 群体中不同育性子代进行表型观察。图 4.18 所示为不同结实情况的子代在花叶性状上的差异。由图可见，PD 群体中子代在花叶形态上变异广泛，且结实子代在花径、叶片大小上比不结实子代较小，花色产生分离。结实子代花色为紫红色（RHS 64C），而不结实子代花色均为紫色（RHS N80B）。

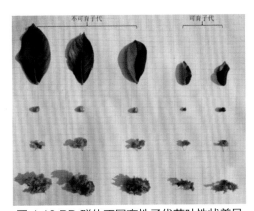

图 4.18 PD 群体不同育性子代花叶性状差异

对亲本及 PD 群体中不结实子代、结实子代（PD-22、PD-57、PD-69）的株高、冠幅、当年生枝条长度、当年生枝条粗度、叶长、叶宽、花径、瓣爪长、花序长、花序宽、着花数 11 个观赏性状进行分类统计（表 4.34），发现不结实子代与结实子代在当年生枝条长度、当年生枝条粗度、叶长、叶宽、花径、瓣爪长、花序长、花序宽、着花数性状中均具有显著差异，在株高、冠幅上不同育性子代之间差异不明显。父本大花紫薇与 'Purple Velvet' 及子代在除着花数外的性状上均具有显著差异。母本 'Purple Velvet' 与子代在冠幅、当年生枝条长度、叶长、叶宽、花径、瓣爪长性状中与子代差异显著，其余性状中与子代差异不显著。此外，母本'Purple Velvet'与结实子代在当年生枝条长度、叶长、叶宽、瓣爪长性状中差异不显著，与不结实子代差异显著（图4.19）。

表4.34 亲本及不同育性子代表型统计

类型	株高（cm）	冠幅（cm）	当年生枝条长度（mm）	当年生枝条粗度（mm）	叶长（cm）	叶宽（cm）
大花紫薇	522.25 ± 6.99a	457.30 ± 5.06a	69.38 ± 5.82a	4.80 ± 0.26a	22.79 ± 1.09a	8.84 ± 0.76a
'Purple Velvet'	85.30 ± 2.58b	48.60 ± 2.17c	34.52 ± 7.39b	2.86 ± 0.29b	5.51 ± 0.41c	3.10 ± 0.33c
结实子代	104.94 ± 22.04b	158.24 ± 23.09b	37.08 ± 5.34b	1.29 ± 0.06c	3.96 ± 0.17c	2.25 ± 0.11c
不结实子代	111.41 ± 5.40b	128.57 ± 5.48b	63.17 ± 1.91a	2.64 ± 0.06b	9.73 ± 0.19b	4.69 ± 0.10b

（续上表）	花径（mm）	瓣爪长（mm）	花序长（cm）	花序宽（cm）	着花数（个）
大花紫薇	67.47 ± 1.47a	4.35 ± 0.26a	21.66 ± 1.23a	13.50 ± 0.64a	27.33 ± 1.20ab
'Purple Velvet'	31.94 ± 2.36c	6.97 ± 0.17b	19.71 ± 1.44a	13.12 ± 1.12a	59.00 ± 4.04ab
结实子代	40.89 ± 0.31b	7.89 ± 0.32b	6.87 ± 0.62b	7.12 ± 0.74b	16.78 ± 2.37b
不结实子代	42.79 ± 0.74b	4.54 ± 0.23a	19.02 ± 1.13a	14.01 ± 0.72a	69.86 ± 5.64a

注：不同字母表示差异显著（$P=0.05$）。

图4.19 结实子代PD-69性状表现

对亲本及子代的株高、冠幅、当年生枝条长度、当年生枝条粗度、叶长、叶宽、花径、瓣爪长、花序长、花序宽11个观赏性状进行Q型聚类。由聚类分析树状图（图4.20）可知，在参考线12.5处，亲本及PD群体的开花后代被分为4类。第Ⅰ类为父本大花紫薇，第Ⅱ类为结实子代PD-22、PD-57、PD-69，第Ⅲ类为母本'Purple Velvet'，第Ⅳ类为其他不结实PD子代。其中，结实子代与不结实子代分别聚为两类，说明结实子代在表型性状上与不结实子代存在显著差异。

结合表4.16的表型统计结果，发现结实子代与'Purple Velvet'在株高、当年生枝条长度、叶长、叶宽、瓣爪长、着花数6个性状中均差异不显著，除株高外其余性状均与大花紫薇差异显著；不结实子代与'Purple Velvet'在冠幅、当年生枝条长度、叶长、叶宽、花径、瓣爪长 6 个性状中差异显著，与大花紫薇在株高、当年生枝条长度、瓣爪长、花序长、花序宽、着花数 6 个性状中差异不显著。以上结果可以说明结实子代在花部、叶部的性状表现上更接近 'Purple Velvet'，而不结实子代的花部、叶部性状与 'Purple Velvet' 差异明显，且花序大小接近于大花紫薇。

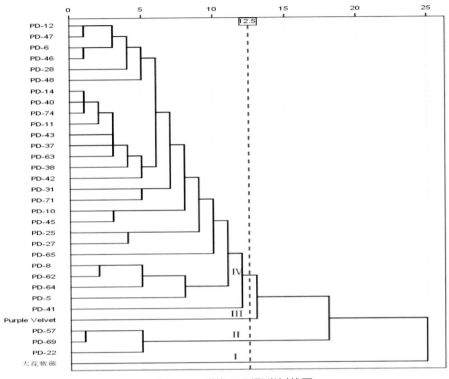

图 4.20 PD 群体 Q 型聚类树状图

4.2.4 结论与讨论

4.2.4.1 杂交后代开花过程及花药形态

紫薇（*L. indica*）为夏季观花树种，花期一般为 6—9 月，果期 9—12 月；大花紫薇（*L. speciosa*）花期比紫薇稍早，一般花期为 5—7 月，果期 10—11 月。试验材料中的大花紫薇和紫薇亲本在自然条件下均经历完整的花蕾分化—开花—结实的开花过程，而在子代中同时出现了结实子代与不结实子代，结实子代花色为紫红色（RHS 64C），而不结实子代花色均为紫色（RHS N80B）。子代中不结实子代占绝大多数，其开花后花从花枝完全脱落，无果实宿存。对结实子代和不结实子代的花药形态进行观察，发现结实后代的花药发育饱满，呈深黄色，中间有凹槽，散粉容易；而不结实后代的花药为扁平状，呈浅黄色，花药表面有大量黏液，不易散粉。Pounders（2007a，2007b）在对 'Tonto'（大花紫薇的后代）进行研究时发现，杂交 F_1 代以及另外一个大花紫薇与紫薇种间杂交所得的紫薇品种 'Princess' 无论在作父本或是母本时都不能结实，表现为高度不育。胡杏（2014a）在对大花紫薇与紫薇品种 '粉晶''紫霞'进行种间杂交时发现，'粉晶'×大花紫薇的F_1代Lis-FD与紫薇之间进行的有性杂交及开放授粉均不能结实，而'紫霞'×大花紫薇的F_1代Lis-ZD6在开放授粉中收获大量果实，且不育的杂种株系的花药扁平，表面有大量黏液，与可正常结实的紫薇有明显不同。以上研究结果说明，大花紫薇与紫薇的种间杂交后代多表现为高度不育，自然条件下开花后不能结实，无法开展进一步的有性杂交工作，但仍有少数子代可育，可作为开展后续育种工作的材料。

4.2.4.2 花粉生活力及柱头可授性

花粉生活力是花粉具有存活、生长、萌发或发育的能力，对于花粉的生活力和育性的研究，是杂交育种工作中必不可少的基础性工作（张秦英，2007）。通过对相同培养条件下大花紫薇、紫薇及其杂交后代的花粉萌发率统计发现，各亲本的花粉萌发率均在70%以上，花粉生命力强。在DS、SD、DY、YD群体中，已开花子代的花粉在培养条件下均不能萌发；在PD群体中，PD-22、PD-57、PD-69的花粉萌发率在24.00%~55.28%之间，其余子代在培养条件下不能萌发。对子代中有生活力花粉和无生活力花粉进行显微镜下观察，发现有生活力的花粉粒呈规则球形，而无生活力的花粉呈畸形。胡杏（2014b）曾对大花紫薇与紫薇的不同杂种株系进行花粉生活力分析，发现亲本紫薇与大花紫薇的花粉生活力均超过60%，而杂种株系Lis-ZD6的花粉萌发率为25.9%，花粉部分败育，除Lis-ZD6之外的其他杂种后代花粉均无生活力，完全败育，电镜扫描观察到的花粉完全变形。Pounders（2007a，2007b）曾用醋酸洋红染色法对大花紫薇及紫薇的杂交后代进行花粉生活力检测，发现杂交后代均不能被染色，花粉无生活力。以上研究均说明大花紫薇与紫薇种间杂交所得后代中出现了花粉败育的现象，败育花粉畸形，不具有花粉生活力。

在本研究中，亲本与不同育性子代之间柱头可授性差异不明显。胡杏（2014b）曾对大花紫薇与紫薇种间杂交所得的不结实株系及可结实株系进行花粉萌发过程的观察，发现花粉在不同育性株系柱头上的萌发过程基本相同，且花粉管均能进入子房，并推测不结实的原因可能是胚败育。

大花紫薇与紫薇在杂交过程中出现的子代不育，很大程度上限制了对于紫薇属观赏资源的性状改良。子代不育的现象在远缘杂交的过程中经常出现，从分类学上来讲，紫薇属于*Sibia*亚组，而大花紫薇属于*Adambea*亚组（Furtado，1969）。在紫薇属之前的育种工作中，与紫薇进行种间杂交产生可育后代的亲本如屋久岛紫薇、南紫薇、福建紫薇等，均属于*Microcarpidium*亚组（Pounders，2007a，2007b）。因此，在开展紫薇属内的杂交工作时，亲本亲缘关系的远近也应作为考量的要素之一。

4.2.4.3 不同育性子代的表型评价

在对亲本及PD群体中不结实子代与结实子代进行表型数据的对比分析中发现，母本'Purple Velvet'与结实子代在当年生枝条长度、叶长、叶宽、瓣爪长性状中差异不显著，与不结实子代差异显著。对亲本及子代依据11个观赏性状的表型数据进行聚类分析，发现亲本大花紫薇、'Purple Velvet'、结实子代与不结实子代分别聚为4类，说明结实子代在表型性状上与不结实子代存在显著差异。结合亲本及PD群体中不结实子代、结实子代的表型数据，发现结实子代在叶长、叶宽、瓣爪长、着花数的6个性状中

与母本 'Purple Velvet' 中差异不显著，与大花紫薇差异显著；而不结实子代在11个观赏性状中包括花序长、花序宽、瓣爪长、着花数等6个性状上与大花紫薇差异不显著，与 'Purple Velvet' 在叶长、叶宽、花径、瓣爪长等6个性状中差异显著。胡杏（2014a）也曾发现在大花紫薇与紫薇的杂交中，可育株系Lis-ZD6的花叶形态特征值均略小于紫薇，花色为白色；而不可育株系花叶的形态特征均介于两亲本之间，叶形较大，花色为紫色。以上研究结果从一定程度上说明，在大花紫薇与紫薇进行种间杂交的过程中，子代的育性与花叶性状之间存在一定的联系，叶形、花序大小偏向大花紫薇且花色为紫色的个体不可育，而叶形偏向紫薇、花色产生分离的子代有一定育性。

研究结果表明，大花紫薇与 'Sacramento' 'Dynamite' 'Purple Velvet' 3个紫薇品种杂交后代中多数子代高度不育，在自然条件下无法结实，花药发育不正常且表面有大量粘液，不易散粉；仅PD群体中的PD-22、PD-57、PD-69有结实现象，3个可结实子代花药发育正常，散粉量较大。大花紫薇与3个紫薇品种的花粉萌发率均超过70%，花粉生活力均较强。杂交后代中不结实子代的花粉在培养液中不能萌发，不具有生活力；而PD群体中3个结实子代的花粉萌发率为24.00%~55.28%，有一定的生活力。亲本及子代的柱头均具有可授性，差异不明显。PD群体中不结实子代的表型性状介于亲本之间，其叶片及花序大小偏向大花紫薇，花色为紫色（RHS N80B）；而结实子代在花径、叶片大小上显著小于不结实子代，甚至小于紫薇亲本，花色为紫红色（RHS 64C）。对亲本及子代依据11个观赏性状的表型数据进行聚类分析，发现亲本大花紫薇、'Purple Velvet'、结实子代与不结实子代依据表型性状聚为4类，说明结实子代与不结实子代在表型上存在显著差异。

4.3 紫薇主要性状与SSR分子标记的连锁分析

紫薇（*L. indica*）为多年生木本植物，许多观赏性状为多基因控制的数量性状，环境对其影响较大，且花径、花序表现、育性等性状需至成熟期显现，在一定程度上限制了性状改良的效率。随着分子标记技术的快速发展，关联分析以及性状—标记的连锁分析在观赏植物研究中取得了一定进展，在紫薇属的研究中也获得了一批与紫薇部分性状相关联的分子标记（Cai et al.，2011；Wang et al.，2011；He et al.，2012；Liu et al.，2013；Ye et al.，2016）。

SSR标记因其共显性、易检测、成本低等优点被广泛应用。在紫薇属已公布的SSR标记中，极少在大花紫薇（*L. speciosa*）及其后代中得到过验证。本研究利用紫薇转录组测序获得的SSR标记，在大花紫薇及其杂交后代中进行筛选，获得一批适用于大花紫薇及其子代的SSR分子标记，并在表型统计的基础上，进行分子标记与性状的连锁分析，寻找与紫薇主要性状显著连锁的SSR分子标记，以期为紫薇的分子标记辅助选择奠定基础。

4.3.1 试验材料

以大花紫薇 × 'Sacramento' 的F$_1$群体，共计166株子代为试验材料，对群体进行观赏性状与SSR分子标记的连锁分析。

4.3.2 试验方法

4.3.2.1 DNA 提取与鉴定

选取紫薇健康植株的幼嫩叶片，用干净的纸巾包裹严实，置于硅胶中，−20℃保存备用。采用 *TIANGEN* 新型植物基因组 DNA 提取试剂盒对亲本及子代的基因组 DNA 进行提取，具体步骤如下：

①称取紫薇干燥叶片 30mg，放入预冷的研钵内，加入液氮充分研磨至粉末。将粉末移至装有 500μL LP1 缓冲液及 6μL RNase A（10mg·mL^{-1}）的离心管内，漩涡震荡 1min，室温静置 10~20min。

②加入 150μL LP2 缓冲液，充分混匀，漩涡震荡 1min。

③12000rpm 离心 5min，将上清液转移至新的离心管中。

④加入上清液 1.5 倍体积（约 750μL）的 LP3 缓冲液（使用前检查是否已经加入无水乙醇），立即充分震荡混匀 15s，此时可能有絮状沉淀出现。

⑤将上一步所得溶液和出现的絮状沉淀都加入一个吸附柱 CB3 中（吸附柱放入收集管中），12000rpm 离心 30s，倒掉废液。

⑥向吸附柱中加入 700μL 漂洗液 PW（使用前检查是否已经加入无水乙醇），12000rpm 离心 30s，倒掉废液，将吸附柱 CB3 放入收集管中。

⑦重复步骤⑥。

⑧将吸附柱 CB3 放入收集管中，12000rpm 离心 2min，倒掉废液。将吸附柱 CB3 置于室温放置数分钟，以彻底晾干吸附材料中残余的漂洗液。

⑨将吸附柱 CB3 放入一个干净的离心管中，向吸附膜的中间部位悬空滴加 50~200μL 洗脱液 TE，室温放置 2~5min，12000rpm 离心 2min，将溶液收集到离心管中，−20℃低温保存。

用 NanoDrop 2000 超微量分光光度计检测所提取的 DNA 样品的浓度，并分析其纯度，保证 DNA 浓度在 100~200mg·μL^{-1}，OD 值在 1.7~1.9 之间，说明所得 DNA 的纯度较好。制备 1.0% 琼脂糖凝胶，取 3μL DNA 混合 1μL loading buffer，电压 90V，电泳 30min，检测所提取的 DNA 样品的质量和浓度（图 4.21）。

图 4.21 部分试验材料 DNA 电泳结果

4.3.2.2 SSR 反应及 PCR 扩增程序

PCR 反应总体系为 20μL，包含 20ng DNA，2 × Taq PCR Master Mix 10μL（BioDee），50ng 上下游引物，8μL ddH$_2$O。

预扩增 PCR 程序为 94℃预变性 3min；94℃变性 30s，55℃退火 30s，72℃延伸 30s，30 个循环；72℃延伸 5min，4℃保存。荧光 PCR 扩增程序为 94℃预变性 3min；94℃变性 30s，55℃退火 30s，72℃延伸 30s，25 个循环；94℃变性 30s，53℃退火 30s，72℃延

伸30s，8个循环；72℃延伸5min，4℃保存。

4.3.2.3 引物筛选和荧光标记

选用课题组开发的450对SSR引物首先对亲本及6个子代进行预扩增，观察PCR扩增产物在琼脂糖凝胶电泳中显示的条带情况。对能扩增出清晰条带的SSR引物进行PCR扩增，并参照石俊（2016）的方法，通过非变性聚丙烯酰胺凝胶电泳检测PCR产物的多态性。

非变性聚丙烯酰胺凝胶电泳具体步骤如下：

（1）配置电泳所需要的溶液

①8%PA胶：取200mL 40%的Acr–Bis（19：1）置于1000mL容量瓶中，加入10×TBE 100mL，最后加蒸馏水定容到1000mL，即为8%PA胶体，室温保存。

②20%APS：取4g APS，加入16mL ddH$_2$O，充分溶解后分装到1.5mL离心管，每个离心管加入200μL。分装完毕后置于–20℃保存。APS容易分解，药品制备好后应尽快使用。

（2）玻璃板的清洗

用洗洁精反复擦洗玻璃板，然后用清水冲洗几遍。待玻璃板干燥，将玻璃板对齐后准备灌胶。玻璃板为高通量玻璃板，H=11.5cm。

（3）凝胶的配制

取80mL的8%PA胶，加入60μL TEMED和200μL的20% APS，迅速将三种溶液混合均匀，静置1min后开始灌胶。

（4）灌胶

把凝胶沿着凹板，缓缓灌入（速度太快容易出现气泡），待顺利灌满后，用塑料片深入胶板赶走气泡，然后插入梳子，静置1~2h完全凝固后拔出梳子，并清除灌胶口及凝胶板上多余凝胶。

（5）安装凝胶板

将胶板加入电泳槽内，加入适量1×TBE缓冲液（可重复利用）至电泳槽中，下槽液面没过玻璃板约2cm；然后将凝胶板安装在电泳槽内，两边用夹子固定，并使其受力均匀，向上槽加入1×TBE缓冲液（最好是新的），液面应该没过点样孔。

（6）点样与电泳

每个点样孔加入1μL PCR产物，动作要快速准确，然后在250mA，75W恒功率下电泳1~2h（电泳时间根据目的片段大小确定）。

（7）固定

将凝胶放入固定液（450mL蒸馏水+50mL冰醋酸），在摇床上轻摇10~12min。

（8）漂洗

将凝胶置于500mL蒸馏水中轻摇1min，注意不要把蒸馏水直接浇在凝胶上。

（9）银染

将凝胶放入现配的染色液（0.5g AgNO$_3$+500mL蒸馏水）中，黑暗中轻轻摇动10~12min。

（10）漂洗

将染色后的凝胶从染色液中取出，然后放入500mL蒸馏水中轻摇约30s。

（11）显影

将凝胶放在显影液（15g NaOH+1~3mL 37%甲醛+1L蒸馏水）中，摇床上轻轻摇动，直至DNA条带出现（该过程约3~8min）。显影时间不可过长，否则底色很深，影响读带。

（12）定影

待条带清晰后，将凝胶板放入固定液（450mL蒸馏水+50mL冰醋酸），并轻摇2~5min。

（13）包装

用保鲜膜封好，4℃保存。

将筛选出的多态性引物在试验群体中扩增，多态性引物上游序列经5'端添加M13序列（5'-CACGACGTTGTAAAACGAC-3'）合成M13F引物，与反向引物以及带有荧光标记的通用M13引物进行PCR扩增。扩增产物的检测与分析在ABI3730XL（Applied Biosystems）全自动分析仪上进行，由生工生物工程（上海）股份有限公司完成。

4.3.2.4 数据统计与分析

利用GeneMarker 2.20软件对扩增产物的图像进行统计分析。利用卡方（X^2）检验多态性SSR标记在群体中是否符合孟德尔分离比，X^2（卡方）值=Σ[（实得数−预测数）^{2}/预测数]，显著水平为$P<0.05$。F_1代可能出现的分离类型（不包括出现零等位基因）见表4.35（贺丹 等，2012）。

利用PowerMarker 3.25软件计算反映不同样本间遗传多样性水平的遗传参数，包括等位基因数（Na）、Shannon多样性指数（I）、多态信息含量（PIC）、观测杂合度（Ho）、期望杂合度（He）。利用TASSEL 2.1软件中的一般线性模型（generalized linear model，GLM）进行杂交后代性状与SSR的单标记关联分析，$P<0.05$的位点认为与性状间的关联具有显著性。利用Q-value法对显著标记进行FDR（false discovery rate）多重比较（Storey，2003）。

表4.35 F_1代可能出现的分离类型

杂交类型	原始亲本		杂交子代	SSR带型
	P_1	P_2		
1	nn	np	nn : np	1 : 1
2	ab	cd	ac : ad : bc : bd	1 : 1 : 1 : 1
3	lm	ll	lm : ll	1 : 1
4	ef	eg	ef : ee : eg : fg	1 : 1 : 1 : 1
5	hk	hl	hh : hk : kk	1 : 2 : 1

4.3.3 结果与分析

4.3.3.1 SSR引物在群体中的验证

利用母本大花紫薇、父本'Sacramento'及6个子代对引物进行筛选。所选用的450对引物为课题组经过开发获得的引物，均能在紫薇亲本和子代中良好扩增，但在大花紫薇中扩增效果较差（图4.22）。

450 对引物中有 115 对引物能在双亲及子代中有效扩增，扩增比例为 25.56%。其中 19 对引物在亲本间有多态性，占扩增引物的 16.52%。19 对 SSR 引物具体信息见表 4.36。

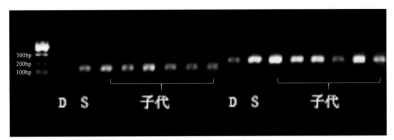

D：大花紫薇；S：'Sacramento'
图 4.22 SSR 引物在亲本及 6 个子代中扩增结果

表 4.36　19 对 SSR 引物信息

引物名称	引物序列	重复基元	退火温度（℃）	扩增片段大小（bp）
119	F：TAACTACGACGTCGCCAAGG R：AGCGTCTGATAGGAGGGAAGA	（GA）9	58	187
151	F：ATGACACTCCGCCAACTCTG R：AGCCAAACGGTTCAGTGACT	（AG）9	60	215
184	F：CTCACTCGTTCCCGAACACA R：CGATAGCTGCTTCAGGAGGG	（TC）9	60	242
201	F：TGGCATTCTGTCCCATGTCC R：TCTGTCCCAGGCATTGCATT	（TC）9	60	221
211	F：GAGAGACACCGAGGAGAGGT R：TAGAGGTCGATCTCGGCGAT	（AG）9	58	222
232	F：CGGACATCGTCGGAGGATTT R：GCGATTCTCCCAGTCAGCTT	（TC）9	58	154
238	F：AGCTGCTGCAGGTGATAAGG R：GCTTCACACAAACACACGCT	（TG）9	60	138
393	F：CACTCCGTTGCTGGACATCT R：CGGTCTACCACAACCGTCAA	（TGG）7	60	260
417	F：AGGTCTCGGTCTCCTCCTTC R：GGGATCGAGAGGGAAGGGAT	（CCA）7	58	119
468	F：GGATGTGATGCTGTACGTGC R：GGACCGCACAGCAATTTTCA	（TGT）6	60	273
628	F：CATCACCGGCCTTTTCCTCT R：GCTCCACTCTCTGCCTCTTC	（AAG）6	58	132
662	F：TCCTCACCATCACCACAAGC R：TGGTCACTGGTCTCCTCGAT	（AGG）6	55	255
675	F：TCCTCTTACCCCCGCCATTA R：GGAGACCAGAATGAGGAGCG	（TCC）6	55	230
800	F：GACAACGGCCCATGTTGTTC R：CCAACCACCCTCCCTACAAC	（GGT）6	55	201

（续表）

引物名称	引物序列	重复基元	退火温度（℃）	扩增片段大小（bp）
879	F：TAGATGGCTGCTGGTGTGTG R：ATTCGGGTCGGCCAAATTCT	（TCT）6	55	210
917	F：GCTGCCTCCTCTTCCCAAAT R：CTGTTCTTGTTGGCGCTCAC	（TCG）6	63	118
967	F：GGTGAATGGGTACTTGGGGG R：CTCTTAACCTCCACGCTCCG	（GGT）6	55	171
1152	F：CGCCTTCCCATATCTCCACC R：TATACCCACGAGCCCTCTCC	（GCTC）5	55	156
1196	F：AGAAGTCCCAGTTGCTGCTC R：CTCCGTTCACTGCATGACCT	（GAACCA）5	55	263

4.3.3.2 SSR 标记的分离检测

对19个SSR多态性标记在群体中的分离比进行统计，经 X^2 检验19个SSR标记中符合孟德尔分离比例（$P > 0.05$）的有10对（表4.37），有9对产生了偏分离。亲本的基因型为nn：np类型和lm：ll类型，在后代中的分离比为1：1。

表4.37 DS群体中SSR标记的分离情况

标记名称	基因型 Genotype		F_1代分离比例	卡方值	P值
	P_1	P_2			
119	nn	np	78：76	2.316	0.872
151	nn	np	74：86	0.197	0.343
201	nn	np	72：88	0.068	0.206
211	nn	np	83：81	2.365	0.876
238	nn	np	90：69	0.014	0.096
393	lm	ll	84：77	0.654	0.581
628	nn	np	68：87	0.026	0.127
662	nn	np	76：64	0.160	0.310
800	nn	np	85：74	0.250	0.383
967	nn	np	85：72	0.148	0.299

4.3.3.3 SSR 遗传多样性分析

利用19对SSR引物，对DS群体进行了遗传多样性评价（表4.38）。19对SSR引物共产生了57个多态性位点，平均每对引物产生3.00个位点。PIC值的范围为0.20~0.58，平均值为0.43，介于0.25~0.50之间，表示分子标记包含中度多态性信息（贺丹，2012）。其中标记201 PIC值最高，为0.59。Shannon信息指数分布范围为0.38~1.13，平均值为0.82；平均期望杂合度和观察杂合度分别为0.51和0.53，观察杂合度平均值略高于期望杂合度。

表4.38　19对SSR标记在DS群体内的多样性信息

位点	等位基因数（Na）	有效等位基因数（Ne）	Shannon信息指数（I）	多态信息含量（PIC）	观察杂合度（Ho）	期望杂合度（He）
119	3.00	2.10	0.79	0.41	0.01	0.52
151	3.00	2.66	1.04	0.55	0.99	0.62
184	4.00	2.42	1.06	0.53	0.57	0.59
201	3.00	2.96	1.09	0.59	0.60	0.66
211	3.00	2.83	1.07	0.57	0.43	0.65
232	4.00	2.01	0.80	0.41	0.77	0.50
238	2.00	1.97	0.68	0.37	0.01	0.49
393	2.00	1.62	0.57	0.31	0.52	0.38
417	3.00	2.10	0.79	0.41	0.93	0.52
468	3.00	2.43	0.96	0.51	0.60	0.59
628	2.00	1.56	0.55	0.30	0.41	0.36
662	3.00	1.62	0.62	0.32	0.46	0.38
675	3.00	1.75	0.66	0.34	0.59	0.43
800	2.00	1.56	0.55	0.30	0.46	0.36
879	5.00	2.63	1.13	0.54	0.99	0.62
917	3.00	2.85	1.07	0.58	0.51	0.65
967	4.00	2.00	0.73	0.38	0.03	0.50
1152	3.00	2.76	1.06	0.57	0.97	0.64
1196	2.00	1.29	0.38	0.20	0.24	0.22
均值	3.00	2.17	0.82	0.43	0.53	0.51

4.3.3.4 性状与标记的连锁分析

利用Tassel 2.1软件的GLM模型对247个单标记关联进行检测（19 SSRs 13性状），在 $P < 0.05$ 的显著标准下，检测到9个SSR标记与12个性状共计29个组合显著关联，每个标记点解释表型变异的3.46%~16.02%，平均解释率为7.45%（表4.39）。对29个显著关联组合进行FDR检测（ $Q < 0.05$ ），19个标记产生的29个关联组合均符合标准，不存在假阳性关联。连锁结果显示，与株高显著关联的标记2个，分别为184和628，解释表型变异的范围为6.52%~9.79%；与当年生枝条长度显著关联的标记2个，分别为184和1152，解释表型变异的范围为6.80%~9.44%，与当年生枝条粗度显著关联的标记2个，分别为1152、184，解释表型变异的范围为5.63%~9.79%；与主枝GSA显著关联的标记为1152、184，解释表型变异的范围为5.90%~7.47%，与侧枝GSA显著关联的标记为675，解释率为4.65%；与叶长、叶宽显著关联的标记5个，分别为184、879、1152、211、119，解释叶长表型变异的范围为4.88%~10.99%，解释叶宽表型变异的范围为4.55%~10.84%；与花径、瓣爪长显著关联的标记为184、393，解释花径表型变

异的范围为4.14%~16.02%；解释瓣爪长表型变异的范围为3.46%~14.00%；与花序长、花序宽显著关联的标记为917、211，解释花序长表型变异的范围为5.19%~6.40%，对花序宽的解释率为6.00%；与着花数显著关联的标记为184、211，解释表型变异的范围为7.64%~11.34%。没有检测到与冠幅显著关联的位点。

表4.39 利用DS群体确定的显著关联SSR位点

性状	标记名称	F值	P值	Q值	解释率R^2（%）
株高	184	5.0986	0.0022	0.0091	9.79
	628	5.1572	0.0068	0.0179	6.52
当年生枝条长度	184	4.8972	0.0029	0.0093	9.44
	1152	3.6233	0.0146	0.0249	6.80
当年生枝条粗度	1152	5.3931	0.0015	0.0073	9.79
	184	2.8041	0.0421	0.0421	5.63
主枝GSA	1152	4.0088	0.0089	0.0184	7.47
	184	2.949	0.0349	0.0375	5.90
侧枝GSA	675	7.4601	0.0070	0.0169	4.65
	184	5.8060	0.0009	0.0066	10.99
叶长	879	6.3476	0.0023	0.0083	7.85
	1152	4.1767	0.0071	0.0158	7.76
	211	3.7811	0.0118	0.0214	6.78
	119	3.7712	0.0253	0.0319	4.88
叶宽	184	5.7143	0.0010	0.0058	10.84
	879	3.7834	0.0250	0.0330	4.83
	211	3.1279	0.0275	0.0332	5.67
	1152	3.0830	0.0292	0.0339	5.84
	119	3.5075	0.0325	0.0363	4.55
花径	184	8.9641	1.78E−05	0.0005	16.02
	393	6.6926	0.0106	0.0205	4.14
瓣爪长	184	7.6487	0.0001	0.0013	14.00
	393	5.5480	0.0198	0.0302	3.46
花序长	917	3.5123	0.0167	0.0269	6.40
	211	2.8490	0.0394	0.0408	5.19
花序宽	211	3.3197	0.0214	0.0310	6.00
	917	3.2752	0.0227	0.0313	6.00
着花数	184	6.0102	0.0007	0.0067	11.34
	211	4.3031	0.0060	0.0174	7.64

　　本研究中不仅出现了多个SSR位点与同一性状相连锁的现象，也存在一个标记与多个性状相关联的现象（表4.40）。例如，标记119、879与叶长、叶宽显著相关，标记184与株高、当年生枝条长度、主枝GSA、叶长、叶宽、花径、瓣爪长、着花数均显著相关，标记211与叶长、叶宽、花序长、花序宽、着花数均显著相关，标记393与花径、瓣爪长显著相关，标记917与花序长、花序宽显著相关，标记1152与当年生枝条长度、当年生枝条粗度、主枝GSA、叶长、叶宽显著相关。在本书的4.2部分也曾讨论过性状之间的相关性，分子标记与性状的连锁结果与性状间的相关性相符合。

表4.40　标记及其关联的性状

标记名称	性状	解释率R^2（%）
119	叶长/叶宽	4.55~4.88
184	株高、当年生枝条长度、主枝GSA、叶长、叶宽、花径、瓣爪长、着花数	5.63~16.02
211	叶长、叶宽、花序长、花序宽、着花数	5.19~7.64
393	花径、瓣爪长	3.46~4.14
628	株高	6.52
675	侧枝GSA	4.65
879	叶长、叶宽	4.83~7.85
917	花序长、花序宽	6.00~6.40
1152	当年生枝条长度、当年生枝条粗度、主枝GSA、叶长、叶宽	5.84~9.79

4.3.3.5 SSR位点在群体中的基因型效应

　　以紫薇主要性状为单位，分析SSR标记在群体中的基因型效应。与紫薇主要性状显著相关的9个SSR标记中，有4个标记在DS群体中符合孟德尔分离比。其中，标记119、211与叶长、叶宽显著相关，标记393与花径、瓣爪长显著相关，标记211与花序长、花序宽、着花数显著相关，标记628与株高显著相关（图4.23）。比较不同分离类型的性状表现，F_1代中标记119、211的nn类型对应的叶长和叶宽值较高，np类型对应的叶长和叶宽值较低；F_1代中标记211的nn类型对应的花序长、花序宽和着花数值较高，np类型对应的花序长、花序宽和着花数值较低；F_1代中标记628的nn类型对应的株高值较高，np类型对应的株高值较低；F_1代中标记393的lm类型对应的花径和瓣爪长值较高，ll类型对应的花径和瓣爪长值较低。而亲本中的两类基因型分别为nn（大花紫薇）、np（紫薇）和lm（大花紫薇）、ll（紫薇），从一定程度上反映了nn和lm类型对应的表型值偏高，np和ll类型对应的表型值偏低，子代与亲本中基因型和表型之间的对应关系相一致。

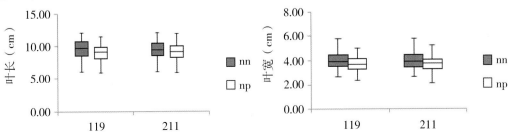

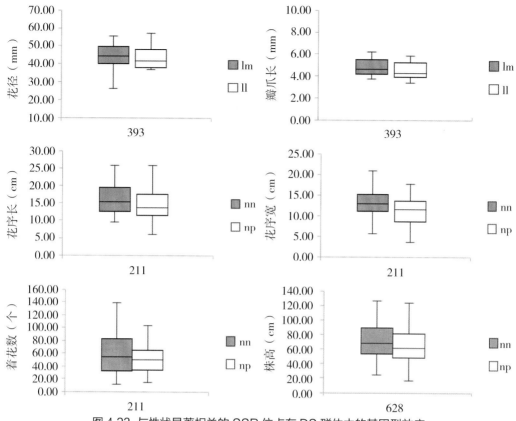

图 4.23 与性状显著相关的 SSR 位点在 DS 群体中的基因型效应

4.3.4 结论与讨论

利用课题组自主开发的 SSR 引物 450 对，在大花紫薇的杂交后代中进行验证。因引物序列来源于屋久岛紫薇和'Pocomoke'杂交 F_1 代个体的转录组测序数据，在验证过程中发现在大花紫薇中适应性较差，SSR 引物在大花紫薇亲本中多不能扩增，450 对引物中仅获得 115 对可以在亲本和子代中成功扩增的引物，扩增成功率为 25.56%，扩增效率较低。仅 19 对引物在亲本和子代中均具有多态性，多态性引物占扩增成功引物的 16.52%。蔡明（2010）对开发出的 23 对紫薇和 28 对尾叶紫薇 SSR 引物在随机选择的 10 个紫薇品种和 10 株尾叶紫薇中进行检测，分别有 12 对和 18 对引物表现出多态性，比例分别为 52.2% 和 64.3%。贺丹（2012）选用 150 对 SSR 引物对尾叶紫薇和紫薇的杂交后代进行扩增，筛选出 50 对在群体和亲本间有多态性的引物，多态性引物比例为 33.33%。刘阳（2013）通过磁珠富集法开发得到的 11 个多态性较高的微卫星位点在南紫薇和福建紫薇中均能有效扩增，在尾叶紫薇和屋久岛紫薇中也仅有 1~2 个位点扩增失败，而 11 个位点中仅有 4 个可以在大花紫薇中有效扩增。石俊（2016）利用 500 对 SSR 引物对屋久岛紫薇与'Creole'及其杂交后代进行扩增，其中 273 对引物成功扩增，扩增成功率为 54.60%，得到 136 对具有多态性的 SSR 引物，占扩增成功引物的 49.82%，占总合成 SSR 引物的 27.2%。本研究中利用紫薇转录组数据开发出的 SSR 引物在大花紫薇中扩增比例和多态性比例均较低，说明大花紫薇与紫薇在基因序列上差别相对较大，

SSR 引物在种间通用性较差。

本研究的 19 对 SSR 多态性引物在 166 个子代中的扩增结果显示，9 个标记与 12 个数量性状显著连锁，每个标记点解释表型变异的 3.46%~16.02%，平均解释率为 7.45%。12 个重要性状包括株高、当年生枝条长度、当年生枝条粗度、主枝 GSA、侧枝 GSA、叶长、叶宽、花径、瓣爪长、花序长、花序宽以及着花数，涵盖了紫薇的叶部、花部、花序、株型等方面的重要观赏性状。贺丹（2012）采用单因素方差分析的方法对尾叶紫薇与紫薇的杂交后代进行了性状与 SSR 分子标记的连锁分析，得到与紫薇的叶宽显著相关的 3 个 SSR 分析标记，贡献率分别为 25.5%、12.1%、11.6%；与紫薇的叶长显著相关的 2 个 SSR 分析标记，贡献率分别为 7.8%、9.1%；与紫薇的株高和地径显著相关的标记均为 SSR10~SSR172，贡献率分别为 15.7%、10.3%。石俊（2016）对紫薇 SSR 标记基因型与 11 个匍匐株型相关性状进行连锁分析。共检测到 6 个 SSR 标记与主枝端部 GSA、主枝分枝角度、主枝基部 GSA、主枝开张角度、株高相连锁，贡献率为 8.6%~13.4%。以上研究均说明，在紫薇的株高、叶长、叶宽等性状中易找到连锁标记，本研究挖掘了一些与紫薇花径、花序长、花序宽相连锁的标记，对之前的工作进行了补充。

本研究 F_1 代中标记 119、211、628 和 393 在亲本的基因型分别为 nn（大花紫薇）、np（紫薇）和 lm（大花紫薇）、ll（紫薇），在子代中的 nn、lm 类型对应的表型值较高，np、ll 类型对应的表型值较低，但因符合孟德尔分离比的标记数目较少，9 个与性状连锁的标记中有 5 个为偏分离标记，因此还需更多 SSR 标记进行验证。

参考文献

蔡明，2010.紫薇种质资源的评价和香花种质的利用[D].北京：北京林业大学.

贺丹，唐婉，刘阳，等，2012.尾叶紫薇与紫薇 F_1 代群体主要表型性状与 SSR 标记的连锁分析[J].北京林业大学学报，34(6)：121-125.

贺丹，2012a 紫薇遗传多样性研究及遗传连锁图谱的构建[D].北京：北京林业大学.

胡杏，鞠易倩，叶远俊，等，2014a.紫薇 × 大花紫薇不同育性株系花粉生活力及柱头可授性对比分析[J].河南农业大学学报，(2)：145-149.

胡杏，2014b 紫薇与大花紫薇杂交育种及杂种后代评价[D].北京：北京林业大学.

刘阳，2013.紫薇微卫星标记开发及矮化性状的分子标记[D].北京：北京林业大学.

任翔翔，张启翔，潘会堂，等，2009.大花紫薇开花及花粉特性研究[J].安徽农业科学，37(28)：13507-13509.

石俊，2016.紫薇匍匐株型相关性状表型分析与 SSR 分子标记研究[D].北京：北京林业大学.

王晓玉，2012.尾叶紫薇与紫薇种间杂交育种研究[D].北京：北京林业大学.

徐婉，2014.紫薇重要观赏性状遗传规律分析及性状改良研究[D].北京：北京林业大学.

张秦英，罗凤霞，郭富常，等，2007.紫薇开花及花粉特性研究[C].中国园艺学会观赏园艺专业委员会年会.

Cai M,Pan H T,Wang X F,et al.,2011.Development of novel microsatellites in *Lagerstroemia indica* and DNA fingerprinting in Chinese *Lagerstroemia* cultivars[J]. Scientia Horticulturae,131(1):88-94.

He D,LiuY,Cai M,et al.,2012.Genetic diversity of *Lagerstroemia*(*Lythraceae*) species assessed by simple sequence repeat markers[J].Genetics & Molecular Research Gmr,11(3):3522-3533.

Liu Y,HeD,Cai M,et al.,2013.Development of microsatellite markers for *Lagerstroemia indica*(Lythraceae) and related species[J].Applications in Plant Sciences,1(2):76-87.

Storey J D,Tibshirani R,2003.Statisticalsignificance for genomewidestudies[J]. Hortiscience,100(16):9440-9445.

Wang X,Wadl P A,Pounders C,et al.,2011.Evaluation of genetic diversity and pedigree within crapemyrtle cultivars using simple sequence repeat markers[J].Journal of the American Society for Horticultural Science,136(2):116-128.

Ye Y,Cai M,Ju Y,et al.,2016.Identification and validation of SNP markers linked to dwarf traits using SLAF-Seq technology in *Lagerstroemia*[J].Plos One,11(7):e158970.

Furtado C X,Srisuko M,1969.A revision of *Lagerstroemia* L.(Lythraceae)[J].Gard Bull.

Pounders C,Rinehart T,Sakhanokho H,2007a.Evaluation of interspecific hybrids between *Lagerstroemia indica* and *L.speciosa*.[J].Hortscience,42(6):53-68.

Pounders C,Rinehart T,Edwards N,et al.,2007b.Analysis of combining ability for height,leaf out,bloom date,and flower color for crapemyrtle[J].Hortscience,42(6):1496-1499.

第5章　紫薇和川黔紫薇远缘杂交亲和性研究

5.1 紫薇和川黔紫薇种间杂交受精过程观察研究

紫薇树形优美、花色艳丽、花期长，观赏价值高，园林应用广泛，但抗病虫害较弱；川黔紫薇花白色，花较小，适应性广，抗病虫害较强。因此，开展紫薇与川黔紫薇远缘杂交育种，创制高抗、高观赏性的优良新品种，对促进紫薇产业化升级发展具有重要现实和战略意义。目前，紫薇与川黔紫薇存在远缘杂交障碍，有关机理及克服方法尚不清楚，国内外有关紫薇和川黔紫薇远缘杂交亲和性及种子萌发特性的研究尚是空白，从而制约了紫薇与川黔紫薇远缘杂交育种的进程。以川黔紫薇和'丹红紫叶''紫韵'2个紫薇品种为亲本，通过对川黔紫薇和'丹红紫叶'紫薇、'紫韵'紫薇杂交，'丹红紫叶'紫薇自交后受精过程的观察，对比杂交和自交的花粉萌发及花粉管生长过程，以及母本花柱的不同变化，得到川黔紫薇和'丹红紫叶'紫薇、'紫韵'紫薇远缘杂交不亲和发生的大致时间，初步完成了川黔紫薇和'丹红紫叶'紫薇、'紫韵'紫薇远缘杂交障碍原因的研究，为今后紫薇属植物种间远缘杂交障碍克服提供了理论基础。

5.1.1 试验材料

以种植在湖南省林业科学院试验林场紫薇基地的川黔紫薇和'丹红紫叶''紫韵'2个紫薇品种为试验材料。川黔紫薇为嫁接5年生树，'丹红紫叶'紫薇、'紫韵'紫薇为嫁接5年生树。树势生长健壮，生长发育正常，无病虫害，露天栽植，常规栽培管理。

5.1.2 试验方法

荧光试验观察5个杂交组合，'丹红紫叶'×川黔紫薇杂交、川黔紫薇ד丹红紫叶'杂交、'紫韵'×川黔紫薇杂交、川黔紫薇ד紫韵'杂交、'丹红紫叶'自交。采集授粉后1h、2h、3h、4h、6h、12h、24h和48h的雌蕊，放入装有FAA固定液（50%乙醇：冰醋酸：甲醛=18：1：1）的采样瓶中固定24h以上，4℃保存。取出雌蕊，按照50%乙醇→30%乙醇→超纯水逐级进行复水漂洗，每级3min，4mol·L⁻¹NaOH溶液中软化6h，超纯水漂洗3次，每次3min，后用1g·L⁻¹水溶性苯胺蓝溶液（1g·L⁻¹水溶性苯胺蓝溶液：称取100mg水溶性苯胺蓝固体，加少量蒸馏水溶解后，定容至100mL，避光保存）染色6h以上，将雌蕊取出，手术刀片将子房平均切成两半，用镊子分别夹住半个子房将花柱撕成两半，将子房切面朝上放置于载玻片上，滴加2~3滴45%甘油后，盖盖玻片，轻压盖玻片使子房及花柱平整，在Olympus荧光显微镜下观察并拍照，用PS CC2019处理图像。

5.1.3 结果与分析

5.1.3.1 川黔紫薇与紫薇杂交结实率及后代苗数量

川黔紫薇和紫薇杂交属于种间远缘杂交，存在不亲和现象。以川黔紫薇和'丹红紫叶''紫韵'2个紫薇品种做亲本，进行常规正反交杂交试验，结实率见表5.1。由表

5.1可知，川黔紫薇作父本，'丹红紫叶'为母本的杂交组合的结实率最高，为9.24%，可获得杂种果，但杂交种子播种后，仅存活2株杂交后代苗；而川黔紫薇作母本，'丹红紫叶'为父本的杂交组合的结实率仅2.79%，杂交种子播种后不萌芽，没有获得杂交后代苗。无论是川黔紫薇作母本，'紫韵'为父本的杂交组合，还是川黔紫薇作父本，'紫韵'为母本的杂交组合，其结实率均低于2%，且杂交种子均不萌芽，也没有得到杂交后代苗。而川黔紫薇、'丹红紫叶''紫韵'自交的结实率高，均超过54%，获得数量众多的实生后代苗。这表明，川黔紫薇与'丹红紫叶''紫韵'2个紫薇品种正反交的杂交亲和性均较低，特别是川黔紫薇与'紫韵'杂交亲和性更加低，这说明川黔紫薇与紫薇杂交存在远缘杂交障碍。

表5.1 不同杂交组合结实率

杂交组合	授粉数（个）	结实数（个）	结实率（%）	杂交苗株数（株）
'丹红紫叶'♀ × 川黔紫薇♂	898	83	9.24	2
川黔紫薇♀ × '丹红紫叶'♂	251	7	2.79	0
'紫韵'♀ × 川黔紫薇♂	592	11	1.86	0
川黔紫薇♀ × '紫韵'♂	198	1	0.51	0
川黔紫薇自交	108	59	54.63	176
'丹红紫叶'自交	112	73	65.18	560
'紫韵'自交	115	68	59.13	428

5.1.3.2 川黔紫薇与'丹红紫叶'杂交对花粉管萌发与生长的影响

川黔紫薇和'丹红紫叶'进行正反交后，荧光观察花粉管的萌发与生长情况，结果见图5.1和图5.2。从图5.1可知，川黔紫薇为母本，'丹红紫叶'作父本的杂交组合在授粉后1h，柱头表面附着少量花粉粒，部分开始萌发（图5.1A）；授粉后2h，大量花粉粒萌发，花粉管在柱头表面出现轻微缠绕（图5.1B），并在柱头表面观察到胼胝

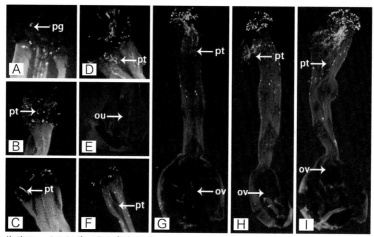

A. 川黔紫薇♀ × '丹红紫叶'♂杂交授粉后1h；B. 授粉后2h；C. 授粉后3h；D. 授粉后4h；
E. 授粉后48h子房；F. 授粉后6h；G. 授粉后12h；H. 授粉后24h；I. 授粉后48h
图5.1 川黔紫薇♀ × '丹红紫叶'♂杂交花粉管萌发与生长
（pg：花粉粒；pt：花粉管；ou：胚珠；ov：子房）

质；授粉后 3h，花粉管进入柱头继续生长（图 5.1C）；授粉后 4h，花粉管不规则生长，穿过柱头，进入花柱（图 5.1D）；授粉后 6h，花粉管继续生长（图 5.1F）；授粉后 12h，花粉管成束状生长，聚集到花柱上 1/3 处，花柱出现少量点状胼胝质（图 5.1G）；授粉后 24~48h，花粉管不再生长，停止在花柱上 1/3 处，并未到达子房，花柱下部的点状胼胝质数量变多（图 5.1E、图 5.1H、图 5.1I）。这表明，川黔紫薇♀ ×‘丹红紫叶’♂ 杂交的花粉可以萌发、花粉管可以伸长进入花柱，但花粉管不能正常伸长到子房，不能继续完成受精过程，这说明川黔紫薇♀ ×‘丹红紫叶’♂ 杂交同样存在受精前障碍。

由图 5.2 可知，‘丹红紫叶’为母本，川黔紫薇作父本的杂交组合在授粉后 1h，柱头表面附着大量饱满的花粉粒，少量花粉已经开始萌发，花粉管在柱头表面紧密缠绕在一起（图 5.2A）；授粉后 2h，附着的花粉大量开始萌发，花粉管不规则生长，穿过柱头表面到达柱头底端（图 5.2B）；授粉后 3h，花粉管成束状进入花柱，并伴有轻微缠绕（图 5.2C）；授粉后 4h，束状花粉管继续生长伸长（图 5.2D）；授粉后 6h，花粉管继续伸长，到达花柱上 1/4 处（图 5.2F）；授粉后 12h，花粉管聚集到花柱上 1/3 处（图 5.2G）；授粉后 24h，花柱 1/2 处可观察到花粉管，并未到达子房（图 5.2H）；授粉后 48h，花粉管停止生长，仍在花柱 1/2 处，子房内未看到花粉管，花柱下 1/2 处出现大量点状胼胝质，杂交障碍严重（图 5.2E、图 5.2I）。这表明，‘丹红紫叶’♀ × 川黔紫薇♂ 杂交的花粉可以萌发、花粉管可以伸长进入花柱，但花粉管不能正常伸长到子房，不能继续完成受精过程，这说明‘丹红紫叶’♀ × 川黔紫薇♂ 杂交也存在受精前障碍。

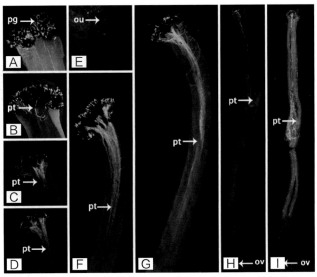

A.‘丹红紫叶’♀ × 川黔紫薇♂ 杂交授粉后 1h；B. 薇授粉后 2h；C. 授粉后 3h；D. 授粉后 4h；
E. 授粉后 48h 子房；F. 授粉后 6h；G. 授粉后 12h；H. 授粉后 24h；I. 授粉后 48h
图 5.2　‘丹红紫叶’♀ × 川黔紫薇♂ 杂交花粉管萌发与生长
（pg：花粉粒；pt：花粉管；ou：胚珠；ov：子房）

通过荧光观察可知，无论是‘丹红紫叶’为母本，川黔紫薇作父本的杂交组合，还是川黔紫薇作母本，‘丹红紫叶’为父本的杂交组合，在授粉后的受精过程中，母本的花柱中产生大量点状胼胝质，阻碍花粉管正常伸长，导致花粉管均不能到达子房，最终未能完成受精，存在严重的受精前障碍。受精前障碍会影响结实，这可能是川黔紫薇和'丹红紫叶'杂交结实率低的主要原因。与'丹红紫叶'做母本相比，川黔紫薇做母本的杂交组合开始产生胼胝质的时间较早，产生胼胝质的数量较多，花粉管最终停止生长的位置与子房距离较远，胼胝质反应较剧烈，这可能是'丹红紫叶'作母本有较高结实率的重要原因。研究表明，川黔紫薇与'丹红紫叶'正反交均产生胼胝质，这说明两者杂交均存在受精前障碍，特别是川黔紫薇做母本的组合生成的胼胝质更多，说明该杂交组合受精障碍更严重，建议选择'丹红紫叶'做母本进行杂交。

5.1.3.3 川黔紫薇与'紫韵'杂交对花粉管萌发与生长的影响

川黔紫薇和'紫韵'进行正反交后，荧光观察花粉管的萌发与生长情况，结果见图5.3和图5.4。从图5.3可知，川黔紫薇为母本，'紫韵'作父本的杂交组合在授粉后1h，柱头表面附着少量花粉粒，部分开始萌发（图5.3A）；授粉后2h，花粉粒继续萌发，花粉管进入柱头（图5.3B）；授粉后3h，柱头表面部分花粉管缠绕，其余花粉管进入柱头继续生长，到达柱头底端（图5.3C）；授粉后4h，花粉管不规则生长，穿过柱头，进入花柱（图5.3D）；授粉后6h，花粉管继续生长（图5.3F）；授粉后12h，花粉管成束状，到达花柱上1/3处（图5.3G）；授粉后24~48h，花粉管停止在花柱上1/3处，不再生长，并未到达子房，花柱中可观察到大量点状胼胝质，杂交障碍严重（图5.3E、图5.3H、图5.3I）。这表明，川黔紫薇♀×'紫韵'♂杂交的花粉可以萌发、花粉管可以伸长，但花粉管不能正常伸长到子房，不能继续完成受精过程，这说明川黔紫薇♀×'紫韵'♂杂交存在受精前障碍。

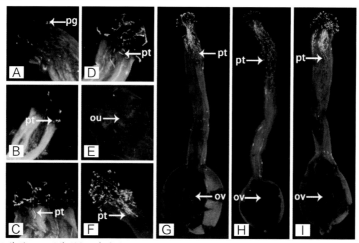

A. 川黔紫薇♀×'紫韵'♂杂交授粉后1h；B. 授粉后2h；C. 授粉后3h；D. 授粉后4h；
E. 授粉后48h子房；F. 授粉后6h；G. 授粉后12h；H. 授粉后24h；I. 授粉后48h
图5.3 川黔紫薇♀×'紫韵'♂杂交花粉管萌发与生长
（pg：花粉粒；pt：花粉管；ou：胚珠；ov：子房）

由图5.4可知，'紫韵'为母本，川黔紫薇作父本的杂交组合在授粉后1h，柱头表面附着大量饱满的花粉粒，少量花粉已经开始萌发（图5.4A）；授粉后2h，大量花粉粒萌发，花粉管不规则生长，穿过柱头进入花柱，并出现轻微缠绕（图5.4B）；授粉后3h，花粉管进入花柱继续生长，成束状（图5.4C）；授粉后4h，束状花粉管继续生长（图5.4D）；授粉后6h，花柱上1/4处可观察到花粉管（图5.4F）；授粉后12~24h，花管聚集到花柱上 1/3 处（图 5.4G，图 5.4H）；授粉后 48h，花粉管仍在花柱上 1/3 处，并未到达子房（图 5.4E、图 5.4I）。研究表明，'紫韵'♀ × 川黔紫薇♂ 杂交的花粉可以萌发、花粉管可以伸长，但花粉管不能正常伸长到子房，不能继续完成受精过程，这说明 '紫韵'♀ × 川黔紫薇♂ 杂交也存在受精前障碍。

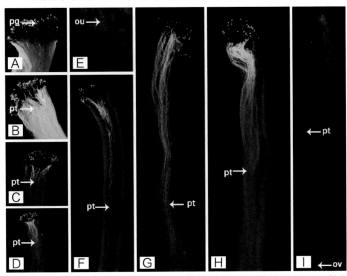

A. '紫韵'♀ × 川黔紫薇♂ 杂交授粉后 1h；B. 授粉后 2h；C. 授粉后 3h；D. 授粉后 4h；
E. 授粉后 48h 子房；F. 授粉后 6h；G. 授粉后 12h；H. 授粉后 24h；I. 授粉后 48h
图 5.4 '紫韵'♀ × 川黔紫薇♂ 杂交花粉管萌发与生长
（pg：花粉粒；pt：花粉管；ou：胚珠；ov：子房）

通过荧光观察可知，无论是 '紫韵' 为母本，川黔紫薇作父本的杂交组合，还是川黔紫薇作母本，'紫韵' 为父本的杂交组合，在授粉后的受精过程中，母本的花柱中同样产生大量点状胼胝质，导致花粉管不能正常伸长到达子房，最终未能完成受精，存在严重的受精前障碍，这可能是川黔紫薇和 '紫韵' 杂交结实率低的主要原因。与 '紫韵' 做母本相比，川黔紫薇做母本的杂交组合，产生胼胝质的数量较多，胼胝质反应较剧烈，这可能是 '紫韵' 作母本有较高结实率的重要原因。与川黔紫薇和 '丹红紫叶' 正反交杂交组合相比，川黔紫薇和 '紫韵' 正反交杂交组合的胼胝质反应更剧烈，胼胝质生成量更多，这可能是川黔紫薇和 '紫韵' 正反交杂交组合结实率更低的重要原因。这表明，川黔紫薇与 '紫韵' 远缘正反交均产生胼胝质，特别是川黔紫薇做母本的杂交组合生成的胼胝质更多，这说明川黔紫薇与 '紫韵' 远缘杂交障碍存在受精前障碍，并且比川黔紫薇与 '丹红紫叶' 的杂交障碍更大。

5.1.3.4 '丹红紫叶' 自交花粉管萌发与生长情况

'丹红紫叶' 自交的结实率高达 65.18%，自交亲和，不存在受精障碍。'丹红紫叶' 自交后，荧光观察花粉管的萌发与生长情况，结果见图 5.5。从图 5.5 可知，'丹红紫叶' 自交授粉后 1h，柱头表面附着大量饱满花粉粒，部分开始萌发，花粉管进入柱头（图 5.5A）；授粉后 2h，花粉粒大量萌发，花粉管穿过柱头到达柱头底端（图 5.5B）；授粉后 3h，花粉管成束状进入花柱，并伴有轻微缠绕（图 5.5C）；授粉后 4h，束状花粉管继续生长伸长，到达花柱上1/4处（图5.5D）；授粉后6h，花粉管生长迅速，在花柱1/2处可观察到花粉管（图5.5F）；授粉后12h，花粉管聚集到花柱2/3处（图5.5G）；授粉后24h，花粉管继续生长，到达子房（图5.5H）；授粉后48h，花柱内看到少量花粉管，在子房内未看到大量花粉管，并且花粉管已经进入胚珠（图5.5E、图5.5I）。这表明，'丹红紫叶'自交花粉可萌发，花粉管可伸长，且花粉管可正常伸长到子房并完成受精。这也说明'丹红紫叶'自交亲和。

通过荧光观察可知，'丹红紫叶'自交时，在授粉后的受精过程中，花柱中没有产生胼胝质，花粉管能正常伸长到达子房，完成受精并最终结实，这是'丹红紫叶'自交有较高结实率的重要原因。'丹红紫叶'自交未发生胼胝质反应，自交亲和，结实率高。与自交相比，川黔紫薇与紫薇杂交，母本花柱中产生剧烈的胼胝质反应，导致受精障碍，结实率低，胼胝质产生可能是川黔紫薇和紫薇远缘杂交存在受精前障碍的重要原因。

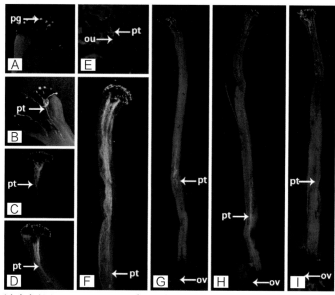

A.'丹红紫叶'自交授粉后1h；B.'丹红紫叶'自交授粉后2h；C.'丹红紫叶'自交授粉后3h；
D.'丹红紫叶'自交授粉后4h；E.'丹红紫叶'自交授粉后48h子房；F.'丹红紫叶'自交授粉后6h；
G.'丹红紫叶'自交授粉后12h；H.'丹红紫叶'自交授粉后24h；I.'丹红紫叶'自交授粉后48h
图5.5 '丹红紫叶'自交花粉管萌发与生长
（pg：花粉粒；pt：花粉管；ou：胚珠；ov：子房）

5.1.4 结论与讨论

花粉管生长异常导致杂交障碍的原因主要包括：柱头不识别花粉（王四清，1993）、花粉管不能进入柱头、花粉管在花柱中不能继续伸长等（Yanming et al.，2010；胡适宜，1984；I. Vervaeke et al.，2001；Van Tuyl et al.，1997）。荧光观察发现'丹红紫叶'自交在授粉后24h，花粉管到达子房而后完成受精，这与Pounders等（2006）、Ju（2018）等的观察结果一致。荧光观察'丹红紫叶'×川黔紫薇杂交、川黔紫薇×'丹红紫叶'杂交、'紫韵'×川黔紫薇杂交、川黔紫薇×'紫韵'杂交、'丹红紫叶'自交5个组合授粉后，柱头上花粉萌发及花柱内花粉管伸长的情况，结果表明，杂交障碍为受精前障碍，杂交组合花粉管生长的异常现象主要表现为，花粉可成功萌发并穿过柱头进入花柱，但花柱中形成大量胼胝质，阻碍花粉管继续伸长，使得花粉管的伸长停止在花柱中，未能到达子房，最终导致杂交不亲和。

5.2 紫薇和川黔紫薇种间杂交授粉后内源激素含量变化研究

植物内源激素（plant hormone）是指植物体内合成的，能调节植物自身生理过程的微量有机化合物，在高等植物的整个生长发育过程中，离不开内源激素的控制。植物的生长发育和营养供给都离不开内源激素的调控作用，它也是植物体内重要的信息传导因子，在植物细胞接受外界信号时诱导合成，通过与特定的受体蛋白结合，调控植物完成植物各项正常生命活动。内源激素合成后，可在植物的不同部位进行转移，在植物整个生命活动过程中，同种内源激素可对多项生理活动进行调控，同一生理活动是在多种内源激素的共同调控下完成的，例如细胞生长分化的方向和进程，多种内源激素之间相互作用调节激素的平衡来完成某一具体的生理过程，内源激素的含量始终处于动态变化中。

高效液相色谱法（high performance liquid chromatography，HPLC）是目前常用的内源激素检测方法之一，具有高灵敏性和精确性，结果精确，因此本试验采用该方法进行测定。国内外众多学者利用高效液相色谱法对授粉后植物内源激素进行了大量的研究，但至今尚未见到有关紫薇授粉后内源激素变化的研究报道。本研究采用HPLC对川黔紫薇和'丹红紫叶'紫薇、'紫韵'紫薇杂交，'丹红紫叶'紫薇自交授粉后受精过程中的玉米素核苷（ZR）、赤霉素（GA_3）、生长素（IAA）和脱落酸（ABA）进行测定，研究分析杂交和自交对紫薇内源激素变化的影响，以期为川黔紫薇和紫薇杂交亲和性研究提供理论支持。

5.2.1 试验材料

以湖南省林业科学院试验林场紫薇基地的5年生川黔紫薇、'丹红紫叶''紫韵'为试验材料。

5.2.2 试验方法

5.2.2.1 试验设计

本试验设计4个杂交组合，'丹红紫叶'♀ × 川黔紫薇♂、'紫韵'♀ × 川黔紫薇♂、'丹红紫叶'自交、'紫韵'自交。以'丹红紫叶'自交、'紫韵'自交为对照组，探究川黔紫薇做父本，'丹红紫叶''紫韵'分别为母本的2个组合的内源激素含量变化。试验于2021年6—9月在湖南省林业科学院试验林场紫薇示范基地进行，选择天气状况良好的晴天进行授粉。授粉后0、12h、24h、36h、48h、60h、72h，分别采样花器官，液氮速冻后带回实验室，−75℃超低温冰箱保存备用。

5.2.2.2 样品中内源激素的分离纯化方法

①称取1.00g样品，加液氮研磨至粉末状备用，加入10倍体积的80%预冷甲醇，加15μL的30mg·L^{-1}抗氧化剂（二乙基二硫代氨基甲酸钠），充分摇匀，低温水浴超声

30min后，4℃避光浸提15h。

②收集浸提液的上清液，4℃下10000r·min⁻¹离心20min，收集上清液4℃避光保存备用；浸提液的沉淀中加5倍体积的80%预冷甲醇摇匀，低温水浴超声30min后，4℃避光再浸提4h，浸提液4℃下10000r·min⁻¹离心20min，收集上清液，与上一次的合并，残渣弃之。

③上清液中加入0.1g PVPP，低温震荡30min，于4℃下10000r·min⁻¹离心10min，收集上清液。

④上清液用旋转蒸发仪，在40℃减压旋蒸至没有甲醇。剩余水相加入2倍体积石油醚萃取3次，收集水相，弃醚相。

⑤用0.1mol·L⁻¹柠檬酸调节pH值为3.0。等体积乙酸乙酯萃取3次，收集3次的醚相，弃水相。

⑥40℃减压旋蒸至完全干燥，2mL色谱纯度甲醇溶解定容，用0.45μm微孔滤膜过滤后，得到样品内源激素提取液，4℃避光保存，等待检测（一周内完成测定）。各样品重复测定3次。

5.2.2.3 内源激素标样的配制

以色谱级甲醇做溶剂，分别配制ZR、GA₃、IAA、ABA四种激素标准品1.00mg·mL⁻¹的储备液（–20℃避光保存），将四种储备液按比例混合成母液，以色谱级甲醇逐级稀释，共20mg·L⁻¹、40mg·L⁻¹、60mg·L⁻¹、80mg·L⁻¹、100mg·L⁻¹ 5个浓度，配制成含有ZR、GA₃、IAA和ABA的系列混合标准溶液（4℃避光保存，保质期1个月）。采用优化的色谱条件，依次进样检测。

5.2.2.4 样品中内源激素 HPLC 测定方法

采用高效液相色谱法（HPLC）测定样品中内源激素和标样，高效液相色谱仪为岛津LC–20AT。

（1）色谱条件

色谱柱：Hypersil BDS C18色谱柱；柱温：30℃；检测波长：254nm；流速：1.0mL·min⁻¹；进样量：10μL；流动相：甲醇–冰乙酸水溶液（甲醇：0.75%冰乙酸水溶液=45：55，体积比）。

（2）测定方法

采用外标法峰面积定量，进样前，A、B泵手动排气，清洗进样针，用流动相冲洗30min，基线平稳后，进行等梯度洗脱进样，待样品峰全部出完，流动相冲洗30min，待基线平稳后，方可分析下一个样品。

5.2.2.5 内源激素的计算方法

以激素质量浓度（mg·L⁻¹）为横坐标，峰面积为纵坐标，绘制四种激素的标准曲线，计算出四种激素的回归方程。样品经过5.2.2.2中的处理，得到各样品内源激素提取液，采用优化的色谱条件进样检测，根据四种激素标准品的保留时间，选取样品中各激素的对应激素峰，测得样品中四种内源激素的峰面积数据，根据4种激素的回归方程，计算出样品中激素的浓度（ng·mL⁻¹），然后根据下式计算出鲜样中的各激素含量。

$$\text{鲜样中激素含量（ng·g}^{-1}\text{）=[样品激素浓度（ng·mL}^{-1}\text{）}\times\text{体积系数（mL）}\times\text{纯度]}\div$$
$$\text{质量系数（g）}$$

5.2.2.6 数据统计分析

统计分析'丹红紫叶'×川黔紫薇、'紫韵'×川黔紫薇、'丹红紫叶'自交、'紫韵'自交4个组合，授粉后72h内的内源激素含量变化，使用SPSS 26.0和Excel 2019软件进行数据统计，并进行方差分析和相关性分析。

5.2.3 结果与分析

5.2.3.1 杂交授粉后花器官内源激素含量变化

为了探讨紫薇杂交授粉后花器官内源激素含量变化与授粉结实的关系，分析测定了杂交授粉后不同时间的'丹红紫叶'♀×川黔紫薇♂杂交、'紫韵'♀×川黔紫薇♂杂交及'丹红紫叶'自交、'紫韵'自交的花器官内源激素含量，研究结果如下。

1. ZR含量变化

玉米素可以促进细胞分裂，使细胞体积增大，还能促进结实，与受精作用密切相关。如图5.6和图5.7所示，在授粉后不同时间，'丹红紫叶'♀×川黔紫薇♂杂交与'丹红紫叶'自交，'紫韵'♀×川黔紫薇♂杂交与'紫韵'自交间ZR含量变化有显著性差异。

由图5.6可知，授粉12h，'丹红紫叶'×川黔紫薇杂交的花器官ZR含量约为89741.76ng·g^{-1} FW，显著高于'丹红紫叶'自交的花器官ZR含量，高出124.40%；授粉24h、36h、48h两者ZR含量相差不大；授粉60h、72h，'丹红紫叶'自交的花器官ZR含量为96264.11ng·g^{-1} FW、82937.03ng·g^{-1} FW，显著高于'丹红紫叶'×川黔紫薇杂交的花器官ZR含量，分别高出1547.84%、1166.79%。通过观察果实发育发现，在授粉48h之后，'丹红紫叶'自交的子房继续膨大发育；而'丹红紫叶'×川黔紫薇杂交的子房发育迟缓，甚至不再发育出现落果，在授粉60h后，出现大量落果，这可能是'丹红紫叶'×川黔紫薇杂交结实率显著低于'丹红紫叶'自交的原因，这说明授粉后花器官ZR含量低不利于'丹红紫叶'×川黔紫薇杂交受精，进而降低结实率。

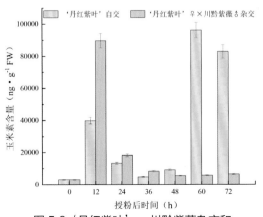

图5.6 '丹红紫叶'×川黔紫薇杂交和'丹红紫叶'自交授粉后玉米素含量变化

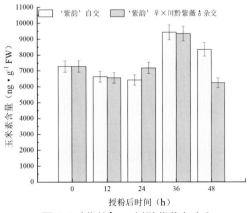

图5.7 '紫韵'×川黔紫薇杂交和'紫韵'自交授粉后玉米素含量变化

由图5.7可知，授粉0~36h，'紫韵'×川黔紫薇杂交和'紫韵'自交的花器官ZR含量相差不大；在授粉48h，'紫韵'自交的花器官ZR含量约为8349.18ng·g⁻¹ FW，显著高于'紫韵'×川黔紫薇杂交的花器官ZR含量，高出33.74%。通过观察果实发育发现，在授粉48h之后，'紫韵'自交的子房继续膨大发育，而'紫韵'×川黔紫薇杂交的子房不再发育出现大量落果，果实基本落光，这可能是'紫韵'×川黔紫薇杂交结实率显著低于'紫韵'自交的原因，这说明授粉后花器官ZR含量低不利于'紫韵'×川黔紫薇杂交结实，进而降低结实率。

通过比较'丹红紫叶'×川黔紫薇杂交与'丹红紫叶'自交，'紫韵'×川黔紫薇杂交与'紫韵'自交相同时间点的ZR含量，表明花器官ZR含量变化与受精过程密切相关。研究发现紫薇授粉12h的花器官ZR含量低和授粉48h以后的花器官ZR含量高，均有助于花器官继续发育成果实。这说明ZR参与了杂交受精过程的调控。

2. GA₃含量变化

作为植物体内广泛存在的一种内源激素，GA₃通过刺激细胞分裂和伸长来促进茎伸长；还有促进开花、防止器官脱落的作用；同时GA₃的含量还会影响生长素的含量，从而影响植物生长。如图5.8和图5.9所示，在授粉后不同时间，'丹红紫叶'♀×川黔紫薇♂杂交与'丹红紫叶'自交，'紫韵'♀×川黔紫薇♂杂交与'紫韵'自交间GA₃含量变化有显著性差异。

由图5.8可知，授粉12h，'丹红紫叶'×川黔紫薇杂交的花器官GA₃含量约为256333.85ng·g⁻¹ FW，显著高于'丹红紫叶'自交的花器官GA₃含量，高出864.84%；授粉24h、36h、48h、60h、72h，'丹红紫叶'自交的花器官GA₃含量为54312.04ng·g⁻¹ FW、54168.72ng·g⁻¹ FW、63170.86ng·g⁻¹ FW、198710.92ng·g⁻¹ FW、149960.31ng·g⁻¹ FW，显著高于'丹红紫叶'×川黔紫薇杂交的花器官GA₃含量，分别高出383.56%、153.42%、255.54%、258.32%、221.71%。通过观察果实发育发现，'丹红紫叶'自交的子房继续膨大发育，而'丹红紫叶'×川黔紫薇杂交的子房发育迟缓，甚至不再发育出现落果，这可能是'丹红紫叶'×川黔紫薇杂交结实率显著低于'丹红紫叶'自交的原因，这说明授粉后花器官GA₃含量低不利于受精结实。

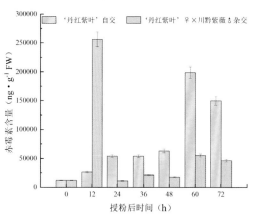

图5.8 '丹红紫叶'×川黔紫薇杂交和'丹红紫叶'自交授粉后赤霉素含量变化

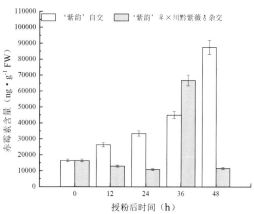

图5.9 '紫韵'×川黔紫薇杂交和'紫韵'自交授粉后赤霉素含量变化

由图5.9可知，授粉12h、24h、48h，'紫韵'自交的花器官GA₃含量为26440.91ng·g⁻¹FW、33465.1ng·g⁻¹FW、87440.39ng·g⁻¹FW，显著高于'紫韵'×川黔紫薇杂交的花器官GA₃含量，分别高出105.10%、209.18%、655.46%；而授粉36h，'紫韵'×川黔紫薇杂交的花器官GA₃含量为66819.42ng·g⁻¹FW，高出'紫韵'自交的的花器官GA₃含量48.40%。通过观察果实发育发现，'紫韵'自交的子房继续膨大发育，而'紫韵'×川黔紫薇杂交的子房不再发育出现大量落果，果实基本落光，这可能是'紫韵'×川黔紫薇杂交结实率显著低于'紫韵'自交的原因，这进一步说明授粉后花器官GA₃含量低不利于授粉结实。

通过比较'丹红紫叶'×川黔紫薇杂交与'丹红紫叶'自交，'紫韵'×川黔紫薇杂交与'紫韵'自交相同时间点的GA₃含量，表明GA₃参与了杂交受精过程的调控，花器官GA₃含量变化与受精过程密切相关。紫薇授粉48~72h的花器官GA₃含量高，有助于花器官继续发育成果实，果实发育与GA₃含量呈正相关。

3. IAA 含量变化

IAA可促进植物细胞伸长，同时对授粉后花粉管的伸长具有一定的促进作用。如图5.10和图5.11所示，在授粉后不同时间，'丹红紫叶'♀×川黔紫薇♂杂交与'丹红紫叶'自交，'紫韵'♀×川黔紫薇♂杂交与'紫韵'自交间IAA含量变化存在一定的差异。

由图5.10可知，授粉后，'丹红紫叶'×川黔紫薇杂交的花器官IAA含量普遍高于'丹红紫叶'自交的花器官IAA含量，授粉12h、36h、72h，'丹红紫叶'×川黔紫薇杂交的花器官IAA含量约为74917.67ng·g⁻¹FW、86643.80ng·g⁻¹FW、91270.57ng·g⁻¹FW，显著高于'丹红紫叶'自交的花器官IAA含量，分别高出61.97%、85.16%、61.41%。通过观察果实发育发现，'丹红紫叶'自交的子房继续膨大发育，而'丹红紫叶'×川黔紫薇杂交的子房发育迟缓，甚至不再发育而出现落果，这可能是'丹红紫叶'×川黔紫薇杂交结实率显著低于'丹红紫叶'自交的原因，这说明授粉后花器官IAA含量对'丹红紫叶'×川黔紫薇杂交受精有影响。

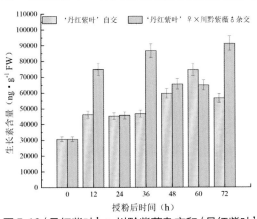

图5.10 '丹红紫叶'×川黔紫薇杂交和'丹红紫叶'自交授粉后生长素含量变化

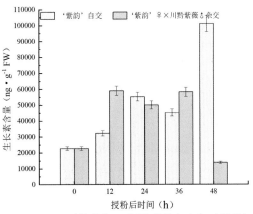

图5.11 '紫韵'×川黔紫薇杂交和'紫韵'自交授粉后生长素含量变化

由图5.11可知，授粉0~36h，'紫韵'×川黔紫薇杂交和'紫韵'自交的花器官IAA含量相对相差较小；授粉48h，'紫韵'自交的花器官IAA含量（约为101178.40ng·g^{-1} FW）显著高于'紫韵'×川黔紫薇杂交的花器官IAA含量，高出629.94%。通过观察果实发育发现，'紫韵'自交的子房继续膨大发育，而'紫韵'×川黔紫薇杂交的子房不再发育出现大量落果，果实基本落光，这可能是'紫韵'×川黔紫薇杂交结实率显著低于'紫韵'自交的原因，这说明授粉后花器官明IAA含量低不利于'紫韵'×川黔紫薇受精结实，进而导致结实率较低。

通过比较'丹红紫叶'×川黔紫薇杂交与'丹红紫叶'自交，'紫韵'×川黔紫薇杂交与'紫韵'自交相同时间点的IAA含量，结果表明，'丹红'及'紫韵'杂交后花器官IAA含量浮动较大，其含量变化对受精过程的具体影响时间段有待于进一步研究。

4. ABA 含量变化

脱落酸能引起芽休眠、叶子脱落和抑制细胞生长等生理作用，对细胞延长也有抑制作用，是一种抑制生长的植物激素，广泛分布于高等植物，近年来有研究表明，在种子胚发育期间，ABA作为正调节因子起着重要作用。如图5.12和图5.13所示，在授粉后不同时间，'丹红紫叶'♀×川黔紫薇♂杂交与'丹红紫叶'自交，'紫韵'♀×川黔紫薇♂杂交与'紫韵'自交间ABA含量变化存在显著性差异。

由图5.12可知，授粉后，'丹红紫叶'×川黔紫薇杂交的花器官ABA含量普遍高于'丹红紫叶'自交的花器官ABA含量，授粉12h、24h、48h、72h，'丹红紫叶'×川黔紫薇杂交的花器官ABA含量约为128577.26ng·g^{-1} FW、114489.95ng·g^{-1} FW、82459.55ng·g^{-1} FW、106613.71ng·g^{-1} FW，显著高于'丹红紫叶'自交的花器官ABA含量，分别高出198.85%、173.13%、421.92%、364.36%。通过观察果实发育发现，'丹红紫叶'自交的子房继续膨大发育，而'丹红紫叶'×川黔紫薇杂交的子房发育迟缓，甚至不再发育出现落果，这说明授粉后花器官ABA含量高不利于'丹红紫叶'×川黔紫薇杂交受精，进而使得结实率较低。

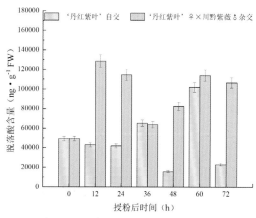

图5.12 '丹红紫叶'×川黔紫薇杂交和'丹红紫叶'自交授粉后脱落酸含量变化

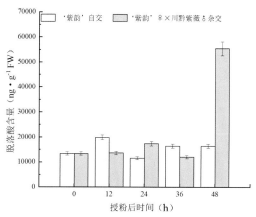

图5.13 '紫韵'×川黔紫薇杂交和'紫韵'自交授粉后脱落酸含量变化

　　由图5.13可知，授粉0~36h，'紫韵'×川黔紫薇杂交和'紫韵'自交的花器官 ABA 含量相差不大；授粉48h，'紫韵'×川黔紫薇杂交的花器官 ABA 含量约为 55465.77ng·g⁻¹ FW，显著高于'紫韵'自交的花器官 ABA 含量，高出238.95%。通过观察果实发育发现，'紫韵'自交的子房继续膨大发育，而'紫韵'×川黔紫薇杂交的子房不再发育出现大量落果，果实基本落光，这可能是'紫韵'×川黔紫薇杂交结实率显著低于'紫韵'自交的原因，这更加说明授粉后花器官 ABA 含量高对杂交受精不利，会降低结实率。

　　通过比较'丹红紫叶'×川黔紫薇杂交与'丹红紫叶'自交，'紫韵'×川黔紫薇杂交与'紫韵'自交相同时间点的 ABA 含量，结果表明授粉后48~72h，花器官 ABA 含量变化与受精过程密切相关。研究发现紫薇授粉48h的花器官 ABA 含量高和授粉72h的花器官 ABA 含量高，不利于花器官继续发育成果实。

5.2.3.2 杂交受精过程中内源激素含量的动态变化

　　观察授粉后花粉管生长及子房发育情况可知，'丹红紫叶'×川黔紫薇、'紫韵'×川黔紫薇2个杂交组合均存在杂交不亲和的现象，在授粉48h后，2个杂交组合存在不同程度的落果，难以进一步发育形成种子。测定'丹红紫叶'×川黔紫薇、'紫韵'×川黔紫薇杂交后，72h内花器官的内源激素含量，可得到杂交授粉后的受精过程中四种内源激素含量的动态变化（图5.14、图5.15）。

　　图5.14和图5.15表明，川黔紫薇和紫薇杂交，在受精过程中，四种内源激素的含量变化趋势不完全一致，其中 ZR 含量变化较小，且变化主要集中在12h，而 GA₃、IAA 和 ABA 含量变化较大，且在0~72h内均有不同程度的变化。这表明 GA₃、IAA 和 ABA 与受精过程的关系比 ZR 更密切，且在整个受精过程中都会起作用。从受精过程中（授粉12~72h）和未授粉时（授粉0h）的四种内源激素含量对比分析可知，受精过程中的四种内源激素含量普遍高于未授粉时，这表明在杂交授粉后的受精过程中，会产生较高含量的 ZR、GA₃、IAA 和 ABA，从而完成受精。

　　由图5.14可知，在受精过程中，'丹红紫叶'×川黔紫薇杂交的花器官 ZR 含量呈单峰曲线变化，先升后降。ZR 含量变化幅度较大，授粉后0~12h，ZR 含量急剧升高，在12h时达到峰值89741.76ng·g⁻¹ FW，12~24h之内，ZR 含量急剧降低，24~72h之内，ZR 含量缓慢降到较低水平，并保持相对稳定。这说明授粉12h内，较高浓度的 ZR 有利于花粉管萌发及伸长，12h后 ZR 含量急剧降低到较低水平，这可能与花粉管伸长 ZR 消耗过多有关。'丹红紫叶'×川黔紫薇杂交受精过程后期 ZR 含量较低，不利于花粉管继续伸长和杂交亲和。

　　在受精过程中，'丹红紫叶'×川黔紫薇杂交的花器官 GA₃ 含量呈现双峰曲线变化，先升后降再升。授粉后0~12h，GA₃ 含量急剧升高，在12h时达到峰值256333.85ng·g⁻¹ FW；12~24h，GA₃ 含量急剧降低至最低值11231.78ng·g⁻¹ FW，24~60h又波动回升。这说明花粉管萌发及伸长需要较高浓度的 GA₃ 启动。24h的 GA₃ 含量急剧下降到相对较低，这可能与花粉管伸长 GA₃ 消耗过多有关。'丹红紫叶'×川黔紫薇杂交受精过程后期 GA₃ 含量较低，这不利于花粉管继续伸长，以及杂交亲和。

在受精过程中，'丹红紫叶'×川黔紫薇杂交的花器官IAA含量总体上呈波动上升的趋势，始终处于较高水平。授粉后0~12h、24~36h及60~72h 3个时间段，IAA含量缓慢增加。这说明，较高浓度的IAA有助于子房发育，'丹红紫叶'×川黔紫薇杂交不亲和，但后期仍需要较高浓度的IAA满足花粉管伸长。

在受精过程中，'丹红紫叶'×川黔紫薇杂交的花器官ABA含量呈现双峰曲线变化，先升后降再升。授粉后0~12h，ABA含量急剧升高，在12h时达到峰值128577.26ng·g^{-1} FW；授粉后12~36h，ABA含量降低至最低值63779.16ng·g^{-1} FW，在36~60h又逐步回升。ABA含量降低后又增加，这可能与川黔紫薇和'丹红紫叶'正交不亲和有关，受精失败促进ABA含量增加，进而落果数量逐渐增加，60h时落果最多。这说明，较高浓度的ABA对花粉管萌发可能有一定促进作用。'丹红紫叶'×川黔紫薇杂交的受精过程后期ABA含量较高，这不利于后期花粉管继续伸长、结实以及杂交亲和。

由此可见，'丹红紫叶'×川黔紫薇杂交不亲和与四种内源激素ZR、GA_3、IAA、ABA含量变化有密切关系，在受精过程后期，高浓度的ZR、GA_3和IAA，低浓度的ABA促进花粉管继续伸长，有助于完成受精。

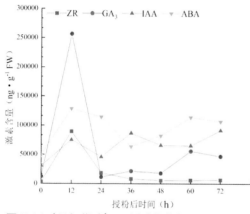 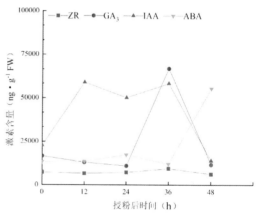

图5.14 '丹红紫叶'×川黔紫薇杂交授粉72h内 ZR、GA_3、IAA和ABA含量变化

图5.15 '紫韵'×川黔紫薇杂交授粉72h内 ZR、GA_3、IAA和ABA含量变化

由图5.15可知，在受精过程中，'紫韵'×川黔紫薇杂交的花器官ZR含量变化不大，相对稳定。ZR含量维持在较低水平，授粉后0~36h，缓慢升高至最大值9344.74ng·g^{-1} FW；授粉后36~48h，缓慢下降到相对较低。这说明，ZR含量与花粉管萌发关系不密切。'紫韵'×川黔紫薇杂交的受精过程后期ZR含量较低，这对花粉管继续伸长和杂交亲和不利。

在受精过程中，'紫韵'×川黔紫薇杂交的花器官GA_3含量呈现双峰曲线变化，先降后升再降。授粉后0~24h，GA_3含量逐渐下降至最低值10823.65ng·g^{-1} FW；授粉后24~36h，GA_3含量急剧上升，在36h时达到峰值66819.42ng·g^{-1} FW；授粉后36~48h，GA_3含量又急剧降低。24h时GA_3含量急剧下降到相对较低，这可能与花粉管伸长GA_3消耗过多有关。这说明，一定量浓度的GA_3有助于花粉管萌发及伸长。GA_3含量迅速升高，这可能与子房继续发育需要高浓度的GA_3有关。'紫韵'×川黔紫薇杂交的受精过程后期GA_3含量较低，这不利于花粉管继续伸长、结实以及杂交亲和。

在受精过程中，'紫韵'×川黔紫薇杂交的花器官IAA含量呈双峰曲线变化，先升后降再升。IAA含量维持在较高水平，授粉后0~12h，IAA含量急剧升高，在12h时达到峰值58909.84ng·g^{-1} FW；授粉后12~24h，IAA含量降低；授粉后24~36h，IAA含量又回升；授粉后36~48h，IAA含量急剧降低至最低值13861.14ng·g^{-1} FW。这说明较高浓度的IAA有助于花粉管萌发、生长以及子房发育。'紫韵'×川黔紫薇杂交的受精过程后期IAA含量较低，这对花粉管继续伸长、结实以及杂交亲和不利。

在受精过程中，'紫韵'×川黔紫薇杂交的花器官ABA含量呈现单峰曲线变化，逐渐上升。授粉后0~36h，ABA含量波动较小，相对稳定在较低水平；授粉后36~48h，ABA含量急剧升高至峰值55465.77ng·g^{-1} FW。这说明，低浓度的ABA有助于花粉管萌发与生长。36h后ABA含量增加，这可能与川黔紫薇和'紫韵'正交不亲和有关，ABA含量增加不利于受精，大量落果。'紫韵'×川黔紫薇杂交的受精过程后期ABA含量较高，不利于花粉管继续伸长、结实以及杂交亲和。

由此可见，'紫韵'×川黔紫薇杂交不亲和与四种内源激素ZR、GA$_3$、IAA、ABA含量变化有密切关系，在受精过程后期，高浓度的ZR、GA$_3$和IAA，低浓度的ABA促进花粉管继续伸长，有助于完成受精。

5.2.3.3 杂交授粉后花器官内源激素之间平衡关系

'丹红紫叶'×川黔紫薇杂交和'丹红紫叶'自交、'紫韵'×川黔紫薇杂交和'紫韵'自交互为对照，分析授粉后72h内花器官的IAA/ZR比值、IAA/ABA比值、ZR/ABA比值、GA$_3$/ABA比值以及（GA$_3$+ZR+IAA）/ABA比值变化，探究内源激素之间平衡关系和杂交亲和性的关系。

1. IAA/ZR 比值分析

如图5.16所示，'丹红紫叶'×川黔紫薇、'紫韵'×川黔紫薇杂交和'丹红紫叶'自交、'紫韵'自交的IAA/ZR比值变化趋势不一致，但均波动较大。受精过程前期，'丹红紫叶'×川黔紫薇杂交和'丹红紫叶'自交的IAA/ZR比值差异较小，受精过程后期，'丹红紫叶'×川黔紫薇杂交的IAA/ZR比值显著高于'丹红紫叶'自交，且差异逐步扩大。授粉后0~36h，'丹红紫叶'×川黔紫薇杂交和'丹红紫叶'自交的IAA/ZR比值几乎相等，授粉12h、24h，'丹红紫叶'自交的IAA/ZR比值较大，授粉36h，则相反；授粉后36~72h，'丹红紫叶'×川黔紫薇杂交的IAA/ZR比值为10.36、11.89、11.11、13.94，显著高于'丹红紫叶'自交的IAA/ZR比值，分别高出8.42%、85.64%、1332.60%、1944.70%。授粉后36~72h，'丹红紫叶'×川黔紫薇杂交的IAA/ZR比值均比'丹红紫叶'自交的IAA/ZR比值高，这说明IAA/ZR比值对花粉管的继续伸长影响较大，受精过程后期保持较低的IAA/ZR比值，有利于'丹红紫叶'×川黔紫薇杂交花粉管继续伸长到达子房完成受精。

'丹红紫叶'×川黔紫薇杂交的IAA/ZR比值呈先降后升的趋势，'丹红紫叶'自交的IAA/ZR比值呈先降后升再降的趋势。授粉后0~12h，'丹红紫叶'×川黔紫薇杂交的IAA/ZR比值急剧降低到谷值0.83；授粉后12~72h，'丹红紫叶'×川黔紫薇杂交的IAA/ZR比值逐步上升到最大值13.94，12~36h急剧上升，36~72h增速变缓。授粉后0~12h，'丹红紫叶'自交的IAA/ZR比值急剧降低到谷值1.16；授粉后12~36h，'丹红紫叶'自交的IAA/ZR比值急剧上升到峰值9.58；授粉后36~72h，'丹红紫叶'自交的IAA/ZR比值逐步降低到最小值0.68。授粉后36~72h，'丹红紫叶'×川黔紫薇杂交和'丹红紫叶'自交的IAA/ZR比值变化趋势相反，这可能与川黔紫薇和'丹红紫叶'正交和'丹红紫叶'自交的亲和性有关，这说明较小的IAA/ZR比值有利于'丹红紫叶'×川黔紫薇杂交的受精过程。受精过程后期，'丹红紫叶'×川黔紫薇杂交的IAA/ZR比值较大，这不利于花粉管到达子房完成受精和杂交亲和。

整个受精过程，'紫韵'×川黔紫薇杂交和'紫韵'自交的IAA/ZR比值差异较大，二者交替为较大值。授粉后0~12h，'紫韵'×川黔紫薇杂交的IAA/ZR比值为8.99，显著高于'紫韵'自交的IAA/ZR比值，高出84.59%；授粉后12~36h，'紫韵'×川黔紫薇杂交和'紫韵'自交的IAA/ZR比值没有达到显著性差异水平，授粉24h，'丹红紫叶'自交的IAA/ZR比值较大，授粉36h，则相反；授粉48h，'紫韵'自交的IAA/ZR比值为12.12，显著高于'紫韵'×川黔紫薇杂交的IAA/ZR比值，高出445.80%。整个受精过程，'紫韵'×川黔紫薇杂交和'紫韵'自交的IAA/ZR比值交替为较大值，这说明IAA/ZR比值对整个受精过程均有影响较大，受精过程后期保持较高的IAA/ZR比值，或可促进'紫韵'×川黔紫薇杂交花粉管继续伸长。

'紫韵'×川黔紫薇杂交的IAA/ZR比值呈先升后降的趋势，'紫韵'自交的IAA/ZR比值呈先升后降再升的趋势。授粉后0~12h，'紫韵'×川黔紫薇杂交的IAA/ZR比值急剧上升到最大值8.99；授粉后12~48h，'紫韵'×川黔紫薇杂交的IAA/ZR比值逐步下降到最小值2.22。授粉后0~24h，'紫韵'自交的IAA/ZR比值急剧上升到峰值8.61；授粉后24~36h，IAA/ZR比值降低为4.80；授粉后36~48h，IAA/ZR比值急剧上升到最大值12.12。授粉后36~48h，'紫韵'×川黔紫薇杂交和'紫韵'自交的IAA/ZR比值变化趋势相反，这可能与川黔紫薇和'紫韵'正交和'紫韵'自交的亲和性有关，这说明较大的IAA/ZR比值有利于'紫韵'×川黔紫薇杂交的受精。受精过程后期，'紫韵'×川黔紫薇杂交的IAA/ZR比值较小，对花粉管到达子房完成受精以及杂交亲和不利。

由此可见，授粉36h之后，IAA/ZR比值差异与'丹红紫叶'做母本的杂交组合的亲和性负相关，较小的IAA/ZR比值有利于川黔紫薇和'丹红紫叶'杂交的受精；IAA/ZR比值差异与'紫韵'做母本的杂交组合的亲和性正相关，受精过程后期，较大的IAA/ZR比值有利于川黔紫薇和'紫韵'杂交的受精过程。

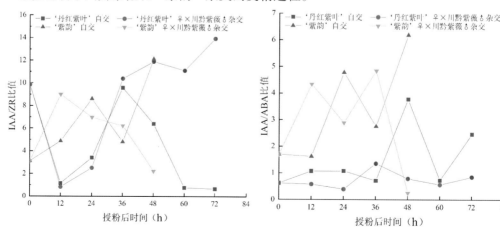

图5.16 自交和杂交授粉72h内IAA/ZR比值变化　图5.17 自交和杂交授粉72h内IAA/ABA比值变化

2. IAA/ABA 比值分析

如图5.17所示，'丹红紫叶'×川黔紫薇、'紫韵'×川黔紫薇杂交和'丹红紫叶'自交、'紫韵'自交的IAA/ABA比值变化趋势有差异，'紫韵'×川黔紫薇杂交、'丹红紫叶'自交、'紫韵'自交的IAA/ABA比值变化较大，'丹红紫叶'×川黔紫薇的IAA/ABA比值波动较小。受精前期，'丹红紫叶'×川黔紫薇杂交和'丹红紫叶'自交的IAA/ABA比值差异较小，受精后期，'丹红紫叶'×川黔紫薇杂交的IAA/ABA比值显著高于'丹红紫叶'自交。授粉后0、12h、24h、36h、60h，'丹红紫叶'×川黔紫薇杂交和'丹红紫叶'自交的IAA/ABA比值差异较小，授粉12h、24h、60h，'丹红紫叶'自交的IAA/ABA比值较大，授粉36h，则相反；授粉后48h、72h，'丹红紫叶'自交的IAA/ABA比值为3.78、2.64，显著高于'丹红紫叶'×川黔紫薇杂交的IAA/ABA比值，分别高出375.50%、187.69%。授粉后48~72h，'丹红紫叶'×川黔紫薇杂交的IAA/ZR比值均比'丹红紫叶'自交的IAA/ABA比值高，这说明受精过程后期保持较高的IAA/ABA比值，有利于'丹红紫叶'×川黔紫薇杂交花粉管继续伸长到达子房完成受精。

'丹红紫叶'×川黔紫薇杂交的IAA/ABA比值呈先波动上升后降再升的趋势，'丹红紫叶'自交的IAA/ABA比值呈先波动上升后波动下降的趋势。授粉后0~48h，'丹红紫叶'×川黔紫薇杂交的IAA/ABA比值波动上升到最大值3.78；授粉后48~60h，其IAA/ABA比值急剧下降较低水平，为0.73；授粉后60~72h，其IAA/ABA比值急剧上升到较高水平，为2.46。授粉后0~36h，'丹红紫叶'自交的IAA/ABA比值IAA/ABA比值波动上升到最大值1.36；授粉后36~72h，其IAA/ABA比值波动下降到较低水平。整个受精过程，'丹红紫叶'自交的IAA/ABA比值普遍高于'丹红紫叶'×川黔紫薇杂交，这说明较大的IAA/ABA比值有利于'丹红紫叶'×川黔紫薇杂交的受精。受精后期，'丹红紫叶'×川黔紫薇杂交的IAA/ABA比值较小，这不利于杂交受精和杂交亲和。

整个受精过程，'紫韵'×川黔紫薇杂交和'紫韵'自交的IAA/ABA比值有显著性差异，二者交替为较大值。授粉后12h、36h，'紫韵'×川黔紫薇杂交的IAA/ABA比值为4.33、4.84，显著高于'紫韵'自交的IAA/ABA比值，分别高出167.00%、75.72%；授粉后24h、48h，'紫韵'自交的IAA/ABA比值为4.78、6.18，显著高于'紫韵'×川黔紫薇杂交的IAA/ABA比值，分别高出65.17%、2374.12%。授粉48h，'紫韵'自交的IAA/ABA比值显著高于'紫韵'×川黔紫薇杂交，这可能与'紫韵'自交的花器官ABA含量较低，而'紫韵'×川黔紫薇杂交的花器官ABA含量较高有关。整个受精过程，'紫韵'×川黔紫薇杂交和'紫韵'自交的IAA/ABA比值交替为较大值，这说明IAA/ABA比值对整个受精过程均有影响较大，受精过程后期保持较高的IAA/ABA比值，有助于'紫韵'×川黔紫薇杂交花粉管继续伸长。

'紫韵'×川黔紫薇杂交的IAA/ABA比值呈双峰曲线变化，'紫韵'自交的IAA/ABA比值呈先降后升再降又升的趋势。授粉后0~36h，'紫韵'×川黔紫薇杂交的IAA/ABA比值波动上升到最大值4.84；授粉后36~48h，其IAA/ABA比值急剧下降到最小值0.25。授粉后0~24h，'紫韵'自交的IAA/ABA比值波动上升到较高水平；授粉后24~36h，其IAA/ABA比值降低为2.89；授粉后36~48h，其IAA/ABA比值急剧上升到最大值6.18。整个受精过程，'紫韵'×川黔紫薇杂交和'紫韵'自交的IAA/ABA比值交替为较大值，这说明IAA/ABA比值与受精过程无密切关系。受精过程后期，'紫韵'×

川黔紫薇杂交的IAA/ABA比值较小，这对花粉管到达子房完成受精以及杂交亲和不利。

由此可见，IAA/ABA比值差异与'丹红紫叶'做母本的杂交组合的亲和性关系密切，较大的IAA/ABA比值有利于川黔紫薇和'丹红紫叶'杂交受精；IAA/ABA比值差异与'紫韵'做母本的杂交组合的亲和性无密切关系，但在受精后期，较大的IAA/ABA比值有利于川黔紫薇和'紫韵'杂交受精。

3. ZR/ABA比值分析

如图5.18所示，整个受精过程中，'丹红紫叶'自交的ZR/ABA比值变化最大，其次是'丹红紫叶'×川黔紫薇的ZR/ABA比值、'紫韵'×川黔紫薇杂交的ZR/ABA比值、'紫韵'自交的ZR/ABA比值的动态变化较小。在整个受精过程中，'紫韵'×川黔紫薇杂交的ZR/ABA比值、'紫韵'自交的ZR/ABA比值的动态变化较小，因此，没有分析平衡关系的变化。受精过程前期，'丹红紫叶'×川黔紫薇杂交和'丹红紫叶'自交的ZR/ABA比值差异较小，受精过程后期，'丹红紫叶'自交的ZR/ABA比值显著高于'丹红紫叶'×川黔紫薇杂交，且差异逐步扩大。授粉后0~36h，'丹红紫叶'×川黔紫薇杂交和'丹红紫叶'自交的ZR/ABA比值几乎相等，授粉12h、24h，'丹红紫叶'自交的ZR/ABA比值较大，授粉36h则相反；授粉后48~72h，'丹红紫叶'自交的ZR/ABA比值为0.59、0.94、3.61，显著高于'丹红紫叶'×川黔紫薇杂交的ZR/ABA比值，分别高出782.74%、1742.18%、5782.49%。授粉后48~72h，'丹红紫叶'自交的ZR/ABA比值均比'丹红紫叶'×川黔紫薇杂交的ZR/ABA比值高，这可能与'丹红紫叶'自交的花器官ABA含量较低，'丹红紫叶'×川黔紫薇杂交的花器官ABA含量较高有关，这说明ZR/ABA比值对花粉管的继续伸长影响较大，受精过程后期保持较高的ZR/ABA比值，对'丹红紫叶'×川黔紫薇杂交花粉管继续伸长到达子房完成受精有利。

'丹红紫叶'×川黔紫薇杂交的ZR/ABA比值呈先升后降的趋势，'丹红紫叶'自交的ZR/ABA比值呈先升后降再升的趋势。授粉后0~12h，'丹红紫叶'×川黔紫薇杂交的ZR/ABA比值上升到最大值0.70，而后逐步降低到较低水平。授粉后0~12h，'丹红紫叶'自交的ZR/ABA比值上升到峰值0.93；授粉后12~36h，其ZR/ABA比值逐步下降到最小值0.07；授粉后36~72h，其ZR/ABA比值逐步上升到最大值3.61。授粉后36~72h，'丹红紫叶'×川黔紫薇杂交和'丹红紫叶'自交的ZR/ABA比值变化趋势相反，这可

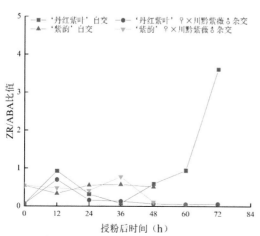

图5.18 自交和杂交授粉72h内ZR/ABA比值变化图

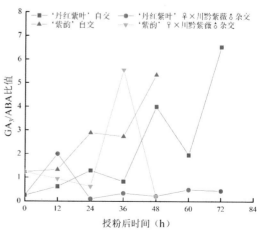

图5.19 自交和杂交授粉72h内GA₃/ABA比值变化

能与川黔紫薇和'丹红紫叶'正交和'丹红紫叶'自交的亲和性有关，这说明较大的ZR/ABA比值有利于'丹红紫叶'×川黔紫薇杂交受精。受精后期，'丹红紫叶'×川黔紫薇杂交的ZR/ABA比值较小，这不利于花粉管到达子房完成受精以及杂交亲和。

由此可见，ZR/ABA比值差异与'丹红紫叶'做母本的杂交组合的亲和性关系密切，受精过程后期，较大的ZR/ABA比值有利于川黔紫薇和'丹红紫叶'杂交受精；ZR/ABA比值差异与'紫韵'做母本的杂交组合的亲和性无密切关系。

4. GA₃/ABA 比值分析

由图5.19可知，'丹红紫叶'×川黔紫薇、'紫韵'×川黔紫薇杂交和'丹红紫叶'自交、'紫韵'自交的GA_3/ABA比值变化趋势不一致，但均波动较大。整个受精过程，'丹红紫叶'×川黔紫薇杂交和'丹红紫叶'自交的GA_3/ABA存在较大差异。授粉后0~12h，'丹红紫叶'×川黔紫薇杂交的GA_3/ABA比值为1.99，显著高于'丹红紫叶'自交的GA_3/ABA比值，高出222.85%；授粉后24~72h，'丹红紫叶'自交的GA_3/ABA比值为1.30、0.83、4.00、1.95、6.53，显著高于'丹红紫叶'×川黔紫薇杂交的GA_3/ABA比值，分别高出1220.75%、147.63%、1755.64%、300.58%、1393.88%。除12h外，整个受精过程中，'丹红紫叶'自交的GA_3/ABA比值高于'丹红紫叶'×川黔紫薇杂交的GA_3/ABA比值，这说明GA_3/ABA比值对整个受精过程均有影响，受精过程保持较高的GA_3/ABA比值，有利于'丹红紫叶'×川黔紫薇杂交受精过程。

'丹红紫叶'×川黔紫薇杂交的GA_3/ABA比值呈先升后降的趋势，'丹红紫叶'自交的GA_3/ABA比值呈波动上升的趋势。授粉后0~12h，'丹红紫叶'×川黔紫薇杂交的GA_3/ABA比值急剧上升到最大值1.99，而后波动下降至较低水平。授粉后0~72h，'丹红紫叶'自交的GA_3/ABA比值波动上升，在72h达最大值6.53，其中48~72h间保持在较高水平。授粉后24~72h，'丹红紫叶'自交的GA_3/ABA比值均高于'丹红紫叶'×川黔紫薇杂交，这可能与川黔紫薇和'丹红紫叶'正交和'丹红紫叶'自交的亲和性有关，这说明较大的GA_3/ABA比值有利于'丹红紫叶'×川黔紫薇杂交的受精过程。受精过程后期，'丹红紫叶'×川黔紫薇杂交的GA_3/ABA比值较小，这不利于花粉管到达子房完成受精和杂交亲和。

受精过程后期，'紫韵'×川黔紫薇杂交和'紫韵'自交的GA_3/ABA存在较大差异。授粉后24h、48h，'紫韵'自交的GA_3/ABA比值为2.89、5.34，显著高于'紫韵'×川黔紫薇杂交，分别高出362.77%、2460.62%；授粉后36h，'紫韵'×川黔紫薇杂交的GA_3/ABA比值为5.34，显著高于'紫韵'自交，高出102.66%。除36h外，整个受精过程中，'紫韵'自交的GA_3/ABA比值高于'紫韵'×川黔紫薇杂交的GA_3/ABA比值，这说明GA_3/ABA比值对整个受精过程均有影响，受精过程保持较高的GA_3/ABA比值，有助于'紫韵'×川黔紫薇杂交受精过程。

'紫韵'×川黔紫薇杂交的GA_3/ABA比值呈先降后升再降的趋势，'紫韵'自交的GA_3/ABA比值呈波动上升的趋势。授粉后0~24h，'紫韵'×川黔紫薇杂交的GA_3/ABA比值缓慢下降到较低水平；授粉后24~36h，其GA_3/ABA比值急剧上升达最大值5.55，而后又急剧下降至最小值0.21。授粉后0~72h，'紫韵'自交的GA_3/ABA比值波动上升到最大值5.34。整个受精过程，'紫韵'自交的GA_3/ABA比值呈上升趋势，这说明较大GA_3/ABA比值有助于受精。授粉后48h，川黔紫薇和'紫韵'正交的GA_3/ABA比值较低，这可能与川黔紫薇和紫薇不亲和，花器官的ABA含量较高有关，这说明较大的GA_3/ABA比值有利于'紫韵'×川黔紫薇杂交受精。受精后期，'紫韵'×川黔紫薇杂交的GA_3/ABA比值较小，这对花粉管到达子房完成受精以及杂交亲和不利。

由此可见，GA_3/ABA比值差异与各杂交组合亲和性关系密切，均呈正相关，较大的GA_3/ABA比值有利于川黔紫薇和'丹红紫叶''紫韵'杂交受精。

5.（GA_3+ZR+IAA）/ABA比值分析

由图5.20可知，'丹红紫叶'×川黔紫薇、'紫韵'×川黔紫薇杂交和'丹红紫叶'自交、'紫韵'自交的（GA_3+ZR+IAA）/ABA比值变化趋势不一致，'丹红紫叶'自交的（GA_3+ZR+IAA）/ABA比值变化最大，其次是'紫韵'×川黔紫薇杂交和'紫韵'自交的（GA_3+ZR+IAA）/ABA比值，'丹红紫叶'×川黔紫薇的（GA_3+ZR+IAA）/ABA比值的动态变化较小。受精过程后期，'丹红紫叶'自交的（GA_3+ZR+IAA）/ABA比值显著高于'丹红紫叶'×川黔紫薇杂交。授粉后12h、36h，'丹红紫叶'×川黔紫薇杂交的（GA_3+ZR+IAA）/ABA比值与'丹红紫叶'自交的（GA_3+ZR+IAA）/ABA比值几乎相等；授粉后24h、48h、60h、72h，'丹红紫叶'自交的（GA_3+ZR+IAA）/ABA比值为2.69、8.36、3.63、12.61，显著高于'丹红紫叶'×川黔紫薇杂交的（GA_3+ZR+IAA）/ABA比值，分别高出310.09%、677.01%、227.46%、830.59%。授粉后48~72h，'丹红紫叶'自交的（GA_3+ZR+IAA）/ABA比值高于'丹红紫叶'×川黔紫薇杂交的（GA_3+ZR+IAA）/ABA比值，这说明（GA_3+ZR+IAA）/ABA比值在受精过程后期有调控作用，受精过程后期保持较高的（GA_3+ZR+IAA）/ABA比值，对'丹红紫叶'×川黔紫薇杂交受精过程有利。

'丹红紫叶'×川黔紫薇杂交的（GA_3+ZR+IAA）/ABA比值呈先升后降的趋势，'丹红紫叶'自交的（GA_3+ZR+IAA）/ABA比值呈波动上升的趋势。授粉后0~12h，'丹红紫叶'×川黔紫薇杂交的（GA_3+ZR+IAA）/ABA比值上升到最大值3.27，而后波动下降至较低水平。授粉后0~72h，'丹红紫叶'自交的（GA_3+ZR+IAA）/ABA比值波动上升，在72h达最大值12.61，其中48~72h间保持在较高水平。授粉后48~72h，'丹红紫叶'自交的（GA_3+ZR+IAA）/ABA比值均高于'丹红紫叶'×川黔紫薇杂交，这可能与川黔紫薇和'丹红紫叶'正交和'丹红紫叶'自交的亲和性有关，这说明较大的（GA_3+ZR+IAA）/ABA比值有利于'丹红紫叶'×川黔紫薇杂交的受精过程。受精过程后期，'丹红紫叶'×川黔紫薇杂交的（GA_3+ZR+IAA）/ABA比值较小，这不利于花粉管到达子房完成受精和杂交亲和。

整个受精过程，'紫韵'×川黔紫薇杂交和'紫韵'自交的（GA_3+ZR+IAA）/ABA比值有显著性差异，两者交替为较大值。授粉后12h、36h，'紫韵'×川黔紫薇杂交的（GA_3+ZR+IAA）/ABA比值为5.76、11.17，显著高于'紫韵'自交的（GA_3+ZR+IAA）/ABA比值，分别高出75.39%、87.07%；授粉后24h、48h，'紫韵'自交的（GA_3+ZR+IAA）/ABA比值为8.22、12.04，显著高于'紫韵'×川黔紫薇杂交的（GA_3+ZR+IAA）/ABA比值，分别高出109.16%、2007.48%。授粉48h，'紫韵'自交的（GA_3+ZR+IAA）/ABA比值显著高于'紫韵'×川黔紫薇杂交，这可能与'紫韵'自交的花器官ABA含量较低，而'紫韵'×川黔紫薇杂交的花器官ABA含量较高有关。整个受精过程，'紫韵'×川黔紫薇杂交和'紫韵'自交的（GA_3+ZR+IAA）/ABA比值交替为较大值，这说明（GA₃+ZR+IAA）/ABA 比值对整个受精过程影响较大，受精过程后期保持较高的（GA₃+ZR+IAA）/ABA 比值，有助于'紫韵'×川黔紫薇杂交花粉管继续伸长。

'紫韵'×川黔紫薇杂交的（GA₃+ZR+IAA）/ABA 比值呈双峰曲线变化，'紫韵'自交的（GA₃+ZR+IAA）/ABA 比值呈波动上升的趋势。授粉后 0~36h，'紫韵'×川黔紫薇杂交的（GA₃+ZR+IAA）/ABA 比值，先升高后降低再上升，授粉后 36h 达最大值 11.17；授粉后 36~48h，'紫韵'×川黔紫薇杂交的（GA₃+ZR+IAA）/ABA 比值急剧下降到最小值 0.57。授粉后 0~48h，'紫韵'自交的（GA₃+ZR+IAA）/ABA 比值波动上升到最大值 12.04。整个受精过程，'紫韵'×川黔紫薇杂交和'紫韵'自交的（GA₃+ZR+IAA）/ABA 比值交替为较大值，这说明（GA₃+ZR+IAA）/ABA 比值与受精过程无密切关系。受精过程后期，'紫韵'×川黔紫薇杂交的（GA₃+ZR+IAA）/ABA 比值较小，这对花粉管到达子房完成受精和杂交亲和不利。

由此可见，（GA₃+ZR+IAA）/ABA 比值差异与'丹红紫叶'做母本的杂交组合的亲和性关系密切，较大的（GA₃+ZR+IAA）/ABA 比值有利于川黔紫薇和'丹红紫叶'杂交的受精过程；（GA₃+ZR+IAA）/ABA 比值差异与'紫韵'做母本的杂交组合的亲和性无密切关系，但在受精过程后期，较大的（GA₃+ZR+IAA）/ABA 比值有利于川黔紫薇和'紫韵'杂交受精。

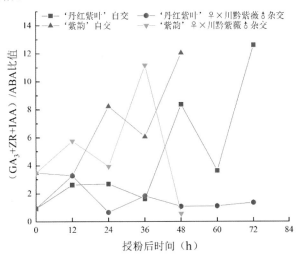

图 5.20　自交和杂交授粉 72h 内（GA₃+ZR+IAA）/ABA 比值变化

5.2.4 结论与讨论

5.2.4.1 杂交授粉后花器官内源激素含量变化

内源激素对植物生长发育有显著的调控作用，精准测量激素含量具有非常重要的意义。本研究发现受精发育与 ZR 含量正相关，这与潘丹丹等（2010）在黄瓜上的研究结果一致；IAA 含量在受精过程中呈现增加趋势，这与柴梦颖等（2005）对梨的研究结果一致；受精作用会提高 ABA 含量，这与 Lidia、Kovaleva 等（2003）对矮牵牛的研究一致。

本研究系统的研究了'丹红紫叶'×川黔紫薇杂交、'紫韵'×川黔紫薇杂交、'丹红紫叶'自交以及'紫韵'自交4个组合授粉后花器官的内源激素含量变化及其调控作用，发现ZR、GA₃、IAA、ABA这四种内源激素与不同杂交组合的受精过程均密切相关，同一内源激素对不同杂交组合的影响有差异，四种内源激素调控各杂交组合受精过程的时期不一致。

研究结果表明，在川黔紫薇和'丹红紫叶'杂交、'丹红紫叶'自交、川黔紫薇和'紫韵'杂交以及'紫韵'自交4个组合授粉后的受精过程中，花器官中的内源激素ZR含量、GA₃含量、IAA含量以及ABA含量均与受精过程密切相关，四种内源激素均参与了杂交受精过程的调控，其中IAA含量变化对受精过程的具体影响时间段不明显。对比受精过程中（授粉12~72h）和未授粉时（授粉0h）的四种内源激素含量可知，受精过程中的四种内源激素含量普遍高于未授粉时，这表明在杂交授粉后会产生较高含量的ZR、GA₃、IAA和ABA，这可能说明内源激素可促进花粉管生长，有利于受精。

在川黔紫薇和紫薇杂交授粉后，四种内源激素的含量变化趋势不完全一致，GA₃含量、IAA含量和ABA含量变化较大，在整个受精过程中都会起作用，三者与受精过程的关系比ZR含量更密切，而ZR含量变化较小，且变化主要集中在12h之内。'丹红紫叶'×川黔紫薇杂交的花器官ZR含量呈单峰曲线变化，先升后降；GA₃含量呈现双峰曲线变化，先升后降再升；IAA含量总体上呈波动上升的趋势，始终处于较高水平；ABA含量呈现双峰曲线变化，先升后降再升。'紫韵'×川黔紫薇杂交的花器官ZR含量相对稳定，且维持在较低水平；GA₃含量呈现双峰曲线变化，先降后升再降；IAA含量呈现双峰曲线变化，先升后降再升，但IAA含量维持在较高水平；ABA含量呈现单峰曲线变化，逐渐上升。

本研究结果表明，川黔紫薇和紫薇杂交授粉，其后期花器官中较高浓度的ZR含量、GA₃含量和IAA含量，较低浓度ABA含量有助于有利于促进花粉继续伸长，完成受精，促进花器官继续发育成果实。建议在川黔紫薇和紫薇杂交授粉后期适当喷施一定浓度的外源激素玉米素核苷、赤霉素和生长素，促进花器官继续发育成果实，或可提高川黔紫薇和紫薇杂交亲和性，提高杂交结实率。

5.2.4.2 杂交授粉后花器官内源激素之间平衡关系

植物的受精过程是生理变化的综合反应，是多种内源激素共同调节完成的，研究不同激素间的平衡关系对研究受精过程至关重要，越来越多学者开展相关方面的研究。研究结论与多数授粉后内源激素之间平衡关系的研究结果一致。本研究以'丹红紫叶'×川黔紫薇杂交和'丹红紫叶'自交、'紫韵'×川黔紫薇杂交和'紫韵'自交互为对照，分析授粉后72h内花器官的IAA/ZR比值、IAA/ABA比值、ZR/ABA比值、GA₃/ABA比值以及（GA₃+ZR+IAA）/ABA比值变化，发现以上比值对受精过程的作用不完全一致，与杂交亲和性的关系也存在差异。

研究结果表明，'丹红紫叶'×川黔紫薇、'紫韵'×川黔紫薇杂交和'丹红紫叶'自交、'紫韵'自交的各比值变化有差异。4个杂交组合的IAA/ZR比值变化均较大；'紫韵'×川黔紫薇杂交、'丹红紫叶'自交、'紫韵'自交的IAA/ABA比值变化较大，'丹红紫叶'×川黔紫薇杂交的IAA/ABA比值波动较小；'丹红紫叶'自交的ZR/ABA比值最大，其次是'丹红紫叶'×川黔紫薇的 ZR/ABA 比值、'紫韵'×川黔紫薇杂交的 ZR/ABA 比值，'紫韵'自交的 ZR/ABA 比值的动态变化较小；'丹红紫叶'×川黔紫薇、'紫韵'×川黔紫薇杂交和'丹红紫叶'自交、'紫韵'自交的 GA$_3$/ABA 比值变化均较大；'丹红紫叶'自交的（GA$_3$+ZR+IAA）/ABA 比值变化最大，其次是'紫韵'×川黔紫薇杂交和'紫韵'自交的（GA$_3$+ZR+IAA）/ABA 比值，'丹红紫叶'×川黔紫薇杂交的（GA$_3$+ZR+IAA）/ABA 比值的动态变化较小。

内源激素平衡与杂交亲和性关系分析表明，IAA/ZR 比值差异与'丹红紫叶'做母本的杂交组合的亲和性负相关，与'紫韵'做母本的杂交组合的亲和性正相关；IAA/ABA 比值差异、ZR/ABA 比值差异、（GA$_3$+ZR+IAA）/ABA 比值差异与'丹红紫叶'做母本的杂交组合的亲和性关系密切，与'紫韵'做母本的杂交组合的亲和性无密切关系；GA$_3$/ABA 比值差异与各杂交组合亲和性均正相关。

本研究结果表明，较低的 IAA/ZR 比值，较高的 IAA/ABA 比值、ZR/ABA 比值、GA$_3$/ABA 比值、（GA$_3$+ZR+IAA）/ABA 比值有利于川黔紫薇和'丹红紫叶'杂交受精，较高的 IAA/ZR 比值、IAA/ABA 比值、GA$_3$/ABA 比值、（GA$_3$+ZR+IAA）/ABA 比值有利于川黔紫薇和'紫韵'杂交受精。

参考文献

柴梦颖，2005.梨不同品种授粉坐果率及其与内源激素的关系研究[D].南京：南京农业大学.

胡适宜，1984.植物的受精作用第四讲受精的障碍——不亲和性[J].植物学通报，(Z1)：93-99.

潘丹丹，秦智伟，周秀艳，2010.黄瓜果实生长与细胞分裂规律的研究[J].东北农业大学学报，41(3)：33-37.

王四清，陈俊愉，1993.菊花和几种其他菊科植物花粉的试管萌发[J].北京林业大学学报，(4)：56-60.

Cecil P,Sandra R,Margaret P,2006.Comparison of Self-and Cross-pollination on Pollen Tube Growth,Seed Development,and Germination in Crapemyrtle[J].Hortscience a Publication of the American Society for Horticultural Science,30(3).

I Vervaeke,E Parton,L Maene,et al.,2001.Prefertilization barriers between different Bromeliaceae[J].Euphytica,118(1):91-97.

Ju Yi-Qian,Hu Xing,Jiao Yao,et al.,2018.Fertility analyses of interspecific hybrids between *Lagerstroemia indica* and *L. speciosa*[J].Czech Journal of Genetics and Plant Breeding,55(No.1).

Lidia Kovaleva,Ekaterina Zakharova,2003.Hormonal status of the pollen-pistil system at the progamic phase of fertilization after compatible and incompatible pollination in Petunia hybrida L.[J].Sexual Plant Reproduction,16(4):191-196.

Van Tuyl,M.J,1997.Interspecific hybridization of flower bulbs:a review[J].Acta Horticulturae,(430):465-476.

Yanming,Nianjun Teng,Sumei Chen,et al.,2010.Reproductive barriers in the intergeneric hybridization between Chrysanthemum grandiflorum(Ramat.) Kitam and AjaniaprzewalskiiPoljak.(Asteraceae)[J].Euphytica,174(1):41-50.

第6章 结实紫薇与不结实紫薇生物学特性比较研究

6.1 形态学与孢粉学研究

开花植物在一定的温度、光照以及营养条件下，感受特定的光周期和温差，由茎尖生长锥分化出花原基（或花序原基），并逐渐形成花（或花序）的各部分的过程叫作花蕾分化（flower bud differentiation）（金银根，2010）。花蕾分化是一个高度复杂的生理生化和形态发生过程，也是有花植物发育中最为关键的阶段，花蕾分化对植物开花的数量、质量以及坐果率都有直接影响，影响植物花蕾分化的主要因素有环境因子、碳水化合物、植物激素以及多胺等。

研究认为紫薇有两种不同类型的雄蕊，外围是6枚长而弯曲的细丝状雄蕊，具特大花粉囊，能进行受精；中间为30~40个小花粉囊，不能萌发，但能产生黄色花粉，吸引昆虫进行传粉（M.Nepi.，2003）。陈彦等（2006）观察到处于开花期的紫薇在早上开花后，90min内就可以内完成受粉，24h左右精细胞可以到达子房与卵细胞结合并完成受精。贾文庆等（2007）认为不同花色紫薇的新鲜花粉的生活力有很大差异。顾翠花等（2013）对51个紫薇品种进行花粉形态的电镜扫描，认为花粉形态可以作为紫薇品种分类的一个参考，但不能作为单独的品种分类依据。王瑞文等（2010）研究了紫薇花粉生活力变化及柱头可授性，认为不同种源紫薇的花粉生活力日变化不同，不同开花时期花粉生活力的差异极显著，在盛花期时最高，柱头的可授期为2~3d。以上不同报道中，对于紫薇花粉活力的研究呈现了较大差异。

因此，以不结实的'湘韵'紫薇和能正常结实的'红叶'紫薇为对象，研究2个紫薇品种的形态学与孢粉学，分析比较其结实特性的差异，可为紫薇的遗传育种分析和杂交创新提供支撑。

6.1.1 试验材料

试验材料来自湖南省林业科学院紫薇资源圃内的正常结实的4年生'红叶'紫薇和不结实的'湘韵'紫薇。紫薇资源圃地处长沙市雨花区，属大陆性热带季风湿润气候，年均气温16~18℃，年均日照1300~1800h，年均降水量1200~700mm，土壤为红壤。

6.1.2 试验方法

6.1.2.1 花蕾分化过程形态差异研究

①2013年5月25日，选择2个品种紫薇不同方向生长相近的枝条，各5枝，每个枝上选择靠近顶芽相同位置相似的营养芽，做标记，每隔2~3d观察营养芽的变化，拍照，并用游标卡尺测量芽的直径和长度。

②随机选择2个品种紫薇一年生新生枝条各10枝，用游标卡尺测量其相同位置直径大小（离顶芽距离相同位置）；在树体不同方向随机选取10成熟片，测量其长度和宽度。

③盛花期，连续5d观察2个品种紫薇开花习性、花药和子房差异，随机选择结实

紫薇和不结实紫薇各10朵花，测量其花柱及雄蕊长度。

6.1.2.2 花粉活力检测

①盛花期，8∶00左右，用保鲜袋采集2个品种紫薇花药，室温下放置一段时间，使花药壁因失水开裂，散出花粉。

②选择含有蔗糖、硼酸及氯化钙的培养液，采用$L_9(3^3)$正交试验和验证试验确定浓度比（贾文庆 等，2007；张秦英，2007；秦萌 等，2012），试验安排见表6.1和表6.2，配制不同浓度的培养液。

③将配制好的不同浓度的培养液，分别加入到干净的带凹槽的培养皿中，然后将数目相等的已经开裂的花药分别加入到培养皿凹槽中，搅拌一段时间后，去除花药，盖上盖玻片，防止水分蒸发，每个处理重复3次。

④室温下培养，不同时间后，直接在显微镜观察花粉粒形态以及萌发状况；12h后开始计数，并计算萌发率，即通过萌发率来比较2个品种花粉活力差异。

表6.1 $L_9(3^3)$正交试验表

处理编号	蔗糖浓度 $(mg \cdot L^{-1})$	硼酸浓度 $(mg \cdot L^{-1})$	氯化钙浓度 $(mg \cdot L^{-1})$
Z1	100	25	10
Z2	100	75	20
Z3	100	150	30
Z4	200	25	20
Z5	200	75	30
Z6	200	150	10
Z7	300	25	30
Z8	300	75	10
Z9	300	150	20

表6.2 验证试验表

处理编号	蔗糖浓度 $(mg \cdot L^{-1})$	硼酸浓度 $(mg \cdot L^{-1})$	氯化钙浓度 $(mg \cdot L^{-1})$
Y1	50	150	10
Y2	100	150	20
Y3	200	150	20
Y4	200	25	10

6.1.2.3 柱头可受性研究

①盛花期，5∶30左右，对2个品种紫薇即将开放的花朵，去掉长短花药，进行辅助授粉，套袋。

②分别在授粉4h、8h、12h、24h后采取2个品种紫薇完整的雌蕊，用FAA固定液室温下固定24h以上，每个时期采5朵花。

③待取材完毕后，将材料逐级复水，适当加热软化，然后放入脱色苯胺蓝染色液中，花柱染色2h，完整的雌蕊（带有子房）染色6h以上。

④取出材料，稍微用流水冲洗，然后置于载玻片上，用镊子撕去子房外壁和花柱外表皮，滴加45%中性甘油，盖片，均匀压片，在Olympus BX50显微镜下进行荧光（356nm波长）观察并拍照（姚长兵，1994；陈彦 等，2006）；比较结实紫薇花粉在结实紫薇和不结实紫薇柱头上的萌发情况。

⑤在以上试验进行的同时，随机选取不结实紫薇25朵即将开放的花，去掉长短花药，授予结实紫薇花粉，套袋，一段时间后观察子房发育情况，并计数。

6.1.3 结果与分析

6.1.3.1 花蕾分化过程的形态差异

对2个品种紫薇进行物候期调查和解剖观察，发现2个品种紫薇物候期基本相同（图6.1、图6.2）。2013年5月底开始，紫薇新生枝条顶芽不断发育，导致枝条不断伸长，并长出许多新生营养芽，新生营养芽发育为新生分枝，新生分枝伸长并先后长出许多花蕾，形成花序；6月5日前看不到花蕾明显变化，6月9日左右，可以看到花蕾膨大，6月12日出现肉眼可见花蕾，6月17日在体视显微镜下可以看到雌蕊、雄蕊的出现，6月23—30日部分开花，7月初达到盛花期；盛花期的紫薇，在5：00花萼开裂，5：30—6：30花瓣逐步打开，伸出柱头，7：00左右花完全开放，柱头出现黏液，花药开裂，7：30左右已可见大量昆虫进行授粉，开花12h花粉管可到达子房，24h完成授粉，48h后凋谢。紫薇是圆锥状无限花序，其顶芽和腋芽均可形成花序，且花序下部花蕾分化早于上部，但开花前，花序上下部顶芽大小差别不大；2个品种紫薇花蕾分化过程花蕾形态化无明显差异，但开花期不结实紫薇花药湿润、宽而扁平，表面光滑，无黄色颗粒状物质，结实紫薇花药干燥、窄而厚实，表面有黄色颗粒状物质（图6.3），从而说明，不结实紫薇花药因没有失水而不开裂，并且无花粉散出。

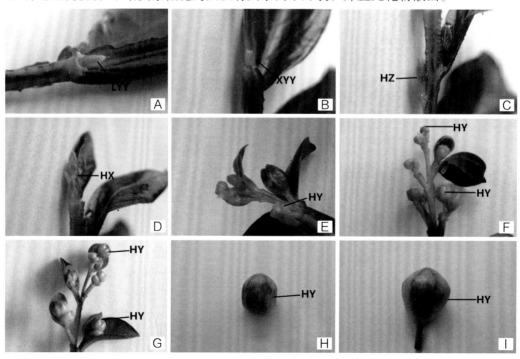

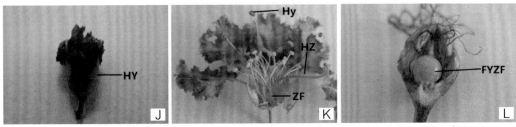

A. 老的营养芽（LYY）；B. 新生营养芽（XYY）；C. 新生分枝（HZ）；D. 花序（HX）（花萼分化）；
E、F. 雌、雄蕊和花瓣分化，花蕾（HY）；G、H、I. 大、小孢子发生，花蕾（HY）；
K. 开花期，花药（HY），子房（ZF），花柱（HZ）；L. 受精后发育的子房（FYZF）

图 6.1　结实紫薇发芽分化过程形态变化

a. 老的营养芽（LYY）；b. 新生营养芽（XYY）；c. 新生分枝（HZ）；d. 花序（HX）（花萼分化）；
e、f. 雌、雄蕊和花瓣分化，花蕾（HY）；g、h、i. 大、小孢子发生，花蕾（HY）；
k. 开花期，花药（Hy），子房（ZF），花柱（HZ）；l. 受精后未发育的子房（WYZF）

图 6.2　不结实紫薇发芽分化过程形态变化

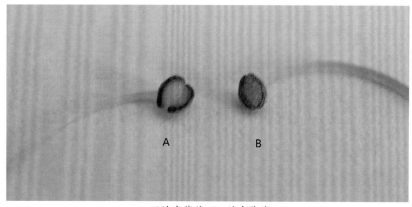

A. 不结实紫薇；B. 结实紫薇

图6.3 不结实紫薇和结实紫薇花药形态

如图6.4，2个品种紫薇花蕾生长曲线显示，不结实紫薇花蕾在6月16日即出现了明显的纵横差异，且长度大于直径，6月20日已经出现较大差异；结实紫薇直到6月20日以后才出现明显的显纵横差异，6月24日后两者纵横差异相似，且花蕾大小差异不明显，说明2个品种紫薇花蕾大小随时间和环境变化呈现一定差异，但花蕾大小最终差异不大。

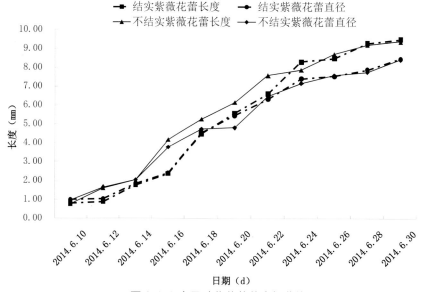

图6.4 2个品种紫薇花蕾生长曲线

如图6.5，采用Excel中T检验，对2个品种紫薇相关生物指标的比较显示，不结实紫薇和结实紫薇，老叶叶长平均相差 –15.4mm，差异极显著（$P=0.003$），叶宽平均相差 –12.95mm，差异显著（$P=0.021$）；不结实紫薇和结实紫薇一年生新枝直径平均相差 –0.45mm，差异不显著（$P=0.224$）；不结实紫薇和结实紫薇雌蕊长度平均相差 –0.369mm，差异不显著（$P=0.365$），雄蕊长度平均相差 –0.275mm，差异不显著（$P=0.618$）；不结实紫薇和结实紫薇花药长度平均相差0.008mm，差异不显著

（*P*=0.778），花药直径平均相差0.301mm，差异极显著（*P*=0.426），这说明2个品种紫薇除了叶片大小和花药直径存在显著差异外，其他方面差异不大，不结实紫薇没有明显的个体异常现象。

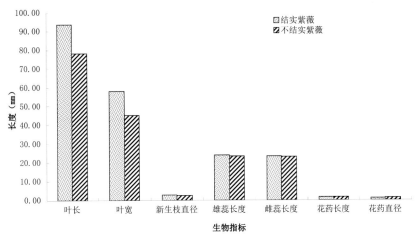

图6.5 2个品种紫薇相关生物指标的比较

6.1.3.2 花粉活力检测

正交试验和验证试验结果显示（表6.3和表6.4），结实紫薇花粉粒在不同培养液下萌发率呈现较大差异，最高可达58.7%，最低只有9.2%，其中蔗糖、硼酸和氯化钙对其萌发率影响的极差分别为22.7、19.9和1.1，说明蔗糖和硼酸对紫薇花粉粒萌发影响更大，而不结实紫薇花粉粒在各种培养液条件下萌发率都为0，并且在液体培养下二者呈现不同的形态，结实紫薇花粉粒大多呈现圆球形，有花粉管长出，不结实紫薇所有花粉粒均呈现不规则形状，或为四面体形，或为纺锤形（图6.6I、图6.7i），这说明不结实紫薇花粉粒畸形，并且没有活力。

表6.3 L_9（3^3）正交试验结果

处理编号	蔗糖浓度（mg·L⁻¹）	硼酸浓度（mg·L⁻¹）	氯化钙浓度（mg·L⁻¹）	萌发率	
				结实紫薇（%）	不结实紫薇（%）
Z1	100	25	10	22.2	0
Z2	100	75	20	29.2	0
Z3	100	150	30	45.7	0
Z4	200	25	20	34.0	0
Z5	200	75	30	36.4	0
Z6	200	150	10	50.9	0
Z7	300	25	30	9.2	0
Z8	300	75	10	15.3	0

（续表）

处理编号	蔗糖浓度（mg·L^{-1}）	硼酸浓度（mg·L^{-1}）	氯化钙浓度（mg·L^{-1}）	萌发率	
				结实紫薇（%）	不结实紫薇（%）
Z9	300	150	20	28.6	0
K1	32.4	21.8	29.5		
K2	40.4	27.0	30.6		
K3	17.7	41.7	30.4		
极差	22.7	19.9	1.1		
主优顺序			A＞B＞C		
优组合			A2B3C2		

注：K1、K2、K3为同一水平萌发率平均值。

表6.4 验证试验结果

处理编号	蔗糖浓度（mg·L^{-1}）	硼酸浓度（mg·L^{-1}）	氯化钙浓度（mg·L^{-1}）	萌发率	
				结实紫薇（%）	不结实紫薇（%）
Y1	50	150	10	0	0
Y2	100	150	20	46.6	0
Y3	200	150	20	58.7	0
Y4	200	25	10	23.5	0

6.1.3.3 柱头可授性研究

对2个品种紫薇均授予结实紫薇的花粉，结果显示，授粉4h后花粉粒在2个品种紫薇的柱头上都能够萌发，8h后花粉管已经深入柱头，12h后都能够达到子房中下部，24h后到达子房，观察不到荧光（图6.8），这说明不结实紫薇的柱头对结实紫薇的花粉粒具有亲和力，无异常。经调查，结实紫薇正常结实率可达90%，而不结实紫薇授予结实紫薇花粉后，其结实率仍为零。

综上，认为结实紫薇和不结实紫薇存在一定个体差异，但不结实紫薇与结实紫薇相比，其个体形态无异常；不结实紫薇花蕾分化过程与结实紫薇相似，其花蕾形态变化差异不大，开花前花蕾大小较结实紫薇差别不大，但花蕾生长过程中不结实紫薇出现较早的纵横差异；开花期，不结实紫薇柱头对结实紫薇花粉粒具亲和力，无异常，但花药较结实紫薇出现异常，其花药壁因失水异常而不开裂，无花粉粒散出，花粉粒呈现畸形，无生活力，这说明不结实紫薇是雄性不育的。

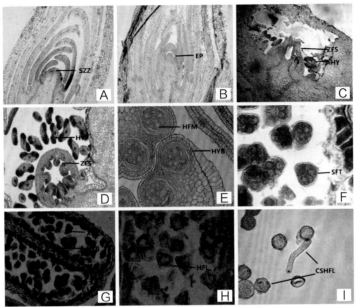

A. 分化初期（×100），生长锥（SZZ）；B. 花萼的分化（×100），萼片（EP）；C. 雌、雄蕊的分化（×100，纵切），花药（HY）、子房室（ZFS）；D. 雌蕊、雄蕊的分化（×100，横切），花药（HY）、子房室（ZFS）；E. 花粉母细胞形态（×200），花粉母细胞（HFM）、花药壁（HYB）；F. 四分体时期（×200），四分体（SFT）；G. 小孢子形态（×200），小孢子（XBZ）、花药壁（HYB）；H. 开花前花粉粒形态（×200），花粉粒（HFL）；I. 液体培养下花粉粒形态（×400），成熟花粉粒（CSHFL）

图6.6　结实紫薇雄蕊发育和花药形态

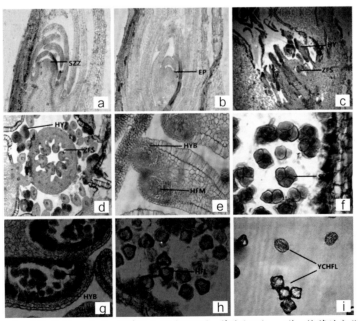

a. 分化初期（×100），生长锥（SZZ）；b. 花萼的分化（×100），萼片（EP）；c. 雌、雄蕊的分化（×100，纵切），花药（HY）、子房室（ZFS）；d. 雌蕊、雄蕊的分化（×100，横切），花药（HY）、子房室（ZFS）；e. 花粉母细胞形态（×200），花粉母细胞（HFM）、花药壁（HYB）；f. 四分体时期（×200），四分体（SFT）；g. 小孢子形态（×200），小孢子（XBZ）、花药壁（HYB）；h. 开花前花粉粒形态（×200），花粉粒（HFL）；i. 液体培养下花粉粒形态（×400），异常花粉粒（YCHFL）

图6.7　不结实紫薇雄蕊发育和花药形态

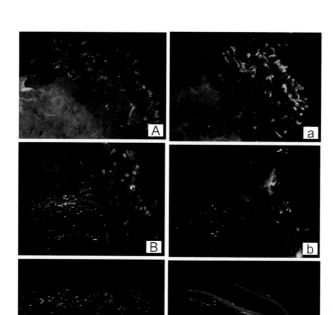

图 6.8 花粉在 2 个品种紫薇柱头萌发的比较
（A/a、B/b、C/c 分别为结实紫薇与不结实紫薇 4h、8h、12h 萌发情况）

6.1.4 结论与讨论

通过对结实紫薇和不结实紫薇花蕾分化过程形态学和孢粉学的研究确定，不结实紫薇的雄性是不可育的，其雄性不育主要表现在花药的败育，即开花期花药不开裂，花粉粒畸形，无活力。不结实紫薇雌性的可育性暂无法确定，这是因为从外部形态看来，不结实紫薇雌蕊的柱头和子房的形态是正常的，并且其柱头具有可授性，授以结实紫薇成熟的花粉粒可以萌发，能进入其子房内部。其子房仍不发育，可能与不结实紫薇在受精后的发育过程中，自身基因调控异常或生理生化过程异常有关；也可能是结实紫薇的精细胞本身无法与不结实紫薇的卵细胞相亲和，即异交不亲和导致的；或者可能是不结实紫薇子房形成后，胚囊本身不发育，不形成卵细胞导致的（梁春莉 等，2005）。

花药开裂是花药发育后期的一个重要特征，花药开裂涉及花药壁各层细胞的变化以及细胞内的许多生理生化反应，一般发生在四分体之后。花药壁的开裂与花药壁组织的脱水和酶解有关，开花期的最后一个阶段药室内壁和表皮细胞会脱水，引起药室向外弯曲，继而花药开裂（丁泽琴 等，2013）。研究中发现开花期不结实紫薇花药湿润、宽而扁平，表面光滑，结实紫薇花药干燥、窄而厚实，这说明不结实紫薇在花药开裂过程花药壁组织的脱水存在异常。花药脱水的过程是一个复杂的生理生化过程，涉及一些物质的变化、参与、调节以及基因的调控，有研究认为淀粉转化为糖能增加花药组织的渗透势，Bots 等（2005）发现水通道蛋白参与花药脱水的过程，Ge 等（2000）研究认为矮牵牛 NECTARY（NEC1）和 NEC2 基因作用于花丝和裂口细胞的上部分，打破了淀粉转化为糖的平衡并调节裂口和蜜腺的水势，导致花药脱水。不结实紫薇在花药脱水过程中的异常究竟是因基因变异导致的异常还是生理生化过程的异常，其具体原因如何，还值得我们进一步研究和探讨。

结实紫薇和不结实紫薇存在一定个体差异。不结实紫薇叶片比结实紫薇较小。在花蕾的生长过程中，不结实紫薇较结实紫薇出现更早的纵横差异，但开花前二者花蕾大小差别不大。开花期，不结实紫薇柱头对结实紫薇花粉具亲和力，但花药由于失水过程异常而不开裂，并且花粉粒畸形。

6.2 花蕾分化过程解剖研究

植物从营养状态转变为生殖状态，涉及到花的发端和花器官的形成2个重要的生理过程，花蕾完成生理分化接着进入形态分化期，即花器官的发育，通常情况下植物的花蕾分化过程包括生理分化期和形态分化期（高英 等，2009），大致可分为分化初期、萼片分化期、花瓣分化期、雄蕊分化期和雌蕊分化期5个阶段，并且不同学者对于不同植物花蕾分化时期的划分有所区别（郝敬虹，2008）。袁德义等（2011）对油茶花蕾分化及雌雄配子体发育的研究表明，在前分化期，茎尖生长锥逐渐由尖变圆，横径增大，与叶芽明显不同；萼片形成期，生长锥基部外围有花萼原基小突起；花瓣形成期，生长点顶端变平，萼片原基内轮有突起的花瓣原基，分化为花瓣；花瓣形成后期，生长点变得更宽，并出现一些小突起，围绕中央的雌蕊形成多层雄蕊；雌雄蕊形成的后期，雌蕊下部膨大，形成子房，上部伸长，靠拢形成柱头，雄蕊形成花药，开始雄配子的发育，然后柱头继续伸长，子房膨大呈囊状，开始胚囊的发育。其他学者如李昀辉（2005）、刘秀丽（2003）、肖华山（2012）等分别采用不同手段研究了草原龙胆单、重瓣花、烟草、荔枝等植物的花蕾分化过程，其花蕾分化过程的划分有所差异，但各个分化过程的特征与袁德义的研究结果类似，不同学者对花蕾分化时期的划分实质相差不大。

6.2.1 试验材料

试验材料为湖南省林业科学院紫薇资源圃正常结实的4年生'红叶'紫薇和不结实的'湘韵'紫薇。

6.2.2 试验方法

6.2.2.1 样品的采集与处理

2013年5月25日开始，采集结实紫薇和不结实紫薇花蕾，每隔2~3d采样1次，直至果实出现停止采样。采集时，保持花蕾完整性，去除多余的部分，并按花蕾大小和时间顺序置于不同标签75%乙醇FAA固定液的小瓶中，抽气；待花蕾较大时，在不影响花蕾形态的情况下，用锋利的小刀将部分花萼切开或用针将花萼扎出许多小孔，以便固定液渗透。

6.2.2.2 切片的制作和观察

参照刘雄盛等（2014）对濒危植物水松小孢子发生和雄配子体发育研究的方法以及袁德义等（2011）对油茶花蕾分化及雌雄配子体发育的研究方法，进行石蜡切片的制作，切片厚度为8~12μm，采用改良爱氏苏木精进行染色，中性树胶封片，用MoticBA410显微镜观察解剖特征并拍照。

6.2.3 结果与分析

6.2.3.1 紫薇的花蕾分化过程

根据对结实紫薇和不结实紫薇花蕾分化过程的形态观察和解剖研究确定，2个品种紫薇的花蕾分化过程基本类似，并且符合常见开花植物花蕾分化的过程和方式，即大致可划分为分化初期、萼片分化期、花瓣分化期、雄蕊分化期和雌蕊分化期5个阶段。但紫薇花蕾分化过程中，花蕾分化的先后顺序和时间长短又有其自己的特点。

紫薇花蕾分化初期，包括潜伏期和分化前期，潜伏期主要是生理方面的变化，发生时间在5月中下旬至6月初；分化前期发生时间在5月底至6月5日左右，此时，新生营养芽发育出新生分枝，新生分枝伸长，并先后发育出许多花蕾，形成花序，在花序形成时，会看到花蕾生长锥较圆，横径较宽，与叶芽明显不同（图6.6A、图6.7a）；萼片分化发生时间在6月5日左右，此时生长锥基部外围有花萼原基小突起，逐渐发育，形成花萼（图6.6B、图6.7b）；花瓣分化期发生时间在6月5日至6月9日左右，此时生长点顶端变平，萼片原基内轮有突起的花瓣原基，分化为花瓣；雄蕊分化期发生时间在6月7日左右至6月20日左右，雌蕊分化期发生时间在6月9日左右至6月22日左右（图6.9）。之后因天气的变化及其他因素影响，发育成熟的花蕾会停留一段时间不开放，整个过程持续时间20d左右。

在紫薇花蕾分化过程需要特别指出是：①紫薇雄蕊的发育要早于雌蕊，并且在雄蕊的花药发育一段时间后，才会形成子房，开始胚囊的发育（图6.6C、D，图6.7c、d）；②紫薇为夏季花卉，可以多次开花，其一个完整的花蕾分化过程可以多次出现，即使是同一株树，同一花序不同花蕾的分化也呈现明显的不同步性，实验中花蕾分化的时间代表的是最早能观测到的时间，只能作为紫薇一个花蕾分化过程的参考。

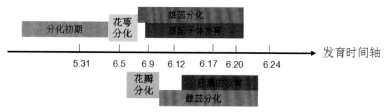

图6.9 紫薇花器官分化的先后顺序

6.2.3.2 雄配子发育的比较

研究发现，和其他植物一样，2个品种紫薇雄配子的发育起源于花药最初的孢原细胞，孢原细胞核较大，质浓，分裂能力强。孢原细胞进行平周分裂，形成内外两层，外层为初生周缘层，内层为初生造孢细胞。初生造孢细胞发育形成花粉母细胞，花粉母细胞的特点是：细胞壁呈多边形，体积较大细胞核大，质浓且无明显液泡，此时二者在细胞形态和组织结构上无明显区别（图6.6E、图6.7e）。然后花粉母细胞发育到一定时期，开始进行减数分裂，在第二次减数分裂末期，细胞的排列方式均呈正四面体型，故其减数分裂方式均为同时型，二者在细胞形态和组织结构上无明显区别（图6.6F、图6.7f）。花粉母细胞经减数分裂形成的四分体会彼此分离，形成单核的花粉粒（小孢子），其特点是：细胞壁薄，细胞质染色较深，彼此分散，二者在细胞形态和组织结构上无明显区别（图6.6G、图6.7g）。单核花粉粒再进一步发育形成开花前的状态，此时花粉粒的特点是仍呈现不规则形状，二者在细胞形态上无明显区别（图6.6H、图6.7h）。从以上结果可以看出，2个品种紫薇在雄配子的发育过程中，各个时期的组织结构和细胞形态无明显区别，这说明不结实紫薇雄蕊从花粉母细胞到花粉粒完全成熟前这一过程的发育是正常的。

6.2.3.3 胚囊发育的比较

研究发现，结实紫薇胚胎着生方式为倒生型，特点：珠心不弯曲，珠孔朝向胎座，合点在胚柄相对的一侧，靠近珠柄一侧的外珠被常与珠柄贴生，形成一条珠脊，向外隆起；胚囊发育于珠心组织，先在靠近珠孔一端的表皮层下发育出一个与周围不同的孢原细胞，其细胞体积较大，细胞质浓，液泡化程度低，细胞核大而显著，然后形成周缘细胞和造孢细胞，再由造孢细胞发育成胚囊母细胞（大孢子母细胞）。胚囊发生方式为单孢型，即蓼型胚囊，特点为，胚囊母细胞经减数分裂Ⅰ形成二分体，经减数分裂Ⅱ形成四分体，其中3个靠近珠孔端的子细胞退化，仅远离珠孔端的具有功能的大孢子继续发育形成单细胞胚囊，再由单细胞胚囊发育为成熟的胚囊；在整个胚囊发育过程中，其周围细胞轮廓明显，细胞核被染色，排列比较规则（图6.10A~F）。不结实紫薇胚胎的着生方式和发生方式与结实紫薇一致，但胚囊发生的二分体时期，其周围细胞轮廓不明显，细胞核无法着色，排列杂乱；四分体时期，中央的细胞呈碎片状，周围细胞开始萎缩；单细胞胚囊时期，中央细胞已经凋亡，周围细胞全部萎缩；最终珠心组织细胞完全凋亡，只剩下残留的细胞壁，甚至塌陷形成假胚囊（图6.11a~f），这说明不结实紫薇胚囊的发育出现了异常。

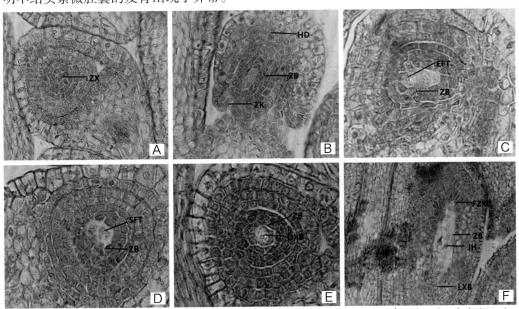

A.珠心组织（X400，纵切），珠心（ZX）；B.胚囊母细胞时期（X400，横切），珠孔（ZK）、合点（HD）、珠被（ZB）；C.二分体时期（X400，横切），二分体（EFT）、珠被（ZB）；D.四分体时期（X400，纵切），四分体（SFT）、珠被（ZB）；E.单细胞胚囊时期（X400，纵切），单细胞胚（DXB）、珠被（ZB）；F.成熟胚囊时期（X400，横切），反足细胞（FZXB）、珠被（ZB）、极核（JH）、卵细胞（LXB）

图6.10 结实紫薇胚囊发育过程

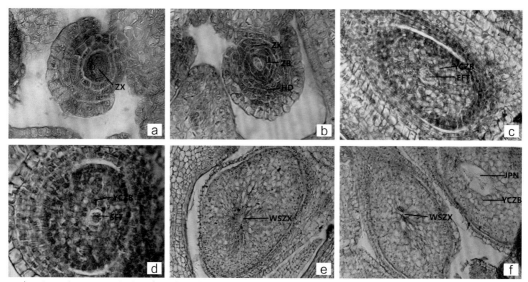

a. 珠心组织（X400，纵切），珠心（ZX）；b. 胚囊母细胞时期（X400，横切），珠孔（ZK）、合点（HD）、珠被（ZB）；c. 二分体时期（X400横切），二分体（EFT）、异常珠被（YCZB）；d. 四分体时期（纵切，X400），四分体（SFT）、异常珠被（YCZB）；e. 单细胞胚囊时期（纵切，X200），萎缩珠心组织（WSZX）；f. 成熟胚囊时期（横切，X200），假胚囊（JPN）、萎缩珠心组织（WSZX）、异常珠被（YCZB）

图6.11 不结实紫薇胚囊发育过程

6.2.4 结论与讨论

6.2.4.1 紫薇花蕾分化

通过对结实紫薇和不结实紫薇花器官分化过程的连续切片发现，在花器官分化的前中期，即生长锥的出现，花萼的分化，花瓣的分化，以及雌蕊、雄蕊刚开始分化的阶段，不结实紫薇和结实紫薇在组织、细胞形态、分化方式以及分化时间上是没有明显差异的。在花器官分化的后期，雄配子发育方面，不结实紫薇从花粉母细胞到花粉粒完全成熟前这一过程的发育仍是正常的，但先前的研究已经证明不结实紫薇的花药是败育的，并且其花粉粒畸形无活力，由此推测不结实紫薇雄性不育发生的时间是在其开花至开花前花粉粒未完全成熟这一阶段，这一段时间段是花粉粒完全发育成熟并可以进行授粉的过程，是小孢子发育的后期阶段。花粉败育的原因包括结构型、生理型、营养型以及环境型。结构型花药一般瘦小或畸形；生理型表现为花粉母细胞不正常减数分裂，或减数分裂后，不能产生精细胞，花粉停留在单核或双核阶段，或绒毡层异常；营养型一般雄蕊发育不良，无花粉；环境型因环境胁迫导致雄蕊发育异常（金银根，2010）。方宣钧等（1996）对雄性可育与雄性不育籽粒苋小孢子发育的研究发现，雄性不育籽粒苋小孢子的败育起始于四分体释放以后的单核花粉期，在此之前可育和不育两种籽粒苋小孢子的发育是一样的，并且雄性不育籽粒苋在小孢子发育前，绒毡层会出现异常降解。研究发现，不结实紫薇花粉母细胞能够进行减数分裂产生四分体，并产生正常的小孢子，小孢子也能够正常发育一段时间，但开花期花粉粒却无活力，并呈现畸形，由此可以确定不结实紫薇花粉败育原因为生理型，但减数分裂后，花粉是否能产生精细胞，和绒毡层细胞的异常存在什么联系，仍需进一步研究。

6.2.4.2 紫薇胚囊发育

在胚囊发育方面，不结实紫薇在进入二分体时期以后，出现了异常，主要表现为胚珠发育停滞，大孢子母细胞无法正常完成减数分裂形成胚囊，胚囊周围组织呈现萎缩，并最终凋亡。谭敦炎等（1996）在短命植物蝎尾菊的胚胎学研究中发现，正常的蝎尾菊胚囊发育过程中，珠被绒毡层在大孢子二分体时期开始分化，此时，珠被最内层的细胞排列整齐，细胞质浓厚，至大孢子四分体时，珠被绒毡层基本形成，细胞呈长方形单核，核及核仁明显整齐，细胞质浓厚；但少数胚珠在胚囊的形成过程中，胚囊中的细胞则由于绒毡层的异常生长，全部崩溃解体，形成胶质状的物质填充在整个胚囊中。珠被绒毡层是珠被最内层细胞分化的，其细胞质丰富，贮藏淀粉和脂肪，具有较大的核及较浓的原生质，是机能活动较短暂的组织（Valtueña FJ et al.，2011），珠被绒毡层与胚珠育性的关系密切（Rosellini D et al.，1998）。研究中发现，不结实紫薇胚胎发生的二分体时期，其周围细胞轮廓不明显，细胞核无法着色，排列杂乱；四分体时期，中央的细胞呈碎片状，周围细胞开始萎缩；单细胞胚囊时期，中央细胞已经凋亡，周围细胞全部萎缩；最终珠心组织细胞完全凋亡。由此认为，不结实紫薇在胚囊发育过程中，珠被绒毡层的异常导致了其胚囊的败育。

6.2.4.3 结论

结实紫薇和不结实紫薇花蕾分化和开花过程基本类似。2个品种紫薇顶芽和腋芽均可进行花序分化，且花序下部花蕾分化早于上部。花蕾分化一般在5月下旬开始，6月20日左右完成，7月初达到盛花期，大致可划分为分化初期、萼片分化期、花瓣分化期、雄蕊分化期和雌蕊分化期5个阶段。2个品种紫薇花粉母细胞减数分裂方式均为同时型，胚胎着生方式均为倒生型，胚囊发生方式均为单孢型。

紫薇‘湘韵’不结实的原因与其雌雄性不育有关。雄性不育表现为花药不开裂和花粉败育，花药不开裂是由于花药壁组织脱水异常引起的，特点是花药湿润、宽而扁平，表面光滑；花粉败育原因为生理型，发生时间在小孢子发育后期，特点是开花期花粉粒呈现畸形，无活力。雌性不育表现为进入二分体时期以后，胚珠发育停滞，大孢子母细胞无法正常完成减数分裂形成胚囊，胚囊周围组织呈现萎缩，并最终凋亡，雌性不育的原因为珠被绒毡层发育异常导致的胚囊败育。

6.3 不结实紫薇花器官败育类型及特征

花器官是被子植物生殖繁衍的重要场所，在植物生殖发育系统和生命周期循环中占有重要地位和作用，花器官中最重要的是花粉和胚珠的正常发育，它们是实现受精结实的保证（胡适宜，2016；Gao et al.，2015a，2015b）。雄性不育植物雄性器官的形态和功能异常，主要表现在雄蕊畸形或退化，花药瘦小、萎缩，以及缺少花粉或花粉空瘪无生活力。Kaul（2012）曾提出雄性不育在结构与功能方面的变现形式或现象主要有雄蕊群的畸形发育、弱的维管束形成、异常的花药壁发育、花药不开裂等。同样，在胚珠发育的过程中，任何一个环节出现障碍，则不能形成成熟且可育的胚珠。不育胚珠最大的特点表现为卵细胞、助细胞或极核的畸形或缺失，仅有珠被发育形成，珠心组织不发育，无成熟胚囊，不能发生双受精形成胚和胚乳（Gao et al.，2017；Akhalkatsi et al., 1999; Casper and Wiens, 1981)。

不结实紫薇'湘韵'（Wang et al., 2014），与正常紫薇相比，该紫薇花谢后无果实，花期长达115~132d，观赏价值高，但花器官存在显著败育现象。通过本研究可以掌握不结实紫薇花器官败育的类型及特征，比较结实紫薇与不结实紫薇的差异特征，为紫薇新品种选育、杂交育种等种质创新提供支撑。

6.3.1 试验材料

不结实紫薇与结实紫薇均种植于湖南省林业科学院试验林场（113°03′E, 28°10′N），该地年平均气温19.8℃，年积温5586℃，年平均无霜期279~295d，年平均日照时数1873h，年平均降水量1420mm，为典中亚热带季风性湿润气候。土壤为红壤，肥力中等，pH值5.7左右。于2016年、2017年和2018年每年8月盛花期采集花序上开放的花器，每个类型采集20朵。将花器从树体上取下后去掉花萼花瓣，将雄蕊和雌蕊放置在固定液（无水乙醇：冰醋酸=3：1）中固定12h，同时抽尽材料中的空气，后转入70%酒精溶液中，并置于4℃冰箱保存备用。

6.3.2 试验方法

6.3.2.1 石蜡切片法

将固定好的材料进行适当修整后经各浓度酒精（30%，50%，70%，85%，95%，100%）逐级脱水、二甲苯透明、石蜡渗透后包埋，石蜡切片机切片，厚度为8μm。后经粘片、脱蜡、复水、4%硫酸铁铵媒染4h，1%爱氏（Ehrlich's）苏木精染色25min，2.5%硫酸铁铵分色25min，再经脱水、0.5%曙红染色后，用加拿大树胶制作永久封片。最后于光学显微镜下拍照。

6.3.2.2 扫描电镜观察法

取开花当天花器中的花药和花药内的花粉，用2.5%戊二醛固定液（0.2mol·L⁻¹磷酸缓冲液配制）前固定2h，磷酸缓冲液（0.2mol·L⁻¹）洗涤后用1%锇酸固定液（0.2mol·L⁻¹磷酸缓冲液配制）后固定4h，磷酸缓冲液（0.2mol·L⁻¹）洗涤后乙醇梯度脱水，过渡到叔丁醇中后，冷冻干燥。将处理后的材料置于样品台，放入离子溅射仪中镀金20min，用扫描电子显微镜进行观察和拍照。

6.3.3 结果与分析

6.3.3.1 不结实紫薇与结实紫薇花器官形态差异

结实紫薇每个花序中每朵单花之间花期较为一致，开花时间差异不大，几乎同时开放，每个单花序开花时间为6~10d，每个单花几乎同时凋谢，果实几乎同时成熟（图6.12A，B）。不结实紫薇与结实紫薇在花期上存在明显不同，不结实紫薇每个单花序的开花时间为18~25d，每朵单花之间不是同时开放，而是部分开放，随着发育进程推进，不断有花蕾成熟，成熟的花蕾不断开放，整个花序呈现出更长的花期，单花凋谢后自然脱离于花梗掉落，无果实（图6.12C，D）。不结实紫薇花色玫红，从花器官外形上观察，存在三种类型：第一类花器和结实紫薇并无差异，花冠直径3~4cm，花瓣6，皱缩，长12~20mm，花萼裂片6，呈三角形、直立，雄蕊36~46枚，直立且可见花药，外面有6枚雄蕊着生于花萼上，比其余花丝长，形成六强雄蕊，花柱高于雄蕊群，突出于雄蕊之外可见，形态略弯曲（图6.12E）；第二类花器的花冠直径2~3cm，花瓣开张略小于第一类花瓣，花丝全部弯曲盘旋，花药伏于花萼之上，颜色褐黄，不可见花柱（图6.12F）；第三类花器花冠直径1~2cm，仅可见花瓣簇拥于花萼之内，外部不可见雄蕊和花柱（图6.12G）。三种变异类型的花梗长8~15mm，花梗均被柔毛，子房藏于雄蕊群内，不结实紫薇三种变异类型的花器官组成7~20cm长的顶生圆锥花序，三种变异类型的花器在每个花序中数量比为第一类∶第二类∶第三类=7∶2∶1。

A. 结实紫薇的一个花序，每朵单花几乎同时开放；B. 结实紫薇的一个花序的结实情况；C. 不结实紫薇的一个花序开花状态；D. 不结实紫薇的一个花序，可见凋谢后宿存的花梗，正在开放的单花和处于不同发育进程中的花蕾；E. 不结实紫薇第一类花器官，外形与结实紫薇花器官相似；F. 不结实紫薇第二类花器官，花丝卷曲，花药褐黄，不可见花柱；G. 不结实紫薇第三类花器官，仅可见花萼和簇拥状的花瓣

图6.12 结实紫薇与不结实紫薇花器官特征

6.3.3.2 不结实紫薇与结实紫薇雄蕊结构差异

紫薇开花当天，花药已成熟。结实紫薇花药呈扁平状，药隔组织狭长，由4~6层细胞构成。维管束居中，药隔上下各有一层疏松的长条形细胞，花药两端分别是2个开裂的药室相互连通，花药开裂后，仅剩下表皮和带状加厚的药室内壁（图6.13A），两个

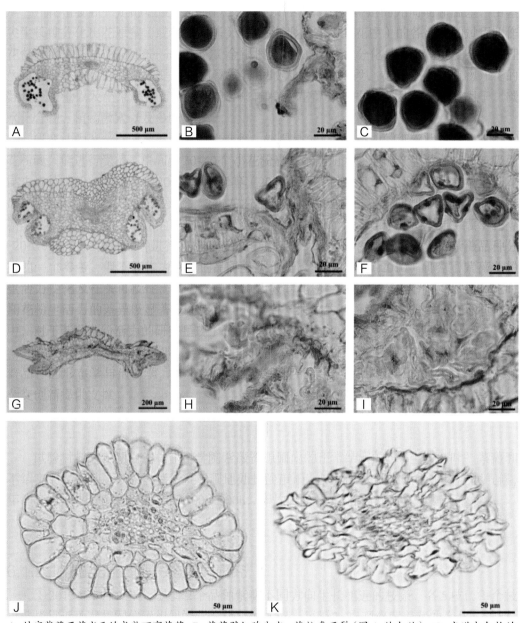

A. 结实紫薇开花当天的成熟可育花药；B. 花药壁细胞失水，花粉囊开裂（图 A 放大处）；C. 充满内含物的成熟二细胞花粉粒（图 A 放大处）；D. 不结实紫薇类型 1 的不育花药；E. 类型 1 的不育花药，药壁细胞不能开裂（图 D 放大处）；F. 类型 1 的不育花粉，花粉粒中无内含物，干瘪、变形（图 D 放大处）；G. 不结实紫薇类型 2 和类型 3 的不育花药；H. 不育花药的药壁细胞不能开裂（图 G 放大处）；I. 类型 2 和类型 3 药室中的不育花粉，花粉粒未充分发育，变形严重；J. 结实紫薇的花丝，可见表皮细胞、薄壁细胞和维管束；

K. 不结实紫薇的花丝，细胞变形，排列不规则

图 6.13 结实紫薇与不结实紫薇花药与花丝结构特征

花粉囊连接处的细胞已失水退化（图6.13B），药室中为成熟的花粉粒，形成2个细胞花粉，充满内含物的花粉粒被染料染成深色（图6.13C）。不结实紫薇第一类变异花器的花药则较厚，药隔组织由12~16层细胞构成，药隔上下两端则由2~4层不等的细胞组成，维管束不规则（图6.13D），花药两端的花粉囊不开裂，连接处的细胞与2个药室的花药壁相连接，在花药开裂过程中组织脱水存在异常（图6.13E）。花粉粒干瘪、皱缩，无内含物（图6.13F）。不结实紫薇第二、三类变异花器中花药褐黄、干瘪，细胞结构模糊不清（图6.13G），2个药室的连接处细胞短小变形，2个相邻的药室仍未连通（图6.13H），药室内花粉粒未充分发育，结构模糊，变形严重（图6.13I）。

本研究中，通过对比观察了不结实紫薇与结实紫薇的花丝结构差异发现，结实紫薇花丝细胞结构清晰，最外层是一层排列规则的表皮细胞，内层是薄壁细胞和维管束（图6.13J），而不结实紫薇的花丝则是由排列不规则的细胞构成，结构不清晰，不能辨识组织的结构特征（图6.13K）。扫描电镜观察发现，结实紫薇花药开裂后，花粉散出，密布于花药壁外（图6.14A），而不结实紫薇花药未见开裂（图6.14B）。观察取出的花粉粒，结实紫薇具有3个萌发沟，花粉粒外形圆润，发育饱满（图6.14C，E），不结实紫薇花药干瘪，皱缩，变形严重，在相同放大倍数下，体积明显小于结实紫薇花粉粒（图6.14D，F）。

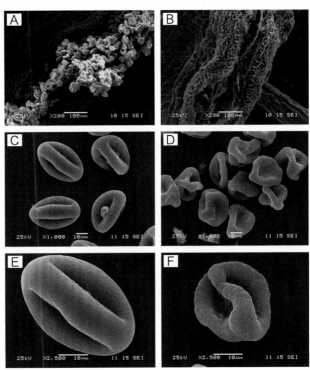

A. 结实紫薇的花药开裂后，花粉粒散出；B. 不结实紫薇的花药不开裂，无花粉粒散出；C. 结实紫薇散出的多粒花粉；D. 不结实紫薇散出的多粒花粉；E. 结实紫薇的可育花粉粒，形态圆润，发育饱满，可见萌发沟；F. 不结实紫薇的不育花粉粒，干瘪变形
图6.14 结实紫薇与不结实紫薇花药与花粉的形态特征

6.3.3.3 不结实紫薇与结实紫薇雌蕊结构差异

紫薇雌蕊具有完整的柱头、花柱和子房结构。紫薇柱头表面密布乳突细胞，汇聚于花柱中部向下延伸，结实紫薇的乳突细胞比不结实紫薇排列规则，细胞长且细胞质浓厚，不结实紫薇乳突细胞则排列疏松，细胞短小（图6.15A，B）。横截面观察紫薇花柱呈中空状，结实紫薇花柱近圆形，不结实紫薇花柱扁平。花柱由外表皮、基本组织和花柱道内表皮构成，花柱道内表皮是花粉管生长的通道，结实紫薇花柱道内表皮由5~7层排列紧实近圆形细胞构成，形成6个均匀突起，这层细胞比基本组织细胞小而紧实，在光镜下可观察到细胞核明显，细胞质浓厚，具有腺质细胞的特点，基本组织细

胞排列规则（图6.15C，E）；不结实紫薇花柱道狭窄，内表皮细胞排列疏松，零星分布且有较大间隙，无明显细胞核，基本组织细胞形状不规则，排列杂乱（图6.15D，F）。紫薇为中轴胎座，子房内有5~8个子房室，每个子房内着生胚珠115~143枚胚珠不等。均为倒生胚珠，胚珠由短小的珠柄与胎座相连接。通过石蜡切片观察发现，结实紫薇的子房中，成熟胚珠发育形成胚囊腔，胚珠内具有完整的助细胞、卵细胞和极核（或次生核）（图6.16A，B，E，F，G）。不结实紫薇的子房内，未观察到发育良好、具有胚囊腔的胚珠，均为败育胚珠（图6.16C，D）。通过大量切片观察发现，不结实紫薇的败育胚珠的发育类型及特征可划分为两类：第一类，在败育胚珠的珠心中隐约可见未发育的卵器痕迹，无细胞轮廓，如同细胞退化后的特征，胚囊腔未一缝隙（图6.16H）；第二类，在败育胚珠的珠心中完全无卵器结构，多由絮状组织构成，无胚囊腔（图6.16I）。

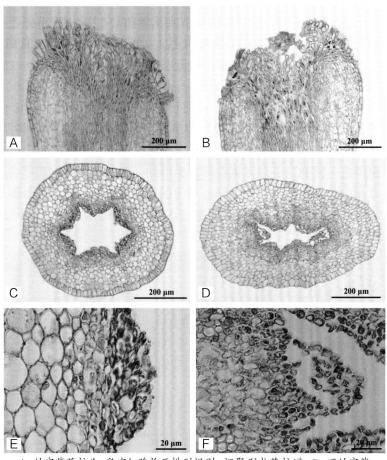

A. 结实紫薇柱头，乳突细胞长而排列规则，汇聚形成花柱道；B. 不结实紫薇柱头，乳突细胞短小且排列疏松；C. 结实紫薇花柱中空，近圆形，由外表皮、基本组织和花柱道内表皮构成；D. 不结实紫薇花柱扁平，花柱道狭窄；E. 结实紫薇花柱道内表皮细胞小而紧实，有腺质细胞的特点；F. 不结实紫薇内表皮细胞排列疏松，无明显细胞核

图6.15 结实紫薇与不结实紫薇柱头与花柱的特征

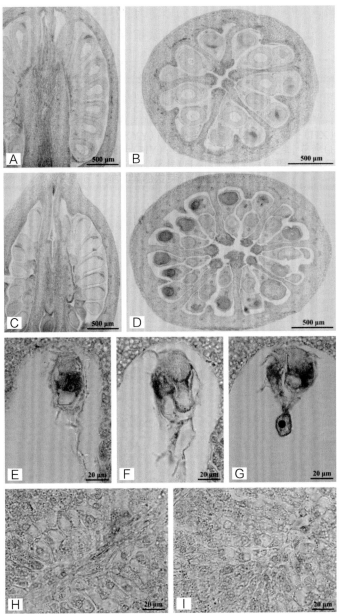

A. 结实紫薇子房纵切, 示一个子房室内的一列胚珠, 胚珠中有胚囊腔; B. 结实紫薇子房横切 (近花柱基部);
C. 不结实紫薇子房纵切, 示一个子房室内的一列胚珠, 胚珠无胚囊腔; D. 不结实紫薇子房横切 (近花柱基部);
E. 结实紫薇胚珠中的助细胞; F. 结实紫薇胚珠中的卵细胞; G. 结实紫薇胚珠中的次生核; H. 不结实紫薇中
的第一类败育胚珠, 珠心中隐约可见卵器结构, 但无细胞轮廓; I. 不结实紫薇中的第二类败育胚珠, 珠心中
完全无卵器结构, 多由絮状组织构成
图 6.16　结实紫薇与不结实紫薇子房与胚珠的特征

6.3.4 结论与讨论

　　本研究观察到不结实紫薇的花器官在外部形态上存在显著变异, 第一类花器和结实紫薇花器相似无差异; 第二类变异花器的花冠直径略小, 花丝全部弯曲盘旋, 花药褐黄, 不可见花柱; 第三类变异花器仅可见花瓣簇拥于花萼之内, 外部不可见雄蕊和

花柱。经观察发现，结实紫薇每个花序的单花之间成熟及开放时间比较一致，几乎同时开放，同时凋谢，同时结果。而不结实紫薇每个花序中的单花发育进程不同，花蕾分化和发育在时间上有先后之分，同时加上不结实紫薇单花开放凋谢后不结实随即脱落，所以不结实紫薇每个花序花开花谢不断，整个植株的花期延长，观赏寿命更长，经济价值更大。

结实紫薇花器中花药正常发育，开花当天花药开裂，散出可育花粉，花粉粒饱满，充满内含物。不结实紫薇三类花器官中花药均出现异常，均表现为花药壁组织脱水异常引起花药成熟后花粉囊不能开裂。不结实紫薇第一类花器的花药中虽然形成花粉粒，但花粉粒干瘪空洞、无内含物；第二类和第三类变异花器花药中花粉粒未充分发育，变形严重。同时，结实紫薇与不结实紫薇花药、花丝中的维管束结构存在显著差异。结实紫薇的花丝中，可见表皮细胞、薄壁细胞和规则的维管束；不结实紫薇花丝中，细胞变形，排列不规则，无明显维管束。不结实紫薇花药不能正常开裂与药室内壁最外一个细胞的异常可能存在一定关系。

结实紫薇柱头乳突细胞近长条形，规则排列于表面，而不结实紫薇柱头上乳突细胞短小且排列疏松。柱头下为花柱结构，是花粉管生长的通道，支撑花粉管从柱头生长至子房，柱头与花柱形成一个整体。紫薇为中空型花柱，结实紫薇花柱近圆形，花柱道内表皮细胞小而紧实，有腺质细胞的特点，而不结实紫薇花柱扁平，花柱道狭窄，内表皮细胞排列疏松，无明显细胞核。通过切片观察发现，结实紫薇的子房中均能形成有胚囊腔的可育胚珠，可育胚珠内可观察到发育正常的助细胞、卵细胞和极核（次生核）。观察不结实紫薇子房中的胚珠，未发现胚囊腔形成，均为败育胚珠，这些败育胚珠在开花当天已经存在，而非在受精后的发育过程中形成。败育胚珠可以分为两类，具有各自不同的特征，总体看来都是由于珠心组织未能正常发育所致，在胚囊成熟前发生败育。

参考文献

陈彦，周坚，2006.紫薇受粉习性及花粉管生长的研究[J].聊城大学学报（自然科学版），19(2)：53-54.

丁泽琴，王志敏，牛义，等，2013.植物花药开裂机制研究进展[J].中国蔬菜,(8)：12-18.

高英，张志宏，2009.激素调控果树花芽花器官分化的研究进展[J].经济林研究，27(2)：141-146.

顾翠花，包志毅，王守先，2013.51个紫薇不同品种的花粉形态学研究[C].中国观赏园研究进展：69-74.

郝敬虹，齐红岩，阎妮，等，2008.园艺作物花芽分化的研究进展[J].农业科技与装备,(1)：7-9.

胡适宜，2016.植物结构图谱[M].北京：高等教育出版社：15-18.

贾文庆，刘宇，2007.紫薇花粉生活力的测定[J].陕西农业科学,(1)：46-66.

金银根，2010.植物学（第二版）[M].北京：科学出版社.

李昀辉，李玉花，2005.草原龙胆（*Eustoma grandiflorum*）单、重瓣花器官分化的

形态学观察 [J].园艺学报,(3)：458-462.

梁春莉，刘孟军，赵锦，2005.植物种子败育研究进展 [J].分子植物育种，3(1)：117-122.

刘秀丽，招启柏，袁莉民，等，2003.烟草花芽分化的形态建成观察 [J].中国烟草科学,(1)：9-11.

秦萌，栗燕，唐丽丹，等，2012.紫薇花粉的贮藏方法及离体萌发研究 [J].河南农业大学学报，46(6)：637-641.

谭敦炎，于喜凤，田允温，1996.短命植物蝎尾菊的胚胎学研究 [J].新疆农业大学学报，19(1)：8-14.

王瑞文，杨彦伶，王瑞静，等，2010.紫薇花粉生活力变化及柱头可授性的研究 [J].湖北农业科学，49(11)：2829-2832.

肖华山，吕柳新，王湘平，等，2012.荔枝花芽分化过程的细胞超微结构观察 [J].福建师范大学学报(自然科学版)，18(2)：58-61.

姚长兵，胡绍安，王春英，等，1994.花粉管在花柱中生长的观察方法 [J].中国棉花，21(2)：2.

袁德义，邹锋，谭晓风，等，2011.油茶花芽分化及雌雄配子体发育的研究 [J].中南林业科技大学学报，31(3)：65-70.

张秦英，2007.紫薇开花及花粉特性研究 [C].中国观赏园艺研究进展：179-181.

Casper B B,Wiens D,1981.Fixed rates of random ovule abortion in Cryptantha flava(Boraginaceae) and its possible relation to seed dispersal[J].Ecology,62(3):866-869.

Akhalkatsi M,Pfauth M,Calvin C L,1999.Structural aspects of ovule and seed development and nonrandom abortion in Melilotus officinalis(Fabaceae)[J].Protoplasma,208(1-4):211-223.

Kaul M L H,2012.Male sterility in higher plants.[M].Springer Science & Business Media:42-63.

Wang X M,Chen J J,Zeng H J,et al.,2014.*Lagerstroemia indica* 'Xiangyun',a Seedless Crape Myrtle[J].Hortscience,49(12):1590-1592.

Gao C,Yuan D Y,Wang B F,et al.,2015a.A cytological study of Camellia oleifera anther and pollen development[J].Genetics and Molecular Research 14(3):8755-8765.

Gao C,Yuan D Y ,Yang Y,et al.,2015b.Pollen tube growth and double fertilization in Camellia oleifera[J].Journal of the American Society for Horticultural Science,140(1):12-18.

Gao C,Yang Rui,Yuan Deyi,2017.Characteristics of developmental differences between fertile and aborted ovules in Camellia oleifera[J].Journal of the American Society for Horticultural Science,142(5):330-336.

FANG xuan-jun,Wu-Jun,LIANG Qu,et al.,1996.Electron-Microscopic study of Micro-sporogenesis in Male-Sterile and Male-fertile Grain Amaranth[J].Developmental & Reproductive Biology,(1):55-58.

Rosellini D,Lorenzetti F,Bingham E T,1998.Quantitative ovule sterility in Medicago sativa[J].Theor Appl Genet,97(8):1289-1295.

Valtueña FJ,Rodríguez-Riañoa T,Ortega-Olivencia A,2011.Ephemeral and nonephemeral structures during seed development in two Cytisus species(Papilionoideae,Le guminosae)[J].Plant Biosyst,145(1):98-105.

Bots M,Vergeldt F,Wolters-Arts M,et al.,2005.Aquaporins of the PIP2 class are required for efficient anther dehiscence in tobacco[J].Plant Physiology,137(0):1049-1056.

Ge Y X,Angenent G C,Wittich P E,et al.,2000.NEC1,a novel gene,highly expressed in nectary tissue of Petunia hybrid[J].The Plant Journal,24:725-734.

M Nepi,2003."Real" and Feed Pollen of *Lagerstroemia indica*:Ecoph-ysiological Diferences[J].Plant Biology,5(3):3ll-314.

第7章　紫薇花器官发育相关基因研究

7.1 紫薇花器官发育相关基因的克隆与生物信息学分析

MADS-box 基因家族普遍存在于被子植物当中，人们围绕 *MADS-box* 基因家族调控的植物开花机制展开了大量的研究，但仍有问题尚未解决，比如：目前对于开花调控分子机理的关注主要集中在拟南芥、金鱼草、水稻等模式植物中，而在不同物种中可能具有的表达模式与功能的差异尚未清楚。湖南省林业科学院内紫薇一般在5月初花蕾开始分化，6月初进入花蕾分化的花器官发育阶段直至开花（许欢，2015；黄小珍 等，2021）。本研究通过 RT–PCR 技术，从紫薇中分离了4个 *MADS-box* 基因，其中，*LiFUL1* 基因属于 *AP1/FUL* 亚家族基因，*LiAP3* 属于 B 类 *MADS-box* 基因，*LiAG* 属于 C 类 *MADS-box* 基因，*LiAGL11* 属于 D 类 *MADS-box* 基因。

7.1.1 试验材料

7.1.1.1 植物材料

本试验所用紫薇'湘韵'和'红叶'种植于湖南省林业科学院试验林场，采样均在 10∶00 左右进行，从同树龄不同新生枝条上随机采摘紫薇花序顶端的花蕾，迅速用锡箔纸包好，液氮速冻，–80℃冰箱保存备用。

7.1.1.2 实验试剂和载体

酶和试剂：RNA 提取试剂盒[艾德莱（北京）生物科技有限公司]；DNA 凝胶回收试剂盒[艾德莱（北京）生物科技有限公司]；6×DNA Loading Buffer（中科瑞泰生物科技有限公司）；2000 bp DNA Marker（百泰克生物技术有限公司）；ddH₂O（天根生化科技有限公司）；LA Taq DNA 酶、T4 DNA 连接酶均购自宝生物工程（大连）有限公司；逆转录试剂盒、实时荧光定量试剂均购自诺唯赞生物科技有限公司。

载体和菌株：T/A 克隆载体；宿主菌大肠杆菌 DH5α。

7.1.2 试验方法

7.1.2.1 紫薇花蕾总 RNA 的提取

本试验采用植物 RNA 快速提取 EASY spin Plus 多糖多酚/复杂植物 RNA 快速提取试剂盒（RN53）（北京—艾德莱），提取紫薇花蕾总 RNA，参照说明书，试验步骤如下：

①将紫薇花蕾从 –80℃超低温冰箱中取出，称取约 0.1g 花蕾样品置于液氮预冷的研钵中，倒入液氮，先将花蕾碾碎，待研钵内液氮刚刚挥发完，迅速研磨几秒成细粉。

②立即转移细粉裂解液 CLB 离心管中（CLB 已提前加入 50μLβ巯基乙醇并置于65℃水浴预热），迅速摇匀或涡旋混匀达到匀浆状态。

③将离心管放回65℃水浴中15min，中间偶尔颠倒几次帮助裂解。

④将裂解物从水浴锅中取出，放入离心机，室温下 13000rpm 离心 10min，目的是沉淀不能裂解的碎片。

⑤用微量移液器小心地取上清转移至一个新离心管。加入上清体积一半的无水乙醇，轻柔地吹打混匀。

⑥将上述混合物，分2次全部加入一个基因组清除柱中，转移的量每次少于720μL，室温下13000rpm离心1min，弃掉废液。

⑦将基因组DNA清除柱子放在一个干净2mL离心管内，在基因组清除柱内加500μL裂解液RLT Plus，13000rpm离心30s，收集滤液（RNA在滤液中），加入约190μL的无水乙醇并轻轻吹打混匀。

⑧将混合物全部加入一个吸附柱RA中，13000rpm离心2min，弃掉废液。

⑨加入700μL去蛋白液RW1，室温放置1min，13000rpm离心30s，弃废液。

⑩加入500μL漂洗液RW，13000rpm离心30s，弃掉废液。重复漂洗一遍。

⑪将吸附柱RA放回空收集管中，13000rpm离心2min，保证吸附膜上无液体残留。

⑫取出吸附柱RA，放入一个RNase free离心管中，在吸附膜的中间部位加45μL事先在70℃水浴加热的RNase-free water，室温放置5min，12000rpm离心1min。为了提高洗脱下的RNA浓度，将洗脱液再次加入到吸附膜中间部分，进行二次洗脱。

7.1.2.2 反转录cDNA的合成

用诺唯赞（南京）有限公司提供的HiScript Ⅲ RT SuperMix反转录试剂盒将紫薇花蕾RNA进行逆转录反应合成cDNA，按照如下步骤进行：

1. 去除基因组DNA（表7.1）

用微量移液器轻柔吹打混匀，瞬时离心，PCR仪上42℃保持2min。

表7.1 去除基因组DNA的体系

组分	使用量
4×gDNA wiper Mix	4μL
RNA	1pg~1μg
RNase-free ddH$_2$O	to 16μL

2. 配置逆转录反应体系（表7.2）

在第1步已去除基因组DNA的反应管中，直接加入5×HiScript Ⅲ qRT SuperMix，同时做No RT Control阴性对照反应，用于检验RNA模板中是否有基因组DNA残留。用移液器轻柔吹打混匀。瞬时离心，置于PCR仪上进行逆转录反应，反应程序为：50℃，15min；80℃，5s。反应结束后，反转录产物放置于−20℃冰箱中保存。

表7.2 逆转录反应体系

组分	使用量
5×HiScript Ⅲ qRT SuperMix/ 5×No RT Control Mix	4μL
第1步的反应液	16μL
RNase-free ddH$_2$O	to 20μL

7.1.2.3 紫薇花器官发育 *MADS-box* 基因的扩增

1. 引物设计

根据紫薇转录组数据，筛选出目的基因，利用Primerprmier 5.0软件设计引物，克隆花器官发育MADS-box同源基因的CDS编码区序列。引物设计见表7.3。

表7.3　紫薇目的基因CDS序列克隆引物

引物名称	序列（5'-3'）	目的基因长度
LiFUL1-F	ATGGGGAGGGGGAGGGTGCA	753bp
LiFUL1-R	TCAGTTTACACCGTGCTGAAGCATC	
LiAP3-F	ATGACGAGAGGGAAGATTCAGA	675bp
LiAP3-R	TCAGTCAAGCAGTGGGTAGGTT	
LiAG-F	ATGAGGGGCAAAATCCAGATCAAG	705bp
LiAG-R	TTAGACGAGTTGAAGAGCGGTCTG	
LiAGL9-F	ATGGGGAGGGGGAGAGTGGAG	738bp
LiAGL9-R	TCATGGCATCCATCCTGGCAT	
LiSEP-F	ATGCTCAAGACCCTCGAGAGGTA	564bp
LiSEP-R	TCAGAGCATCCACCCTGGAAGAA	

2. PCR 扩增

将紫薇花蕾 cDNA 稀释为 $200ng \cdot \mu L^{-1}$，作为 PCR 反应的模板，引物稀释为 $10mmol \cdot L^{-1}$，按照如下组分配置 PCR 反应体系（表7.4）。反应程序为：94℃、30s，55℃、30s，72℃、90s，34个循环，4℃保存。

表7.4　PCR反应体系

组分	使用量
cDNA	2μL
10 × LA Buffer	2μL
LA Taq	0.2μL
dNTP	3.2μL
F Primer	0.5μL
R Primer	0.5μL
ddH$_2$O	Up to 20μL

7.1.2.4 目的片段回收与纯化

用1%琼脂糖凝胶电泳进行验证，首先将 PCR 产物与 6 × Loading Buffer 上样缓冲液混匀后注入胶孔，同排孔中注入 DNA marker，电压设置为120V。电流设置为150mA，电泳时间为25min。电泳结束后使用凝胶成像系统进行观察，将观察到的清晰明亮的条带在紫外切胶仪下进行切胶，尽量切除条带周围多余的凝胶，带有 DNA 核酸的胶块使用艾德莱（北京）有限公司的 DNA 胶回收试剂盒进行胶回收，操作步骤严格按照试剂盒说明书进行，具体操作如下：

①首先预处理硅胶吸附柱，取一个新的硅胶吸附柱，往柱子中央吸附膜的位置加入 100μL 平衡缓冲液，室温下 13000rpm 离心 30s，预处理完毕。

②打开紫外切胶仪，切下需要回收的 DNA 条带，应尽量减少胶块暴露在紫外灯下的时间，胶块体积切得越小越好。

③将切下的胶块放入 2mL 离心管中称重，加入 3 倍体积的溶胶液 DD，56℃水浴3min 后，每隔 1~2min 将离心管拿出旋涡混匀 1 次，直至胶块彻底溶解。

④用微量移液器吸取上一步所得溶液，分2~3次将溶液加入吸附柱EC中，每次少于720μL，室温下放置1min，13000rpm离心60s，弃掉收集管中的液体。

⑤往吸附柱EC中加入700μL漂洗液WB，12000rpm离心60s，弃掉离心管中废液，重复漂洗一次。

⑥将吸附柱EC放回收集管，12000rpm离心2min，弃掉收集管与废液。

⑦将上一步吸附柱EC放入一个新的离心管当中，在吸附膜的中间部位加50μL洗脱缓冲液EB，室温下放置5min后，12000rpm离心1min，为了回收得到的DNA浓度更高，将洗脱下来的溶液再次加入到同一个吸附膜中间部位，重复步骤⑦。回收的DNA片段用酶标仪测定浓度。

7.1.2.5 T/A 克隆

①将回收纯化的DNA片段连接pTOPO载体，取0.2mL的PCR管，在室温下设立连接体系（表7.5）。

表7.5 T/A克隆连接体系

组分	使用量
纯化后的PCR产物	30ng
10×Enhancer	0.5μL
pTOPO-TA/Blunt Vector	1μL
RNase-free ddH$_2$O	to 10μL

试剂加完后，用移液器轻轻吹打混匀，低速瞬时离心收集所有液体在离心管底，需要注意的是此步骤不宜在冰上进行，必须在室温（25~37℃）进行。

②室温约25℃条件下连接20min。

③取感受态细胞100μL置于冰浴中融化2min。

④向感受态细胞悬液中加入10μL上述连接产物，轻轻拨动离心管混匀，在冰浴中静置30min。

⑤将离心管置于42℃水浴中放置60s，然后快速将管转移到冰浴中，使细胞冷却2~3min。

⑥向离心管中加入900μL无菌且不含抗生素的LB培养基，混匀后置于37℃，150rpm摇床振荡培养45min，使菌体复苏。

⑦6000rpm离心3min，收集菌体于管底，弃掉部分上清，留下约150μL上清，将留下的上清和管底菌体轻轻吹打混匀，将已转化的感受态细胞加入到含50μg·mL^{-1}卡那霉素的LB固体培养基上，用无菌涂布棒进行涂布培养基表面。将培养基置于室温直至液体被吸收，倒置固体培养基，37℃恒温培养12h。

7.1.2.6 挑取单克隆测序

在超净台上，用灭菌的枪头挑取抗性平板上长出的单克隆菌斑，加入到添加有Amp（100mg·L^{-1}）的LB液体培养基中，置于37℃摇床上，180rpm震荡培养过夜；以菌液为模板，与目的基因上下游引物进行PCR，通过1%琼脂糖凝胶电泳检测是否有目的片段，若有目的条带即为阳性克隆，将阳性克隆的菌液送至上海生物生工进行测序。

7.1.2.7 生物信息学分析

将测序结果在 NCBI 数据库中进行 Blast 比对，运用 Primer 5.0 软件将测序得到的目的基因编码区序列翻译为氨基酸序列；并利用 NCBI Conserved Domain Search（https://blast.ncbi.nlm.nih.gov）对目的蛋白保守结构域进行预测；运用 ExPASy 在线分析软件分析基因编码蛋白的理化性质；利用 SignalP（https://www.plob.org/article/2404.html）在线软件预测基因编码蛋白信号肽；利用 SOPMA 在线分析软件预测目的氨基酸二级结构；利用 Swiss-Model（https://Swiss-Model.html）在线分析软件建立蛋白质空间结构模型；在 NCBI 数据库中查找与目的氨基酸序列同源性较高的其他植物中的同源序列，利用 MEGA-X 软件的 NJ 法构建系统发育树。

7.1.3 结果与分析

7.1.3.1 RNA 提取结果与 MADS-box 同源基因的克隆

紫薇'湘韵'花蕾的 RNA 提取结果如图 7.1 所示，28S rRNA：18S rRNA 的亮度约为 2：1，并且 $OD_{260/280}$ 约为 1.9，说明 RNA 完整性较好，可用于开展后续试验。

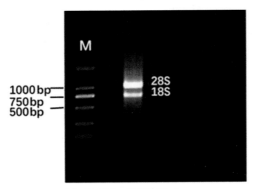

M：2000 bp DNA Marker
图 7.1 紫薇花蕾总 RNA 的提取

根据紫薇转录组数据设计引物，以紫薇'湘韵'花蕾的 cDNA 为模板，通过 RT-PCR 技术，获得 4 条基因片段（图 7.2），经过测序，序列比对可知 4 条基因全为 MADS-box 基因家族基因，包括 *AP1/FUL* 亚家族基因、B 类基因、C 类基因、D 类基因，分别命名为：*LiFUL1*、*LiAP3*、*LiAG*、*LiAGL11*，将获得的序列提交至 GenBank，分别获得基因登录号（表 7.6）。

表 7.6 获得序列的基因登录号

基因名称	类别	登录号
LiFUL1	*AP1/FUL*	MN894547
LiAP3	B 类	MN714391
LiAG	C 类	MN714392
LiAGL11	D 类	MN714394

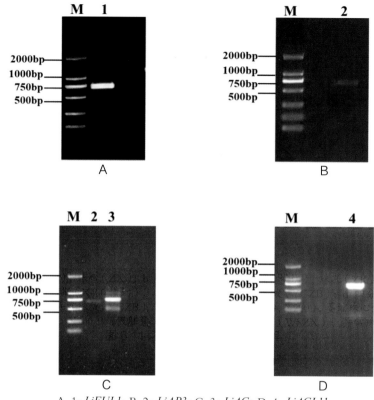

A. 1: *LiFUL1*; B. 2: *LiAP3*; C. 3: *LiAG*; D. 4: *LiAGL11*
M: 2000 bp DNA Marker
图 7.2 紫薇 *MADS-box* 基因的克隆

7.1.3.2 生理生化性质分析

利用生物信息学手段，将获得的序列进行理化性质分析（表7.7），氨基酸等电点分析结果来看获得的基因均属于碱性蛋白，从不稳定系数和亲疏水性分析可知，4个蛋白均属于无信号肽、无跨膜结构域、亲水性的不稳定蛋白。

表7.7 目的基因编码蛋白理化性质分析

理化性质	*LiFUL1*蛋白	*LiAP3*蛋白	*LiAG*蛋白	*LiAGL11*蛋白
分子式	$C_{1222}H_{1987}$ $N_{379}O_{384}S_{107}$	$C_{1115}H_{1810}$ $N_{328}O_{348}S_7$	$C_{1165}H_{1895}$ $N_{351}O_{365}S_8$	$C_{1101}H_{1811}$ $N_{327}O_{343}S_{12}$
相对分子质量	28.45313	25603.05	26915.47	25502.2
理论等电点	9.05	9.15	9.3	9.35
带正电残基（Arg+Lys）	37	34	36	35
带负电残基（Asp+Glu）	32	28	38	27
脂肪系数	78.80	85.31	81.79	83.89
不稳定系数	49.12	46.44	51.34	51.36
平均疏水系数	−0.822	−0.671	−0.712	−0.671

7.1.3.3 二、三级结构预测

利用SOPMA在线分析软件预测目的基因编码氨基酸二级结构；利用Swiss-Model在线分析软件建立蛋白质空间结构模型；结果如图7.3所示，二级结构中均含有α-螺旋（alphahelix）、延伸连（extended strand）、β-折叠（betaturn）、和无规则卷曲（random coil）结构。三级结构如图7.4所示，4个目的基因编码蛋白都形成的简单的三级结构，由α-螺旋、β-折叠和无规则卷曲构成。

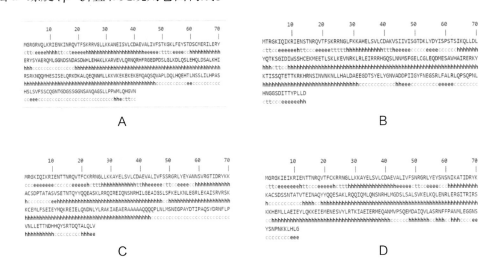

A: *LiFUL*1；B: *LiAP*3；C: *LiAG*；D: *LiAGL*11

图7.3 目的基因编码蛋白二级结构预测（h，α-螺旋；e，延伸链；c，无规则卷曲；t，β-折叠）

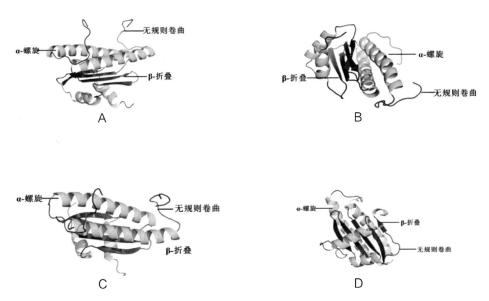

A: *LiFUL*1；B: *LiAP*3；C: *LiAG*；D: *LiAGL*11

图7.4 目的基因编码蛋白三级结构预测

7.1.3.4 紫薇 *LiFUL1* 基因的多序列比对和系统进化分析

采用DNAMAN软件将LiFUL1蛋白的氨基酸序列与其他物种的氨基酸序列进行多序列比对，结果如图7.5所示，紫薇LiFUL1氨基酸序列与其他物种的同源氨基酸具有较高的保守性，其中MADS-box结构域保守性最高，其次是K-box结构域、I结构域，C末端的保守性最低。多序列比对结果表明，LiFUL1氨基酸序列和其他物种的FUL同源蛋白均具有典型的euFUL motif基序，而其他物种的AP1氨基酸序列则均有euAP1motif，表明本研究克隆得到的基因是紫薇中FUL的同源基因。

为了进一步研究紫薇LiFUL蛋白与其他物种的AP1/FUL亚家族蛋白之间的亲缘关系，本研究利用MEGA-X软件，采用邻位连接法（Neighbor joining，NJ）将紫薇LiFUL1氨基酸序列与其他物种的同源氨基酸进行系统进化分析，并利用Bootstrap进行检测，采用重复抽样分析系统发育树分支的置信度，重复抽样次数为1000次。核心真双子叶植物*AP1/FUL*亚家族具有3个不同的进化系，分别为：*euAP1*、*euFUL*、*FUL-like*。如图7.6所示，本研究克隆出的*LiFUL1*基因编码蛋白位于euFUL氨基酸类群的分支上，说明扩增得到的基因属于*euFUL*基因类群；与石榴（*Punica granatum*）位于同一个结点上，且支持率达到100%，说明这个分支可靠，*LiFUL1*与石榴的亲缘关系较近，可能是因为紫薇与石榴同属于桃金娘目，说明二者的同源蛋白可能具有相似的功能。

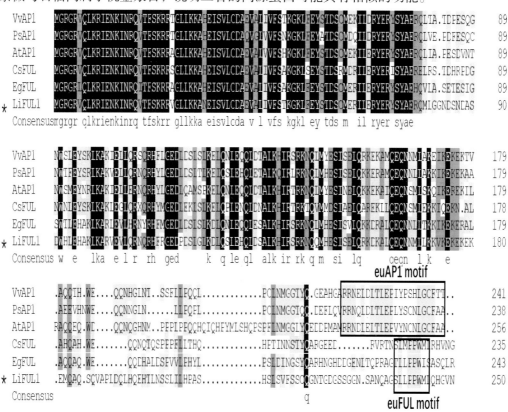

从上至下分别为葡萄，日本晚樱，拟南芥，金粟兰，蓝桉，紫薇；登录号从上至下分别为：AAT07447.1，ACT67688.1，NP_177074.1，AAQ83693.1，AAG24909.1，MN894547

图7.5 不同物种的 AP1/FUL 蛋白的氨基酸序列比对

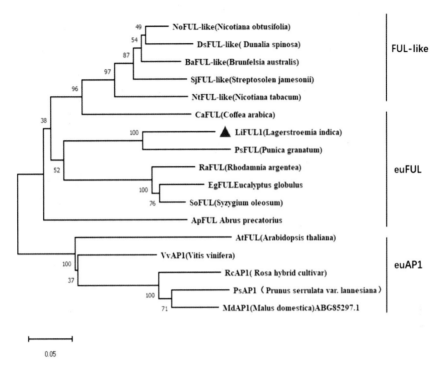

以上氨基酸序列的登录号为: NoFUL: QBL14512.1; DsFUL-like: QBL14489.1; BaFul-like: QBL14476.1; SjFUL-like: QBL14536.1; NtFUL-like: ABF82231.1; CaFUL: AHW58040.1; LiFUL1: QOE44643.1; PsFUL1: XP 031405266.1; RaFUL: XP 030533669.1; EgFUL. AAG24909.1; SoFUL. XP_030455355.1; ApFUL. XP 027339183.1; AtFUL. 177074.1; VVAP1. AATO774.1; RcAP1. ACS74806.2; PsAP1: ACT67688.1;　MdAP1. ABG85297.1

图 7.6　紫薇与其他物种 AP1/FUL 类氨基酸的系统进化分析

7.1.3.5 紫薇 *LiAP3* 基因的多序列比对和系统进化分析

将克隆测序得到的紫薇 B 类基因用 Primer 5.0 软件翻译氨基酸序列, 用 DNAMAN 软件将 LiAP3 氨基酸序列与其他物种的同源 AP3 氨基酸序列进行多序列比对, 结果如图 7.7 所示, 紫薇 LiAP3 氨基酸序列与其他物种的同源氨基酸具有较高的保守性, 具有典型的 MADS-box 结构域、I 结构域、K-box 结构域和 C 末端。被子植物的 B 类 *MADS-box* 基因有 *AP3*、*PI* 2 个进化支, *AP3* 基因又有 euAP3 motif, paloAP3 motif (TM6) 2 个分支, 而 *PI* 基因只有 PI motif, 由图 7.7 多序列比对结果可以看出, 目的氨基酸序列 LiAP3 的 C 末端有 euAP3 motif, 说明紫薇 *LiAP3* 基因属于 euAP3 类基因。

为了解紫薇 LiAP3 蛋白与其他物种同源蛋白的进化关系, 利用 MEGA-X 软件将紫薇 LiAP3 氨基酸序列与其他物种的 B 类亚家族氨基酸序列进行系统进化分析, 采用邻位连接法, 利用 Bootstrap 进行检测, 重复抽样分析次数为 1000 次。结果如图 7.8 所示, LiAP3 氨基酸与 euAP3 进化系聚为一支, 进一步说明本试验扩增得到的紫薇 *LiAP3* 基因属于 euAP3 进化系基因。紫薇 LiAP3 氨基酸序列与石榴聚为一个分支, 支持率为 100%, 说明紫薇 LiAP3 氨基酸与石榴的亲缘关系最近。

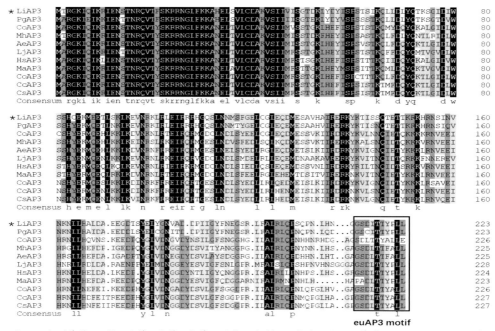

从上至下分别紫薇，石榴，油茶，地花，华特猕猴桃，木槿，一年生山靛，山茱萸，灯台树，欧洲红端木；
登录号从上至下分别为：MN714391，XP_031376836.1，AJN00603.1，AQM52302.1，ADU15474.1，
AAX13301.1，KAE8682146.1，ALK01327.2，AUT32393.1，AUT32394.1，AUT32396.1

图 7.7 不同物种的 AP3 蛋白的氨基酸序列比对

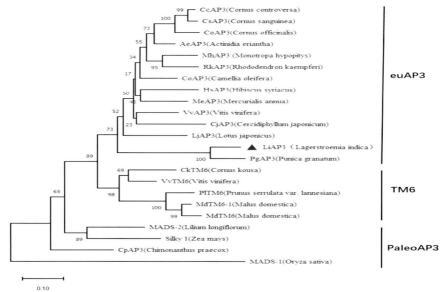

以上氨基酸序列的登录号为：PlTM6：AEE73593.1；CkTM6：AGA61760.1；MdTM6-1：BAC11907.1；
MdTM6：CAC80856.1；MADS-1：AAB52709.1；MADS-2：AAM27456.1；CpAP3：ABK34952.1；
Silky 1：NP_001104951.1；PgAP3：XP_031376836.1；CoAP3：AJN00603.1；MhAP3：AQM52302.1；
AeAP3：ADU15474.1；LjAP3：AAX13301.1；HsAP3：KAE8682146.1；MeAP3：ALK01327.2；RkAP3：
BBA27232.1；CoAP3：AUT32393.1；VvAP3：NP_001267960.1；CjAP3：ASY97764.1；CcAP3：
AUT32394.1；CsAP3：AUT32396.1

图 7.8 紫薇与其他物种 AP3 氨基酸的系统进化分析

7.1.3.6 紫薇 *LiAG* 基因的多序列比对和系统进化分析

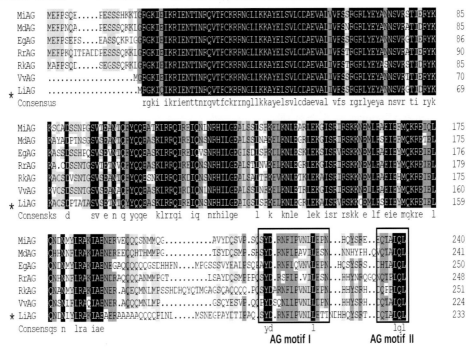

从上至下分别为芒果，苹果，大桉，玫瑰，山杜鹃，葡萄，紫薇；登录号从山至下分别为：AER34989.1，
NP_001280918.1，KCW47400.1，BAA90743.1，BAL41415.1，NP_001268105.1，MN714392

图 7.9 不同物种的 AG 蛋白的氨基酸序列比对

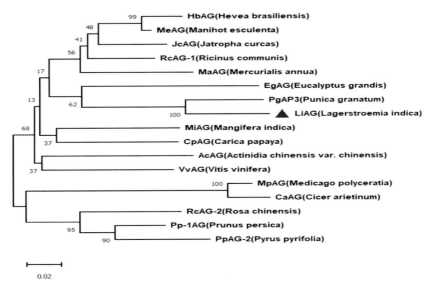

以上氨基酸序列的登录号为：PgAP3: XP_031378602.1; RcAG: XP_015575434.1; JcAG: XP_020533192.2;
HbAG: XP_021678400.1; MiAG: AER34989.1; CpAG: XP_021898390.1; Ac: PSS16392.1; MeAG:
XP_021598603.1; Pp: XP_007217264.1; Ma: ALK01326.2; Mp: AGK25046.1; VvAG: NP_001268105.1;
Eg: KCW47400.1; Ca: XP_004513719.1; RcAG: XP_024182867.1

图 7.10 紫薇与其他物种 AG 同源蛋白的系统进化分析

采用DNAMAN软件将LiAG的氨基酸序列与其他物种的氨基酸序列进行多序列比对，结果如图7.9所示，紫薇LiAG氨基酸序列与其他物种的同源氨基酸具有较高的保守性，其中MADS-box结构域保守性最高，其次是K-box结构域、I结构域，C末端的保守性最低。LiAG氨基酸序列和其他物种的AG同源蛋白均具有典型的AG motif Ⅰ、AG motif Ⅱ，表明本研究从紫薇中克隆得到的*LiAG*基因是AG同源基因。系统进化分析结果如图7.10所示，紫薇LiAG蛋白与石榴以聚为一个分支，支持率达到100%，说明紫薇LiAG与*Punica granatum*的亲缘关系最近，处于同一个分支的还有蓝桉（*Eucalyptus globulus*），支持率达到62%，说明紫薇LiAG蛋白与蓝桉亲缘关系较近。

7.1.3.7 紫薇 *LiAGL11* 基因的多序列比对和系统进化分析

本试验从紫薇当中分离出1个与花器官发育相关的D类基因，命名为*LiAGL11*，采用DNAMAN软件将LiAGL11的氨基酸序列分别与其他物种的同源氨基酸序列进行多序列比对。结果如图7.11所示，紫薇LiAGL11氨基酸序列与其他物种的同源氨基酸均具有较高的保守性，其中MADS-box结构域保守性最高，其次是I结构域、K-box结构域、C末端结构域，说明这个氨基酸序列均为保守的AGL Ⅱ同源氨基酸。系统进化分析结果表明（图7.12），紫薇LiAGL11蛋白石榴聚为一个可靠的分支，支持率达到100%，说明紫薇LiAGL11与石榴的同源氨基酸亲缘关系最近。

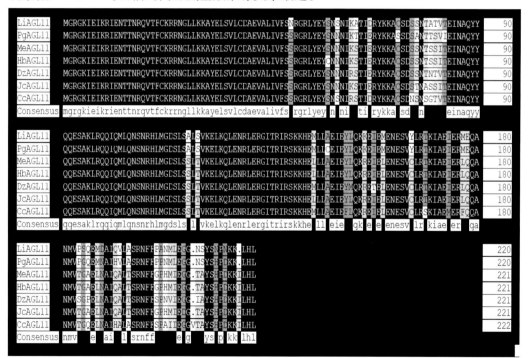

从上至下依次为：石榴，木薯，橡胶树，榴莲，麻风树，柑橘；登录号为：MN714394, XP_031394176.1, XP_021614256.1, XP_021686561.1, XP_022718367.1, XP_012073507.1, XP_024044079.1

图 7.11 不同物种的 AGL11 氨基酸序列比对

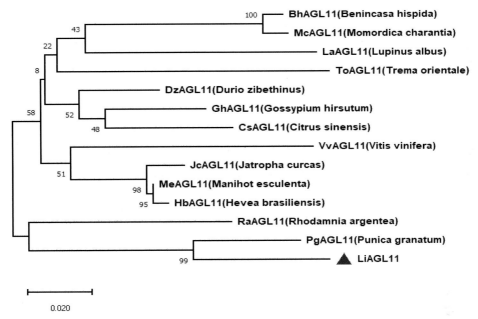

以上氨基酸序列的登录号为：PgAGL11：XP_031394176.1；MeAGL11：XP_021614256.1；RaAGL11：XP_030520885.1；HbAGL11：XP_021686561.1；DzAGL11：XP_022718367.1；JcAGL11：XP_012073507.1；GhAGL11：NP_001314025.1；Bh：XP_038889600.1；CsAGL11：XP_006478206.1；VvAGL11：CBI39246.3；ToAGL11：PON81441.1；LaAGL11：KAF1898823.1；McAGL11：AAO20104.1

图 7.12　紫薇与其他物种 AGL11 同源氨基酸的系统进化分析

7.1.4 小结

①本研究利用 RT-PCR 技术，从紫薇'湘韵'花蕾 cDNA 中分离了 4 个与花器官发育相关的 *MADS-box* 同源基因，命名为 *LiFUL1*、*LiAP3*、*LiAG*、*LiAGL11*，获得基因登录号为 MN894547、MN714391、MN714392、MN714394。将获得的基因序列进行生物信息学分析，结果表明，获得的基因都为无信号肽、无跨膜区的亲水性蛋白，这与转录因子的作用相符。通过多序列比对分析发现，获得的基因编码氨基酸序列均具有典型的 MADS 结构域、I 结构域、K-box 结构域，*LiFUL1*、*LiAP3*、*LiAG* 的 C 末端有亚家族的保守基序，因此，说明获得的序列都为 *MADS-box* 超家族基因。

②*FUL* 是 *MADS-box* 基因家族的 *AP1/FUL* 亚家族基因。*AP1/FUL* 亚家族在进化过程中，在核心真双子叶植物中发生了两次基因重复事件，演化出这个亚家族中不同的进化系，分别为 *FUL*、*AP1* 和 *FUL-like* 进化系。本研究从紫薇花蕾中分离出一个 *AP1/FUL* 亚家族基因，这个基因编码氨基酸序列的 C 末端具有典型的 euFUL-motif，进行系统进化分析后，由结果可知，目的基因与 euFUL 氨基酸类群聚为一支，说明获得的基因序列为 *euFUL* 基因。

③紫薇 *LiAP3* 基因属于 *MADS-box* 基因家族的 B 类基因，被子植物的 B 类基因原本只有 *PI* 和 *AP3* 2 个分支系，由于几次基因重复事件的发生，在核心真双子叶植物中 *AP3* 基因进化为 C 末端分别有 euAP3 motif 和 PaloAP3 motif（TM6motif）的两种类型，而非核

心真双子叶植物 *AP3* 基因仅具有 *PaloAP3* 一种类型，本试验紫薇 *LiAP3* 基因具有 euAP3 motif（TM6motif），属于 *euAP3* 支系基因。

④在紫薇中分离出来的 C 类基因 *LiAG* 和 D 类基因 *LiAGL11* 均属于 *AG-like* 基因，*LiAG* 的 C 末端具有 AG motif Ⅰ 和 AG motif Ⅱ，有研究表明，*AG-Like* 基因有可能是在被子植物和裸子植物分开之前产生了 C 类 *AG* 和 D 类 *AGL11* 两种基因型，而 *LiAGL11* 与其他物种的同源氨基酸的 M/I/K/C 结构域的保守性较 A、B、C 类基因高，可能 D 类基因 *LiAGLII* 在进化历程中较为保守。

⑤本试验从紫薇花蕾中分离出来的 *MADS-box* 基因，与其他物种的同源蛋白进行系统进化分析均与石榴聚为可靠的一支，支持率在 99% 以上，说明，紫薇的这 4 个 *MADS-box* 基因均与石榴亲缘性最高，其次是蓝桉，支持率达到 65%，分支上看与其他物种的亲缘性较低，可能是因为紫薇与石榴、蓝桉均属于桃金娘目，物种在不同目中有不同的进化历程。本章节为后续研究紫薇花器官发育相关基因的表达模式和功能验证提供了基础数据。

7.2 紫薇花器官发育相关基因的表达特性分析

为探究紫薇花器官发育相关基因在不同品种和不同部位的基因表达量，利用实时荧光定量 PCR 技术检测了 *LiFU1*、*LiAP3*、*LiAG*、*LiAGL11* 基因在紫薇不同花器官当中的表达量。*LiAP3*、*LiAG*、*LiAGL11* 均具有组织表达特异性，仅在花蕾花器官当中表达，茎叶当中不表达，推测为花器官特征决定性基因。*LiAP3* 在 2 个不同紫薇品种当中的表达均主要位于花瓣和雄蕊（包括长雄蕊和短雄蕊）。*LiAG* 的表达主要位于雄蕊。*LiAGL11* 主要在雌蕊当中表达。花器官发育阶段的 3 个不同时期中，紫薇 *LiAP3*、*LiAG*、*LiAGL11* 和 *LiFUL* 从花蕾长出至开花的 3 个不同时期均有表达，并且 *LiAP3*、*LiAG*、*LiAGL11* 基本呈上升趋势，进一步说明这些基因为紫薇花器官发育相关基因。本章内容为后续研究紫薇花器官发育机理提供基础数据。

7.2.1 试验材料

7.2.1.1 植物材料

试验所用紫薇种植于湖南省林业科学院试验林场，采摘紫薇茎、叶、花序顶端的花蕾和盛开期的花朵，分离萼片、花瓣、长雄蕊、短雄蕊、雌蕊（图 7.13）。参考许欢（2015）的研究，笔者将花器官发育阶段分为 3 个不同时期（Li1、Li2、Li3）（图 7.14）。从同树龄不同新生枝条上随机摘取样品，采样均在 10 : 00 左右进行，将采集好的样各 3 份装入密封袋，液氮速冻，–80℃冰箱保存备用。

花瓣　　短雄蕊　　长雄蕊　　雌蕊　　花萼　　茎　　叶

图 7.13 紫薇'湘韵'不同花器官

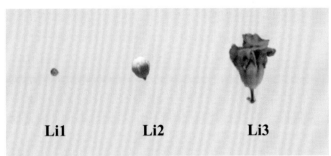

图 7.14　紫薇‘湘韵’花器官发育阶段 3 个不同时期花蕾

7.2.1.2 实验试剂和仪器

反转录试剂、实时荧光定量试剂均购自诺唯赞生物科技有限公司，RNA 提取试剂盒 EASY spin RN53（艾德莱生物技术有限公司）。

实时荧光定量 PCR 仪：QuantStudio6 Flex 实时荧光定量 PCR 系统（LifeSciences Solutions Group，Thermo Fisher Scientific）。

7.2.2 试验方法

7.2.2.1 实时荧光定量引物设计

根据扩增得的 *LiFUl*、*LiAP3*、*LiAG*、*LiAGL11* 基因的 CDS 序列，利用 Primer 5.0 软件设计实时荧光定量 PCR 引物（表 7.8），由华大基因公司合成。

表 7.8　实时荧光定量引物的设计

引物名称	序列（5'-3'）	基因目的
LiFUL1-qF	TAGCCCTCATCGTCTTCTCCA	实时荧光定量
LiFUL1-qR	GCATCATTACTATCATTGCCTCC	实时荧光定量
LiAP3-qF	TTCGGGGAACTGTGCGGTCTTGA	实时荧光定量
LiAP3-qR	CCTGTGCTTTCTCTTTGTAGTCTCG	实时荧光定量
LiAG-qF	CGAGAACACCACCAACAGGCA	实时荧光定量
LiAG-qR	GTATTCATAGAGACGACCACGGCT	实时荧光定量
AGL11-qF	CTCAGTATTATCAACAAGAATCAGC	实时荧光定量
AGL11-qR	TTCAGTTCCTTCACCGACAGC	实时荧光定量
Li18S-q-F	GGGCATTCGTATTTCATAGTCAGAG	实时荧光定量
Li18S-q-R	CGGCATCGTTTATGGTTGAGA	实时荧光定量

7.2.2.2 RNA 提取

采集紫薇‘湘韵’和‘红叶’2 个不同品种的花萼、花瓣、长雄蕊、短雄蕊、雌蕊，分别提取 RNA，提取方法同 7.1.2.1。用 1% 琼脂糖凝胶电泳检测 RNA 质量，并用酶标仪检测其 RNA 浓度，电泳图中 28S∶18S 条带清晰且亮度大致为 2∶1，$OD_{260/280}$ 在 1.9~2.0 之间，则说明提取得到的 RNA 完整无降解，可用于进行实时荧光定量 PCR 试验。

7.2.2.3 逆转录 cDNA 的合成

用上述提取的RNA逆转录成cDNA，逆转录步骤7.1.2.2。

7.2.2.4 实时荧光定量反应

将逆转录成功的cDNA加入ddH₂O进行稀释，用酶标仪进行检测，模板浓度大约为$200ng \cdot \mu L^{-1}$，选取$Li18S$基因作为内参基因，以上述获得的2个紫薇品种四轮花器官进行实时荧光定量PCR。配置体系如下（表7.9）。

加样过程尽量保证在冰上操作，并减少操作时间，操作过程需注意SYBR染料可被光降解。实时荧光定量PCR扩增程序如下：95℃、30s，95℃、10s，60℃、30s，40个循环。熔解曲线的扩增程序为：95℃、15s，60℃、60s，95℃、15s。

表7.9 实时荧光定量PCR反应体系

组分	使用量
SYBRPremixexTaqTM	10μL
Forward primer	0.3μL
Reverse primer	0.3μL
cDNA	2μL
ddH₂O	7.4μL

7.2.3 结果与分析

7.2.3.1 紫薇花器官发育相关基因的组织表达特性分析

采用紫薇$Li18S$基因作为内参，采用实时荧光定量PCR技术进行检测4个$MADS$-box基因家族同源基因在紫薇不同品种与不同花器官当中的表达量。

结果如图7.15所示，紫薇$AP1/FUL$亚家族基因$LiFUL1$在2个紫薇品种的不同花器官和茎、叶当中的表达模式相似，表达量均较低，除在花萼当中具有显著差异，在其他部位的差异均不显著，在花萼中的表达量比在其他部位中的表达量较高，$LiFUL1$基因不仅在花器官当中表达，也在营养器官当中表达。

紫薇B类$MADS$-box基因$LiAP3$主要在花瓣和长、短雄蕊中表达，在2个不同紫薇品种的表达量差异显著，在紫薇'湘韵'的长雄蕊中表达量显著高于'红叶'，在2个紫薇品种花瓣中几乎不表达，在雌蕊和茎、叶当中不表达。

紫薇C类$MADS$-box基因$LiAG$在2个品种紫薇的短雄蕊和雌蕊中表达差异显著，并且都有较高的表达量，在雌蕊中表达量最高，在长雄蕊、花萼当中表达量较低；在花瓣、茎、叶当中不表达。

紫薇D类$MADS$-box基因$LiAGL11$主要在雌蕊当中表达，并且在2个品种紫薇中表达量差异显著，$LiAGL11$除在雌蕊当中表达，仅在长雄蕊中有表达，在花萼、花瓣、短雄蕊中几乎不表达。2个基因在茎、叶当中都不表达。

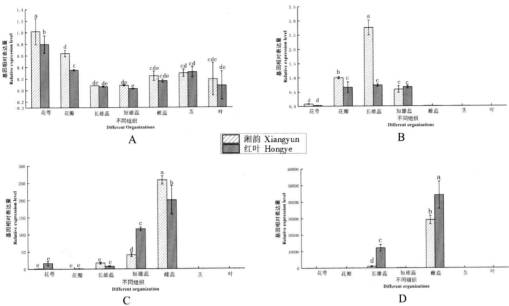

A: *LiFUL1* 基因；B: *LiAP3* 基因；C: *LiAG* 基因；D: *LiAGL11* 基因

图 7.15　紫薇花器官发育相关基因不同部位的表达特性分析

[柱上无相同小写字母表示差异显著（*P* < 0.05）（下同）]

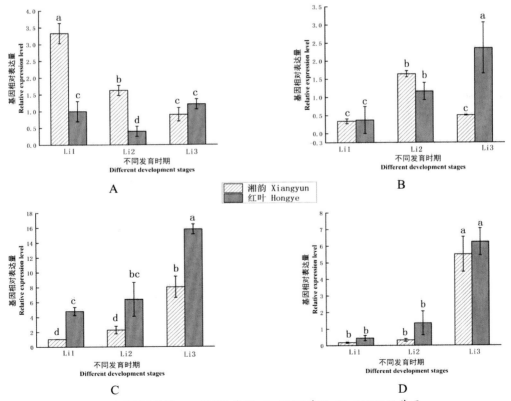

A: *LiFUL1* 基因；B: *LiAP3* 基因；C: *LiAG* 基因；D: *LiAGL11* 基因

图 7.16　紫薇花器官发育阶段 3 个不同时期的基因表达

7.2.3.2 紫薇花器官发育相关基因的时间表达特性分析

采用紫薇 *Li18S* 基因作为内参，采用实时荧光定量 PCR 技术进行检测 4 个 MADS-box 同源基因在紫薇花器官发育阶段，3 个不同时期花蕾的基因表达量。结果如图 7.16 所示，花器官发育阶段的 3 个不同时期中，从花蕾长出至开花的 3 个不同时期，紫薇调控花器官发育的 B 类基因 *LiAP3*，C 类基因 *LiAG*，D 类基因 *LiAGL11*，基本呈上升趋势，在花器官发育阶段基因表达量逐渐上升，可进一步推测这 3 个基因为花器官发育调控基因。而 *LiFUL1* 基因的表达量在'湘韵'中表达量呈下降趋势，在'红叶'中表达量变化不大，可能与该基因功能广泛有关，并且在'湘韵'花器官发育前期起作用的可能性较大。

7.2.4 小结

①本章节从紫薇花蕾中分离出来的这 4 个基因分别属于花器官发育模型 ABCD 类基因，其表达与在模式植物拟南芥、金鱼草中的表达模式相似，但也有紫薇特异的表达。*AP1/FUL* 亚家族基因 *LiFUL1* 不仅在紫薇花器官当中表达，也在茎、叶当中表达，这与在其他物种当中的研究相似，可能是因为 *LiFUL1* 基因功能较为广泛。

②*LiAP3*、*LiAG*、*LiAGL11* 均具有组织表达特异性，仅在花蕾花器官当中表达，茎叶当中不表达，推测为花器官特征决定性基因。本试验中紫薇 B 类基因 *LiAP3* 在 2 个不同紫薇品种当中的表达均主要位于花瓣和雄蕊（包括长雄蕊和短雄蕊），推测紫薇的 *LiAP3* 基因主要调控花瓣和雄蕊的发育。紫薇的 C 类基因 *LiAG* 的表达主要位于雌蕊、长雄蕊、短雄蕊，并且长短雄蕊表达量差异显著。紫薇 D 类 *MADS-box* 基因 *LiAGL11* 主要在雌蕊当中表达，在 2 个不同品种紫薇中表达量差异显著，推测 D 类基因主要调控雌蕊的表达。

③花器官发育阶段的 3 个不同时期中，紫薇 *LiAP3*、*LiAG*、*LiAGL11* 和 *LiFUL* 从花蕾长出至开花的 3 个不同时期均有表达，并且 *LiAP3*、*LiAG*、*LiAGL11* 基本呈上升趋势，进一步说明这些基因为紫薇花器官发育相关基因。

7.3 紫薇 *LiFUL1*、*LiAP3*、*LiAG* 基因的亚细胞定位

为探究紫薇 *LiFUL1*、*LiAP3*、*LiAG* 基因在细胞中发挥功能的位置，将 pCAMBIA 1300 载体与目的基因重组相连。将转化成功的重组载体采用农杆菌介导法，在烟草中进行瞬时表达。结果显示 pCAMBIA 1300-LiFUL1-GFP、pCAMBIA 1300-LiAP3-GFP、pCAMBIA 1300-LiAG-GFP 蛋白都定位于细胞核中，说明 *LiFUL1*、*LiAP3*、*LiAG* 基因在细胞核中表达，这与转录因子基因特征相符。本试验为研究紫薇花器官发育相关的分子机理提供了基础数据，也为深入研究这些目的基因在紫薇开花过程中的功能提供科学依据。

7.3.1 试验材料

7.3.1.1 植物材料

种植在室内 23℃环境下的野生型烟草。

7.3.1.2 载体和菌株

载体：植物双元表达载体 pCAMBIA 1300-GFP（图 7.17）。

菌株：DH5α 大肠杆菌感受态（自天根生物有限公司）；EHA105 根瘤农杆菌（北京博迈德生物有限公司）。

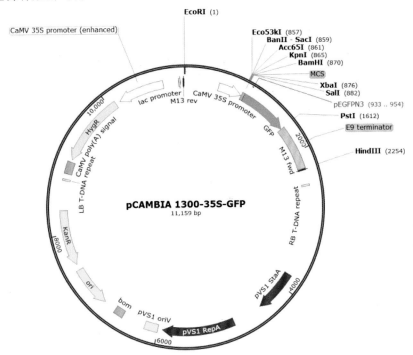

图 7.17　pCAMBIA 1300-GFP 载体图谱

7.3.1.3 主要试剂和设备

Kpn I 限制性内切酶，*BamH* I 限制性内切酶，LA taq DNA 聚合酶，T4 DNA 连接酶，卡那霉素，利福平抗生素，DNA 胶回收试剂盒（北京安诺伦北京生物科技有限公司），质粒提取试剂盒（北京艾德莱生物技术有限公司），乙酰丁香酮（AS），$MgCL_2$，2-吗啉乙磺酸（MES）。激光共聚焦显微镜（LEICA TCS SP8）。

7.3.2 试验方法

7.3.2.1 酶切引物设计

根据紫薇 *LiFUL1* 基因的 CDS 序列，设计酶切引物，选择 *BamH* I 和 *Kpn* I 作为酶切位点，引物设计见表 7.10，送交华大基因公司合成。

表 7.10　亚细胞定位引物设计

Table 7.10　Design of subcellular primers

引物名称	序列（5'-3'）	基因目的
LiFUL1-GFP-F	CGCGGTACCATGGGAGGGGGAGGGTGCA	亚细胞定位
LiFUL1-GFP-R	CGCGGATCCGTTTACACCGTGCTGAAGCATCCAT	亚细胞定位

（续表）

引物名称	序列（5'-3'）	基因目的
LiAP3-GFP-F	CGCGGTACCATGACGAGAGGGAAGATTCAGA	亚细胞定位
LiAP3-GFP-R	CGCGGATCCGTCAAGCAGTGGGTAGGTTGTG	亚细胞定位
LiAG-GFP-F	CGCGGTACCATGAGGGGCAAAATCCAGAT	亚细胞定位
LiAG-GFP-R	CGCGGATCCGACGAGTTGAAGAGCGGTCT	亚细胞定位

7.3.2.2 重组载体的构建

（1）获得带酶切位点的目的片段

以紫薇'湘韵'花蕾cDNA为模板，用带酶切位点的引物进行PCR扩增，反应结束后，将扩增获得的单一条带进行切胶回收纯化，胶回收试剂盒购自安诺伦（北京）生物科技有限公司，操作按照试剂盒说明进行。

（2）目的片段与载体双酶切、酶连

将纯化后的DNA片段，与表达载体pCAMBIA 1300-GFP同时进行双酶切，酶切体系如下（表7.11、表7.12）。

表7.11 PCR产物双酶切体系

总量	30μL
10×QuiCut Buffer	3μL
PCR产物	200ng
QuiCut *EcoR* I /QuiCut *Kpn* I	1μL/1μL
ddH$_2$O	Up to 30μL

表7.12 质粒双酶切体系

总量	50μL
10×QuiCut Buffer	5μL
PCR产物	1000ng
QuiCut *EcoR* I /QuiCut *Kpn* I	1μL/1μL
ddH$_2$O	Up to 50μL

用微量移液器将反应体系配好后，轻柔混匀，瞬时离心，放置于PCR仪上设置程序30℃保温35min，完成酶切反应。将双酶切产物进行切胶回收纯化，纯化后的质粒与DNA片段即可按照如下体系进行连接（表7.13）。

表7.13 T4连接体系

总量	20μL
10×ligation Buffer	2μL
质粒	50ng
目的基因片段	与载体DNA的摩尔比约为3
T4 DNA Ligase（350U·μL^{-1}）	1μL
ddH$_2$O	Up to 20μL

连接体系配好后，置于PCR仪上16℃连接5h，连接液立即用于转化。

（3）大肠杆菌DH5α的转化

转化方法同7.1.2.5。转化后挑取单克隆，进行菌液PCR鉴定阳性克隆，将部分阳性克隆菌液送至上海生物生工进行测序。

7.3.2.3 提取重组质粒

重组质粒的提取按照无内毒素质粒小量快速提取试剂盒说明书进行。

①吸取1mL上述培养的菌液，转移到新的含相应抗生素的LB液体培养基中，37℃振荡培养至OD_{600}为0.5，取6mL菌液，12000rpm离心30s，倒干上清，富集菌体。

②吸取300μL P1溶液重悬菌体，剧烈涡旋振荡30s至菌体彻底混匀。

③加入300μL溶液P2，轻柔地上下翻转8次，使菌体裂解，室温放置4min。此时菌液变得清亮黏稠。注意为避免基因组DNA受到破坏，要立即接下一步骤。

④加入300μL溶液N3，轻柔地上下翻转8次，溶液内出现白色絮状沉淀。13000rpm离心10min，用移液器小心取上清液至新的离心管，避免吸取到白色沉淀。

⑤加入0.1体积（约75μL）的内毒素清除剂到上一步所得上清，颠倒旋转混匀，溶液变浑浊，冰浴放置5min，溶液恢复清亮透明，中间偶尔颠倒混匀。

⑥将离心管放入37℃水浴2min，颠倒混匀，溶液变浑浊。

⑦室温下14000rpm离心10min分层。上层为含有DNA的水相，下层为含杂质的蓝色油状层。用移液枪将上层水相转移到新管，弃油状层。水相中加入0.5体积异丙醇（约300μL），充分颠倒混匀。

⑧吸取100μL平衡液，加入到吸附柱AC管吸附膜的中间位置，13000rpm离心1min，完成吸附柱的预处理。将步骤（7）中的混合液分2次（每次不超过700μL）转入吸附柱AC中，12000rpm离心1min，倒掉收集管中的废液。

⑨加入500μL去蛋白液PE，12000rpm离心30s，弃掉废液。

⑩加入600μL漂洗液WB，12000rpm离心30s，弃掉废液。再加入600μL漂洗液WB，重复漂洗1次。

⑪将空收集管12000rpm离心2min，保证除净漂洗液。

⑫取出吸附柱AC，放入一个干净的离心管中，在吸附膜的中间部位加50μL洗脱缓冲液EB，室温放置6min，12000rpm离心1min，将洗脱下来的溶液重新加入离心吸附柱中，室温放置6min，离心1min。酶标仪检测重组质粒DNA浓度，放置于-20℃冰箱保存。

7.3.2.4 农杆菌的转化

本试验使用的EHA105农杆菌感受态购自北京博迈德基因技术有限公司，购回立即放置于-80℃冰箱保存，尽量避免冻融。本试验转化农杆菌采用冻融法。

①首先，取-80℃冰箱内保存的农杆菌感受态细胞迅速插入于冰中待融化，大约需要2~3mim。

②在无菌超净台，向感受态细胞中加入3μL重组质粒DNA（使用量大约800ng），用手轻轻拨弹离心管混匀，置于冰水浴中10min。

③迅速将离心管置于液氮中冷冻5min。

④然后快速地将离心管置于37℃水浴锅中保持5min，注意不要晃动水面。

⑤将离心管放回冰浴中，保持5min。

⑥在无菌条件下加入800μL无抗生素的LB液体培养基，置于28℃、15rpm摇床上振荡培养4h，这样做的目的是使菌体复苏。

⑦用离心机6000rpm离心4min收集菌体，留下150μL左右上清，与底部菌体轻轻吹打重悬，涂布于含50μg·mL^{-1}卡那霉素和25μg·mL^{-1}利福平抗生素的LB固体平板上，于28℃培养箱中倒置培养48h。

⑧挑取平板上的单菌落，接入30mL含50μg·mL^{-1}卡那霉素和25μg·mL^{-1}利福平抗生素的YEB液体培养基中过夜培养，进行菌液PCR鉴定，将鉴定为阳性的农杆菌菌液，取1mL菌液与1mL 30%无菌甘油混匀，保存于-80℃冰箱中。

7.3.2.5 瞬时转化烟草

①将保存于-80℃中的重组农杆菌取出，于平板上划线活化，28℃培养2~3d后，挑取农杆菌单菌落，分别加入到10mL的LB液体培养基中（含50mg·mL^{-1} Kan和25mg·mL^{-1} Rif），28℃，200rpm摇菌，16h。

②次日，再将上述菌液分别吸1mL，加入到30mL的YEB液体培养基中（含50mg·mL^{-1} Kan和25mg·mL^{-1} Rif），28℃，200rpm摇床震荡摇菌培养约10h，直到OD$_{600}$的值达到0.8为止。

③将得到的菌液5000rpm，离心10min后，收集菌体。

④用烟草注射缓冲液MMA溶液（MES、MgCL$_2$、AS）重悬菌体，并调节菌液浓度，当测得OD$_{600}$的值大约在0.8左右时，室温下静置约2h。

⑤侵染时选择无病害，生长状况良好，幼嫩的烟草，用1mL注射器吸取待注射的菌液，拔掉针头，选择烟草植株第2~5新生叶片，在下表皮进行缓慢注射，注射后，往底座托盘上浇足量的水，将注射好的烟草植株暗培养2~3d。

⑥撕取注射孔周围的叶片下表皮，制成玻片，用激光共聚焦显微镜进行观察和拍照。激发光为488nm，吸收光范围在505~550nm。

7.3.3 结果与分析

7.3.3.1 紫薇 *LiFUL1*、*LiAP3*、*LiAG* 基因重组表达载体的构建

设计带有*Kpn* I和*BamH* I酶切位点的引物，然后以紫薇花蕾cDNA为模板进行PCR扩增，之后对PCR产物和pCAMBIA 1300-GFP质粒进行双酶切，通过连接及转化的步骤后，得到pCAMBIA 1300-LiFUL1-GFP、pCAMBIA 1300-LiAP3-GFP、pCAMBIA 1300-LiAG-GFP重组质粒，送上海生工生

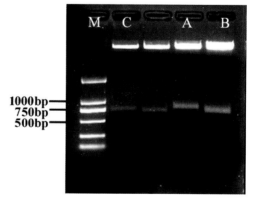

M: 2000 bp DNA Marker;
A: pCAMBIA 1300-LiFUL1-GFP 双酶切产物;
B: pCAMBIA 1300-LiAP3-GFP 双酶切产物;
C: pCAMBIA 1300-LiAG-GFP 双酶切产物

图 7.18 pCAMBIA 1300-LiFUL1-GFP、pCAMBIA 1300-LiAP3-GFP 和 pCAMBIA 1300-LiAG-GFP 重组载体双酶切

物公司测序验证，之后将构建好的重组质粒使用 *Kpn* I 和 *BamH* I 限制性内切酶进行双酶切，进行凝胶电泳检测，结果符合预期（图7.18）。

7.3.3.2 紫薇 *LiFUL1*、*LiAP3*、*LiAG* 基因的亚细胞定位

将构建完成的亚细胞定位重组载体 pCAMBIA 1300–LiFUL1–GFP、pCAMBIA 1300–LiAP3–GFP、pCAMBIA 1300–LiAG–GFP转化到农杆菌 EHA105 中，转化成功后，用MMA注射缓冲液重悬菌体，以 pCAMBIA 1300–GFP 空载体为对照，注射烟草进行瞬时表达，暗培养3d，撕取下表皮制成装片，进行观察。使用激光共聚焦显微镜观察烟草下表皮，可以发现注射烟草叶片细胞后，空载体 pCAMBIA 1300–GFP 绿色荧光信号分布于细胞核和细胞膜中，目的基因重组载体的表达部位具有特异性，均定位于细胞核（图7.19、图7.20、图7.21）。

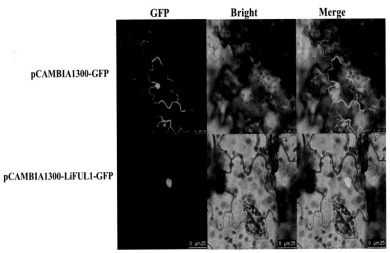

GFP：蛋白荧光信号；Bright：明场；Merge：荧光信号和明场叠加

图 7.19 紫薇 pCAMBIA 1300–LiFUL1–GFP 蛋白亚细胞定位

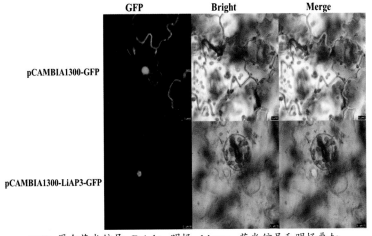

GFP：蛋白荧光信号；Bright：明场；Merge：荧光信号和明场叠加

图 7.20 紫薇 pCAMBIA 1300–LiAP3–GFP 蛋白亚细胞定位

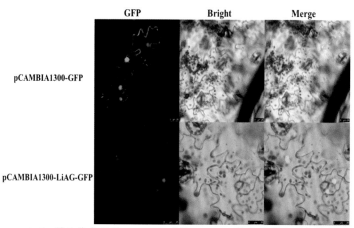

GFP: 蛋白荧光信号；Bright: 明场；Merge: 荧光信号和明场叠加

图 7.21 紫薇 pCAMBIA 1300-LiAG-GFP 蛋白亚细胞定位

7.3.4 小结

本 试 验 成 功 构 建 了 pCAMBIA 1300-LiFUL1-GFP、pCAMBIA 1300-LiAP3-GFP、pCAMBIA 1300-LiAG-GFP重组载体，LiAGL11由于时间关系未进行重组转化研究。将转化成功的重组载体采用农杆菌介导法，在烟草中进行瞬时表达，在亚细胞水平上定位了目的基因的表达部位，发现pCAMBIA 1300-LiFUL1-GFP、pCAMBIA 1300-LiAP3-GFP、pCAMBIA 1300-LiAG-GFP蛋白都定位于细胞核中，说明LiFUL1、LiAP3、LiAG基因在细胞核中表达，这与转录因子基因特征相符。本试验为研究紫薇花器官发育相关的分子机理提供了基础数据，也为深入研究这些目的基因在紫薇开花过程中的功能提供科学依据。

7.4 紫薇 *MADS-box* 基因的原核、真核载体构建与转化

为进一步验证紫薇*MADS-box*基因的功能。本章成功构建了LiFUL1-pCold-TF重组原核表达载体和LiFUL1-pBI 121、LiAP3-pBI 121重组植物表达载体，在大肠杆菌BL21（DE3）中成功表达了该蛋白，利用组氨酸和咪唑竞争性地与Ni^{2+}特异性结合的原理，最后纯化得到了目的蛋白。采用花序浸染的方法转化拟南芥，有抗性的幼苗呈翠绿色，植株生长正常，未转化成功的植株颜色褪绿并且泛白。这为后续继续验证该基因的功能奠定基础。

7.4.1 试验材料

7.4.1.1 植物材料

种植在室内23℃条件下的野生型拟南芥。

7.4.1.2 载体和菌株

载体：原核表达载体pCold-TF载体、植物表达载体pBI-121为本实验室保存（图7.22、图7.23）。

菌株：大肠杆菌DH5α，大肠杆菌BL21（DE3）感受态，根瘤农杆菌EHA105。

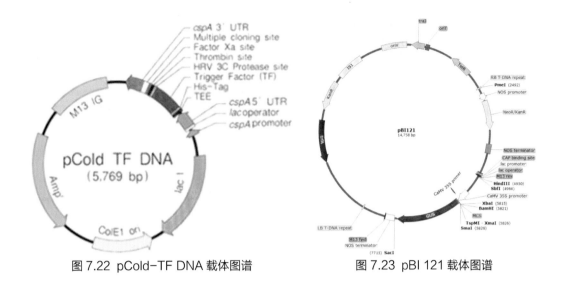

图 7.22 pCold-TF DNA 载体图谱　　　　图 7.23 pBI 121 载体图谱

7.4.1.3 酶和试剂

LA-taq 酶，限制性内切酶 *Kpn* Ⅰ，限制性内切酶 *EcoR* Ⅰ，T4 DNA 连接酶，IPTG 诱导剂，Protain Marker 购自 Takara；4×蛋白电泳 Loading Buffer 购自索莱宝生物有限公司；His-tag 蛋白纯化层析柱试剂盒购自康为世纪生物有限公司；异丙基硫代 -β-D- 半乳糖苷（IPTG），三羟甲基氨基甲烷（Tris），考马斯亮蓝 -R250，冰乙酸、甲醇均为分析纯。利福平抗生素，卡那霉素，SilwetL-77（表面活性剂），次氯酸钠溶液，吐温 -80，蔗糖。

7.4.2 试验方法

7.4.2.1 原核表达载体的构建

构建原核表达载体与构建植物表达载体 pCAMBIA 1300-35S-GFP 一样，设计酶切引物，选择 *Kpn* Ⅰ和 *EcoR* Ⅰ作为酶切位点，引物设计如下（表 7.14），进行 PCR 反应，并用限制性内切酶进行双酶切 PCR 产物和 pCold-TF DNA 原核表达载体，PCR 产物和载体质粒切胶回收纯化后，用 T4 连接酶进行连接，连接产物转化大肠杆菌 DH5α 感受态，方法同 7.1.2.5，将菌液送至上海生物生工进行测序，提取重组质粒，方法同 7.3.2.3。

表 7.14 原核表达引物设计

引物名称	序列（5'-3'）	基因目的
LiFUL1-yF	GCCGGGTACCATGGTGAGAGGGAAGACCCAGAT	原核表达
LiFUL1-yR	GCCGGAATTCTCAATTCTGAGGTGGTCGACCTT	原核表达

7.4.2.2 重组蛋白的诱导

①将重组质粒转化原核表达载体菌株 - 大肠杆菌 BL21（DE3），方法同 7.1.2.5，转化后进行菌落 PCR 验证阳性菌落。

②将阳性菌落接种于含 50mL 100mg·μL⁻¹ 氨苄青霉素的 LB 液体培养基中，置于 37℃，160rpm 摇床过夜培养。

③次日，取4个锥形瓶，按照1∶50的比例取部分菌液接种于50mL含50mg·mL^{-1}氨苄青霉素的LB液体培养基中，37℃，160rpm摇菌。

④摇至菌液OD$_{600}$为0.5，大约需要4h，加入IPTG诱导剂至终浓度分别为0、0.4mmol·L^{-1}、0.6mmol·L^{-1}、0.8mmol·L^{-1}，然后15℃连续培养24h。

⑤6000rpm离心10min收集菌体，用1×PBS（pH 7.5）缓冲液重悬菌体。

⑥用细胞超声仪进行破碎菌体，彻底破碎后，1000rpm离心10min取上清。

⑦加入1/3体积的4×蛋白上样缓冲液，轻轻吹打混匀，沸水煮沸10min使蛋白变性，用移液枪吸取14μL上样，经10% SDS-PAGE电泳检测分析。

7.4.2.3 重组蛋白的纯化

取上一步诱导表达浓度最高的菌液15mL，5000rpm离心5min，弃上清；用购自康为世纪生物科技有限公司的His标签蛋白纯化试剂盒纯化含有多聚His-Tag标签的重组蛋白，以期获得高纯度的目的蛋白，具体操作如下：

①首先组装层析柱，用小玻璃棒将Ni-Agarose Resin填料搅拌混匀，加入层析柱中，静置大约需要10min，使填料和乙醇分离，打开底部出液口，可以适当用拇指按压一下管顶部增加压力，加速乙醇流出。

②平衡预处理吸附柱，向装填好的柱中加入5倍柱体积的去离子水，然后再加入10倍柱体积的Binding Buffer平衡柱子，平衡结束预处理结束。

③选7.4.2.2中诱导表达浓度最高的菌液，6000rpm离心10min收菌，每100mg菌体（湿重）加入1~5mL细菌裂解液（已加入10~50μL蛋白酶抑制剂混合物），超声裂解菌体，超声程序设置为超声2s，暂停25s，超声总时间为30min。

④10000rpm，4℃离心3min，收集上清中的可溶性蛋白。

⑤用事先配好的Binding Buffer将菌体裂解液等倍稀释后负载上柱。

⑥使用15倍柱体积的Soluble Binding Buffer冲洗柱子，洗去杂蛋白。

⑦使用适量Soluble Elution Buffer洗脱，收集洗脱峰，即纯化后的蛋白。

⑧洗脱后，用10倍柱体积的去离子水洗涤，再用3倍柱体积的20%乙醇平衡柱子，封柱，4℃冰箱保存。

⑨经10% SDS-PAGE电泳检测分析。

7.4.2.4 植物表达载体的构建

构建重组植物表达载体pBI121的方法与7.3亚细胞定位载体构建步骤相同，引物设计如下（表7.15）。

表7.15 pBI121重组载体引物设计

引物名称	序列（5'-3'）	基因目的
LiFUL1-pBI121-F	GCGCGGATCC ATGGGGAGGGGGAGGGTGCA	转基因
LiFUL1-pBI121-R	GCGCCCCGGGTCAGTTTACACCGTGCTGAAGCATC	转基因
LiAP3-pBI121-F	GCGCGGATCCATGACGAGAGGGAAGATTCAGA	转基因
LiAP3-pBI121-R	GCGCCCCGGGTCAGTCAAGCAGTGGGTAGGTT	转基因

7.4.2.5 农杆菌的转化

重组质粒LiFUL1-pBI121和LiAP3-pBI121转化农杆菌EHA105转化方法同7.3.2.4。

7.4.2.6 花序浸染法转化拟南芥

转化拟南芥采用花序浸染法进行，具体步骤如下：

①从−80℃冰箱中取出保存的重组农杆菌，在含有50μg·mL⁻¹ Kana和25μg·mL⁻¹ Rif抗生素的LB固体培养基上划线活化，放置于28℃恒温培养箱中培养2~3d。

②挑取单菌落，将菌落接种于YEB液体培养基（含50μg·mL⁻¹ Kana和25μg·mL⁻¹ Rif）中，在28℃、150rpm振荡培养16h。

③取上述菌液按照1∶100的比例接种于250mL YEB液体培养基中28℃，150rpm培养至OD$_{600}$为1.2左右。

④4℃，6000rpm离心10min收集菌体于管底。用5%蔗糖溶液重悬菌体，酶标仪检测浓度，调至OD$_{600}$为1.2左右。

⑤蔗糖溶液中加入表面活性剂Silwet L-77至其终浓度为0.02%，即可用于浸染。

⑥选取长势好，花多的野生型拟南芥植株，浸染前剪去角果。将整个植株倒立浸泡于溶液中30s，然后用滤纸吸去茎、叶上多余的菌液，之后用塑料薄膜轻轻覆盖植株，薄膜上留出3~5个小孔保证拟南芥正常呼吸，处理后放置于28℃环境下暗培养24h。

⑦移除塑料薄膜，将处理后的植株放回培养室，正常培养。

⑧3~5d后再重复浸染1次，目的是提高浸染率。

⑨约20d后，收集成熟拟南芥种子，即为T$_0$代种子。

7.4.2.7 筛选抗性幼苗

①取少量上述T$_0$代种子分装于1.5mL离心管中，用微量移液器吸取1mL无菌水清洗1min后，将灭菌水吸出，重复清洗3~5次。

②依次向管中依次加入500mL灭菌水、500mL次氯酸钠、1滴吐温−80，反复清洗10min后，慢慢倒去清洗液（小心不要把种子倒掉），加入无菌水冲洗反复清洗数次至无泡沫。

③用移液枪将消毒后的种子转移至MS培养基（含50μg·mL⁻¹ Kana）中。

④将筛选平板置于冰箱4℃环境下春化24h，然后放入光照培养箱中，23℃恒温培养。

7.4.3 结果与分析

7.4.3.1 *LiFUL1*基因原核表达载体构建

设计带酶切位点的特性的引物以质粒紫薇花蕾cDNA为模板，PCR扩增了紫薇花器官发育相关基因*LiFUL1*。将pCold TF载体和PCR产物分别酶切并切胶回收后，用T4 DNA连接酶将目的基因与pCold TF载体连接，转化大肠杆菌感受态DH5α并

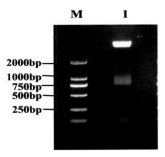

M: DNA 2000dp marker
图7.24 pCold-TF-LiFUL1质粒双酶切

酶切验证，结果见图7.24，重组质粒被切成2个片段，且被切下来的片段和目的基因片段的大小一致，证明原核表达载体构建成功。

7.4.3.2 SDS-PAGE 凝胶电泳检测原核表达产物

将重组质粒转化大肠杆菌感受态BL21（DE3），预测的目的蛋白分子质量约为28.45313ku，由于pCold在N端有一个48.0ku的分子伴侣TF，因此融合蛋白的分子质量约为76.45313ku。10%SDS电泳显示，添加IPTG的培养基中，在66~90KD处诱导出大量蛋白（图7.25），表明LiFUL1蛋白诱导表达成功。LiFUL1蛋白适宜的诱导表达条件是添加0.4mmol·L^{-1} IPTG，15℃连续培养24h。将0.4mmol·L^{-1} IPTG诱导下的目的蛋白进行纯化，纯化后的目的蛋白分子量与预测的分子量基本一致，图7.25中箭头标注的位置就是纯化后的目的蛋白。

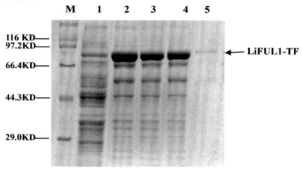

M：蛋白 marker；1：无 IPTG 诱导；2~4：0.4mmol·L^{-1}、0.6mmol·L^{-1}、0.8mmol·L^{-1} IPTG 诱导；
5：纯化后的 *LiFUL1* 融合蛋白

图 7.25 LiFUL1 融合蛋白的原核表达及纯化

7.4.3.3 重组植物表达载体的构建

根据pBI121载体序列、目的基因*LiFUL1*、*LiAP3*序列的CDS序列选择合适的酶切位点，用双酶切法进行酶切连接，转化大肠杆菌DH5α，获得的重组质粒送交公司测序，结果显示序列正确。采用冻融法转化农杆菌，挑取长出的单克隆菌落，进行菌落PCR验证，结果显示（图7.26），扩增出来的片段大小与CDS序列长度基本一致，菌落是阳性菌落。

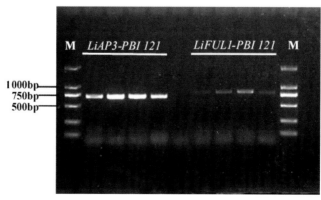

M: 2000bp DNA Marker
图 7.26 LiFUL1-pBI 121 和 LiAP3-pBI 121 转化农杆菌验证阳性菌落

7.4.3.4 转基因拟南芥的筛选

将收获的T₀代种子分装于1.5mL小离心管中，进行消毒处理，均匀地铺于含有卡那霉素的MS培养基中，春化24h后，放置于23℃培养室中进行培养，约20d后，如图7.27所示：转化成功的拟南芥与未转化成功的拟南芥可明显区分开来，转化成功的拟南芥可在抗性培养基中正常生长，颜色翠绿；未转化成功的拟南芥在抗性培养基上生长受到阻碍，颜色褪绿泛白，植株矮小。

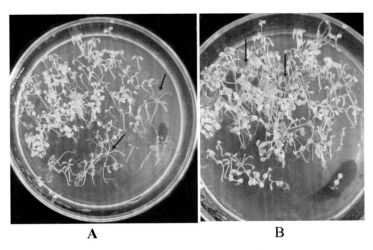

A: LiFUL1 转基因种子；B: LiAP3 转基因种子
图 7.27　转基因拟南芥 T₀ 代种子在含 Kana 的抗性平板上的生长状况
（红色箭头表示转化植株正常生长）

7.4.4 小结与讨论

本章成功构建了LiFUL1-pCold-TF重组原核表达载体，在大肠杆菌BL21（DE3）中成功表达了该蛋白，并且超声处理后的液体中有大量的蛋白富集，说明诱导表达的目的蛋白以可溶性蛋白的形式存在，不同浓度的IPTG诱导剂对蛋白的表达有影响。利用组氨酸和咪唑竞争性地与Ni²⁺特异性结合的原理，最后纯化得到了目的蛋白。由于时间的关系，本研究只进行了 *LiFUL1* 基因的原核表达，为后续在蛋白水平上研究紫薇 *LiFUL1* 基因的功能提供了科学依据。

此外，由于前期种植的野生型拟南芥有限，本章节仅选择了 *LiFUL1*、*LiAP3* 2 个目的基因作为构建真核转基因植物表达载体的基因，并且成功构建了 LiFUL1-pBI121、LiAP3-pBI121 重组植物表达载体，采用花序浸染的方法转化拟南芥，并在含卡那霉素的抗性平板上筛选了转基因拟南芥幼苗，有抗性的幼苗呈翠绿色，植株生长正常，未转化成功的植株颜色褪绿并且泛白，二者区分明显，说明有希望筛选到转基因植株。这为后续继续验证该基因的功能奠定基础。

AP1/FUL1 亚家族基因属于 *MADS-box* 超家族，这个亚家族分为 *euFUL* 进化系、*FUL-like* 进化系、*euAP1* 进化系（LITT A et al.，2003）。其中 *AP1* 基因为 A 类 *MADS-box* 基因，主要调控第一轮花器官发育，而 *FUL* 基因的功能则较为广泛。本研究从紫薇花蕾中分离得到的一个 *AP1/FUL* 亚家族基因命名为 *LiFUL1*，属于 *euFUL* 进化系。该基因

不仅在各个花器官中均表达，也在茎、叶当中表达，这与在其他物种当中的 *FUL* 同源基因表达部位的研究相符，说明其功能可能与花器官发育相关，并且可能不仅限于影响花器官发育。

紫薇 *LiAP3* 基因主要在花瓣和短雄蕊、长雄蕊当中表达，在其他部位花器官和非花器官（茎、叶）当中几乎不表达，并且在花器官发育阶段早期直至开花均有表达。这与拟南芥 *AP3* 基因调控花瓣、雄蕊的发育，在花瓣和雄蕊整个发育过程均表达，在非花部位不表达相似，推测紫薇 *LiAP3* 基因可能具有相似的功能，即影响花瓣、雄蕊的发育。

花器官发育 A、B、C、D、E 模型中，AG 基因主要参与拟南芥和金鱼草雄蕊、心皮、胚珠的发育（COEN E S et al.，1991；KRAMER E M et al.，2004）。在菊花、矮牵牛、毛白杨、水稻等植物中（AIDA R et al.，2008；HEIJMANS K et al.，2012；YAMAGUCHI T et al.，2006），*AG* 基因功能被认为主要调控花分生组织发育，决定雄蕊、心皮的分化和影响果实的发育。紫薇 *LiAG* 基因的表达量在 2 个紫薇品种的花器官发育阶段，均呈上升趋势，说明 *LiAG* 为调控花器官发育基因。在紫薇雌蕊当中 *LiAG* 表达量最高，其次是短雄蕊、长雄蕊，推测该基因在紫薇中主要影响雌蕊、雄蕊的发育。

在拟南芥、葡萄和杨树当中的研究证明 D 类 *MADS-box* 基因与胚珠的发育有关（LU H et al.，2019；OCAREZ N et al.，2016）。紫薇 D 类 *MADS-box* 基因的 *LiAGL11* 基因在雌蕊中表达量最高，在长雄蕊中有较低表达，并且在 2 个紫薇品种的花器官发育阶段，均呈上升趋势。推测 *LiAGL11* 基因可能参与雌蕊、长雄蕊的发育。

综上，获得的序列属于 *MADS-box* 家族成员，从基因的序列分析和表达模式分析，可以发现紫薇花器官 *MADS-box* 基因有一定的保守性，表达模式与模式植物 A、B、C、D、E 模型相似，推测这些基因可能是紫薇花器官特征决定基因，调控紫薇花器官的发育，但是，要知道其在紫薇当中确切的功能还需要进行功能验证。功能验证方面，本论文在烟草中瞬时表达得到定位结果显示目的基因定位于细胞核，这说明目的基因在细胞核中表达，这与前人的研究表明 *MADS-box* 基因是转录因子基因相符，但是还需用酵母单杂交手段进一步验证目的基因是否具有转录激活的功能，笔者将目的基因与酵母单杂交载体相连，成功构建了重组酵母单杂交载体，由于时间不足，尚未完成后续转录激活研究。除此之外，本论文采用花序浸染法将 *LiFUL1*、*LiAP3* 基因转进拟南芥中，在抗性培养基上筛选出具有抗性的拟南芥幼苗，这为后续筛选转基因纯合子奠定基础。

参考文献

黄小珍，乔中全，王晓明，等，2021.紫薇 *LiAGL19* 基因的克隆、亚细胞定位及表达特性分析[J].分子植物育种，20(17)：9.

许欢，2015.结实与不结实紫薇生物学特性比较研究[D].长沙：中南林业科技大学.

AIDA R,KOMANO M,SAITO M,et al.,2008.Chrysanthemum flower shape modification by suppression of chrysanthemum-*AGAMOUS* gene[J].Plant biotechnology,25(1):55-59.

COEN E S,MEYEROWITZ E M,1991.The war of the whorls:genetic interactions controlling flower development[J].Nature,353(6339):31-37.

HEIJMANS K,AMENT K,RIJPKEMA A S,et al.,2012.Redefining C and D in the petunia ABC[J].The Plant Cell,24(6):2305-2317.

KRAMER E M,JARAMILLO M A,DI STILIO V S,2004.Patterns of gene duplication and functional evolution during the diversification of the *AGAMOUS* subfamily of MADS box genes in angiosperms[J].Genetics,166(2):1011-1023.

LITT A,IRISH V F,2003.Duplication and diversification in the *APETALA1/FRUITFULL* floral homeotic gene lineage:implications for the evolution of floral development[J].Genetics,165(2):821-833.

LU H,KLOCKO A L,BRUNNER A M,et al.,2019.RNA interference suppression of *AGAMOUS* and *SEEDSTICK* alters floral organ identity and impairs floral organ determinacy,ovule differentiation,and seed - hair development in Populus[J].New Phytologist,222(2):923-937.

OCAREZ N,MEJ A N,2016.Suppression of the D-class MADS-box *AGL11* gene triggers seedlessness in fleshy fruits[J].Plant cell reports,35(1):239-254.

YAMAGUCHI T,LEE D Y,MIYAO A,et al.,2006.Functional diversification of the two C-class MADS box genes OSMADS3 and OSMADS58 in Oryza sativa[J].The Plant Cell,18(1):15-28.

第8章 紫薇叶色变化规律及遗传转化体系的构建

紫薇（*Lagerstroemia indica* L.）为千屈菜科、紫薇属木本植物。紫薇的育种时间起步较晚，主要集中在花色育种，关于叶色育种方面的研究目前少有报道。紫薇叶色对其观赏价值、园艺价值有着重要影响。因此，本研究通过对6个不同紫薇品种的叶片色素含量的研究，分析叶色与色素含量之间的关系，总结叶色变化规律，为紫薇叶色育种提供理论依据；建立'紫精灵'紫薇遗传转化体系，实现将调控紫薇叶片色素中花色素苷相关基因 *LiMYB44*（转录因子）转入'紫精灵'紫薇中，为后续紫薇基因工程育种奠定基础。

8.1 试验材料

8.1.1 供试品种

本研究所用的紫薇品种为'紫精灵'（'Zijing Ling'）、'红火箭'（'Red Rocket'）、'紫莹'（'Ziying'）、'赤红紫叶'（'Ebony Fire'）、'丹红紫叶'（'Ebony Embers'）、'玲珑红'（'Linglong Hong'），均来自湖南省林业科学院试验林场紫薇种质资源圃内（28°07′5.83″N，113°03′31.36″E）。选取生长健壮、无虫害、长势相同、苗高50cm左右的一年生扦插苗，在相同的环境下自然生长。2014年3月20日首次采样测定，以后每隔20d测定一次；'紫精灵'无菌苗来自湖南省林业科学院组培室。

8.1.2 菌株和载体

根癌农杆菌EHA105，储存在湖南省林业科学院实验室–80℃冰箱中。植物过表达载体pBI121由中南林业科技大学生命科学与技术学院陈可欣馈赠。

8.2 试验方法

8.2.1 不同紫薇叶片颜色观测

采集新鲜的紫薇叶片，擦净叶片表面，在室内自然光下与RHS（Royal Horticultural Society Colour Chart，英国皇家园艺学会比色卡）进行颜色比较，将待测样品对准色卡圆孔，记录与叶色相对应的色卡颜色。利用3nh分光测色仪NS800对不同紫薇品种叶片的叶色测定。测定时，测量孔径分别为4mm和8mm，在实验室内操作，以排除外界光源的干扰。选取叶片与叶脉上的4个点进行测定，分别记录色彩参数明度（L*）、红度（a*）、黄度（b*）。

8.2.2 不同紫薇的光合色素含量测定

随机采集实验材料的健康枝条位于中部的叶片，将叶片表面擦拭干净，而后将叶片剪碎混匀后，用电子天平称取0.1g置于10mL离心管中；用95%无水乙醇定容至10mL，避光静置24h直至叶片完全脱色，取上清液供测定用。接着，打开分光光度计，预热30min，测定上清液的吸光度，记录OD值。测量时用95%无水乙醇溶液10mL做空白对照。按下列公式计算色素含量（mg·g^{-1}）：

叶绿素的总含量：C_{a+b}=0.1×（5.13×OD_{662}+20.44×OD_{664}）；

叶绿素 a 的含量：C_a=0.1×（9.78×OD_{662}−0.99×OD_{644}）；

叶绿素 b 的含量：C_b=0.1×（21.43×OD_{664}−4.65×OD_{662}）；

类胡萝卜素的含量：C_k=0.1×（4.7×OD_{440}−0.27×C_{a+b}）。

8.2.3 不同紫薇的花色素苷含量测定

随机采集实验材料的健康枝条位于中部的叶片，将叶片表面擦拭干净，而后将叶片剪碎混匀后，用电子天平称取 0.1g 置于 10mL 离心管中；用 0.1mol·L^{-1} 盐酸–乙醇溶液定容至 10mL，避光静置 24h 直至叶片完全脱色，取上清液供测定用。接着，打开分光光度计，预热 30min，测定上清液的吸光度，记录 OD 值。测量时用 0.1mol·L^{-1} 盐酸–乙醇溶液做空白对照。

花色素苷含量（色素单位）=OD_{525}/0.1（1g 鲜质量在 10mL 提取液、525nm 下的 0.10D 为一个色素单位）。

8.2.4 农杆菌菌液的制备

将农杆菌甘油储存在冰箱中 −80℃，用于用接种环接种固体 LB 培养基，在平板上划线、活化，并 28℃下倒置培养 16h。挑取单个菌落，接种含有 50mg·L^{-1} 卡那霉素和 20mg·L^{-1} 利福平（Rif）的 LB 培养基。然后将培养基在 28℃和 220r/min 振荡培养箱中振荡 30h。将农杆菌菌液分装在 10mL 的离心管中，将离心管以 4000r/min 离心 10min，离心后丢弃管内的上清液，收集离心管内的农杆菌，然后用无菌 MS 液体培养基将农杆菌菌液进行重新悬浮。用 MS 液体培养基重悬菌体至 OD_{600} 值在 0.6~1.2 之间，并加入 150μmol·L^{-1} 的乙酰丁香酮作为侵染液。

8.2.5 农杆菌菌液侵染外植体

将'紫精灵'愈伤组织不定芽倒置于干净无菌的培养皿中，如图 8.1 所示，培养皿中放置农杆菌菌液，菌液将不定芽完全浸没，浸泡 10~15min，保证愈伤组织不定芽与菌液的充分接触，侵染结束后用灭过菌的无菌滤纸吸去外植体表面多余的菌液，将外植体不定芽正向放置于事先配好的共培养培养基中，黑暗培养 3d；共培养结束后用用含特美汀的无菌水清洗外植体表面 3 次，最后再将'紫精灵'愈伤组织不定芽转移至含有相应抗生素的筛选培养基中，进行培养。

8.2.6 抑菌剂的选择和卡那霉素耐受性浓度的确定

将头孢霉素以 50mg·L^{-1}、100mg·L^{-1} 和 200mg·L^{-1} 的三种浓度添加到培养基中，并将特美汀以 100mg·L^{-1}、200mg·L^{-1}、300mg·L^{-1} 和 400mg·L^{-1} 的三种浓度添加到培养基中。共有 15 组在不使用抗生素的情况下作为对照。将 20μL 菌液接种到含有每种处理的抗生素组合的培养基中。菌液的 OD 值为 0.6。在 28℃的黑暗中培养 5d 后观察抑菌效果，每个处理设置 3 次重复，通过外植体的生长观察其抑菌效果。

将紫薇愈伤组织的不定芽接种到添加不同浓度卡那霉素（0、25mg·L^{-1}、50mg·L^{-1}、

75mg·L^{-1}、100mg·L^{-1}）的培养基中。将卡那霉素溶解在无菌水中，过滤、灭菌并添加到培养基中。每个处理接种40个愈伤组织不定芽和3个重复。培养20d后，记录紫薇愈伤组织的不定芽生长长度。

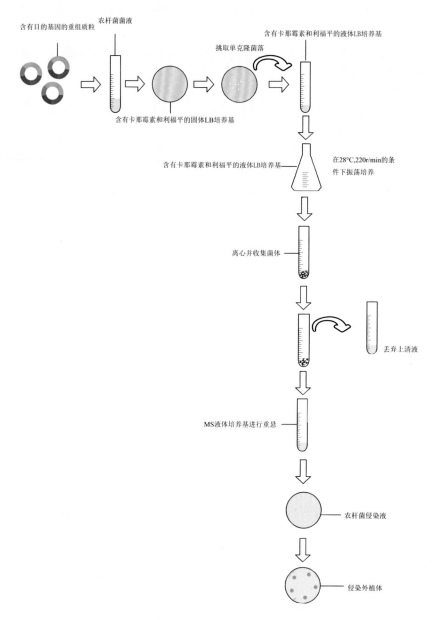

图8.1 农杆菌遗传转化过程示意图

8.2.7 影响农杆菌转化效率的因素

1. 农杆菌菌液浓度的确定

通过改变摇菌时间，将菌液OD$_{600}$的值控制为4个不同浓度（0.2、0.4、0.6、0.8），将不同浓度的菌液置于离心管中离心，然后收集菌体，之后用MS液体培养基重悬。在无菌操作台中对外植体进行侵染，然后进行共培养，黑暗条件下处理3d，之后转接到选择培养基中。观察不同的农杆菌菌液浓度对外植体的侵染情况，确定最适宜的农杆菌菌液浓度。

2. 侵染时间的确定

在无菌操作台中将外植体放入重悬后 OD_{600} 为 0.6 的菌液中，设置 4 组时间，分别为 11min、13min、15min、17min，侵染结束后转入共培养基，黑暗条件下处理 3d，之后转入选择培养基培养。观察不同侵染时间对外植体的侵染情况，确定最适宜的侵染时间。

3. 共培养时间的确定

在无菌操作台中将外植体放入重悬后 OD_{600} 为 0.6 的菌液中，侵染时间为 13min，侵染结束后转入共培养基，分别设置 4 组共培养时间（1d、2d、3d、4d），黑暗条件下培养，之后转入选择培养基培养。观察不同共培养时间对外植体的侵染情况，确定适宜的共培养时间。

4. 乙酰丁香酮浓度的确定

将外植体放入 OD_{600} 为 0.6 的菌液中，在 MS 液体培养基重悬时分别加入不同浓度的乙酰丁香酮，分别为 50μmol·L^{-1}、100μmol·L^{-1}、150μmol·L^{-1}、200μmol·L^{-1}。侵染结束后转入共培养基，黑暗条件下处理 3d，之后转入选择培养基培养。观察不同浓度的乙酰丁香酮对外植体的侵染情况，确定最适宜的乙酰丁香酮浓度。

8.2.8 转基因紫薇植株的检测

1. GUS 组织化学染色

将共培养后的材料使用 GUS 染色试剂盒（北京酷来搏科技有限公司）进行染色，染色步骤如下：

①将 X–Gluc 溶剂放置在 40℃恒温水浴锅中进行融化，之后全部加入到一管 X–Gluc 干粉中。用移液枪轻轻吸打混匀，得到了染色浓缩液。需要用 GUS 染色缓冲液稀释后才配制成工作浓度的 GUS 染色液。

②取出共培养后的愈伤组织不定芽清洗干净并用滤纸擦干，离心管上做好标记。将愈伤组织不定芽完全浸没于 GUS 染色液中，用锡纸包好，放置在 27℃的生化培养箱中过夜。

③将样品转入无水乙醇中进行脱色 3 次，时间视情况而定，直至为白色。

2. 提取转基因紫薇不定芽 DNA

采集'紫精灵'愈伤组织不定芽，提取 DNA，本试验采用 DNA secure 新型植物基因组 DNA 提取试剂盒（天根生物），参照说明书，步骤如下：

①处理材料：将样品从 –80℃超低温冰箱中取出，称取约 0.1g 样品，置于研钵中，然后迅速加入液氮开始磨样。在 1.5mL 离心管中分别加入 400μL 缓冲液 LP1 和 6μL RNase A，旋涡振荡 1min，室温放置 10min。

②加入 130μL 缓冲液 LP2，充分混匀，旋涡振荡 1min。

③12000rpm 离心 5min，将上清移至新的离心管中。

④加入 1.5 倍体积的缓冲液 LP3。

⑤将溶液加入一个吸附柱中，12000rpm 离心 30s。

⑥向吸附柱 CB3 中加入 600μL 漂洗液 PW，12000rpm 离心 30s，向吸附柱 CB3 中加

入500μL无水乙醇，12000rpm离心30s。重复1次。

⑦将吸附柱CB3放回收集管中，12000rpm离心2min，室温放置。

⑧向吸附膜的中间部位悬空滴加50~200μL洗脱缓冲液TE，室温放置2~5min，12000rpm离心2min，将溶液收集到离心管中。

3. *GUS*基因和*LiMYB44*基因的引物合成

用Primer 5.0软件设计基因的荧光定量引物（表8.1），送至苏州金唯智生物科技有限公司进行引物合成。

表8.1 引物设计

引物名称	引物序列	退火温度
GUS–F	CCCGGCAATAACATACGGCGTG	55℃
GUS–R	GTCCTGTAGAAACCCCAACCCGTG	55℃
18S–F	GGGCATTCGTATTTCATAGTCAGAG	55℃
18S–R	CGGCATCGTTTATGGTTGAGA	55℃
LiMYB44–F	ATGGCTTCTTCGAAGGACGCG	55℃
LiMYB44–F	CTAATCGATCCTGCTAATCCCGATT	55℃
GUS–qF	TACCGTACCTCGCATTACCC	55℃
GUS–qR	CTGTAAGTGCGCTTGCTGAG	55℃

4. 转基因植株的*GUS*基因的PCR检测

根据DNA提取试剂盒，提取'紫精灵'愈伤组织不定芽的DNA，然后进行*GUS*基因的扩增，PCR反应总体系为20μL，加入*GUS*基因的上、下游引物各1μL（终浓度为10μL），模板DNA 2μL，2×ES Taq 10，6μL的去离子水。PCR反应条件为95℃预变性5min；95℃变性30s，55℃退火30s，72℃延伸2min，30个循环；72℃再延伸5min。PCR结束后，取10μL扩增产物进行1%琼脂糖凝胶电泳，分析扩增产物。

5. 提取转基因紫薇不定芽RNA

采集'紫精灵'愈伤组织不定芽，提取RNA，本试验采用植物RNA快速提取EASY spin Plus多糖多酚/复杂植物RNA快速提取试剂盒（北京—艾德莱），参照说明书，实验步骤如下：

①将样品从–80℃超低温冰箱中取出，称取约0.1g样品置于液氮预冷的研钵中，倒入液氮，迅速研磨几秒成细粉。

②立即转移细粉裂解液CLB离心管中，迅速摇匀或涡旋混匀达到匀浆状态。

③将离心管放回65℃水浴中15min，中间偶尔颠倒几次帮助裂解。

④将裂解物从水浴锅中取出，放入离心机，室温下13000rpm离心10min，目的是沉淀不能裂解的碎片。

⑤用微量移液器小心的取上清转移至一个新离心管。加入上清体积一半的无水乙醇，轻柔地吹打混匀。

⑥将上述混合物，分两次全部加入一个基因组清除柱中，转移的量每次少于720μL，室温下13000rpm离心1min，弃掉废液。

⑦将基因组DNA清除柱子放在一个干净2mL离心管内，在基因组清除柱内加500μL裂解液RLT Plus，13000rpm离心30s，收集滤液中，加入约190mL的无水乙醇并

轻轻吹打混匀。

⑧将混合物全部加入一个吸附柱中，13000rpm离心2min，弃掉废液。

⑨加入700μL去蛋白液，室温放置1min，13000rpm离心30s。

⑩加入500μL漂洗液，13000rpm离心30s，弃掉废液，重复漂洗一遍。

⑪将吸附柱放回空收集管中，13000rpm离心2min，保证吸附膜上无液体残留。

⑫取出吸附柱，放入一个RNase free离心管中，在吸附膜的中间部位加45μL事先在70℃水浴加热的RNase free water，室温放置5min，12000rpm离心1min。为了提高洗脱下的RNA浓度，将洗脱液再次加入到吸附膜中间部分，进行二次洗脱。

用1%琼脂糖凝胶电泳检测RNA质量，并用酶标仪检测其RNA浓度，电泳图中28S：18S条带清晰且亮度大致为2：1，$OD_{260/280}$在1.9~2.0之间，则说明提取得到的RNA完整无降解，可用于进行实时荧光定量PCR试验。

6. 逆转录cDNA的合成

采用南京诺唯赞生物公司HiScript IIIRT SuperMix反转录试剂盒将转基因紫薇RNA反转录成cDNA，逆转录过程如下。

（1）去除基因组DNA（表8.2）

用微量移液器轻柔吹打混匀，瞬时离心，PCR仪上42℃保温2min。

表8.2　去除基因组DNA的体系

组分	使用量
4×gDNA wiper Mix	4μL
RNA	1pg~1μg
RNase free water	To 16μL

（2）逆转录反应体系的配置（表8.3）

在第1步已去除基因组DNA的反应管中，直接加入5×HiScript IIIRT SuperMix，用于检验RNA模板中是否有基因组DNA残留。

表8.3　逆转录反应体系

组分	使用量
5×HiScript IIIRT SuperMix	4μL
第1步的反应液	16μL
RNase free water	To 20μL

用移液器轻柔吹打混匀。瞬时离心，置于PCR仪上进行逆转录反应，反应程序为：50℃，15min；80℃，5s。反应结束后，反转录产物放置于−20℃冰箱中保存。

7. GUS基因和LiMYB44基因实时荧光定量PCR

采用实时荧光定量PCR法分别对转基因植株中GUS基因和LiMYB44基因的相对表达量进行分析，应用Primer 5.0软件设计实时荧光定量PCR使用的引物并进行合成。以18S基因作为内参基因进行RT-qPCR反应，用SYBR Green染料法进行基因表达分析检测。使用实时荧光定量PCR仪器进行RT-qPCR反应（表8.4）。RT-qPCR反应总体系为20μL，SYBR Green 10μL、Primer F 0.5μL、Primer R 0.5μL，cDNA 2μL、ddH₂O 7μL。RT-qPCR反应条件为95℃、5min；95℃、15s，60℃、30s，72℃、30s，40个循环反应；60℃、1min。

表8.4 荧光定量配置体系

组分	使用量
Primer F	0.5μL
Primer R	0.5μL
cDNA	2μL
ddH$_2$O	7μL
SYBR Green	10μL

8.3 结果与分析

8.3.1 不同紫薇的叶片色素变化规律分析

1. 不同紫薇叶色参数变化

从图8.2可知，'紫精灵'紫薇和'玲珑红'紫薇嫩芽时期分别呈现为黄绿色、灰绿色，'红火箭'紫薇在幼叶时期是由红色逐渐转变为绿色，幼叶期为转色期，3个紫叶品种在整个周期内大都呈现出暗灰紫色和深紫色。

由图8.2、表8.5可知，在同一生长周期内，不同的紫薇品种间色彩参数差异显著，则其叶片的颜色各不相同。对6个紫薇品种叶片的色彩特性进行对比分析，发现在生长周期内，紫薇品种叶片明度L*值变化不明显，所以，对a*值和b*值进行分析比较。在嫩芽时期，紫叶品种的紫薇和绿叶品种的紫薇表现出差异性，'紫精灵''玲珑红'皆呈现出绿色，而'红火箭'为红色，其a*值最大为8.7，'紫精灵'a*值仅次于'红火箭'为8.43，而'玲珑红'在此时期的a*值最小，为−2.37，表明不同紫薇品种在同一时期具有个体差异性，其中紫叶品种紫薇'赤红紫叶'的a*值最小，'丹红紫叶'的b*值最小，表明a*值可作为紫薇叶色呈现的主要值，b*值是紫薇叶色变化的辅助值。

在幼叶时期，'紫精灵''红火箭''玲珑红'3个品种叶片a*值在−4.91~0.51，b*值在7.02~9.81，且随着试验阶段的变化，b*值远远大于a*值，即叶片的红色渐退，呈现黄绿色。'紫莹''丹红紫叶''赤红紫叶'3个品种的a*值在0.79~3.1，b*值在2.01~4.37，表明紫叶品种的紫薇a*值和b*值小于绿叶品种紫薇，则其叶片色彩鲜艳程度较低，其叶片以深紫色为主。在新叶时期，'紫精灵''红火箭''玲珑红'3个品种红度a*值在−6.76~−3.75，黄度b*值在8.24~21.24，即a*值较低，b*值较高，叶片呈现绿色。'紫莹''丹红紫叶''赤红紫叶'3个品种a*值在0.47~1.00，b*值在之间0.43~1.28，即a*值和b*值越低，叶片色彩鲜艳程度越低。

由图8.3A可知，随着试验阶段的变化，不同紫薇叶片的明度变化幅度不大，表现较为稳定，其中'紫精灵''红火箭'明度变化幅度较小，稳定性较好，而'紫莹''丹红紫叶''赤红紫叶'3个品种均表现为于幼叶时期明度增加，新叶时期明度呈显著降低趋势，'玲珑红'明度显著增加。

由图8.3B可知，6个紫薇品种叶片的a*值差异明显，且在各自的生长周期中，红度a*值均呈现下降的趋势，其中在幼芽时期'紫精灵''红火箭''玲珑红'3个绿叶品种的a*值均比紫叶品种紫薇高，而随着叶片的生长，'紫精灵''红火箭'的a*值随着生长时期的变化大幅度降低，并于新叶时期表现为负值，即叶片的红色程度大幅度下降，绿色程度显著增强，则表明在生长过程中南由嫩芽时期的红色转变为新叶时期的绿色，'紫莹''丹红紫叶''赤红紫叶' 3 个紫叶品种的 a* 值变化幅度不明显，且 a* 值均为正值，说明其红色程度强于绿叶品种

由图 8.3C 可知，6 个紫薇品种除了 '紫莹' 和 '赤红紫叶' 以外其余皆表现为显著性差异，不同品种的 b* 值差异变化各不相同，'紫精灵''红火箭''玲珑红' b* 值 3 个时期内均为正值，且远远高于紫叶品种，表明其绿色程度强于紫叶品种。

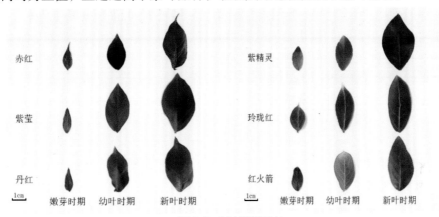

图 8.2　6 种紫薇叶片

表 8.5　6 个紫薇品种的 RHS 色卡测量值

品种	时期		
	嫩芽	幼叶	新叶
'紫精灵' 'Zijingling'	147B	137B	N137B
'红火箭' 'Redrocket'	183A	60A~147A	137A
'紫莹' 'Ziying'	187A	N186B	N186B
'丹红紫叶' 'Ebony Embers'	187A	N186B	N186B
'赤红紫叶' 'Ebony Fire'	187A	N185B	N185B
'玲珑红' 'Linglonghong'	139C	137A	137A

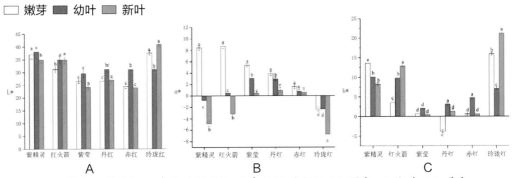

A 表示 L* 值变化，B 表示 a* 值变化，C 表示 b* 值变化；L*：明度，a*：红度，b*：黄度

图 8.3　不同生长时期紫薇叶片色彩参数分析

[不同小写字母表示同一品种于不同发育时期在 $P < 0.05$ 水平差异有统计学意义（下同）]

2. 不同紫薇叶绿素含量规律变化分析

叶绿素是存在于植物体内的一种重要色素，不同紫薇品种的叶片不同生长时期的叶绿素含量也会不同。其中，6个品种在嫩芽和幼叶时期色素含量变化明显，于新叶时期呈现大幅度的增加，其中3个绿叶品种的叶绿素含量上升幅度最大。

由图8.4看出叶绿素含量与生长时期呈现显著正相关，表明叶片颜色与叶绿素含量有很大的关系，叶绿素含量的多少在一定程度上决定了叶片是否呈现为绿色。叶绿素a、叶绿素b变化总体呈上升趋势。不同的紫薇叶片中叶绿素含量均随试验阶段变化而上升，在整个实验期间中，紫薇叶片的叶绿素含量大小均表现为紫叶品种＞绿叶品种。

幼叶时期，绿叶品种'紫精灵'叶绿素a、叶绿素b、叶绿素总含量和分别上升了0.17%、20.61%、4.67%，紫叶品种'丹红紫叶'叶绿素a、叶绿素b、叶绿素总含量和分别上升了33.67%、24.23%、31.31%。

在新叶时期，绿叶品种'紫精灵'叶绿素a、叶绿素b、叶绿素总含量分别上升了46.39%、54.77%、49.87%，紫叶品种'丹红紫叶'叶绿素a、叶绿素b、叶绿素总含量和分别上升了14.8%、24.6%、17.5%。综合比较叶片色素含量变化及其规律得出，在整个实验期间中，绿叶品种的叶绿素上升幅度最大，紫叶品种叶绿素上升幅度最小。因此，对于不同紫薇品种来说，叶色并不是只有叶绿素含量多少直接决定的，而是由、叶绿素a和叶绿素b共同决定。

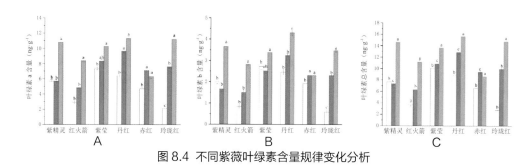

图8.4 不同紫薇叶绿素含量规律变化分析

3. 不同紫薇类胡萝卜素含量规律变化分析

类胡萝卜素是促进植物光合作用的一种重要色素，不同紫薇品种的叶片不同生长时期的类胡萝卜素含量也会不同。其中，6个品种在幼叶和新叶时期类胡萝卜素含量变化明显，于新叶时期呈现大幅度的增加，其中3个绿叶品种的叶绿素含量上升幅度最大，且由图8.5看出类胡萝卜素含量与生长时期呈现显著正相关，表明类胡萝卜素作为一种辅助性色素，在一定程度上叶片颜色的呈现与类胡萝卜素含量有很大的关系。不同的紫薇叶片中类胡萝卜素含量均随实验期间变化而上升，在叶片的嫩芽和幼叶时期中，6个品种的紫薇类胡萝卜素含量大小均表现为紫叶品种大于绿叶品种。

幼叶时期，'紫精灵''红火箭''玲珑红'类胡萝卜素含量分别上升了2.37%、4.01%、55.67%，'丹红紫叶''紫莹''赤红紫叶'类胡萝卜素含量分别上升了34.42%、14.29%、27.20%

新叶时期，'紫精灵''红火箭''玲珑红'类胡萝卜素含量分别上升了44.12%、45.7%、23.59%，'丹红紫叶''紫莹'类胡萝卜素含量分别上升了7.26%、12.03%。

综合比较叶片色素含量变化及其规律得出，在整个实验期间，绿叶品种的类胡萝卜素含量上升幅度最大，紫叶品种类胡萝卜素上升幅度最小。因此，对于不同紫薇品种来说，叶色并不是只有叶绿素含量多少直接决定的，而是由叶绿素a和叶绿素b、类胡萝卜素共同决定。

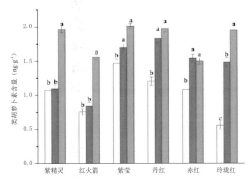

图8.5 不同紫薇类胡萝卜素含量规律变化分析

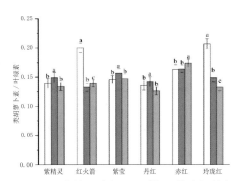

图8.6 不同紫薇品种在不同时期下的类胡萝卜素与叶绿素比值变化

4. 不同紫薇类胡萝卜素与叶绿素比值变化分析

不同品种紫薇生长时期中，叶片内色素比例变化趋势如图8.6所示。由图8.6可知，在紫薇叶片的生长过程中，不同品种的紫薇变化趋势不相同。'紫精灵''紫莹''丹红紫叶'的类胡萝卜素与叶绿素比值均呈现先上升后下降的趋势。'红火箭''玲珑红'的类胡萝卜素与叶绿素比值呈现下降趋势，而'赤红紫叶'紫薇表现为上升趋势。整个实验期间，'红火箭'和'玲珑红'的类胡萝卜素和叶绿素含量比值均呈明显的差异变化，均在嫩芽时期达到最高值，分别是幼叶时期的1.87倍和1.37倍，具有显著性差异。

嫩芽时期，'红火箭'的叶片为绿色时，与'玲珑红'的类胡萝卜素与叶绿素比值最为接近，比值均为0.2左右，与其他紫薇品种相比比值较高。

随着叶片逐渐生长，幼叶时期，除了'红火箭'和'玲珑红'以外，其他紫薇品种类胡萝卜素和叶绿素含量比值变化不明显，比值没有发生较大的波动。

新叶时期，叶片逐渐成熟，其中，'赤红紫叶'的比值为最高值。通过对不同时期的类胡萝卜素和叶绿素含量比值的变化进行多重比较，结果表明，不同时期之间的类胡萝卜素和叶绿素含量比值差异变化可能是紫薇叶片变色的原因之一。由图8.6可知，紫薇生长过程中类胡萝卜素和叶绿素含量比值趋势变化各不相同。嫩芽时期，'红火箭'的比值为最高值0.20；幼叶时期，6个紫薇品种的比值接近，均为0.16左右；新叶时期，'赤红紫叶'的比值最高为0.165。

5. 不同紫薇叶绿素a与叶绿素b比值变化分析

整个实验期间，'紫精灵''丹红紫叶''赤红紫叶'的比值随着时间的推移趋势变化相同，整体趋势呈现为先升高后降低，紫薇叶片叶绿素a与叶绿素b比值除赤红紫叶品种表现差异显著以外，其余品种的叶绿素a与叶绿素b比值均差异不明显由图8.7可知，在紫薇生长过程中，不同品种的紫薇变化趋势不相同。'紫精灵''紫莹''丹红紫叶'的类胡萝卜素与叶绿素比值均呈现先上升后下降的趋势。'红火箭''玲珑红'的类胡萝卜素与叶绿素比值呈现下降趋势，而'赤红紫叶'表现为上升趋势。整个试验阶段，'红火箭'和'玲珑红'的类胡萝卜素和叶绿素含量比值均呈明显的差异变化，均在嫩芽时期达到最高值，分别是幼叶时期的1.87倍和1.37倍，具有显著性差异。

嫩芽时期，'红火箭'的叶片为绿色时，与'玲珑红'的叶绿素a与叶绿素b比值最为接近，比值均为3.48，与其他紫薇品种相比比值较高，表明叶绿素a是叶绿素b含量的3.48倍。

幼叶时期，'紫精灵'和'玲珑红'的叶绿素a与叶绿素b比值较高，'紫莹'和'丹红紫叶'的叶绿素a与叶绿素b比值较低，除了'玲珑红'的比值呈现下降趋势以外，其他品种紫薇均为上升趋势。

新叶时期，叶片逐渐成熟，其中，'丹红紫叶'的比值为最低。

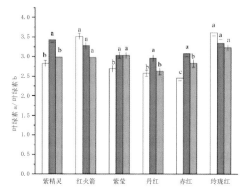

图8.7 不同紫薇品种在不同时期下的叶绿素a与叶绿素b比值变化分析

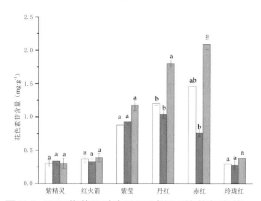

图8.8 不同紫薇品种在不同时期下的花色素苷含量动态变化

6. 不同紫薇品种叶片花色素苷含量分析

6个品种紫薇的花色素苷含量随着试验阶段的变化而增加，并呈现先下降再上升的趋势，在整个实验期间，'紫精灵''红火箭''玲珑红'的花色素苷含量没有发生显著性变化，表明花色素苷在调控紫薇叶色中起到了重要的作用。如图8.8所示，在紫薇叶片试验阶段中，紫叶品种的花色素苷含量呈显著性增加，且'赤红紫叶'的花色素苷含量最高，其次是'丹红紫叶'和'紫莹'。在新叶时期，'紫莹''丹红紫叶''赤红紫叶'分别增加了21.04%、42.37%和63.56%，而'紫精灵''红火箭''玲珑红'分别增加了–11.88%、15.68%和27.49%，整体来说紫叶品种的花色素苷含量大幅度高于绿叶品种。

综合分析比较6个品种紫薇的色素含量变化，绿叶品种的叶绿素增量幅度较高，而紫叶品种的花色素苷含量增长幅度较高，并具有显著性差异，表明花色素苷含量在紫薇叶片颜色变化中产生很大的影响。

7. 不同紫薇品种色彩参数与色素含量的相关性分析

为研究紫薇叶片色素含量对其叶片颜色的影响，将6个紫薇品种叶片色彩参数和叶绿素含量、花色素苷含量、类胡萝卜素含量进行相关性分析，从表8.6可知，'紫精灵''红火箭''玲珑红'总叶绿素含量与a*值负相关，而其余的3个紫叶表现相反，'丹红紫叶'叶绿素a含量与a*值显著正相关，表明紫薇叶片的叶绿素含量对其红度呈现具有正向作用。叶片的类胡萝卜素与 a* 值在紫叶与绿叶紫薇中表现不同，在绿叶紫薇中，类胡萝卜素含量与 a* 值呈现正相关，而紫叶紫薇中则为负相关。

由此表明，叶绿素和类胡萝卜素同时对叶片的颜色产生了影响，并且这两者起到的作用相反。绿叶紫薇花色素苷含量对 a* 值呈显著负相关：其中'红火箭'的花色素苷含量与 a* 值呈现显著负相关（$P < 0.05$），'紫精灵'的花色素苷含量与 a* 值呈极显著负相关（$P < 0.01$），紫叶紫薇的花色素苷含量与 a* 值呈现为正相关：'丹红紫叶'与其为显著正相关，而'赤红紫叶'为极显著相关。由表可以看出，3 个绿叶紫薇品种的叶绿素含量和类胡萝卜素含量与其 b* 值呈现显著负相关或极显著负相关：'紫精灵'的总叶绿素含量与 b* 值为显著负相关，'红火箭'则为极显著负相关。色彩明亮程度对紫叶紫薇品种影响较大，从表得出，叶绿素含量、类胡萝卜素含量在紫叶紫薇品种均表现为显著正相关。综上所述，6 个紫薇品种的叶片颜色受叶绿素、花色素苷、类胡萝卜素共同影响。

表 8.6 紫薇叶片色彩参数与色素含量变化的相关性

品种	叶色参数	叶绿素 a	叶绿素 b	总叶绿素	类胡萝卜素	花色素苷
'紫精灵'	L*	−0.977	−0.977	−0.994	−0.95	−0.812
	a*	0.616	0.716	0.638	0.783	−0.041*
	b*	−0.964	−0.92	−0.956*	−0.876	−0.907
'红火箭'	L*	−0.987	−0.999*	−0.994	−0.962	0.999*
	a*	0.409	0.594	0.46	0.301	−0.578**
	b*	−1*	−0.971	−0.997**	−0.996**	0.975
'紫莹'	L*	0.95	0.94	0.948	0.991	−0.727
	a*	−0.263	−0.232	−0.255	−0.435	0.173
	b*	0.992	0.987	0.991	0.998*	−0.842
'丹红紫叶'	L*	0.584	0.921	0.267	0.939	−0.023
	a*	0.999*	0.181	0.951	−0.804	0.847*
	b*	0.421	−0.977	0.082	0.858	0.164
'赤红紫叶'	L*	0.134	0.197	0.063	−0.01	−0.543
	a*	0.754	0.927	0.799	0.84	1**
	b*	0.317	−0.01	0.248	0.177	−0.376
'玲珑红'	L*	−0.68	−0.53	−0.648	−0.738	1**
	a*	−0.417	−0.279	−0.279	0.158	−0.554
	b*	−0.679	−0.779	−0.779	−0.851	0.982

注：*. 表示在 $P < 0.05$ 水平显著相关；**. 表示在 $P < 0.01$ 水平极显著相关。

8.3.2 '紫精灵'遗传转化体系的建立

1. 卡那霉素耐受性浓度和抑菌剂的选择

在培养基中加入不同浓度的卡那霉素 20d 后，分析愈伤组织不定芽的生长情况。由图 8.9A 可知，随着卡那霉素浓度的增加，愈伤组织中不定芽的生长逐渐缓慢，且差异显著。当卡那霉素浓度达到 100mg·L^{-1} 时，愈伤组织中不定芽的生长完全停止。因此，我们确定 100mg·L^{-1} 卡那霉素是愈伤组织不定芽生长的耐受性浓度。我们选择了

15种抗生素浓度组合（表8.7），比较它们抑菌效果。由表8.7可知，处理5、处理6、处理9、处理13的抑菌效果较好。我再选择这四种抑菌效果较好的抗生素浓度组合处理，进一步研究它们对愈伤组织不定芽生长的影响。由图8.9B可知，与其他组合相比，100mg·L^{-1}头孢霉素和300mg·L^{-1}特美汀组合不抑制愈伤组织不定芽生长的效果较好。因此，我们确定了100mg·L^{-1}头孢霉素和300mg·L^{-1}特美汀为抑菌的适宜浓度，并将其用于培养基中。

表8.7 抑菌剂组合对农杆菌的抑制作用

处理编号	抑菌剂组合		抑菌效果
	头孢霉素（mg·L^{-1}）	特美汀（mg·L^{-1}）	
1	0	300	+
2	300	0	+
3	50	100	++
4	50	200	++
5	50	300	+++
6	50	400	+++
7	100	100	++
8	100	200	++
9	100	300	+++
10	100	400	++
11	200	100	++
12	200	200	++
13	200	300	+++
14	200	400	++
15	0	0	−

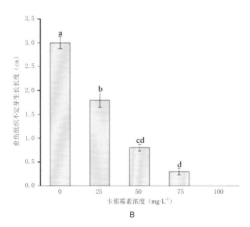
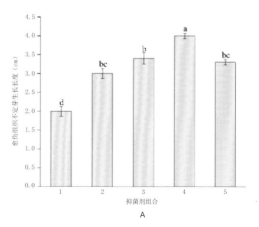

1：空白对照组；2：50mg·L^{-1}头孢霉素和300mg·L^{-1}特美汀组；3：50mg·L^{-1}头孢霉素和400mg·L^{-1}特美汀组；4：100mg·L^{-1}头孢霉素和300mg·L^{-1}特美汀组；5：200mg·L^{-1}头孢霉素和300mg·L^{-1}特美汀组
A：卡那霉素对紫薇愈伤组织不定芽生长的影响；B：抑菌剂组合对紫薇愈伤组织不定芽生长的影响
图8.9 卡那霉素和抑菌剂对紫薇愈伤组织不定芽生长的影响
（愈伤组织的不定芽生长是指生长后的不定芽长度与初始愈伤组织的不定芽长度之比）

2. 最适农杆菌转化的因素

（1）共培养时间对遗传转化效率的影响

当外植体侵染完成后，需要将其转至共培养基中进行共培养，为了筛选出最适宜的共培养时间，实验设置了几个不同的时间梯度，分别为1d、2d、3d、4d。由图8.10可知，当侵染的外植体材料在共培养基中培养不同天数时，转化效率也会不同。

当共培养时间为3d时GUS阳性转化率最高，转化率为68%；当共培养时间只有1d时，转化效率最低，原因是共培养时间短，农杆菌繁殖的菌株数目少，没有达到T-DNA完全迁移整合的效果，所有导致转化率低；当共

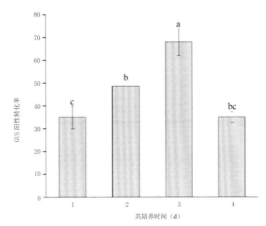

在 $OD_{600}=0.6$ 的农杆菌悬浮液中接种 13min 后，侵染的愈伤组织在含有 $150\mu mol \cdot L^{-1}$ AS 的培养基上在黑暗中共培养 1d、2d、3d 或 4d

图 8.10 共培养时间对遗传转化效率的影响

培养时间为4d时，转化效率也降低，并且培养基内的农杆菌大量的生长繁殖，转化率的原因是当外植体与农杆菌共培养时间过久，农杆菌过量的繁殖会对外植体材料本身产生毒害作用，会对外植体正常生长造成很大的影响，严重可能会造成外植体死亡。因此，共培养时间过短或者过久都不利于外植体的稳定转化，本实验选择共培养天数为3d作为最适宜的时间。

（2）侵染时间对遗传转化效率的影响

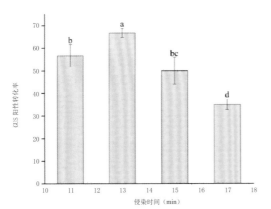

在 $OD_{600}=0.6$ 的农杆菌悬浮液中接种 11min、13min、15min 和 17min 后，侵染的不定芽在含有 $150\mu mol \cdot L^{-1}$ AS 的培养基上在黑暗中共培养 3d

图 8.11 侵染时间对遗传转化效率的影响

侵染外植体过程中的农杆菌的侵染时间在遗传转化过程中具有很大的影响，本实验设置了4个不同时间梯度，分别为11min、13min、15min、17min。由图8.11可知，当侵染时间为11min和17min时，GUS阳性转化率较低，当侵染时间为13min时，转化率最高。在侵染时间为11min时，农杆菌未能完全地侵染外植体的伤口，伤口上农杆菌附着地较少，进而导致T-DNA无法实现整合至植物基因组中，最终致使转化效果不好；当侵染时间达到17min时，由

于农杆菌的过度繁殖会导致外植体材料遭受毒害，导致部分外植体死亡，转化率随之也会较低。因此，只有侵染时间选择13min，外植体的转化效果才能达到最佳。

（3）农杆菌菌液浓度对遗传转化效率的影响

农杆菌菌液浓度的高低也是遗传转化能否成功地一个必要条件。本实验设置了4个不同浓度梯度，并用农杆菌的OD_{600}记录农杆菌菌液浓度，OD_{600}值分别为0.2、0.4、0.6、0.8。从图8.12得知，随着农杆菌菌液浓度的增大，转化率也随之升高，当OD_{600}值为0.6时，转化率达到最高为73.3%，当农杆菌菌液浓度过低；OD_{600}值为0.2时，GUS阳性转化率较低仅仅只有32%，当农杆菌菌液浓度过高；OD_{600}值为0.8时，GUS阳性转化率较低仅仅只有51.2%。当菌液浓度过高时，农杆菌会对外植体材料造成伤害，影响植物的正常生长发育。因此，当农杆菌的OD_{600}值为0.6时，可用于外植体的遗传转化。

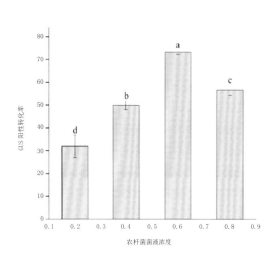

接种不同浓度的农杆菌悬浮液 13min 后，侵染的愈伤组织在含有 150μmol·L^{-1} AS 的培养基上在黑暗中共培养 3d

图 8.12 农杆菌菌液浓度对遗传转化效率的影响

（4）乙酰丁香酮浓度对遗传转化效率的影响

培养基中添加适量浓度的乙酰丁香酮可在一定程度上促进外植体的遗传转化，乙酰丁香酮浓度的多少对遗传转化效率也有很大的影响。如图8.13所示，当乙酰丁香酮浓度为50μmol·L^{-1}时，GUS阳性转化率（GUS阳性率=转基因植株/总侵染外植体数量）仅为35%。当乙酰丁香酮浓度为200μmol·L^{-1}时，GUS阳性转化率仅为38%。这些数据表明添加乙酰丁香酮能够增加遗传转化的效果。因此，根据这些结果，我们建议最佳农杆菌浓度OD_{600}、共培养时间、浸泡时间和乙酰丁香酮浓度分别为0.6、3d、13min和150μmol·L^{-1}。

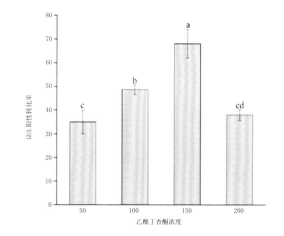

在 OD_{600}=0.6 的农杆菌悬浮液中接种 13min 后，侵染的愈伤组织在含有不同浓度 AS 的培养基上在黑暗中共培养 3d

图 8.13 AS 浓度对遗传转化效率的影响

8.3.3 转基因'紫精灵'植株的获得

选取'紫精灵'紫薇愈伤组织不定芽作为外植体，将农杆菌现在平板上涂布活化，然后挑取单克隆菌落，置于LB培养基中振荡培养，之后再离心收集菌体沉淀后利用MS

a: 农杆菌涂布活化; b: 农杆菌菌液侵染'紫精灵'愈伤组织不定芽; c: 共培养时期的'紫精灵'愈伤组织不定芽; d: 选择培养基中的'紫精灵'愈伤组织不定芽; e: '紫精灵'愈伤组织不定芽生长初期; f: '紫精灵'愈伤组织不定芽生长后期

图8.14 农杆菌的活化和侵染时的紫薇愈伤组织不定芽

培养基进行悬浮，倒进无菌的培养皿中进行侵染，愈伤组织不定芽倒置于培养皿中。侵染13min后，将外植体放置在无菌滤纸上，吸干表面的农杆菌菌液，再将外植体置于共培养基上，在25℃黑暗处处共培养培养3d。之后再将外植体转入选择培养基中，组培室的培养条件为26±2℃，光周期为16h光照/8h黑暗，培养期间每隔一周更换一次新的培养基（图8.14）。培养期间不定时观察外植体的生长状况，如出现农杆菌污染或霉菌污染等现象，要及时清理。

8.3.4 转基因紫薇植株的检测

1. 转基因植株 *GUS* 基因组织化学染色

经共培养和GUS染色后，在通过无水乙醇脱色3次，转基因紫薇愈伤组织不定芽中出现了蓝色斑点（图8.15）。

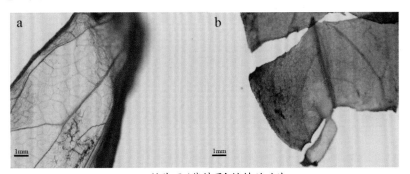

a、b: 转基因'紫精灵'植株的叶片

图8.15 '紫精灵'愈伤组织不定芽 GUS 组织化学染色

2. 转基因紫薇不定芽 DNA 提取结果

'紫精灵'愈伤组织不定芽DNA提取结果如图8.16。

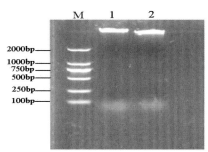

M：2000 bp DNA marker；1、2：'紫精灵'愈伤组织不定芽
图 8.16 '紫精灵'愈伤组织不定芽 DNA 提取结果

3. 转基因植株的 *GUS* 基因的 PCR 检测

为了检测转基因植株中 *GUS* 基因是否存在，我们对转基因紫薇基因组进行 PCR 检测，非转基因基因组用作对照组。从图 8.17 可看出，转基因植株叶片基因组扩增出目的条带，而非转基因植株基因组不存在相应的条带。上述结果表明，*GUS* 基因已成功整合到转基因紫薇植株的基因组中。

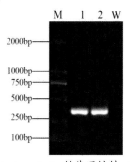

M：2000bp DNA Marker；1、2：转基因植株；W：非转基因植株
图 8.17 转基因'紫精灵'紫薇的 *GUS* 基因 PCR 鉴定

4. 转基因植株的 RNA 提取

RNA 提取的方法同上，用 1% 琼脂糖凝胶电泳检测条带，如图 8.18 所示，电泳图中 28S：18S 条带清晰且亮度大致为 2：1，$OD_{260/280}$ 在 1.9~2.0 之间，则说明提取得到的 RNA 完整无降解，可用于进行实时荧光定量 PCR 试验。

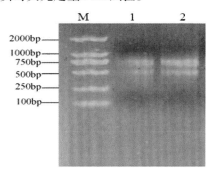

M：2000bp DNA Marker；1、2：转基因植株
图 8.18 RNA 提取琼脂糖凝胶电泳图

5. 逆转录 cDNA 的合成

以转基因紫薇的 cDNA 为模板，用 GUS-qRT F 和 GUS-qRT R 引物进行 PCR 扩增（图 8.19）。

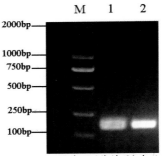

M: 2000 bp DNA marker; 1、2: 转基因'紫精灵'愈伤组织不定芽的 cDNA

图 8.19　转基因紫薇中 GUS 基因 cDNA 的 PCR 鉴定

6. 转基因植株中的 *GUS* 基因实时荧光定量 PCR

为了进一步验证转基因植株，我们使用RT-qPCR检测转基因紫薇叶片中的基因表达。由图8.20可知，*GUS*基因在转基因紫薇'紫精灵'#1 和 #2叶片中的表达量最高，且 *GUS* 基因在所有转基因紫薇叶片系中的表达量均显著高于野生型紫精灵 *GUS* 基因的大量表达证实了其在植物基因组中的稳定整合。

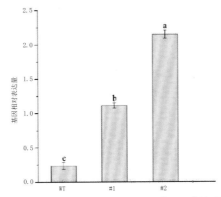

WT: 野生型'紫精灵'植株; #1、#2: 转基因'紫精灵'植株

图 8.20　'紫精灵'愈伤组织不定芽 GUS 基因表达量

7. 转基因植株中的目的基因实时荧光定量 PCR

在整个实验中，共操作了593个外植体。由图8.21可知，*LiMYB44*基因在第#1株和第#2株植物中的表达最高，这证实了目标基因已成功转移到植物中并在大量外植体中表达。二株外植体中有大量*LiMYB44*基因在外植体中表达，结果表明，该基因已成功转入外植体，转化率为0.34%。

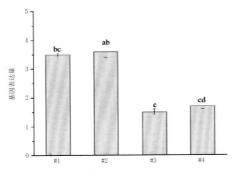

#1、#2: 转基因'紫精灵'植株; #3、#4: 非转基因野生型'紫精灵'植株

图 8.21　'紫精灵'愈伤组织不定芽 LiMYB44 基因表达量

8.4 结论与讨论

8.4.1 不同紫薇品种叶色变化规律分析

我国彩叶植物资源丰富，种类繁多，在构成园林景观的重要元素中，植物属于必不可少的一部分。对于彩叶植物，园林应用最多的是常色叶植物，彩叶植物具有丰富多彩的颜色，然而园林植物的色彩的运用在园林中扮演着十分重要的角色，彩叶植物的叶片颜色呈现出彩色的直接原因就是植物叶片中的色素含量，色素种类和色素比例发生了变化（姜卫兵 等，2005），植物叶片色素的组成是决定颜色的重要因素，不同彩叶植物表达机理可能有所不同。本研究采用了3个生长时期6个紫薇品种并测定了叶绿素a、叶绿素b、总叶绿素和花色素苷等色素含量，研究发现其中绿叶品种在从幼叶至新叶转变的过程中，叶绿素含量显著增加，测定期间6个紫薇品种叶绿素a、叶绿素b与总叶绿素含量的动态变化趋势相似，均呈现上升的趋势，这与崔舜等（2020）对紫薇叶色变化研究结果一致。叶片中色素含量的变化是引起植物叶片颜色发生改变的直接原因，类胡萝卜素在绿叶和紫叶品种中的表达具有显著性差异，由此可见，叶绿素不是直接决定了叶片的颜色变化，类胡萝卜素在调控紫薇叶片颜色的变化中也起到了重要的作用，而在花色素苷含量的分析比较中，紫叶品种和绿叶品种表现为显著性差异，在彩叶植物组织的解剖研究中发现（李亚蒙 等，2006），花色素苷在植物细胞中的分布不同也是造成叶片呈色差异的因素之一，叶色是多种因素综合影响的结果，这与冯露等（2017）研究结果一致，因此，花色素苷、类胡萝卜素、叶绿素的合成与紫薇叶片颜色变化有重要关系，叶绿素是决定紫薇叶片基调色的色素，而类胡萝卜素和花色素苷是调控叶片由绿色转变成其他紫色的重要因素，彩叶植物的色彩变化受色素含量影响。齐睿等（2019）对红叶石楠叶色转变的研究中表示叶绿素含量占主导，叶片始终呈现出绿色，如果非绿色色素含量发生变化，引起了色素含量比例的显著变化，就会呈现出五彩斑斓的叶色，与本研究结果相似。

研究表明，许多彩色植物叶色参数与色素种类及含量存在显著相关关系，但不同植物的叶色参数与其含量变化表现均不相同。在本研究中，3个绿叶紫薇和3个紫叶紫薇的叶片色素含量变化与L*植、a*植、b*值呈现出一定的差异性。其中紫叶紫薇的a*值与花色素苷含量呈正相关，即表明花色素苷含量越高，a*值越大，这与韩文学等（2020）对海棠的叶片色彩变化和朱书香等（2010）研究了紫叶李、紫叶矮樱、黑杆樱李和美人梅四种彩叶植物叶色和色素的关系研究结果相似。新叶时期，紫叶紫薇品种的光合色素含量均比其高，在此，a*值中的紫叶紫薇品种均比绿叶紫薇品种高，而b*值则相反。因此，光合色素含量越高，a*值则越高，则叶片色相偏紫，反之b*值则越高，叶片色相则偏绿。

8.4.2 外植体的选择对遗传转化效率的影响

植物外植体的选择是影响转化效率的一个重要因素。在农杆菌转化过程中，通常会选择胚性愈伤组织、茎段、胚芽、茎尖、叶片等作为外植体材料。对于不同植物，外植体的选择不同，转化效率也存在很大的差异。一般会选择幼嫩时期的组织、叶片、分化比较活跃的胚性组织，来源不同、组织位置不同以及发育状态不同的试验材料均对农杆菌介导的遗传转化有重要影响。生长状况健康良好的外植体能够在一定程度上大大提高遗传转化效率，能更好地促进植物遗传转化体系的成功建立。

建立稳定高效的遗传转化体系需具有这几个特点：①遗传转化效率高、实验具有良好的稳定性和重复性好等特点。②外植体具有很高的遗传稳定性，在转入外源基因后不影响其非遗传转化的稳定性，能够将目的基因进行稳定的遗传。③有稳定的外植体来源来应对遗传转化和重复实验的低效率。④对遗传转化所用的筛选剂具有一定的敏感性。在马铃薯品种'并薯6号'（宋倩娜 等，2021）遗传转化体系的建立中，以马铃薯品种'并薯6号'无菌试管苗茎段作为外植体，在经过农杆菌转化后，转化率为27.3%；在毛白杨GM107（黄赛 等，2021）再生体系和遗传转化体系的建立中，外植体为毛白杨无菌苗叶片，其转化效率为32.35%；在西瓜'SM1'（张曼 等，2021）高效遗传转化体系的构建中，以西瓜'SM1'材料子叶节作为外植体，其转化效率为6.5%，在建立'紫精灵'紫薇遗传转化体系时，本研究选用了愈伤组织不定芽作为外植体。

8.4.3 抗生素的选择对遗传转化效率的影响

共培养后的重要步骤就是抑制农杆菌的大量繁殖。共培养后植物受体表面及细胞组织中会产生大量的农杆菌。因此为了能够完全地抑制和杀死表面残留的农杆菌，在共培养后需要在培养基中添加抗生素进行农杆菌的去除，以此来使农杆菌逐渐不再生长，并对外植体不产生伤害。所以选择抑菌剂的种类以及浓度的高低是植物遗传转化能否成功地一个必要条件。如果培养基中抑菌剂浓度过高超出适合地范围会对外植体的正常生长发育起抑制作用，甚至一定程度上造成外植体死亡；如果培养基中抑菌剂的浓度过低则没有达到抑制农杆菌生长繁殖的效果。抑菌剂常用的种类包括特美汀（Zhang et al.，2017）、卡那霉素（Qiantang et al.，2015；Sidorova et al.，2015）和头孢霉素等，与卡那霉素和头孢霉素相比，特美汀对外植体本身的影响较小，可以将外植体表面的农杆菌更好地去除，十分适合用于植物的遗传转化实验，不同的植物对各种抗生素的敏感程度也各不相同。本实验中的抑菌剂选择头孢霉素和特美汀来抑制农杆菌的繁殖。

在农杆菌介导的遗传转化过程中，只有少数植物细胞能够完全吸收外源DNA并可以充分地将其转移至植物的基因组中，但是极大部分的细胞是不能够进行吸收转化的。因此我们可以利用连接好的重组质粒中自身带有的特定标记，通过选择相对应的筛选剂筛选被转化的细胞。不同的外植体类型遗传转化过程中，所使用的质粒载体也会各不相同，质粒载体的选择对遗传转化效率也会有影响。不同外植体对抗生素的敏感程度也不同，在选择最适合的筛选压时，通过筛选压对外植体的敏感性筛选出抗性受体。目前使用最多的筛选剂包括潮霉素、卡那霉素等。筛选剂的浓度应该是既能充分有效地控制非抗性细胞的生长发育，又不会对其抗性细胞的生长产生影响。

8.4.4 共培养时间的选择对遗传转化效率的影响

共培养时间影响农杆菌的附着以及对T-DNA转移与整合有着重要的作用。其过程是侵染过程结束后，附着在侵染伤口的农杆菌不断地繁殖滋生，伴随着转入T-DNA与外植体基因组整合的过程，农杆菌必须附着在伤口部位16h以上才能使PI完成转移。然而不同外植体类型，共培养时间会存在差异。共培养的时间越长，会导致农杆菌附着在外植体表面过久，容易致使对愈伤组织不定芽产生毒性影响，外植体受损严重，影响其对培养基营养物质的吸收，限制了外植体自身的生长发育，严重甚至导致外植体死亡。若共培养时间不够，造成农杆菌生长量不足，农杆菌未能充分地完成T-DNA转移与整合，因此，共培养时间的控制和选择对遗传转化的效率有着重要的影响。此前大多数文献报道应用的共培养时间为2~3d，本研究中设置农杆菌共培养时间为3d时，转化效率最高。

8.4.5 农杆菌侵染浓度和侵染时间对遗传转化效率的影响

农杆菌侵染浓度和侵染时间共同作用对外植体的转化效率产生一定的影响。农杆菌侵染浓度过低，代表农杆菌菌株数量少，会导致在伤口处的菌株密度小，从而降低了其附着密度，进而大大降低了遗传转化效率；农杆菌侵染浓度过高，农杆菌由于培养基中营养物质竞争导致农杆菌菌株死亡数量，进一步导致菌体质量下降，丧失菌株活力，最后会使其侵染效果降低，与此同时，对共培养后期抑制农杆菌的生长带来了困难。然而侵染时间不充分会使农杆菌不能够完全地依附到植物表面，导致T-DNA转移和整合效率大幅度降低，当侵染时间过长时，则容易导致农杆菌过多地大量繁殖，从而后期抑菌难度变大，甚至会因农杆菌导致外植体毒害而死亡无法完成正常的生长发育，本试验最终选择的菌液浓度和侵染时间与大部分研究选取的侵染浓度及时间的结果保持一致。罗珍珍等（2021）在农杆菌介导的栓皮栎体胚遗传转化初步研究过程中确定适宜的侵染条件为OD_{600}值0.5，乙酰丁香酮浓度为$200\mu mol \cdot L^{-1}$时，转化效率最高。但不同的外植体，其最适宜的侵染浓度和时间不一样，岑云昕等（2021）发现，在OD_{600}值为0.7，侵染时间10min的条件下，最有利于楸树胚性愈伤组织的转化。

在农杆菌介导的遗传转化过程中，相同外植体不同的基因型转化效率也会不同。在紫花苜蓿遗传转化体系（仝宗永，2021）中，使用'中首1号''公农1号''猎人河'和'WL-323'四种不同基因型进行遗传转化操作，其中，'WL-323'品种的阳性率明显高于其他品种，由此表明同种外植体不同基因型的遗传转化效率存在较大的差异化。

8.4.6 乙酰丁香酮浓度对遗传转化效率的影响

乙酰丁香酮是一种在植物体内很少以游离形式存在的丁香型酚类化合物（Ágnes et al.，2021；Ashrafi-Dehkordi et al.，2021；Feng et al.，2020），在植物的遗传转化过程中必不可少。农杆菌通过将定义明确的DNA片段，即转移的DNA（T-DNA），从其肿瘤诱导（Ti）质粒转移到植物细胞基因组中来感染植物。T-DNA的加工和转移由毒力（Vir）基因的活性控制。VirA基因编码一种膜结合激酶，它能感知化学信号，例如来自受伤植物细胞的酚类化合物乙酰丁香酮。一旦感知到信号，VirA就会磷酸化自身并激活VirG基因产物，从而刺激其他Vir基因和自身的转录。VirD1/VirD2蛋白质共同作用产生单链（ss）T-DNA分子（称为T-链），单个VirD2分子与T-链的5'端共价连接，形成称为未成熟T-复合物的单链DNA蛋白质复合物。杨澜（2021）在谷子茎尖体外遗传转化体系的建立与优化中发现AS浓度为$800\mu mol \cdot L^{-1}$时最能提高遗传转化的效率。宋培玲（2021）等在共培养时添加$200\mu mol \cdot L^{-1}$的AS可明显提高油菜黑胫病菌的遗传转化率，超过$200\mu mol \cdot L^{-1}$后，其转化率明显降低。建立红颜草莓叶盘再生及遗传转化体系（王翠华等，2020）时，选择添加$300\mu mol \cdot L^{-1}$的乙酰丁香酮在共培养基中作为最优转化条件，本研究中选择最适宜的乙酰丁香酮浓度为 150μmol·L^{-1}，最利于遗传转化效率的提升。

目前，木本植物的遗传转化仍有许多问题需要进一步研究和解决。此外，木本植物易木质化、生长周期长等特性是影响转化效率的主要因素。综上所述，本研究分析了农杆菌介导的'紫精灵'愈伤组织不定芽遗传转化的不同因素。其中，影响转化率的关键因素是浸泡时间、共培养时间、菌液浓度和乙酰丁香酮浓度。初步建立了以'紫精灵'愈伤组织不定芽为受体形成的遗传转化体系，为进一步建立高效稳定的遗传转化体系奠定了基础。

遗传转化体系的建立能够为新品种选育提供选择，由于木本植物本身遗传转化十分困难，需考虑到多种因素对遗传转化效率的影响，通过不同的实验总结出最适宜的转化条件，以此来建立高效稳定的'紫精灵'遗传转化体系。本研究利用根癌农杆菌的侵染，以'紫精灵'愈伤组织不定芽为外植体导入外源基因并获得转基因植株。首先通过筛选得到了最适的抑菌剂浓度和卡那霉素浓度，然后通过侵染浓度和侵染时间、共培养时间、乙酰丁香酮浓度这些因素进行转化，得出最适宜的'紫精灵'遗传转化体系，为转基因紫薇植株的获得提供了可能，也为其他木本植物遗传转化系统的建立提供了借鉴和宝贵经验。

在本实验中，通过农杆菌侵染法侵染'紫精灵'愈伤组织不定芽，当侵染浓度 OD_{600} 植为 0.6，侵染时间为 13min，共培养 3d，经过多次重复性实验后，在侵染 593 个外植体后，获得 2 个转基因植株，转化率为 0.34%。

8.4.7 结论

本研究以为'紫精灵''红火箭''玲珑红''紫莹''赤红紫叶''丹红紫叶'紫薇为实验材料，研究了不同品种紫薇色素含量和叶片呈色之间的联系，以及色素含量和色彩参数之间的相关性。研究结果揭示了紫薇叶片色彩和色素含量的联系，为下一步建立'紫精灵'遗传转化体系奠定基础，采用农杆菌侵染法，选择'紫精灵'愈伤组织不定芽作为外植体，通过确定最优农杆菌转化条件、共培养时间建立了稳定的'紫精灵'遗传转化体系。本文的主要研究结果如下：

①通过测定 3 个生长时期 6 个紫薇品种的叶绿素 a、叶绿素 b、总叶绿素和花色素苷等色素含量，研究发现其中绿叶品种在从幼叶至新叶转变的过程中，叶绿素含量显著增加，6 个紫薇品种叶绿素 a、叶绿素 b 与总叶绿素含量的动态变化趋势相似，均呈现上升的趋势，彩叶植物的色彩变化受色素含量影响，齐睿（2019）等对红叶石楠叶色转变的研究中表示叶绿素含量占主导，叶片始终呈现出绿色，如果非绿色色素含量发生变化，引起了色素含量比例的显著变化，就会呈现出五彩斑斓的叶色，与本研究结果相似。

②研究表明，许多彩色植物叶色参数与色素种类及含量存在显著相关关系，但不同植物的叶色参数与其含量变化表现均不相同。在本研究中，3 个绿叶紫薇和 3 个紫叶紫薇的叶片色素含量变化与 L* 值、a* 值、b* 值呈现出一定的差异性。其中紫叶紫薇的 a* 值与花色素苷含量呈正相关，即表明花色素苷含量越高，a* 值越大。新叶时期，紫叶紫薇品种的光合色素含量均比其高，在此，a* 值中的紫叶紫薇品种均比绿叶紫薇品种高，而 b* 值则相反。因此，光合色素含量越高，a* 值则越高，则叶片色相偏紫，反之 b* 值则越高，叶片色相则偏绿。

③建立了农杆菌介导的'紫精灵'遗传转化体系，EHA105为农杆菌菌株，pBI121为质粒载体。转化条件为农杆菌侵染OD_{600}值为0.6，共培养时间为3d，乙酰丁香酮浓度为150μmol·L^{-1}，抑菌剂浓度分别为100mg·L^{-1}头孢霉素和300mg·L^{-1}特美汀、卡那霉素100mg·L^{-1}。该体系经过重复性试验后，可获得最高的转化效率为0.34%。

④转基因'紫精灵'紫薇植株进行分子生物学检测，经*GUS*基因的PCR检测和对*GUS*基因和*LiMYB44*基因的表达量进行分析，证实pBI121质粒载体已稳定整合到转基因紫薇基因组中。

参考文献

鲍蒂诺，邵瀛洲，1984.利用组织培养技术无性繁殖蔬菜作物[J].北京蔬菜，24(4)：36-43.

岑云昕，刘佳，陈发菊，等，2021.农杆菌介导的楸树遗传转化体系[J].林业科学，57(8)：195-204.

陈爱玉，1998.桑树茎尖组织培养无性繁殖技术[J].中国蚕业，2(1)：26-28.

陈璨，蒋冬花，齐育平，等，2013.高Vir毒力根癌农杆菌AGL-1菌株介导丝状真菌转化研究进展和应用[J].微生物学杂志，33(2)：80-85.

陈璇，谢军，2021.彩叶植物叶色表达机制的研究进展[J].吉林农业科技学院学报，30(1)：10-19.

崔舜，邱国金，吴茜，等，2020.彩叶紫薇新品种红火球与仑山1号的叶色及生理变化特性[J].贵州农业科学，48(9)：16-21.

侯金潮，张岩，张菲，2020.园林建设中的生态学原理应用理念[J].安徽农学通报，26(5)：78-80.

胡懋，曾杨璇，苗华彪，等，2021.根癌农杆菌介导真菌遗传转化的研究及应用[J].微生物学通报，48(11)：4344-4363.

黄赛，高凯，苗得雨，等，2022.毛白杨GM107再生体系和遗传转化体系的建立[J].分子植物育种，32(7)：1-22.

黄颜众，郭娜，轩慧冬，等，2019.农杆菌介导的基因转化及在生产中的作用[J].大豆科技，5(1)：62-64.

吉训志，秦晓威，胡丽松，等，2019.木本植物组织培养[J].热带农业科学，39(4)：33-40.

贾莉莉，叶仰东，田锋，等，2013.农杆菌介导转化小麦的研究进展[J].安徽农业科学，41(29)：11604-11663.

姜卫兵，庄猛，韩浩章，等，2005.彩叶植物呈色机理及光合特性研究进展[J].园艺学报，2(1)：352-358.

靳慧琴，梁俊林，贾诗雨，等，2021.土壤酸化对红枫叶片呈色生理的影响[J].四川农业大学学报，39(5)：595-625.

李鹏飞，孙昕，杨娌，等，2019.藻类叶绿素a提取的优化研究[J].化工学报，70(9)：3421-3429.

李卫星，杨舜博，何智冲，等，2017.植物叶色变化机制研究进展[J].园艺学报，44(9)：1811-1824.

李晓辉，韩雪，2015.彩叶植物在园林景观中的应用[J].现代化农业，2(1)：19-20.

李永欣，王晓明，乔中全，等，2018.紫叶紫薇引种试验[J].湖南林业科技，45(6)：68-71.

刘婷婷，谢雨青，刘祯，等，2021.中国紫薇属育种研究进展[J].北方园艺，19(1)：138-144.

ÁGNES S,M M Á,ILDIKÓ S,et al.,2021.A pattern-triggered immunity-related phenolic,acetosyringone,boosts rapid inhibition of a diverse set of plant pathogenic bacteria[J].BMC Plant Biology,21(1):153-153.

ANNA T,MAGDALENA K,KATARZYNA W,et al.,2021.Polyploidy in industrial crops applications and perspectives in plant breeding[J].Agronomy,11(12):2574-2574.

ASHRAFI-DEHKORDI E,ALEMZADEH A,TANAKA N,et al.,2021.Effects of vacuum infiltration,agrobacterium cell density and acetosyringone concentration on agrobacterium-mediated transformation of bread wheat[J].Journal of Consumer Protection and Food Safety,prepublish:1-11.

Bao Tino,Shao Yingzhou,1984.Vegetative propagation of vegetable crops by tissue culture technology[J].Beijing Vegetables,24(4):36-43.

CARLA B,JÖRG H,2022.Generation of stochastic cellular structures with anisotropic cell characteristics on the basis of ellipsoid packings[J].Advances in Engineering Software,165(5):49-54.

Cen Yunxin,Liu Jia,2021.Chen Faju,et al.Agrobacterium tumefaciens mediated genetic transformation system of Catalpa tree[J].Scientia Silvae Sinicae,57(8):195-204.

Chen Aiyu,1998.Asexual Propagation Technology of Mulberry Stem Tip Tissue Culture[J].China Sericulture,2(1):26-28.

Chen Can,Jiang Donghua,Qi Yuping,et al.,2013.Transformation of filamentous fungi mediated by agrobacterium tumefaciens agL-1 strain with high virulence[J].Chinese Journal of Microbiology,33(2):80-85.

Chen Xuan,XIE Jun,2021.Research progress of leaf Color Expression Mechanism in color-leafed Plants[J].Journal of Jilin University of Agricultural Science and Technology,30(1):10-19.

CRYSTAL T,MORTEN L,K.H E T A,2021.Global regulation of genetically modified crops amid the gene edited crop boom-A review[J].Frontiers in Plant Science,12(9):630396-630396.

Cui SHUN,Qiu Guojin,Wu Qian,et al.,2020.Leaf color and physiological characteristics of new variety-leaved Crape Myrrh variety Honghuoqiu and Lonshan no.1[J].Guizhou Agricultural Sciences,48(9):16-21.

HANFENG Y,JUN Z,GUILIN W,et al.,2022.Crushing analysis and optimization for bio-inspired hierarchical 3D cellular structure[J].Composite Structures,286(1):20-22.

HIROSHI H,KAZUHIRO S,2016.Genomic regions responsible for amenability to agrobacterium-mediated transformation in barley[J].Scientific Reports,6(1):37505-37507.

HONGLIANG G,WEI Z,JING Z,et al.,2021.Methionine biosynthesis pathway genes affect curdlan biosynthesis of agrobacterium sp.CGMCC 11546 via energy regeneration[J].International Journal of Biological Macromolecules,185(2):821-831.

Hou Jin-chao,ZHANG Yan,ZHANG Fei,2020.Journal of anhui agricultural science bulletin,26(5):78-80.

Hu MAO,Zeng Yangxuan,Miao Huabiao,et al.,2021.Research and application of agrobacterium tumefaciens mediated fungal transformation[J].Microbiology Bulletin,48(11):4344-4363.

Huang Sai,Gao Kai,Miao Deyu,et al.,2022.Establishment of Regeneration system and Genetic Transformation System of Populus tomentosa GM107[J].Molecular Plant

Breeding,32(7):1-22.

Huang Yanzhong,Guo Na,Xuan Huidong,et al.,2019.Gene transformation mediated by agrobacterium tumefaciens and its role in production[J].Soybean science and technology,5(1):62-64.

J P-R F,LUCÍA D A,Montserrat d C,et al.,2016.Improving virus production through quasispecies genomic selection and molecular breeding[J].Scientific Reports,6(1):35962-35967.

J.H D,L.S K,J.D J,et al.,2021.Decomposition of leaf litter from native and nonnative woody plants in terrestrial and aquatic systems in the eastern and upper midwestern U.S.A[J]. The American Midland Naturalist,186(1):51-75.

Ji Xunzhi,Qin Xiaowei,Hu Lisong,et al.,2019.Journal of tropical agricultural sciences,39(4):33-40.

Jia Lili,Ye Yangdong,Tian Feng,et al.,2013.Advances in wheat transformation mediated by agrobacterium tumefaciens[J].Journal of anhui agricultural sciences,41(29):11604-11663.

JIA X,YUEQI G,ZHIYI Y,et al.,2019.Gene knockout technology and its application in the study of the relationship between mitochondrial dynamics and insulin resistance[J]. Chinese journal of biotechnology,35(8):1382-1390.

Jiang Wei-bing,Zhuang Meng,Han Hao-zhang,et al.,2005.Advances in Studies on Color Mechanism and Photosynthetic Characteristics of Colored-leaf plants[J].Acta Horticulturae Sinica,2(1):352-358.

JIANMIN F,E B N,L W B,2021.Optimizing transformation frequency of cryptococcus neoformans and cryptococcus gattii using agrobacterium tumefaciens[J].Journal of Fungi(B asel,Switzerland),7(7):520-520.

JIE W,XIANGMING X,JEFFREY B,et al.,2021.Impacts of juniper woody plant encroachment into grasslands on local climate[J].Agricultural and Forest Meteorology,307(7):16-19.

Jin Huiqin,Liang Junlin,Jia Shiyu,et al,2021.Effects of soil acidification on color physiology of red maple leaves[J].Journal of Sichuan Agricultural University,39(5):595-625.

JINTANA D,BENYA N,THAM U,et al.,2021.NieR is the repressor of a NaOCl-inducible efflux system in agrobacterium tumefaciens C58[J].Microbiological Research,251(1):126816-126816.

KAUSALYA S,K.K K,S.V,et al.,2021.Optimisation of plant tissue culture conditions in a popular semi-dwarf indica rice cultivar ADT 39 for effective agrobacterium-mediated transformation[J].Electronic Journal of Plant Breeding,12(3):849-854.

Li Pengfei,Sun Xin,Yang Li,et al.,2019.Optimization of chlorophyll-a extraction from algae[J].Ciesc journal,70(9):3421-3429.

Li Weixing,Yang Shunbo,He Zhichong,et al.,2017.Research progress on the mechanism of leaf color change in plants[J].Acta Horticulturae Sinica,44(9):1811-1824.

Li Xiaohui,Han Xue,2015.Application of colorful leaf plants in Garden landscape[J]. Modern Agriculture,2(1):19-20.

Li Yongxin,Wang Xiaoming,Qiao Zhongquan,et al.,2018.Introduction of Purple Leaf Crape Myrtle[J].Hunan Forestry Science and Technology,45(6):68-71.

Liu Tingting,Xie Yuqing,Liu Zhen,et al.,2021.Research Progress of Crape Myrtle Breeding in China[J].Northern Horticulture,19(1):138-144.

第4部分
紫薇繁殖技术研究

第9章 紫薇扦插和嫁接技术研究

9.1 紫薇免移栽嫩枝扦插育苗技术研究

　　嫩枝扦插育苗具有育苗周期短、繁殖速度快、成本低等特点，在园林花卉苗木生产上广泛应用。紫薇嫩枝扦插育苗技术已有相关的研究报道。王晓明等（2008）、李永欣等（2011）开展了扦插基质、插穗木质化程度、植物生长调节剂种类及其浓度对红叶紫薇扦插生根的影响试验。李恩佳（2018）、彭雄俊（2017）、武春红（2016）等开展了红火球、川黔紫薇等嫩枝扦插研究。这些研究都是常规嫩枝扦插技术，扦插成活后多数需要移栽，育苗效率不高。而有关紫薇免移栽嫩枝扦插育苗技术的研究报道几乎是空白。

　　为了研究出高效、低成本的紫薇免移栽嫩枝扦插育苗技术，本研究以紫薇优良新品种'紫莹'为试验材料，系统开展了扦插时期、扦插基质、插穗木质化程度、插穗长度、插穗粗度、插穗留叶量、不同生根剂种类、KIBA不同浓度及不同扦插育苗方式对紫薇免移栽嫩枝扦插生根的影响试验，旨建立紫薇高效嫩枝扦插育苗技术体系，为紫薇优良新品种推广应用提供技术支撑。

9.1.1 试验材料

　　供试材料为湖南省林业科学院选育出的紫薇优良新品种'紫莹'（'Ziying'），以当年生健壮的嫩枝为插穗。

9.1.2 试验方法

　　试验地点位于湖南省林业科学院试验林场，采用全光照喷雾扦插。试验研究为随机区组设计，3次重复，每重复扦插50株。扦插50d后调查苗木生根率或成活率，并观测根系数量、根长及新梢生长量。

　　除扦插时期试验外，所有试验均在6月8—9日进行。扦插基质为泥炭土：珍珠岩=8：2（扦插基质试验除外）；插穗为半木质化嫩枝（插穗木质化程度试验除外）；插穗长度6~10cm、直径0.25~0.5cm（插穗长度和粗度试验除外）；生根剂处理插穗方法是将插穗全部浸泡在300mg·L^{-1}的KIBA（吲哚丁酸钾盐）溶液中10min（KIBA浓度试验除外）。除扦插育苗方式试验外，其他试验均是免移栽扦插，即将插穗直接扦插于塑料营养钵中，不再移栽。

9.1.2.1 扦插时期试验

　　试验设计为2021年5月15日、6月15日、7月15日、8月15日、9月15日、10月15日共6个扦插时期。

9.1.2.2 扦插基质试验

　　设计5种扦插基质，分别为A1：泥炭土：珍珠岩=8：2（体积比，下同）、A2：泥炭土：珍珠岩=7：3、A3：泥炭土：珍珠岩=5：5、A4：泥炭土：珍珠岩=3：7、A5：泥炭土：珍珠岩=2：8。

9.1.2.3 插穗试验

插穗木质化程度、长度、粗度、留叶量试验设计见表9.1。

表9.1 插穗试验设计

编号	插穗试验	试验处理
1	木质化程度	B1：未木质化；B2：半木质化；B3：全木质化
2	长度（cm）	C1：4~6；C2：6~8；C3：8~10；C4：10~12
3	粗度（cm）	D1：≤0.15；D：0.16~0.24；D3：0.25~0.50；D4：＞0.50
4	留叶量	E1：1片全叶；E2：2片半叶；E3：2片全叶；E4：4~5片全叶

9.1.2.4 生根剂试验

设计2个生根剂试验（表9.2）。试验1：设计5种生根剂种类，分别是NAA（萘乙酸）、IBA（吲哚丁酸）、KIBA（吲哚丁酸钾盐）、IAA（吲哚乙酸）、GGR 6（双吉尔），浓度为300mg·L^{-1}，以清水为对照（CK）。试验2：设计5种KIBA浓度，清水为对照（CK）。

表9.2 生根剂试验设计

编号	插穗试验	试验处理
1	生根剂种类	NAA、IBA、KIBA、IAA、GGR6
2	KIBA浓度（mg·L^{-1}）	CK：清水；F1：50；F2：100；F3：200；F4：300；F5：500

9.1.2.5 不同扦插育苗方式试验

设计3个扦插育苗方式处理：G1：先将插穗扦插在育苗穴盘里20d，生根后移栽在大田中；G2：将插穗扦插在育苗穴盘里20d，再将生根的扦插苗移栽至装有基质的塑料营养钵中；G3：直接扦插于塑料营养钵中，不再移栽。

9.1.2.6 数据处理

生根率（%）=生根的插穗数/扦插插穗总数×100%。

成活率（%）=成活的插穗数/扦插插穗总数×100%。

生根数=长度超过1cm的根总数/插穗数。

根长=根产生部位到根尖末端长度。

生长量=插穗新芽萌发处到新芽的顶端高度。

对所得的试验结果进行方差分析（ANOVA），并使用DPS19.5软件通过Duncan的多范围检验（$P < 0.05$）进行显著差异分析。

9.1.3 结果与分析

9.1.3.1 扦插时期对紫薇扦插成生根的影响

不同扦插时期对紫薇免移栽扦插生根的影响试验结果见表9.3。由表9.3可知，扦插时期对紫薇生根率影响显著。6月份扦插的生根率最高，为98.54%，其次是5、9月，生根率均高于95%。在这3个月扦插，插后第9~12天开始生根，但5、6月扦插的苗木新梢生长量高于9月。这可能是由于5、6月气温适宜，细胞分裂能力较强，腋芽萌发早，新梢生长快；虽然9月扦插的生根率较高，但生根后气温逐渐降低，新梢生长量较5、6月偏少。由于7、8月高温和10月份气温降低，这3个月的扦插生根率均低于85%，因此，紫薇免移栽嫩枝扦插育苗宜在5月中旬至6月、9月进行。

表9.3 扦插时期对紫薇扦插生根的影响

扦插时期	5月15日	6月15日	7月15日	8月15日	9月15日	10月15日
平均生根率（%）	96.80±1.00ab	98.54±0.69a	84.43±1.41c	84.25±1.23c	95.65±1.06b	83.78±1.27c
平均生长量（cm）	20.38±1.08a	20.53±1.82a	19.84±1.73a	18.71±0.88a	15.31±1.12b	7.85±0.68c

注：有相同字母的处理间差异不显著，无相同字母的差异显著。小写字母表示0.05的显著水平（下同）。

9.1.3.2 扦插基质对紫薇扦插生根的影响

由表9.4可知，不同扦插基质对紫薇扦插生根的影响没有达到显著性差异水平。扦插基质对扦插生根率、生根数和根长无显著影响，但对新梢生长量的影响有差异显著。5个处理的生根率均在95%以上，其中A1处理和A2处理的生根率较高，分别为98.25%和98.92%，新梢生长量也高于其他处理，分别为20.46cm、19.98cm。5个处理中以A4处理和A5处理的生长量较低，分别为12.82cm、12.05cm，显著低于A1和A2处理。这可能与A1处理和A2处理中泥炭土占比较高、有机质含量丰富有关。因此，紫薇免移栽嫩枝扦插适宜的基质为泥炭土∶珍珠岩=8∶2或泥炭土∶珍珠岩=7∶3。

表9.4 扦插基质对紫薇扦插生根的影响

试验处理	平均生根率（%）	平均生根数（条）	平均根长（cm）	平均生长量（cm）
A1	98.25±1.09a	17.22±2.04a	6.30±0.40a	20.46±2.15a
A2	98.92±0.89a	18.55±2.36a	6.15±0.42a	19.98±1.83a
A3	96.52±2.20a	19.62±1.72a	6.04±0.37a	15.32±2.07b
A4	95.89±1.84a	17.45±1.69a	5.89±0.28a	12.82±1.05bc
A5	97.26±2.21a	18.12±1.85a	5.66±0.36a	12.05±1.08c

9.1.3.3 插穗木质化程度对紫薇扦插生根的影响

由表9.5可知，插穗不同木质化程度对紫薇免移栽扦插的生根率、生根数、根长和新梢生长量的影响均达到显著水平。B2处理生根率最高，为98.52%，比B1处理和B3处理生根率分别高25.86%和33.72%。生根数、根长、新梢生长量随着木质化程度的增高先升后降，最好的处理为B2，生根数、根长、新梢生长量比B3处理分别高58.5%、35.0%、36.5%。因此，紫薇免移栽嫩枝扦插宜采用半木质化程度的插穗。

表9.5 插穗木质化程度对紫薇扦插生根的影响

试验处理	平均生根率（%）	平均生根数（条）	平均根长（cm）	平均生长量（cm）
B1	72.66±2.46b	21.30±2.46b	5.81±0.51a	18.85±0.79a
B2	98.52±0.90a	25.44±1.90a	6.13±0.31a	20.62±1.20a
B3	64.80±2.55c	16.05±1.28c	4.54±0.30b	15.11±1.15b

9.1.3.4 插穗长度对紫薇扦插生根的影响

插穗长度对紫薇免移栽扦插生根的影响试验结果见表9.6。由表9.6可知，不同插穗长度对扦插生根率的影响未达到显著性差异水平，C2、C3、C4处理的生根数、根长和新梢生长量差异不显著。C2处理的生根率最高，为98.35%，生根数、根长和生长量也较高，位居第2；C4处理的生根数、根长和生长量最大，生根率也较高，为97.76%；C1处理的生根率最低，为96.55%，生根数、根长和生长量比C2处理分别低32.9%、22.6%、30.6%。这可能是因为长插穗贮存的营养物质和水分多，扦插生根率高，苗木生长量大；短插穗贮存的营养物质和水分少，从而影响了生根数、根长和新梢生长量，说明保留适当长的插穗有利于扦插生根。但插穗过长，则插穗的利用率较低。因此，综合考虑生根情况和插穗的利用率，紫薇免移栽嫩枝扦插宜采用长度6~10cm的插穗。

表9.6 插穗长度对紫薇扦插生根的影响

试验处理	平均生根率（%）	平均生根数（条）	平均根长（cm）	平均生长量（cm）
C1	96.55 ± 1.31a	14.31 ± 0.80b	4.86 ± 0.59b	14.22 ± 1.68b
C2	98.35 ± 0.61a	21.32 ± 0.87a	6.28 ± 0.47a	20.50 ± 1.80a
C3	96.72 ± 1.11a	20.85 ± 1.51a	6.02 ± 0.50a	19.88 ± 1.19a
C4	97.76 ± 0.96a	22.73 ± 1.30a	6.41 ± 0.46a	22.10 ± 2.01a

9.1.3.5 插穗粗度对紫薇扦插生根的影响

由表9.7可知，不同插穗粗度对扦插生根率影响差异显著。D3处理生根率最高，为98.12%，且生根数、根长、生长量较其他处理高，分别为20.65条、6.47cm、21.10cm。D1、D4处理之间的生根率、生根数、根长和生长量均无显著差异，它们是4个处理中表现较差的处理，其中生根率比D3处理分别低13.8%、14.6%，生根数仅有13条。这可能是因为过细的插穗营养和水分不足，生根率低，生根数少；较粗的插穗木质化程度较高，根原基分化形成较慢，生根率反而降低，生根数、根长及生长量也少。所以，紫薇免移栽嫩枝扦插宜采用直径0.25~0.50cm的插穗，不仅生根率高，根系较好，也有利于苗木后期生长。

表9.7 插穗粗度对紫薇扦插生根的影响

试验处理	平均生根率（%）	平均生根数（条）	平均根长（cm）	平均生长量（cm）
D1	84.55 ± 0.83c	13.28 ± 1.25b	5.11 ± 0.81b	14.89 ± 1.17c
D2	95.67 ± 1.07b	19.28 ± 1.70a	6.05 ± 0.66ab	17.45 ± 1.27b
D3	98.12 ± 1.02a	20.65 ± 1.26a	6.47 ± 0.61a	21.10 ± 1.15a
D4	83.83 ± 1.26c	12.95 ± 0.95b	5.23 ± 0.59b	15.66 ± 1.53bc

9.1.3.6 插穗留叶量对紫薇扦插生根的影响

由表9.8可知，插穗不同留叶量对扦插生根率的影响未达到显著水平，而对生根数、根长和新梢生长量的影响达到显著水平。随着插穗留叶量的增多，扦插生根率呈先升后降趋势，E3处理的扦插生根率最高，为98.68%。虽然E4处理的生根率最低，为96.87%，但生根数、根长和生长量是却最高，分别为26.37条、6.58cm、21.35cm，这说明留叶量多可促进根系和新梢生长。E1处理的生根率比E2和E3低，为97.1%，其生根数、根长和生长量最低，这说明留叶量少不利于插穗根系诱导、生长和新梢生长。E1、E2处理的叶面积相同，但E2处理的生根数、根长和生长量比E1处理分别多30.3%、21.6%、27.2%，这可能是叶面积相同条件下，叶片数量多有利于根系和新梢生长。综合比较，紫薇免移栽嫩枝扦插育苗以插穗留2片半叶和2片全叶为宜。

表9.8　插穗留叶量对紫薇扦插生根的影响

试验处理	平均生根率（%）	平均生根数（条）	平均根长（cm）	平均生长量（cm）
E1	97.10 ± 1.05a	19.30 ± 0.85b	5.22 ± 0.53b	15.89 ± 0.96b
E2	98.50 ± 0.66a	25.14 ± 1.09a	6.35 ± 0.60a	20.22 ± 0.85a
E3	98.68 ± 0.85a	24.96 ± 1.00a	6.24 ± 0.30a	20.58 ± 0.88a
E4	96.87 ± 1.10a	26.37 ± 1.20a	6.58 ± 0.54a	21.35 ± 1.23a

9.1.3.7 不同生根剂种类对紫薇扦插生根的影响

由表9.9可知，不同生根剂种类对扦插生根率、生根数、根长和生长量的影响达到了显著性差异水平。其中，KIBA处理的生根率最高，达到98.92%，且根系好，生长量高。IBA处理的生根率次之，为89.61%，根系和生长量较KIBA处理稍差。不同生根剂以NAA处理效果最差，生根率、生根数、根长和生长量仅为KIBA处理的80.6%、78.3%、94.4%、73.9%。清水（CK）处理插穗，不仅生根率仅有35.68%，且插穗发根迟，苗木根系少且短，新梢生长慢。因此，紫薇免移栽嫩枝扦插的适宜生根剂为KIBA。

表9.9　生根剂种类对紫薇扦插生根的影响

试验处理	平均生根率（%）	平均生根数（条）	平均根长（cm）	平均生长量（cm）
CK（清水）	35.68 ± 2.52e	11.52 ± 1.77c	3.85 ± 0.43b	12.61 ± 0.89c
GGR6	85.54 ± 2.24c	19.88 ± 1.64b	5.78 ± 0.33c	16.54 ± 1.01b
IAA	83.82 ± 2.02c	25.35 ± 1.56a	6.08 ± 0.26a	21.25 ± 1.39a
KIBA	98.92 ± 0.89a	24.86 ± 1.27a	6.22 ± 0.26a	21.08 ± 1.12a
IBA	89.61 ± 2.44b	22.33 ± 2.09ab	6.05 ± 0.22a	20.32 ± 1.45a
NAA	79.71 ± 2.58d	19.47 ± 1.29b	5.87 ± 0.26a	15.58 ± 1.47b

9.1.3.8 KIBA不同浓度对紫薇扦插生根的影响

由表9.10可知，KIBA不同浓度对扦插生根率、生根数、根长、生长量的影响显著，F4处理的效果最好，生根率99.04%，根数25.25条，根长6.55cm。F3和F4处理之间生根率、生根数、根长、生长量差异不显著，但F4处理的生根率、生根数、根长比F3处理略高些。生长量随着KIBA浓度的升高先升后降，F5的生长量不仅比F4低于42.76%，而且与F1接近，仅为14.36cm，这可能是高浓度的KIBA抑制了插穗侧芽萌发，推迟了萌芽，影响了生长量。CK处理的生根率、生根数、根长和生长量最低，这表明采用一定浓度的KIBA浸泡插穗，生根效果均比不用KIBA处理好。KIBA浓度并不是越高越好，当处理浓度为500mg·L^{-1}时，生根率反而比300mg·L^{-1}处理低9.2%。因此，紫薇免移栽扦插处理插穗的适宜KIBA浓度为300mg·L^{-1}。

表9.10 KIBA不同浓度浸泡插穗对紫薇扦插生根的影响

试验处理	平均生根率（%）	平均生根数（条）	平均根长（cm）	平均生长量（cm）
CK	32.25 ± 0.66d	12.57 ± 0.95d	3.78 ± 0.26c	12.15 ± 0.22c
F1	78.61 ± 1.21c	14.98 ± 0.88c	4.77 ± 0.35b	14.24 ± 0.67b
F2	91.39 ± 1.44b	17.86 ± 1.03b	5.16 ± 0.31b	21.55 ± 1.01a
F3	97.11 ± 1.17a	22.54 ± 1.10a	6.29 ± 0.42a	21.16 ± 1.25a
F4	99.04 ± 0.13a	25.25 ± 0.86a	6.55 ± 0.32a	20.50 ± 1.32a
F5	89.95 ± 1.59b	16.31 ± 0.70bc	4.98 ± 0.43b	14.36 ± 0.57b

9.1.3.9 不同扦插育苗方式对紫薇扦插生根的影响

由表9.11可知，不同扦插育苗方式对紫薇免移栽嫩枝扦插成活率的影响显著。G3处理的生根指标最好，G2处理次之，G1处理最差。G3处理的成活率、生根数、根长和生长量分别比G1处理高出18.07%、52.27%、49.20%、46.21%。这是因为G1和G2处理插穗生根后移栽了一次，无论是移栽到大田还是营养钵中，都有少量苗木死亡，降低了成活率；同时生根苗移栽后则需要修复根系损伤，新梢生长也慢些。G3处理则因扦插生根后不需要移栽，根系稳定生长，不存在缓苗期，生根多且长，新梢生长量大。因此，紫薇嫩枝扦插育苗的较好方式是"直接扦插于塑料营养钵，不再移栽"，简称为"免移栽扦插育苗"。

由表9.12可知，不同扦插育苗方式的生产成本不同。以G3处理的生产成本最低，为0.301元/株，比G1以及G2两种处理的生产成本降低了31.75%~37.29%。虽然G2的生产成本比G1的生产成本高0.039元/株，但由于G2处理的移栽苗在温室大棚内培养，环境条件可控，比G1处理的移栽苗生长条件好，成活率高，缓苗期短，苗木质量也较好。G3处理不需要移栽，成活率最高，且不存在缓苗期，生长量大，商品苗质量最好，售价比G1、G2处理高，且生产成本也低，综合经济效益高。因此，从生产经济效益分析，免移栽扦插育苗也是紫薇嫩枝扦插育苗的适宜方式。

表9.11 扦插育苗方式对紫薇扦插生根的影响

试验处理	平均成活率（%）	平均生根数（条）	平均根长（cm）	平均生长（cm）
G1	78.52 ± 1.30c	13.91 ± 0.57b	4.37 ± 0.31b	14.26 ± 0.67b
G2	84.16 ± 0.67b	15.20 ± 0.85b	4.66 ± 0.43b	15.56 ± 0.91b
G3	92.71 ± 1.58a	21.18 ± 1.07a	6.52 ± 0.33a	20.85 ± 1.18a

表9.12 不同扦插方式生产成本分析表（单位：元/株）

项目	试验处理		
	G1	G2	G3
生根剂	0.001	0.001	0.001
基质	0.035	0.135	0.100
穗条	0.020	0.020	0.020
水电费	0.010	0.010	0.010

（续表）

项目	试验处理		
	G1	G2	G3
扦插和管护人工费	0.080	0.080	0.100
移栽费	0.160	0.100	0.000
温室大棚折旧	0.010	0.010	0.010
扦插盘折旧	0.010	0.010	0.000
塑料营养钵	0.000	0.018	0.018
农药化肥	0.020	0.020	0.020
小计	0.346	0.404	0.279
按成活率折算的成本	0.441	0.480	0.301

注：折算成本计算方法：按计算出的成本与表9.11的成活率比值来计算。例如：F1处理的成活率为78.52%，则按成活率折算的成本为 0.346÷78.52%=0.441元/株。

9.1.4 结论与讨论

研究结果表明，紫薇扦插时期以5、6、9月扦插较好，生根率95%以上，其中6月生根率最高，其次是5、9月。张昌财等（2017）分别于7、8、9月采集'红火球'紫薇的当年生嫩枝进行扦插试验，结果表明8月扦插生根率最好，为94.5%。这与本试验研究结果不一致，可能是试验材料和扦插条件不同所致。

紫薇免移栽扦插适宜的基质为泥炭土：珍珠岩=8：2或泥炭土：珍珠岩=7：3，生根率98%以上，新梢生长量大。李永欣等（2012）认为红叶紫薇扦插较适宜的基质为泥炭土：珍珠岩=1：1，其扦插成活率为97%。赵静（2022）探讨了不同基质对紫薇扦插生根的影响，认为泥炭：沙子：原土：珍珠岩=3：2：1：1的配比适宜紫薇生根，生根率为86.25%，比紫薇免移栽扦插生根率低，这可能是扦插基质及其配比不同的原因。

插穗以半木质化程度为宜，其生根率、根系、新梢生长量好于未木质化和全木质化处理。李永欣等（2012）认为红叶紫薇扦插以插穗半木质化程度较好，扦插成活率达99%。李云龙等（2011）开展了枝条成熟度对川黔紫薇扦插生根的影响试验，结果表明，当年生半木质化枝条为理想插穗材料，生根率92.2%，其次是一年生枝条，多年生枝条不适合进行扦插繁殖，这与本试验结果基本一致。蒙芳等（2019）开展了插穗木质化对大花紫薇扦插生根的影响试验，结果表明，嫩枝扦插生根率65.39%，高于半木质化、完全木质化插穗，这与本试验结果不一致。这可能是试验材料和扦插条件的不同而导致研究结果的差异。

本研究结果表明，紫薇免移栽扦插以插穗长度6~10cm、粗度0.25~0.50cm为宜，有利于扦插生根，生根率96.72%~98.35%；插穗留叶量则以保留2片半叶或2片全叶为宜。川黔紫薇（武春红，2016）穗条带2片半叶或4片半叶，扦插生根率分别为86.7%和88.9%，不带叶片的穗条扦插生根率仅为15.6%；'红尖'紫薇（彭雄俊，2017）保留3片叶时插穗生根率最高（88.95%），没有叶片的插穗生根率最低（15.63%）。这些试验均说明，适当地保留叶片可显著提高紫薇扦插生根率，可能是插穗留叶量大，光合作用较强，制造了较多的代谢产物，有利于插穗生根的原因。

不同生根剂种类及KIBA浓度对紫薇扦插生根的影响显著，生根剂种类试验的生根率由高到低依次为KIBA、IBA、ABT6、IAA、NAA、CK，KIBA浓度试验的生根率由高到低依次为300mg·L⁻¹、200mg·L⁻¹、100mg·L⁻¹、500mg·L⁻¹、50mg·L⁻¹、0。紫薇免移栽扦插以KIBA300mg·L⁻¹为宜。李永欣等（2012）认为NAA、IBA、IAA、ABT6、KIBA处理红叶紫薇插穗，以KIBA的扦插成活率最高，达95%以上，这与本试验研究结果一致。李恩佳（2018）认为，采用ABT₂号、IAA、IBA、NAA四种生根剂，浓度为200mg·L⁻¹、400mg·L⁻¹、600mg·L⁻¹、800mg·L⁻¹处理'红火球'紫薇插穗，生根较好地处理是NAA 600mg·L⁻¹，生根率97%以上。王昊等（2021）开展了NAA、IBA、ABT不同浓度、不同浸泡时间对复色紫薇扦插生根的影响试验，发现用3种生根剂浸泡后，扦插生根率均高于对照，采用IBA400mg·L⁻¹处理插穗5min的生根率最高，为60%。这些研究与本试验结果不一致，可能与插穗处理方式及扦插条件等不相同有关。

研究结果表明，紫薇嫩枝扦插育苗方式以免移栽扦插育苗最好，生根率、根数、根长和生长量均高于其他，且生产成本降低31.75%~37.29%，商品苗质量较好，苗木销售价格也高于其他扦插育苗方式，综合经济效益较好。

9.2 紫薇扦插过程中内源激素含量变化

目前国内关于紫薇扦插技术的研究已有很多报道，例如宋满坡（2009）以'玫红'紫薇、矮化紫薇为材料，研究了不同浓度的生根剂在紫薇扦插生根过程中的影响；朱志祥等（2005）以'*L. fauriei*'为研究材料，研究了不同因子在紫薇扦插过程中对生根及生长的影响；王晓明等（2008）研究了美国'红叶'紫薇扦插繁殖技术。关于紫薇扦插过程中内源激素变化的研究报道很少。

本研究以紫薇新品种'湘韵'半木质化枝条为试材，使用植物生长激素KIBA对插穗进行处理，应用酶联免疫吸附测定法对紫薇扦插生根过程中不同生根时期的内源激素IAA、ABA、GA₃、ZR的含量进行测定，研究紫薇扦插生根过程中内源激素含量变化及其相互平衡关系，旨在探明紫薇扦插生根的生化机理，为建立紫薇高效扦插繁殖技术体系提供理论依据。

9.2.1 试验材料

插穗采自湖南省林业科学院试验林场紫薇基地内生长健壮的紫薇新品种'湘韵'（'Xiangyun'）的半木质化枝条，扦插试验在全光照自动间歇喷雾大棚中进行。

9.2.2 试验方法

9.2.2.1 材料处理

选择母株上无病虫害、生长健壮的枝条，并将枝条及时的剪成5~10cm插条，每个插条上保留2个叶片，为减少水分的蒸腾，将保留的叶片剪去1/2。扦插基为泥炭土：珍珠岩（8:2），先将装满基质的营养钵浇透消毒水，然后将处理过的插条插入营养钵中，最后将营养钵放在大棚的苗床上。

9.2.2.2 实验设计

实验分为对照和处理（KIBA 2000mg·L^{-1}处理）两部分，扦插当日取样1次，扦插后根据其生长情况，每隔1d取样1次，液氮保存，共取样6次。

9.2.2.3 内源激素测定

采用酶联免疫吸附测定法（ELISA）测定不同的内源激素含量，根据其显色值的logit值从图上查出其所含激素浓度（ng·mL^{-1}）的自然对数，再经过反对数即可知其激素的浓度（ng·mL^{-1}）。根据浓度再计算样品中激素的含量（ng·g^{-1} Fw）。

9.2.3 结果与分析

9.2.3.1 内源IAA在扦插生根过程中的变化

不定根的形成一般分为2个时期，即根原基分化形成期和根原基生长发育期（王乔春，1992）。在不育紫薇'湘韵'扦插生根过程中，插穗扦插后0~3d为根原基分化形成的前期，3~5d为根原基分化形成期，6~11d为根原基的生长发育期。

大量研究认为内源IAA是促进不定根形成的主要激素（Li et al.，1993），内源IAA与根原基的发生密切相关，与新的形成层位点诱导和第1次细胞分裂的启动有关（潘瑞炽 等，1998；Blakesley et al.，1993）。由图9.1可见，紫薇新品种'湘韵'扦插后1~5d，在外源激素KIBA的诱导下，内源IAA的含量急剧增长，第5天达到峰值，从最初插穗中的4205.67ng·g^{-1} FW，增加到6589.57ng·g^{-1} FW增长了56.68%。而对照在扦插初期（1~5d）的内源IAA含量则呈缓慢增加的趋势。扦插后1~5d，处理的内源IAA平均含量为5476.07ng·g^{-1} FW，对照的内源IAA平均含量为4410.09ng·g^{-1} FW，处理比对照高19.5%。说明紫薇新品种'湘韵'在扦插生根过程中较高浓度的内源IAA有利于根原基分化形成；在不定根的伸长时期，处理的内源IAA含量下降，扦插第9天降到最低点，含量为4234.2ng·g^{-1} FW，随后回升，而对照的内源IAA含量变化不大，有小幅回升，反映了根原基的分化形成和不定根的伸长2个时期对内源IAA的需求量不同，较高浓度内源IAA有利于扦插过程中根原基的分化与形成，这跟Lavel PH等报道的欧洲甜樱桃（*Prunus avium*）外植体根原基生长发育期的内源IAA含量下降一致（Label et al.，1989）。

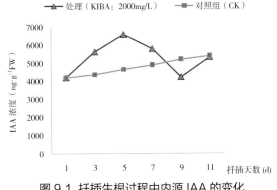

图9.1 扦插生根过程中内源IAA的变化

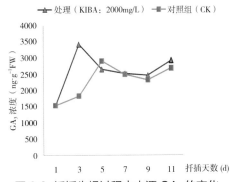

图9.2 扦插生根过程中内源GA$_3$的变化

9.2.3.2 内源 GA₃ 在扦插生根过程中的变化

大量实验数据表明，赤霉素（GA₃）在植物扦插生根过程中抑制不定根的形成，即使是低浓度（8~10mol·L⁻¹）的 GA₃ 也抑制不定根形成（王金祥 等，2005）。GA₃ 抑制不定根形成可能有多条途径，一是 GA₃ 抑制形成根原基细胞的分裂（Brran et al.，1960）；二是 GA₃ 阻碍生长素诱导的根原基进一步生长发育（Haissig，1972）。由图 9.2 可见，在不育紫薇'湘韵'扦插生根过程中，GA₃ 含量的变化大体呈现出"升高—降低—升高"的趋势。扦插后 0~3d（根原基分化形成之前），处理和对照的内源 GA₃ 含量都增加，处理的内源 GA₃ 含量增长比较快，有起初的 1541.71ng·g⁻¹ FW，增长到 3414.66ng·g⁻¹ FW，增长了 121.5%；而对照的内源 GA₃ 则增长缓慢，有起初的 1541.71ng·g⁻¹ FW，增长到 1829.85ng·g⁻¹ FW，增长了 18.7%。在根原基分化形成期（扦插后 3~5d），处理与对照的内源 GA₃ 含量变化趋势完全相反，处理快速下降，有起初的 3414.66ng·g⁻¹ FW，下降到 2645.77ng·g⁻¹ FW，下降了 22.5%；对照组则快速增长，有起初的 1829.85ng·g⁻¹ FW，增长到 2901.33ng·g⁻¹ FW，增长了 58.6%。在不定根的伸长时期，对照和处理都持续下降；下降趋势在第 7 天后开始变缓，第 9 天后，随着不定根快速伸长，两者的内源 GA₃ 含量均开始回升，但处理比对照的内源 GA₃ 增长的多些。这说明低含量的内源 GA₃ 在扦插生根过程中有利于根原基的分化形成。

9.2.3.3 内源 ABA 在扦插生根过程中的变化

ABA 对植物生根起着重要作用，是植物体内的天然抑制性激素，它能抑制顶芽生长，有利于植物体内营养物质的积累和运输（王乔春，1992）。由图 9.3 可见，处理中的内源 ABA 含量明显低于对照，扦插后 0~7d 对照的内源 ABA 含量逐步增加，在第 7 天达到最高值 3743.41ng·g⁻¹ FW，并维持在高位，随后开始下降。处理的内源 ABA 含量在扦插后 0~5d 也逐步增长，但明显低于对照组，最高含量为 2437.87ng·g⁻¹ FW，与对照相比减少了 34.9%；处理的内源 ABA 在根不定根的伸长时期有明显下降，这说明低浓度的内源 ABA 有利于紫薇新品种'湘韵'的插穗生根。

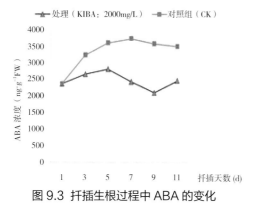

图 9.3 扦插生根过程中 ABA 的变化　　　　图 9.4 扦插生根过程中 ZR 的变化

9.2.3.4 内源 ZR 在扦插生根过程中的变化

实验研究表明，细胞分裂素（ZR）主要作用是抑制植物根原基的分化与形成（周燕 等，2009；齐永顺 等，2009）。由图 9.4 可以看出，扦插后 0~3d（根原基分化形成之前），处理与对照比最初插穗的内源ZR含量略微增加，两者的ZR含量差别不大；进入到根原基分化形成期，处理的内源ZR含量由528.87ng·g^{-1} FW下降到326.25ng·g^{-1} FW，下降了38.3%；对照内源ZR含量却持续增长，在不定根伸长初期（扦插后6~7d），处理的内源ZR含量没有什么变化，保持低水平，而对照却大幅下滑至低谷，随后先升后降，两者差距不大。以上说明，原基分化形成期受内源ZR的影响比不定根伸长的时期大，较低浓度的内源ZR有利于紫薇新品种'湘韵'扦插的根原基分化形成，跟唐玉林等（1996）的实验结果一致。

9.2.3.5 IAA/ABA 值在扦插生根过程中的变化

普遍认为不定根的形成与植物激素间相互平衡及含量密切相关。由图9.5可见，不育紫薇'湘韵'扦插过程中，在扦插后1~5d，处理的IAA/ABA值增加，在扦插后第5天达到峰值，而对照的IAA/ABA值则缓慢降低，说明不育紫薇'湘韵'扦插过程中根原基的分化形成阶段需要有较高的IAA/ABA值。在不定根的伸长时期，对照的内源IAA/ABA值变化不大，小幅回升，而处理IAA/ABA值降低，扦插后第9天达到最低点，随后小幅回升，说明了在紫薇新品种'湘韵'扦插生根过程中根原基的分化形成和不定根的伸长2个时期对IAA/ABA值不同，较高的IAA/ABA值有利于扦插过程中根原基的分化与形成，低水平的IAA/ABA值促进扦插过程中不定根的伸长。

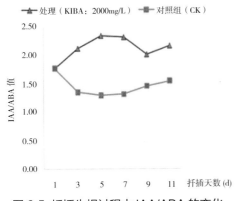

图 9.5 扦插生根过程中 IAA/ABA 的变化

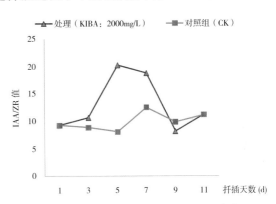

图 9.6 扦插生根过程中 IAA/ZR 的变化

9.2.3.6 IAA/ZR 值在扦插生根过程中的变化

大量实验证实，植物扦插生根过程中不仅与内源IAA和内源ZR含量有关，而且与两者的比值变化关系更密切，IAA/ZR值对植物不定根的形成有一定的调节作用。从图9.6可见，在紫薇新品种'湘韵'扦插过程中，扦插后1~5d，处理的IAA/ZR值急剧上升，扦插后第5天出现峰值；而对照的IAA/ZR值则缓慢降低，说明外源激素KIBA刺激插穗中IAA/ZR值升高，根原基的分化形成阶段需要较高IAA/ZR值。在不定根伸长期，处理的IAA/ZR值下降，扦插后第9天达到最低点，随后回升，对照的IAA/ZR值变化不大，小幅回升，表明高的IAA/ZR值促进根原基分化形成，低的IAA/ZR值有助于不定根的伸长。

9.2.3.7 GA₃/ABA 值在扦插生根过程中的变化

大量研究证明，ABA 能增加不定根的发根率及根长，GA₃ 则抑制扦插过程中不定根的形成，内源 ABA 为内源 GA₃ 的天然拮抗剂，并且 GA₃/ABA 值跟不定根的形成密切相关。由图 9.7 可见，不育紫薇'湘韵'扦插生根过程中，对照与处理的 GA₃/ABA 值变化不同。在进入根原基分化形成之前（扦插后 0~3d），处理的 GA₃/ABA 值急剧上升，对照的 GA₃/ABA 值下降；在根原基分化形成期（扦插后 3~5d），处理的

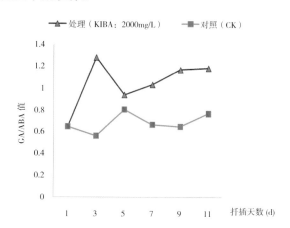

图 9.7 扦插生根过程中 GA/ABA 的变化

GA₃/ABA 值下降，对照的 GA₃/ABA 值上升；在不定根伸长阶段（扦插后 6~11d），处理的 GA₃/ABA 值呈缓慢增长趋势，对照的 GA₃/ABA 值先下降后缓慢上升。由结果说明低水平的 GA₃/ABA 值有利于紫薇新品种'湘韵'扦插生根过程中根原基的分化形成，较高的 GA₃/ABA 值促进不定根的伸长。

9.2.4 结论与讨论

本研究通过对紫薇新品种'湘韵'扦插生根过程中内源激素含量的变化，探究了紫薇扦插生根的生理生化机理。研究结果表明，紫薇新品种'湘韵'在扦插生根过程中，插条的内源 IAA、GA₃、ZR 和 ABA 含量及其相互间的平衡关系与不定根形成与生长密切相关。低浓度的内源 ABA 及较高浓度的内源 IAA 有利于根原基分化和生根；高浓度的 GA₃ 抑制插条不定根的形成；外源生长调节剂 KIBA 可促进内源 IAA 的合成、抑制内源 ABA 合成及降低 GA₃ 的含量。因此，使用 KIBA 速蘸插条基部，可促进其生根；在扦插生根过程中，内源 ZR 在不同时期的作用不同，李永欣等（2009）认为在根原基生长发育期需要较高浓度的 ZR，而在根原基分化形成期则需要较低浓度的 ZR。较高的 IAA/ABA 值有利于扦插过程中根原基的分化与形成，低水平的 IAA/ABA 值促进扦插过程中不定根的伸长；高的 IAA/ZR 值促进根原基分化形成，低的 IAA/ZR 值有助于不定根的伸长；低水平的 GA₃/ABA 值有利于紫薇新品种'湘韵'扦插生根过程中根原基的分化形成，较高的 GA₃/ABA 值促进不定根的伸长。

本研究利用紫薇新品种'湘韵'的半木质化枝条进行扦插生根机理研究，获得一定数据，为建立紫薇高效扦插繁殖技术体系提供了理论依据。研究植物扦插生根的机理是一项复杂的工程，影响生根的生理生化因素是多方面的，其他的生理生化指标有待进一步研究。

9.3 紫叶紫薇高接换冠技术研究

紫叶紫薇是近几年湖南省林业科学院等单位选育出来的叶片紫色的一类紫薇新品

种，花色有大红、粉红、紫、紫红、白等颜色。其叶色亮丽，花色绚丽多彩，集观花、观叶于一体，显著拓展紫薇的观赏效果，极大地提升了紫薇的观赏价值，深受群众喜爱，市场需求旺盛，市场前景广阔。采用高接换冠技术，能充分利用原有的紫薇老品种快速培育出紫叶紫薇大规格优良新品种大苗，满足市场对大规格紫叶紫薇新品种的需求。紫叶紫薇高接换冠具有嫁接当年即可形成良好树冠和当年开花的优势，能大大缩短大规格苗木的培育时间，快速达到绿化美化效果。目前，国内外对紫薇高接换冠技术研究多为"三红"紫薇，对紫叶紫薇品种研究鲜有报道。本研究开展了砧木粗度、接穗粗度、嫁接时间、嫁接方法、品种、套袋等对紫叶紫薇高位嫁接成活率和生长量的影响研究，旨为紫叶紫薇高接换冠提供理论依据和技术支撑。

9.3.1 试验材料

试验接穗材料为'赤红紫叶'（'Ebony Fire'）、'火红紫叶'（'Ebony Flame'）、'丹红紫叶'（'Ebony Embers'）3个紫叶紫薇优良品种。接穗由湖南省林业科学院提供。试验砧木为普通紫薇，栽植于湖南省郴州市南岭植物园紫薇园，平均胸径6.2cm，平均冠幅2.3m。嫁接前1~2d于离地面约1.5~2.0m处位置锯断主枝。

9.3.2 试验方法

9.3.2.1 试验地概况

试验地位于湖南省郴州市南岭植物园紫薇园，处于北纬25°15′，东经113°1′，属中亚热带季风湿润气候区。年平均气温17.4℃，最冷1月，平均气温6.5℃，7月最热，平均气温27.8℃，极端高温41.3℃，最低气温–12.3℃。年平均日照时数1574.4h，无霜期284d，雨量充沛，年均降水量1452.1mm。土壤为石灰岩发育的红壤，土壤疏松、肥沃，pH值5.3~6.0（何才生 等，2015）。

9.3.2.2 试验设计

1. 砧木粗度对嫁接成活率的影响试验

2020年2月下旬，以'赤红紫叶'为试验材料，进行不同砧木粗度对嫁接成活率的影响试验。砧木为普通紫薇。设计粗度（D）6个处理，分别为：D≤2cm、2cm<D≤3cm、3cm<D≤4cm、4cm<D≤5cm、5cm<D≤6cm、D>6cm。嫁接方法为三刀切接法，每种处理嫁接30个芽，4个重复，嫁接60d后统计成活率，嫁接120d后统计新梢生长量。

2. 接穗粗度对嫁接成活率的影响试验

2020年2月下旬，以'赤红紫叶'为试验材料，进行不同接穗粗度对嫁接成活率的影响试验。砧木为普通紫薇。设计接穗粗度（R）6个处理，分别为：R≤0.4cm、0.4cm<R≤0.6cm、0.6cm<R≤0.8cm、0.8cm<R≤1.0cm、1.0cm<R≤1.2cm、R>1.2cm。嫁接方法为三刀切接法，每种处理嫁接30个芽，4个重复，嫁接60d后统计成活率，嫁接120d后统计新梢生长量。

3. 嫁接方法对嫁接成活率的影响试验

2020年2月下旬，以'火红紫叶'为试验材料，进行不同嫁接方法对嫁接成活率的影响试验。设计3种嫁接方法，分别为普通切接法、二刀切接法（王晓明 等，2015）

和劈接法。每种处理嫁接30个芽，4个重复，嫁接60d后统计成活率，嫁接120d后统计新梢生长量。

4. 嫁接时期对嫁接成活率的影响试验

2021年2—9月，以'赤红紫叶'为试验材料，进行不同嫁接时间对嫁接成活率的影响试验。设计12个嫁接时期，分别为2月中旬、2月下旬、3月上旬、3月中旬、6月中旬、6月下旬、7月上旬、7月中旬、8月中旬、8月下旬、9月上旬、9月中旬。春季嫁接采用三刀切接法，夏季和秋季嫁接采用腹接法。每个时期嫁接30个芽，4个重复，嫁接60d后统计成活率。

5. 紫薇品种对嫁接成活率的影响试验

2020年2月下旬，开展不同紫薇品种对嫁接成活率和新梢生长量的影响试验。砧木为普通紫薇。采集接穗的紫薇品种为'赤红紫叶''火红紫叶''丹红紫叶'3个品种。嫁接方法为三刀切接法，每种品种嫁接30个芽，4个重复，嫁接60d后统计成活率，嫁接120d后统计新梢生长量。

6. 套袋对嫁接成活率的影响试验

2020年2月下旬，以'丹红紫叶'为试验对象，进行是否套袋对嫁接成活率的影响试验。砧木为普通紫薇工程苗。设套袋处理（在常规嫁接膜绑扎后在外套一个塑料袋）和不套袋处理（常规嫁接膜绑扎），嫁接方法为三刀切接法，每种处理嫁接30个芽，4个重复，嫁接30d后统计成活率，嫁接120d后统计新梢生长量。

9.3.2.3 嫁接后管理

嫁接后及时清除砧木萌条。春季嫁接套袋后新梢生长至6~10cm时，选择傍晚或阴天去除塑料套袋。秋季嫁接后15~20d左右，接穗萌芽生长至1.0~1.5cm时，若萌芽不能穿破包扎的塑料微膜，则用单面刀片将芽点处的微膜划破一个长约0.5cm的小口，让萌芽露出生长。定期开展浇水、施肥、除草、病虫害防治等工作。

9.3.2.4 数据处理

采用WPS Office 2020和DPS数据处理系统V18.1进行图表绘制和数据统计分析，多重比较采用Duncan新复极差法。

9.3.3 结果与分析

9.3.3.1 砧木粗度对高接换冠成活率和新梢生长量的影响

由表9.13可知，不同砧木粗度对紫叶紫薇高位嫁接的成活率有显著性影响。多重比较结果表明，砧木粗度D＞2cm的各种处理的嫁接成活率没有显著差异，成活率均在90%以上，都显著高于D≤2cm处理的嫁接成活率。砧木粗度各处理中以4cm＜D≤5cm处理的嫁接平均成活率最高，达92.49%，而D≤2cm处理的嫁接成活率最低，仅为70.83%，比4cm＜D≤5cm处理的嫁接成活率低21.66%。这说明紫叶紫薇高位嫁接宜选择粗度2cm以上的枝条作砧木嫁接。

不同砧木粗度对紫叶紫薇高位嫁接的新梢生长量也有显著性影响。砧木粗度D＞

3cm的各种处理的新梢生长量之间没有显著差异，生长量均在40cm以上，都显著高于D≤2cmt和2cm<D≤3cm 2个处理。参试各处理中以D>6cm处理的新梢平均生长量最高，为46.8cm，而D≤2cm处理的新梢平均生长量最低，仅为31.2cm，比D>6cm处理低50.0%。这表明紫叶紫薇高位嫁接应尽可能选择粗壮的枝条作砧木，砧木越粗，越利于接穗生长，嫁接成活率和新梢生长量更高。

表9.13　砧木粗度对紫叶紫薇高接换冠成活率和新梢生长量的影响表

砧木粗度	平均成活率（%）	新梢平均生长量（cm）
D≤2cm	70.83±0.03b	31.2±1.7c
2cm<D≤3cm	91.67±0.04a	38.3±2.9b
3cm<D≤4cm	90.84±0.04a	42.8±2.7a
4cm<D≤5cm	92.49±0.01a	46.3±2.2a
5cm<D≤6cm	90.00±0.04a	45.6±1.8a
D>6cm	90.00±0.02a	46.8±1.6a

注：有相同字母的处理间差异不显著，无相同字母的差异显著。小写字母表示0.05的显著水平（下同）。

9.3.3.2 接穗粗度对高接换冠成活率和新梢生长量的影响

由表9.14可知，不同接穗粗度对紫叶紫薇高位嫁接成活率有显著性影响。当0.8cm<R≤1.0cm时，嫁接平均成活率最高，达92.49%；其次为1.0cm<R≤1.2cm，嫁接成活率为88.34%。多重比较结果显示：这两种接穗粗度的嫁接成活率显著高于其他接穗粗度，但二者之间没有显著差异。当R≤0.4cm时，嫁接成活率最低，仅为41.68%，还不到最高嫁接成活率的一半，且显著低于其他接穗粗度下的嫁接成活率。当R≤1.0cm时，紫叶紫薇嫁接成活率大小随着接穗粗度的增加而增加，接穗粗度越粗，嫁接成活率越高。当R>1.0cm时，紫叶紫薇嫁接成活率大小随着接穗粗度的增加而降低，说明穗条过细或过粗都不利于接穗成活。

不同接穗粗度对紫叶紫薇高位嫁接新梢生长量也有显著性影响。当1.0cm<R≤1.2cm时，新梢平均生长量最大，为38.5cm，当R≤0.4cm时，新梢平均生长量最小，仅为22.4cm。多重比较结果表明：当R>0.6cm时，其所有处理的新梢平均生长量均显著高于R≤0.6cm处理的新梢生长量，说明在一定范围内，接穗粗度粗，新梢生长更好。综上所述，紫叶紫薇高接换冠宜选用粗度0.8~1.2cm的接穗。

表9.14　接穗粗度对紫叶紫薇高接换冠成活率和新梢生长量的影响表

接穗粗度	平均成活率（%）	新梢平均生长量（cm）
R≤0.4cm	41.68±0.03e	22.4±1.7c
0.4cm<R≤0.6cm	60.83±0.03d	27.0±2.8b
0.6cm<R≤0.8cm	80.83±0.05b	35.1±2.1a
0.8cm<R≤1.0cm	92.49±0.01a	38.2±1.9a
1.0cm<R≤1.2cm	88.34±0.02a	38.5±1.9a
R>1.2cm	69.18±0.05c	35.7±2.8a

9.3.3.3 嫁接方法对高接换冠成活率和新梢生长量的影响

不同嫁接方法对紫叶紫薇春季高接换冠成活率有显著影响。由表9.15可知，春季嫁接以"三刀切接法"的嫁接方法成活率最高，达91.65%；其次是"普通切接法"，为83.33%；最低是"劈接法"，仅为70.83%。采用"三刀切接法"的嫁接成活率比普通切接法高出8.32%，比劈接法高出20.85%。多重比较结果表明，"三刀切接法"嫁接成活率显著高于"普通切接法"和"劈接法"，这说明紫叶紫薇春季高接换冠宜采用"三刀切接法"。

不同嫁接方法对紫叶紫薇春季高接换冠新梢生长量也有显著影响。由表9.15可知，三种嫁接方法的新梢平均生长量均达30cm以上，其中"三刀切接法"的新梢平均生长量最大，为36.1cm；其次为"普通切接法"，新梢平均生长量为34.1cm；"劈接法"的新梢生长量最小，为32.5cm。通过多重比较可知，"三刀切接法"的新梢平均生长量显著高于"劈接法"，但"三刀切接法"与"普通切接法"的新梢平均生长量之间没有显著性差异。

表9.15　嫁接方法对紫叶紫薇高接换冠成活率和新梢生长量的影响表

嫁接方法	平均成活率（%）	新梢平均生长量（cm）
普通切接法	83.33 ± 0.02b	34.1 ± 1.3ab
三刀切接法	91.65 ± 0.02a	36.1 ± 2.1a
劈接法	70.83 ± 0.01c	32.5 ± 0.7b

9.3.3.4 嫁接时期对高接换冠成活率的影响

紫叶紫薇高接换冠在春、夏、秋季都可进行，但不同嫁接时期的高接换冠成活率不同。从表9.16和图9.8可知，3月上旬的平均嫁接成活率最高，达93.33%，6月中旬嫁接成活率最低，仅为52.50%。整体嫁接成活率从高到低依次为：3月上旬＞2月下旬＞3月中旬＞2月中旬和7月中旬＞8月中旬＞7月上旬＞8月下旬＞6月下旬＞9月上旬＞9月中旬＞6月中旬。

从春、夏、秋3个季节的嫁接成活率来看，春季平均嫁接成活率最高，为88.75%，其中3月上旬的嫁接成活率最高，为93.33%，其次为2月下旬，为91.67%。夏季与秋季的平均嫁接成活率差异不大，分别为67.71%和65.23%，其中夏季以7月中旬的嫁接成活率最高，为81.65%；秋季以8月中旬的嫁接成活率最高，为79.18%。春季平均嫁接成活率明显高于夏季和秋季，分别比夏季和秋季成活率高出21.04%和23.52%。因此，在实际生产中宜以春季嫁接为主，夏季和早秋进行补接。

表9.16　嫁接时期对紫叶紫薇高接换冠成活率的影响表

嫁接时间		平均成活率（%）	
春季	2月中旬	81.65 ± 0.02	
	2月下旬	91.67 ± 0.02	春季平均成活率：88.75%
	3月上旬	93.33 ± 0.02	
	3月中旬	83.35 ± 0.02	

（续表）

嫁接时间		平均成活率（%）	
夏季	6月中旬	52.50 ± 0.03	
	6月下旬	58.35 ± 0.02	夏季平均成活率：67.71%
	7月上旬	78.35 ± 0.02	
	7月中旬	81.65 ± 0.02	
秋季	8月中旬	79.18 ± 0.01	
	8月下旬	70.93 ± 0.03	秋季平均成活率：65.23%
	9月上旬	57.50 ± 0.03	
	9月中旬	53.33 ± 0.02	

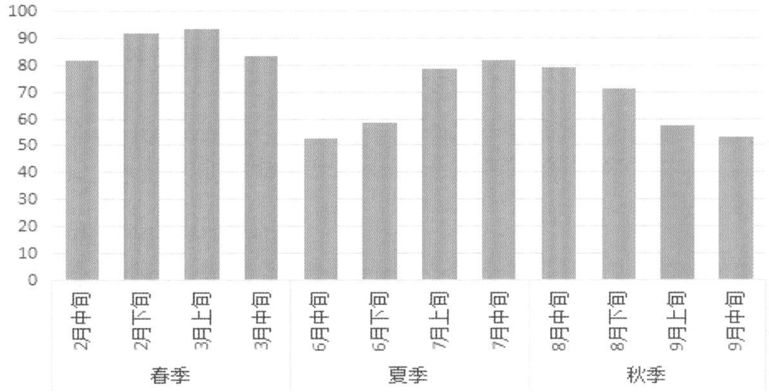

图9.8 不同嫁接时期紫叶紫薇高接换冠成活率

9.3.3.5 紫薇品种对高接换冠成活率和新梢生长量的影响

不同紫薇品种对嫁接成活率及新梢生长量的影响试验结果见表9.17。以三种紫叶紫薇品种为接穗进行高接换冠，平均嫁接成活率均能达到90%以上，'火红紫叶''赤红紫叶'的平均嫁接成活率均为91.65%，'丹红紫叶'的平均嫁接成活率为90.83%。多重比较结果显示3个紫薇品种间的嫁接成活率没有显著性差异。

不同品种对嫁接后的新梢生长量有显著性影响。高接换冠的新梢平均生长量大小依次为'赤红紫叶'（37.9cm）＞'丹红紫叶'（33.1cm）＞'火红紫叶'（30.0cm），多重比较表明：'赤红紫叶'的新梢生长量显著高于'火红紫叶'，但它与'丹红紫叶'之间的新梢生长量没有显著性差异。3个紫叶紫薇品种嫁接120d后的新梢生长量均有30cm以上，生长势良好。这表明高接换冠可适用于不同的紫叶紫薇品种。

表9.17 接穗品种对紫叶紫薇高接换冠成活率和新梢生长量的影响表

品种	平均成活率（%）	新梢平均生长量（cm）
火红紫叶	91.65 ± 0.01a	30.0 ± 2.9b
赤红紫叶	91.65 ± 0.01a	37.9 ± 1.2a
丹红紫叶	90.83 ± 0.01a	33.1 ± 3.3ab

9.3.3.6 套袋处理对春季高接换冠成活率和新梢生长量的影响

嫁接是否套袋处理对紫叶紫薇春季高接换冠的嫁接成活率有显著性影响，对新梢生长量影响不显著（表9.18）。采用套袋处理，嫁接平均成活率可达91.65%；而不套袋处理，仅使用常规嫁接膜绑扎，平均嫁接成活率仅为48.35%，比套袋处理的嫁接成活率低43.3%，成活率降低近一倍，存在显著差异。这可能是因为紫薇树皮很薄，春季嫁接时间一般为2月下旬至3月上旬，气温较低，嫁接口愈合较慢，而套袋处理可以加快嫁接口愈合，从而提高嫁接成活率。

采用套袋处理，新梢平均生长量为34.0cm，而不套袋处理，新梢平均生长量为31.4cm。多重比较结果表明两者之间没有显著性差异。这说明嫁接套袋主要是显著影响嫁接成活率，对新梢生长量影响不显著。

表9.18 套袋处理对紫叶紫薇高接换冠成活率和新梢生长量的影响表

处理方式	平均成活率（%）	新梢平均生长量（cm）
套袋	91.65 ± 0.02a	34.0 ± 1.5a
不套袋	48.35 ± 0.02b	31.4 ± 1.8a

9.3.4 结论与讨论

①砧木粗度对植物高接换冠嫁接成活率有一定的影响。尤录祥等（2013）研究金叶日本女贞高位嫁接结果显示：砧木规格会影响金叶日本女贞高位嫁接成活率，砧木胸径以6~7cm为最佳，胸径在4cm以下，一般不宜嫁接。本研究结果表明：紫叶紫薇采用高接换冠技术，当砧木粗度≤2cm时，嫁接成活率较低仅为70.83%；当砧木粗度>2cm时，高接换冠嫁接成活率均可达90%以上，砧木越粗，所提供的营养物质越丰富，更利于接穗生长，嫁接成活率和新梢生长量更高。因此，紫叶紫薇高位嫁接宜选择粗度2cm以上的枝条作砧木嫁接。

②接穗粗度与体内营养物质多少，木质化充分程度等息息相关，是影响植物高接换冠成效的重要因素。曾慧杰等（2015）在研究'珍珠彩桂'高位嫁接技术中发现：珍珠彩桂高位嫁接，穗条并非越粗越好，以0.8cm左右比较适宜。本试验研究发现：紫叶紫薇高接换冠，当接穗粗度≤1.0cm时，嫁接成活率随着接穗粗度的增加而增加，接穗粗度越粗，嫁接成活率越高。当接穗粗度>1.0cm时，紫叶紫薇嫁接成活率大小随着接穗粗度的增加而降低。因此，穗条过细或过粗都不利于紫叶紫薇接穗成活，紫叶紫薇高接换冠宜选用粗度0.8~1.2cm的接穗。

③紫叶紫薇高接换冠在春、夏、秋季都可进行，但不同嫁接时期高接换冠的成活率不同。不同嫁接方法成活率高低依次为"三刀切接法"（91.65%）>"普通切接法"（83.33%）>"劈接法"（70.33%）。采用"三刀切接法"嫁接成活率最高，因为该方法能有效增加接穗与砧木的接触面积，使两者的形成层贴合更紧密，进一步提高了营养吸收能力和愈合效率。王晓明等（2015）在红火箭紫薇嫁接研究中阐述了"三刀切接"方法，采用该种方法嫁接红火箭紫薇，嫁接成活率比普通切接提高10%~15%，与本试验结论基本一致。

④嫁接时期对紫叶紫薇高接换冠有显著影响。平均嫁接成活率春季>夏季>秋季。

南方地区2月下旬至3月上旬嫁接，成活率能达到90%以上。这与谢红梅等（2018）发明的一种紫薇高接换种方法中的嫁接时期基本一致。但王晓明等（2017）发明专利中，紫薇夏季采用腹接技术，成活率亦可达90%以上，本试验可能存在品种上和具体操作方法上的差异。春季气温适宜，有利于嫁接口愈合，嫁接成活率较高。因此，在实际生产中宜以春季嫁接为主，夏季和早秋进行补接。

⑤紫薇采用高接换冠技术，嫁接当年即可形成良好树冠和当年开花的优势，能大大缩短大规格苗木的培育时间，快速达到绿化美化效果，满足市场对大规格紫薇新品种的需求。刘家胜等（2014）、尹立伟等（2020）均采用高接换冠技术成功嫁接美国"三红"紫薇、天鹅绒紫薇。本试验以'赤红紫叶'等三种紫叶紫薇新品种为接穗进行高接换冠，平均嫁接成活率均能达到90%以上。说明高接换冠技术可适用于紫薇的不同品种。

⑥春季嫁接套袋处理很有必要，能加快嫁接口愈合，提升近一倍的嫁接成活率。但在接穗嫁接成活后要适时摘除套袋，一般待新梢长至6~10cm将套袋时摘除，以免影响后期生长。

参考文献

曾慧杰，王晓明，李永欣，等，2015.'珍珠彩桂'高位嫁接技术研究[J].湖南林业科技，42(3)：10-15.

李恩佳，2018.不同基质、生根剂及其质量浓度对美国红火球紫薇嫩枝扦插生根的交互影响[J].江苏林业科技，45(1)：10-13，43.

李永欣，曾慧杰，王晓明，等，2009.光皮树扦插过程中内源激素变化[J].中国农学通报，22(1)：91-97.

李永欣，余格非，王晓明，等，2012.美国红叶紫薇扦插技术研究.湖南林业科技，39（5）：112-114.

李云龙，李乃伟，陆小清，等，2011.屋久岛紫薇扦插育苗技术研究[J].江苏农业科学，(1)：220-221.

刘家胜，高晓慧，2014.普通紫薇大砧高接美国"三红"紫薇技术[J].中国园艺文摘，30(11)：142-143.

蒙芳，廖美兰，王华新，等，2019.大花紫薇扦插生根影响因素分析[J].广西林业科学，48(4)：518-521.

潘瑞炽，李玲，1998.植物生长发育的化学调控[M].2版.广州：广东高等教育教出版社：47.

彭雄俊，2017.紫薇嫩枝保留不同叶片数或幼芽扦插对其生根的影响[J].现代园艺，(15)：15.

齐永顺，张志华，王同坤，等，2009.同源四倍体玫瑰香葡萄嫩枝扦插不定根发生过程中内源激素的变化[J].园艺学报，36(4)：565-570.

宋满坡，2009.不同浓度的ABT·GGR和NNA对矮化紫薇扦插生根的影响[J].安徽农业科学，37(27)：13045-13046.

唐玉林，陈婉芳，周燮，1996.烟草叶块分化根和芽过程中内源激素水平的变化[J].南京农业大学学报，19(2)：12-16.

王昊，谭军，刘威，等，2021.不同激素处理对复色紫薇扦插生根效果的影响[J].北方农业学报，49(1)：98-103.

王金祥，严小龙，潘瑞炽，2005.不定根形成与植物激素的关系[J].植物生理学通讯，41(2)：133-142.

王乔春，1992.植物激素与插条不定根的形成（综述）[J].四川农业大学学报，10(1)：33-29.

王晓明，李永欣，曾慧杰，等，2017.一种紫薇夏季嫁接育苗方法[P].CN106954467A[P].

王晓明，李永欣，余格非，等，2008.紫薇新品种及繁殖技术[J].中国城市林业，6(1)：79-80.

武春红，2016.川黔紫薇嫩枝扦插繁殖效应研究[J].湖南林业科技，43(1)：97-100，119.

谢红梅，柏劲松，滕洲，2018.一种紫薇高接换种的嫁接方法[P].CN108834600A[P].

尹立伟，王昆，王俊，等，2020.一种天鹅绒紫薇高位嫁接育苗方法[P].CN111567247A[P].

尤录祥，喻方圆，周林，等，2013.金叶日本女贞高位嫁接育苗技术[J].江苏林业科技，40(6)：47-49.

张昌财，林慧娟，2017.美国红火球紫薇不同时段嫩枝扦插繁育技术研究[J].林业勘察设计，37(4)：67-69，72.

赵静，2022.探讨不同基质对紫薇扦插生根的影响[J].新疆农业科技,(1)：2.

周燕，高述民，李凤兰，2009.胡杨不定根原基发生的分生细胞结构特征及内源激素变化分析[J].西北植物学报，29(7)：1342-1350.

朱志祥，蒋伟，刘燕，2005.福利埃氏紫薇扦插繁殖技术试验[J].江苏林业科技，32(4)：28-29.

Blakesley D,Chaldecott M A,1993.The role of endogeneous auxin in root initiation. II.Sensetivity and evidence from studies on transgenic plant tissues[J].Plant Growth Regul,13:77-84.

Brran P W,Hemming H G,Lowe D,1960.Inhibition of rooting of cuttings by gibberellic acid [J]Ann.Bot,24:407-419.

Haissig B E,1972.Meristematic activity during adventitious root primordial development:Influences of endogenous auxin and applied gibberellic acid[J].Plant Prop,32:625-638.

Li H H,Pan R C,1993.Hormone control of adventitious rooting in mung bean stem cu Rings[R].XV International Botanical Congress.Japan Pacifico Yokohama:618-623.

第10章 紫薇组织培养及内源激素含量变化研究

10.1 '紫精灵'紫薇离体快繁研究

'紫精灵'紫薇（*Lagerstroemia indica* 'Zijingling'）是湖南省林业科学院选育出来的性状优异且被评为现代园林最具潜力的紫薇新品种。因其花期早、花量大、花期持续时间长，既可用来营建紫薇花海，又可作为盆栽置于居室内，还可用于园林绿化，观赏价值高，市场需求量大。紫薇种子繁殖所需时间长，且容易产生变异，不能保持其优异性状；扦插繁殖易受季节和地域影响，且母本材料有限；因此现有的繁殖技术不能满足市场对其新品种苗木的旺盛需求。离体快繁的外植体来源广泛，培养材料和生长条件均可人工控制，具有成本低、易管理、不受季节影响、繁殖速度快、生长周期短等优点，可实现周年工厂化大规模生产，能保障新品种的质量和数量。为此，开展了'紫精灵'紫薇离体快繁研究，以期建立完善的'紫精灵'紫薇快繁体系，实现新品种苗木规模化组培生产，满足市场需求，加快新品种的推广应用，丰富园林绿化树种资源。

10.1.1 试验材料

本研究以'紫精灵'紫薇为试验对象，材料取自湖南省林业科学院试验林场的健壮植株。于春季当年生嫩枝上剪取健康粗壮、生长旺盛的枝条，长度15.0~20.0cm，将枝条低温保湿带回实验室处理。

试验所用的基本培养基种类有MS、1/2MS、DKW、WPM四种，生长素包括NAA、IAA、IBA，细胞分裂素为6–BA、ZT、KT、2–ip、TDZ、CPPU；其他添加物有活性炭。培养基pH值为5.8，琼脂粉浓度为5.0g·L^{-1}，蔗糖浓度为15~30g·L^{-1}。培养基用广口瓶分装，每瓶40mL，在121℃高压蒸汽灭菌25min。培养室内温度为（25±2）℃，光照强度30~40μmol·m^{-2}·s^{-1}，光照时间为12h·d^{-1}。

10.1.2 试验方法

10.1.2.1 茎段初代培养试验

1. 外植体处理

将'紫精灵'紫薇当年生半木质化枝条剪去叶片，并剪成带有1~2个腋芽的茎段，在流水下冲洗3h，将灰尘等污染物冲洗掉，再在洗洁精溶液里用细软毛刷轻刷枝条表面绒毛，最后在自来水下冲洗干净，用滤纸吸干后放置在超净工作台待用。

2. 外植体部位选择及消毒时间试验设计

将带芽的茎段细分为顶部、中部和下部三段，作为不同部位选择的试验材料。材料先用75%的酒精消毒30s，再用0.1%HgCl$_2$溶液消毒，然后用无菌水冲洗3遍，最后接种在初代培养基上并置于组织培养室内培养。3个部位HgCl$_2$消毒时间各设置3种处理：顶部为4min、4.5min、5min；中部为5min、6min、7min；下部为7min、8min、9min。每瓶培养基接种1根外植体，共接种20瓶，每个处理重复3次。30d后记录外植体存活率和污染率。

3. 初代培养基筛选试验设计

以不同浓度的6-BA和NAA作为试验因素（表10.1），培养基其他成分为DKW+蔗糖30.0g·L^{-1}+琼脂粉5.0g·L^{-1}，每个处理接种20瓶，每瓶培养基接种1根筛选出的最适部位茎段，重复3次。30d后记录茎段萌芽率和生长状况。

表10.1 初代培养基植物生长调节剂浓度配比

处理编号	6-BA的浓度（mg·L^{-1}）	NAA浓度（mg·L^{-1}）
A1	1.0	0.1
A2	1.5	0.2
A3	2.0	0.3
CK	0	0

10.1.2.2 继代增殖培养试验

待初代培养基上萌发的腋芽高度达到3cm时，将其剪下并去掉顶芽后接种到继代增殖培养基上，进行单株培养。每种处理接种12瓶，每瓶接种5株长势一致、高约1.5cm的新芽，试验重复3次。30d后，观察新长出的芽数量、高度及生长情况。开展基本培养基、细胞分裂素种类和浓度、生长素种类和浓度试验，筛选合适的继代增殖培养基。

1. 基本培养基种类筛选试验

以MS、1/2MS、DKW、WPM四种基本培养基为试验因素，同时添加6-BA 2.0mg·L^{-1}+NAA 0.4mg·L^{-1}+蔗糖30.0g·L^{-1}+琼脂粉5.0g·L^{-1}，一共四种培养基处理。

2. 细胞分裂素种类筛选试验

采用筛选出最适的基本培养基，以六种细胞分裂素为试验因素（表10.2），添加NAA 0.4mg·L^{-1}+蔗糖30.0g·L^{-1}+琼脂粉5.0g·L^{-1}，并设计不添加细胞分裂素的对照组，筛选出适宜的细胞分裂素种类。

表10.2 继代增殖细胞分裂素种类及浓度

处理编号	分裂素种类	分裂素浓度（mg·L^{-1}）
B1	6-BA	2.0
B2	KT	2.0
B3	2-ip	2.0
B4	ZT	2.0
B5	TDZ	2.0
B6	CPPU	2.0
CK	无	0

3. 细胞分裂素浓度试验设计

将筛选出的适宜的细胞分裂素设置1.0mg·L^{-1}、2.0mg·L^{-1}、3.0mg·L^{-1}共三种浓度梯度，并设置不添加细胞分裂素的对照组，添加前述试验筛选出的适宜的基本培养基、NAA 0.4mg·L^{-1}、蔗糖30.0g·L^{-1}和琼脂粉5.0g·L^{-1}，筛选出适宜的分裂素浓度。

4. 生长素种类筛选试验

以生长素种类为试验因素（表10.3），添加前述试验筛选出的适宜的基本培养基和细胞分裂素种类和浓度，并在培养基中加入蔗糖30.0g·L⁻¹和琼脂粉5.0g·L⁻¹，筛选出合适的生长素。

表10.3　继代增殖生长素种类及浓度

处理编号	生长素种类	生长素浓度（mg·L⁻¹）
C1	NAA	0.4
C2	IAA	0.4
C3	IBA	0.4
CK	无	0

5. 生长素浓度试验

筛选出适宜的生长素种类后，选择此生长素设置0.2mg·L⁻¹、0.4mg·L⁻¹、0.6mg·L⁻¹共三种浓度梯度进行试验（以不添加生长素做对照），添加前述试验筛选出的适宜的基本培养基、细胞分裂素和浓度，以及蔗糖30.0g·L⁻¹、琼脂粉5.0g·L⁻¹，筛选出适宜的生长素浓度。

10.1.2.3 生根诱导培养试验

选择生长健壮且高度为2.0cm左右的'紫精灵'组培苗，接种到不同的生根培养基上，进行生根诱导培养，每个处理接种10瓶，每瓶接种4棵组培苗，试验3次重复。培养30d后统计组培苗生根率、生根数、根长及生长情况等指标。

1. 生根培养基的筛选

（1）基本培养基种类筛选试验

以1/2MS、1/2DKW、1/2WPM三种基本培养基为试验因素，添加IBA 0.6mg·L⁻¹+蔗糖15.0g·L⁻¹+琼脂粉5.0g·L⁻¹+活性炭200mg·L⁻¹，共三种试验处理，筛选适宜的基本培养基。

（2）生长素种类筛选试验

选择筛选出的适宜的基本培养基，以IBA、IAA和NAA三种生长素作为试验因素，设置三种试验处理和对照（表10.4），培养基添加蔗糖（15.0g·L⁻¹）、琼脂粉（5.0g·L⁻¹）和活性炭（200mg·L⁻¹），筛选出适宜的生长素种类。

表10.4　生根诱导生长素种类及浓度

处理编号	生长素种类	生长素浓度（mg·L⁻¹）
D1	IBA	0.6
D2	NAA	0.6
D3	IAA	0.6
CK	无	0

（3）生长素浓度筛选试验设计

筛选出适宜的生长素后，将其设置0.4mg·L⁻¹、0.6mg·L⁻¹、1.2mg·L⁻¹共三种浓度梯度，并设置不添加生长素的对照组，筛选出适宜的生长素浓度。

（4）活性炭浓度筛选

将组培苗接种到含有不同浓度活性炭（0、100mg·L^{-1}、200mg·L^{-1}、300mg·L^{-1}）的生根培养基上，培养基里添加蔗糖（15.0g·L^{-1}）和琼脂粉（5.0g·L^{-1}），试验共三种处理和对照，筛选出适宜的活性炭浓度。

2. 生根过程中石蜡切片研究

选取最佳生根培养基中培养的'紫精灵'组培苗，切取茎部底端1cm作为石蜡切片材料，观察细胞组织结构。石蜡切片的制作参照刘国彬等（2020）的方法并有所改进。用FAA固定液（70%酒精：福尔马林：乙酸：甘油=18：1：1：1）固定样品24h以上，依次经过抽气、脱水（10min）、透明（30min）、浸蜡、透蜡、包埋、切片、脱蜡和染色（番红固绿双重染色法），再用中性树胶进行封片使其成为永久切片，放到显微镜（OLYMPUS-BX51）下进行观察。切片机型号为LEICA RM2235，切片厚度为9μm。组培苗接种前取样1次，接种后15d内，每3d取样1次，第15~25天每5d取样1次。同时用体视显微镜（OLYMPUS）记录生根过程中根的外部形态变化。

10.1.2.4 炼苗移栽试验

经过生根诱导培养后，组培苗的根长达到1.5~2.0cm时进行炼苗和移栽。将培养瓶移到较强的光照下进行6d的光照适应锻炼；然后移到温室打开瓶盖进行6d的开瓶炼苗，刚开始先打开1/3瓶盖、后续打开1/2瓶盖，直到全部打开瓶盖。炼苗结束后取出组培苗，先用清水清洗根部的培养基（对于较难清除的培养基可先用20℃的温水浸泡再清洗），再将组培苗用多菌灵浸泡10min。

设计三种不同体积组合的移栽基质：a.泥炭土70%＋珍珠岩30%；b.泥炭土50%＋珍珠岩50%；c.泥炭土30%＋珍珠岩70%。移栽容器为塑料营养钵。将组培苗移栽至经消毒处理的基质中，淋透水并喷洒一定剂量的杀菌剂，放到干净通风、排水良好的温室或塑料大棚中，定期浇水保持适度的湿度。移栽30d后，记录移栽成活率和生长情况。

10.1.2.5 数据统计分析

存活率（%）=存活的外植体数/接种外植体总数×100%。

污染率（%）=污染的外植体数/接种外植体总数×100%。

萌芽率（%）=萌芽外植体数/接种外植体总数×100%。

增殖系数=腋芽增殖的芽总数/接种外植体总数×100%。

株高=茎基部到植株的顶端高度。

根长=根产生部位到根尖末端长度。

生根率（%）=生根外植体数/接种外植体总数×100%。

所有试验重复3次。对所得的试验结果进行方差分析（ANOVA），并使用Statistical Product and Service Solutions（SPSS 25.0）软件通过Duncan的多范围检验（$P < 0.05$）进行差异显著性分析。

10.1.3 结果与分析

10.1.3.1 初代茎段消毒时间和培养基的筛选

1. 茎段部位与消毒时间对初代茎段存活的影响

从试验结果（表10.5）可知，以'紫精灵'紫薇的顶部、中部、下部茎段作为外植体，中部的存活率较高，污染率较低，3个部位的茎段在不同消毒时间处理下的存活率和污染率具有显著性差异。外植体存活率方面，顶部和下部茎段的存活率随着消毒时间的增加先增加后下降，而中部茎段的存活率随着消毒时间的增加而增加。顶部的3个消毒时间处理中，消毒4.5min时外植体存活率最高，为78.33%；消毒4min时存活率最低，为41.67%，比最高存活率低36.66%。下部茎段适宜的消毒时间为8min，存活率为63.33%；7min和9min消毒效果较差。中段部位茎段是3个部位中最适宜的外植体，在消毒时间为7min时存活率最高，达到了86.67%；其次为消毒6min、5min时，与最高值分别相差10%和55%。

从总体消毒效果来看，下部茎段的污染率最高，其次是顶部茎段，最后是中部茎段。中部茎段污染率最低的处理是消毒7min，为10%；其次是6min，为21.66%；污染率最高的是5min，为68.33%，比最低值高了58.33%。除顶部萌发的腋芽茎段略纤细外，3个部位萌发的腋芽生长均健壮（图10.1）。由此可见，适宜的外植体是带腋芽的中部茎段，其适宜的消毒时间为7min。

表10.5　不同的消毒部位及时间对初代外植体的消毒效果

部位	HgCl₂的消毒时间（min）	存活率（%）	污染率（%）
顶部	4	41.67 ± 2.89f	58.33 ± 2.88c
	4.5	78.33 ± 2.89b	21.67 ± 2.89g
	5	68.33 ± 2.89c	28.33 ± 2.89f
中部	5	31.67 ± 2.89g	68.33 ± 2.89a
	6	76.67 ± 2.89b	21.66 ± 2.89g
	7	86.67 ± 2.89a	10.00 ± 0.00h
下部	7	46.67 ± 2.89e	53.33 ± 2.89d
	8	63.33 ± 2.89d	36.67 ± 2.89e
	9	33.33 ± 2.89g	63.33 ± 2.89b

注：数据为平均值 ± 标准差，不同小写字母表示相同因素不同水平间多重比较差异显著（$P < 0.05$）（下同）。

图 10.1　顶部、中部、下部茎段初代萌芽

2. 初代培养基的筛选

三种初代培养基及对照培养基中的茎段萌芽及生长情况见表10.6。茎段的萌芽率随着6-BA和NAA浓度的增加呈先升高后降低的趋势；6-BA浓度为1.5mg·L^{-1}、NAA浓度为0.2mg·L^{-1}时，萌芽率最高，为83.33%，且茎段萌芽较快，生长情况最好；其次是6-BA为2mg·L^{-1}、NAA为0.3mg·L^{-1}时，萌芽率为76.67%；6-BA为1.0mg·L^{-1}、NAA为0.1mg·L^{-1}时，萌芽率最低，为73.33%，与最高值相差10%，但比对照高50%。差异显著性分析表明，培养基A2（6-BA浓度为1.5mg·L^{-1}、NAA浓度为0.2mg·L^{-1}）与培养基A1、A3及对照的萌芽率差异显著，而培养基A1和A3的萌芽率无显著性差异。A2培养基中腋芽萌发快，植株生长健壮（图10.2）。因此初代培养基适宜的细胞分裂素和生长素配比为6-BA 1.5mg·L^{-1}和NAA 0.2mg·L^{-1}。

表10.6 不同的培养基对初代外植体萌芽的影响

处理编号	6-BA浓度（mg·L^{-1}）	NAA浓度（mg·L^{-1}）	萌芽率	生长情况
A1	1.0	0.1	73.33 ± 2.89b	萌芽缓慢
A2	1.5	0.2	83.33 ± 2.88a	萌芽较快
A3	2.0	0.3	76.67 ± 2.88b	萌芽较快但有枯萎
CK	0	0	23.33 ± 2.89c	萌芽缓慢

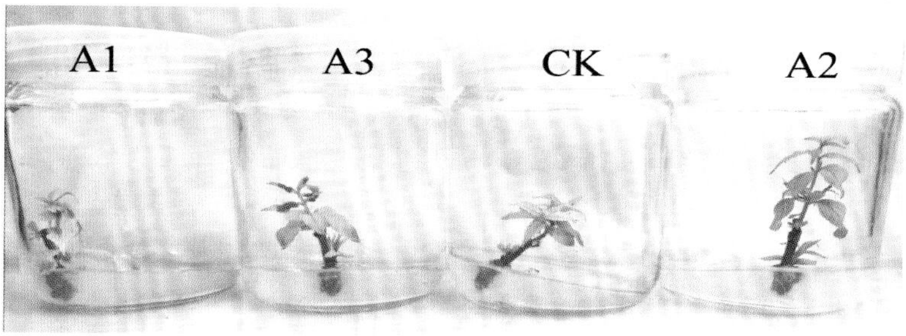

图10.2 不同培养基培养的初代外植体

10.1.3.2 继代增殖培养基的筛选

1. 不同的基本培养基种类对植株继代增殖的影响

MS、1/2MS、DKW、WPM四种基本培养基中组培苗的增殖生长情况见表10.7。四种基本培养基中组培苗的增殖系数的差异达到了显著水平，说明不同基本培养基对增殖系数有显著影响；其中MS培养基的增殖系数最高，为6.15；其次为WPM和1/2MS，增殖系数分别为5.37和4.67；增殖系数最小是DKW，为3.72，与MS相比低了39.5%。此外，MS培养基中的组培苗平均株高最高，为2.68cm，是其他三种基本培养基的2.3倍以上，且与其他三种培养基之间差异显著；其次为1/2MS和WPM；DKW的平均株高最小，为1.01cm；1/2MS和WPM之间、WPM和DKW之间的平均株高差异不显著。MS培养基中的组培苗生长旺盛，芽苗粗壮，适合进行多次继代增殖；WPM和1/2MS培养基中的组培苗生长一般，较矮小；而DKW培养基中的组培苗生长不良，增殖的芽苗多为无效芽，不适合'紫精灵'紫薇的增殖继代（图10.3）。可见，'紫精灵'紫薇继代增殖过程中适宜的基本培养基为MS培养基。

表10.7　不同基本培养基种类对组培苗继代增殖的影响

基本培养基	增殖系数	平均株高（cm）	生长情况
MS	6.15 ± 0.05a	2.68 ± 0.03a	生长旺盛，芽苗粗壮
WPM	5.37 ± 0.03b	1.06 ± 0.08bc	生长一般，芽苗矮小
1/2MS	4.67 ± 0.03c	1.14 ± 0.08b	生长一般，芽苗矮小
DKW	3.72 ± 0.08d	1.01 ± 0.04c	生长不良，芽苗枯萎

图 10.3　基本培养基增殖培养第 30 天的组培苗

2. 不同的细胞分裂素种类对继代增殖的影响

六种细胞分裂素处理下组培苗的增殖和生长情况见表10.8。不添加细胞分裂素的处理增殖系数和平均株高最低，诱导的新芽很少，但植株生长正常。在浓度相同的条件下，六种细胞分裂素之中增殖系数值最高的是6-BA，为6.15，是其他五种细胞分裂素的2.6倍以上，且与其他处理之间差异显著；其次为KT、2-ip和ZT，互相之间差异达到显著水平；增殖系数最低的是CPPU和TDZ，两者之间差异不显著。各细胞分裂素对组培苗的平均株高有影响，添加6-BA的处理组培苗平均株高最大，为2.68cm，是其他处理的1.4倍以上，差异显著；其次为添加ZT、2-ip、KT的处理，平均株高最小的是TDZ和CPPU的处理。从生长情况可以看出，在浓度为2.0mg·L^{-1}时，6-BA培养的组培苗生长旺盛且粗壮，新增芽苗多，其次为2-ip；其余细胞分裂素的添加对组培苗的生长促进作用不大，生长状况欠佳，新增芽不多并且出现矮小、枯萎等生长不良的现象（图10.4）。由此可见，'紫精灵'继代增殖培养中适宜的细胞分裂素种类为6-BA。

表10.8　不同的分裂素种类对组培苗继代增殖的影响

基本培养基	分裂素种类	增殖系数	平均株高（cm）	生长情况
MS	6-BA	6.15 ± 0.05a	2.68 ± 0.03a	生长旺盛，芽苗多
MS	KT	2.13 ± 0.08b	1.58 ± 0.03d	芽苗不多，矮小
MS	2-ip	2.00 ± 0.05c	1.74 ± 0.11c	生长良好但芽少
MS	ZT	1.68 ± 0.06d	1.98 ± 0.01b	芽苗不多但粗壮
MS	TDZ	1.35 ± 0.09e	0.84 ± 0.08e	生长不良，枯萎
MS	CPPU	1.30 ± 0.05e	0.86 ± 0.01e	芽短，无效芽多
MS（CK）	无	1.12 ± 0.13f	0.78 ± 0.05f	芽少或没有

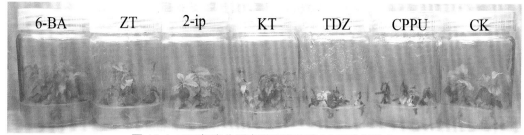

图 10.4 不同细胞分裂素增殖培养第 30 天的组培苗

3. 不同的细胞分裂素浓度对植株继代增殖的影响

以 6-BA 作为细胞分裂素，不同浓度处理下组培苗的增殖生长情况见表 10.9 和图 10.5。随着 6-BA 浓度的增加，增殖系数和平均株高都呈现先升高后下降的趋势；且不同浓度处理以及对照组的增殖系数和平均株高之间的差异达到了显著水平。当 6-BA 为 2.0mg·L^{-1} 时，组培苗生长最好，增殖系数最大，为 6.15；其次为浓度 3.0mg·L^{-1} 时和 1.0mg·L^{-1} 时，分别比最大值低 62.11% 和 64.55%。6-BA 浓度为 2.0mg·L^{-1} 时平均株高最大，为 2.68cm，平均株高最小值是在浓度 1.0mg·L^{-1} 时，为 1.69cm，比最大值低 37.3%。添加 6-BA 对组培苗的增殖和生长都表现出促进作用，比对照组的组培苗生长更健壮，且在浓度为 2.0mg·L^{-1} 时效果最佳。

表 10.9 不同的分裂素浓度对植株继代增殖的影响

基本培养	分裂素种类	分裂素浓度（mg·L^{-1}）	增殖系数	平均株高（cm）	生长情况
MS	6-BA	1	2.18 ± 0.03c	1.69 ± 0.03c	芽苗较少但健壮
		2	6.15 ± 0.05a	2.68 ± 0.03a	芽苗生长旺盛
		3	2.33 ± 0.06b	1.79 ± 0.03b	芽苗生长不齐
MS（CK）	无	0	1.12 ± 0.13d	0.78 ± 0.05d	芽少，生长不良

从左到右依次为 6-BA 2.0mg·L^{-1}、6-BA 1.0mg·L^{-1}、6-BA 3.0mg·L^{-1}、6-BA 0

图 10.5 不同 6-BA 浓度增殖培养第 30 天的组培苗

4. 不同的生长素种类对植株继代增殖的影响

不同的生长素种类对'紫精灵'继代增殖的影响见表 10.10。不加生长素的处理增殖系数和平均株高最低，为 2.02，诱导的新芽很少，植株生长情况一般；添加 NAA、IAA 和 IBA 的处理增殖系数和平均株高显著增高，组培苗新增芽多，生长旺盛。

添加 NAA 和 IAA 的处理增殖系数最大，分别为 6.15 和 6.10，两者间差异不显著；添加 IBA 的处理增殖系数为 5.25，与 NAA 和 IAA 之间差异均显著。株高方面，添加 NAA 的处理组培苗平均株高最大，为 2.68cm；其次为 IAA，株高 2.38cm；最小的是 IBA，为 1.92，比 NAA 低 28.36%；三者之间差异显著。添加 NAA 的培养基上组培苗生长健壮旺盛，新增芽最多（图 10.6）。在'紫精灵'继代增殖过程中，不同种类的生长素增殖作用明显，结合株高及生长情况等综合数据分析，选择 NAA 作为'紫精灵'增殖的适宜生长素。

表 10.10 不同生长素种类对组培苗继代增殖的影响

基本培养基	生长素种类	生长素浓度（mg·L⁻¹）	增殖系数	平均株高（cm）	生长情况
MS	NAA	0.4	6.15 ± 0.05a	2.68 ± 0.03a	芽多，生长旺盛
MS	IAA	0.4	6.10 ± 0.05a	2.38 ± 0.03b	芽多，生长旺盛
MS	IBA	0.4	5.25 ± 0.05b	1.92 ± 0.04c	芽较多，生长旺盛
MS（CK）	无	0	2.02 ± 0.03c	1.04 ± 0.01d	芽少，生长一般

图 10.6 不同生长素种类培养基上增殖第 30 天的组培苗

5. 不同的生长素浓度对植株继代增殖的影响

添加不同浓度的 NAA 对组培苗增殖具有显著影响，不同浓度之间增殖系数差异显著（表 10.11）。组培苗增殖系数和平均株高都随着 NAA 浓度的增加先增大后减小。NAA 浓度为 0.4mg·L⁻¹ 时增殖效果最好，增殖系数为 6.15；其次是浓度为 0.2mg·L⁻¹ 时，增殖系数 4.87；增殖系数最小的是为 0.6mg·L⁻¹ 的处理，为 3.15，比最大值低 48.78%。在平均株高方面，NAA 浓度为 0.4mg·L⁻¹ 时达到最大值，为 2.68cm，与其他 2 个浓度及对照组之间差异显著；NAA 浓度 0.2mg·L⁻¹ 和 0.6mg·L⁻¹ 的 2 个处理平均株高之间无显著性差异；NAA 浓度为 0.6mg·L⁻¹ 时平均株高最小，为 1.30cm，比最大值小 1.38cm。添加 NAA 培养的组培苗生长健壮，对照的组培苗生长效果最差，新增芽数少且生长一般（图 10.7）。因此，继代增殖培养基中 NAA 的适宜浓度为 0.4mg·L⁻¹。

表 10.11 不同生长素浓度对组培苗继代增殖的影响

基本培养基	NAA 浓度（mg·L⁻¹）	增殖系数	平均株高（cm）	生长情况
MS	0.2	4.87 ± 0.03b	1.33 ± 0.06b	芽苗较多，健壮

（续表）

基本培养基	NAA浓度 （mg·L^{-1}）	增殖系数	平均株高（cm）	生长情况
MS	0.4	6.15±0.05a	2.68±0.03a	芽苗多，生长旺盛
MS	0.6	3.15±0.05c	1.30±0.04b	芽苗较少，健壮
MS（CK）	0	2.02±0.03d	1.04±0.01c	芽苗少，生长一般

从左至右依次为 NAA 0.4mg·L^{-1}、NAA 0.2mg·L^{-1}、NAA 0.6mg·L^{-1}、NAA 0

图 10.7 不同 NAA 浓度培养基上增殖培养第 30 天的组培苗

6. 不同的基本培养基种类对生根诱导的影响

三种基本培养基诱导培养的'紫精灵'生根结果见表10.12。三种基本培养基在生根率上差异达到显著水平，说明基本培养基对生根诱导有显著影响。生根率最高的基本培养基为1/2MS，生根率为92.5%，其次为1/2WPM和1/2DKW，生根率分别为75.8%和59.2%，比最大值分别低16.7%和33.3%。1/2MS与1/2WPM、1/2DKW在平均生根数和平均根长上具有显著性差异，但后两者之间差异不显著；1/2MS培养基上平均生根条数最多、平均根长最长，分别为6.9条和2.3cm；1/2WPM的平均生根数次之；根条数最少的是1/2DKW，为4.9条，与1/2MS相差2条；1/2WPM和1/2DKW的平均根长数值相同，为1.0cm，比1/2MS少1.3cm。1/2MS培养基上的组培苗生长良好，诱导出的根多且健康粗壮，而1/2DKW培养基上的组培苗生长不良，诱导出的根系较少（图10.8）。因此1/2MS是最适宜生根诱导培养的基本培养基。

表10.12 不同基本培养基种类对生根诱导的影响

基本培养基	IBA浓度 （mg·L^{-1}）	平均生根数 （条）	平均根长 （cm）	生根率 （%）	生长情况
1/2MS	0.6	6.9±0.5a	2.3±0.1a	92.5±2.5a	生长良好，根粗壮
1/2DKW	0.6	4.9±0.2b	1.0±0.1b	59.2±1.4c	生长不良，根较少
1/2WPM	0.6	5.4±0.1b	1.0±0.2b	75.8±1.4b	生长良好，根健壮

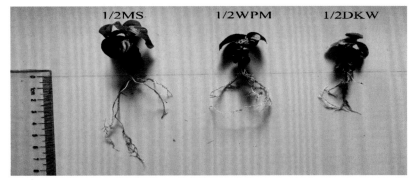

图 10.8　三种基本培养基生根诱导培养第 30 天的组培苗

7. 不同生长素种类对生根诱导的影响

三种生长素的生根诱导培养结果见表10.13，数据结果表明不同的生长素种类对生根诱导结果有不同影响，三种生长素在组培苗的生根率上具有显著性差异；生根率最高的生长素是IBA，生根率为92.5%，其次为NAA；最低为IAA，生根率为71.7%，比IBA低20.8%。在平均生根条数和平均根长上，IBA与NAA、IAA之间差异均显著，而后两者之间差异没有达到显著水平；IBA诱导的平均生根条数和平均根长值最大，分别为6.94条和2.29cm；最小的是IAA，分别为5.86条和1.1cm，与IBA分别相差1.08条和1.19cm。添加了生长素的处理组比没有添加生长素的对照组生根率更高、平均生根条数更多、平均根长更长，说明生长素对生根诱导有促进作用；且添加IBA培养的组培苗生长更健壮，根系更粗长（图10.9）。综合不定根诱导和根系质量情况，添加一定量的IBA对诱导离体生根的促进效果最明显。

表10.13　不同生长素种类对生根诱导的影响

基本培养基	生长素种类	生长素浓度（mg·L^{-1}）	平均生根数（条）	平均根长（cm）	生根率（%）	生长情况
1/2MS	IAA	0.6	5.86 ± 0.2b	1.1 ± 0.1bc	71.7 ± 2.9c	根多，细短
1/2MS	NAA	0.6	5.9 ± 0.2b	1.2 ± 0.1b	83.3 ± 1.4b	根多，粗壮
1/2MS	IBA	0.6	6.94 ± 0.5a	2.29 ± 0.05a	92.5 ± 2.5a	根多，粗壮
1/2MS（CK）	无	0	3.43 ± 0.2c	1.0 ± 0.06c	46.7 ± 3.8d	根少，细短

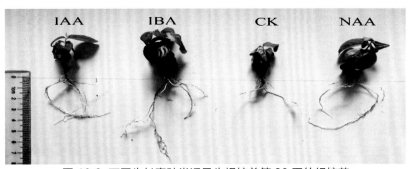

图 10.9　不同生长素种类诱导生根培养第 30 天的组培苗

8. 不同生长素浓度对生根诱导的影响

不同质量浓度的IBA对'紫精灵'的生根效果影响显著（表10.14）。组培苗的生根率和平均生根条数以及平均根长随着IBA浓度的升高均先增加后减少。三种浓度的IBA及对照组在生根率上的差异达到显著水平；生根率最高的是浓度为0.6mg·L^{-1}时，生根率为92.5%；其次是浓度为1.2mg·L^{-1}；最差的是浓度为0.1mg·L^{-1}时，生根率为71.7%，与最高值相差20.8%。在平均生根数和平均根长上，浓度为0.6mg·L^{-1}的处理与另外2个浓度处理之间具有显著性差异，但0.1mg·L^{-1}和1.2mg·L^{-1}这2个浓度之间差异不显著；平均生根数和平均根长在浓度为0.6mg·L^{-1}时达到最大，分别为6.94条和2.29cm。由此可见，IBA浓度为0.6mg·L^{-1}时组培苗生长状态最好，对生根诱导的促进效果最明显。

表10.14 不同生长素浓度对生根诱导的影响

基本培养基	生长素种类	生长素浓度（mg·L^{-1}）	平均生根数（条）	平均根长（cm）	生根率（%）	生长情况
1/2MS	IBA	0.1	4.55 ± 0.2b	1.15 ± 0.01b	71.7 ± 1.4c	根较少，细短
1/2MS	IBA	0.6	6.94 ± 0.5a	2.29 ± 0.05a	92.5 ± 2.5a	根多，粗壮
1/2MS	IBA	1.2	4.74 ± 0.2b	1.08 ± 0.05bc	77.5 ± 0b	根较少，细长
1/2MS（CK）	无	0	3.43 ± 0.2c	1.0 ± 0.06c	46.7 ± 3.8d	根少，细短

9. 不同的活性炭浓度对生根诱导的影响

从表10.15的试验数据来看，随着活性炭浓度的升高，平均生根条数、平均根长和生根率先缓增后缓减。生根率最高为添加200mg·L^{-1}活性炭时，为92.5%，但四个浓度梯度的活性炭在生根率上差异并不显著。在平均生根条数和平均根长上，浓度为200mg·L^{-1}的活性炭处理生根条数最多、平均根长最长，且与另外2个浓度及对照之间具有显著性差异；生根条数与平均根长最差的是添加浓度为300mg·L^{-1}的活性炭，分别为6.1条和1.4cm，与200mg·L^{-1}的处理分别相差0.8条和0.9cm，且与100mg·L^{-1}的处理及对照之间差异不显著。因此，200mg·L^{-1}的活性炭对不定根诱导的促进效果最好，适宜添加在'紫精灵'紫薇的生根培养基上。

表10.15 不同的活性炭浓度对生根诱导的影响

活性炭浓度（mg·L^{-1}）	平均生根数（条）	平均根长（cm）	生根率（%）	生长情况
0（CK）	5.8 ± 0.2b	1.3 ± 0.1b	89.2 ± 1.4a	根较多，粗壮
100	6.3 ± 0.3b	1.5 ± 0.2b	91.7 ± 1.4a	根多，粗壮
200	6.9 ± 0.5a	2.3 ± 0.1a	92.5 ± 2.5a	根多，粗壮
300	6.1 ± 0.3b	1.4 ± 0.1b	90.8 ± 2.9a	根较多，粗壮

10. 生根过程中外部形态观察

借助体式显微镜观察发现，'紫精灵'紫薇培养后第6天开始长出根，属于较容易生根的木本植物。第3天的茎底端（图10.10B）与第0天相比，切口有收缩愈合的趋势，但没有愈伤组织出现。培养到第6天时，茎底端开始膨大，表皮肿胀裂开，此时没有发现愈伤组织（图10.10C）。第12天后，不定根慢慢伸长，逐渐形成完整的根部结构（图10.10 D、E、F），不定根的诱导生长基本完成。

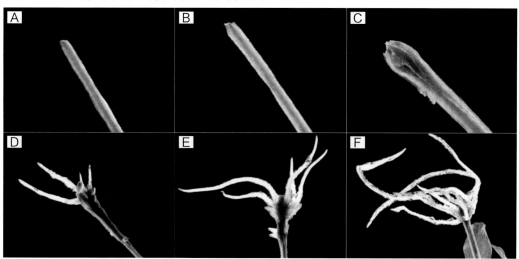

A：培养第0天；B：第3天；C：第6天；D：第12天；E：第20天；F：第25天

图10.10　生根过程中茎基部及不定根的外部形态特征

11. 生根过程中解剖结构观察

不定根诱导不同阶段石蜡切片结果如图10.11所示。可以看到，茎基部横切面由表皮、皮层、韧皮部、维管形成层、初生木质部和髓依次由外向内排列组成（图10.11A）。表皮细胞为椭圆形，紧密有序地排列成一圈；皮层由多层厚角组织和薄壁组织构成，排列疏松且不规则；韧皮部主要由韧皮纤维和韧皮薄壁细胞组成，排列松散；形成层细胞具有分裂能力；中心的髓由圆形的薄壁细胞组成，主要用于营养物质的储存。

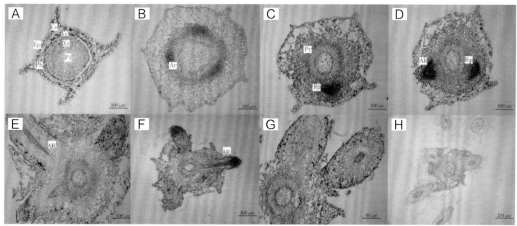

Ep：表皮；Co：皮层；Ph：韧皮部；Vc：维管形成层；　Xy：木质部；Pi：髓；Ar：不定根原始体；Pr：髓射线；
Rp：根原基；AR：不定根

A：第0天茎初生结构；B：第3天根原始体开始形成；C：第6天根原基形成；D：第9天不定根冲破表皮；
E和F：第12天和第15天不定根伸长；G和H：第18天和第21天不定根横切面

图10.11　'紫精灵'不定根的发生过程

　　培养第3天，维管形成层区域的细胞恢复分裂能力，形成排列紧密、体积小、细胞质浓的近圆形的分生细胞团，它向外扩张形成次生韧皮部，染色比周围的薄壁细胞明显深，形成最初的根原基（图10.11B）。根原基形成后，其分裂能力不断增强，继续分裂扩张，在韧皮部和皮层形成明显的突起，即根原基的生长点（图10.11C）。诱导培养第9天时，根原基继续向外生长和伸长，到达表皮区域，有的根尖已突破表皮伸出，形成不定根（图10.11D）。随着诱导时间的增加，根原基最终冲破表皮，形成具有根冠、分生区和伸长区的完整的根部结构（图10.11E）。不定根持续生长，形成独立完整的根系（图10.11F、G、H）。

10.1.3.3 炼苗移栽的结果

组培生根苗移栽30d后，经过观察统计发现，移栽基质体积配比为泥炭土70%+珍珠岩30%最适合'紫精灵'紫薇移栽生长，植株根系发达、生长旺盛，且不同生根处理的组培苗移栽成活率都达到了90%以上（图10.12）。结果说明'紫精灵'紫薇炼苗移栽难度低，移栽成活率高，适合投入大规模化生长及新品种推广。

A：移栽第1天；B：移栽第10天；C：移栽第30天
图10.12 '紫精灵'紫薇组培苗移栽

10.1.4 结论与讨论

10.1.4.1 初代培养

一般认为，带腋芽茎段是最容易获得紫薇丛生芽的外植体。矮首领紫薇（*L. indica* 'Aishouling'）的当年生半木质化带腋芽茎段、硬枝茎段和叶片三种外植体的选择试验结果表明，茎段比较适合做初代的外植体（刘晓 等，2017）。外植体分泌物过多污染培养基和外植体自身导致的褐化现象，也阻碍了外植体的存活和发芽。本研究结果表明，下部茎段由于木质化程度最高，污染率最高，也易褐化；而顶部茎段较为幼嫩，对灭菌时间的要求更高；因此中部茎段是初代外植体最合适的选择。

细胞分裂素与生长素是促进生长的植物激素，对植物的枝芽萌发及植株生长发育具有重要作用。本研究结果发现6-BA与NAA的浓度配比对带腋芽茎段萌发有影响。结合本试验结果，初代培养基适宜的细胞分裂素和生长素浓度分别为6-BA 1.5mg·L^{-1}和NAA 0.2mg·L^{-1}。李晓青等（2009）在紫薇增殖中发现不同浓度的6-BA对芽的启动有很大影响，浓度越大出芽率越高，在6-BA浓度为0.8mg·L^{-1}时萌芽率达到最大值。蔡能等（2016）将'晓明1号'紫薇带腋芽茎段接种在添加了不同浓度的6-BA的初代培养基上，发现因浓度不同导致紫薇茎段腋芽的萌发率结果不同，最终选择了 $1.0mg \cdot L^{-1}$ 的 6-BA 作为最适合的浓度。不同种或品种的紫薇带腋芽茎段初代萌芽时所需的 6-BA 浓度有所差别，可能是紫薇品种不同或试验所用的带腋芽茎段的幼嫩程度不同导致其对 6-BA 的敏感程度不一致。因此适宜'紫精灵'紫薇茎段的初代培养基为 DKW+6-BA $1.5mg \cdot L^{-1}$+ NAA $0.2mg \cdot L^{-1}$+蔗糖 $30.0g \cdot L^{-1}$+琼脂粉 $5.0g \cdot L^{-1}$。

10.1.4.2 继代增殖培养

用于植物组织培养的基本培养基是培养外植体最主要的营养来源，其成分和含量的差别会直接影响外植体的生长发育，目前最常用于植物组织培养的基本培养基有 MS、1/2 MS、WPM、DKW（杨顺兴 等，2022）。试验中四种基本培养基对'紫精灵'的继代增殖影响差异显著，特别是 MS 培养基对增殖的促进作用最大。蔡能等（2017）将'紫韵'紫薇转接到 DKW 培养基上进行继代增殖培养发现植株生长不良、叶色变黑甚至死亡，而转接到 WPM 培养基上培养后植株恢复活力。试验研究发现黑叶紫薇带芽茎段增殖时效果最佳的基本培养基为 WPM（范淑芳 等，2017）。王莹等（2020）研究色叶紫薇（包括黑钻系列紫薇、日本紫叶乔木紫薇、美国红叶紫薇、三红紫薇等）的组织培养繁育技术时则选择 MS 作为诱导腋芽萌发的基本培养基。不同的基本培养基所含无机盐和有机物的种类和含量不一样，而不同品种的紫薇在继代增殖过程中所需的营养可能有所差别，从而使得不同紫薇品种继代增殖培养过程中适宜的基本培养基不同。

通过'紫精灵'继代增殖试验发现，其增殖方式为腋芽发生型。当植株被去掉顶芽后，顶端优势随之去除，而细胞分裂素则可以明显促进腋芽的萌发。曹受金等（2010）研究证明了细胞分裂素 6-BA 在紫薇丛生芽增殖试验中发挥了极显著性作用。饶丹丹等（2020）在研究'紫玉'紫薇增殖时选择了 6-BA、KT 和 ZT 进行比较试验，结果发现添加了 6-BA 的培养基培养的紫薇增殖系数最大。本研究结果表明，细胞分裂素种类和浓度在继代增殖过程中影响差异显著，适宜的细胞分裂素为 6-BA，浓度为 $2.0mg \cdot L^{-1}$，这与唐丽丹（2014）研究紫薇增殖培养的结果一致。

本研究表明，不同的生长素种类对'紫精灵'紫薇的增殖系数影响不大，但适当添加 NAA 可以明显提高组培苗的高度，且添加不同浓度的 NAA 对其增殖系数和平均株高都有影响。本研究结果表明，NAA 浓度为 $0.4mg \cdot L^{-1}$ 时对继代增殖的促进作用最大。鲁好君等（2015）研究不同的生长素对'红火球'紫薇增殖的影响，结果选择 IBA $0.02mg \cdot L^{-1}$ 作为'红火球'紫薇最适增殖的生长素及浓度。李芳菲等（2021）选择 6-BA $0.5mg \cdot L^{-1}$+NAA $0.2mg \cdot L^{-1}$ 的激素配比作为'红火球'紫薇最佳的壮苗培养基，且该培养基是最适的生根培养基，可作为"一步法"培养基。不同的紫薇品种在继代增殖时所需的生长素种类及浓度有所差别，原因可能是不同紫薇的遗传基因对植物生长调节剂敏感程度反应不一致。本试验结果说明，'紫精灵'紫薇继代增殖的适宜培养基为 MS+6-BA $2.0mg \cdot L^{-1}$+NAA $0.4mg \cdot L^{-1}$+蔗糖 $30.0g \cdot L^{-1}$+琼脂 $5.0g \cdot L^{-1}$。

10.1.4.3 生根诱导培养

不定根的诱导生长是组织培养必不可少的步骤，研究筛选出植物离体生根的适宜培养基、提高生根率是植物组织培养研究的重点（Diaz，2021）。通过比较 1/2MS、1/2WPM 和 1/2DKW 三种基本培养基，适宜生根诱导的基本培养基是 1/2MS，这与 Faisal

等（2017）所选的生根培养基一致。陈怡佳等（2015）选择ZW（改良的WPM）作为美国红叶紫薇生根的基本培养基。Vijayan等（2015）使用SH基本培养基培养的大花紫薇生根率达到了100%。这些研究结果表明紫薇属不同种或不同品种诱导生根时对营养元素的需求具有一定的差异。

在组培苗的生根诱导培养中，IBA是最常用且最有效的生长素，因为其作用比较稳定（Costa et al., 2018）。本研究结果表明添加不同种类的生长素对'紫精灵'的生根诱导有显著影响，处理组比对照组的生根率更高，适宜生根诱导的生长素是IBA，且浓度为0.6mg·L^{-1}时生根率最高，对生根的促进作用最明显，根系生长状态好。段丽君等（2013）则选择了0.5mg·L^{-1}的IBA作为紫薇生根诱导的最适生长素和浓度。

活性炭是促进生根的有效添加物，通过研究不同的活性炭浓度对生根的不同促进效果，来确定诱导'紫精灵'生根的适宜活性炭浓度。本试验结果表明，不同浓度的活性炭对生根率没有影响，但浓度为200mg·L^{-1}的活性炭可以促进根的伸长。李雪等（2020）认为活性炭的作用可能是吸附清除培养过程中产生的毒性物质，并为根部生长提供适宜的暗环境。因此，适当添加活性炭对紫薇的根伸长有促进作用。

观察石蜡切片发现，诱导生根前在皮层、韧皮部、木质部和髓射线都没有发现潜伏根原基的存在，说明'紫精灵'不定根的发生是诱导分化形成的。研究发现，不定根的发生方式主要有直接发生型、间接发生型和混合生根型（陈佳宝 等，2021）。体视显微镜和切片观察显示，'紫精灵'紫薇不定根发生过程没有愈伤组织的出现，而是直接在皮部产生不定根，因此可以判定其生根方式为直接发生型。不定根的发生首先要有根原始体的产生，然后经过细胞分裂和分化形成根原基，根原基再进一步生长伸出突破表皮和周皮，形成不定根（Joshi et al., 2020）。由于不同植物的不定根发生时间不同，所以根原基又分为潜伏根原基和诱生根原基两种类型。通过切片观察'紫精灵'紫薇诱导生根前并没有发现潜伏根原基，说明根原基是在培养之后被诱导出来的，属于诱生根原基型；而且根原基主要在维管形成层和髓射线之间产生，除此之外并未在其他部位发现，说明'紫精灵'根原基属于单位点发生。本研究筛选出的适合'紫精灵'组培苗生根诱导的培养基为1/2MS+IBA 0.6mg·L^{-1}+蔗糖15.0g·L^{-1}+琼脂5.0g·L^{-1}+活性炭200mg·L^{-1}。

10.2 组织培养过程中内源激素含量变化研究

植物激素是对植物体起重要作用的有机化合物，尽管它们含量极低，在植物生长发育过程中却不可或缺，对植物的生长发育有重要的调控作用。已知的植物激素主要分为六大类，包括生长素、细胞分裂素、赤霉素、乙烯、脱落酸和油菜素内酯（Shi et al., 2016）。植物激素之间互相促进或抑制，充分发挥调节植物生长发育的作用。王晓明（2012）在研究灰毡毛忍冬组培苗的内源激素时发现继代增殖过程主要受内源ZR、GA$_3$和ABA的调控。少数研究发现紫薇通过叶片和幼胚等诱导出愈伤组织却难以分化再生形成不定芽，可通过高效液相色谱法对内源激素进行测定，探究组培苗在继代增殖、生根以及愈伤组织诱导和分化阶段的激素水平变化及激素之间的关系，以寻求愈伤组织分化再生不定芽难题的内在制约因素。紫薇组织培养过程中内源激素对各培养阶段的作用机理报道较少，关于植物生长调节剂的添加对内源激素有何影响也缺少系统性研究，因此本研究详细分析各个培养阶段不同的内源激素含量变化，探究其在继代增殖和生根阶段的作用机理及植物生长调节剂的添加对内源激素含量变化的影响。

10.2.1 试验材料

测定'紫精灵'紫薇内源激素试验所需的药品与试剂有甲醇（色谱纯度）、石油醚（分析纯）、乙酸乙酯（分析纯）、二乙基二硫代氨基甲酸钠（抗氧化剂）、交联聚乙烯比咯烷酮和柠檬酸，均为上海麦克林生化科技有限公司（MACKLIN）的产品；激素标准品 IAA、ABA、ZR，纯度分别为98%、98%、98%，为北京索莱宝科技有限公司产品（Solarbio）；GA$_3$ 为 MACKLIN 公司，纯度为96%。设备与器材有高效液相色谱仪（LC-20AT，日本津岛）、超声破碎仪、超低温冰箱、离心机、摇床、旋转蒸发仪、pH计、0.45μm 微孔滤膜等。

10.2.2 试验方法

试验采用 HPLC（高效液相色谱）法测定内源激素 IAA（生长素）、ABA（脱落酸）、ZR（玉米素核苷）和 GA$_3$（赤霉素）。组培苗或愈伤组织鲜样品精确称取 1.00g，经过液氮充分研磨至粉末状后，加入 12mL 预冷甲醇和抗氧化剂混合，放入超声破碎仪冰浴超声 30min，然后存放冰箱静置 15h；取上清液进行离心，滤渣加入 5mL 预冷甲醇混合后再次冰浴超声静置 4h，离心后与前一次上清液混合；加入 0.1g 交联聚乙烯比咯烷酮经摇床充分摇晃混合后，再次离心 20min 分离出杂质；然后利用旋转蒸发仪将甲醇蒸发，剩下液体用 2 倍体积石油醚和 1 倍体积乙酸乙酯各萃取 3 次后，再次旋转蒸发，随后加入 2mL 色谱纯度甲醇溶解定容，用 0.45μm 微孔滤膜过滤，得到样品内源激素提取液，上机测定。每个处理重复测定 3 次。色谱条件参照饶丹丹（2020）的方法。采用外标法峰面积定量。

10.2.2.1 继代增殖过程中内源激素含量测定试验

测定材料为最佳增殖培养基上培养的组培苗，以不加生长调节剂的培养基上培养的组培苗为对照（CK）。组培苗（整株）继代增殖接种前取样 1 次，接种后每 5d 取样 1 次，共取样 7 次。

10.2.2.2 生根过程中内源激素含量测定试验

测定材料为最佳生根培养基上培养的组培苗，以不加生长素的培养基上培养的组培苗为对照（CK）。组培苗（包括根）接种前取样 1 次，接种后每 5d 取样 1 次，共取样 7 次。

10.2.2.3 数据统计与分析

样品中各激素含量（μg·g^{-1}）=[样品激素浓度（μg·mL^{-1}）×体积系数（mL）×纯度（%）]/质量系数（g）。

所得数据使用 Statistical Product and Service Solutions（SPSS 25.0）进行方差和显著性分析（$P < 0.05$），使用 Origin 2018 软件分析作图。

10.2.3 结果与分析

将ZR、GA_3、IAA、ABA标准品母液混合并稀释配制成5个浓度梯度的标准品溶液进行HPLC检测分析。以峰面积为纵坐标（y），以激素的质量浓度（$\mu g \cdot mL^{-1}$）为横坐标（x），分别绘制激素的标准曲线，从而得到四种激素的线性回归方程及相关系数（表10.16）。四种激素标准品溶液的相关系数均大于0.9999，说明浓度与峰面积有良好的线性关系。

表10.16 四种激素标准品的线性方程

激素	出峰时间	回归方程	相关系数（R^2）
ZR	4.39 ± 0.01	$y=24806.5x-260.5$	0.99996
GA_3	5.20 ± 0.02	$y=1297.8x-944.5$	0.99997
IAA	10.55 ± 0.04	$y=10706.3x-6910.5$	0.99997
ABA	15.89 ± 0.07	$y=45918.6x-7425$	0.99996

10.2.3.1 继代增殖过程中内源激素含量变化

1. ZR的含量变化

'紫精灵'紫薇在继代增殖过程中内源激素ZR的含量变化见图10.13A。从图中可以看到，处理组ZR含量的变化趋势为先快速下降后小幅度上升，接着又小幅下降后上升，在第25天时含量达到最大值，为44.18$\mu g \cdot g^{-1}$ FW，随后含量下降。而对照组的ZR含量先是下降，在第10天达到最低值后开始缓慢上升，于第25天达到最大值后下降。两组的共同点是变化趋势类似，增殖培养初期含量都降低，中期先增加后又减少，说明在第10天增殖旺盛时需要较多的ZR来促进细胞分裂生长和侧芽生长。后期含量下降可能是由于培养基和外源激素被消耗，无法及时提供营养（陈伟 等，2006）。两组的不同点是处理组的ZR含量在初期下降后有一个小回升的过程，且除了初期（第0~5天）处理组的含量略低于对照组外，后期均高于对照组，说明适当添加外源激素6-BA和NAA可以增加ZR含量，可满足植株在增殖培养中后期对的ZR需求，更有利于'紫精灵'紫薇的增殖生长。

2. GA_3的含量变化

继代增殖过程中内源激素GA_3含量变化如图10.13B所示。在增殖培养初期，两组的GA_3含量都呈下降趋势，并同时在第5天达到了各自的最低值，此时对照组的最低值为53.74$\mu g \cdot g^{-1}$ FW，处理组的为49.5$\mu g \cdot g^{-1}$ FW，低于对照组。随着组培苗继续生长，GA_3含量持续上升，在第25天又各自达到最大值，此时处理组的含量为478.50$\mu g \cdot g^{-1}$ FW，对照组的为488.6$\mu g \cdot g^{-1}$ FW；后期GA_3含量呈下降趋势。从这一段增殖过程可以看出，增殖初期GA_3含量有所下降，而在第5~25天，含量一直增加，且除了第15天处理组的含量比对照组低3.11$\mu g \cdot g^{-1}$ FW之外，其他阶段含量一直处于较高水平，说明增殖过程中更多的GA_3含量有利于'紫精灵'紫薇组培苗的生长。

3. IAA的含量变化

IAA通常可以促进植株胚芽鞘和茎的生长，属于生长促进剂，多分布于根尖、茎尖和嫩叶等部位。图10.13C显示了'紫精灵'紫薇继代增殖过程中处理组和对照组的内源激素IAA含量的变化趋势。增殖初期（0~5d）两组的IAA含量都快速增加，处理组达到了最高值，为189.69μg·g^{-1} FW，随后在中期呈下降趋势，中后期有所升高后又缓慢下降；而对照组IAA含量在第10天达到最大值（比处理组延后5d），最大值为100.04μg·g^{-1} FW，比处理组减少89.65μg·g^{-1} FW，随后含量下降。

培养初期内源IAA含量升高说明腋芽萌发需要较高的IAA含量；中期时IAA含量降低说明低含量更有利于植株生长；中后期对照组含量降而处理组含量升高，推测这一时期植株增殖需要较高含量的IAA；处理组的IAA含量一直明显高于对照组，说明添加植物生长调节剂可以明显提高'紫精灵'生长过程中的IAA含量，有利于植株增殖生长。

4. ABA 的含量变化

ABA在组织培养中通常会抑制植株的生长并促使植物叶片脱落等。图10.13D显示了'紫精灵'紫薇继代增殖过程中处理组和对照组的内源激素ABA含量的变化趋势。从图中可以看到，处理组和对照组的ABA含量均远远低于其他激素含量。处理组ABA含量总体呈先升高然后降低，再升高最后再降低的趋势，分别在第10天和第25天（为最大值，24.22μg·g^{-1} FW）出现2个明显的峰值。对照组在培养初期呈升高趋势，而后长时间下降，第20天达到最低值，然后有所回升。第25天时两组含量差值最大，达到18.98μg·g^{-1} FW。继代增殖过程中ABA含量有2个升高的阶段，说明在初期和中后期植株增殖生长需要较多的ABA含量，而在中期含量急剧下降，说明较少ABA含量有利于增殖生长。

5. 四种激素的含量及变化对比

从图10.13E中可以看到继代增殖过程中处理组的四种内源激素ZR、GA$_3$、IAA和ABA含量的整体变化对比。变化最明显、波动较大的是GA$_3$和IAA含量。从含量绝对值看，增殖过程中含量最多的内源激素是GA$_3$，远大于ZR和ABA含量；其次是IAA、ZR，含量最少的是ABA。说明'紫精灵'紫薇在整个增殖过程中可能需要更多的GA$_3$和IAA含量，及更低的ZR和ABA含量。

从四种内源激素的含量变化趋势可以看出，添加的外源6-BA和NAA对它们的含量影响程度不同，但都能显著提高内源激素的含量。在30天的继代增殖培养过程中，与对照组相比，ZR、GA$_3$、IAA和ABA的含量分别提高了48.21%、11.34%、130.74%和47.66%；除了内源ABA，其他三种内源激素含量在全程中几乎一直高于对照组；受影响最大的内源激素是IAA，受影响最小的内源激素是GA$_3$。

6. 激素比值变化

由图10.13F中激素比值可以看到，在增殖培养初期（第0~5天），IAA/ZR急速上升，说明这一阶段需要较多含量的IAA来诱导腋芽萌发；第5~25天时IAA/ZR的值迅速下降，说明在增殖旺盛期时ZR的含量开始上升并发挥作用，组培苗主要趋向于地上部分生长，较低的IAA/ZR值有助于'紫精灵'紫薇快速增殖；第25~30天比值缓慢上升，说明增殖后期较高的IAA/ZR值更能促进增殖生长。

IAA/ABA值在第0~5天上升，在第5~10天快速下降，在第10~20天增殖旺盛阶段开始持续上升，第20~25天又有所下降，而后呈缓慢上升的趋势（图10.13F）。试验结果说明增殖培养初期和中后期较高的IAA/ABA值可以促进组培苗增殖，而中期和后期则需要适当降低IAA/ABA值。

GA₃/ZR值在增殖诱导期（第0~5天）呈下降趋势，第5~15天进入增殖旺盛期时快速上升，第15~25天时快速下降，后期（第25~30天）时稍微升高。说明在增殖培养前期及中后期需要较低的GA₃/ZR值，而在增殖旺盛的中期更高的GA₃/ZR值能有效促进'紫精灵'紫薇增殖培养。

GA₃/ABA值在第0~5天快速下降，在第5~20天开始上升，第20~30天呈下降趋势。这说明在增殖培养过程中，初期和后期需要降低GA₃/ABA值，中期阶段提高GA₃/ABA值更有助于组培苗增殖。

ZR/ABA值在'紫精灵'继代增殖过程中的变化趋势相对来说较为平缓，其比值变化不大，因此可以推测ZR/ABA值在增殖过程中所起的作用不大，起主要调控作用的激素比值是IAA/ZR、GA₃/ZR和GA₃/ABA。

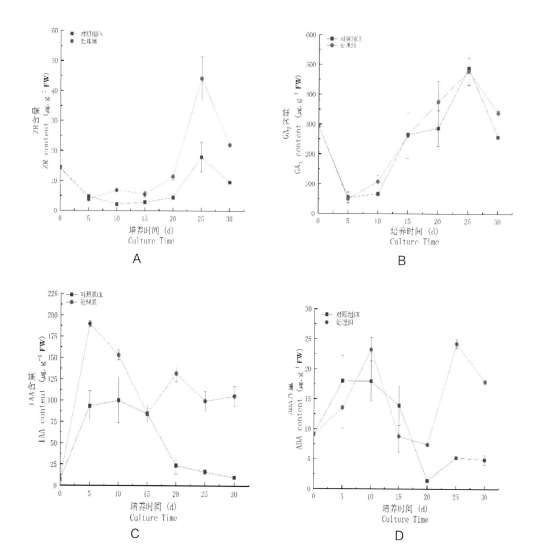

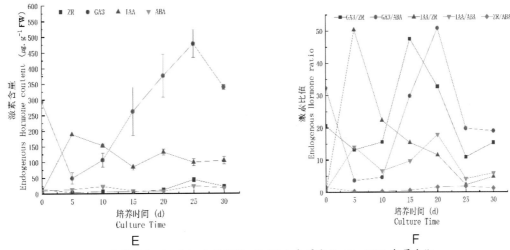

E　　　　　　　　　　　　　　　　F

A: ZR 含量变化；B: GA₃ 含量变化；C: IAA 含量变化；D: ABA 含量变化；
E: 处理组的四种激素含量变化；F: 处理组的激素含量比值
图 10.13 继代增殖过程中内源激素含量变化

10.2.3.2 生根过程中内源激素含量变化

不定根形成主要包括根原基分化和根原基生长发育 2 个时期（Eriksen，1973）。结合石蜡切片结果可知，'紫精灵' 生根培养第 0~3 天为根原基组分化形成前期，第 6 天时根原基已经分化形成，第 7~30 天为根原基生长发育期。

1. ZR 的含量变化

'紫精灵' 生根过程中 ZR 的含量变化如图 10.14A 所示。在生根诱导过程中，处理组和对照组的 ZR 含量整体变化有 2 个峰值，处理组最大值在第 25 天，为 $33.5\mu g\cdot g^{-1}$ FW，对照组最大值在第 20 天，为 $35.25\mu g\cdot g^{-1}$ FW。第 0~5 天，根原基分化形成前期，对照组的 ZR 含量有所下降，而处理组则是缓慢增加。第 6~10 天根原基分化形成后，处理组与对照组 ZR 含量均急剧升高，且对照组含量大于处理组。根原基生长发育时期（第 10~20 天），对照组的 ZR 含量一直高于处理组，且在第 20 天差值达到最大，为 $8.8\mu g\cdot g^{-1}$ FW。

2. GA₃ 的含量变化

从图 10.14B 可知，在第 0~5 天的根原基分化前期，处理组和对照组的 GA₃ 含量都快速增加；在根原基分化形成后（第 6~10 天）GA₃ 含量上升，并于第 10 天达到了最大值，分别为 $526.77\mu g\cdot g^{-1}$ FW 和 $457.25\mu g\cdot g^{-1}$ FW，这时两者的差值最大，为 $69.52\mu g\cdot g^{-1}$ FW；随后在第 10~25 天变化基本一致，先迅速降低后小幅度升高再降低。GA₃ 含量在 '紫精灵' 根原基诱导分化阶段稍微上升，根原基形成到根尖突破表皮时明显增加且达到最大值，不定根生长后期降低，说明较高的 GA₃ 含量能够促进根原基生长和初期不定根的形成。

3. IAA 的含量变化

从图 10.14C 中 IAA 的含量变化可知，30 天内 '紫精灵' 生根过程中处理组和对照组的 IAA 含量的变化趋势基本一致，都呈先升高后降低再升高最后降低的趋势，且处理组的 IAA 含量一直高于对照组。处理组的 IAA 含量最高值在第 20 天，为 $150.05\mu g\cdot g^{-1}$ FW，而对照组的最高值在第10天，为101.38μg·g⁻¹FW；2个处理差值最大出现在第20天，为58.15μg·g⁻¹FW。伴随着根原基分化形成和生长发育期（第0~10天），处理组和对照组的IAA含量都逐渐增加，说明根原基分化及生长发育需要更多的IAA来促进其分裂生长。根原基形成不定根后（第10~15天）IAA含量有所下降，而后继续上升，说明不定根生长发育需要更多的IAA含量。

4. ABA 的含量变化

从图10.14D中ABA的变化趋势可以看出，处理组和对照组的ABA含量变化趋势不同步，处理组有2个明显的峰值，而对照组只有一个峰值。处理组的具体变化趋势是在根原基诱导分化形成期（第0~5天）急剧升高，根原基形成后以及生长发育期（第5~20天）开始下降，第20~25天上升，第25~30天下降。对照组的变化趋势是在第0~10天

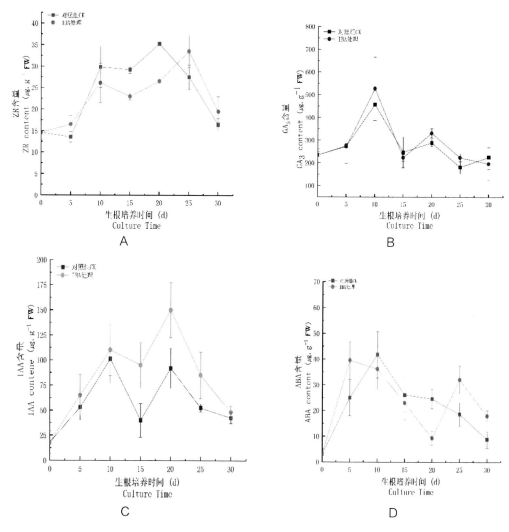

A: ZR 含量变化; B: GA₃ 含量变化; C: IAA 含量变化; D: ABA 含量变化

图 10.14 生根过程中内源激素的含量变化

缓慢上升，第10~30天开始下降。处理组在第5天达到最大值，为39.52μg·g⁻¹ FW；而对照组是在第10天达到最大值，为41.67μg·g⁻¹ FW；两者最大差值出现在第20天，为15.3μg·g⁻¹ FW。处理组的组培苗生根培养到第5d，ABA含量迅速增加到最大值，说明根原基诱导需要较高浓度的ABA，根原基生长发育为不定根后ABA含量逐渐减少，说明低浓度的ABA有助于不定根的生长。

5. 内源激素比值的变化

在'紫精灵'不定根的诱导过程中，IAA/ZR比值在根原基诱导分化时（第0~5天）迅速升高，说明此时IAA含量远远大于ZR含量，IAA促进根原基细胞分裂和分化。根原基分化形成后开始生长发育时（第5~10天），处理组的IAA/ZR值缓慢升高，而对照组呈下降趋势；对照组在不定根冲破表皮后（第10~15天）IAA/ZR值有所下降，根生长初期上升后再下降；处理组在不定根生长期（第15~20天）IAA/ZR值升高至最大，后期开始下降（图10.15A）。

处理组和对照组的IAA/ABA值在根原基诱导分化期（第0~5天）呈下降趋势。根原基形成和生长发育期（第5~10天），处理组和对照组的比值有所升高。不定根生长发育后期处理组的比值呈升高趋势，且在第15~20天升高速度最快，比值最大，高达16.14，比值是对照组的4.31倍。第20~30天，处理组比值下降，此时对照组呈先下降后升高的趋势（图10.15B）。

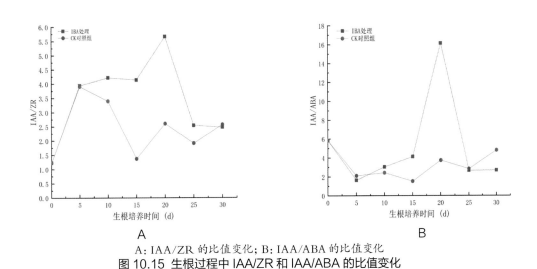

A: IAA/ZR 的比值变化；B: IAA/ABA 的比值变化

图 10.15　生根过程中 IAA/ZR 和 IAA/ABA 的比值变化

10.2.4 结论与讨论

10.2.4.1 继代增殖过程中内源激素的变化

细胞分裂素在植物组织培养中通常有诱导芽形成和促进芽生长的作用。本研究发现'紫精灵'增殖过程中含量变化最明显、波动较大的内源激素是GA₃和IAA，含量最多的内源激素是GA₃，说明在整个过程中需要较多的GA₃和IAA以及较少的ZR和ABA。添加的外源6-BA和NAA可以显著提高内源激素的含量，特别是促进生长类植物激素。

衣琨等（2020）研究高加索三叶草根蘖芽发现，相比于对照组，添加 2.0mg·L^{-1} 的 6-BA 可以提高内源 ZT、GA$_3$ 及 IAA 的含量。山银花组培苗增殖过程中较高含量的内源 GA$_3$ 和较低含量的内源 ABA 可以促进其继代增殖分化丛芽（王晓明 等，2019）。从含量变化角度看，GA$_3$ 和 ZR 在各个培养时间的变化趋势基本保持一致，但这两者与 IAA 的变化趋势基本相反，说明继代增殖过程中生长素与细胞分裂素是相互拮抗的。内源 GA$_3$ 和 IAA 在'紫精灵'紫薇继代增殖过程中起主要的调控作用，且 GA$_3$ 和 IAA 共同作用可能起到增效作用，可显著促进组培苗的节间伸长，使其长高（段娜 等，2015）。

10.2.4.2 生根诱导过程中内源激素的变化

本研究结果表明在生根诱导过程中内源激素含量最高的是 GA$_3$ 和 IAA，且在根原基诱导分化期含量增加明显；变化最明显的是 IAA，说明 IAA 在生根过程中起决定性作用。不定根在根原基诱导分化和形成时，ZR 含量虽有增加但增速缓慢，且处理组比对照组的含量少，说明低浓度的 ZR 有助于促进根原基诱导分化。不定根诱导过程中，生长素和细胞分裂素为相互拮抗作用（Su et al.，2011）。不定根分裂伸长时，ZR 含量逐渐增加，这可能是外源 IBA 促进了 ZR 的合成以供不定根生长时活跃的细胞分裂所需，这与乔中全等（2015）在研究不育紫薇'湘韵'扦插过程中 ZR 含量变化时的结果相似。高含量的内源 GA$_3$ 促进'紫精灵'根原基的分化形成及生长发育。而饶丹丹（2020）的试验结果表明较低浓度的 GA$_3$ 有利于'紫玉'组培苗生根培养时根原基的分化形成与生长发育。内源 GA$_3$ 含量的升高可能与生长素有关，比如 IAA 至少在一定程度上是由其对赤霉素代谢的影响介导的，因为生长素上调生物合成基因，下调赤霉素分解代谢基因，导致生物活性 GA$_1$ 水平升高（Reid et al.，2011）。

不定根的形成是许多内外因素一起作用产生的，特别是植物激素，而生长素被认为是促进不定根形成的主要激素（Blakesley et al.，1991）。Fattorini（2017）的研究表明，IBA 可以单独诱导拟南芥（*Arabidopsis thaliana*）薄细胞层不定根的形成，通过 IBA 转化为 IAA。处理组的 IAA 含量一直比对照组的高，说明添加的外源 IBA 能转运到茎干的基部组织使其转化为内源 IAA，提高内源 IAA 的含量，促进不定根的生长（胡国宇 等，2021）。Jawahir 等（2021）认为，LACS4 和 LACS6 催化 IBA 上 CoA 的添加，是 IBA 代谢的第一步，也是 IBA 衍生 IAA 生成的必要步骤。根原基分化完成后，不定根继续分裂伸长时，IAA 含量又达到了高峰，说明后续的不定根生长也需要大量的 IAA。Bai 等（2020）在研究苹果（*Malus pumila*）不定根发生时证明了外源 IBA 是根原基形成所必需的生长素。本研究结果说明根原基诱导需要较高浓度的 ABA，后期较低浓度可以促进根生长。ABA 呈双峰变化与 Zhou 和 Zhang（2010）的试验结果变化规律一致。而 ABA 增加的原因可能是生根后 IAA 含量增加，生长素响应因子 ARF2 表达显著上调，促进了 ABI 转录激活 ABA 信号通路（Fu et al.，2021）。江玲等（2000）认为高水平的脱落酸似乎有诱导根原基发生的作用。

参考文献

蔡能，王晓明，李永欣，等，2016.紫薇优良品种'晓明1号'组培快繁体系的建立[J].中国农学通报，32(01)：22-27.

蔡能，王晓明，李永欣，等，2017.'紫韵'紫薇组培快繁技术研究[J].湖南林业科技，44(6)：16-20.

曹受金，刘辉华，田英翠，2010.紫薇的组织培养与快速繁殖[J].北方园艺，(8)：149-151.

陈佳宝，闫道良，郑炳松，2021.植物不定根诱导生成机制研究进展[J].北方园艺，(6)：129-137.

陈怡佳，崔媛媛，张晓明，等，2015.美国红叶紫薇的组织培养与快速繁殖[J].植物生理学报，51(6)：882-886.

段丽君，李国瑞，童俊，等，2013.紫薇离体茎段快速繁殖体系研究[J].江西农业大学学报，35(4)：709-714.

段娜，贾玉奎，徐军，等，2015.植物内源激素研究进展[J].中国农学通报，31(2)：159-165.

范淑芳，简大为，刘斌，等，2017.黑叶紫薇组培快繁技术的研究[J].荆楚理工学院学报，32(4)：9-13.

胡国宇，王丹，张猛，等，2021.IBA对费约果扦插生根及相关生理特性的影响[J].中南林业科技大学学报，41(10)：1-12.

江玲，管晓春，2000.植物激素与不定根的形成[J].生物学通报，(11)：17-19.

李芳菲，杨利平，刘资华，等，2021."红火球"紫薇组培快繁与抗褐化研究[J].林业调查规划，46(4)：44-47，152.

李晓青，王慧瑜，张晓申，等，2009.紫薇组培快繁技术研究[J].现代农业科技，(19)：91-91，93.

李雪，李国泽，杨玲，等，2020.越桔属植物组织培养研究进展[J].植物生理学报，56(5)：921-930.

刘国彬，赵今哲，张玉平，等，2020.侧柏扦插不定根发生模式研究[J].西北植物学报，40(6)：987-996.

刘晓，李卓，唐丽丹，等，2017.紫薇茎段离体培养体系的优化[J].河南农业科学，46(3)：112-117.

鲁好君，崔媛媛，白红娟，等，2015.不同激素处理对红火球紫薇组织培养的影响[J].广东林业科技，31(6)：52-56.

乔中全，王晓明，曾慧杰，等，2015.不育紫薇'湘韵'扦插过程中内源激素含量变化[J].湖南林业科技，42(1)：49-53.

饶丹丹，2020.紫薇新品种'紫玉'组织培养及内源激素含量变化研究[D].长沙：中南林业科技大学.

饶丹丹，王湘莹，蔡能，等，2020.紫叶紫薇良种组培快繁研究[J].中南林业科技大学学报，40(12)：75-82.

宋平，2009.紫薇再生体系的建立及多倍体诱导研究[D].北京：北京林业大学.

唐丽丹，2014.紫薇组织培养快繁研究初探[D].郑州：河南农业大学.

王晓明，2012.灰毡毛忍冬新品种ISSR分子标记及组织培养的研究[D].长沙：中南林业科技大学.

王晓明，曾慧杰，李永欣，等，2019.山银花组织培养继代增殖过程中内源激素含量变化的研究[J].湖南林业科技，46(6)：39-43.

王莹，李玉娟，郭聪，等，2020.色叶紫薇组培繁育技术规程[J].上海农业科技，

(5)：94-95.

杨顺兴，罗世琼，杨占南，等，2022.油茶植物组织培养研究进展[J].分子植物育种：1-23[2022-08-25].http：//kns.cnki.net/kcms/detail/46.1068.S.20210901.0854.002.html.

杨彦伶，杨柳，张亚东，2005.紫薇组织培养技术[J].林业科技开发，19(2)：50-52.

衣琨，赵一航，胡尧，等，2020.GA$_3$和6-BA对高加索三叶草根蘖芽生长及内源激素含量的影响[J].草业学报，29(2)：22-30.

Bai T,Dong Z,Zheng X,et al.,2020.Auxin and its interaction with ethylenecontrol adventitious root formation and development in apple rootstock[J].Front.Plant Sci.,11:574-881.

Blakesley D,Weston G D,Hall J F,1991.The role of endogenous auxin in root initiation[J].Plant Growth Regul.,10(4):341-353.

Costa J E,Barbosa M S,Silva C M,et al.,2018.Vegetative propagation of *Rhaphiodon echinus* schauer(Lamiaceae):effects of the period of cutting in rooting,cuttings arrangement and IBA concentrations for seedlings production[J].Ornam Hortic.,24(3):238-247.

Diaz-sala C,2021.Adventitious root formation in tree species.Plants,10:486.

Eriksen E N,1973.Root formation in pea cuttings.Ⅰ.Effects of decapitation and disbudding at different developmental stages[J].Physiol Plant.,28:503-506.

Faisal M,Naseem A,Mohammad A,et al.,2017.Auxin-cytokinin synergism *in vitro* for producing genetically stable plants of *Ruta graveolens* using shoot tip meristems[J].Saudi J.Biol.Sci.,25(2):273-277.

Fattorini L,Veloccia A,Della R F,et al.,2017.Indole-3-butyric acid promotes adventitious rooting in *Arabidopsis thaliana* thin cell layers by conversion into indole-3-acetic acid and stimulation of anthranilate synthase activity[J].BMC Plant Biol.,17(1):121.

Fu Z,Xu M,Wang H,et al.,2021.Analysis of the transcriptome and related physiological indicators of tree peony(*Paeonia suffruticosa* Andr.)plantlets before and after rooting in vitro[J].Plant Cell Tiss.Organ Cult.,147:529-543.

Jawahir V,Zolman B K,2021.Long chain acyl CoA synthetase 4 catalyzes the first step in peroxisomal indole-3-butyric acid to IAA conversion[J].Plant Physiol.,185(1):120-136.

Joshi M,Ginzberg I,2020.Adventitious root formation in crops-Potato as an example [J].Physiologia Plantarum,172(1):124-133.

Reid J B,Davidson S E,Ross J J,2011.Auxin acts independently of DELLA proteins in regulating gibberellin levels[J].Plant Signal Behav.,6(3):406-408.

Shi T Q,Peng H,Zeng S Y,et al.,2016.Microbial production of plant hormones:Opportunities and challenges[J].Bioengineered,8(2):124-128.

Su Y H,Liu Y B,Zhang X S,2011.Auxin–cytokinin interaction regulates meristem development[J].Mol.Plant.,4(4):616–625.

Vijayan A,Padmesh Pillai P,Hemanthakumar A S,et al.,2015.Improved in vitro propagation,genetic stability and analysis of corosolic acid synthesis in regenerants of *Lagerstroemia speciosa*(L.) Pers.by HPLC and gene expression profiles[J].Plant Cell,Tissue and Organ Culture,120(3):1209-1214.

Zhou J,Zhang L J,2010.Changes of endogenous hormone content in tissue culture seedlings of *Hippophae rhamnoides* L.[J].J Anhui Agric Sci.,38:8917-8918,8972.

第 5 部分

紫薇栽培技术研究

第11章 修剪、植物生长调节剂及叶面肥对紫叶紫薇花期和生理特性影响研究

11.1 修剪处理对紫叶紫薇花期与生理特性影响研究

采用修剪等栽培措施是传统的促进花蕾分化的调控技术，修剪后的植株其生长得到抑制，相对延缓了发育进程，从而延迟花期。紫薇日常修剪一般分为休眠期修剪、生长期修剪和花后修剪。紫薇萌芽力很强，在适合的条件下，伤口处及根茎部可以大量萌芽，常采用夏季修剪的方式达到再度开花、延长花期的目的。关于紫薇修剪的研究报道已有很多，剪除第一次开花的花穗实现北京地区紫薇花期持续至国庆节前后（于方玲，2016）。通过修剪4/5当年生枝与施肥结合实现厦门地区紫薇盛花天数显著增加（詹福麟，2020）。紫薇在夏季采用轮次修剪处理后能够获得一年花开四度的最佳状态（沙飞，2020）。

本研究旨探讨通过不同修剪时间及不同修剪强度对紫叶紫薇花期的影响，以及不同修剪强度对花发育过程中花蕾内源激素、碳氮营养含量的影响，与紫叶紫薇二次成花的关系，以期为紫薇花期调控实践提供进一步理论依据。

11.1.1 试验材料

以栽植于湖南省林业科学院试验林场紫薇基地的5年生紫叶紫薇优良品种'丹红紫叶'（*Lagerstroemia indica* 'Ebony Embers'）为试验材料。

11.1.2 试验方法

11.1.2.1 试验设计

选取生长势一致的植株分别于2020年5月15日（生长期）、6月14日（花蕾期）、6月24日（初花期）、7月8日（盛花期）、8月10日（末花期）进行不同强度的修剪处理。试验设置4个修剪强度，每一植株的当年生花枝分别进行：重度修剪（剪去枝条长度的2/3）；中度修剪（剪去枝条长度的1/2）；轻度修剪（剪去枝条长度的1/3）；不修剪为对照（CK）。每个处理3株，单株小区，3次重复。修剪后常规养护管理。

11.1.2.2 样品采集与处理

对照植株分别在花蕾分化初期、花蕾膨大期、花蕾成熟期、初花期、盛花期、末花期各采样1次，处理植株分别在修剪后当年二次开花同期各采样1次。在修剪处理枝条及对照植株上随机摘取顶端花蕾（20~30g/次），用于内源激素含量测定的样品液氮速冻后存于–75℃冰箱中待测，用于可溶性糖、淀粉、全氮含量测定的样品经105℃烘箱中杀青30min，80℃继续烘干48h，粉碎机研磨过80目筛，装入密封袋待测。

11.1.2.3 花期观察与记录方法

花期观察与记录参照张中玮（2019）的方法。萌芽期为花蕾大量萌动；盛蕾期为单株肉眼可见花蕾达50%；初花期为5%左右花蕾开放，大部分闭合状态；盛花期初期

为25%左右花蕾开放；盛花期终期为75%左右花蕾开放；末花期为95%左右花蕾开放；盛花期天数为单株盛花期初期至盛花期终期的持续时间；花期天数为单株初花期至末花期的持续时间。

11.1.2.4 测定指标及方法

1. 内源激素含量测定

内源激素含量的测定参照饶丹丹（2020）的方法进行。称取鲜样0.5g，在避光条件下液氮研磨样品至粉末状，加入80%冷甲醇5mL和抗氧化剂15μL，在冰浴条件下超声混匀30min后放到4℃冰箱提取过夜（约13h）。匀浆液以10000r·min^{-1}离心20min，收集上清液，残渣加入5mL80%冷甲醇再次提取4h，合并2次上清液。上清液加入0.1gPVPP震荡30min，再次离心收集上清液。在40℃条件下用旋转蒸发仪蒸去甲醇，加入2倍体积石油醚萃取，弃去醚相，保留水相，重复3次。用0.1mol·L^{-1}柠檬酸调节水相pH值3.0左右，加入等体积乙酸乙酯萃取3次，弃去水相，合并酯相，旋转蒸发至无乙酸乙酯。用1mL色谱纯甲醇溶解蒸干的激素，通过0.45μm微孔滤膜得到样品内源激素提取液，避光冷藏待上机检测。用色谱纯甲醇配制体积1：1：1：1的四种标准品混合标准储备溶液，逐级用甲醇稀释为质量浓度梯度的标准工作液。

测定样品中赤霉素（GA$_3$）、吲哚乙酸（IAA）、脱落酸（ABA）、玉米素核苷（ZR）的含量，高效液相色谱仪的色谱条件为，色谱柱Hypersil BDS C18色谱柱，流动相A甲醇，流动相B0.75%冰乙酸水溶液，V_A：V_B=45：55，色谱柱温度30℃，进样量10μL，检测波长254nm，流速1.0mL·min^{-1}。先用流动相冲洗待基线平稳后，进行等度洗脱样品。

2. 可溶性糖和淀粉含量测定

采用蒽酮比色法测定样品中可溶性糖和淀粉含量，参照李莹等（2016）的方法进行。称取样品粉末0.1g，加入4mL80%乙醇，放入80℃水浴锅提取40min，然后离心（10℃、5000r·min^{-1}）10min，收集上清液，残渣重复提取2次（20min、10min），合并3次上清液转移至25mL容量瓶用80%乙醇定容。取待测样品1mL于试管中，加入5mL蒽酮试剂（150mg蒽酮溶于100mL80%硫酸，现用现配），将试管放入90℃水浴10min后冷却至室温，在625nm波长下测定光密度。将上述提取完可溶性糖的沉淀放进烘箱中烘10min至无乙醇，然后向其中加入3mL纯水，放入80℃水浴中糊化15min后冷却，冰浴下加5mL冷的9.2mol·L^{-1}高氯酸提取15min，再离心（5000r·min^{-1}）10min，收集上清液，重复提取2次，合并3次上清液转移至25mL容量瓶用纯水定容。取待测样品1mL于试管中，加入5mL蒽酮试剂，放入90℃水浴10min后冷却至室温，在625nm波长下测定光密度。根据葡萄糖标准曲线计算可溶性糖和淀粉含量（mg·g^{-1}），并计算非结构性碳水化合物含量（可溶性糖含量+淀粉含量）。

3. 全氮含量测定

采用硫酸–过氧化氢消解，凯氏定氮法测定样品中全氮含量，参照万项成（2019）的方法进行。称取样品粉末0.2g，倒入消煮管中并滴入少许水湿润样品，加入5mL浓硫酸，摇匀后放置过夜。管口放置一小漏斗，先在消煮炉上250℃低温消煮（30min），待H$_2$SO$_4$冒出大量白烟后再400℃高温消煮（3h），溶液变成棕黑色后取下。稍冷后滴入 10 滴 30%H_2O_2，摇匀，再次消煮（5min），取下稍冷后滴入 8 滴 30%H_2O_2，摇匀再消煮，重复操作 5 次，每次加入的 H_2O_2 量逐次减少，消煮至溶液无色清亮后，再继续加热 10min 以除尽剩余 H_2O_2。将消煮管取下冷却，并用少许水冲洗漏斗，洗液流入消煮管，将消煮液转移至 50mL 容量瓶定容，放置澄清后待氮的测定。吸取待测液 5mL 注入凯氏定氮仪蒸馏管中进行测定。根据滴定样品所用的酸标准液体积计算全氮含量（mg·g^{-1}），并计算碳氮比（C/N，非结构性碳水化合物含量/全氮含量）。

11.1.2.5 数据分析

采用 Excel 2010 进行数据统计与作图，SPSS 25 进行 Duncan 方差数据分析。

11.1.3 结果与分析

11.1.3.1 修剪时间和修剪强度对紫叶紫薇修剪后花期的影响

1. 修剪时间对剪后花期的影响

由表 11.1 可知，不同修剪时间的处理对紫叶紫薇修剪后的物候期产生显著影响。萌芽期方面，5 月中旬处理约 16d 后大量萌芽，6 月中旬处理约 10d 后大量萌芽，6 月下旬、7 月中旬和 8 月上旬处理 6~9d 后大量萌芽。盛蕾期方面，5 月中旬处理后 15~20d 盛蕾期，6 月中旬至 8 月上旬各时间处理后 9~13d 盛蕾期。初花期方面，5 月中旬修剪后约 40d 开花，6 月中旬修剪后 25~30d 开花，6 月下旬至 8 月上旬修剪后 20~26d 开花。可以看出，在 6 月下旬至 8 月上旬进行修剪可使紫叶紫薇经修剪后更快萌芽、现蕾及开花。盛花期方面，5 月中旬至 7 月中旬的各修剪时间处理的盛花期天数均显著大于对照，7 月中旬修剪处理的二次盛花时间最长，较对照增加 5~10d。此外，8 月上旬修剪处理的二次盛花期天数较对照显著缩短约 10d。修剪后的二次盛花期天数的大致趋势表现为 7 月中旬＞6 月下旬＞6 月中旬＞5 月中旬＞8 月上旬，说明盛花期随修剪处理时间的延迟而增加，但晚于 7 月份修剪反而会使盛花期缩短。末花期方面，8 月上旬修剪处理的花期结束时间最晚，最多较对照延长约 2 个月时长，说明末花期随修剪处理时间的延迟而延迟。花期持续时间方面，各不同修剪时间处理均较对照显著增加，7、8 月份修剪处理的总花期天数变化最大，可延长 35~45d。修剪处理植株的总花期时间呈现 7 月中旬≥8 月上旬＞6 月下旬＞6 月中旬＞5 月中旬＞对照。研究结果说明早修剪早开花，晚修剪晚末花，7 月中旬至 8 月上旬进行修剪处理可以获得良好的延长花期效果。

2. 修剪强度对剪后花期的影响

由表 11.1 可知，不同修剪强度处理对紫叶紫薇修剪后的物候期具显著影响。萌芽期方面，轻度修剪与中度修剪后再次萌芽的时间类似，重度修剪后再次萌芽时间延迟 1d 左右。说明修剪强度越大，修剪后再次萌芽更晚，但不同强度修剪后萌芽时间差异不显著。现蕾期方面，重度修剪、中度修剪分别较轻度修剪盛蕾期延迟约 6d、2d，重度修剪盛蕾期显著晚于轻度修剪。初花期方面，重度修剪比轻度、中度修剪后的初花期显著延迟，但轻度修剪、中度修剪后的初花期无显著性差异。可以看出，紫叶紫薇经重度修剪后开花时间明显延迟。盛花期方面，除 8 月份修剪处理外，不同修剪强度的盛花期天数均显著大于对照，修剪后的二次盛花期天数大致表现为中度＞重度＞轻度。中度修剪较轻度修剪的盛花期天数显著增加 2~6d，说明中度修剪处理对维持盛

表 11.1 不同修剪时间和修剪强度处理对紫叶紫薇修剪后花期的影响

编号	处理	萌芽期	盛蕾期	初花期（月-日）	盛花初期（月-日）	盛花终期（月-日）	末花期（月-日）	修剪至初花期（d）	盛花期（d）	花期（d）/第1轮+第2轮
CK	—	—	—	6-22	6-28	8-7	8-16	—	40±0.82 i	55.67±0.94 m
X1	5-15+轻	5-31	6-15	6-22	6-27	8-11	8-18	38±3.74 b	42.67±0.47 gh	57.67±3.27 m
X2	5-15+中	5-31	6-16	6-24	7-1	8-15	8-24	40.33±2.05 b	44.67±3.68 def	63±0.82 l
X3	5-15+重	6-1	6-21	6-30	7-6	8-19	8-30	46.33±4.50 a	44±0.82 efgh	69±2.45 k
X4	6-14+轻	6-24	7-3	7-9	7-14	8-25	9-1	25±9.80 e	42.33±6.94 h	71.67±5.73 j
X5	6-14+中	6-24	7-5	7-10	7-17	9-2	9-11	26±4.90 de	47.33±3.09 bc	81.33±3.68 h
X6	6-14+重	6-25	7-9	7-15	7-21	9-5	9-17	31±4.90 c	46.33±1.70 bcd	87±5.72 f
X7	6-24+轻	7-1	7-10	7-14	7-17	8-30	9-6	20±5.72 hi	43.67±1.25 fgh	76.33±4.50 i
X8	6-24+中	7-1	7-11	7-15	7-19	9-5	9-15	21±6.53 gh	48±2.16 b	85±0.82 g
X9	6-24+重	7-3	7-16	7-21	7-24	9-9	9-22	27±4.08 d	46.67±1.70 bc	92.67±0.94 d
X10	7-14+轻	7-20	7-29	8-2	8-5	9-18	9-26	19±4.08 i	44.33±0.94 efg	90±2.16 e
X11	7-14+中	7-20	7-30	8-3	8-7	9-26	10-4	20.33±4.49 ghi	50±2.16 a	98±1.63 b
X12	7-14+重	7-20	8-2	8-6	8-10	9-25	10-6	23±5.72 f	45.67±2.05 cde	100±2.16 a
X13	8-10+轻	8-16	8-25	8-30	9-4	10-3	10-8	20±4.08 hi	29±1.63 k	94.67±2.49 c
X14	8-10+中	8-16	8-26	9-1	9-6	10-7	10-12	22±3.74 fg	31.33±1.25 j	96.67±1.70 b
X15	8-10+重	8-17	8-29	9-5	9-11	10-11	10-17	26±2.16 de	30.33±0.47 jk	97.67±1.25 b

注：同一列不同小写字母表示不同处理间在 0.05 水平存在显著差异（$P < 0.05$）。

花持续时间表现良好。花期持续时间方面，不同修剪强度处理的花期持续时间均较对照明显延长，且随修剪强度增加，花期延长效果越明显，总花期呈现重度＞中度＞轻度。研究结果表明，中度修剪可以获得良好的盛花时间，重度修剪可以获得较好的总花期时间。

11.1.3.2 修剪强度对紫叶紫薇花蕾内源激素含量的影响

1. 修剪强度对花蕾玉米素核苷（ZR）含量的影响

由图 11.1 及表 11.2 可知，在花蕾分化期，轻度修剪及中度修剪后花蕾 ZR 含量较对照均变化不显著，但重度修剪的 ZR 含量从 $24.18\mu g\cdot g^{-1}$ 上升至 $292.35\mu g\cdot g^{-1}$，较对照显著上升 $77.67\%\sim263.98\%$。在盛花期及末花期中度修剪及重度修剪的花蕾 ZR 含量较对照分别显著增加了约 4.52 倍和 8.64 倍，同时轻度修剪与对照无显著性差异。ZR 含量在开花期大致表现为重度修剪＞中度修剪＞轻度修剪＞不修剪。

轻度修剪后花蕾 ZR 含量从花蕾分化初期 $44.41\mu g\cdot g^{-1}$ 至花蕾膨大期 $75.30\mu g\cdot g^{-1}$ 显著上升，至花蕾成熟期及初花期显著下降，至盛花期时其含量变化并不明显。中度修剪从花蕾分化初期至初花期花蕾中 ZR 含量变化与轻度修剪类似，至盛花期时其含量显著上升，且末花期时再次下降。重度修剪的花蕾 ZR 含量从花蕾分化初期逐渐上升，至花蕾成熟期达到含量峰值，开花期间其含量逐渐下降但变化不显著。对照的花蕾 ZR 含量从花蕾分化初期同样表现为上升趋势，从花蕾成熟期其含量逐渐下降但变化不显著，至盛花期时显著降低至 $19.73\mu g\cdot g^{-1}$。

由此可见，紫叶紫薇经不同修剪强度处理后花蕾 ZR 水平受到不同影响，轻度修剪对花蕾 ZR 水平无显著影响，中度修剪在花期显著提高花蕾 ZR 水平，重度修剪在花蕾分化后期及花期显著提高花蕾 ZR 水平，且修剪处理也在一定程度上影响了 ZR 水平在整个花发育过程中的动态变化规律。

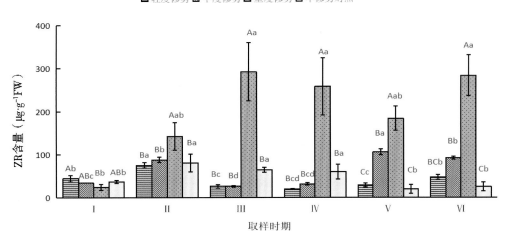

Ⅰ.花蕾分化初期；Ⅱ.花蕾膨大期；Ⅲ.花蕾成熟期；Ⅳ.初花期；Ⅴ.盛花期；Ⅵ.末花期
图 11.1 不同修剪强度处理花蕾 ZR 含量变化
[处理内不同小写字母表示不同取样时期间在 0.05 水平存在显著性差异；
同一取样时期内不同大写字母表示不同处理间在 0.05 水平存在显著性差异（$P < 0.05$）（下同）]

表11.2 不同修剪强度处理对花蕾ZR含量的影响

处理	花蕾分化初期 ($\mu g \cdot g^{-1}$ FW)	花蕾膨大期 ($\mu g \cdot g^{-1}$ FW)	花蕾成熟期 ($\mu g \cdot g^{-1}$ FW)	初花期 ($\mu g \cdot g^{-1}$ FW)	盛花期 ($\mu g \cdot g^{-1}$ FW)	末花期 ($\mu g \cdot g^{-1}$ FW)
轻度修剪	44.41Ab	75.30Ba	26.26Bc	20.33Bcd	28.74Cc	47.45BCb
中度修剪	34.21ABc	87.72Bb	26.26Bd	31.45Bcd	105.58Ba	91.87Bb
重度修剪	24.18Bb	142.46Aab	292.35Aa	257.78Aa	183.95Aab	283.75Aa
不修剪	37.35ABb	80.32Ba	64.50Ba	60.19Ba	19.73Cb	25.39Cb

注：处理内不同小写字母表示不同取样时期间在0.05水平存在显著性差异；同一取样时期内不同大写字母表示不同处理间在0.05水平存在显著性差异（$P < 0.05$）（下同）。

2. 修剪强度对花蕾赤霉素（GA_3）含量的影响

由图11.2及表11.3可知，在花蕾分化初期轻度修剪后花蕾GA_3含量约750.26$\mu g \cdot g^{-1}$，较对照342.14$\mu g \cdot g^{-1}$显著上升约119.33%，中度修剪及重度修剪后GA_3含量与对照无显著差异。在花蕾膨大期轻度修剪及中度修剪的花蕾GA_3含量较对照分别显著上升约106.81%、28.70%，而重度修剪的GA_3含量较对照降低约16.60%。初花期及盛花期时，各修剪强度处理的花蕾GA_3含量较对照均显著上升，在初花期轻度修剪、中度修剪、重度修剪后GA_3含量为2634.05$\mu g \cdot g^{-1}$、3317.18$\mu g \cdot g^{-1}$、8395.04$\mu g \cdot g^{-1}$，较对照分别显著增加1.28倍、1.87倍、6.26倍；而在盛花期达1127.91$\mu g \cdot g^{-1}$、1882.27$\mu g \cdot g^{-1}$、7510.77$\mu g \cdot g^{-1}$，较对照分别显著增加7.60倍、13.37倍、56.32倍。花蕾中GA_3含量在开花期间表现为重度修剪＞中度修剪＞轻度修剪＞对照。

紫叶紫薇花蕾GA_3含量随花发育过程大致呈现"降—升—降"的变化趋势。轻度修剪及中度修剪花蕾GA_3含量从花蕾分化初期至花蕾膨大期显著下降，至花蕾成熟期GA_3含量逐渐上升，并在初花期出现GA_3含量峰值，随后在盛花期及末花期均显著下降。重度修剪及对照的花蕾GA_3含量在花蕾分化期间逐渐下降，但变化较稳定，至初花期时GA_3含量显著上升；重度修剪在盛花期GA_3含量降低但仍处于较高水平，末花期的含量显著降低。对照从初花期至盛花期GA_3含量显著下降，盛花期与末花期之间GA_3含量变化不显著。

由此可见，紫叶紫薇经不同修剪强度处理后花蕾中GA_3水平受到不同影响，轻度修剪及中度修剪在整个花发育过程显著提高花蕾GA_3水平，重度修剪后GA_3水平先在花蕾分化期降低，后在开花期间显著提高。

表11.3 不同修剪强度处理对花蕾GA_3含量的影响

处理	花蕾分化初期 ($\mu g \cdot g^{-1}$ FW)	花蕾膨大期 ($\mu g \cdot g^{-1}$ FW)	花蕾成熟期 ($\mu g \cdot g^{-1}$ FW)	初花期 ($\mu g \cdot g^{-1}$ FW)	盛花期 ($\mu g \cdot g^{-1}$ FW)	末花期 ($\mu g \cdot g^{-1}$ FW)
轻度修剪	750.26Ac	534.45Ad	1134.45Ab	2634.05Ba	1127.91Bb	259.51Be
中度修剪	401.87Bcd	332.91Bd	532.91Bc	3317.18Ba	1882.27Bb	126.85Be
重度修剪	329.39Bb	216.03Db	136.66Cb	8395.04Aa	7510.77Aa	615.13Ab
不修剪	342.14Bb	258.86Cb	178.86Cb	1156.03Ba	131.51Cb	182.24Bb

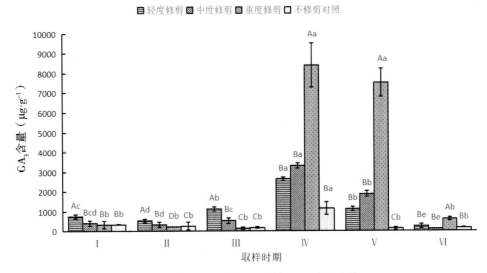

图 11.2 不同修剪强度处理花蕾 GA₃ 含量变化

3. 修剪强度对花蕾吲哚乙酸（IAA）含量的影响

由图11.3及表11.4可知，在花蕾分化期间不同修剪强度处理的花蕾IAA含量均较对照显著上升，其中花蕾分化初期轻度修剪的IAA含量840.10μg·g⁻¹较对照225.75μg·g⁻¹显著上升约2.73倍，花蕾膨大期中度修剪的IAA含量较对照显著上升约6.62倍，花蕾成熟期重度修剪的IAA含量较对照显著上升约8.30倍。同时，各修剪强度处理之间IAA含量无显著性差异，IAA含量在花蕾分化期大致表现为轻度修剪＞中度修剪＞重度修剪＞对照。开花期各修剪强度处理的花蕾IAA含量均较对照显著下降，其中，初花期时轻度修剪后IAA含量较对照显著下降约34.82%，盛花期中度修剪后IAA含量较对照显著下降约40.47%，末花期重度修剪后IAA含量较对照显著下降约53.63%，且末花期轻度修剪及中度修剪的IAA含量为37.88~73.85μg·g⁻¹，比重度修剪后IAA含量251.76μg·g⁻¹显著降低约70.88%。

轻度修剪及中度修剪的花蕾IAA含量随花发育过程呈显著下降的变化趋势。重度修剪IAA含量同样表现下降趋势，其中花蕾成熟期及初花期下降幅度较小，由353.86μg·g⁻¹降至306.88μg·g⁻¹，盛花期达146.34μg·g⁻¹较初花期显著降低49.84%，末花期比盛花期上升了58.01%。对照的花蕾IAA含量随花发育进程呈现"降—升—降—升"变化趋势，IAA含量在花蕾分化期显著下降，至初花期显著上升，盛花期显著下降并处于中等水平，然后在末花期再次显著上升。

由此可见，紫叶紫薇经不同修剪强度处理后花蕾IAA水平变化趋势类似，不同修剪强度处理在花蕾分化期显著提高花蕾IAA水平，在开花期则显著降低花蕾IAA水平。

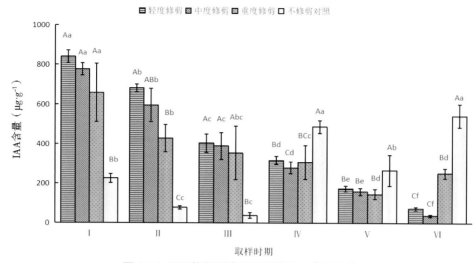

图 11.3 不同修剪强度处理花蕾 IAA 含量变化

表 11.4 不同修剪强度处理对花蕾 IAA 含量的影响

处理	花蕾分化初期 (μg·g⁻¹ FW)	花蕾膨大期 (μg·g⁻¹ FW)	花蕾成熟期 (μg·g⁻¹ FW)	初花期 (μg·g⁻¹ FW)	盛花期 (μg·g⁻¹ FW)	末花期 (μg·g⁻¹ FW)
轻度修剪	840.10Aa	682.94Ab	403.41Ac	317.62Bd	174.20Be	73.85Cf
中度修剪	776.22Aa	594.64ABb	389.10Ac	279.89Cd	159.34Be	37.88Cf
重度修剪	657.35Aa	427.87Bb	353.86Abc	306.88BCc	146.34Bd	251.76Bd
不修剪	225.75Bb	78.18Cc	38.34Bc	486.86Aa	267.41Ab	543.06Aa

4. 修剪强度对花蕾脱落酸（ABA）含量的影响

由图 11.4 及表 11.5 可知，在花蕾分化初期各修剪强度处理的花蕾 ABA 含量均较对照显著下降。在花蕾膨大期轻度修剪的 ABA 含量 38.16μg·g⁻¹ 较对照 26.87μg·g⁻¹ 上升 42.14%，同时中度及重度修剪的 ABA 含量与对照无显著差异。在花蕾成熟期轻度修剪及中度修剪的花蕾 ABA 含量较对照分别显著上升 40.54%、33.93%，重度修剪的 ABA 含量与对照无显著差异。开花期间各修剪强度处理的花蕾 ABA 含量均较对照上升，但没有显著性差异，其中初花期中度修剪的 ABA 含量 31.16μg·g⁻¹ 较对照上升 70.27%，盛花期轻度修剪的 ABA 含量 35.23μg·g⁻¹ 较对照上升 42.08%，末花期重度修剪的 ABA 含量 54.93μg·g⁻¹ 较对照上升 65.70%，各修剪强度处理的 ABA 含量在开花期间差异不显著。

与其他内源激素相比较，花发育过程中 ABA 含量总体较少。各修剪强度处理和对照的花蕾 ABA 含量在花发育过程中均大致表现为"升—降—升"的动态变化趋势。轻度修剪及中度修剪从花蕾分化初期至花蕾膨大期的花蕾 ABA 含量显著上升，此后 ABA 含量变化幅度较小并没有显著性差异，至末花期时 ABA 含量再次显著上升。重度修剪后花蕾 ABA 含量逐渐上升，末花期 ABA 含量达最高值 54.93μg·g⁻¹，较盛花期显著增加约 78.11%。对照花蕾的 ABA 含量在花发育过程中均小幅波动，含量为 18.31~33.16μg·g⁻¹，其变化没有显著性差异。

由此可见，紫叶紫薇经不同修剪强度处理后提高花蕾 ABA 水平，但影响不显著。

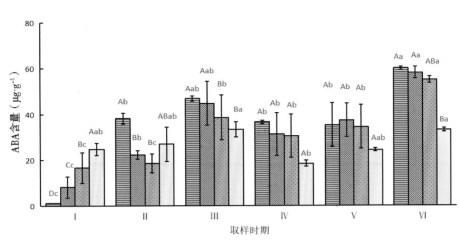

图 11.4　不同修剪强度处理花蕾 ABA 含量变化

表 11.5　不同修剪强度处理对花蕾 ABA 含量的影响

处理	花蕾分化初期 (μg·g^{-1} FW)	花蕾膨大期 (μg·g^{-1} FW)	花蕾成熟期 (μg·g^{-1} FW)	初花期 (μg·g^{-1} FW)	盛花期 (μg·g^{-1} FW)	末花期 (μg·g^{-1} FW)
轻度修剪	1.28Dc	38.16Ab	46.81Aab	36.55Ab	35.23Ab	60.02Aa
中度修剪	8.12Cc	22.28Bb	44.68Aab	31.16Ab	37.31Ab	58.12Aa
重度修剪	16.55Bc	18.56Bc	38.52Bb	30.40Ab	34.43Ab	54.93ABa
不修剪	24.73Aab	26.87ABab	33.38Ba	18.31Ab	24.32Aab	33.16Ba

11.1.3.3 修剪强度对紫叶紫薇花蕾可溶性糖与淀粉含量的影响

1. 修剪强度对花蕾可溶性糖含量的影响

由图 11.5 及表 11.6 可知，不同修剪强度处理的花蕾可溶性糖含量从花蕾分化初期至盛花期均比对照升高，其中，花蕾分化初期时轻度修剪及中度修剪的可溶性糖含量为 13.44μg·g^{-1}、10.38μg·g^{-1}，较对照分别显著上升约 140.86%、85.84%。初花期时重度修剪的可溶性糖含量较对照显著增加约 17.46%。盛花期时各修剪强度处理的可溶性糖含量均较对照上升但无显著性差异。末花期时轻度修剪后花蕾可溶性糖含量较对照变化不显著，而中度修剪及重度修剪其含量较对照分别显著下降 21.26%、43.06%。

轻度修剪及中度修剪的花蕾可溶性糖含量由花蕾分化初期至花蕾膨大期均显著下降，此后至盛花期轻度、中度修剪的可溶性糖含量均显著上升，末花期中度修剪的可溶性糖含量显著降低。重度修剪后花蕾可溶性糖含量随花发育进程由 5.10μg·g^{-1} 逐渐上升，至初花期为 12.31μg·g^{-1}，比花蕾分化初期、花蕾膨大期和花蕾成熟期显著上升了约 141.17%、62.48% 和 35.01%，盛花期时与初花期之间无显著差异，仍处于较高水平 12.89μg·g^{-1}，末花期的含量较盛花期显著下降。对照的花蕾可溶性糖含量随花发育进程从 5.58μg·g^{-1} 持续上升至 13.97μg·g^{-1}，末花期时可溶性糖含量已比花蕾分化初期、花蕾膨大期显著上升了约 150.27%、106.81%。

由此可见，紫叶紫薇经不同修剪强度处理后在花蕾分化期及开花前中期均增加花蕾可溶性糖含量，中度修剪及重度修剪后末花期的可溶性糖含量显著降低。

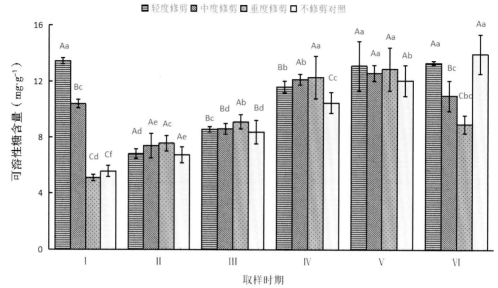

图 11.5 不同修剪强度处理花蕾可溶性糖含量变化

表 11.6 不同修剪强度处理对花蕾可溶性糖含量的影响

处理	花蕾分化初期 (μg·g⁻¹ FW)	花蕾膨大期 (μg·g⁻¹ FW)	花蕾成熟期 (μg·g⁻¹ FW)	初花期 (μg·g⁻¹ FW)	盛花期 (μg·g⁻¹ FW)	末花期 (μg·g⁻¹ FW)
轻度修剪	13.44Aa	6.82Ad	8.58Bc	11.60Bb	13.11Aa	13.33Aa
中度修剪	10.38Bc	7.39Ae	8.61Bd	12.15Ab	12.59Aa	11.00Bc
重度修剪	5.10Cd	7.57Ac	9.11Ab	12.31Aa	12.89Ab	8.95Cbc
不修剪	5.58Cf	6.76Ae	8.37Bd	10.48Cc	12.05Ab	13.97Aa

2. 修剪强度对花蕾淀粉含量的影响

由图 11.6 及表 11.7 可知，不同修剪强度处理的花蕾淀粉含量从花蕾分化初期至盛花期较对照上升 2.66%~7.49%。其中，花蕾成熟期轻度修剪后淀粉含量 44.09μg·g⁻¹ 较对照下降约 4.17%，初花期重度修剪后淀粉含量 44.57μg·g⁻¹ 较对照下降约 3.96%，但各修剪强度处理与对照之间的淀粉含量差异不显著。末花期重度修剪后淀粉含量与对照之间没有显著性差异，但轻度修剪及中度修剪的淀粉含量分别较对照显著降低 9.40%、6.43%。

各修剪强度处理的花蕾淀粉含量在花蕾分化初期至花蕾膨大期显著上升，此后在花蕾分化后期均小幅度上升。轻度修剪及中度修剪后淀粉含量从盛花期开始缓慢下降。重度修剪后淀粉含量在初花期稍降低，盛花期再次逐渐升高。对照的花蕾淀粉含量在花发育进程中同样呈现逐渐上升趋势，花蕾分化期淀粉含量上升比较明显，开花期淀粉含量上升幅度较小。

由此可见，紫叶紫薇经不同修剪强度处理后花蕾中淀粉含量小幅度增加，但没有显著性差异。

表11.7 不同修剪强度处理对花蕾淀粉含量的影响

处理	花蕾分化初期 (μg·g⁻¹ FW)	花蕾膨大期 (μg·g⁻¹ FW)	花蕾成熟期 (μg·g⁻¹ FW)	初花期 (μg·g⁻¹ FW)	盛花期 (μg·g⁻¹ FW)	末花期 (μg·g⁻¹ FW)
轻度修剪	28.37Ab	41.17Aa	44.09Ba	46.64Aa	45.83Aa	42.94Ba
中度修剪	27.56ABc	40.77Ab	46.05Aa	48.70Aa	45.43Aa	44.35Ba
重度修剪	27.88ABb	42.76Aa	49.46Aa	44.57Aa	48.34Aa	49.45Aa
不修剪	26.91Bc	41.05Ab	46.01Aab	46.41Aab	46.47Aab	47.40Aa

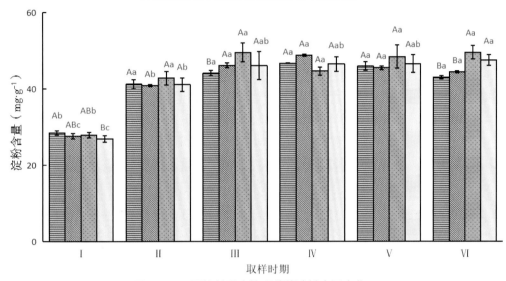

图 11.6 不同修剪强度处理花蕾淀粉含量变化

11.1.3.4 修剪强度对紫叶紫薇花蕾全氮含量的影响

由图11.7及表11.8可知，不同修剪强度处理的花蕾全氮含量在花发育过程中均较对照增加。其中，花蕾分化初期各修剪强度处理的全氮含量上升，轻度修剪、中度修剪及重度修剪的全氮含量达32.82~35.20μg·g⁻¹，分别较对照显著增加17.97%、15.73%、10.01%。花蕾成熟期至盛花期轻度修剪及中度修剪的全氮含量较对照显著上升5.31%~16.22%，同时重度修剪的全氮含量与对照之间没有显著性差异。在末花期轻度修剪的花蕾全氮含量较对照下降6.09%，但中度修剪、重度修剪处理的全氮含量较对照变化不显著。

不同修剪强度处理及对照的花蕾全氮含量随花发育进程呈现逐渐降低趋势。其中，轻度修剪、中度修剪处理的花蕾全氮含量从花蕾分化初期至末花期分别显著下降了33.76%、29.61%。重度修剪的全氮含量在花蕾分化期间从32.82μg·g⁻¹降至26.53μg·g⁻¹，显著下降了6.18%~13.68%，随后初花期至末花期没有显著性变化。对照的花蕾全氮含量从花蕾分化初期至花蕾膨大期显著下降10.22%，随后在花蕾分化后期及开花期下降率在1.08%~2.99%，无显著性差异。

由此可见，紫叶紫薇经轻度修剪后在花蕾分化期及开花前期的花蕾全氮含量显著增加。同时重度修剪小幅提高了花蕾的全氮含量，但变化不显著。

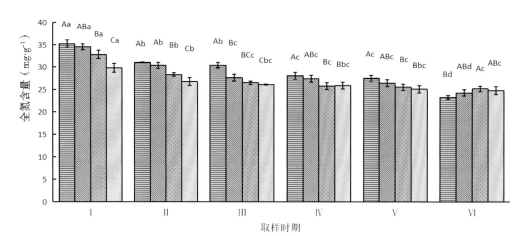

图 11.7 不同修剪强度处理对花蕾全氮含量的影响

表11.8 不同修剪强度处理对花蕾全氮含量的影响

处理	花蕾分化初期 ($\mu g \cdot g^{-1}$ FW)	花蕾膨大期 ($\mu g \cdot g^{-1}$ FW)	花蕾成熟期 ($\mu g \cdot g^{-1}$ FW)	初花期 ($\mu g \cdot g^{-1}$ FW)	盛花期 ($\mu g \cdot g^{-1}$ FW)	末花期 ($\mu g \cdot g^{-1}$ FW)
轻度修剪	35.20Aa	31.03Ab	30.42Ab	28.12Ac	27.54Ac	23.31Bd
中度修剪	34.53ABa	30.40Ab	27.63Bc	27.48ABc	26.44ABc	24.30ABd
重度修剪	32.82Ba	28.33Bb	26.53BCc	25.77Bc	25.53Bc	25.21Ac
不修剪	29.83Ca	26.78Cb	26.17Cbc	25.88Bbc	25.11Bbc	24.83ABc

11.1.3.5 修剪强度对紫叶紫薇花蕾 C/N 的影响

由图11.8可知，不同修剪强度处理的花蕾中C/N值从花蕾分化初期至初花期高于对照，但C/N差值不显著（0.03~0.37）。在盛花期轻度修剪及中度修剪的C/N值较对照略降低，同时重度修剪的C/N值较对照略升高，但各修剪强度处理之间的C/N差值仍不显著。在末花期各修剪强度处理的C/N值均较对照下降0.05~0.19。

不同修剪强度处理及对照的花蕾C/N值在花发育过程中均大致呈现上升趋势。其中，轻度修剪及中度修剪的C/N值从花蕾分化初期逐步上升至初花期，盛花期小幅降低，随后在末花期再次上升。重度修剪的C/N值在花蕾分化期间上升较快，初花期比值波动小，然后在盛花期逐渐增大，最终在末花期逐渐下降。对照的C/N值从花蕾分化初期至末花期持续小幅度上升。

由此可见，紫叶紫薇经重度修剪处理后小幅度提高了花蕾分化期及开花前期的花蕾C/N值，但C/N值变化不显著。

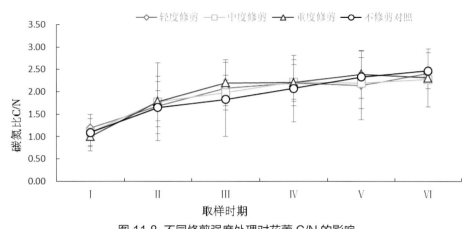

图 11.8　不同修剪强度处理对花蕾 C/N 的影响

11.1.4 结论与讨论

11.1.4.1 修剪时间与修剪强度对紫叶紫薇剪后花期的影响

1. 修剪时间对剪后花期的影响

利用紫薇生长过程中的时间与空间，通过修剪的手段来控制新生枝条的发育以及花蕾分化。研究结果表明，6月下旬至8月上旬修剪可使紫叶紫薇经修剪后更快萌芽、现蕾及开花。6月中下旬修剪后末花期延迟至9月中下旬，7、8月上旬修剪后末花期延迟至10月上中旬。7、8月份修剪处理的总花期延长35~45d，7月中旬至8月上旬修剪对延长紫叶紫薇开花最有效。于方玲（2016）在7月末和8月初对紫薇进行花后修剪，修剪后35~40d紫薇二次开花，花期也持续至国庆节前后。适期采用修剪措施能够有效地调节花期，不同的修剪时间决定了植株生长开花的起点不同，早修剪早开花，晚修剪晚开花，并最终在花期上有所差异，实现花朵相对集中且长时间地开放。研究结果表明，7月中旬修剪处理的二次盛花时间最长，8月上旬修剪处理的二次盛花期天数显著缩短。与田野（2019）对蓝莓的研究类似，蓝莓在7月份摘心修剪后的生长指标基本上优于8月份的摘心修剪反应，气温开始降低，细胞分化趋于稳定。紫叶紫薇在8月份进行修剪后盛花期天数减少原因可能是紫叶紫薇花蕾分化属于夏秋型，温度对紫叶紫薇花蕾分化起着决定性作用，所以8月份修剪处理后，9—10月份温度下降，造成顶芽难于分化花蕾或分化不完全，成花数量大幅减少导致盛花期天数明显减少。

2. 修剪强度对剪后花期的影响

研究结果表明，随修剪强度增加，重度修剪后现蕾和开花晚于轻度修剪。詹福麟（2020）认为修剪强度对紫薇修剪后至现蕾、初花、盛花的时间无显著影响，二者的试验结果有差异，可能是二者的试验方法和材料不同所致。本研究认为，中度修剪、重度修剪后萌发的侧芽位于剪梢枝条的中、下部，比较饱满，枝条养分集中供应萌枝生长，促进花枝营养生长，故花期晚于轻度修剪处理。研究结果表明，重度修剪后总花期最长，中度修剪后盛花时期最长，进行中度修剪、重度修剪对延长紫叶紫薇开花最有效。沙飞等（2020）研究表明修剪强度对日本复色矮紫薇修剪后的主要物候期影响较大，重度修剪使紫薇二次开花后花期延长55d，轻度修剪有利于盛花期延长，认为紫薇夏季花后修剪应选择枝条中部为最佳处理。詹福麟（2020）试验表明紫薇盛花期天数随修剪强度增加而延长，且极重度修剪方式（修剪当年新枝4/5）的盛花期显著长于其他处理。经不同强度修剪后树体内养分得以重新分配，所以花期时间产生不同程度的变化，轻度修剪后剪口处枝条较细弱，导致剪口芽及附近侧芽状态较弱，对总花期的延长时间比中、重度修剪少。

11.1.4.2 修剪强度对紫叶紫薇内源激素的影响

1. 修剪强度对玉米素核苷（ZR）含量的影响

紫薇生长期修剪刺激腋芽抽发新枝及新生叶片的营养生长，促进内源激素重新分配，为花器官发育进程提供能量，实现了紫薇二次开花、花期时间延长。研究结果表明，紫叶紫薇经轻度修剪二次花蕾ZR含量变化不显著，经中度修剪及重度修剪ZR含量在开花期间显著增加。中度修剪、重度修剪使内源ZR含量显著性提高，有利于延长紫叶紫薇开花。贾玥（2014）发现巴拉多葡萄经花穗整穗修剪后测得花穗在盛花期及落花期细胞分裂素（CTK）含量提高。说明紫薇修剪后再次成花、花期延长可能与ZR含量提高有关，且ZR含量随修剪强度的增大而增加。前人表示植物组织处于衰老状态时，内源细胞分裂素水平会下降以减少水分的消耗，寿命长的花比寿命短的花具有更高的ZR水平，说明高含量ZR可能有利于水分的吸收及利用，有助于植株延长花期（杨晓红 等，2006）。

2. 修剪强度对赤霉素（GA₃）含量的影响

GA诱导植物开花的理论认为GA浓度越高，表现出越大的促进作用，不存在超最适浓度的抑制作用。研究结果表明，紫叶紫薇经不同修剪强度处理后花蕾GA_3含量在开花期间显著增加。中度修剪、重度修剪使内源GA_3含量显著提高，有利于延长紫叶紫薇开花。木芙蓉'锦绣紫'衰败花在盛花期不易掉落，朱章顺等（2021）发现该品种的花蕾、盛开花、衰败花在盛花期的GA_3含量相对较高，可能延长了芙蓉花的生命周期。说明紫叶紫薇修剪后在开花期GA_3含量升高可能促进了植株的花期时间延长，且GA_3含量在开花期随修剪强度的增大而增加。大量研究表明GA可以向上或向下进行双向运输。本研究结果中GA_3水平的上升可能是因为枝条部分被剪除后，GA_3通过韧皮部积累于侧芽中，根部合成的GA_3通过木质部仍不断输送，使GA_3累积量增加。

3. 修剪强度对吲哚乙酸（IAA）含量的影响

研究结果表明，紫叶紫薇经不同修剪强度处理后花蕾IAA含量先在花蕾分化期显著升高，后在开花期间显著降低，且轻度修剪后IAA含量最高，中度修剪其次，重度修剪最低。贾玥（2014）也发现葡萄经整穗修剪后花穗IAA含量在开花中后期显著低于对照，其他时期IAA含量较稳定。不同强度修剪后在花蕾分化期IAA含量升高可能抑制了根系生长，使根系不能有效合成细胞分裂素等促进萌芽的物质并运送至地上部分，间接抑制了花蕾的发育。紫叶紫薇修剪后在开花期IAA含量降低可能促进了花期延长，且IAA含量随修剪强度的增大而减小。Peng等（2013）认为IAA含量的高低在同一花穗中的分布有所不同，枝条上部IAA水平更高，中部及下部IAA水平较低。因此，本研究发现紫叶紫薇开花期IAA含量降低，也许是IAA含量更高的部分被剪除而导致。

4. 修剪强度对脱落酸（ABA）含量的影响

试验结果表明，紫叶紫薇经不同修剪强度处理后花蕾 ABA 含量升高但变化不显著。这与刘仁道等（2001）研究甜樱桃新梢拿枝处理对生殖生长影响的研究结果相似，甜樱桃拿枝后 ABA 含量与对照差异不显著。前人研究发现修剪后 ABA 含量呈升高或降低的变化，贾玥（2014）研究认为巴多拉葡萄修剪后花穗 ABA 含量在幼果期显著提高，而朱亚艳等（2019）研究认为马尾松修剪后潜伏芽内 ABA 含量较修剪前持续稳定降低。这可能与植物种类、处理时期等有密切关系。黄丛林等（2001）研究发现葡萄中的 ABA 大部分来源于叶片。也许紫叶紫薇花蕾中 ABA 的主要来源也可能是叶片，由于修剪处理使早期花蕾内 ABA 养分来源不充足，花蕾分化初期 ABA 含量低于对照。试验结果发现，对照与各修剪处理在末花期 ABA 含量均处于较高水平，ABA 含量在开花后期增加可能与 ABA 具有增强代谢的作用有关。盛花期至末花期紫叶紫薇开始产生果实，需要更多的营养，ABA 含量上升促进了代谢库活性。前人证实 ABA 随植物成花过程含量上升，有学者认为 ABA 在成花的不同阶段可能有不同作用（于越，2019）。ABA 是感受外界环境变化并传导外界信号的物质，本研究的各修剪处理的花蕾 ABA 含量在开花期高于对照，推测高水平 ABA 可能与紫叶紫薇修剪后花期延长相关，但修剪后 ABA 含量在末花期显著升高对紫叶紫薇花期延长的影响效应有待进一步探究。

11.1.4.3 修剪强度对紫叶紫薇可溶性糖及淀粉含量的影响

1. 修剪强度对可溶性糖含量的影响

在花的形成与开放过程中，碳水化合物和氮素营养起着重要的作用。试验结果表明，紫叶紫薇经不同修剪强度处理后在花蕾分化期及开花前中期均增加花蕾可溶性糖含量，但变化不显著，这与高小俊等（2010）对芒果短截后花蕾内可溶性糖含量变化的研究结果类似。可溶性糖作为关键的能量来源和结构物质，其含量的增加促进细胞液浓度，是花发育进程的保障。可溶性糖含量增加可能是修剪处理解除了顶端优势，可溶性糖大多集中于附近侧芽（艾沙江·买买提 等，2015）。董万鹏等（2020）研究认为玫瑰'墨红'较其他品种花期更长，与其花期时可溶性糖含量比其他品种高有关。修剪处理使紫叶紫薇可溶性糖含量提高可能与其花期延长相关，可溶性糖含量较高则有助于花发育。本试验结果发现末花期中度、重度修剪的可溶性糖含量显著低于对照，这可能是紫叶紫薇在二次开花末花期已有较多果实产生，消耗了植株大部分养分导致可溶性糖糖含量快速下降。

2. 修剪强度对淀粉含量的影响

研究结果表明，紫叶紫薇经不同强度修剪后花蕾淀粉含量比对照小幅度增加，重度修剪处理淀粉含量略高于其他处理，但无显著性差异。这与环剥处理下毛棉杜鹃花蕾分化过程叶淀粉含量变化相似，一道环剥的淀粉含量与对照差别不大，而两道环剥的淀粉含量与对照差异显著（康美丽，2009）。而张秀新（2004）人工调控露地牡丹二次开花过程中，总体上花蕾淀粉含量减少，牡丹的二次开花是以可溶性糖的形式在混合芽中累积。紫叶紫薇经修剪处理后，淀粉含量在初花期开始缓慢降低，可能是淀粉在植株内作为能量补充的角色，并不直接被利用，淀粉水解成可溶性糖为生长代谢提供能量，淀粉累积量逐渐降低。淀粉作为贮藏性营养物质，在花发育后期成为主要的能量提供者，因此重度修剪处理的开花后期淀粉含量继续升高。

11.1.4.4 修剪强度对紫叶紫薇全氮含量的影响

研究结果表明，紫叶紫薇修剪后花蕾全氮含量均比对照增加。与罗丽（2015）短截处理川香核桃后全氮含量变化类似，生长期修剪后的全氮含量高于对照。紫叶紫薇经轻度修剪后花蕾全氮含量显著增加，重度修剪后全氮含量小幅提高但增幅并不显著。而川香核桃重短截后的全氮含量最高，其次是中短截处理，然后是轻短截处理。这可能是由于不同的植物器官导致的影响程度不同。而张翔（2014）研究发现薄壳山核桃经不同程度短截后，全氮含量均低于对照。这可能受植物品种、试验地区、当地气候条件等影响。张全军等（2017）研究丰水梨二次开花过程叶片及枝条的氮含量变化发现，处理株与对照株的氮含量差异不明显。紫叶紫薇修剪后花期延长可能与全氮含量的关系不显著，修剪处理使全氮含量在花发育进程变化的响应特征有待进一步探究。

11.1.4.5 修剪强度对紫叶紫薇 C/N 的影响

植物体内碳营养和氮营养的比例适当，营养充足，有利于花蕾分化，开花也多。碳氮比协调对紫薇花发育过程生理方面起到推动作用。试验结果表明，紫叶紫薇经不同修剪强度处理后花蕾 C/N 值总体上呈逐渐上升趋势，重度修剪后 C/N 值在花蕾分化期及开花前期小幅度提高，C/N 值的增加有利于延长花期。前人也发现短截处理后的薄壳山核桃的碳氮比提高，从而表示适度修剪可以促进薄壳山核桃成花（张翔，2014）。夏黑葡萄通过喷药处理促进二次花的试验中，可溶性糖含量增加，使得碳氮比增加，表明二次成花与碳氮比提高有密切关系（赵静，2016）。说明紫叶紫薇经不同修剪强度处理后 C/N 值提高可能与其再次成花并延长花期相关。本试验结果中，紫叶紫薇修剪后 C/N 值在末花期下降，且 C/N 值低于对照，可能是二次花末花期气温降低及光照强度减弱，叶片逐渐衰老，植株光合能力受到影响进而非结构性碳水化合物积累下降；也可能是花果期即将结束，非结构性碳水化合物向其他储存器官转移为休眠期做准备。

11.2 植物生长调节剂对紫叶紫薇花期与内源激素影响研究

植物生长调节剂的生理活性较强，往往极低的含量就能对植物的生长发育产生较大的影响。利用生长调节剂是调控植物花期的一种常用方法，其研究较多。常用的植物生长调节剂有赤霉素（GA_3）、2，4-二氯苯氧乙酸（2，4-D）、萘乙酸（NAA）、6-苄基腺嘌呤（6-BA）、多效唑（PP333）、丁酰肼（B9）等，大量研究表明在植物花期适当的时间喷施适宜的生长调节剂及适宜的浓度，可以对植物开花起到促进或延迟的作用。其原理是在植物花前通过外部施用天然提取或人工合成激素的方式从而改变植物内部各类内源激素含量及其相互之间的平衡状态，达到影响花期的目的，应用效果与植物种类、激素浓度、施用方式、施用时期及次数等均有关系。目前有关利用生长调节剂调控紫薇花期的研究报道很少，戴庆敏等（2007）开展了盆栽矮紫薇花期调节试验，发现200mg·L^{-1} BA 及1000mg·L^{-1} GA_3 处理浓度下能显著增加矮紫薇花量。

本研究旨探讨使用几种常见的植物生长调节剂如 NAA、GA_3、B9 对紫叶紫薇花期和花发育过程中内源激素含量的影响，以及内源激素含量变化与成花的关系，为利用植物生长调节剂调控紫薇花期提供理论依据。

11.2.1 试验材料

试验材料为 5 年生紫叶紫薇优良品种'丹红紫叶'（*Lagerstroemia indica* 'Ebony Embers'），其栽植于湖南省林业科学院试验林场紫薇基地。

11.2.2 试验方法

11.2.2.1 试验设计

在试验地随机选取长势基本一致的植株，试验设计三种植物生长调节剂处理（表 11.9），每种设计 4 个浓度梯度。NAA 浓度处理为 5mg·L⁻¹、25mg·L⁻¹、50mg·L⁻¹、75mg·L⁻¹；B9 浓度处理为 500mg·L⁻¹、1000mg·L⁻¹、1500mg·L⁻¹、2000mg·L⁻¹；GA₃ 浓度处理为 100mg·L⁻¹、250mg·L⁻¹、500mg·L⁻¹、1000mg·L⁻¹。配制溶液均匀对植株叶面喷洒，以叶片滴液为止，用清水处理为对照。每处理植株 3 株，3 次重复。试验于 2021 年 5 月 10 日、5 月 24 日、6 月 10 日进行，共喷洒 3 次。

表 11.9　不同浓度植物生长调节剂处理
Table 11.9　Growth regulators treatments at different concentrations

编号	K	A1	A2	A3	A4	A5	A6	A7	A8	A9	A10	A11	A12
处理	清水	NAA	NAA	NAA	NAA	B9	B9	B9	B9	GA₃	GA₃	GA₃	GA₃
浓度 （mg·L⁻¹）	0	5	25	50	75	500	1000	1500	2000	100	250	500	1000

11.2.2.2 样品采集与处理

对照和处理植株分别于花蕾分化初期、花蕾膨大期、花蕾成熟期、初花期、盛花期、末花期各采样 1 次。在花蕾分化期（花蕾分化初期、花蕾膨大期、花蕾成熟期）随机摘取顶端花蕾，在花期（初花期、盛花期、末花期）随机摘取整朵花（20~30g/次）。样品液氮速冻后存于 −75℃冰箱中待测。

11.2.2.3 花期观察与记录方法

初花期为 5% 左右花蕾开放，大部分闭合状态；盛花期初期为 25% 左右花蕾开放；盛花期终期为 75% 左右花蕾开放；末花期为 95% 左右花蕾开放。

11.2.2.4 内源激素含量测定

内源激素含量的测定参照饶丹丹（2020）的方法进行。

11.2.3 结果与分析

11.2.3.1 不同浓度植物生长调节剂对紫叶紫薇花期的影响

1. 不同浓度 NAA 对花期的影响

由表 11.10 可知，喷施不同浓度 NAA 对紫叶紫薇的初花时间具有显著性影响。初花期喷施 5mg·L⁻¹、25mg·L⁻¹ 的 NAA 均能使初花期较对照显著提前，其中 5mg·L⁻¹ NAA 提前初花期约 8d；而喷施 50mg·L⁻¹、75mg·L⁻¹ 的 NAA 分别使初花期较对照显著延迟约 7d 和 22d。说明 NAA 溶液浓度高低不同对紫叶紫薇开花影响的效果不一样，低浓度 NAA

促进开花，以5mg·L^{-1}NAA表现较好，而高浓度NAA则延迟开花。NAA溶液对花期时间的影响不显著，且无规律。喷施25mg·L^{-1}、75mg·L^{-1}NAA的花期较对照增加4~5d；喷施5mg·L^{-1}NAA的花期变化在1d左右，且无显著性差异；喷施50mg·L^{-1}NAA花期较对照缩短约3d。叶面喷施低浓度5mg·L^{-1}NAA溶液提前紫薇开花的时间最长。

2. 不同浓度B9对花期的影响

由表11.10可知，喷施不同浓度B9既显著延迟紫叶紫薇开花，又延长了花期时间。500~2000mg·L^{-1}B9均使初花期较对照延迟，其中，1000mg·L^{-1}、2000mg·L^{-1}B9显著延迟开花9d左右，1500mg·L^{-1}B9显著延迟开花7d左右，500mg·L^{-1}B9对初花影响不显著。说明B9处理有延迟开花的作用，且处理浓度越大，延迟开花的效果越好。不同浓度B9处理均可延长开花时间，500mg·L^{-1}B9延长花期约6d，1000mg·L^{-1}B9显著延长花期约19d，1500mg·L^{-1}、2000mg·L^{-1}B9分别延长花期约9d、6d。说明B9浓度为500~1000mg·L^{-1}范围内，延长花期时间随B9浓度增加而增加；B9浓度为1500~2000mg·L^{-1}范围内，延长花期时间随B9浓度增加而减少。叶面喷施1000mg·L^{-1}B9溶液延长紫薇开花的时间最长。

3. 不同浓度GA$_3$对花期的影响

由表11.10可知，喷施不同浓度GA$_3$对紫叶紫薇的总花期具有显著性影响。喷施500mg·L^{-1}、1000mg·L^{-1}GA$_3$延迟初花期开花4~6d，喷施100mg·L^{-1}、250mg·L^{-1}GA$_3$延迟初花期开花2d左右，属于植株正常的差异范围。低浓度GA$_3$溶液对初花期的影响不显著，高浓度GA$_3$对初花期开花起延迟作用。喷施不同浓度GA$_3$对花期时间表现不同程度的影响，喷施100mg·L^{-1}、250mg·L^{-1}GA$_3$分别使花期较对照显著延长约43d、20d，而喷施500mg·L^{-1}、1000mg·L^{-1}GA$_3$却使花期较对照显著缩短了10d左右。这说明低浓度GA$_3$延长了紫薇花期，高浓度GA$_3$缩短了紫薇花期。叶面喷施低浓度100mg·L^{-1}GA$_3$溶液延长紫叶紫薇的花期时间最长。

11.2.3.2 植物生长调节剂对紫叶紫薇花蕾及花的内源激素含量影响

1. 植物生长调节剂对花蕾及花的玉米素核苷（ZR）含量影响

由图11.9可知，不同植物生长调节剂对紫叶紫薇花蕾及花的内源ZR含量有显著影响。在花蕾分化初期，NAA处理的花蕾ZR含量37.35μg·g^{-1}较对照显著上升54.02%，B9处理的花蕾ZR含量11.69μg·g^{-1}较对照显著下降51.77%，GA$_3$处理的花蕾ZR含量较对照无显著差异。在花蕾膨大期及花蕾成熟期，NAA处理的花蕾ZR含量分别较对照显著升高30.23%和69.01%，B9处理的花蕾ZR含量较对照降低但无差异显著性，GA$_3$处理的花蕾ZR含量较对照增加但无显著性差异。初花期至末花期NAA处理的花ZR含量为6.17~10.98μg·g^{-1}，较对照分别显著降低77.92%、83.75%、82.72%，B9处理的花ZR含量为24.68~47.82μg·g^{-1}，较对照降低32.43%左右，GA$_3$处理的花ZR含量为40.10~86.97μg·g^{-1}，较对照分别显著升高43.31%、9.13%、36.62%。

对照与NAA处理、B9处理、GA$_3$处理的内源ZR含量基本呈现"升—降—升"的变化趋势。对照与B9处理、GA$_3$处理的内源ZR含量从花蕾分化初期至花蕾膨大期显著上升，随后至花蕾成熟期迅速下降，再从初花期逐步显著上升，同时NAA处理的花内源ZR含量逐渐缓慢上升且变化不显著。

表 11.10　不同浓度植物生长调节剂处理对紫薇花期各阶段与花期时间的影响

编号	处理	浓度 （mg·L⁻¹）	初花期 （月-日）	盛花初期 （月-日）	盛花终期 （月-日）	末花期 （月-日）	初花期变化 （d）	花期 （d）	花期变化 （d）
CK	清水	0	7-6	7-13	8-20	8-27	—	52 ± 3.74e	—
A1	NAA	5	6-27	7-2	8-4	8-18	+8.67 ± 4.02a	52 ± 0.82e	+0.33 ± 3.68e
A2	NAA	25	7-4	7-10	8-22	8-29	+2.33 ± 3.09b	56 ± 0.82d	+4.33 ± 4.19d
A3	NAA	50	7-13	7-20	8-21	8-31	-7 ± 3.26f	48.67 ± 2.36f	-3 ± 6.68f
A4	NAA	75	7-28	8-4	9-3	9-23	-21.67 ± 6.02h	57 ± 2.16d	+5.33 ± 6.54d
A5	B9	500	7-7	7-16	8-24	9-2	-0.67 ± 0.47c	57.67 ± 4.50d	+6 ± 2.16d
A6	B9	1000	7-15	7-27	9-10	9-24	-9.33 ± 2.16g	70.67 ± 1.25b	+19 ± 3.74b
A7	B9	1500	7-13	7-23	9-2	9-12	-7 ± 3.27f	60.67 ± 2.05c	+9 ± 6.53c
A8	B9	2000	7-15	7-25	9-2	9-11	-9 ± 0.47g	57.67 ± 3.86d	+6 ± 1.63d
A9	GA₃	100	7-9	7-15	9-18	10-12	-2.67 ± 0.47d	95 ± 2.16a	+43.33 ± 3.09a
A10	GA₃	250	7-8	7-14	8-29	9-18	-2.33 ± 5.56d	72 ± 1.41b	+20.33 ± 5.73b
A11	GA₃	500	7-12	7-18	8-17	8-23	-6 ± 3.56f	41.67 ± 1.25g	-10 ± 3.74g
A12	GA₃	1000	7-10	7-16	8-15	8-21	-4.33 ± 3.30e	41.33 ± 1.70g	-10.33 ± 6.13g

注：①"+"表示较对照组日期提前或时长延长，"-"表示较对照组日期延迟或时长缩短；②同一列不同小写字母表示不同处理间在 0.05 水平存在显著性差异（P < 0.05）。

NAA处理的花蕾内源ZR含量在花蕾分化期显著增加，促进了紫叶紫薇开花。B9处理的花蕾内源ZR含量在花蕾分化初期显著降低，推迟了紫叶紫薇开花。GA₃处理的花内源ZR含量在开花期间显著升高，能够延长花期时间。

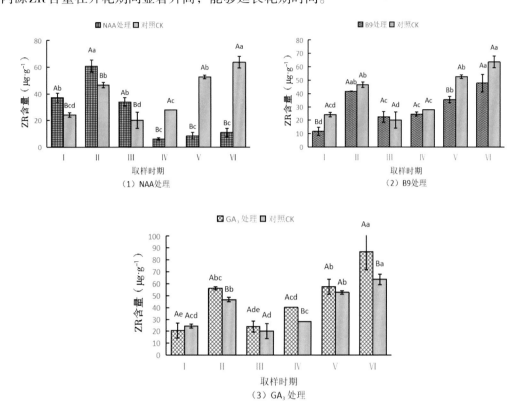

Ⅰ.花蕾分化初期；Ⅱ.花蕾膨大期；Ⅲ.花蕾成熟期；Ⅳ.初花期；Ⅴ.盛花期；Ⅵ.末花期
图11.9 NAA、B9、GA₃处理对花蕾及花的ZR含量影响
[处理内不同小写字母表示不同取样时期间在0.05水平存在显著性差异；
同一取样时期内不同大写字母表示不同处理间在0.05水平存在显著性差异（$P < 0.05$）（下同）]

2. 植物生长调节剂对花蕾及花的赤霉素（GA₃）含量的影响

由图11.10可知，GA₃处理对紫叶紫薇花蕾及花的内源GA₃含量的影响最显著。在花蕾分化期间，NAA处理的花蕾内源GA₃含量较对照上升14.84%左右，且无显著性差异；B9处理的花蕾内源GA₃含量较对照下降17.02%左右，也无显著性差异；GA₃处理的花蕾内源GA₃含量为115.28~396.48μg·g⁻¹，较对照显著上升37.28%~141.31%。在初花期不同植物生长调节剂处理的花内源GA₃含量均与对照无显著性差异。在盛花期，NAA处理及B9处理的花内源GA₃含量较对照分别下降8.53%、21.80%；GA₃处理的花内源GA₃含量达2404.30μg·g⁻¹，较对照显著上升约6.19倍。在末花期，NAA处理的花内源GA₃含量变化不显著，B9处理及GA₃处理的花内源GA₃含量较对照分别显著上升73.15%、216.88%。

对照与NAA处理、B9处理的内源GA₃含量变化基本呈现"升—降"的趋势。对照与NAA处理的内源GA₃含量从花蕾分化初期逐渐上升，盛花期时分别达到含量峰值334.03μg·g⁻¹、305.48μg·g⁻¹，在末花期则显著降低。B9处理的内源GA₃含量在末花期变化不显著。GA$_3$处理的内源GA$_3$含量在花发育过程中大致呈现"升—降—升—降"的变化趋势，从花蕾分化初期到花蕾成熟期内源GA$_3$含量显著上升244.34%，初花期时显著降低47.58%，在盛花期迅速上升至峰值，末花期内源GA$_3$含量再次显著下降。

NAA处理的花蕾内源GA$_3$含量在花蕾分化期小幅度增加，促进了紫叶紫薇开花。B9处理的花蕾内源GA$_3$含量在花蕾分化期小幅度降低以推迟紫叶紫薇开花，且花的内源GA$_3$含量在末花期显著增加利于延长花期。喷施GA$_3$溶液后花的内源GA$_3$含量在开花期间显著升高有利于延长花期时间。

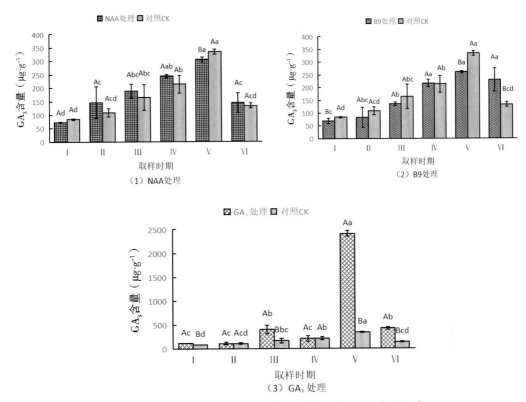

图 11.10 NAA、B9、GA$_3$处理对花蕾及花的 GA$_3$含量影响

3. 植物生长调节剂对花蕾及花的吲哚乙酸（IAA）含量的影响

由图11.11可知，GA$_3$处理对紫叶紫薇花蕾及花的内源IAA含量的影响最显著。花蕾分化期间NAA处理的花蕾内源IAA含量较对照显著上升25.82%~103.53%，GA$_3$处理的花蕾内源IAA含量较对照显著上升46.38%~311.87%，而B9处理的花蕾内源IAA含量在花蕾分化初期为389.43μg·g^{-1}较对照显著上升72.51%。初花期NAA处理及GA$_3$处理的花内源IAA含量与对照差异不显著，B9处理的花IAA含量较对照显著降低40.05%。盛花期及末花期GA$_3$处理的花内源IAA含量168.07~332.74μg·g^{-1}，比对照显著下降25.34%~51.53%。末花期NAA处理的花内源IAA含量较对照降低55.73%，B9处理的花内源IAA含量与对照无显著差异。

在花蕾分化期至花期之间，对照的花蕾及花的IAA含量表现"降—升—降—升"的变化趋势。NAA处理的花蕾内源IAA含量在花蕾分化期间先显著降低然后显著升高，开花期间的花内源IAA含量变化较稳定。B9处理的花蕾内源IAA含量从花蕾分化初期至花蕾膨大期显著下降，随后IAA含量变化幅度不大，至末花期花内源IAA含量显著上升。GA₃处理的花蕾IAA含量在花蕾分化期显著升高，初花期花内源IAA含量开始显著降低，末花期花IAA含量再次升高。

NAA处理的花蕾内源IAA含量在花蕾分化期上升但变化不显著。B9处理的花蕾内源IAA含量在花蕾分化初期显著升高，推迟了紫叶紫薇花蕾分化。GA₃处理的花蕾内源IAA含量在花蕾分化期增幅显著，在开花期间花的IAA含量显著降低，这有利于延长紫叶紫薇花期时间。

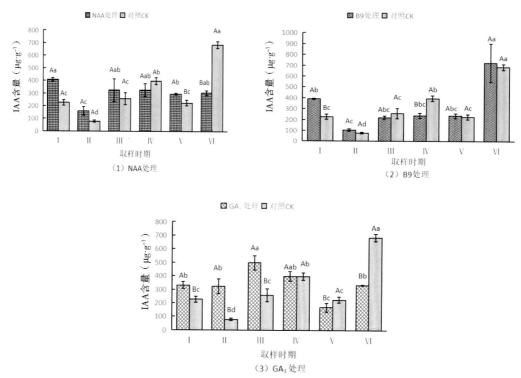

图11.11 NAA、B9、GA₃处理对花蕾及花的IAA含量影响

4. 植物生长调节剂对花蕾及花的脱落酸（ABA）含量的影响

由图11.12可知，不同植物生长调节剂对紫薇花蕾及花的内源ABA含量有显著影响。在花蕾分化期间，NAA处理的花蕾内源ABA含量$7.25 \sim 14.22 \mu g \cdot g^{-1}$，较对照显著降低$44.70\% \sim 50.80\%$；B9处理的花蕾内源ABA含量为$18.14 \sim 22.17 \mu g \cdot g^{-1}$，较对照上升$8.56\% \sim 38.78\%$；GA₃处理的花蕾内源ABA含量与对照无显著性差异。开花期间NAA处理的花内源ABA含量为$36.39 \sim 44.54 \mu g \cdot g^{-1}$，较对照降低$22.96\% \sim 37.30\%$；B9处理的花内源ABA含量$55.68 \sim 88.07 \mu g \cdot g^{-1}$，较对照显著升高$23.97\% \sim 44.42\%$；GA₃处理的花内源ABA含量在初花期至末花期分别为$21.24 \mu g \cdot g^{-1}$、$40.73 \mu g \cdot g^{-1}$、$32.96 \mu g \cdot g^{-1}$，较对照分别显著下降44.89%、25.33%、53.60%。

对照与NAA处理、B9处理、GA₃处理的内源ABA含量基本呈现逐步上升的变化趋势。各处理在花蕾分化期间花蕾的内源ABA含量均偏低，且变化较稳定。对照在开花期间花的内源 ABA 含量缓慢上升，B9 处理及 GA₃ 处理的内源 ABA 含量从初花期至末花期显著升高，NAA 处理的花 ABA 含量在开花期间变化幅度较小。

NAA 处理的内源 ABA 含量在花发育过程显著降低，促进了紫叶紫薇开花。B9 处理的花蕾内源 ABA 含量在花蕾分化期间小幅度增加，对紫叶紫薇开花起推迟作用。GA₃ 处理的花内源 ABA 含量在开花期间显著降低，从而延长了花期时间。

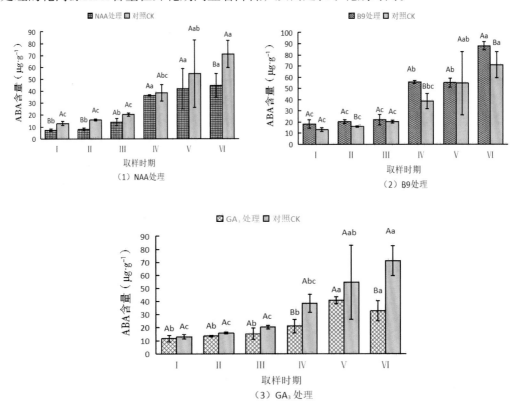

图 11.12　NAA、B9、GA₃ 处理对花蕾及花的 ABA 含量影响

11.2.4 结论与讨论

11.2.4.1 植物生长调节剂对紫叶紫薇花期的影响

1. NAA 对花期的影响

研究结果表明，外源的 NAA 对紫叶紫薇开花的影响程度不一。喷施低浓度 NAA 提前开花，喷施高浓度 NAA 延迟开花。这与岳保超等（2016）发现 100mg·L⁻¹ NAA 使马缨杜鹃花期提前 22d 且 1000mg·L⁻¹ NAA 使其花期延迟 17d 的研究结果类似。对低浓度的外源 NAA 影响进行比较，5mg·L⁻¹ 外源 NAA 对提前开花质量明显，较适合作为紫叶紫薇花期提早的调节剂使用。有学者试验发现 NAA 处理对花期的推迟效果显著，如黄诚梅等（2009）使用 100mg·L⁻¹ 的 NAA 推迟茉莉成花 4d。前人在观察花期物候中发现 NAA 对延迟花期的效果可能与喷施浓度过高有关，NAA 对植物营养器官纵向生长有明显的促进作用，从而抑制花蕾分化（Davies，2004）。试验观察发现高浓度的外源 NAA 虽

然显著延迟了紫叶紫薇开花，但也明显降低了其开花数量、花枝长度等开花性状，因此高浓度的外源NAA不适合作为紫叶紫薇花期延迟的调节剂使用。

2.B9对花期的影响

研究结果表明，外源B9对紫叶紫薇开花起到延迟作用，高浓度的外源B9较有利于延迟开花。这与岳静（2012）使用植物生长调节剂调控杜鹃的研究结论相吻合，他认为B9浓度高时，延迟杜鹃始花期的效果越明显。B9延迟开花的作用可能是其抑制顶端分生组织的细胞分裂，打破顶端优势但并不影响顶端分生组织，促进了分枝和侧花蕾萌发，从而延迟开花。B9处理在促进和抑制植物开花方面的研究结论因不同植物材料而有所差异，如李桂芬（2005）对紫花芒进行B9处理获得了一定的促花效果。本研究发现1000mg·L^{-1}外源B9既延迟开花又能一定程度上延长花期，适合作为紫叶紫薇延迟花期的调节剂使用。紫斑牡丹于风铃期进行B9处理使牡丹整株花期延长（余小春，2007）。这可能是B9处理后增加了花量，使花陆续开放。

3.GA$_3$对花期的影响

研究结果表明，外源GA$_3$对紫叶紫薇初花期的影响较小。许多研究认为GA$_3$与果树花蕾分化呈负相关，柑橘、甜樱桃、葡萄等应用GA明显抑制开花。这可能与开花类型有关，果树通常花蕾发育时期较长，而紫薇为当年分化花蕾当年开花型，花蕾发育速度快，可能植物生长调节剂对花蕾的影响更大。本研究发现外源GA$_3$显著影响了花期时间，低浓度的外源GA$_3$明显延长了花期时间，外源GA$_3$的浓度越低，紫叶紫薇的花期延长效果越好。100mg·L^{-1}外源GA$_3$较适合作为紫叶紫薇花期延长的调节剂使用。施用GA主要是促进营养生长和诱导开花相关物质合成，这种作用与光照条件等保持协同一直持续到开花后期，使得花期相对更长（岳静，2012）。试验结果发现高浓度500~1000mg·L^{-1}的外源GA$_3$不利于延长紫叶紫薇花期时间。余蓉培等（2017）发现100mg·L^{-1}GA$_3$对单瓣长寿花花期无影响，300mg·L^{-1}GA$_3$处理后花期显著缩短。高浓度GA$_3$不利于延长花期时间，这可能是浓度不合适，也可能是花蕾萌动前进行处理还为时过早，导致新梢徒长而抑制了花蕾发育，降低了花蕾数量，说明GA$_3$的处理浓度和处理时间对花期时间的影响至关重要。弓德强（2003）曾认为牡丹应用GA$_3$最适宜的时期应在花蕾分化基本完成后，且浓度控制在200mg·L^{-1}以内。关于利用外源GA$_3$促使紫叶紫薇提早开花的最佳喷施时间，这还有待进一步试验研究。

11.2.4.2 植物生长调节剂对紫叶紫薇花蕾及花的内源激素影响

1. 植物生长调节剂对花蕾及花的玉米素核苷（ZR）含量的影响

微量的植物生长调节剂就可以调控植物体内激素的相互关系。研究结果表明，紫叶紫薇经外源NAA处理的花蕾内源ZR含量在花蕾分化期显著增加。范露（2019）认为外源NAA能提高长富2号苹果短枝顶芽内源ZT含量。紫叶紫薇经B9处理的花蕾内源ZR含量在花蕾分化初期显著降低，然后在花蕾分化后期ZR含量上升与对照差异不显著。有研究表明植物生长延缓剂处理后，ZT含量先降后升以促进切花菊生殖生长（贺菡莹，2018）。紫叶紫薇经外源GA$_3$处理的花内源ZR含量在开花期间显著升高。紫斑牡丹在300mg·L^{-1}外源赤霉素处理下叶片内源ZR含量显著高于其他处理和对照（余小春，2007）。

2. 植物生长调节剂对花蕾及花的赤霉素（GA$_3$）含量的影响

研究结果表明，在花蕾分化期，紫叶紫薇经外源NAA处理的花蕾内源GA$_3$含量小幅度增加。NAA处理后茉莉新梢的GA含量在处理后第18天开始比对照略微提高（黄诚梅，2009）。但范露（2019）进行NAA处理后发现苹果的短枝顶芽内源GA$_3$含量明显下调。紫叶紫薇经B9处理的花蕾内源GA$_3$含量在花蕾分化期小幅度降低。有报道证明B9是一种对植物起延缓衰老作用的生长调节剂，能够在一定程度上抑制植物内源GA$_3$的合成。徐亚萍等（2021）表示菊花喷施B9后在生殖生长后期明显抑制GA$_3$的合成。紫叶紫薇经外源GA$_3$处理的花内源GA$_3$含量在开花期间显著升高。李波（2012）对西洋杜鹃进行外源GA$_3$处理后，发现其内源GA$_3$含量也明显提高。

3. 植物生长调节剂对花蕾及花的吲哚乙酸（IAA）含量的影响

研究结果表明，紫叶紫薇经外源NAA处理的花蕾内源IAA含量在花蕾分化期上升但变化不显著。NAA处理的妃子笑荔枝小花内IAA浓度在花前期降低，花中后期上升，但总体来说与对照差异不大（胡香英，2016）。紫叶紫薇经B9处理的花蕾内源IAA含量在花蕾分化初期显著升高，然后在花蕾分化后期IAA含量与对照差异不显著。紫叶紫薇经外源GA$_3$处理的花蕾内源IAA含量在花蕾分化期增幅显著，并且在开花期间花IAA含量显著降低。前人认为GA处理能够提高花器官内IAA水平，可能是GA使蛋白质活性提高，从而蛋白质分解成更多色氨酸，为IAA含量增加提供原料（Guan et al.，2019）。西洋杜鹃经外源GA$_3$处理后，内源IAA含量却降低（李波，2012）。

4. 植物生长调节剂对花蕾及花的脱落酸（ABA）含量的影响

研究结果表明，紫叶紫薇经外源NAA处理的内源ABA含量在花发育过程显著降低。合适浓度的萘乙酸处理能够抑制冬红果叶片ABA含量升高，延缓叶片衰老（兰海波 等，2014）。紫叶紫薇经B9处理的花蕾内源ABA含量在花蕾分化期间小幅度增加。徐亚萍等（2021）表示菊花喷施B9后在生殖生长后期明显促进内源ABA含量累积。有学者在测定9月份和B9处理后翌年1月份的苹果花蕾内源ABA含量后发现处理过的芽中ABA含量更高，B9等植物生长延缓剂可以刺激内源ABA水平的增加（胡瑶 等，2007）。紫叶紫薇经GA$_3$处理的花内源ABA含量在开花期间显著降低。西洋杜鹃经外源GA$_3$处理后，内源ABA含量降低（李波，2012）。

11.2.4.3 内源激素含量与成花的关系

1. 玉米素核苷（ZR）与成花

ZR是细胞分裂素的一种，通常认为细胞分裂素可以减弱营养生长，解除顶端优势，促进芽的分化，促进开花。NAA处理的紫叶紫薇花蕾内源ZR含量在花蕾分化期显著增加，对开花有促进作用。B9处理的花蕾内源ZR含量在花蕾分化初期显著降低，推迟了紫叶紫薇开花。GA$_3$处理的花内源ZR含量在开花期间显著升高能够延长紫叶紫薇花期时间。说明高水平内源ZR对紫叶紫薇花发育过程有促进作用，与前人结论一致。李波（2012）在研究杜鹃开花与内源激素的关系时发现细胞分裂素含量在花蕾形态分化期增加，对成花有促进作用。研究内源激素含量与油茶开花关系时发现，在花蕾分化初期其细胞分裂素含量增加，花蕾期时含量达到最高值，细胞分裂素促进油茶开花（蔡娅，2019）。植物体木质液中细胞分裂素水平升高，则有利于枝条分化出花蕾，高水平的ZR

在花蕾分化期具有促进作用（Sedgley，1990）。

2. 赤霉素（GA₃）与成花

多数果树的研究发现内源GA是主要的抑花激素，前人认为GA对富士苹果花蕾分化有抑制作用，降低成花率（马玲 等，2018）。还有研究表示外源GA对多数阔叶树种的花蕾分化起抑制作用，而针叶树种呈相反作用（Wood，2011）。目前内源GA对于果树花蕾分化的作用并无一致认同。本试验中外源NAA处理后内源GA₃含量在花蕾分化期小幅度增加，使紫叶紫薇开花提前，外源B9处理后内源GA₃含量在花蕾分化期间小幅度降低，抑制了紫叶紫薇花蕾分化。说明在一定浓度范围内，高水平GA₃促进紫叶紫薇花蕾分化，低水平GA₃抑制花蕾分化。杨伟新（2016）认为外施GA₃使内源GA₃含量升高，有助于月季的花蕾分化。但并不是浓度越高促进花蕾分化的效果越好，并且其他紫薇品种是否也出现类似的作用还需要进一步试验验证。本研究中外源GA₃处理后内源GA₃含量在开花期间显著升高，且紫叶紫薇花期明显延长。可能是GA₃能够促使新叶抽发，新叶大量生长，通过其独立的光合作用在开花后期为植株补充正常代谢能量，给花朵提供营养物质，以延缓花瓣衰老，使花期相对延长（Zhang et al.，2016）。GA₃能促进一些被GA₃专一诱导的基因的表达，促进花的生长。对很多植物施用赤霉素后，发现对植株的促花作用往往伴随着活性赤霉素水平的提高（Chang et al.，2018）。

3. 吲哚乙酸（IAA）与成花

生长素对木本植物成花的影响目前未成定论。前人对于内源IAA与成花的关系有一些不同看法，有人认为IAA对花蕾孕育起着促进作用，在拟南芥、凤梨、银杏上外施IAA可以促进其花发育；也有人认为IAA是一种抑花激素，生理分化期间花蕾IAA水平降低有利于植物由生理分化期快速转入形态分化期，促进花蕾分化；或者IAA含量高低在植物生长过程不同阶段有不同作用，低水平IAA促进成花，高水平IAA抑制成花（王星辰，2021）。本试验结果发现B9处理的紫叶紫薇花蕾内源IAA含量在花蕾分化初期显著升高，抑制了花蕾分化。不同木本植物在花蕾分化期间的IAA含量变化有较大区别，三角梅在花蕾分化期内IAA含量降低可以促进花蕾分化，肖安琪（2016）认为高浓度IAA可以促进龙眼的花蕾分化。李桂芬（2016）研究也认为较高水平的IAA有助于各种花器官的分化。本试验中B9处理和GA₃处理延长了紫叶紫薇花期时间，可能与IAA含量在开花期间水平下降有关。郭维明等（1999）研究发现IAA是调节梅花切花脱落的促衰因子之一。也有研究表示低水平IAA是植物花发育过程中所必需的，而IAA浓度升高则可能不利于成花（邹礼平 等，2020）。

4. 脱落酸（ABA）与成花

有研究者最初提出，ABA的花期调控作用是基于一种ABA缺失突变体的早期开花表型，认为ABA对开花起抑制作用（Hossain et al.，2010）。但在苹果和杏等的研究中也报道了ABA对开花时间产生积极作用，ABA在成花诱导期显著增加并保持高水平，被认为对果树成花有重要促进作用（黄丛林，2001）。此外，Grochowska（1978）的研究认为ABA与苹果的营养生长有关，而与其生殖生长无关。本试验研究发现外源NAA处理紫叶紫薇的内源ABA含量在花发育过程显著降低，促进开花；B9处理的花蕾内源ABA含量在花蕾分化期间小幅度增加，对紫叶紫薇开花起推迟作用；GA₃处理的花内源ABA含量在开花期间显著降低以延长花期时间。有研究发现 ABA 可以促进部分短日植物开花，而对长日植物开花起抑制作用（张秀新，2004）。紫薇为典型的长日照植物，内源 ABA 含量在开花期间显著降低，可能延长了紫叶紫薇的花发育时间。前人表示脱落酸主要合成于即将脱落的器官中，是一种生长抑制物质，在不同的成花阶段 ABA 含量的变化可能存在较大差异。枇杷和梨的花蕾分化研究发现，高浓度的 ABA 对花蕾分化产生抑制作用，甚至枇杷植株经外源 ABA 处理后可能导致成花困难（Liu et al.，2016）。研究表明植物体内脱落酸随光照强度减弱和气温下降的过程逐渐累积，ABA 主要存在于衰老叶片中，高浓度ABA降低叶片的光合速率，叶片光合产物向花器官转移减少（Martinezm et al.，1994）。

11.3 叶面肥对紫叶紫薇花期与碳氮含量影响研究

施肥能够调整花卉植物体内各元素的平衡状态，促进花蕾的生长发育，并调节花期。目前，有关施肥调节紫薇花期的研究报道较少。杨彦伶等（2014）认为施用不同配方的氮磷钾复混肥，对紫薇苗高生长及花序宽、着花数等有显著影响；王昊等（2018）认为在花期采用高磷配比肥料追肥对花期持续时间的促进作用最大。而有关叶面肥调控紫薇花期的研究报道尚是空白。

本研究旨探讨氮磷钾不同配比的叶面肥对紫叶紫薇花期和花发育过程中碳氮营养含量的影响，以及碳氮含量变化与成花的关系，为利用叶面肥调控紫薇花期提供理论依据和技术支撑。

11.3.1 试验材料

试验材料紫叶紫薇优良品种'丹红紫叶'（*Lagerstroemia indica* 'Ebony Embers'），5 年生树，定植在湖南省林业科学院试验林场紫薇基地。树势中等，长势良好。

11.3.2 试验方法

11.3.2.1 试验设计

在试验地随机选取长势基本一致的植株。试验设计四种叶面肥处理，分别为T1：氮（N）磷（P）钾（K）均衡配比溶液（N∶P∶K=1∶1∶1），T2：高 N 配比溶液（N∶P∶K=3∶1∶1），T3：高 P 配比溶液（N∶P∶K=1∶4∶2），T4：高 K 配比溶液（N∶P∶K=2∶1∶3）。用叶面肥对植株进行叶面喷洒，均匀喷洒至叶片滴液为止，以清水处理作为对照（CK）。每处理选取 3 株植株，3 次重复。氮元素由全氮（N）供给，磷元素由五氧化二磷（P_2O_5）供给，钾元素由氧化钾（K_2O）供给。每两周喷洒 1次叶面肥，时间为 2021 年 5 月 10 日、5 月 25 日、6 月 8 日、6 月 22 日、7 月 7 日，共喷洒 5 次。

11.3.2.2 样品采集与处理

对照和处理植株分别于花蕾分化初期、花蕾膨大期、花蕾成熟期、初花期、盛花期、末花期各采样 1 次，在花蕾分化期（花蕾分化初期、花蕾膨大期、花蕾成熟期）随机摘取顶端花蕾，在花期（初花期、盛花期、末花期）随机摘取整花（20~30g/次），样品在105℃烘箱中杀青30min，80℃继续烘干48h，粉碎机研磨过80目筛，装入密封袋待测。

11.3.2.3 花期观察与记录方法

初花期为5%左右花蕾开放，大部分闭合状态；盛花期初期为25%左右花蕾开放；盛花期终期为75%左右花蕾开放；末花期为95%左右花蕾开放。以清水对照组为基准，各处理组的初花期减去对照组的差值为初花期变化值。各处理组的花期天数减去对照组的差值为花期天数变化值。

11.3.2.4 测定指标及方法

1. 可溶性糖和淀粉含量测定

采用蒽酮比色法测定样品中可溶性糖和淀粉含量，参照李莹等（2016）的方法进行。

2. 全氮含量测定

采用硫酸–双氧水消解，凯氏定氮法测定样品中全氮含量，参照万项成（2019）的方法进行。

11.3.3 结果与分析

11.3.3.1 叶面肥对紫叶紫薇花期的影响

由表11.11可知，喷施不同氮磷钾配比的叶面肥对延长紫叶紫薇花期时间有不同程度的促进作用。初花期方面，喷施均衡配比溶液（T1）较对照显著提前初花期5d左右，反之，喷施高氮配比溶液（T2）较对照延迟初花期3d左右。高磷配比（T3）和高钾配比（T4）对初花期的影响不显著。说明紫叶紫薇在开花前使用均衡配比溶液（T1）能够促进开花，而高氮配比溶液（T2）会使开花延迟。盛花期方面，喷施高氮配比溶液（T2）的盛花期初期晚于对照5d左右，且显著晚于均衡配比（T1）处理约12d。高磷配比（T3）处理后盛花时间最长，较对照显著延长约15d。说明高磷配比（T3）有利于延长紫薇的盛花时间。末花期方面，四种氮磷钾配比的叶面肥均延长末花结束时间，其中以高磷配比（T3）和高氮配比（T2）对延长末花期效果最好，约18~22d。总花期方面，四种氮磷钾配比的叶面肥均使总花期较对照显著延长，延长效果依次为高磷配比（T3）＞高氮配比（T2）＞均衡配比（T1）＞高钾配比（T4）。说明喷施高磷配比溶液是延长花期的最优处理，其次是高氮含量配比溶液。

均衡配比溶液（T1）有利于促进紫叶紫薇提早开花，高氮配比溶液（T2）则有利于延迟开花。高磷配比溶液（T3）有利于延长紫叶紫薇的盛花期时间。高磷配比溶液（T3）和高氮配比溶液（T2）则对延长末花期时间有利。高磷配比溶液（T3）延长紫叶紫薇的总花期时间最长。

11.3.3.2 叶面肥对紫叶紫薇花蕾及花的可溶性糖和淀粉含量影响

1. 叶面肥对花蕾及花的可溶性糖含量影响

由图11.13及表11.12可知，不同叶面肥处理的可溶性糖含量高于对照。花蕾分化初期均衡配比溶液（T1）及高钾配比溶液（T4）处理的花蕾可溶性糖含量为 13.35μg·g⁻¹、12.47μg·g⁻¹，分别比对照（CK）显著上升 107.11%、93.37%。花蕾膨大期均衡配比溶液（T1）、高磷配比溶液（T3）及高钾配比溶液（T4）处理的花蕾可溶性糖含量比对照显著升高 72.77%~81.18%。花蕾成熟期高磷配比溶液（T3）处理的花蕾可溶性糖含量 21.06μg·g⁻¹ 比对照 14.85μg·g⁻¹ 显著升高 41.81%。整个花蕾分化期高氮配比溶液（T2）处理的花蕾可溶性糖含量与对照无显著差异，为 6.15~13.96μg·g⁻¹，小幅下降 2.92%~5.98%。在初花期均衡配比溶液（T1）处理的花可溶性糖含量高于对照 20.40%，此后与对照无显著差异。初花期至末花期高磷配比溶液（T3）处理的花可溶性糖含量 24.12~15.33μg·g⁻¹，显著高于其他叶面肥处理，同时较对照在初花期、盛花期、末花期分别显著增加 79.42%、136.03%、112.34%。盛花期至末花期高氮配比溶液（T2）及高钾配比溶液（T4）处理的花可溶性糖含量均显著高于对照，但 T2 及 T4 处理之间可溶性糖含量差异不显著。

在花蕾分化至花期，不同叶面肥处理与对照的可溶性糖含量均表现"先升后降"的趋势。均衡配比溶液（T1）、高磷配比溶液（T3）处理及对照（CK）的可溶性糖含量从花蕾分化初期至花蕾成熟期显著增加；从盛花期开始，花的可溶性糖含量显著降低。高氮配比溶液（T2）及高钾配比溶液（T4）处理的花蕾可溶性糖含量在花蕾分化期间显著增加，初花期至盛花期花的可溶性糖含量无显著变化，至末花期时分别显著下降至 9.16μg·g⁻¹、8.67μg·g⁻¹。

叶面喷施均衡配比溶液有利于增加紫叶紫薇花蕾可溶性糖含量，促进提早开花；叶面喷施高磷配比溶液显著增加了紫叶紫薇花的可溶性糖含量，从而延长花期时间。

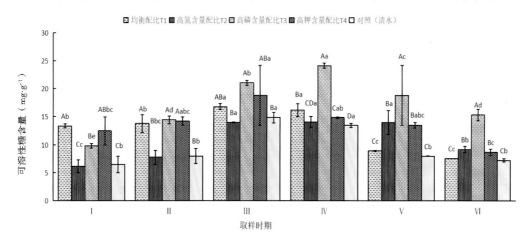

Ⅰ. 花蕾分化初期；Ⅱ. 花蕾膨大期；Ⅲ. 花蕾成熟期；Ⅳ. 初花期；Ⅴ. 盛花期；Ⅵ. 末花期

图 11.13　不同叶面肥处理对花蕾及花可溶性糖含量的影响
[处理内不同小写字母表示不同取样时期间在 0.05 水平存在显著性差异；
同一取样时期内不同大写字母表示不同处理间在 0.05 水平存在显著性差异（P < 0.05）（下同）]

表 11.11 不同叶面肥处理对花期各阶段与花期时间的影响

编号	处理	初花期（月-日）	盛花初期（月-日）	盛花终期（月-日）	末花期（月-日）	初花期变化（d）	花期（d）	花期变化（d）
CK	清水	7-6	7-13	8-20	8-27	—	53±3.74e	—
T1	N：P：K=1：1：1	7-1	7-6	8-19	9-1	+5.33±5.91a	64.33±1.70c	+11.33±5.44c
T2	N：P：K=3：1：1	7-9	7-18	8-30	9-17	-3±4.24c	71.33±2.36b	+18.33±6.02b
T3	N：P：K=1：4：2	7-5	7-13	9-3	9-18	+0.67±3.56b	75.33±1.25a	+22.33±2.49a
T4	N：P：K=2：1：3	7-6	7-13	8-23	9-1	0±5.56b	59.67±1.70d	+6.67±5.31d

注：①"+"表示较对照组日期提前或时长延长，"－"表示较对照组日期延迟或时长缩短；②同一列不同小写字母表示不同处理间在0.05水平存在显著性差异（$P<0.05$）。

表 11.12 不同叶面肥处理对花蕾及花的全氮含量影响

处理	花蕾分化初期（μg·g⁻¹FW）	花蕾膨大期（μg·g⁻¹FW）	花蕾成熟期（μg·g⁻¹FW）	初花期（μg·g⁻¹FW）	盛花期（μg·g⁻¹FW）	末花期（μg·g⁻¹FW）
均衡比T1	31.84Ba	27.43BCb	27.02Bb	31.06A	25.27Cc	23.01Cd
高氮比T2	33.92Aa	32.23Ab	30.21Ac	29.72ABc	29.20Acd	28.09Ad
高磷比T3	28.12Ca	27.41BCa	26.71Bab	26.62Cab	25.09Cbc	24.24BCc
高钾比T4	29.20Ca	27.77Bab	27.75Bab	28.43Ba	26.60Bb	24.69Bc
清水（CK）	29.83Ca	26.17Cb	24.61Cb	24.43Db	22.55Dc	21.36Dc

表 11.13 不同叶面肥处理对花蕾及花的淀粉含量影响

处理	花蕾分化初期（μg·g⁻¹FW）	花蕾膨大期（μg·g⁻¹FW）	花蕾成熟期（μg·g⁻¹FW）	初花期（μg·g⁻¹FW）	盛花期（μg·g⁻¹FW）	末花期（μg·g⁻¹FW）
均衡比T1	20.08BCc	25.33Abc	28.04Abc	29.15Cbc	30.58Bb	40.78ABa
高氮比T2	17.92Cd	20.91Ad	26.71Ac	38.32Bb	45.35Aa	48.42Aa
高磷比T3	19.30Cd	24.00Ac	22.15Bc	44.51Ab	47.86Aa	49.88Aa
高钾比T4	21.96ABb	21.75Ab	23.02Bb	27.01Cd	29.89Bb	47.91Aa
清水（CK）	22.75Ad	24.93Acd	28.10Abc	26.91Cbcd	31.79Bab	34.15Ba

2. 叶面肥对花蕾及花的淀粉含量影响

由图11.14及表11.13可知，在花蕾分化期不同叶面肥处理的花蕾淀粉含量与对照组差异不显著，其中均衡配比溶液（T1）、高氮配比溶液（T2）及高磷配比溶液（T3）处理的花蕾淀粉含量为17.92~20.08μg·g^{-1}，比对照分别下降了11.75%、21.22%、15.14%。花蕾成熟期时高磷配比溶液（T3）及高钾配比溶液（T4处理）的花蕾淀粉含量比对照显著下降21.17%、18.09%。初花期至末花期高氮配比溶液（T2）及高磷配比溶液（T3）处理的花淀粉含量显著高于对照及其他处理，高氮配比溶液（T2）处理的花淀粉含量在38.32~48.42μg·g^{-1}，分别显著高于对照42.41%、42.64%、41.77%，高磷配比溶液（T3）处理的花淀粉含量在44.51~49.88μg·g^{-1}，分别显著高于对照65.44%、50.54%、46.07%。

不同叶面肥处理与对照的花蕾及花的淀粉含量均表现为上升趋势。均衡配比溶液（T1）、高钾配比溶液（T4）处理及对照的淀粉含量逐渐缓慢上升，在末花期花淀粉含量增幅较显著。高氮配比溶液（T2）及高磷配比溶液（T3）处理的淀粉含量从花蕾分化期至开花期间显著增加。

研究结果表明，花蕾分化期间不同叶面肥对紫叶紫薇花蕾淀粉含量影响不显著，但开花期间高氮配比溶液及高磷配比溶液有助于增加花淀粉含量，促进花期时间延长。

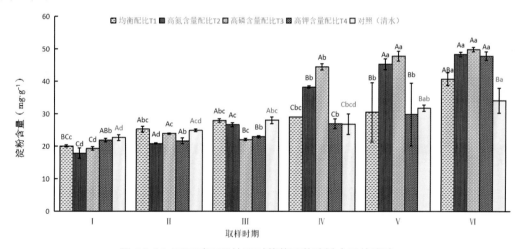

图 11.14　不同叶面肥处理对花蕾及花淀粉含量的影响

11.3.3.3 叶面肥对紫叶紫薇花蕾及花的全氮含量影响

由图11.15及表11.14可知，经过不同叶面肥处理后，各处理的全氮含量均较对照增加，高氮配比溶液（T2）处理的全氮含量变化最显著。在花蕾分化初期均衡配比溶液（T1）及高氮配比溶液（T2）处理的花蕾全氮含量分别为31.84μg·g^{-1}、33.92μg·g^{-1}显著高于对照6.72%、13.70%，同时高磷配比溶液（T3）及高钾配比溶液（T4）处理与对照无明显差异。在花蕾膨大期高氮配比溶液（T2）处理的花蕾全氮含量较对照显著上升23.15%，同时其他处理较对照上升4.74%~6.11%。在花蕾成熟期高氮配比溶液（T2）处理的花蕾全氮含量达30.21μg·g^{-1}较对照显著上升22.79%，同时其他处理较对照上升8.53%~12.79%。在开花期间不同叶面肥处理后的花全氮含量均显著高于对照，其中，初花期时均衡配比溶液（T1）及高氮配比溶液（T2）处理的花全氮含量分别达31.06μg·g⁻¹、29.72μg·g⁻¹较对照显著增加27.18%、21.66%，盛花期时高氮配比溶液（T2）及高钾配比溶液（T4）处理的花全氮含量分别达29.20μg·g⁻¹、26.60μg·g⁻¹较对照显著增加29.54%、17.99%。

不同叶面肥处理与对照的花蕾及花的全氮含量大致表现为下降趋势。均衡配比溶液（T1）及高钾配比溶液（T4）处理在花蕾分化期花蕾全氮含量逐渐降低，然后在初花期花全氮含量上升，开花期间花全氮含量再次显著降低。高氮配比溶液（T2）、高磷配比溶液（T3）处理及对照组的全氮含量随花发育过程缓慢下降。

研究结果表明，不同叶面肥处理均增加紫叶紫薇花发育过程中全氮含量，高氮配比溶液（T2）显著促进全氮含量累积以利于延迟开花。

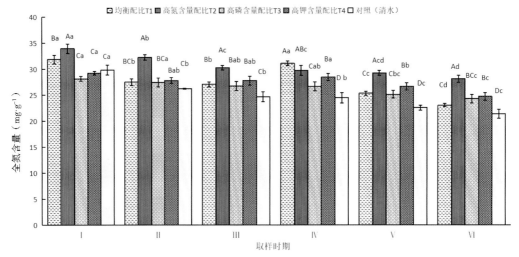

图 11.15 不同叶面肥处理对花蕾及花全氮含量的影响

11.3.3.4 叶面肥对紫叶紫薇花蕾及花的 C/N 影响

由图11.16可知，喷洒不同叶面肥后，在花蕾分化期均衡配比溶液（T1）、高磷配比溶液（T3）及高钾配比溶液（T4）处理与对照的花蕾C/N差值在0.03~0.20之间，无显著性差异；高氮配比溶液（T2）处理的花蕾C/N值则较对照显著降低0.26~0.40。在开花期间均衡配比溶液（T1）及高钾配比溶液（T4）处理的花C/N值与对照无显著差异。在花期高氮配比溶液（T2）及高磷配比溶液（T3）处理的花C/N值显著高于对照，其中，高磷配比溶液（T3）处理在初花期的花C/N值显著高于对照0.92，高氮配比溶液（T2）处理在盛花期的花C/N值显著高于对照0.27。

不同叶面肥处理与对照的C/N值变化大致表现为上升趋势。均衡配比溶液（T1）、高钾配比溶液（T4）处理与对照的花蕾C/N值在花蕾分化期快速上升，初花期至盛花期的花C/N值变化不显著，然后在末花期花C/N值再次快速上升。高氮配比溶液（T2）及高磷配比溶液（T3）处理的C/N值从花蕾分化初期至盛花期持续显著升高，在末花期花C/N值变化较稳定。

叶面喷施均衡配比及高钾配比溶液总体上对紫叶紫薇花蕾及花的C/N值影响不显著，而喷施高氮配比溶液使花蕾分化期间的花蕾C/N值显著降低以推迟开花，喷施高磷配比溶液使开花期间的花 C/N 值显著增加以维持花期时间。

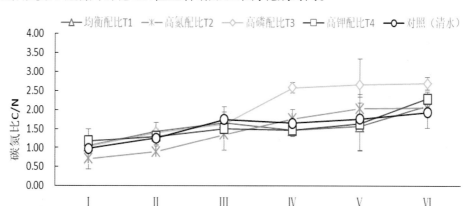

图 11.16　不同叶面肥处理对紫薇花蕾及花 C/N 的影响

11.3.4 结论与讨论

11.3.4.1 叶面肥对紫叶紫薇花期的影响

1. 氮磷钾均衡叶面肥对花期的影响

研究结果表明，不同配比叶面肥均对紫叶紫薇花期时间起到延长作用，氮磷钾均衡肥使初花提前开放，且在一定程度上延迟末花期，使总花期延长。藤本月季通过施肥处理发现氮元素对整体花期起主导作用，磷元素对单朵花开花时间影响显著，钾元素对开花枝条数影响较大，氮、磷、钾元素均对植株开花时间有促进作用（刘智媛，2020）。而翁青史（2019）对寒兰的氮磷钾配比试验发现，均衡配比肥料处理比温室内清水组的始花期要推迟 23d。这可能与植物本身开花特性有密切关系。

2. 高氮叶面肥对花期的影响

研究结果表明，高氮肥处理延迟了紫叶紫薇初花开放，并延迟了末花期，使总花期延长。Devereaux 等（1999）研究认为盆栽紫薇在高氮条件下生长，开花反应延迟，低氮条件下则提前进入盛花期。这可能是植物体的生长早期，氮素主要集中于叶片，氮素充足时增加叶绿素数量，使叶片更长时间保持叶色鲜亮，之后茎成为氮素的分配中心，氮素大量向花和果实等方向转移，以致花蕾发育延迟。后期氮肥能够减缓叶绿素下降速度，为植株发育提供光合产物，支持开花植株的花期持续时间（Heckman et al.，2003）。

3. 高磷叶面肥对花期的影响

研究结果表明，高磷肥促进紫叶紫薇盛花天数增加，对维持盛花时间起到较好效果，同时总花期时间明显延长。王昊等（2018）研究认为在复色紫薇花期追肥时采用高磷配比（N∶P∶K=17∶23∶5）肥料对花期持续时间的促进作用最大。可能是增施一定量的高磷肥提高了细胞对自由基的清除能力，以维持细胞的稳定性，延缓了细胞衰老的进程。缺磷会导致花发育缓慢且花瓣数减少、开花量减少（丁雪梅，2012）。杨彦伶等（2014）的研究表明磷肥是影响紫薇生殖生长最关键的因素，NP 和 NPK 处理对促进幼龄紫薇开花质量明显。

4. 高钾叶面肥对花期的影响

本研究发现，高钾肥处理延后了紫叶紫薇末花期，使总花期表现一定程度的延长。刘智媛（2020）认为适量的钾元素可以起到增加花量、延长花期的作用，在一定的施钾量范围内，开花时间随钾水平的升高而升高。有研究表明钾肥对于国兰、蝴蝶兰、大花蕙兰花蕾分化有很大影响，其花蕾数显著增多，在花蕾分化前增施钾肥以促进花蕾分化。说明高钾肥料对花卉植物的开花数量有较好的促进作用。可能是因为钾素不仅参与叶绿素形成和光合作用进行，而且促进碳水化合物合成运输、扩大根系等多方面生理活动，从而开花时间在高钾水平下随开花量增加而增加。杨彦伶等（2014）的研究发现肥料配比中缺少钾元素对幼龄紫薇的营养生长及开花品质都没有明显影响，推测紫薇的生长开花可能对钾肥不敏感。

11.3.4.2 叶面肥对紫叶紫薇花蕾及花的可溶性糖和淀粉含量影响

1. 叶面肥对可溶性糖含量的影响

碳水化合物的积累可增强植株抗性，糖类物质的积累反映了植物体内可利用态物质和能量基础。试验结果表明，紫叶紫薇各处理的花蕾及花的可溶性糖含量表现为先升高后降低的趋势，可溶性糖含量在紫叶紫薇花蕾形态分化阶段不断积累，随着花开放过程不断消耗。紫叶紫薇叶面喷施均衡肥有利于增加花蕾可溶性糖含量以促进开花。氮磷钾均衡施肥可以实现植物在各生长发育时期对营养元素的基本需求，以提高肥料利用率促进生长。紫叶紫薇叶面喷施高磷肥、高钾肥有助于增加花发育过程中可溶性糖含量以延长花期时间。闫杰伟（2019）研究表明氮、磷、钾肥都可以促进观赏桃叶片中可溶性糖含量积累，高水平的磷肥对可溶性糖含量影响比较明显，不同水平的钾肥对可溶性糖含量影响不存在显著差异。本试验结果表明，高氮叶面肥对紫叶紫薇花蕾分化期的可溶性糖含量影响无显著性，开花期的可溶性糖含量显著增加。

2. 叶面肥对淀粉含量的影响

研究结果表明，紫叶紫薇各处理的花蕾及花的淀粉含量表现为逐渐上升趋势。不同叶面肥处理在花蕾分化期的淀粉含量小幅度降低但影响不显著，高磷、高氮肥处理淀粉含量在开花期间显著增加。王丽云（2018）对降香黄檀进行施肥试验发现，NPK复合肥处理在花蕾分化期也降低了叶片淀粉含量，并且氮肥处理后的叶片淀粉含量在开花期显著高于其他处理。前人研究表明氮肥处理能够延长淀粉合成和降解时间（李晶，2013），钾促进淀粉等的合成，钾素影响源器官的光合作用及库器官的糖代谢（Beckles，2012）。这说明不同植物的营养机制有差异。

11.3.4.3 叶面肥对紫叶紫薇全氮含量的影响

研究结果表明，不同叶面肥处理的紫叶紫薇花蕾及花的全氮含量表现为下降趋势。可能是后期随光照强度降低，植株光合作用减弱，植物对氮素的吸收很大程度上依赖于光合作用强度，光合产物向花器官运输减少，影响其对氮素的吸收利用。不同叶面肥处理后紫叶紫薇的花蕾及花的全氮含量在整个花发育过程中总体上较对照提高，高氮肥显著促进全氮含量累积，高钾肥次之。刘智媛（2020）研究认为月季在不施氮肥的情况下花的氮含量最低，随着施氮量增加地上部分的氮含量提高。大多数研究也表示氮肥施用量与植株的氮含量显著正相关，氮肥的增施能够促进植株对氮素的吸收利用，在生殖生长期降低光合产物向根系转移的比例，在适宜范围内氮肥的增施有助于花瓣氮营养的累积（Cabrera et al.，1995）。本试验结果表明，高钾肥对紫薇花蕾及花的全氮含量的增加次于高氮肥，较对照来说全氮含量明显增加。前人认为钾肥能够促进氮素在植物体内转化合成蛋白质，钾元素供应不足使氮元素吸收受到抑制，浓度过高的钾肥会减弱光合作用，抑制植株对氮素的吸收，追施适宜浓度钾肥促进氮素累积（Winsor et al.，2015）。

11.3.4.4 叶面肥对紫叶紫薇花蕾及花的 C/N 影响

植物碳同化需要氮元素形成各种酶的支持，植物体内氮素过高及过低都会对光合作用产生影响，进而影响糖类、淀粉等的形成。研究结果表明，磷叶面肥使开花期间紫叶紫薇的花 C/N 值显著增加。不同配方施肥处理对降香黄檀在花蕾分化期的叶片 C/N 值影响不显著，磷钾处理在花期使叶片 C/N 值明显增加（王丽云，2018）。本试验结果表明高氮肥处理后紫叶紫薇 C/N 值在花蕾分化期间明显低于对照和其他处理，这与小麦（李红梅，2018）的研究认为高氮条件下导致氮代谢旺盛和 C/N 值过低，不利于干物质积累的结果较一致。

11.3.4.5 碳氮含量与成花的关系

1. 可溶性糖及淀粉含量与成花

大量研究表明累积可溶性糖及淀粉有利于植物花发育。研究结果表明，紫叶紫薇经均衡叶面肥处理后显著增加花蕾可溶性糖含量，有利于提前开花。高磷叶面肥处理显著增加花可溶性糖及淀粉含量，使花期 C/N 值显著提高以延长花期时间。说明可溶性糖及淀粉含量增加对紫叶紫薇成花起一定促进作用。这在大量关于碳水化合物对植物成花影响的研究中都可以见到，萱草不断以可溶性糖的形式将养分分配至茎尖为花蕾分化提供能量；番红花、刺梨、杨梅等的成花过程中存在高水平的可溶性糖和淀粉含量；牡丹内源糖的转运与代谢加强后，最终促进花蕾解除休眠和二次开花（张秀新，2004）。

2. 全氮含量与成花

氮素对于植物成花的影响复杂，并不是氮素越少对植物成花越有利。本研究结果表明，高氮叶面肥处理显著增加了紫叶紫薇的花蕾全氮含量，抑制了花蕾形态分化，从而推迟开花。前人研究表明适宜的氮含量能促进营养生长，保证开花枝条健康生长，有效协调营养生长与生殖生长，促进花蕾分化，反之氮素营养不足导致植物体内缺乏成花的基础物质，不利于植株花蕾分化（Marian et al.，2014）。但氮素含量过高也会导致植物体营养生长过盛，使得营养生长向生殖生长的转化速度减缓，从而影响花蕾孕育，延迟花的起始（Ali et al.，1995）。紫叶紫薇经高氮肥、高钾肥处理在开花期也显著增加了花的全氮含量，有效延长了花期时间。说明紫叶紫薇成花的不同阶段对氮素营养的需求不同，花蕾分化期时低浓度氮促进花蕾分化，开花期时适当增加氮素水平促进花期延长。

3. C/N 值与成花

前人研究认为相对高碳低氮的内环境有利于成花，植物体内 C/N 值高，有利于生殖生长，促进成花；反之植物体内C/N值低，有利于营养生长，延迟开花，这一趋势在苹果、荔枝、葡萄等多数果树上得到验证。本研究结果表明，高氮叶面肥使紫叶紫薇花蕾分化期的花蕾C/N值显著降低，开花延迟，这说明C/N值降低对花蕾分化产生抑制作用，这与前人研究一致（张翔，2014）。高磷叶面肥使开花期的花C/N值显著提高，紫叶紫薇花期延长，说明C/N值升高对成花具有促进作用。研究结果表明，高磷叶面肥使紫叶紫薇C/N值升高，主要是高含量的碳水化合物所致，全氮含量的变化不大。

参考文献

艾沙江·买买提，梅闯，张校立，等，2015.短截对富士苹果萌芽前后枝条不同部位碳氮营养的影响[J].西北农林科技大学学报，43(8)：140-146.

蔡娅，2019.香花油茶花芽分化调控技术及生理变化研究[D].长沙：中南林业科技大学.

戴庆敏，丰震，王长宪，等，2007.盆栽矮紫薇花期调节试验初报[J].北方园艺，12：114-116.

丁雪梅，2012.不同氮磷钾组合对大丽花生长发育的影响[D].泰安：山东农业大学.

董万鹏，吴楠，吴洪娥，等，2020.不同食用玫瑰生长特性、花品质及生理变化特征[J].热带农业科学，40(8)：6-11.

范露，2019.喷施NAA对'长富2号'苹果花芽发育生理特性及相关基因表达的影响[D].咸阳：西北农林科技大学.

高小俊，吴兴恩，程永生，等，2010.短截对芒果再次花芽分化的影响[J].湖南农业科学，(15)：47-49.

弓德强，2003.露地牡丹花期调控的研究[D].咸阳：西北农林科技大学.

郭维明，盛爱武，1999.梅花采后衰老的内源激素调节[J].北京林业大学学报，21(2)：42-47.

贺菡莹，2018.比久和多效唑调控切花菊'Mona Lisa Sunny'的株型的研究[D].北京：中国林业科学研究院.

胡香英，2016.'紫娘喜'和'妃子笑'荔枝花期调控效应研究[D].海口：海南大学.

胡瑶，宋明，魏萍，2007.多效唑、矮壮素和B9在园艺作物上的应用[J].南方农业，(11)：65-67.

黄诚梅，江文，吴建明，等，2009.萘乙酸与多效唑对茉莉成花及新梢内源激素含量的影响[J].西北植物学报，29(4)：742-748.

黄丛林，张大鹏，贾文锁，2001.葡萄果实发育后期脱落酸来源的研究[J].园艺学报，28(5)：385-391.

贾玥，2014.葡萄标准化花穗整形修剪技术研究[D].南京：南京农业大学.

康美丽，2009.环剥对毛棉杜鹃花芽分化过程中叶片养分及激素变化的影响[D].呼和浩特：内蒙古农业大学.

兰海波，贾红姗，2014.萘乙酸(NAA)对盆栽冬红果叶片衰老的影响[J].农业科技与信息(现代园林)，11(1)：34-38.

李波，2012.生长调节剂与光温处理对西洋杜鹃花期及内源激素的调控作用[D].杭州：浙江大学.

李桂芬，2005.芒果花期调控及花芽分化的研究[D].南宁：广西大学.

李红梅，2018.减量分期施氮对小麦产量和氮素利用效率的影响[D].泰安：山东农业大学.

李莹，李映志，叶春海，2016.不同种质菠萝蜜成熟果实中可溶性总糖与淀粉含量的关系[J].安徽农业科学，44(36)：10-12.

刘仁道，何瑞生，范理璋，2001.内源激素与甜樱桃营养生长的关系[J].北方园艺，(6)：20-21.

刘智媛，2020.月季'安吉拉'景观形成的生理基础及施肥研究[D].上海：上海交通大学.

罗丽，2015.不同短截时间和短截强度对'川香'核桃幼树生理特性的影响[D].雅安：四川农业大学.

吕强，2018.绥化市兰西县玉米氮磷钾最佳施肥配比研究[D].哈尔滨：东北农业大学.

马玲，张鑫，孟莹，等，2018.喷施GA3和6-BA对"富士"苹果顶芽内源激素及成花成枝的影响[J].西北植物学报，38(5)：873-884.

饶丹丹，2020.紫薇新品种'紫玉'组织培养及内源激素含量变化研究[D].长沙：中南林业科技大学.

沙飞，杨海牛，刘芳，等，2020.修剪强度和留芽数量对紫薇二次开花的影响[J].湖北农业科学，59(5)：106-109，137.

田野，2019.蓝莓夏季修剪及丰产树形构造研究[D].长春：吉林农业大学.

万项成，2019.施肥对蒙古栎幼林生长及生理特性的影响[D].沈阳：沈阳农业大学.

王昊，刘博，蔡卫佳，2018.复色紫薇优化施肥模式研究[J].北方农业学报，46(6)：110-114.

王丽云，2018.施肥和生长调节剂对降香黄檀营养和生殖生长影响的研究[D].北京：中国林业科学研究院.

王星辰，2021.苹果花期延迟技术及其对生长发育影响的研究[D].咸阳：西北农林科技大学.

翁青史，2019.寒兰花期调控技术及花期生理响应研究[D].福州：福建农林大学.

肖安琪，2016.三角梅花芽分化的内源激素变化与花期调控研究[D].广州：华南农业大学.

徐亚萍，贺菡莹，赵鑫，等，2021.B9和PP333对菊花'Mona Lisa Sunny'观赏性状和生理指标的影响[J].北方园艺，(5)：69-75.

闫杰伟，2019.施肥对观赏桃'元春'生长及生理特性的影响[D].长沙：中南林业科技大学.

杨伟新，2016.外施赤霉素对月季成花诱导的作用初探[D].四平：吉林师范大学.

杨彦伶，李振芳，李金柱，等，2014.施肥对紫薇生长开花特性的影响研究初报[J].湖北林业科技，43(1)：1-3，28.

于方玲，2016.北京地区紫薇的二次开花及养护技术[J].现代园艺，(24)：27.

于越，安万祥，董德祥，等，2019.柑橘花芽分化研究进展[J].中国果菜，39(9)：53-56.

余蓉培，桂敏，阮继伟，等，2017.植物生长调节剂GA3和B9对长寿花生长发育的影响[J].江西农业学报，29(11)：73-76.

余小春，2007.紫斑牡丹花期调控生理特性的研究[D].兰州：甘肃农业大学.

岳保超，汪蓉，钟灵，等，2016.植物生长调节剂对马樱杜鹃开花调控的影响[J].

仲恺农业工程学院学报，29(1)：1-5.

岳静，2012.光质和植物生长调节剂对杜鹃花期观赏性状及相关特性的影响[D].成都：四川农业大学.

詹福麟，2020.厦门地区紫薇二次成花调控技术研究[J].亚热带植物科学，49(3)：220-224.

张全军，钟必凤，李文贵，等，2017."丰水"梨二次开花过程中矿质养分变化规律[J].安徽农业科学，45(31)：45-47.

张翔，2014.修剪措施及生长调节剂对薄壳山核桃枝条发育和结果潜力的影响[D].南京：南京农业大学.

张秀新，2004.秋发牡丹露地二次开花调控栽培及其开花生理的研究[D].北京：北京林业大学.

张中玮，2019.生长调节剂对映山红花期与光合特性的影响[D].长沙：中南林业科技大学.

朱亚艳，徐嘉娟，杨冰，等，2019.马尾松针叶基潜伏芽萌发过程中内源激素的变化研究[J].贵州林业科技，47(2)：1-5.

朱章顺，王强锋，李芹，等，2021.木芙蓉花期不同阶段主要器官内源激素含量的变化[J].西部林业科学，50(6)：16-23.

邹礼平，潘铖，王梦馨，等，2020.激素调控植物成花机理研究进展[J].遗传，42(8)：739-751.

Ali A G,Lovatt C J,1995.Relationship of polyamines to low-temperature stress-induced flowering of the 'Washington' navel orange[J].Journal of Horticultural Science,70(3):491-498.

Beckles D M,2012.Factors affecting the postharvest soluble solids and sugar content of tomato(Solanum lycopersicum L.) fruit[J].Postharvest Biology and Technology,63(1):129-140.

Cabrera R I,Evans R Y,Paul J L,1995.Nitrogen partitioning in rose plants over a flowering cycle[J].Scientia Horticulturae,63(1):67-76.

Chang M Z,Huang C H,2018.Effects of GA3 on promotion of flowering in Kalanchoe spp[J].Scientia Horticulturae,238:7-13.

Devereaux D R,Cabrera R I,1999.Crape myrtle post-transplant growth as affected by nitrogen nutrition during nursery production[J].Journal of the American Society for Horticultural Science,124(1):94-98.

Davies P J,2004.Plant Hormones[M].Dordrecht:Kluwer Academic Publishers.

Grochowska M,Hoad G V,1978.A possible role of hormones in growth and development of apple trees and a suggestion on how to modify their action[J].Acta Horticulturae,80:457-464.

Guan Y R,Xue J Q,Xue Y Q,et al.,2019.Effect of exogenous GA3 on flowering quality,endogenous hormones,and hormone- and flowering-associated gene expression in forcingcultured tree peony(Paeonia suffruticosa)[J].Journal of Integrative Agriculture,18(6):1295-1311.

Heckman J R,Clarke B B,Murphy J A,2003.Optimizing manganese fertilization for the suppression of Take-All patch disease on creeping bentgrass[J].Crop Science,43(4):1395-1398.

Hossain M A,Cho J I,Han M,et al.,2010.The ABRE-binding bZIP transcription factor OsABF2 is a positive regulator of abiotic stress and ABA signaling in rice[J].Journal of Plant Physiology ,167(17):1512-1520.

Liu Y,Zhang H P,Gu C,et al.,2016.Transcriptome profiling reveals differentially expressed genes associated with wizened flower bud formation in Chinese pear(Pyrus bretschneideri Rehd.)[J].The Journal of Horticultural Science and Biotechnology,91(3):227-235.

Marian M,Jadwiga S,2014.The effect of nitrogen nutrition on growth and on plant hormones content in Scots pine(Pinus silvestris L.)seedlings grown under light of different intensity[J].Acta Societatis Botanicorum Poloniae,49(3):221-134.

Martinezm J M,Coupland G,Dean C,et al.,1994.The transition to flowering in Arabidopsis[J].Arabidopsis,403-433.

Peng Q,Wang H Q,Tong J H,et al.,2013.Effects of indole-3-acetic acid and auxin transport inhibitor on auxin distribution and development of peanut at pegging stage[J]. Scientia Horticulturae,162:76-81.

Sedgley M,1990.Flowering of deciduous perennial fruit crops[J].Hort Review,12:223-264.

Winsor G W,Davies J N,Long M I E,2015.Liquid feeding of glasshouse tomatoes;The effects of potassium concentration on fruit quality and yield[J].Journal of Horticultural Science,36(4):254-267.

Wood B W,2011.Influence of plant bioregulators on pecan flowering and implications for regulation of pistillate flower initiation[J].Hortscience,46(6):870-877.

Zhang S W,Zhang D,Fan S,et al.,2016.Effect of exogenous GA3 and its inhibitor paclobutrazol on floral formation,endogenous hormones,and flowering-associated genes in 'Fuji' apple(Malus domestica Borkh.)[J].Plant Physiology and Biochemistry,107:178-186.

第12章 配方施肥对紫薇容器苗生长、开花及生理的影响研究

紫薇（*Lagerstroemia indica*）是千屈菜科紫薇属（*Lagerstroemia*）的落叶灌木或小乔木，为夏季观花的重要树种之一，树姿优美，花色艳丽且繁多（王敏 等，2008）。'紫精灵'紫薇（*Lagerstroemia indica* 'ZiJing Ling'）是湖南省林业科学院选育出的优良新品种，花初开时为深紫色，渐退为紫蓝色，呈现出一树多花的特点，观赏价值极高，是城市园林绿化和营造花海的优良品种，应用潜力大。

目前我国对紫薇的研究主要集中在品种资源调查、新品种选育及组织培养等方面（饶丹丹，2020），但施肥的研究较少，仅见有关施肥对紫薇生长和开花特性的影响研究报道，但未系统地研究施肥对紫薇生理生化和光合作用的影响（陆小清 等，2011；杨彦伶 等，2014；王昊 等，2018）。容器育苗是一项先进的育苗技术，与传统的育苗方式相比，具有育苗周期短、移栽成活率高等特点，但容器苗随着根系不断生长，容器内基质的养分远远不能维持苗木生长发育的需要，因此，需进行配方施肥，补充幼苗生长发育所需养分。合理的施肥配方可促进紫薇容器苗的生长，提高开花质量。本研究以'紫精灵'紫薇容器苗为研究对象，研究不同配方施肥对'紫精灵'紫薇容器苗的生长、开花及生理的影响，旨筛选最佳的施肥配方，为紫薇容器苗培育及应用提供理论和技术支撑。

12.1 试验材料

供试苗木为2年生'紫精灵'紫薇（*Lagerstroemia india* 'Zijingling'）容器苗，地径（0.75 ± 0.31）cm。苗木高度为（60 ± 1.78）cm。供试肥料为尿素（含 N ≥ 46%）、生物酶活化磷肥（含 P_2O_5 ≥ 16%）、水溶性硫酸钾（含 K_2O ≥ 52%）。

12.2 试验方法

12.2.1 试验地概况

试验于2021年3—10月在湖南省林业科学院试验林场紫薇基地（113°01′30″E，28°06′40″N）进行。该地为亚热带季风湿润气候，年平均降水量1400~1900mm，年平均气温17.1℃，年平均日照1496~1850h，无霜期264d。

12.2.2 试验设计

采用"3414"施肥试验设计方案（表12.1），设氮、磷、钾3个因素，每个因素各4个施肥水平（0，1，2，3），共14个处理，3次重复，完全随机区组排列，每个处理12株。

表12.1 "3414"施肥试验设计与肥料用量

编号	处理	年施肥量（g·株⁻¹）		
		N	P_2O_5	K_2O
T1	$N_0P_0K_0$	0	0	0
T2	$N_0P_2K_2$	0	10	10

（续表）

编号	处理	年施肥量（g·株$^{-1}$）		
		N	P$_2$O$_5$	K$_2$O
T3	N$_1$P$_2$K$_2$	10	10	10
T4	N$_2$P$_0$K$_2$	20	0	10
T5	N$_2$P$_1$K$_2$	20	5	10
T6	N$_2$P$_2$K$_2$	20	10	10
T7	N$_2$P$_3$K$_2$	20	15	10
T8	N$_2$P$_2$K$_0$	20	10	0
T9	N$_2$P$_2$K$_1$	20	10	5
T10	N$_2$P$_2$K$_3$	20	10	15
T11	N$_3$P$_2$K$_2$	30	10	10
T12	N$_1$P$_1$K$_2$	10	5	10
T13	N$_1$P$_2$K$_1$	10	10	5
T14	N$_2$P$_1$K$_1$	20	5	5

12.2.3 施肥方法

2021年3月初，选择生长状况基本一致的健壮苗木，选用直径为25cm、高为25cm的育苗容器，将苗木定植于容器中，每盆1株。容器基质为泥炭土：珍珠岩=8：2（体积比）（乔中全 等，2015）。施肥前对基质的理化性质进行测定，结果为pH5.13、有 机 质 73.60g·kg^{-1}、全 氮 8.31g·kg^{-1}、全 磷 0.57g·kg^{-1}、全 钾 13.91g·kg^{-1}、碱解氮296.30mg·kg^{-1}、速效磷193.10mg·kg^{-1}、速效钾237.90mg·kg^{-1}。苗木定植1个月后，于2021年4—8月按表12.1的试验设计对紫薇进行施肥，每30d施肥1次，每次为表12.1的年施肥量的1/5。将每株苗木所需施用的氮、磷、钾肥称好后混合装袋，施肥时把每袋肥料分别放入烧杯中，加入1L水，混合均匀后进行浇施。

12.2.4 测定内容与方法

1. 生长及花开花指标的测定

①株高、地径增长量的测定：施肥处理前，每个处理选取6株，用卷尺测株高，用游标卡尺测地径，作为初始值；2021年10月测量最后一次测量，两次测量值的差值分别为株高、地径增长量。

②冠幅增长量的测定：施肥处理前，每个处理选取6株，用皮尺测量苗木南北和东西方向宽度后取平均值，作为初始值；2021年10月测量最后一次冠幅，两次测量值的差值为冠幅增长量。

③生物量的测定：2021年10月，每个处理挖取3株，分地上部分与地下部分，置于烘箱70℃中烘干至恒重，称量干重。

④叶面积的测定：2021年10月，每个处理选6片叶，使用LI-3000C叶面积仪（LI-COR，美国）测定叶面积。

⑤根系的测定：2021年10月，每组采取3株，用根系扫描仪（Epson CORP，日本）扫描根系，经WinRHIZO分析软件计算得到总根长、根总表面积、根总体积及根尖数。

⑥花的测定：于2021年7月5日，在盛花期时，每个处理选取6株，对花序着花数、

单株花序数进行测定并记录；每个处理选取6个花序，用直尺测量花序长和宽度；每个处理选取6个花朵，用游标卡尺测量花径；

⑦花期的观测：在花期对紫薇进行物候期观测并记录，依次记录现蕾期、始花期、盛花期、末花期，并计算花期长度。花期长度为始花期至末花期的持续时间。

2. 生理指标的测定

于2021年9月，采集株枝条中部的成熟叶片进行生理指标测定。用北京索莱宝生物科技有限公司提供的检测试剂盒进行测定可溶性糖含量；参照考马斯亮蓝G-250染色法进行测定（路文静等，2012）测定可溶性蛋白质含量。

3. 光合特性的测定

①光合特性的测定：于2021年8月20日，每处理选取3株，每株选枝条中部的3片成熟叶用LI-6400XT光合测定仪（LI-COR，美国）测定净光合速率（Pn）、气孔导度（Gs）、胞间CO_2浓度（Ci）、蒸腾速率（Tr），测定时设定人工光照强度为1200μmol·m^{-2}·s^{-1}。

②叶绿素相对含量的测定：采用SPAD-502 Plus叶绿素仪（柯尼卡美能达，日本）测定。于2021年8月20日，每处理选取3株，每株选取枝条中部的3片成熟叶测定叶绿素相对含量。

4. 养分指标测定

于2021年9月采集枝条中部的成熟叶片，使用超纯水洗涤后，置于105℃烘箱中杀青15min，然后置于70℃烘箱中烘至恒重。将烘干叶片粉碎，过筛后装入塑封袋保存。

施肥试验结束后，去除盆基质表层的落叶及杂物，分别挖取各个处理容器的基质，装袋并编号，将基质自然风干，粉碎后过筛，保存于塑封袋中，待测。

①叶片、基质的全氮含量测定：H_2SO_4-H_2O_2消煮后，按鲍士旦土壤分析方法中的凯氏定氮法测定（鲍士旦，2013）。

②叶片的全磷、全钾含量测定：HNO_3-H_2O_2消煮后，使用电感耦合等离子光谱仪测定（陈亮 等，2017）。

③基质的全磷、全钾含量测定：依次加入盐酸、硝酸、氢氟酸、高氯酸于样品中消煮后，使用电感耦合等离子光谱仪测定（任钰婕 等，2019）。

12.2.5 数据处理与分析

采用Excel 2010软件对所得数据进行整理，采用SPSS 19.0进行各项指标的单因素方差分析和相关性分析，用Origin 2021绘图。利用DPS 19.05做肥料效应分析，使用频次分析法确定优化施肥量。

12.3 结果与分析

12.3.1 配方施肥对紫薇株高增长量的影响

由表12.2可知，除T2（$N_0P_2K_2$）处理外，其余的施肥处理株高增长量均显著高于T1（$N_0P_0K_0$）不施肥处理（$P<0.05$，下同）。其中以T6（$N_2P_2K_2$）处理的株高增长量最大，为63.99cm，较不施肥处理显著增长了69.04%。这说明施肥均能促进紫薇的高生长。

将磷、钾施肥量固定在水平2上（P_2K_2），氮肥不同水平（N_0、N_1、N_2、N_3）的株高增长量随着施氮肥量的增加呈现出先增后减的趋势，株高增长量的大小排序为$N_2>N_1>$

$N_3 > N_0$，表明氮肥以 N_2 水平为宜。氮、钾施肥量固定在水平 2 上（N_2K_2），磷肥不同水平（P_0、P_1、P_2、P_3）的株高增长量随着施磷肥量的增加表现出与氮肥施用量相似的趋势，不同磷肥水平对株高增长量影响顺序 $P_2 > P_1 > P_3 > P_0$，也说明施用 P_2 水平的磷肥较适宜。将氮、磷施肥量固定在水平 2 上（N_2P_2），钾肥不同水平（K_0、K_1、K_2、K_3）的株高增长量也是随着钾肥的增加表现出先增后减的类似趋势，钾肥不同水平影响株高增长量的顺序是 $K_2 > K_1 > K_0 > K_3$，表明过量施用钾肥不利于株高的增长，以 K_2 为宜。

T2（$N_0P_2K_2$）、T4（$N_2P_0K_2$）、T8（$N_2P_2K_0$）处理的株高增长量分别较 T6（$N_2P_2K_2$）处理降低了 60.05%、22.45%、31.94%，这说明氮、磷、钾肥对株高增长量的影响效应为氮＞钾＞磷。T2（$N_0P_2K_2$）、T4（$N_2P_0K_2$）、T8（$N_2P_2K_0$）的株高增长量分别较不施肥处理提高了 5.63%、38.07%、28.14%，这表明氮、磷、钾肥对株高的交互作用表现为氮钾＞氮磷＞磷钾。

表 12.2　配方施肥对紫薇的株高、地径及冠幅增长量的影响

编号	株高增长量（cm）	地径增长量（mm）	冠幅增长量（cm）
T1	37.85 ± 2.61g	2.35 ± 0.36e	32.40 ± 4.11d
T2	39.98 ± 6.28fg	2.79 ± 0.77de	35.99 ± 2.59bcd
T3	56.34 ± 6.71bc	3.64 ± 0.47bc	39.24 ± 2.04ab
T4	52.26 ± 1.26cd	3.13 ± 0.62cd	34.91 ± 2.35cd
T5	55.12 ± 1.50c	3.51 ± 1.12bcd	35.27 ± 6.18cd
T6	63.99 ± 4.25a	4.96 ± 0.80a	40.23 ± 1.94a
T7	54.00 ± 3.01c	3.04 ± 0.46cde	36.76 ± 2.41abc
T8	48.50 ± 1.38de	3.50 ± 0.44bcd	34.44 ± 3.66cd
T9	51.81 ± 3.91cd	3.41 ± 0.72cd	37.82 ± 3.35abc
T10	44.75 ± 4.21ef	3.30 ± 0.85cd	36.33 ± 3.36abc
T11	53.59 ± 2.08c	2.87 ± 0.74cde	36.75 ± 0.10abc
T12	60.70 ± 3.32ab	4.25 ± 0.54ab	37.94 ± 4.70abc
T13	55.33 ± 4.61c	3.47 ± 0.82bcd	36.84 ± 3.14abc
T14	53.71 ± 3.46c	3.52 ± 0.54bcd	35.40 ± 3.48bcd

注：表中数值为"平均值 ± 标准差"，小写字母表示 0.05 水平的显著性差异（下同）。

12.3.2 配方施肥对紫薇地径增长量的影响

由表 12.2 可知，除 T2（$N_0P_2K_2$）、T7（$N_2P_3K_2$）、T11（$N_3P_2K_2$）处理外，其他施肥处理与不施肥处理均有显著性差异。各施肥处理中，地径增长量最大的为 T6（$N_2P_2K_2$），较不施肥处理显著增长了 111.97%。将磷、钾施肥量固定在水平 2 上（P_2K_2），地径增长量随着氮肥的施用量的增加呈现出先增后减的趋势，不同施氮水平对地径增长量的影响排序为 $N_2 > N_1 > N_3 > N_0$，表明过量的氮肥对地径的增长促进较小，易造成肥料浪费，N_2 水平较为合理。氮、钾施肥量固定在水平 2 上（N_2K_2），地径增长量随着施磷肥量的增加呈现出先增后减的趋势，不同磷肥水平下，地径增长量的变化为 $P_2 > P_1 > P_0 > P_3$，表明过量施用磷肥不利于地径的增粗。氮、磷施肥量固定在水平 2 上（N_2P_2），地径增长量随着钾肥量的增加表现出先减后增再减的趋势，各水平的钾肥对地径增长量的影响顺序为：$K_2 > K_0 > K_1 > K_3$，表明少量或过量施用钾肥均不利于地径的增粗。

T2（$N_0P_2K_2$）、T4（$N_2P_0K_2$）、T8（$N_2P_2K_0$）处理的地径增长量分别较T6（$N_2P_2K_2$）处理减小了77.78%、57.96%、41.71%，由此可得，氮、磷、钾肥对地径增长量的影响效应为氮＞磷＞钾。T2（$N_0P_2K_2$）、T4（$N_2P_0K_2$）、T8（$N_2P_2K_0$）的地径增长量分别较不施肥处理增粗了18.72%、33.62%、48.94%，表明氮、磷、钾肥对地径的交互作用影响顺序表现为氮磷＞氮钾＞磷钾。

12.3.3 配方施肥对紫薇冠幅增长量的影响

由表12.2可知，各个施肥处理的冠幅增长量均大于T1不施肥处理。其中，T6（$N_2P_2K_2$）处理的冠幅增长量最大，较不施肥处理显著增长了24.16%；各个施肥处理中，T8（$N_2P_2K_0$）处理的冠幅增长量最小，较不施肥处理增长了6.30%，差异不显著。可见，缺施钾肥不利于冠幅的增大。

将磷、钾施肥量固定在水平2上（P_2K_2），冠幅增长量随着氮肥的施用量的增加呈先增后减的趋势，不同水平氮肥对冠幅增长量的影响大小排序为$N_2＞N_1＞N_3＞N_0$，表明N_2可显著增大紫薇冠幅；不同磷、钾肥水平下，冠幅分别随着磷、钾肥的施用量的增加，呈现出的趋势与氮肥施用量相似。

T2（$N_0P_2K_2$）、T4（$N_2P_0K_2$）、T8（$N_2P_2K_0$）处理的冠幅增长量分别较T6（$N_2P_2K_2$）处理减少了11.78%、15.24%、16.81%，可见，氮、磷、钾肥影响冠幅增长量的顺序为钾＞磷＞氮。T2（$N_0P_2K_2$）、T4（$N_2P_0K_2$）、T8（$N_2P_2K_0$）处理的冠幅增长量分别较不施肥处理增大了11.08%、7.75%、6.30%，表明氮、磷、钾肥对冠幅的交互作用表现为氮磷＞氮钾＞磷钾。

12.3.4 配方施肥对紫薇生物量的影响

由表12.3可知，除T2（$N_0P_2K_2$）处理外，各个施肥处理的地上生物量均显著大于不施肥处理；不同施肥处理对紫薇地下生物量和总生物量均有显著性影响。各参试处理中，T6（$N_2P_2K_2$）处理的地上生物量、地下生物量及总生物量均最大，较不施肥处理分别增加了67.03%、143.48%、89.08%，差异显著。说明合理施肥能显著促进各部位生物量的积累。

在P_2K_2水平下，地上生物量、地下生物量及总生物均随着氮肥施用量的增加表现为先升后降的趋势，其中，地上生物量的变化为$N_2＞N_1＞N_3＞N_0$，地下生物量、总生物的变化为$N_2＞N_1＞N_0＞N_3$，说明过量的氮肥抑制地下生物量、总生物的积累。在N_2K_2水平下，地上生物量、地下生物量及总生物量均随着磷肥量的增加呈先增后减的趋势，不同磷水平对地上生物量、总生物量的影响顺序为：$P_2＞P_1＞P_0＞P_3$，对地下生物量的影响为$P_2＞P_1＞P_3＞P_0$，表明过量施用磷肥不利于地上生物量、总生物量的积累。在N_2P_2水平下，随着钾肥的施用量增加，地上生物量和总生物量的变化与磷肥施用量的趋势相同，而地下生物量的变化为：$K_2＞K_0＞K_1＞K_3$，表明过量施用钾肥使各部位生物量的积累受阻。

T6（$N_2P_2K_2$）处理的地上生物量较T2（$N_0P_2K_0$）、T4（$N_2P_0K_2$）、T8（$N_2P_2K_0$）处理分别增加了47.22%、36.45%、31.32%，可见，氮、磷、钾肥对地上生物量的影响顺序是氮＞磷＞钾。同理可得出氮、磷、钾肥对地下生物量、总生物量的影响分别为磷＞

钾＞氮、磷＞氮＞钾。

T2（$N_0P_2K_2$）、T4（$N_2P_0K_2$）、T8（$N_2P_2K_0$）处理的地上生物量分别较不施肥处理增加了13.45%、22.41%、21.37%，表明氮、磷、钾肥对地上生物量的交互作用呈现出为氮钾＞氮磷＞磷钾。同理可得氮、磷、钾肥对地下生物量、总生物量的交互作用分别表现为磷钾＞氮磷＞氮钾、氮磷＞磷钾＞氮钾。

表12.3　配方施肥对紫薇生物量的影响

编号	地上生物量（g）	地下生物量（g）	总生物量（g）
T1	35.17 ± 2.856e	14.27 ± 1.436h	49.44 ± 1.419f
T2	39.90 ± 1.535de	28.72 ± 0.669cd	68.62 ± 2.204de
T3	55.27 ± 1.700ab	32.31 ± 1.501ab	87.58 ± 3.202b
T4	43.05 ± 6.058cd	23.69 ± 2.186f	66.74 ± 3.872de
T5	46.57 ± 3.272c	30.74 ± 1.540bc	77.31 ± 1.732c
T6	58.74 ± 1.049a	34.74 ± 0.821a	93.48 ± 1.871a
T7	41.55 ± 1.226cd	24.78 ± 0.811ef	66.34 ± 0.415e
T8	44.73 ± 1.230cd	26.46 ± 1.113de	71.19 ± 2.343d
T9	53.99 ± 1.549ab	25.54 ± 1.151ef	79.53 ± 2.700c
T10	41.79 ± 1.699cd	25.04 ± 0.152ef	66.83 ± 1.851de
T11	46.70 ± 1.103c	20.33 ± 1.440g	67.03 ± 0.336de
T12	58.56 ± 2.835a	31.18 ± 0.506bc	89.74 ± 2.329ab
T13	52.06 ± 1.563b	25.46 ± 1.277ef	77.52 ± 2.841c
T14	43.89 ± 1.399cd	25.88 ± 0.685ef	69.77 ± 0.713de

12.3.5 配方施肥对紫薇叶面积的影响

由图12.1可知，不同施肥处理对紫薇叶面积有显著性影响。其中，T6（$N_2P_2K_2$）处理的叶面积最大，其次为T12（$N_1P_1K_2$）、T3（$N_1P_2K_2$），分别较不施肥处理增大了155.71%、148.00%、119.80%。说明不同施肥处理均能显著增大紫薇叶面积。

在P_2K_2水平下，随着氮肥施用量的提高，叶面积表现为先升后降的趋势，在不同氮肥水平上，叶面积的大小变化为$N_2＞N_1＞N_3＞N_0$，表明施用氮肥以2水平为宜；不同磷、钾肥水平下，对叶面积的影响与氮肥施用量的趋势基本一致。

T2（$N_0P_2K_2$）、T4（$N_2P_0K_2$）、T8（$N_2P_2K_0$）处理的叶面积分别较T6（$N_2P_2K_2$）处理减小了95.11%、71.28%、84.13%，这说明氮、磷、钾肥对叶面积的影响大小程度为氮＞钾＞磷。T2（$N_0P_2K_2$）、T4（$N_2P_0K_2$）、T8（$N_2P_2K_0$）处理的叶面积分别较不施肥处理增加了30.80%、49.00%、38.60%，表明氮、磷、钾肥对叶面积的交互作用排序为氮钾＞氮磷＞磷钾。

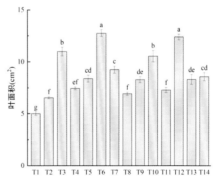

图 12.1　配方施肥对紫薇叶面积的影响
［不同小写字母表示不同处理组间差异显著（$P ＜ 0.05$），误差棒为标准差（下同）］

12.3.6 配方施肥对紫薇根系的影响

由表12.4可知，除T11（N₃P₂K₂）处理的总根长、根尖数小于不施肥处理外，其他各处理均大于不施肥处理；各个施肥处理的根总表面积、根总体积均大于不施肥处理。其中，T6（N₂P₂K₂）处理的总根长、根总表面积、根总体积及根尖数均最大，分别较不施肥处理显著提高了44.55%、48.83%、114.34%、81.75%。说明适量施用磷、钾量可促进根系的生长。

在P₂K₂水平下，总根长、根总表面积、根总体积及根尖数均随着氮肥的施用量增加呈现出先增后减的趋势，不同氮肥施用量对总根长、根总体积、根尖数的影响排序为N₂＞N₁＞N₀＞N₃，而根总表面积的变化为N₂＞N₁＞N₃＞N₀，表明过量的氮肥抑制根系的伸长，施用氮肥以2水平为宜。在N₂K₂水平下，总根长、根总表面积、根总体积及根尖数的变化趋势与氮肥施用量相似，不同磷肥施用量对根总表面积、根总体积的影响表现为P₂＞P₁＞P₀＞P₃，说明过量磷肥不利于根系的面积和体积的增大。在N₂P₂水平下，总根长、根总表面积、根总体积及根尖数的变化趋势与氮、磷肥施用量相一致。

T2（N₀P₂K₂）、T4（N₂P₀K₂）、T8（N₂P₂K₀）处理的总根长分别较T6（N₂P₂K₂）处理减少了29.57%、30.18%、30.71%，可见，氮、磷、钾肥影响总根长的顺序为钾＞磷＞氮。同理可得氮、磷、钾肥对根总表面积、根总体积、根尖数的影响效应分别为氮＞磷＞钾、磷＞氮＞钾、氮＞磷＞钾。

T2（N₀P₂K₂）、T4（N₂P₀K₂）、T8（N₂P₂K₀）处理的总根长分别较不施肥处理增长了11.56%、11.04%、10.58%，表明氮、磷、钾肥对总根长的交互作用表现为磷钾＞氮钾＞氮磷。同理可得氮、磷、钾肥对根总表面积、根总体积、根尖数的交互作用分别表现为氮磷＞氮钾＞磷钾、氮磷＞磷钾＞氮钾、氮磷＞氮钾＞磷钾。

表12.4 配方施肥对紫薇根系的影响

编号	总根长（cm）	根总表面积（cm²）	根总体积（cm³）	根尖数（个）
T1	1528.89 ± 4.41e	447.02 ± 5.02h	8.37 ± 0.86g	6348.50 ± 94.05ij
T2	1705.60 ± 20.38d	494.31 ± 16.12gh	11.09 ± 1.26de	7195.00 ± 113.14hi
T3	1931.58 ± 39.96bc	602.63 ± 14.54bc	16.37 ± 1.41ab	8692.50 ± 89.80def
T4	1697.63 ± 37.80d	521.08 ± 7.46efg	10.88 ± 0.50ef	7493.00 ± 200.82gh
T5	1809.44 ± 109.63cd	558.97 ± 7.09cde	14.65 ± 0.78bc	9366.50 ± 608.82bcd
T6	2209.99 ± 34.71a	665.32 ± 18.32a	17.94 ± 0.53a	11538.50 ± 688.01a
T7	1872.48 ± 84.63bc	494.33 ± 11.35gh	10.88 ± 0.70ef	7893.00 ± 196.58fgh
T8	1690.66 ± 94.84d	549.75 ± 37.44def	11.42 ± 1.78de	8130.00 ± 956.01fg
T9	1927.96 ± 92.84bc	591.71 ± 14.24bcd	14.23 ± 0.99efg	8792.50 ± 113.84cdef
T10	1834.80 ± 48.88cd	569.74 ± 37.66cde	13.09 ± 1.02cd	9035.50 ± 570.64cde
T11	1508.11 ± 16.67e	547.87 ± 33.24def	10.06 ± 0.99efg	6197.00 ± 53.74j
T12	2012.15 ± 107.19b	622.61 ± 19.46ab	14.95 ± 0.96bc	10058.00 ± 243.24b
T13	1722.87 ± 27.57d	504.87 ± 27.57fg	8.87 ± 0.64fg	8312.50 ± 74.25efg
T14	1805.31 ± 104.45cd	579.08 ± 31.27bcd	14.78 ± 0.74bc	9654.00 ± 446.89bc

12.3.7 配方施肥对紫薇开花的影响

1. 配方施肥对紫薇单株花序数、花序着花数的影响

由表 12.5 可知，各个施肥处理对单株花序数、单株花序数的影响均达到显著性水平。在各个施肥处理中，T6（$N_2P_2K_2$）处理的单株花序数、花序着花数均最多，较不施肥处理分别提高了 200.00%，109.09%；T2（$N_0P_2K_2$）处理组的单株花序数最少，较不施肥处理增多了 91.75%；T11（$N_3P_2K_2$）处理的花序着花数最少，较不施肥处理增多了 44.62%。这说明施肥均可显著增加紫薇单株花序数、花序着花数，提高观赏价值。

在 P_2K_2 水平下，随着氮肥施用量的增加，单株花序数、花序着花数呈先增后减的趋势，不同水平的氮肥对单株花序数、花序着花数的影响顺序是 $N_2 > N_1 > N_0 > N_3$，表明过量施用氮肥，抑制花序数及花朵数的发育。在 N_2K_2 水平下，单株花序数随着磷肥的增加呈现出的趋势与氮肥施用量相似。在 N_2P_2 水平下，随着钾肥的增加，单株花序数呈现出先升后降的趋势，花序着花数表现出"降—升—降"的趋势，表明 K_2 水平下的钾肥能显著增加花序及花朵的数量。

T2（$N_0P_2K_2$）、T4（$N_2P_0K_2$）、T8（$N_2P_2K_0$）处理的单株花序数分别较 T6（$N_2P_2K_2$）处理减少了 58.67%、30.44%、40.37%，说明氮、磷、钾肥对单株花序数的影响效应为氮＞钾＞磷。同理得到氮、磷、钾肥对花序着花数的影响效应与单株花序数一致。T2（$N_0P_2K_2$）、T4（$N_2P_0K_2$）、T8（$N_2P_2K_0$）处理的单株花序数分别较不施肥处理增加了 91.75%、133.25%、116.75%，表明氮、磷、钾肥对单株花序数的交互作用排序是氮钾＞氮磷＞磷钾；同理可得氮、磷、钾肥对花序着花数的影响效应及交互作用的排序与单株花序数相同。

2. 配方施肥对紫薇花序长、花序宽的影响

由表 12.5 可知，各施肥处理的花序长均比不施肥处理显著增加。除 T2（$N_0P_2K_2$）处理外，其他施肥处理的花序宽均显著大于不施肥处理。在各施肥处理中，T2（$N_0P_2K_2$）处理的花序长、花序宽最小，较不施肥处理分别增加了 30.35%、16.43%；花序长、花序宽最大的是 T6（$N_2P_2K_2$）处理，较不施肥处理分别增长了 92.31%、66.23%。这表明施肥均可增大紫薇花序的长与宽，从而提高开花质量。

在 P_2K_2 水平下，花序长、花序宽随着氮肥的增加呈现出先增后减的趋势，花序长、花序宽的大小排序均为 $N_2 > N_1 > N_3 > N_0$，表明 N_2 显著促进花序的横向生长和纵向生长。在 N_2K_2 水平下，随着磷肥的施用量的增加，花序长、花序宽的变化表现与氮肥施用量相似的趋势。在 N_2P_2 水平下，不同钾肥水平下对花序长的影响为 $K_2 > K_1 > K_0 > K_3$，而对花序宽的影响排序为 $K_2 > K_3 > K_1 > K_0$，表明过量的钾肥抑制花序的伸长，施用水平 2 的钾肥较为合理。

T2（$N_0P_2K_2$）、T4（$N_2P_0K_2$）、T8（$N_2P_2K_0$）处理的花序长分别较 T6（$N_2P_2K_2$）处理减小了 47.53%、24.10%、55.19%，表明氮、磷、钾肥对花序长的影响效应是钾＞氮＞磷。同理得氮、磷、钾肥对花序宽的影响顺序为氮＞磷＞钾。T2（$N_0P_2K_2$）、T4（$N_2P_0K_2$）、T8（$N_2P_2K_0$）处理组的花序长分别较不施肥处理增加了 30.35%、54.97%、59.72%，表明氮、磷、钾肥对花序长的交互作用表现为氮磷＞氮钾＞磷钾。同理可得氮、磷、钾肥对花序宽的交互作用与花序长的一致。

3. 配方施肥对紫薇花径的影响

由表12.5可知，与不施肥处理相比，各施肥处理的花径有不同程度的增大。其中以T6（$N_2P_2K_2$）处理的花径最大，较不施肥处理增大了20.01%，差异显著；T4（$N_2P_0K_2$）处理组的花径最小，较不施肥处理增大2.70%，但差异不显著。说明施肥均可增大花径，在氮、磷、钾肥均为水平2时达到最大。

在P_2K_2水平下，随着氮肥的增加，花径表现出先增后减的趋势，花径的大小排序为$N_2 > N_1 > N_0 > N_3$，表明过量施用氮肥不利于花径增大。在N_2K_2水平下，花径随着磷肥的增加呈现出先增后减的趋势，花径的大小排序为$P_2 > P_1 > P_3 > P_0$，表明适量的磷肥显著促进花径的增大。在N_2P_2水平下，随着钾肥量的增加，花径的增大表现与磷肥施用量相似的规律。

T2（$N_0P_2K_2$）、T4（$N_2P_0K_2$）、T8（$N_2P_2K_0$）处理的花径分别较T6（$N_2P_2K_2$）处理组减小了9.65%、16.85%、16.36%，表明氮、磷、钾肥影响花径的顺序为磷＞钾＞氮。T2（$N_0P_2K_2$）、T4（$N_2P_0K_2$）、T8（$N_2P_2K_0$）处理的花径分别较不施肥处理增加了9.45%、2.70%、3.14%，表明氮、磷、钾肥对花径的交互作用表现为磷钾＞氮磷＞氮钾。

表12.5 配方施肥对紫薇开花特性的影响

编号	单株花序数（个）	花序着花数（个）	花序长（cm）	花序宽（cm）	花径（mm）
T1	4.00 ± 1.55d	66.50 ± 8.24h	7.15 ± 0.65f	7.61 ± 1.37f	25.19 ± 1.29i
T2	7.67 ± 3.56bc	105.83 ± 9.34fg	9.32 ± 1.06e	8.86 ± 0.512ef	27.57 ± 2.02cedf
T3	9.67 ± 2.94ab	117.83 ± 12.01cde	11.72 ± 0.67bc	10.83 ± 1.06bcd	28.07 ± 1.15bcde
T4	9.33 ± 1.97b	120.67 ± 4.37cd	11.08 ± 0.57cd	9.82 ± 0.46de	25.87 ± 0.54hi
T5	9.50 ± 2.51b	125.67 ± 10.69bc	12.46 ± 1.85abc	10.53 ± 0.77bcd	28.78 ± 1.73bc
T6	12.17 ± 1.72a	138.50 ± 8.57a	13.75 ± 1.23a	12.65 ± 0.66a	30.23 ± 0.63a
T7	9.33 ± 2.42b	110.00 ± 12.12ef	11.85 ± 1.38bc	10.45 ± 1.01bcd	26.93 ± 0.52efgh
T8	8.67 ± 2.58bc	112.67 ± 5.75def	11.41 ± 1.05bc	9.85 ± 0.56de	25.98 ± 1.07ghi
T9	9.17 ± 2.23bc	107.50 ± 7.79ef	11.53 ± 1.31bc	10.07 ± 0.74cde	29.11 ± 1.00ab
T10	9.00 ± 0.89bc	114.67 ± 8.98def	11.35 ± 0.97bc	10.60 ± 2.67bcd	26.45 ± 1.03fghi
T11	6.67 ± 1.21c	96.17 ± 11.36g	9.75 ± 0.58de	9.68 ± 0.75de	27.28 ± 0.60defg
T12	10.17 ± 1.33ab	132.00 ± 5.02ab	12.45 ± 2.36abc	11.40 ± 1.08ab	28.41 ± 1.35bcd
T13	8.50 ± 1.05bc	133.67 ± 7.89def	12.80 ± 2.52ab	10.88 ± 1.39bcd	26.48 ± 1.75fghi
T14	9.17 ± 2.71bc	109.50 ± 10.32ef	12.78 ± 0.94ab	11.30 ± 0.87bc	28.58 ± 0.75bcd

12.3.8 配方施肥对紫薇花期的影响

对不同配方施肥处理的紫薇花期进行观测，结果如表12.6。由表12.6可知，T6（$N_2P_2K_2$）处理的开花最早，较不施肥处理提前了23d，T11（$N_3P_2K_2$）处理的开花最晚，较不施肥推迟了1d。就整体花期而言，施肥处理的花期长度在72~106d范围内，以T6（$N_2P_2K_2$）处理的花期长度最长，较不施肥延长了33d，T11（$N_3P_2K_2$）处理的花期长度最短，较不施肥缩短了1d。说明合理的施肥配方可使紫薇提前开花和延长花期。

在P_2K_2水平下，花期长度随着氮肥的增加呈现出先增后减的趋势，花期长度排序为$N_2 > N_1 > N_0 > N_3$，表明过量施用氮肥缩短花期长度。在N_2K_2水平下，花期长度随着施磷肥量的增加表现出与氮肥施用量相似的趋势。在 N_2P_2 水平下，花期长度随着钾肥的增加呈现出的趋势与氮、磷施用量相似。

T2（$N_0P_2K_2$）、T4（$N_2P_0K_2$）、T8（$N_2P_2K_0$）处理的花期长度分别较 T6（$N_2P_2K_2$）处理组缩短了 23d、15d、18d，这说明氮、磷、钾肥对花期长度的影响效应为氮＞磷＞钾。T2（$N_0P_2K_2$）、T4（$N_2P_0K_2$）、T8（$N_2P_2K_0$）处理的花期长度分别较不施肥处理延长了 10d、18d、15d，表明氮、磷、钾肥对花期长度的交互作用表现为氮钾＞氮磷＞磷钾。

表 12.6　配方施肥对紫薇花期的影响

编号	现蕾期	始花期	盛花期	末花期	花期长度（d）
T1	6.23	7.10	7.20	9.20	73
T2	6.18	7.02	7.07	9.22	83
T3	6.14	6.22	7.01	9.24	95
T4	6.15	6.25	6.28	9.23	91
T5	6.13	6.20	6.28	9.27	100
T6	6.10	6.17	6.25	9.30	106
T7	6.12	6.25	7.03	9.25	93
T8	6.19	6.29	7.06	9.24	88
T9	6.13	6.27	7.05	9.26	92
T10	6.17	6.26	7.03	9.27	94
T11	6.24	7.12	7.12	9.21	72
T12	6.15	6.28	7.03	10.02	97
T13	6.19	6.28	7.04	9.28	93
T14	6.13	6.23	7.02	9.27	97

12.3.9 配方施肥对紫薇叶片可溶性糖和可溶性蛋白含量的影响

由表 12.7 可知，除 T11（$N_3P_2K_2$）外，紫薇各施肥处理的可溶性糖含量比不施肥处理均有所增加；各个处理的可溶性蛋白含量均显著高于不施肥处理。T6（$N_2P_2K_2$）处理的可溶性糖含量、可溶性蛋白含量最大，较不施肥处理分别提高了 30.96%、37.02%，均达到显著性水平。这表明氮、磷、钾均衡施用则有利于紫薇可溶性糖和可溶性蛋白合成，过量施用氮肥则抑制了紫薇可溶性糖的合成。

在 P_2K_2 水平下，随着氮肥量的增加，可溶性糖含量、可溶性蛋白含量呈现出先增后减的趋势，不同水平的氮肥对可溶性糖含量的影响排序为 $N_2 > N_1 > N_0 > N_3$，而对可溶性蛋白含量的影响排序为 $N_2 > N_1 > N_3 > N_0$，表明过量施用氮肥不利于可溶性糖的合成，施用水平 2 的氮肥可显著促进可溶性糖和可溶性蛋白的合成。在 N_2K_2 水平下，可溶性糖含量随着磷肥量的增加呈现出"降—升—降"的趋势，而可溶性蛋白含量随着磷肥量的增加呈先升后降的趋势，可溶性糖含量的变化为 $P_2 > P_3 > P_0 > P_1$，可溶性蛋白含量的变化为 $P_2 > P_1 > P_3 > P_0$，这表明低磷水平不利于可溶性糖的合成，磷肥施用在水平 2 较适宜。在 N_2P_2 水平下，可溶性糖含量、可溶性蛋白含量随着钾肥量的增加呈现的趋势与氮肥施用量相似。

T2（$N_0P_2K_2$）、T4（$N_2P_0K_2$）、T8（$N_2P_2K_0$）处理的可溶性糖含量分别较T6（$N_2P_2K_2$）处理降低了25.31%、23.82%、21.93%，可见，氮、磷、钾肥对可溶性糖含量的影响效应为氮＞磷＞钾。同理可得氮、磷、钾肥对可溶性蛋白含量的影响顺序为磷＞氮＞钾。

T2（$N_0P_2K_2$）、T4（$N_2P_0K_0$）、T8（$N_2P_2K_0$）处理的可溶性糖含量分别较不施肥处理增加了4.51%、5.77%、7.40%，表明氮、磷、钾肥对可溶性糖含量的交互作用表现为氮磷＞氮钾＞磷钾。同理可得氮、磷、钾肥对可溶性蛋白含量的交互作用排序为氮磷＞磷钾＞氮钾。

表12.7 配方施肥对紫薇可溶性糖和可溶性蛋白含量的影响

编号	可溶性糖含量（mg·g^{-1}）	可溶性蛋白含量（mg·g^{-1}）
T1	138.75 ± 5.60h	21.72 ± 1.02 h
T2	145.00 ± 3.25gh	23.29 ± 0.47fg
T3	161.64 ± 3.37bc	26.56 ± 0.44bc
T4	146.75 ± 8.19efgh	23.11 ± 2.20g
T5	143.97 ± 2.65gh	25.36 ± 0.46cde
T6	181.70 ± 1.23a	29.76 ± 0.47a
T7	155.99 ± 2.51cd	24.46 ± 0.39ef
T8	149.02 ± 7.57defg	25.40 ± 0.51cde
T9	154.41 ± 3.80cde	26.31 ± 0.74bcd
T10	150.81 ± 6.03defg	24.47 ± 0.39ef
T11	127.10 ± 0.77i	23.61 ± 0.27fg
T12	168.68 ± 2.38b	26.93 ± 0.14b
T13	145.89 ± 6.75fgh	24.48 ± 0.42ef
T14	153.89 ± 7.30cdef	25.10 ± 0.37de

12.3.10 配方施肥对紫薇叶片光合特性的影响

由表12.8可知，各个施肥处理的净光合速率、胞间CO_2浓度、气孔导度及蒸腾速率均大于不施肥处理。各个施肥处理中，T6（$N_2P_2K_2$）处理的净光合速率、胞间CO_2浓度、气孔导度及蒸腾速率最大，比不施肥处理分别显著上升了65.90%、26.92%、60.09%、102.13%。说明合理施肥可显著促进紫薇的光合作用。

在P_2K_2水平下，净光合速率、胞间CO_2浓度、气孔导度及蒸腾速率都随着氮肥施用量的增加呈现出先升后降的趋势，氮肥的不同水平对净光合速率、胞间CO_2浓度、气孔导度及蒸腾速率的影响顺序均为$N_2＞N_1＞N_0＞N_3$，表明过量施用氮肥抑制紫薇的光合作用；在N_2K_2水平下，净光合速率、胞间CO_2浓度、气孔导度及蒸腾速率均随着磷肥量的增加表现出与氮肥施用量相似趋势；在N_2P_2水平下，净光合速率、胞间CO_2浓度、气孔导度及蒸腾速率随着钾肥施用量的增加呈现出与氮、磷施用量的增加的趋势相同。

T2（$N_0P_2K_2$）、T4（$N_2P_0K_2$）、T8（$N_2P_2K_0$）处理的净光合速率分别较T6（$N_2P_2K_2$）处理减小了53.22%、44.77%、47.72%，表明氮、磷、钾肥对净光合速率的影响效应为氮

＞钾＞磷；同理得到氮、磷、钾肥对胞间CO_2浓度、气孔导度及蒸腾速率的影响顺序分别是钾＞磷＞氮、钾＞氮＞磷、氮＞磷＞钾。

T2（$N_0P_2K_2$）、T4（$N_2P_0K_2$）、T8（$N_2P_2K_0$）处理的净光合速率分别较T1对照组增加了8.28%、14.60%、12.31%，说明氮、磷、钾肥对净光合速率的交互作用为氮钾＞氮磷＞磷钾；同理可得氮、磷、钾肥对胞间CO_2浓度、气孔导度及蒸腾速率的交互作用分别表现为磷钾＞氮钾＞氮磷、氮钾＞磷钾＞氮磷、氮磷＞磷钾＞氮钾。

表12.8　配方施肥对紫薇光合特性的影响

编号	净光合速（$\mu mol \cdot m^{-2} \cdot s^{-1}$）	胞间CO_2浓度（$\mu mol \cdot m^{-1}$）	气孔导度（$mol \cdot m^{-2} \cdot s^{-1}$）	蒸腾速率（$mmol \cdot m^{-2} \cdot s^{-1}$）
T1	9.18 ± 0.37i	277.33 ± 7.99h	0.20 ± 0.04i	4.22 ± 0.03f
T2	9.94 ± 0.70ghi	308.17 ± 6.15c	0.23 ± 0.01defg	6.58 ± 0.59d
T3	10.98 ± 0.67def	309.17 ± 4.75c	0.26 ± 0.02cd	7.00 ± 0.57bc
T4	10.52 ± 1.05efg	287.50 ± 8.64g	0.24 ± 0.01cdef	6.49 ± 0.30d
T5	12.35 ± 0.90bc	320.17 ± 14.69b	0.31 ± 0.01b	6.87 ± 0.20bcd
T6	15.23 ± 1.48a	352.00 ± 16.05a	0.33 ± 0.03a	8.52 ± 0.47b
T7	11.65 ± 0.81cd	305.50 ± 4.76cd	0.26 ± 0.02c	7.14 ± 0.20a
T8	10.31 ± 0.77efgh	287.50 ± 5.21g	0.23 ± 0.01efgh	6.79 ± 0.60bcd
T9	11.03 ± 0.76de	287.00 ± 5.37g	0.25 ± 0.01cde	6.74 ± 0.13bcd
T10	9.47 ± 0.26hi	298.33 ± 2.25deff	0.21 ± 0.01hi	6.66 ± 0.13bcd
T11	9.19 ± 0.32i	301.33 ± 0.82cde	0.22 ± 0.01ghi	5.78 ± 0.27e
T12	13.28 ± 1.37b	324.17 ± 14.25b	0.25 ± 0.01cde	6.99 ± 0.20bc
T13	10.73 ± 0.73defg	290.67 ± 3.27fg	0.21 ± 0.01hi	6.08 ± 0.25e
T14	10.03 ± 0.63fghi	295.67 ± 3.14efg	0.22 ± 0.01fghi	4.33 ± 0.13f

12.3.11 配方施肥对紫薇叶片叶绿素相对含量的影响

由图12.2可知，各施肥处理的叶绿素相对含量均显著高于不施肥处理组。各个施肥处理中，T2（$N_2P_2K_2$）处理的叶绿素相对含量最小，较不施肥处理上升了12.81%；T6（$N_2P_2K_2$）处理叶绿素相对含量最大，较不施肥处理增加了56.17%。说明施肥均能显著提高紫薇的叶绿素相对含量。

在P_2K_2水平下，叶绿素相对含量随着氮肥的增加呈现出先增后减的趋势，不同氮肥水平间，叶绿素相对含量的大小排序为：N_2＞N_3＞N_1＞N_0，表明施用氮肥为水平2时可显著提高叶绿素相对含量；在N_2K_2水平下，随着磷、钾肥的施用量的增加，叶绿素相对含量的变化与氮肥施用量有相似的趋势。

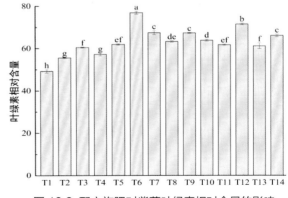

图 12.2　配方施肥对紫薇叶绿素相对含量的影响

T2（$N_0P_2K_2$）、T4（$N_2P_0K_2$）、T8（$N_2P_2K_0$）处理的叶绿素相对含量分别较T6（$N_2P_2K_2$）处理减小了38.41%、34.46%、21.66%，表明氮、磷、钾肥对叶绿素相对含量的影响顺序为氮＞磷＞钾。T2（$N_0P_2K_2$）、T4（$N_2P_0K_2$）、T8（$N_2P_2K_0$）处理的叶绿素相对含量分别较不施肥上升了12.84%、16.15%、28.37%，表明氮、磷、钾肥对叶绿素相对含量的交互作用表现为氮磷＞氮钾＞磷钾。

12.3.12 配方施肥对紫薇叶片全氮、全磷、全钾的影响

1. 配方施肥对紫薇叶片全氮含量的影响

由表12.9可知，除T2（$N_0P_2K_2$）处理外，其他各施肥处理的叶片全氮含量均显著高于不施肥处理，其中，T11（$N_3P_2K_2$）的叶片全氮含量最高，较不施肥处理显著增长了46.47%；说明施用氮肥可提高叶片的全氮含量。

在P_2K_2水平下，叶片全氮含量随着氮肥施用量的增加而增加，表明氮肥的施用量与叶片全氮含量呈正相关；T2（$N_0P_2K_2$）、T4（$N_2P_0K_2$）、T8（$N_2P_2K_0$）处理的叶片全氮含量分别较T6（$N_2P_2K_2$）处理组减少了37.50%、13.04%、21.88%，表明氮、磷、钾肥对叶片全氮含量的影响效应为氮＞钾＞磷。T2（$N_0P_2K_2$）、T4（$N_2P_0K_2$）、T8（$N_2P_2K_0$）处理的叶片全氮含量分别较不施肥处理增加了4.82%、27.49%、18.25%，表明氮、磷、钾肥对叶片全氮含量的交互作用表现为氮钾＞氮磷＞磷钾。

2. 配方施肥对紫薇叶片全磷含量的影响

从表12.9可知，在不同配方施肥处理下的紫薇叶片全磷含量均显著高于不施肥处理，其中，T7（$N_2P_3K_2$）的叶片全磷含量最大，较不施肥处理上升了82.54%，影响显著；说明施肥均可显著促进叶片全磷含量的积累。

在N_2K_2水平下，叶片全磷含量随着磷肥量的增加而增大，这表明磷肥的施用量与叶片全磷含量呈正相关；T2（$N_0P_2K_2$）、T4（$N_2P_0K_2$）、T8（$N_2P_2K_0$）处理组的叶片全磷含量分别较T6（$N_2P_2K_2$）处理减少了45.95%、52.11%、47.22%，可见，氮、磷、钾肥对叶片全磷含量的影响顺序为磷＞钾＞氮。T2（$N_0P_2K_2$）、T4（$N_2P_0K_2$）、T8（$N_2P_2K_0$）处理组的叶片全磷含量分别较不施肥处理增加了17.46%、12.70%、14.29%，表明氮、磷、钾肥对叶片磷含量的交互作用表现为磷钾＞氮磷＞氮钾。

3. 配方施肥对紫薇叶片钾含量的影响

由表12.9可知，除T8（$N_2P_2K_0$）、T13（$N_1P_2K_1$）外，其他施肥处理与不施肥相比，均达到显著性水平。各参试的施肥处理中，T10（$N_2P_2K_3$）处理的叶片全钾含量最高，较不施肥处理增长了98.32%，差异显著。

在N_2P_2水平下随着钾肥量的增加，叶片全钾含量逐渐上升，可见钾肥的施用量与叶片全钾含量呈正比。T2（$N_0P_2K_2$）、T4（$N_2P_0K_2$）、T8（$N_2P_2K_0$）处理的叶片全钾含量分别较T6（$N_2P_2K_2$）处理减少了26.50%、18.35%、91.94%，表明氮、磷、钾肥对叶片全钾含量的影响效应为钾＞氮＞磷。T2（$N_0P_2K_2$）、T4（$N_2P_0K_2$）、T8（$N_2P_2K_0$）处理组的叶片全钾含量分别较不施肥处理增加了53.46%、64.02%、1.14%，由此可得，氮、磷、钾肥对叶片全钾含量的交互作用表现为氮钾＞磷钾＞氮磷。

表12.9　配方施肥对紫薇叶片全氮、全磷及全钾的影响

编号	叶片氮含量（g·kg⁻¹）	叶片磷含量（g·kg⁻¹）	叶片钾含量（g·kg⁻¹）
T1	17.86 ± 0.90i	0.63 ± 0.01e	21.96 ± 0.46g
T2	18.72 ± 0.72hi	0.74 ± 0.02cd	33.70 ± 0.57cde
T3	21.56 ± 0.49def	0.78 ± 0.10cd	34.92 ± 2.67cd
T4	22.77 ± 0.65bcd	0.71 ± 0.01d	36.02 ± 0.47bc
T5	23.92 ± 0.85b	0.91 ± 0.01b	37.77 ± 0.66b
T6	25.74 ± 0.69a	1.08 ± 0.01a	42.63 ± 0.88a
T7	23.97 ± 0.33b	1.15 ± 0.04a	35.28 ± 1.06bc
T8	21.12 ± 0.29efg	0.72 ± 0.02d	22.21 ± 0.85g
T9	20.86 ± 1.05fg	0.74 ± 0.02cd	32.39 ± 0.23de
T10	22.24 ± 0.59cde	0.76 ± 0.07cd	43.55 ± 0.44a
T11	26.16 ± 0.28a	0.75 ± 0.02cd	26.63 ± 1.96f
T12	20.28 ± 0.10fg	0.97 ± 0.03b	31.73 ± 2.84e
T13	19.92 ± 0.57gh	0.81 ± 0.01c	23.59 ± 0.62g
T14	23.26 ± 0.56bc	0.91 ± 0.01b	26.71 ± 0.95f

12.3.13　配方施肥对紫薇基质养分指标的影响

1. 配方施肥对基质全氮含量的影响

从表12.10可知，除T2（$N_0P_2K_2$）处理，其他施肥处理的基质全氮含量均显著高于不施肥处理；施肥前基质全氮含量为8.31g·kg⁻¹，各个处理均比施肥前基质全氮含量高。各个施肥处理中，T11（$N_3P_2K_2$）处理的基质全氮含量最高，较不施肥处理升高了78.54%。说明施肥可增加基质中全氮含量。

在P_2K_2水平下，随着氮肥的增加，基质全氮含量逐渐升高，表明氮肥的施用量与土壤氮含量呈正相关，施用氮肥可显著提高基质的全氮含量；T2（$N_0P_2K_2$）、T4（$N_2P_0K_2$）、T8（$N_2P_2K_0$）处理的基质全氮含量分别较T6（$N_2P_2K_2$）处理减少了25.53%、4.24%、4.61%，这说明氮、磷、钾肥影响基质全氮含量的顺序为氮＞钾＞磷。T2（$N_0P_2K_2$）、T4（$N_2P_0K_2$）、T8（$N_2P_2K_0$）处理组的基质全氮含量分别较不施肥处理上升了14.63%、38.05%、37.56%，可见，氮、磷、钾肥对基质全氮含量的交互作用表现为氮钾＞氮磷＞磷钾。

2. 配方施肥对基质全磷含量的影响

由表12.10可知，施肥前基质全磷含量为0.57g·kg⁻¹，除不施肥处理外，其他施肥处理的基质全磷含量均高于施肥前。除T4（$N_2P_0K_2$）处理外，其他处理的基质全磷含量与不施肥处理相比，均有显著性影响。其中，T7（$N_2P_3K_2$）处理的土壤磷含量最高，较不施肥处理增长了481.82%。说明施肥可增加基质中全磷含量，长期不施肥基质中的全磷含量会下降。

在N_2K_2水平下，基质全磷含量随着磷肥的增加而增加，可见，磷肥的施用量与基质全磷含量呈正相关；T2（$N_0P_2K_2$）、T4（$N_2P_0K_2$）、T8（$N_2P_2K_0$）处理的基质全磷含量分别较T6（$N_2P_2K_2$）处理减少了72.55%、198.31%、67.62%，由此可得，氮、磷、钾肥对

基质全磷含量的影响顺序为磷＞氮＞钾。T2（$N_0P_2K_2$）、T4（$N_2P_0K_2$）、T8（$N_2P_2K_0$）处理的基质全磷含量分别较不施肥处理升高了85.45%、7.27%、90.91%，说明氮、磷、钾肥对基质全磷含量的交互作用表现为氮磷＞磷钾＞氮钾。

3. 配方施肥对基质全钾含量的影响

由表12.10可知，除T8（$N_2P_2K_0$）处理外，其他处理的基质全钾含量均显著高于不施肥处理，其中T10（$N_2P_2K_3$）处理的基质全钾含量最高，较不施肥处理增长了66.69%。施肥前基质全钾含量为13.91g·kg^{-1}，14个处理中仅有不施肥处理中基质全钾含量低于施肥前。可见，施肥可增加基质中全钾含量，长期不施肥造成基质中的全钾含量下降。

在N_2P_2水平下，基质全钾含量随着钾肥的增加而增加，由此可得，钾肥的施用量与基质全钾含量呈正相关。T2（$N_0P_2K_2$）、T4（$N_2P_0K_2$）、T8（$N_2P_2K_0$）处理的基质全钾含量分别较T6（$N_2P_2K_2$）处理减少了19.37%、19.77%、41.29%，表明氮、磷、钾肥对基质全钾含量的影响效应为钾＞磷＞氮。T2（$N_0P_2K_2$）、T4（$N_2P_0K_2$）、T8（$N_2P_2K_0$）处理的基质全钾含量分别较不施肥处理升高了23.52%、23.11%、4.36%，这说明氮、磷、钾肥对基质全钾含量的交互作用排序为磷钾＞氮钾＞氮磷。

表12.10 配方施肥对基质全氮、全磷及全钾含量的影响

编号	基质全氮含量（g·kg^{-1}）	基质全磷含量（g·kg^{-1}）	基质全钾含量（g·kg^{-1}）
T1	10.25 ± 0.78f	0.55 ± 0.02f	12.16 ± 0.72e
T2	11.75 ± 0.78ef	1.02 ± 0.11e	15.02 ± 0.86c
T3	13.15 ± 0.92cde	1.14 ± 0.17e	17.23 ± 0.42b
T4	14.15 ± 0.92bcd	0.59 ± 0.11f	14.97 ± 0.21c
T5	15.15 ± 1.06b	1.37 ± 0.07d	16.89 ± 1.57b
T6	14.75 ± 0.78b	1.76 ± 0.02b	17.93 ± 0.67b
T7	12.95 ± 0.78de	3.02 ± 0.09a	14.37 ± 0.52c
T8	14.10 ± 0.57bcd	1.05 ± 0.14e	12.69 ± 0.18de
T9	14.85 ± 0.64b	1.60 ± 0.13bcd	14.01 ± 0.19cd
T10	13.65 ± 0.35bcd	1.64 ± 0.04b	20.27 ± 0.61a
T11	18.30 ± 0.57a	1.41 ± 0.07cd	16.87 ± 0.30b
T12	13.80 ± 0.57bcd	1.62 ± 0.07bc	17.47 ± 1.39b
T13	12.65 ± 0.21de	1.38 ± 0.21d	14.10 ± 0.82cd
T14	14.60 ± 0.28bc	0.91 ± 0.06e	15.07 ± 0.76c

12.3.14 紫薇配方施肥生长开花及生理指标的相关性分析

由表12.11可知，生长指标的株高增长量（X1）、地径增长量（X2）、冠幅增长量（X3）、地上生物量（X4）、地下生物量（X5）、总生物量（X6）、叶面积（X7）、总根长（X8）、根总表面积（X9）之间呈显著或极显著正相关，可见地上部分的生长与地下部分的生长密切相关，根系生长越发达，更有利于地上部分生长。地上部分的株高增长量（X1）、地径增长量（X2）、冠幅增长量（X3）、地上生物量（X4）、叶面积（X7）与单株花序数（X10）、花序着花数（X11）、花期长度（X12）之间呈显著或极显著正相关，表明苗木生长旺盛，则开花质量较好。

表 12.11　紫薇配方施肥生长开花及生理指标的相关性分析

	X1	X2	X3	X4	X5	X6	X7	X8	X9	X10	X11	X12	X13	X14	X15	X16	X17	X18	X19	X20	X21	X22
X1	1																					
X2	0.822**	1																				
X3	0.731**	0.734**	1																			
X4	0.836**	0.838**	0.847**	1																		
X5	0.651*	0.818**	0.734**	0.705**	1																	
X6	0.820**	0.896**	0.864**	0.948**	0.894**	1																
X7	0.755**	0.853**	0.828**	0.761**	0.752**	0.818**	1															
X8	0.679**	0.870**	0.788**	0.730**	0.811**	0.825**	0.886**	1														
X9	0.737**	0.887**	0.765**	0.819**	0.747**	0.853**	0.828**	0.797**	1													
X10	0.785**	0.871**	0.734**	0.697**	0.872**	0.831**	0.821**	0.874**	0.789**	1												
X11	0.767**	0.849**	0.661**	0.689**	0.889**	0.834**	0.784**	0.770**	0.741**	0.954**	1											
X12	0.682**	0.819**	0.564**	0.588**	0.811**	0.735**	0.765**	0.864**	0.680**	0.916**	0.863**	1										
X13	0.612*	0.855**	0.692**	0.666**	0.739**	0.752**	0.837**	0.952**	0.726**	0.799**	0.691**	0.796**	1									
X14	0.784**	0.950**	0.815**	0.857**	0.826**	0.912**	0.833**	0.905**	0.913**	0.846**	0.767**	0.773**	0.854**	1								
X15	0.772**	0.865**	0.649**	0.716**	0.751**	0.789**	0.743**	0.855**	0.665**	0.782**	0.762**	0.755**	0.822**	0.840**	1							
X16	0.614*	0.683**	0.535**	0.507*	0.722**	0.644**	0.54**	0.718**	0.575**	0.699**	0.669**	0.667**	0.624**	0.726**	0.877**	1						
X17	0.656**	0.772**	0.701**	0.594**	0.790**	0.729**	0.759**	0.744**	0.680**	0.694**	0.714**	0.608**	0.678**	0.759**	0.849**	0.829**	1					
X18	0.541*	0.657**	0.709**	0.590**	0.754**	0.711**	0.654**	0.712**	0.561**	0.767**	0.772**	0.588**	0.623**	0.701**	0.731**	0.736**	0.697**	1				
X19	0.791**	0.853**	0.732**	0.714**	0.649**	.742**	.812**	0.825**	0.815**	0.827**	0.735**	0.715**	0.753**	0.873**	0.761**	0.577**	0.683**	0.620**	1			
X20	0.604*	0.373	0.391	0.236	0.257	0.264	0.377	0.258	0.460	0.477	0.424	0.305	0.131	0.389	0.342	0.493	0.486	0.348	0.546*	1		
X21	0.682**	0.593**	0.522*	0.386	0.536*	0.484	0.660**	0.686**	0.412	0.663**	0.578**	0.652**	0.638**	0.593**	0.750**	0.637**	0.711**	0.495	0.762**	0.525	1	
X22	0.288	0.422	0.522*	0.235	0.561*	0.400	0.625**	0.638**	0.477	0.640*	0.610**	0.592**	0.496	0.438	0.486	0.616*	0.617**	0.674**	0.424	0.423	0.421	1

注. **. 在 .01 水平上极显著相关；*. 在 0.05 水平上极显著相关。X1—株高增长量；X2—地径增长量；X3—地径增长量；X4—株高增长量；X5—地下生物量；X6—总生物量；X7—叶面积；X8—总根长；X9—根总表面积；X10—单株花序数；X11—单株着花数；X12—花期长度；X13—可溶性糖含量；X14—可溶性蛋白含量；X15—净光合速率；X16—气孔导度；X17—胞间 CO_2 浓度；X18—蒸腾速率；X19—叶绿素相对含量；X20—叶片全氮含量；X21—叶片全磷含量；X22—叶片全钾含量。

可溶性糖含量（X13）、可溶性蛋白含量（X14）与各个生长指标间均呈显著或极显著正相关，表明营养物质的积累越多，生长越旺盛。光合指标与生长指标和生理指标之间大部分呈显著或极显著正相关，说明苗木的光合效率的提高，有利于营养物质的合成与积累。

叶片全氮含量（X20）、叶片全磷含量（X21）、叶片全钾含量（X22）与大部分的生长、生理及光合呈正相关，这表明叶片的全磷、全钾含量越高，越有利于苗木进行光合作用，促进叶片可溶性糖和可溶性蛋白的合成。

12.3.15 隶属函数模糊综合评价

植物的各个生长、生理、光合及养分指标都不同程度反映了植物生长状况，单独的指标不能代表植物的整体情况，因此采用隶属函数模糊综合评价植物生长状况是十分必要的（朱琳飞，2012）。隶属函数采用$U_i=（X_i-X_{min}）/（X_{max}-X_{min}）$计算，与生长呈负相关的指标则用$1-U_i$表示，式中，$U_i$为第i个指标的隶属函数值，$X_i$为某个测定指标，$X_{max}$、$X_{min}$分别为该指标的最大值和最小值（粟春青 等，2019）。

由表12.12可知，隶属函数综合得分按高低排序为T6＞T12＞T3＞T5＞T9＞T7＞T14＞T10＞T13＞T4＞T8＞T11＞T2＞T1，表明各个施肥处理的隶属均值均大于不施肥处理，其中以T6（$N_2P_2K_2$）处理的效果最好，说明氮、磷、钾均衡配方施肥有利于紫薇生长和开花。

表12.12 隶属函数分析

处理	T1	T2	T3	T4	T5	T6	T7	T8	T9	T10	T11	T12	T13	T14
株高增长量	0.00	0.08	0.71	0.55	0.66	1.00	0.62	0.41	0.53	0.26	0.60	0.87	0.67	0.61
地径增长量	0.00	0.17	0.49	0.30	0.44	1.00	0.26	0.44	0.41	0.36	0.20	0.73	0.43	0.45
冠幅增长量	0.00	0.46	0.87	0.32	0.37	1.00	0.56	0.26	0.69	0.50	0.56	0.71	0.57	0.38
地上生物量	0.00	0.20	0.85	0.33	0.48	1.00	0.27	0.41	0.80	0.28	0.49	0.99	0.72	0.37
地下生物量	0.00	0.71	0.88	0.46	0.80	1.00	0.51	0.60	0.55	0.53	0.30	0.83	0.55	0.57
总生物量	0.00	0.44	0.87	0.39	0.62	0.63	0.38	0.49	0.68	.040	0.49	0.92	0.64	0.46
叶面积	0.00	0.20	0.77	0.32	0.44	1.00	0.55	0.25	0.42	0.71	0.49	0.95	0.43	0.46
总根长	0.03	0.28	0.60	0.27	0.43	1.00	0.52	0.26	0.60	0.47	0.00	0.72	0.31	0.42
根总表面积	0.00	0.22	0.71	0.34	0.51	1.00	0.22	0.47	0.66	0.58	0.46	0.80	0.27	0.60
根总体积	0.00	0.28	0.84	0.26	0.66	1.00	0.26	0.32	0.61	0.49	0.18	0.69	0.05	0.67
根尖数	0.03	0.19	0.47	0.24	0.59	1.00	0.32	0.36	0.49	0.53	0.00	0.72	0.40	0.65
单株花序数	0.00	0.45	0.69	0.65	0.67	1.00	0.65	0.57	0.63	0.61	0.32	0.76	0.55	0.63
花序着花数	0.00	0.55	0.71	0.75	0.82	1.00	0.21	0.64	0.57	0.67	0.41	0.91	0.66	0.60
花序长	0.00	0.33	0.69	0.60	0.81	1.00	0.71	0.65	0.66	0.64	0.39	0.80	0.86	0.85
花序宽	0.00	0.25	0.65	0.45	0.59	1.00	0.57	0.45	0.50	0.60	0.42	0.77	0.66	0.75
花径	0.00	0.47	0.57	0.14	0.71	1.00	0.35	0.16	0.78	0.25	0.41	0.64	0.26	0.67
可溶性糖含量	0.21	0.33	0.63	0.36	0.31	1.00	0.53	0.40	0.50	0.43	0.00	0.76	0.34	0.49
可溶性蛋白含量	0.00	0.20	0.60	0.17	0.45	1.00	0.34	0.46	0.57	0.34	0.24	0.65	0.34	0.42
净光合速率	0.00	0.13	0.29	0.22	0.52	1.00	0.47	0.18	0.30	0.05	0.01	0.67	0.25	0.14
气孔导度	0.00	0.22	0.38	0.26	0.79	1.00	0.41	0.19	0.32	0.05	0.00	0.34	0.04	0.10
胞间CO_2浓度	0.00	0.41	0.43	0.14	0.57	1.00	0.38	0.14	0.13	0.28	0.32	0.63	0.18	0.25

（续表）

处理	T1	T2	T3	T4	T5	T6	T7	T8	T9	T10	T11	T12	T13	T14
蒸腾速率	0.00	0.55	0.65	0.53	0.62	1.00	0.68	0.60	0.59	0.57	0.36	0.62	0.43	0.03
叶绿素相对含量	0.00	0.23	0.41	0.29	0.46	1.00	0.66	0.51	0.65	0.53	0.45	0.80	0.43	0.61
叶片全氮含量	0.00	0.10	0.44	0.59	0.73	0.95	0.74	0.39	0.36	0.53	1.00	0.29	0.25	0.65
叶片全磷含量	0.00	0.20	0.28	0.16	0.53	0.86	1.00	0.16	0.20	0.24	0.22	0.65	0.33	0.53
叶片全钾含量	0.00	0.54	0.60	0.65	0.73	0.96	0.62	0.01	0.48	1.00	0.22	0.45	0.08	0.22
基质全氮含量	0.00	0.19	0.36	0.48	0.61	0.56	0.34	0.48	0.57	0.43	1.00	0.44	0.30	0.54
基质全磷含量	0.00	0.18	0.22	0.02	0.31	0.46	1.00	0.16	0.40	0.41	0.32	0.40	0.31	0.14
基质全钾含量	0.00	0.35	0.63	0.35	0.58	0.71	0.27	0.06	0.23	1.00	0.58	0.65	0.24	0.36
均值	0.01	0.31	0.60	0.37	0.58	0.95	0.51	0.36	0.51	0.46	0.35	0.70	0.40	0.47
排名	14	13	3	10	4	1	6	11	5	8	12	2	9	7

12.3.16 氮磷钾肥料效应分析

1. 紫薇株高增长量的肥料效应

本试验中拟合的氮、磷、钾施肥量与株高增长量的肥料效应方程模型达到显著性差异水平，而氮、磷、钾施肥量与其他生长指标未达到显著性水平。因此，在生长指标中仅分析氮、磷、钾施肥量对株高增长量影响的肥料效应。

（1）单因素肥料效应分析

用第2、3、6和11处理的施肥量和株高增长量可拟合P_2K_2水平下氮肥的效应方程：$y_N=39.5158+2.4908x-0.0669x^2$（$R^2=0.99$），$F=108.87$，$F_{0.01}=8.02$，达到极显著影响；由图12.3A可知，株高增长量随施氮量呈先升后降的趋势，可见，过量的施用氮肥植株也未能完全吸收；由方程求得氮肥量为18.62g·株$^{-1}$时，株高增长量最大值为62.72cm。用第4、5、6和7处理的施肥量和株高增长量可拟合N_2K_2水平下磷肥的效应方程：$y_P=51.023+2.2063x-0.1283x^2$（$R^2=0.62$），$F=6.01$，$F_{0.05}=4.26$，达到显著性水平；由图12.3B可知，随着磷肥施用量增加，株高增长量呈先升后降，可见，适量的磷肥可促进植株的株高生长；从方程得出磷肥量为8.62g·株$^{-1}$时，株高增长量最

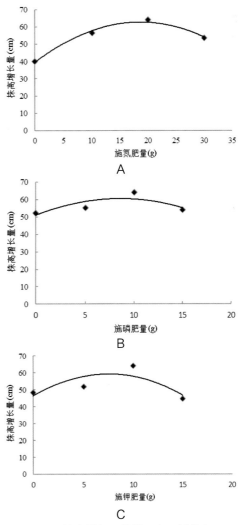

图 12.3　株高增长量的单因素肥料效应图

大值为60.51cm。用第6、8、9和10处理的施肥量和株高增长量可拟合N_2P_2水平下钾肥的效应方程：$y_K=46.488+3.4008x-0.2255x^2$（$R^2=0.61$），F=6.79，$F_{0.05}$=4.26，达到显著影响；由图12.3C可知，随着钾肥施用量增加，株高增长量的变化与氮、钾肥施用量的趋势相同；由该方程得出钾肥量为7.54g·株$^{-1}$时，株高增长量最大值为59.31cm。

（2）二因素肥料效应分析

对氮（x_1）、磷（x_2）、钾（x_3）施肥量进行二因素肥料效应分析，得出施肥量与株高增长量（y）的二元二次肥料效应函数（表12.13）及开口向下曲面图（图12.4）。在氮磷两因素作用中，氮肥对株高增长量影响更大，根据肥效方程，可得出肥料的最大限用量，即当施氮量为14.74g·株$^{-1}$，施磷量为6.14g·株$^{-1}$时，株高增长量最大为61.49cm。在氮钾二因素中，二者均能显著影响株高的增长量，当施氮量为18.73g·株$^{-1}$，施钾量为7.56g·株$^{-1}$时株高增长量最大为60.32cm。在磷钾二因素中，当施磷量为10.65g·株$^{-1}$，施钾量为7.31g·株$^{-1}$时株高增长量最大为58.62cm。

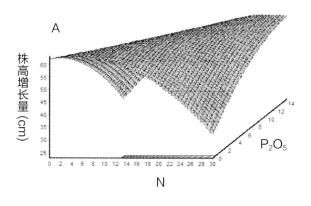

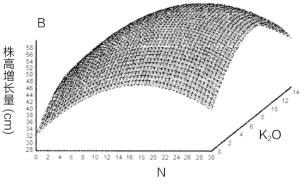

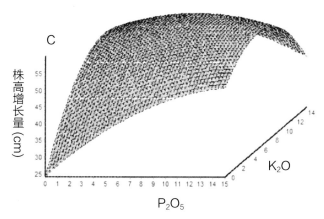

图12.4 株高增长量的二因素效应曲面图

表12.13 株高增长量的二元二次肥料效应函数的配置及检验

二元二次肥料效应函数	显著性检测	
	F	R^2
$y_{NP}=55.2425+0.9297x_1-0.1964x_2-0.0572x_1^2-0.1318x_2^2+0.1231x_1x_2$	21.94**	0.86
$y_{NK}=31.5391+1.7336x_1+3.3192x_3-0.0499x_1^2-0.2420x_3^2+0.0181x_1x_3$	10.85**	0.75
$y_{PK}=30.3845+2.3661x_2+4.2738x_3-0.0737x_2^2-0.2128x_3^2-0.1089x_2x_3$	4.97**	0.58

注：** < 0.01，* < 0.05（下同）。

（3）三因素肥料效应分析

以氮（x_1）、磷（x_2）、钾（x_3）施肥量与株高增长量（y）进行拟合分析，得出三元二次肥料效应方程模型：$y=37.9237+0.2765x_1+0.3567x_2+4.7692x_3-0.0479x_1^2-0.0949x_2^2-0.2340x_3^2+0.1406x_1x_2+0.0154x_1x_3-0.1552x_2x_3$，经回归分析与检验：$R^2$ 为 0.83，F=17.08，$F_{0.01}$=3.12，达到极显著水平，说明自变量 x 与因变量 y 之间具较高的相关性，株高增长量与氮、磷、钾肥之间存在显著回归关系。一次项系数均为正值，表明氮磷钾肥均有明显增产效应，二次项均为负值，符合肥料报酬递减率；互作项系数中氮磷和氮钾肥配施为正向互作效应，而磷钾肥存在负交互作用。由三元二次肥料效应方程求得紫薇株高最大增长量的施肥量为氮肥 20.51g·株$^{-1}$、磷肥 11.23g·株$^{-1}$、钾肥 7.14g·株$^{-1}$，株高最大增长量为 59.79cm。

2. 紫薇花序着花数的肥料效应

本试验中拟合的氮、磷、钾施肥量与花序着花数的肥料效应方程模型达到显著性水平，而氮、磷、钾施肥量与其他开花指标未达到显著性水平。因此，在开花指标中仅分析氮、磷、钾施肥量对花序着花数影响的肥料效应。

（1）单因素肥料效应分析

用第 2、3、6 和 11 处理的施肥量和花序着花数可拟合 P_2K_2 水平下氮肥的效应方程：$y'_N=102.2500+3.9917x'-0.1358x'^2$（$R^2$=0.74），F=12.08，$F_{0.01}$=8.02，达到极显著影响；由图 12.5A 可知，花序着花数随施氮量呈先增后减的趋势，可见，过量的施用氮肥植株也未能完全吸收；由方程求得氮肥量为 14.69g·株$^{-1}$ 时，花序着花数最大值为 131.58 个。用第 4、5、6 和 7 处理的施肥量和花序着花数可拟合 N_2K_2 水平下磷肥的效应方程：$y'_P=118.2083+4.6417x'-0.3350x'^2$（$R^2$=0.71），F=9.74，$F_{0.01}$=8.02，达到极显著影响；由图 12.5B 可知，随着磷肥施用量增加，花序着花数呈先升后降，可见，适量的磷肥可增加花序中的花朵数；由该方程求得磷肥量为 6.93g·株$^{-1}$ 时，花序着花数最大值为 150.23 个。用第 6、8、9 和 10 处理组的施肥量和花序着花数可拟合 N_2P_2 水平下钾肥的效应方程：$y'_K=108.1167+3.5400x'-0.1867x'^2$（$R^2$=0.2730），F=1.55，$F_{0.05}$=4.26，相关性较小，且无显著差异；由图 12.5C 可知，花序

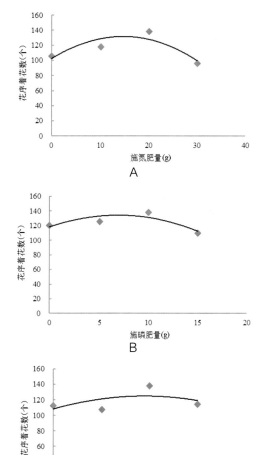

图 12.5　花序着花数的单因素肥料效应图

着花数随着钾肥施用量增加呈先降后升再降；由该效应方程求得钾肥量为9.49g·株$^{-1}$时，花序着花数最大值为124.90个。

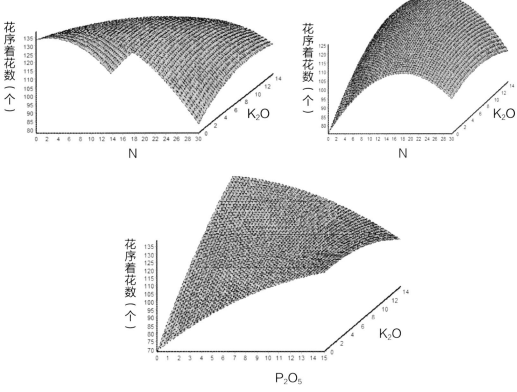

图 12.6 花序着花数的二因素效应曲面图

（2）二因素肥料效应分析

对氮（x_1'）、磷（x_2'）、钾（x_3'）施肥量进行二因素肥料效应分析，得出施肥量与紫薇花序着花数（y'）的二元二次肥料效应函数（表12.14）及开口向下曲面图（图12.6）。在氮磷两因素作用中，根据对应的肥效方程，可得出肥料的最大限用量，即当施氮量为13.90g·株$^{-1}$，施磷量为5.82g·株$^{-1}$时，花序着花数最大为133.97个。在氮钾二因素中，二者均能显著影响花序着花数，当施氮量为11.23g·株$^{-1}$，施钾量为14.57g·株$^{-1}$时花序着花数最大为127.22个。在磷钾二因素中，二者均对花序着花数影响显著，当施磷量为12.71g·株$^{-1}$，施钾量为5.10g·株$^{-1}$时花序着花数最大为122.10个。

表12.14 花序着花数的二元二次肥料效应函数的配置及检验

二元二次肥料效应函数	显著性检测	
	F	R^2
$y'_{NP}=104.3333+3.3212x_1'-2.2576x_2'-0.1279x_1'^2-0.2418x_2'^2+0.0400x_1'x_2'$	12.46**	0.56
$y'_{NK}=63.9310+4.4168x_1'+5.2866x_3'-0.1082x_1'^2-0.1289x_3'^2+0.1364x_1'x_3'$	3.82*	0.62
$y'_{PK}=47.8333+8.1061x_2'+8.9439x_3'-0.2055x_2'^2-0.1712x_3'^2-0.5667x_2'x_3'$	2.70	0.52

（3）三因素肥料效应分析

以氮（x_1'）、磷（x_2'）、钾（x_3'）施肥量与花序着花数（y'）进行拟合分析，得出三元二次肥料效应方程模型：$y'=66.1552+2.1883x_1'+2.3371x_2'+7.8053x_3'-0.1021x_1'^2-0.1385x_2'^2-0.1043x_3'^2+0.1509x_1'x_2'-0.0806x_1'x_3'-0.3957x_2'x_3'$，经回归分析与检验：$R^2$为0.81，$F=20.53$，$F_{0.01}=3.12$，达到极显著水平，说明自变量$x'$与因变量$y'$之间具较高的相关性，花序着花数与氮、磷、钾肥之间存在显著回归关系。一次项系数均为正值，二次项均为负值，这与株高增长量相同；互作项系数中氮磷肥配施为正向互作效应，而氮钾、磷钾肥存在负交互作用。由三元二次肥料效应方程求出花序最大着花数的施肥量为氮肥19.50g·株$^{-1}$、磷肥13.82g·株$^{-1}$、钾肥3.66g·株$^{-1}$，花序最大着花数为117.94个。

12.3.17 肥料效应的模型优化

建立的三元二次肥料效应方程模型，用求最大值的方法求得紫薇株高最大增长量、花序着花数最大值的施肥量，这些值在实际生产中出现的概率较低，因此采用频次分析方法进行优化。根据"3414"试验，共有$4^3=64$方案，其中紫薇株高增长量在平均值39.09cm以上的施肥方案有46个（表12.15）；花序着花数在平均值97.28个以上的施肥方案有40个（表12.16）。氮、磷、钾肥施用量均以1、2水平取值频率最高。设置95%的置信度条件下，株高增长量的优化施肥方案为N：13.70~17.60g·株$^{-1}$、P_2O_5：6.62~8.60g·株$^{-1}$、K_2O：7.25~9.12g·株$^{-1}$，花序着花数的优化施肥方案为N：10.95~17.37g·株$^{-1}$、P_2O_5：5.89~9.37g·株$^{-1}$、K_2O：7.01~10.25g·株$^{-1}$。

采用交集法，可得出施肥量N：10.95~17.60g·株$^{-1}$，P_2O_5：5.89~9.37g·株$^{-1}$，K_2O：7.01~10.25g·株$^{-1}$，该施肥配方可使紫薇苗木生长健壮，花量繁多。

表 12.15 株高增长量的频率分布及优化方案

水平	N		P_2O_5		K_2O	
	次数	频率（%）	次数	频率（%）	次数	频率（%）
0	8	17.39	9	19.57	7	15.23
1	14	30.43	12	26.09	14	30.43
2	14	30.43	14	30.43	14	30.43
3	10	21.75	11	23.91	11	23.91
总和	46	100.00	46	100.00	46	100.00
均数标准差	1.16		0.59		0.58	
施肥量（g·株$^{-1}$）	13.70~17.60		6.62~8.60		7.25~9.12	

表 12.16 花序着花数的频率分布及优化方案

水平	N		P_2O_5		K_2O	
	次数	频率（%）	次数	频率（%）	次数	频率（%）
0	8	20.00	9	22.50	5	12.50
1	13	32.50	10	25.00	12	30.00
2	14	35.00	12	30.00	12	30.00
3	5	12.50	9	22.50	11	27.50
总和	40	100.00	40	100.00	40	100.00
均数标准差	1.51		0.86		0.80	
施肥量（g·株$^{-1}$）	10.95~17.37		5.89~9.37		7.01~10.25	

12.4 结论与讨论

12.4.1 讨论

1. 配方施肥对紫薇生长的影响

施肥可促进苗木地上部分和地下部分的生长，是培育优质容器苗的重要环节之一，而施肥不足时不能满足植物对养分的需求，过量施肥则对苗木造成肥害。本试验表明，T6（$N_2P_2K_2$）处理的各个生长指标均显著大于不施肥处理，说明合理施肥配方可促进紫薇的生长，这与李文（2020）对青钱柳（*Cyclocarya paliurus*）的施肥研究结果相似。在P_2K_2水平下，N_0的株高、地径、地上生物量、叶面积及根总表面积最小，N_3的地下生物量、根尖数最少，而在N_2时各指标表现最佳。这可能是N_2水平对苗木的生长有显著促进作用，N_0水平时光合作用较弱，使苗木的光合产物积累和转运受阻，限制苗木的地上部分生长发育；而N_3水平时，苗木出现徒长现象，不利于茎的增粗及地下根系的伸长，影响苗木质量，这结果与付晓凤等（2019）对扁桃（*Mangifera persiciformis*）的研究结果相似。

2. 配方施肥对紫薇开花的影响

成花过程是植物从营养阶段到生殖阶段的转变，除受光照、温度及水分因素外，还受矿质营养元素影响，矿质营养元素可通过施肥的方式，为植物补充营养元素。紫薇各施肥处理中以T6（$N_2P_2K_2$）处理的单株花序数、花序着花数、花序长、花序宽、花径及花期长度最大，较不施肥处理差异显著，说明水平2的氮、磷、钾显著增加了紫薇的花序、花朵量，延长了花期，从而提高开花质量，这结果与齐豫川（2016）对四季桂（*Osmanthus fragrans*）的研究结果相似。氮肥对紫薇的单株花序数、花序着花数及花期长度的影响效应最大，在P_2K_2水平时，N_2的紫薇单株花序数、花序着花数、及花期长度最大，而N_0、N_3的较小，说明缺施氮肥或过量施用氮肥造成花序发育不良，花量减少，观赏性较差，这与周杰良等（2007）对一串红（*Salvia splendens*）、刘福妹等（2015）对白桦（*Betula platyphylla*）进行施肥试验的结果相似。氮、磷、钾肥对花径的影响顺序为磷＞钾＞氮，缺施磷、钾肥的花径较小，这与刘晨等（2019）对微型月季（*Rosa chinensis minima*）的研究结果相似，说明合适的磷肥施用量，不仅可以保持植株在营养生长和生殖生长间达到平衡状态，且可增加花的数量和提高观赏品质，合理施用钾肥对植物发育、抗性及花的品质起着重要作用（Berg W K 等，2005；王自布等，2018；Wang S 等，2018）。

3. 不同配方施肥对紫薇生理指标的影响

可溶性糖在一定程度上反映光合产物的积累和转运情况，其含量的增加，可提高植株的抗逆性（赵江涛 等，2006）。可溶性蛋白既是重要的营养物质，也是参与植物体内活动的渗透调节物质，其含量的增加，能提高细胞的保水能力（原慧芳 等，2016）。本试验中，各施肥处理的可溶性蛋白含量均显著高于不施肥处理，T6（$N_2P_2K_2$）处理的可溶性蛋白含量最大，说明T6（$N_2P_2K_2$）施肥组合能显著促进紫薇叶片蛋白质的合成，这与粟春青（2020）对假苹婆（*Sterculia lanceolata*）研究不一致，假苹婆在$N_1P_2K_2$时叶片的可溶性蛋白含量最高，这可能是由于树种、树龄及栽培条件不同，对氮素的需求量不一致。氮、磷、钾肥对可溶性糖含量的影响效应为氮肥＞磷肥＞钾肥，说明磷、氮肥对紫薇可溶性糖的影响最显著，这与何金金（2021）对紫金牛（*Ardisia japonica*）的研究结果不同，氮、钾肥对紫金牛可溶性糖影响最显著，推测的原因是树种不同或者钾素对紫薇合成可溶性糖的影响较小。T6（$N_2P_2K_2$）处理的紫薇可溶性糖含量最多，且达到显著性水平，而 T11（$N_3P_2K_2$）处理的紫薇可溶性糖含量低于不施肥处理，这可能是在 P_2K_2 水平下，过量氮肥会对紫薇造成一定程度的毒害作用，使光合作用变弱，抑制叶片可溶性糖的合成与积累，这与闫杰伟（2019）对桃（*Prunus persica*）的研究结果相似，说明适宜的施肥配比有利于紫薇的营养物质合成与积累，促进其生理代谢活动的进行，而过量施肥会产生抑制作用。

4. 不同配方施肥对紫薇光合作用的影响

氮、磷、钾元素与植物的光合作用关系十分密切。氮素是叶绿素的重要组成部分，且能增大叶面积，提高光合效率，从而合成更多的有机物（朱根海 等，1985）。磷素与光合作用和碳水化合物的合成有关，且能通过影响 ATP 和 NADPH 的代谢过程进而影响光合作用进程（刘福德 等，2007）。钾素能促进叶绿素的合成和稳定，其含量可影响叶绿体基粒数量、光合电子传递链活性及光合磷酸化活力（曾维，2019）。叶绿素相对含量大小直接影响光合作用并最终影响到产量的形成（霍轶珍，2020）。本试验中，氮、磷、钾肥对叶绿素相对含量的影响效应为氮＞磷＞钾，表明氮肥对叶绿素相对含量影响最大，这与孙霞等（2012）研究红富士苹果（*Malus domestica*）结果相似。氮、磷、钾肥对紫薇的 *Pn*、*Ci*、*Gs*、*Tr*、SPAD 均影响极显著，说明氮、磷、钾与紫薇光合作用有密不可分的联系（蔡雅桥 等，2016）。T6（$N_2P_2K_2$）处理的 *Pn*、*Ci*、*Gs*、*Tr*、SPAD 值均最大，这可能是由于合理施肥改善了土壤的养分利用状况，叶片内的矿质元素含量增加，有利于叶片的叶绿素的合成，从而增强了光合作用，这与吴家胜等（2003）对银杏（*Ginkgo biloba*）施肥研究结果相似。T11（$N_3P_2K_2$）处理的 *Pn*、*Gs* 及 *Tr* 较小，这可能是氮素过量对紫薇产生一定的养分胁迫，降低光合酶含量及活性，光合能力，这与 Wang C 等（2017）对苦荞麦（*Fagopyrum tataricum*）研究相似，说明适当的施肥配比有助于叶片叶绿素、光合酶的合成，显著增强光合作用。

5. 不同配方施肥对紫薇养分指标的影响

除了植株形态生长指标之外，植株体内的营养元素含量也能反映苗木是否健壮、施肥是否合理（刘克林，2009）。合理的施肥配方可以使植株生长健壮、枝叶茂盛、营养物质累积充分，从而提高开花质量（曹冰东 等，2018）。叶片是进行光合作用主要的器官，其氮、磷、钾含量与植株体内物质的转化和能量的转移相关（张晶 等，2007）。紫薇叶片中的全氮、全磷、全钾含量均分别随氮、磷、钾肥施用量的增加而增加，这与李桃祯等（2019）对刨花润楠（*Machilus pauhoi*）进行配方施肥的研究结果相同。叶片全氮含量的增加，这可能是由于氮肥的合理施用，提高叶片的光合速率，有利于同化产物的积累，进而提高氮代谢过程中的关键酶活性，从而直接影响氮素代谢，促进氮素的吸收；叶片全磷含量的增加，这可能是由于增施磷肥后提高根系活力和光合效率，从而促进叶片全磷的积累（俞聪慧，2021）；叶片钾含量的增加，这种现象可能是因为增施钾肥提高了土壤溶液中 K^+ 的浓度和土体与根表间 K^+ 的浓度差，增大了亏欠强度与范围，加速 K^+ 的迁移速率，增加供钾有效空间，因而植株含钾量增加（曹一平 等，1991）。但植物叶片中全氮、全磷、全钾含量越高，并不代表植物的生长情况越好，需要经过综合考虑植物的生长指标、肥料成本及环境问题等因素，这才能得出科学的施肥配方，提高苗木质量和开花质量。

植物在生长发育过程中需要从根系吸收土壤中的养分，而土壤中的养分是有限的，施肥能够及时补充土壤中缺少的养分，从而维持植物能够正常生长。本试验中，施肥处理的基质全氮、全磷、全钾含量均大于不施肥处理，说明施肥可提高基质全氮、全磷、全钾含量；基质全氮、全磷、全钾含量分别在 N_3、P_3、K_3 的施肥水平时最大，在缺肥处理下含量最小，说明基质全氮、全磷、全钾含量分别随着氮、磷、钾肥的施用水平的增加而增加，这与张豆豆等（2018）对甘草（*Glycyrrhiza uralensis* Fisch.）的研究结果相似，可能是因为施用过量的氮、磷、钾肥，植株吸收养分已达到最大值，多余的养分在基质中积累。

12.4.2 结论

①各个施肥处理的株高增长量、地径增长量、冠幅增长量、地上生物量、地下生物量、总生物量、叶面积均大于不施肥处理。磷肥对地下生物量、总生物量的影响效应最大，而其余指标是氮肥的影响效应最大。T6（$N_2P_2K_2$）处理的株高增长量、地径增长量、冠幅增长量、地上生物量、地下生物量、总生物量、叶面积均表现最佳，这表明氮、磷、钾均衡施肥（施肥水平为2）时有利于苗木生长。对于根系而言，钾肥对总根长的影响效应最大；氮肥对根总表面积、根尖数的影响效应最大；磷肥对根总体积的影响效应最大。T6（$N_2P_2K_2$）处理的总根长、根总表面积、根总体积、根尖数均表现最优，氮、磷、钾均衡施肥（施肥水平为2）时有利于苗木根系生长。T11（$N_3P_2K_2$）处理的根尖数均小于不施肥处理，T2（$N_0P_2K_2$）处理的根表面积小于不施肥处理，表明缺施氮肥或施用过量的氮肥均限制根系生长。

②与不施肥处理相比，施肥处理均提高了开花质量。氮肥对单株花序数、花序着花数、花序宽及花期长度的影响效应最大，钾肥对花序长的影响效应最大，磷肥则对花径的影响效应最大。T6（$N_2P_2K_2$）处理的单株花序数、花序着花数、花序长、花序宽及花径均最大，氮、磷、钾均衡施肥（施肥水平为2）能显著提高紫薇的开花质量。T6（$N_2P_2K_2$）处理的花期长度最长，较不施肥处理延长了33d，T11（$N_3P_2K_2$）处理的花期长度最短，较不施肥处理缩短了1d，但差异不显著，这说明过量的氮肥不利于紫薇花期延长。

③T6（$N_2P_2K_2$）处理的可溶性糖含量、可溶性蛋白含量最大，说明合理的施肥配方可显著促进紫薇可溶性糖、可溶性蛋白的合成与积累。

④合理施肥能改善紫薇的光合性能，提高光合效率。氮肥对净光合速率、蒸腾速率、叶绿素相对含量的影响效应最大；钾肥对胞间 CO_2 浓度、气孔导度的影响效应最大。T6（$N_2P_2K_2$）处理的净光合速率、胞间 CO_2 浓度、气孔导度、蒸腾速率、叶绿素相对含量最大，表明在氮、磷、钾均衡施肥（施肥水平为2）有利于紫薇的光合作用。

⑤与不施肥处理相比，不同施肥处理均不同程度提高了紫薇叶片养分含量。氮、磷、钾肥分别对叶片全氮、全磷、全钾含量的影响效应最大。叶片全氮、全磷、全钾含量分别在 N_3、P_3、K_3 水平时最大，与不施肥处理之间有显著性差异，叶片全氮、全磷、全钾含量与氮、磷、钾的施肥量呈正相关。施肥量与基质养分的变化趋势与叶片养分相同，随着氮、磷、钾施用水平的升高，基质全氮、全磷、全钾含量随之增加。

⑥生长指标中的地上部分的生长与地下部分的生长呈显著或极显著正相关，地上部分的生长与开花指标呈显著或极显著正相关。生理指标与生长指标间均呈显著或极显著正相关。光合指标与生长指标、生理指标之间大部分呈显著或极显著正相关。隶属函数综合得分按高低排序为 T6＞T12＞T3＞T5＞T9＞T7＞T14＞T10＞T13＞T4

>T8>T11>T2>T1，各个施肥处理的隶属均值均大于不施肥处理，表明在T6（$N_2P_2K_2$）处理最能显著促进苗木的光合作用及营养物质的合成与积累，从而提高苗木质量。

⑦建立了氮、磷、钾肥料效应模型，拟合的氮、磷、钾肥施用量与株高增长量、花序着花数的肥料效应模型的相关性均达到显著性水平，说明模型拟合成功。使用频次分析方法，设置95%的置信度条件下，株高增长量的优化施肥方案为N：13.70~17.60g·株$^{-1}$，P_2O_5：6.62~8.60g·株$^{-1}$，K_2O：7.25~9.12g·株$^{-1}$，花序着花数的优化施肥方案为N：10.95~17.37g·株$^{-1}$，P_2O_5：5.89~9.37g·株$^{-1}$，K_2O：7.01~10.25g·株$^{-1}$。采用交集法，可得出施肥量N：10.95~17.60g·株$^{-1}$，P_2O_5：5.89~9.37g·株$^{-1}$，K_2O：7.01~10.25g·株$^{-1}$，该施肥方案可使紫薇苗木能生长健壮，花量繁多。

参考文献

鲍士旦，2000.土壤农化分析[M].3版.北京：中国农业出版社：264-271.

蔡雅桥，许德琼，陈松，等，2016.配方施肥对钩栗生长和生理特性的影响[J].中南林业科技学报，36(3)：33-37，95.

曹冰东，李秀芬，朱建军，等，2018.不同施肥处理对盆栽扶桑生长开花的影响[J].山东林业科技，48(5)：47-49.

曹一平，徐永泰，李晓林，1991.小麦根际微区钾养分状况的研究[J].北京农业大学学报，(2)：69-74.

曾维军，2019.氮、磷、钾肥对紫色小麦光合生理特性、产量及主要品质的影响[D].贵阳：贵州大学.

陈亮，杨意诗，李晔，等，2017.ICP-AES法测定浆果中的常微量元素[J].食品研究与开发，38(20)：165-168.

付晓凤，朱原，黄杰，等，2019.氮磷钾配比施肥对扁桃幼苗生长及叶片养分含量的影响[J].四川农业大学学报，37(5)：629-635.

何金金，2021.氮磷钾配比施肥对紫金牛生长及生理的影响[D].长沙：中南林业科技大学.

李桃祯，邹清涛，侯小青，等，2019.配方施肥对刨花润楠土壤养分、微生物生物量及酶活性的影响[J].广西林业科学，48(1)：67-73.

李文，2020.配比施肥对青钱柳生长及生理特性的影响[D].长沙：中南林业科技大学.

刘晨，张宁宁，衡燕，等，2019.不同施肥模式对微型月季生长和开花的影响[J].天津农业科学，25(11)：47-52.

刘福德，王中生，张明，等，2007.海南岛热带山地雨林幼苗幼树光合与叶氮、叶磷及比叶面积的关系[J].生态学报，(11)：4651-4661.

刘福妹，姜静，刘桂丰，2015.施肥对白桦树生长及开花结实的影响[J].西北林学院学报，30(2)：116-120，195.

刘克林，2009.三倍体毛白杨林木营养动态及施肥试验研究[D].北京：北京林业大学.

陆小清，李乃伟，李云龙，等，2011.不同施肥处理对福氏紫薇粗生长和冠幅的影响[J].江苏农业科学，39(5)：201-202.

路文静，李奕松，2012.植物生理学实验教程[M].北京：中国林业出版社：61-63.

齐豫川，2016.氮磷钾配施对四季桂生长的影响[D].雅安：四川农业大学.

乔中全，王晓明，曾慧杰，等，2015.不育紫薇'湘韵'扦插过程中内源激素含量变化[J].湖南林业科技，42(1)：49-53.

饶丹丹，2020.紫薇新品种'紫玉'组织培养及内源激素含量变化研究[D].长沙：中南林业科技大学.

任钰键，马佳星，杨帆，等，2019.电热板消解ICP-AES法测定农用地土壤重金属含量探究[J].南方农业，13(24)：171-173.

粟春青，2020.氮磷钾配比对假苹婆生长生理及土壤肥力特征的影响[D].南宁：广西大学.

粟春青，蒋霞，亢亚超，等，2019.金花茶幼苗对铅胁迫的生长生理响应[J].森林与环境学报，39(5)：467-474.

孙霞，柴仲平，蒋平安，2012.不同氮磷钾肥配比对南疆红富士苹果光合特性的影响[J].西南农业学报，25(4)：1352-1357.

王昊，刘博，蔡卫佳，2018.复色紫薇优化施肥模式研究[J].北方农业学报，46(6)：110-114.

王敏，宋平，任翔翔，等，2008.紫薇资源与育种研究进展[J].山东林业科技，2008(2)：66-68.

王自布，罗会兰，曹剑锋，2018.不同磷肥施用量对菊花生理及活性成分的影响[J].农业科学研究，39(2)：74-77.

吴家胜，张往祥，曹福亮，2003.氮磷钾对银杏苗生长和生理特性的影响[J].南京林业大学学报(自然科学版)，(1)：63-66.

闫杰伟，2019.施肥对观赏桃'元春'生长及生理特性的影响[D].长沙：中南林业科技大学.

杨彦伶，李振芳，李金柱，等，2014.施肥对紫薇生长开花特性的影响研究初报[J].湖北林业科技，43(1)：1-328.

俞聪慧，2021.氮磷钾肥配施对水稻养分吸收、碳水化合物积累转运及产质量的影响[D].哈尔滨：东北农业大学.

原慧芳，肖荣才，黄菁，等，2016.东试早柚对不同保水处理的生理响应及综合评价[J].浙江农业学报，28(4)：586-594.

张豆豆，金燕清，罗琳，2018.氮磷钾配施对甘草产量的影响及其与土壤养分含量的关系[J].中国中药杂志，43(12)：2474-2479.

张晶，毛洪玉，崔文山，等，2007.仙客来叶片中氮、磷、钾含量年周期变化规律研究[J].辽宁林业科技，(1)：28-38.

赵江涛，李晓峰，李航，等，2006.可溶性糖在高等植物代谢调节中的生理作用[J].安徽农业科学，(24)：6423-6425，6427.

周杰良，王建湘，李树战，等，2007.不同肥料及施肥方法对一串红生长及开花的影响研究[J].浙江农业科学，(6)：652-655.

朱根海，张荣铣，1985.叶片含氮量与光合作用[J].植物生理学通讯，(2)：9-12.

朱琳飞，2012.观赏桃栽培基质筛选及花期调控研究[D].北京：北京林业大学.

Berg W K,Cunningham S M,Brouder S M,et al.,2005.Influence of phosphorus and potassium on alfalfa yield and yield components[J].Crop Science,45(1):297-304.

Wang C,She H Z,Liu X B,et al.,2017.Effects of fertilization on leaf photosynthetic characteristics and grain yield in tartary buckwheat Yunqiao1[J].Photosynthetica,55(1):77-84.

Wang S,Song M,Guo J,et al.,2018.The potassium channel Fa TPK 1 plays a critical role in fruit quality formation in strawberry[J].Plant biotechnology journal,16(3):737-748.

第13章 基质和容器对紫叶紫薇容器苗生长及生理的影响研究

13.1 基质对紫叶紫薇容器苗生长及生理的影响

紫叶紫薇是近年来选育的彩叶紫薇新品种，集观花、观叶于一体，观赏价值很高，市场前景广阔。容器育苗技术为苗木标准化高效繁殖和培育技术体系的建立提供了新的思路，容器苗具有栽植成活率高、移栽时根系受损伤少、缓苗期短等优点。基质是影响容器苗生长最重要的因素之一，因此基质的选择是容器育苗过程中至关重要的一环。

目前，有关紫薇容器苗基质的研究较少，仅见少量的相关文献。曾梅娇（2011）在紫薇容器育苗基质研究中认为栽培基质以排水良好、肥沃疏松、中性偏酸性的壤土最佳，在黏重土中生长不良；王鹏等（2013）研究发现珍珠岩颗粒与泥炭土等体积混合对紫薇根的生长十分有利；卢艳艳等（2013）研究认为不同配方基质对紫薇容器大苗的苗高、地径、根系生长等指标有显著影响，苗高、地径和根系生长在黄心土、河沙、泥炭、栏肥体积比为34∶33∶30∶3的基质中表现最优；王金凤等（2014）认为泥炭∶蛭石=2∶1的基质配比为培育紫薇容器苗最佳基质组合。这些研究虽然取得一定进展，但其参与试验的基质配方种类较少，研究的生长指标尚不全面，未对生理指标进行分析，也未涉及紫叶紫薇研究。本研究开展了不同基质对紫叶紫薇容器苗生长及生理的影响，旨筛选出紫叶紫薇容器苗培育的适宜基质配方，为紫叶紫薇容器育苗提供理论依据和技术支撑。

13.1.1 试验材料

以紫叶紫薇优良新品种'丹红紫叶'（*Lagerstroemia indica* 'Ebony Embers'）为试验材料。供试苗木为栽植在湖南省林业科学院试验林场紫薇基地的2年生苗木，选用圃地土、泥炭、珍珠岩、蛭石四种材料进行不同基质配制。

13.1.2 试验方法

13.1.2.1 试验设计

共设置17个基质配比处理（表13.1），以圃地土为对照（CK）。育苗容器为白色无纺布袋，直径21cm，高度21cm，每袋栽植1株，每个处理12株。2021年3月初将苗木移栽于容器中。容器苗置于有自动喷雾装置的苗圃地上。

表13.1 基质试验处理

处理	基质配比（%）			
	圃地土	泥炭	蛭石	珍珠岩
CK	100	0	0	0
T1	0	80	0	20
T2	0	80	20	0
T3	80	0	0	20
T4	80	0	20	0
T5	0	50	40	10

（续表）

处理	基质配比（%）			
	圃地土	泥炭	蛭石	珍珠岩
T6	0	50	10	40
T7	0	70	20	10
T8	50	0	40	10
T9	50	0	10	40
T10	70	0	20	10
T11	30	50	10	10
T12	10	50	30	10
T13	10	50	10	30
T14	50	30	10	10
T15	10	70	10	10
T16	70	10	10	10

13.1.2.2 测定指标及方法

1. 土壤理化性质测定

采用电位法测定pH值。采用环刀法测定容重、总孔隙度、通气孔隙度、总孔隙度等物理性质（卫茂荣，1990）。全氮含量采用凯氏定氮仪测定（黎冬容 等，2015）。全磷、全钾含量用电感耦合等离子体原子发射光谱法进行测定（梁少俊 等，1997）。

2. 植株生长量测定

3月初用记号笔在植株离基质表面2cm处做好地径测量标记，并测量地径。12月底植株停止生长后在地径测定标记处再测量地径，地径生长量=12月份地径–3月份地径。3月初测量植株高度，12月份底再测量测量植株高度，株高生长量=12月份株高–3月份株高。用卷尺测量植株南北与东西2个方向的直径，计算冠幅平均生长量。

3. 植株地下部分生长指标的测定

采用根系扫描仪（Epson Expression 10000XL 1.0）扫描根系，采用Win RHIZO根系分析系统软件分析苗木的总根长、总根表面积、总根体积、根尖数等根系形态参数。

4. 植株生物量的测定

将苗木根系洗净后移至室内，用枝剪于根颈处剪断苗木，将其放入电热鼓风干燥箱中，105℃杀青20min，80℃烘干至恒重并称重，得到地上部干重、地下部干重、全株干重。

5. 植株生理生化的测定

选取植株顶部往下第6、7片成熟叶片采样，进行生理生化有关指标的测定。叶片可溶性糖含量采用蒽酮比色法测定（蓝尉冰 等，2018），叶片可溶性蛋白含量采用考马斯亮蓝G-250法测定（赵英永，2006）。

13.1.2.3 数据处理

使用Excel 2020进行数据整理。采用SPSS 26统计分析软件进行方差分析、多重比较及相关性分析。

13.1.3 结果与分析

13.1.3.1 不同基质的理化性质

由表13.2可知，不同基质配方的pH值、容重、总孔隙度、通气孔隙度、持水孔隙度等物理性质具有显著性差异。T8处理的pH值最大，为5.10，其次是T9、T10处理，但它们三者之间没有显著性差异。pH值最小是T5处理，为4.06。T8处理的pH值比T5处理高1.04，二者之间具有显著性差异。这说明不同基质配方的pH值不同。各处理的容重均小于对照（CK），CK的容重为0.90g·cm^{-3}，T4（0.87g·cm^{-3}）次之，CK与T4没有显著差异。T6处理的容重最小，为0.237g·cm^{-3}，CK的容重比T6处理高0.663g·cm^{-3}，二者间差异显著。这说明不同基质配方的容重不同，CK、T4处理的容重较大，土壤紧实。

非毛管孔隙度以CK最大，为9.71%，其次是T10、T9、T3，它们与CK没有显著差异。T2处理的非毛管孔隙度最小，比最高的处理CK显著小272.03%；这表明不同的基质非毛管孔隙度不同。一般而言，非毛管孔隙度越大基质的持水力越差，CK、T10、T9、T3基质的持水力较差，T2、T7、T15、T13基质的持水力较好。

基质毛管孔隙度越高，基质水分的贮存情况越好。毛管孔隙度最大的是T8处理，为20.43%，其次是T16、T4处理，它们之间差异不显著。毛管孔隙度最小的处理是T6，为9.29%，其次是T13、T9处理，这三者间无显著差异。T8处理的毛管孔隙度比T6处理高119.91%。这说明不同的基质毛管孔隙度不同。基质总孔隙度最大的处理是T8，为26.50%，其次是CK、T16、T10处理，但它们之间无显著性差异。总孔隙度最低的处理是T13，为12.95%，其次是T6，二者之间没有显著性差异。T8的总孔隙度比T13高104.63%。

不同基质的全氮、全磷、全钾含量具有显著性差异。全氮含量最高的处理是T1，为12.80g·Kg^{-1}，其次是T2、T7处理，但三者间没有显著差异，其含量均显著高于CK；全氮含量最低的是T10处理，仅为0.83g·Kg^{-1}；T1处理的全氮含量比T10处理显著高15倍。全磷含量最高的处理为T2，达82.38mg·Kg^{-1}，其次是T11处理，二者间存在显著性差异，且均显著高于对照CK；全磷含量最低的是T3处理，仅为5.83mg·Kg^{-1}，与CK差异不显著；T2处理的全磷含量比T3处理显著高13.1倍。全钾含量最高的处理为T6，为2.99g·Kg^{-1}，其次是T11，二者间无显著性差异；含量最低的处理为T10，仅1.43g·Kg^{-1}，T10与CK间也无显著性差异；T6处理的全钾含量比T10处理显著高108.44%。

从基质的主要物理性质容重和总孔隙度上看，较为紧实的基质是CK、T4、T8、T10、T16处理，基质内的水分、空气热量状况较差，可能不利于紫叶紫薇容器苗的生长，其余处理的基质水分、透气性则比以上5个处理要好。就化学性质而言，T2、T11、T6处理的全氮、全磷、全钾含量均处于较高水平，植物营养元素含量丰富。综合基质理化性质的测定结果，T2、T11、T6处理的肥力较好，其透气性、持水性居中，可能是紫叶紫薇容器苗生长的适宜基质。

表13.2 不同基质的理化性质

处理	pH值	容重（g·cm⁻³）	非毛管孔隙度（%）	毛管孔隙度（%）	总孔隙度（%）	全氮含量（g·Kg⁻¹）	全磷含量（mg·Kg⁻¹）	全钾含量（g·Kg⁻¹）
CK	4.47±0.01de	0.90±0.07a	9.71±1.77a	16.65±2.59abcd	26.36±2.02a	1.08±0.10e	10.27±0.83efghi	1.57±0.05h
T1	4.61±0.11cd	0.25±0.02h	3.59±1.07def	10.38±1.42ef	13.97±0.39de	12.80±0.11a	12.16±2.88defg	2.15±0.05de
T2	4.43±0.02de	0.25±0.06h	2.61±1.22f	11.19±3.83ef	13.80±4.52de	12.00±0.58a	82.38±11.97a	2.74±0.06b
T3	4.74±0.04c	0.67±0.08bc	6.92±2.97abc	12.7±2.05cdef	19.62±4.79bcd	1.15±0.06e	5.83±0.82i	1.94±0.04fg
T4	4.76±0.02c	0.87±0.12a	5.98±1.96bcde	19.68±2.65ab	25.66±3.65ab	0.93±0.03e	6.26±0.09hi	2.29±0.03cd
T5	4.06±0.08f	0.24±0.02h	3.09±0.83ef	10.83±1.61ef	13.92±2.45de	10.20±0.96ab	10.36±0.58efghi	2.37±0.02c
T6	4.70±0.19c	0.24±0.02h	3.76±0.47def	9.29±0.40f	13.04±0.07e	10.39±0.84ab	13.12±2.81def	2.99±0.30a
T7	4.47±0.11de	0.28±0.00gh	2.71±0.62f	15.17±0.89bcde	17.89±1.51cde	11.60±0.69a	26.39±4.37c	2.19±0.14cde
T8	5.10±0.16a	0.69±0.01bc	6.06±1.09bcde	20.43±2.22a	26.50±3.26a	0.86±0.07e	21.98±0.66c	2.04±0.13efg
T9	5.02±0.05a	0.42±0.05def	6.97±1.33abc	10.13±1.42f	17.10±2.35cde	5.14±5.77cd	14.65±1.55de	2.29±0.06cd
T10	4.97±0.01ab	0.80±0.03ab	8.37±1.85ab	17.7±0.02abc	26.07±1.83a	0.83±0.09e	8.60±1.65fghi	1.43±0.11h
T11	4.44±0.02de	0.42±0.08efg	4.87±1.33cdef	13.90±2.89cdef	18.77±3.37cde	6.53±0.27c	39.51±3.37b	2.81±0.06ab
T12	4.37±0.11e	0.47±0.19de	5.46±1.92bcdef	12.57±2.97def	18.03±2.10cde	6.12±0.27cd	11.27±0.80efgh	2.05±0.16efg
T13	4.41±0.01de	0.25±0.03h	2.92±1.35f	10.04±0.96f	12.95±2.16e	5.95±0.37cd	7.33±1.78ghi	1.93±0.14fg
T14	4.60±0.03cd	0.57±0.02cd	3.15±0.23ef	17.42±1.50abcd	20.56±1.37abc	2.68±0.08de	8.24±1.16fghi	1.86±0.03g
T15	4.29±0.07e	0.30±0.08fgh	2.75±0.63f	12.49±5.38def	15.25±5.85cde	7.13±0.03bc	13.99±0.57de	2.11±0.31def
T16	4.78±0.01bc	0.78±0.03ab	6.38±1.62bcd	19.81±3.10ab	26.19±2.99a	1.30±0.16e	16.75±2.59d	2.00±0.17efg

注：各数据采用平均数表示，组间多重比较采用 Duncan 法。小写英文字母表示 5% 显著水平的差异性（下同）。

13.1.3.2 不同基质对紫叶紫薇容器苗生长的影响

由表 13.3 可知，不同基质处理的株高差异显著。不同基质处理的紫叶紫薇容器苗株高、地径、冠幅比对照（CK）均有所增长。T11 处理的株高生长量最大，为 72.83cm，其次是 T13 处理，为 70.50cm，二者之间没有显著性差异，但它们与 CK 有显著性差异。T3 处理株高生长量最小，为 47.83cm，它与 CK 不存在显著性差异；T11、T13 处理比 T3 处理的株高生长量分别高出 52.27%、47.40%。这说明 T11、T13 基质比较适合紫叶紫薇容器苗高生长。

各处理的地径生长量有显著差异。T2 处理的地径生长量最大，为 2.51mm，其次是 T1 处理，为 2.34mm，二者间没有显著性差异，但与 CK 均存在显著性差异。地径生长量较小的 2 个基质配方为 T14、T3 处理，分别为 0.93mm、1.14mm，显著小于 CK 的地径生长量；T2、T1 处理比 T14 处理的地径生长量分别高出 169.89%、105.26%。这说明 T2、T1 基质比较有利于紫叶紫薇容器苗粗生长。

不同处理的冠幅生长量也达到显著差异水平。冠幅生长量最大的处理为 T11，为 24.92cm，T13 处理以 24.83cm 位居第二，但二者间没有显著性差异，并且与 CK 间的差异也不显著。冠幅生长量最小的是 T1 处理，为 16.67cm，与生长量最大的处理 T11 有显著性差异，但它与 CK 不存在显著性差异；T1 的冠幅生长量比 T11、T13 处理分别小 49.49%、48.95%。这说明 T11、T13 基质对冠幅的生长较有利。

由此可见，不同基质对株高、地径、冠幅生长量影响不同，紫叶紫薇容器苗在 T11、T13、T2、T1 基质中培育，其株高、地径生长量、冠幅生长量较大，这四种基质比较适合紫叶紫薇容器苗地上部分的生长。

表 13.3　不同基质对紫叶紫薇生长的影响

处理	株高生长量（cm）	地径生长量（mm）	冠幅生长量（cm）
CK	56.67 ± 3.67cd	1.57 ± 0.98cde	19.92 ± 3.63abc
T1	62.67 ± 10.50abc	2.34 ± 0.46ab	16.67 ± 2.32c
T2	70.50 ± 4.89ab	2.51 ± 0.48a	20.92 ± 2.92abc
T3	47.83 ± 11.25d	1.14 ± 0.38de	20.00 ± 3.05abc
T4	59.67 ± 12.04bcd	1.58 ± 0.378cde	18.42 ± 2.25bc
T5	67.00 ± 5.39abc	1.62 ± 0.268cd	22.58 ± 5.47ab
T6	61.50 ± 6.47abc	1.66 ± 0.28cd	22.75 ± 5.32ab
T7	65.20 ± 7.01abc	1.70 ± 0.60bcd	21.58 ± 4.98abc
T8	61.00 ± 5.44abc	1.69 ± 0.48bcd	18.08 ± 2.99bc
T9	59.17 ± 5.35bcd	1.36 ± 0.46cde	18.83 ± 2.91bc
T10	62.67 ± 13.44abc	1.98 ± 0.37abc	22.25 ± 5.2797ab
T11	72.83 ± 7.57a	1.60 ± 0.36cd	24.92 ± 6.08a
T12	59.17 ± 12.80bcd	1.55 ± 0.23cde	21.75 ± 5.28abc
T13	70.50 ± 4.89ab	1.61 ± 0.64cd	24.83 ± 4.17a
T14	48.83 ± 4.17d	0.93 ± 0.19d	18.83 ± 3.54bc
T15	64.5 ± 6.716abc	1.33 ± 0.20cde	21.75 ± 3.03abc
T16	61.17 ± 8.134abc	1.39 ± 0.32cde	22.67 ± 1.40ab

13.1.3.3 不同基质对紫叶紫薇容器苗根系生长发育的影响

从表13.4可知，各参试基质配方处理的总根长均显著大于对照（CK），T13处理的总根长最长，为1531.70cm，其次是T12处理，为1423.86cm，二者之间没有显著性差异，但它们分别比对照（CK）的总根长显著高于297.64%、276.68%。各处理中以T4处理的总根长最短，为657.14cm，但它仍比对照（CK）的总根长高出27.69%。

不同基质的紫叶紫薇容器苗根系表面积有显著差异。各处理的总根表面积以CK为最小，仅147.73cm²；T5处理的根系表面积最大，为375.06cm²，其次是T11、T12，分别为371.50cm²、349.97cm²，三者之间没有显著性差异，却分别显著高于对照（CK）的根系表面积153.88%、151.47%、136.90%。

由表13.4可知，各参试基质处理的总根体积均大于对照（CK），T5处理总根体积最大，为8.21cm³，其次是T11处理，为8.11cm³，二者间差异不显著，但它们分别比对照（CK）显著高出143.24%、140.31%。T4处理的总根体积最小，为4.09cm³，它与CK没有显著性差异。T13处理的根尖数最多，为6203.5个，其次是T11处理，为6090个，T13、T11处理间根尖数没有显著性差异，但它们分别比CK显著高出240.76%、234.52%；根尖数最少的基质处理是T4，为2968个，但它仍比对照（CK）多58.67%。

由此可见，紫叶紫薇根系生长较好的处理是T11，其总根表面积、总根体积、根尖数均处于最高水平，总根长生长也同样处于较高水平，其次是T13处理，这说明这2个基质的苗木根系生长发育较好。CK与T4处理的根系生长不理想，这两种基质不适合紫叶紫薇根系生长。

表13.4 不同基质对紫叶紫薇容器苗根系生长发育的影响

处理	总根长（cm）	总根表面积（cm²）	总根体积（cm³）	根尖数（个）
CK	514.62±31.48k	147.73±4.37i	3.38±0.01h	1870.50±17.68g
T1	1048.61±5.72de	252.00±18.04ef	5.33±0.86cdef	4549.50±61.52bc
T2	782.33±23.21hi	227.67±23.55fg	5.29±0.08cdef	3870.00±9.90cde
T3	718.56±31.51ij	214.54±8.18g	5.10±0.20cdefg	3343.50±796.91ef
T4	657.14±14.10j	183.43±7.16h	4.09±0.29gh	2968.00±521.85f
T5	1365.26±16.35b	375.06±8.34a	8.21±0.48a	3849.50±482.95cde
T6	872.16±70.19gh	251.00±7.80ef	5.76±0.11cde	3573.00±83.44def
T7	910.95±32.32fg	233.71±5.54fg	4.77±1.05efg	4345.00±152.74bcd
T8	929.61±21.99efg	266.64±6.81e	6.09±0.53bc	3666.00±67.88def
T9	1006.09±69.92def	267.85±9.39e	5.68±0.60cdef	4335.50±400.93bcd
T10	1115.66±22.80cd	309.06±10.10dc	6.95±0.13b	4953.50±218.50b
T11	1335.04±48.22b	371.50±15.22a	8.11±0.11a	6090.00±339.41a
T12	1423.86±39.17ab	349.97±11.86ab	6.85±0.12b	4862.50±150.61b
T13	1531.70±106.58a	334.24±7.65bc	5.96±0.31bcd	6203.50±340.12a
T14	951.34±15.54efg	235.43±2.82fg	4.64±0.10fg	3815.00±151.32cde
T15	1173.09±51.18c	297.17±12.65d	6.09±0.04bc	5855.50±372.65a
T16	845.49±78.31gh	230.74±8.30fg	5.02±0.17cdef	3776.50±228.40cdef

13.1.3.4 不同基质对紫叶紫薇容器苗生物量积累的影响

从表13.5可知，地上部分干物质积累最多的处理为T2，达74.93g，其次是T7处理，为70.77g，二者之间差异未达显著性水平，但均显著高于对照（CK）。T10处理的干物质积累最少，仅有33.57g，其显著小于CK；T2处理的地上干质量积累比T10处理高出123.23%。这说明T2基质更有利于紫叶紫薇地上部分干物质的积累，T10基质在地上部分干物质积累方面表现较差。

地下部分干物质积累最多的处理是T6，为30.73g，T5则以26.07g居于第二，T6与T5之间有显著性差异，二者均显著大于CK。地下部分干物质积累表现最差的是T4处理，为16.83g，T4与CK之间无显著差异；T6处理的地下干质量比T4处理显著高出82.59%。这说明T6处理对地下部分干物质的积累更有利。

不同基质的紫薇容器苗全株干质量积累也有所不同。全株干质量最大的是T6处理，达99.30g，其次上T2处理，为98.23g，二者间无显著差异，但二者均显著大于CK。T10处理全株干质量最小，为57.57g，显著小于CK；全株干质量积累量最大的T6处理比最小的T10处理显著高出72.49%。总的来说，T6、T2、T5基质有利于紫叶紫薇容器苗生物量的积累，CK、T4处理则表现较差。

表13.5　不同基质对紫叶紫薇容器苗生物量积累的影响

处理	地上干质量（g）	地下干质量（g）	全株干质量（g）
CK	52.40 ± 2.25hi	17.73 ± 1.60ef	70.10 ± 3.86gh
T1	66.17 ± 2.45bcd	25.93 ± 1.27b	92.10 ± 3.70abc
T2	74.93 ± 1.86a	23.30 ± 1.59bcd	98.23 ± 2.54a
T3	50.17 ± 1.50ij	23.50 ± 1.21bcd	73.67 ± 0.32fg
T4	47.60 ± 1.64ij	16.83 ± 0.93f	64.43 ± 2.50hi
T5	69.33 ± 4.29bc	26.07 ± 1.89b	95.40 ± 5.94ab
T6	68.57 ± 2.57bc	30.73 ± 2.66a	99.30 ± 5.10a
T7	70.77 ± 5.50ab	23.73 ± 0.71bcd	94.50 ± 4.80ab
T8	45.10 ± 2.71j	19.77 ± 1.42ef	64.87 ± 4.12hi
T9	57.80 ± 1.70fg	20.30 ± 2.60def	78.10 ± 4.30ef
T10	33.57 ± 1.60k	24.00 ± 2.80bc	57.57 ± 4.40i
T11	64.07 ± 1.50cde	25.80 ± 1.60b	89.87 ± 2.97bcd
T12	57.23 ± 1.86gh	26.03 ± 0.90b	83.27 ± 2.73de
T13	59.23 ± 1.17efg	25.30 ± 1.25b	84.53 ± 2.14cde
T14	55.93 ± 3.20gh	21.10 ± 2.52cde	77.03 ± 5.70efg
T15	62.97 ± 2.90def	0.25.57 ± 1.21b	88.53 ± 4.10bcd
T16	59.33 ± 1.31efg	20.37 ± 0.91de	79.70 ± 2.12ef

13.1.3.5 不同基质对紫叶紫薇容器苗生理指标的影响

由表13.6可知，T13处理的叶片可溶性蛋白含量最高，为88.90mg·g^{-1}，显著高于CK，其次是T15处理，为76.11mg·g^{-1}，但T15处理与CK没有显著差异。T1处理的可溶性蛋白含量最低，为57.81mg·g^{-1}。T13处理的可溶性蛋白含量比T1处理显著高53.78%。这说明在T13基质的容器苗代谢要强于其他基质的容器苗，而T1基质的容器苗代谢最弱。

不同基质配方的植株叶片可溶性糖含量不同，其中含量最高的处理为T11，为35.23mg·g^{-1}，其次是T2处理，为33.05mg·g^{-1}，2个处理之间差异不显著性，但均显著高于CK。T5处理可溶性糖含量最低，为23.59mg·g^{-1}，仅为最高处理T11的66.96%。这说明T11基质有利于紫叶紫薇容器苗可溶性糖的积累，T5基质则表现相对较弱。

表13.6 不同基质对紫叶紫薇容器苗生理指标的影响

处理	可溶性蛋白含量（mg·g^{-1}）	可溶性糖含量（mg·g^{-1}）
CK	75.08 ± 1.02b	28.07 ± 3.02cde
T1	57.81 ± 1.19j	32.55 ± 1.47ab
T2	61.47 ± 0.19ghi	33.05 ± 2.77ab
T3	59.30 ± 0.34ij	26.92 ± 1.1def
T4	61.36 ± 0.67hi	32.57 ± 1.6ab
T5	63.62 ± 0.38efg	23.59 ± 2.26f
T6	64.39 ± 0.43ef	30.65 ± 1.98bc
T7	65.57 ± 0.65de	29.50 ± 0.42bcd
T8	62.24 ± 0.86fgh	28.17 ± 1.85cde
T9	65.09 ± 0.60de	25.79 ± 2.18ef
T10	65.66 ± 0.78de	31.41 ± 1.69bc
T11	69.37 ± 0.27c	35.23 ± 0.65a
T12	66.96 ± 1.00d	30.92 ± 1.62bc
T13	88.90 ± 2.00a	30.99 ± 1.78bc
T14	74.58 ± 0.81b	30.14 ± 0.81bcd
T15	76.11 ± 2.60b	30.57 ± 1.23bc
T16	76.00 ± 1.32b	33.02 ± 1.31ab

13.1.3.6 各指标间的相关性分析

为了探讨不同配方基质的理化性质与容器苗生长、生理指标间的关系，将基质的理化性质指标与紫叶紫薇容器苗的各指标间进行相关性分析。

由表13.7可知，基质的pH值与苗木的地上干质量、全株干质量极显著负相关。基质容重与苗木的株高生长量、总根长、总根表面积、根尖数显著负相关，而它与苗木的地上干质量、地下干质量、全株干质量则呈极显著负相关。基质的非毛管孔隙度与苗木的地下干质量显著负相关，而它与苗木的地上干质量、全株干质量呈极显著负相关。基质的毛管孔隙度与苗木的地上干质量、地下干质量、全株干质量呈极显著负相关。基质的总孔隙度与苗木的总根长显著负相关；而它与苗木的地上干质量、地下干质量、全株干质量呈极显著负相关。

基质的全氮含量与苗木的株高生长量、地径生长量、地上干质量、地下干质量、全株干质量存在显著或极显著正相关。基质的全磷含量与苗木的株高生长量、地径生长量、地上干质量呈显著正相关。基质的全钾含量与苗木的地上干质量、全株干质量呈极显著正相关。基质的理化性质与苗木的生理指标之间不存在显著性相关。

　　由此可得，在不同基质培育的紫叶紫薇容器苗，其生长状况与基质的理化性质之间有着密切的关系，即基质的容重在合理范围内越低，全氮、全磷、全钾含量越高，紫叶紫薇容器苗的生长越好。

13.1.3.7 不同基质紫叶紫薇容器苗质量的综合评定

　　将不同基质栽培的容器苗生长指标进行综合分析，由于影响紫叶紫薇容器苗生长的因素较多，因此为了简化分析过程，借助隶属函数法来解决紫叶紫薇容器苗不同基质配比的择优问题。先用公式 $X(f) = (X - X_{min}) / (X_{max} - X_{min})$ 求出各指标的隶属函数值，其中 X 为某指标的测定值，X_{max} 为该指标的最大值，X_{min} 为该指标的最小值；然后分别求出各处理不同指标的隶属函数值的平均值，即可得到综合评定得分，进而获得各处理排名。

　　由表 13.8 可知，容器苗生长指标综合得分最高的是 T11 处理，其次是 T5、T13，对照（CK）的生长指标综合得分最低。容器苗生长指标综合得分由大到小排序为：T11 ＞ T5 ＞ T13 ＞ T12 ＞ T2 ＞ T15 ＞ T6 ＞ T1 ＞ T7 ＞ T10 ＞ T16 ＞ T9 ＞ T8 ＞ T14 ＞ T3 ＞ T4 ＞ CK。这说明 T11 基质（圃地土 30%＋泥炭 50%＋蛭石 10%＋珍珠岩 10%）是紫叶紫薇容器苗培育的适宜基质，其次是 T5 和 T13，对照（CK）基质不适宜紫叶紫薇容器苗的培育。

13.1.3 结论与讨论

　　研究结果表明，不同基质配方的理化性质差异显著。容重越大，植株的株高与根系生长情况越差，孔隙度与生物量、根长呈显著负相关，说明基质的透气性能显著影响植株地上部分、地下部分的生长。基质的全氮、全磷、全钾含量与紫叶紫薇的部分生长指标呈显著或极显著正相关，说明基质内的矿质营养元素含量显著影响紫叶紫薇的生长。各处理中以 T11 基质处理的全氮、全磷、全钾含量均处于较高水平，土壤疏松透气且持水性较好，苗木生长量大，根系良好。通过隶属函数法筛选出紫叶紫薇容器苗培育的最适宜基质配方为 T11 基质（圃地土 30%＋泥炭 50%＋蛭石 10%＋珍珠岩 10%），其株高、冠幅生长量及总根长、总根表面积、总根体积、根尖数、生物量积累分别比圃地土（CK）高出 28.52%、25.10%、159.42%、152.55%、139.94%、225.58%、28.20%，苗木综合质量最好，而圃地土则表现最差。

　　育苗基质在容器苗的生长发育过程中起着至关重要的作用（王庆 等，2021），因此对基质进行筛选是容器育苗过程中的重要一环。不同基质的理化性质不同是植物生长情况差异产生的主要因素。基质 pH 值可以反映出其供给植物吸收利用养分的能力（郭世荣 等，2005），因此也可以影响植物的生长，紫薇在酸性及中性的土壤环境中能生长较好（吴宇 等，2020）。本研究中各处理的 pH 值为 4.06~5.10，呈酸性，适合紫薇的生长。容重是基质物理性质的一个重要指标，基质容重大小表明基质的密实程度，容重越大，密实程度越大。曾梅娇认为紫薇在黏重土中生长不良（曾梅娇，2011）。有研究认为容重 0.1~0.8 g·cm⁻³ 较为适宜农作物生长（孙梅 等，2015）。本试验研究中纯圃地土（CK）与圃地土 80%＋蛭石 20%（T4 处理）基质容重均大于此范围，其密实程度大，因此对应的容器苗质量较差。紫薇容器苗株高生长量、总根长、总根表面积、根尖数、生物量与基质容重存在显著负相关，可能是由于基质容重较大限制了根的生长，从而影响了容器苗对基质中养分的吸收，进而影响苗木的生长。有研究认为较为适宜的基质总孔隙度为54%~96%（杨延杰 等，2013）。本研究中所有基质的总孔隙度均小于这一范围，但仍有生长情况较好的容器苗，这说明总孔隙度也许不一定是影响苗木生长的决定性因素。

罗红霞等（2013）用两种基质进行紫薇容器扦插繁殖试验，发现基质为蛭石∶草炭∶珍珠岩∶河沙=5∶3∶1∶1的扦插成活率明显优于基质为黄心土，这与本研究结果相吻合。王金凤等（2014）、王肖雄等（2016）的研究也得出相似结论，他们认为容器苗在圃地土为主的基质中比在含有泥炭、蛭石、珍珠岩的基质中生长情况要差些。

王希刚等（2017）研究认为氮肥、磷肥、钾肥对水曲柳的营养生长与生殖生长均有促进作用，其中对水曲柳营养生长影响最大的是氮肥，其次是磷肥，最后是钾肥。另有研究认为氮是植物生长最重要的因子（周劲松 等，2016），氮对植物株高、地径等生长指标有显著影响（詹孝慈 等，2016）。本研究结果表明基质中全氮、全磷含量与容器苗株高、地径、生物量之间存在显著正相关，即全氮、全磷含量越高，植株的株高、地径、生物量积累等生长指标表现越好。核桃树（郝耀锋，2020）、棉花（李润清 等，2020）也得到同样的研究结论。

植物叶片可溶性糖不仅能为植物生长发育提供能量，也可以代表植物光合作用产物的积累。可溶性蛋白是重要的渗透调节物质和营养物质，其增加和积累能提高细胞的保水能力，对细胞的生命物质及生物膜起到保护作用（李彩霞 等，2019；张艳红，2019）。曾黎明等（2021）研究认为可溶性糖与植株株高、地径之间没有显著相关性，这与本研究结果一致，这可能是由于植株不同阶段的代谢有所不同。本研究发现可溶性蛋白质含量与植株有关生长指标之间不存在显著相关性。

本试验研究了不同基质对紫叶紫薇容器苗的生长和生理的影响，可为培育优质的紫叶紫薇容器苗提供一定的参考。未来可开展温度、水分、光照等因素对紫叶紫薇苗木生长与生理的影响研究，从而使得紫叶紫薇容器苗培育技术更加完善。

表13.7 植株生长与基质理化性质的相关性

指标	pH值	容重	非毛管孔隙	毛管孔隙	总孔隙度	全氮含量	全磷含量	全钾含量
株高生长量	−0.386	−0.529*	−0.420	−0.297	−0.395	0.540*	0.526*	0.463
地径生长量	−0.041	−0.348	−0.225	−0.242	−0.272	0.563*	0.583*	0.285
冠幅生长量	−0.460	−0.297	−0.196	−0.293	−0.297	0.144	0.148	0.258
总根长	−0.413	−0.539*	−0.423	−0.420	−0.486*	0.304	−0.104	0.083
总根表面积	−0.365	−0.491*	−0.343	−0.378	−0.422	0.283	−0.007	0.201
总根体积	−0.265	−0.409	−0.233	−0.322	−0.335	0.257	0.087	0.291
根尖数	−0.242	−0.533*	−0.453	−0.361	−0.456	0.299	0.087	0.130
地上干质量	−0.636**	−0.808**	−0.741**	−0.618**	−0.766**	0.867**	0.500*	0.701**
地下干质量	−0.414	−0.750**	−0.541*	−0.711**	−0.750**	0.664**	0.063	0.457
全株干质量	−0.646**	−0.884**	−0.769**	−0.714**	−0.848**	0.909**	0.435	0.713**
可溶性蛋白含量	−0.281	−0.008	−0.089	0.035	−0.012	−0.219	−0.205	−0.309
可溶性糖含量	0.022	0.023	−0.156	0.185	0.070	0.075	0.373	0.223

注：**. 在0.01水平（双侧）上显著相关；*. 在0.05水平（双侧）上显著相关。

表13.8　不同基质紫叶紫薇容器苗影响的综合评价

指标	处理																
	CK	T1	T2	T3	T4	T5	T6	T7	T8	T9	T10	T11	T12	T13	T14	T15	T16
株高生长量	0.35	0.59	0.91	0	0.47	0.77	0.55	0.69	0.53	0.45	0.59	1	0.45	0.91	0.04	0.67	0.53
地径生长量	0.29	0.9	1	0.13	0.41	0.43	0.46	0.48	0.48	0.27	0.66	0.42	0.39	0.44	0	0.25	0.3
冠幅生长量	0.45	0	0.59	0.44	0.23	0.78	0.8	0.52	0.2	0.33	0.64	0.92	0.61	1	0.27	0.66	0.75
总根长	0	0.53	0.26	0.2	0.14	0.84	0.35	0.39	0.41	0.48	0.59	0.81	0.89	1	0.43	0.65	0.33
总根表面积	0	0.46	0.35	0.29	0.16	1	0.45	0.38	0.52	0.52	0.71	0.98	0.89	0.82	0.39	0.66	0.37
总根体积	0	0.4	0.4	0.36	0.15	1	0.49	0.29	0.56	0.48	0.74	0.98	0.72	0.53	0.26	0.56	0.34
根尖数	0	0.62	0.46	0.34	0.25	0.46	0.39	0.57	0.41	0.57	0.71	0.97	0.69	1	0.45	0.92	0.44
地上干质量	0.46	0.79		0.34	0.86	0.85	0.9	0.28	0.59	0	0.74		0.57	0.62	0.54	0.71	0.62
地下干质量	0.06	0.65	0.47	0.48		0.66	1	0.5	0.21	0.25	0.52	0.65	0.66	0.61	0.31	0.63	0.25
全株干质量	0.3	0.83	0.97	0.39	0.16	0.91	1	0.88	0.17	0.49		0.77	0.62	0.65	0.47	0.74	0.53
综合得分	0.19	0.58	0.64	0.3	0.23	0.77	0.63	0.56	0.38	0.44	0.52	0.82	0.65	0.76	0.31	0.64	0.45
排名	17	8	5	15	16	2	6	9	13	12	10	1	4	3	14	6	11

13.2 容器对紫叶紫薇容器苗生长及生理的影响

容器的类型和规格对苗木的生长有很大的影响（曹媛媛 等，2020；张青青 等，2020）。合适的容器是紫薇容器苗苗壮生长的前提，因此也是容器育苗技术的关键。但目前紫薇容器育苗技术中有关容器对苗木生长及生理的影响的研究很少。本研究开展了容器的规格和类型对紫叶紫薇生长与生理的影响，旨筛选出紫叶紫薇容器苗培育的适宜容器类型和规格，为紫叶紫薇容器育苗技术提供技术支撑。

13.2.1 试验材料

供试材料为湖南省林业科学院试验林场紫薇基地的紫叶紫薇优良新品种'丹红紫叶'（*Lagerstroemia indica* 'Ebony Embers'）2年生苗。栽培基质为泥炭：珍珠岩=8：2（体积比）。

13.2.2 试验方法

13.2.2.1 试验设计

设计三种容器类型，分别为黑色塑料营养杯、无纺布美植袋、黑色控根容器。每种容器设计三种规格，分别为 $\phi16cm \times H16cm$、$\phi21cm \times H21cm$、$\phi25cm \times H25cm$。每袋栽植1株，每个处理12株，2021年3月初将苗木移栽于容器中。试验设计见表13.9。

表13.9 试验设计

处理	容器类型	容器规格（cm）
C1D1	黑色塑料营养杯	$\phi 16 \times H16$
C1D2	黑色塑料营养杯	$\phi 21 \times H21$
C1D3	黑色塑料营养杯	$\phi 25 \times H25$
C2D1	无纺布美植袋	$\phi 16 \times H16$
C2D2	无纺布美植袋	$\phi 21 \times H21$
C2D3	无纺布美植袋	$\phi 25 \times H25$
C3D1	黑色控根容器	$\phi 16 \times H16$
C3D2	黑色控根容器	$\phi 21 \times H21$
C3D3	黑色控根容器	$\phi 25 \times H25$

13.2.2.2 测定指标与方法

1. 光合特性的测定

8月份选择晴朗无云的天气，采用LI-6400XT光合测定仪测定。每个处理随机选取3片植株中上部位置健康成熟的叶子，每个叶片记录3次，取平均值。净光合作用速率（Pn）、蒸腾速率（Tr）、气孔导度（Gs）、和胞间CO_2浓度（Ci）由仪器直接给出，水分利用效率（WUE）为净光合作用速率和蒸腾速率的比值。叶绿素相对含量的测定采用叶绿素计SPAD-502PLUS测定。

2. 生长指标和生理生化的测定

测定方法同13.1.2.2。

13.2.2.3 实验数据处理

使用Excel软件对所得数据进行整理，并用SPSS 26统计分析软件对各处理进行方差分析和多重比较。

13.2.3 结果与分析

13.2.3.1 容器对紫叶紫薇容器苗地上部分生长的影响

由表13.10可知，不同容器对紫叶紫薇容器苗株高、地径和冠幅生长量的影响达到显著性差异水平。容器苗株高、地径和冠幅生长量随着容器规格由小到大呈增大的趋势。容器类型为黑色塑料营养杯时，C1D3处理的株高、地径和冠幅生长量最大，分别为74.17cm、2.02mm、25.63cm；C1D1处理最小，分别为34.33cm、0.35mm、14.13cm，C1D3处理分别比C1D1处理显著高出116.05%、477.14%、81.39%。容器类型为无纺布美植袋时，C2D3处理的株高、地径和冠幅生长量最高，分别是70.67cm、1.99mm、24.88cm；C2D1处理最小，分别为56.83cm、1.05mm、21.88cm，C2D3处理分别比C2D1处理高出24.30%、89.52%、13.71%。容器类型为黑色控根容器时，C3D3处理的株高、地径和冠幅生长量最大，分别为71.33cm、3.21mm、24.88cm；C3D1处理最小，分别为51.00cm、0.45mm、18.63cm，C3D3处理分别比C3D1处理显著高出39.86%、613.33%、33.55%。

可见，黑色塑料营养杯、无纺布美植袋容器、黑色控根容器均以规格较大者的株高和地径生长量为大。C1D3处理的株高和冠幅生长量是参试9个处理中最大者，而C3D3处理则是地径生长量最大者。这说明同一类型的容器中规格越大越有利于紫叶紫薇容器株高、地径和冠幅的生长。

表13.10　不同容器对紫叶紫薇生长的影响

处理	株高生长量（cm）	地径生长量（mm）	冠幅生长量（cm）
C1D1	34.33 ± 1.86e	0.35 ± 0.10d	14.13 ± 3.33c
C1D2	55.67 ± 2.94c	1.32 ± 0.28c	23.75 ± 3.38a
C1D3	74.17 ± 2.32a	2.02 ± 0.16b	25.63 ± 1.8a
C2D1	56.83 ± 1.94c	1.05 ± 0.33c	21.88 ± 0.85ab
C2D2	61.50 ± 1.87b	1.27 ± 0.07c	23.38 ± 1.03a
C2D3	70.67 ± 2.42a	1.99 ± 0.32b	24.88 ± 1.25a
C3D1	51.00 ± 2.37d	0.45 ± 0.21d	18.63 ± 1.65b
C3D2	57.17 ± 3.06c	1.82 ± 0.28b	22.75 ± 1.85a
C3D3	71.33 ± 3.20a	3.21 ± 0.30a	24.88 ± 3.33a

13.2.3.2 容器对紫叶紫薇容器苗根系生长的影响

由表13.11可知，容器的类型与规格对紫叶紫薇容器苗根系的生长具有显著影响。容器的规格越大容器苗的总根长越长，其中以C3D3处理的总根长最长，为1286.54cm，C1D1处理最短，仅618.48cm，显著低于C3D3处理108.02%。容器苗的总根表面积随着容器规格的增大也呈现增大的趋势，其中C3D3处理的总根表面积最大，为349.17cm²，C1D1处理最小，为179.43cm²，显著低于C3D3处理94.60%。随着容器规格的增大容器苗的总根体积同样增大，其中C3D3处理的总根体积最大，为7.36cm³，C1D1处理最小，为4.19cm³，显著低于C3D3处理75.66%。容器规格增大，则容器苗的根尖数增多，其中C3D3处理的根尖数体积最多，为6040个，C1D1处理最少，为2474个，显著低于C3D3处理144.14%。

由此可见，容器规格越大越有利于紫叶紫薇容器苗根系生长，其中，φ25cm×H25cm的黑色控根容器更加适宜紫叶紫薇容器苗根系的生长发育，而φ16cm×H16cm的黑色塑料营养杯表现最差，不利于容器苗根系生长。

表13.11　不同容器对紫叶紫薇根系生长发育的影响

处理	总根长（cm）	总根表面积（cm²）	总根体（cm³）	根尖数（个）
C1D1	618.48 ± 51.69d	179.43 ± 16.66d	4.19 ± 0.12c	2474 ± 152.03d
C1D2	997.89 ± 13.30bc	293.65 ± 9.93b	5.77 ± 1.07abc	3518 ± 152.03c
C1D3	1090.63 ± 50.99abc	308.61 ± 17.10ab	6.95 ± 0.44a	4263 ± 432.04bc
C2D1	954.08 ± 141.53c	248.12 ± 7.82c	4.88 ± 0.68bc	3823 ± 183.85c
C2D2	1031.38 ± 49.78bc	295.59 ± 32.88b	5.75 ± 0.40abc	4904 ± 531.04b
C2D3	1189.92 ± 89.54ab	293.30 ± 21.32b	6.69 ± 0.86a	5031 ± 338.00b
C3D1	1010.29 ± 78.19bc	270.42 ± 17.87bc	6.24 ± 1.17ab	3615 ± 169.71c
C3D2	1206.33 ± 159.56ab	344.76 ± 13.92a	6.57 ± 0.16ab	5039 ± 480.83b
C3D3	1286.54 ± 92.32a	349.17 ± 12.62a	7.36 ± 0.07a	6040 ± 263.04a

13.2.3.3 容器对紫叶紫薇容器苗光合作用的影响

净光合速率是指植物在单位时间内光合作用积累的有机物的量的大小，是衡量植物光合作用的重要指标之一。由表13.12可知，不同容器处理的紫叶紫薇容器苗净光合速率不同，彼此之间差异显著。在 φ16cm×H16cm 规格下，C1D1 与 C2D1 处理的净光合速率处于同一水平上，它们显著高于 C3D1 处理。在 φ21cm×H21cm 和 φ25cm×H25cm 规格下，同一规格的三种容器类型的容器苗净光合速率差异都不显著；随着容器规格的增大，容器苗净光合速率也随之增大，其中以 C1D3 处理的净光合速率最大，为 9.21μmol·m⁻²·s⁻¹，其次是 C3D3 和 C2D3 处理，分别为 9.11μmol·m⁻²·s⁻¹、8.45μmol·m⁻²·s⁻¹，C3D1 处理最小，为 5.00μmol·m⁻²·s⁻¹，分别显著低于 C1D3、C3D3、C2D3 处理84.20%、82.20%、69.00%。可见，规格 φ25cm×H25cm 容器的苗木净光合速率较大，表现出较好的有机物积累能力。

气孔是植物叶片与外界进行气体交换的主要通道，它在控制水分损失和获得碳索即有机物产生之间的平衡中起着关键的作用。气孔导度表示的是气孔张开的程度，它是影响植物光合作用、呼吸作用及蒸腾作用的主要因素。由表13.12可知，不同处理的容器苗气孔导度不同。在容器规格相同的条件下，不同容器类型的处理之间没有显著性差异。容器类型为黑色塑料营养杯时，C1D3 处理的气孔导度显著高于 C1D1、C1D2 处理；容器类型为无纺布美植袋容器时，3 个容器规格之间的气孔导度无显著性差异；容器类型为黑色控根容器时，C3D3 处理的气孔导度处于最高水平，与 C3D1 处理有显著差异。这表明不同容器类型对紫叶紫薇容器苗的气孔导度影响不一，但是总的来说容器规格越大容器苗的气孔导度越大。

表13.12 不同容器对紫叶紫薇光合作用的影响

处理	净光合速率 (μmol·m⁻²·s⁻¹)	气孔导度 (mol·m⁻²·s⁻¹)	胞间CO₂浓度 (μmol·mol⁻¹)	蒸腾速率 (mmol·m⁻²·s⁻¹)	水分利用效率 (μmol·mol⁻¹)
C1D1	5.94 ± 0.51b	0.15 ± 0.06bc	319.44 ± 10.29a	3.39 ± 0.86cd	1.83 ± 0.39a
C1D2	6.36 ± 0.49b	0.15 ± 0.02bc	314.94 ± 8.24a	3.50 ± 0.37cd	1.83 ± 0.17a
C1D3	9.21 ± 0.68a	0.26 ± 0.10a	317.69 ± 12.54a	5.06 ± 1.50ab	2.01 ± 0.79a
C2D1	6.27 ± 0.77b	0.15 ± 0.05bc	307.93 ± 10.36a	3.71 ± 0.94bcd	1.76 ± 0.37a
C2D2	6.34 ± 0.49b	0.21 ± 0.07ab	309.11 ± 7.23a	4.40 ± 1.08abc	1.54 ± 0.47a
C2D3	8.45 ± 0.56a	0.23 ± 0.05ab	310.77 ± 7.20a	5.69 ± 0.90a	1.51 ± 0.21a
C3D1	5.00 ± 0.65c	0.11 ± 0.02c	314.89 ± 18.05a	2.82 ± 0.47d	1.8 ± 0.31a
C3D2	5.88 ± 0.32b	0.16 ± 0.06bc	322.11 ± 12.07a	3.64 ± 1.15bcd	1.74 ± 0.50a
C3D3	9.11 ± 0.64a	0.21 ± 0.08ab	308.44 ± 6.92a	4.67 ± 1.23abc	2.07 ± 0.58a

由表13.12可知，各处理的胞间二氧化碳浓度之间无显著性差异，而容器苗蒸腾速率差异显著。在相同的容器规格下，不同容器类型的容器苗蒸腾速率的差异并不显著。容器类型为黑色塑料营养杯时，C1D3 处理的容器苗蒸腾速率最大，显著高于 C1D2 和 C1D1 处理；容器类型为无纺布美植袋容器时，也是 C2D3 处理的容器苗蒸腾速率最高，为 5.69mmol·m⁻²·s⁻¹，较最低的 C2D1 处理 3.71mmol·m⁻²·s⁻¹ 显著高出 53.37%；容器类型

为黑色控根容器时，C3D3处理的容器苗蒸腾速率最大，为4.67mmol·m^{-2}·s^{-1}，较最低的C3D1处理2.82mmol·m^{-2}·s^{-1}显著高出65.60%。这说明不同容器类型对植株的蒸腾速率影响不显著，但容器的规格增大则植株的蒸腾速率也会相应显著增大。不同处理间的水分利用效率没有显著性差异，说明容器的规格和类型不是影响容器苗水分利用效率的主要因素。

13.2.3.4 容器对紫叶紫薇容器苗生理指标的影响

由表13.13可知，不同容器对紫叶紫薇容器苗叶片可溶性蛋白、可溶性糖和叶绿素相对含量的影响显著。同一容器类型中，随着容器规格的增大叶片可溶性蛋白、可溶性糖含量和叶绿素相对含量都相应增加。容器类型为黑色塑料营养杯时，C1D3处理的叶片可溶性蛋白、可溶性糖含量和叶绿素相对含量均最高，分别为74.33mg·g^{-1}、34.32mg·g^{-1}和68.95；C1D1处理均最低，分别为71.29mg·g^{-1}、23.59mg·g^{-1}和61.55，分别比C1D3处理低4.26%、45.49%和12.02%。容器类型为无纺布美植袋时，C2D3处理的叶片可溶性蛋白、可溶性糖含量和叶绿素相对含量都最大，分别为70.01mg·g^{-1}、29.71mg·g^{-1}和71.45；C2D1处理都最小，分别为67.29mg·g^{-1}、17.12mg·g^{-1}和68.60，分别比C2D3处理小4.04%、73.54%和4.16%。容器类型为黑色控根容器时，C3D3处理的叶片可溶性蛋白、可溶性糖含量和叶绿素相对含量都最多，分别为74.15mg·g^{-1}、30.13mg·g^{-1}和74.10；C3D1处理都最小，分别为67.33mg·g^{-1}、21.41mg·g^{-1}和69.05，分别比C2D3处理小10.13%、40.73%和7.31%。这说明规格较大的容器有利于叶片可溶性蛋白、可溶性糖的积累和叶绿素的合成。

不同容器类型对容器苗叶片可溶性蛋白和可溶性糖含量的也有显著影响。黑色塑料营养杯的容器苗叶片可溶性蛋白和可溶性糖含量最大，三种规格平均值分别为73.30mg·g^{-1}、30.56mg·g^{-1}；无纺布美植袋最小，三种规格平均值分别为68.96mg·g^{-1}、23.33mg·g^{-1}。但叶绿素相对含量以黑色控根容器最高，三种规格平均值为71.45，而黑色塑料营养杯却最低，三种规格平均为65.47。这说明黑色塑料营养杯有利于容器苗叶片可溶性蛋白、可溶性糖的积累，而黑色控根容器促进了叶绿素的合成。

表13.13　不同容器对紫叶紫薇容器苗生理指标的影响

处理	可溶性蛋白含量 （mg·g^{-1}）	可溶性糖含量 （mg·g^{-1}）	叶绿素相对含量
C1D1	71.29 ± 0.23b	23.59 ± 1.52d	61.55 ± 0.35f
C1D2	74.28 ± 0.24a	33.76 ± 0.15a	65.90 ± 0.28e
C1D3	74.33 ± 0.54a	34.32 ± 0.43a	68.95 ± 0.35d
C2D1	67.29 ± 0.08d	17.12 ± 0.08f	68.60 ± 0.28d
C2D2	69.58 ± 0.27c	23.16 ± 0.24d	69.85 ± 0.64c
C2D3	70.01 ± 0.42c	29.71 ± 0.08b	71.45 ± 0.21b
C3D1	67.33 ± 0.44d	21.41 ± 0.37e	69.05 ± 0.21cd
C3D2	73.97 ± 0.58a	28.21 ± 0.21c	71.20 ± 0.42b
C3D3	74.15 ± 0.31a	30.13 ± 0.34b	74.10 ± 0.28a

13.2.3.5 容器对紫叶紫薇容器苗生长及生理影响的综合评价

不同的容器类型和容器规格对紫叶紫薇容器苗生长及生理的影响不同，通过某一指标对容器苗进行评估不够全面，因此借助隶属函数法对各指标进行全面的综合评估。

由表13.14可知，各处理的排名从大到小的顺序为：C3D3＞C1D3＞C2D3＞C3D2＞C1D2＞C2D2＞C3D1＞C2D1＞C1D1。排名前三的分别是C3D3、C1D3、C2D3处理，均是φ25cm×H25cm规格的容器，其中黑色控根容器的综合得分＞黑色塑料营养杯＞无纺布美植袋。中间段的分别是C3D2、C1D2、C2D2处理，均是φ21cm×H21cm规格的容器，同样是黑色控根容器的综合得分＞黑色塑料营养杯＞无纺布美植袋；排名最后的三个分别是C3D1、C2D1和C1D1，三者规格均为φ16cm×H16cm，黑色控根容器的综合得分＞无纺布美植袋＞黑色塑料营养杯。这进一步说明了紫叶紫薇容器苗培育的适宜容器是φ25cm×H25cm的黑色控根容器。

表13.14 不同容器紫叶紫薇容器苗影响的综合评价

处理	C1D1	C1D2	C1D3	C2D1	C2D2	C2D3	C3D1	C3D2	C3D3
株高生长量	0	0.536	1	0.565	0.682	0.912	0.418	0.573	0.929
地径生长量	0	0.339	0.584	0.245	0.322	0.573	0.035	0.514	1
冠幅生长量	0	0.837	1	0.674	0.804	0.935	0.391	0.750	0.935
总根长	0	0.568	0.707	0.502	0.618	0.855	0.586	0.880	1
总根表面积	0	0.673	0.761	0.405	0.684	0.671	0.536	0.974	1
总根体积	0	0.498	0.871	0.218	0.492	0.789	0.647	0.751	1
根尖数	0	0.293	0.502	0.378	0.681	0.717	0.320	0.719	1
净光合速率	0.223	0.323	1	0.302	0.318	0.819	0	0.209	0.976
水分利用效率	0.571	0.571	0.893	0.446	0.054	0	0.518	0.411	1
可溶性蛋白含量	0.568	0.993	1	0	0.325	0.386	0.006	0.949	0.974
可溶性糖含量	0.376	0.967	1	0	0.351	0.732	0.249	0.645	0.756
叶绿素相对含量	0	0.347	0.590	0.562	0.661	0.789	0.598	0.769	1
得分	0.145	0.579	0.826	0.358	0.499	0.682	0.359	0.679	0.964
排名	9	5	2	8	6	3	7	4	1

13.2.3 结论与讨论

容器苗的质量与育苗容器密不可分（郑坚 等，2016）。本研究结果表明，容器的规格对紫叶紫薇二年生容器苗地上部分生长、根系生长发育、光合特性与生理指标均影响显著。随着容器规格的增大，容器苗的株高、地径、冠幅、总根长、总根表面积、总根体积、根尖数、净光合速率、蒸腾速率、可溶性蛋白含量、可溶性糖含量、叶绿素相对含量在总体上呈现上升的趋势。这与双红101紫薇（王肖雄 等，2016）、闽楠（周新华 等，2021）、多穗柯（厉月桥 等，2021）、青钱柳（Ning T et al，2017）、油桐（张帆航 等，2019）等大多数的研究结果相吻合，但与戚连忠等（2004）的研究结果不完全一致，他们认为容器规格对苗木生长影响显著，其趋势是在一定范围内容积增大，苗木地径、重量均相应增长，但对苗高影响不显著。可见容器规格对不同植物的苗木生长影响也不完全一致。

研究结果表明，容器类型对紫薇容器苗的部分指标影响没有容器规格那么大，具体体现在不同容器类型对紫薇容器苗株高、地径、冠幅、净光合速率、可溶性蛋白含量、可溶性糖含量具有显著影响，而对容器苗的蒸腾速率、水分利用效率等方面的影响不显著；尹砾等（2018）认为在黑色控根容器中樱桃的地径生长量要大于其他容器，这与本研究结果一致，可能是黑色控根容器中的苗木根系更加发达，可以吸收更多的养分。贺婷（2017）研究表明不同容器对圆齿野鸦椿可溶性蛋白含量、可溶性糖含量的影响差异显著，本研究也有相同的发现。

容器的设计会影响植株的形态特征（Sandra L. C et al.，2018）。本研究发现不同容器类型对根系的形态特征影响较大，不同规格下根系的总根长、总根表面积、总根体积、根尖数表现最佳的均是黑色控根容器，这与潘文茹等（1996）、田吉等（2016）、许云鹏（2016）、杨晓慧等（2021）的研究结果一致，可能是黑色控根容器具有空气修根的作用，有利于紫薇容器苗的根系生长。

本研究借助隶属函数法对不同的容器类型和规格对紫叶紫薇容器苗生长及生理的各指标进行全面的综合评估，筛选出 2 年生紫叶紫薇容器苗培育的适宜容器为 $\phi 25cm \times H25cm$ 的黑色控根容器。

该研究探讨了容器对紫叶紫薇容器苗生长及生理的影响，但尚未涉及容器对于紫叶紫薇开花的影响，有待进一步研究完善。

参考文献

曹媛媛，杨晓玥，吴文，等，2020.不同容器和基质配比对榉树容器苗营养积累的影响[J].中南林业科技大学学报，40(4)：14-21.

曾黎明，李季东，巫辅民，等，2021.不同基质配方对基质养分含量及澳洲坚果幼苗生长的影响[J].北方园艺，(24)：51-56.

曾梅娇，2011.紫薇及其栽培养护[J].现代园艺，187(2)：56.

郭世荣，2005.固体栽培基质研究、开发现状及发展趋势[J].农业工程学报，(S2)：1-4.

郝耀锋，2020.土壤有机质含量对汾州核桃生长影响的分析[J].山西林业科技，49(2)：6-8，57.

贺婷，2017.容器类型、规格及基质配比对圆齿野鸦椿容器苗质量的影响[D].南昌：江西农业大学.

蓝尉冰，李游，陈美花，等，2018.多糖定性定量检测方法的研究[J].广西糖业，(1)：25-28.

黎冬容，张世庆，甘世端，等，2015.全自动凯氏定氮仪测定土壤全氮含量[J].南方国土资源，(8)：38-39.

李彩霞，林碧英，杨玉凯，等，2019.椰糠、蚯蚓粪复合基质对茄幼苗生长的影响[J].江苏农业科学，47(2)：145-148.

李润清，王志领，王翠玲，2020.有机肥对棉花出苗、生长发育及产量的影响[J].农业科技通讯，(7)：128-129，133.

厉月桥，何平，周新华，等，2021.基质配比、缓释肥用量和容器规格对多穗柯容器育苗的影响[J].东北林业大学学报，49(6)：46-52.

梁少俊，秦勇之，1997.ICP-AES法测定复合肥中磷、钾、锌、锰和硼[J].光谱实验室，(2)：15-18.

卢艳艳，叶际库，郑九长，等，2013.不同基质对南方红豆杉等6树种容器大苗生长的影响[J].浙江林业科技，33(4)：79-82.

罗红霞，尹积华，余茂旺，等，2013.速生紫薇容器扦插育苗技术研究[J].林业实用技术，134(2)：45-47.

潘文茹，茹忠，彭广成，等，1996.加勒比松不同容器与基质育苗试验[J].广东林业科技，(2)：45-49.

戚连忠，汪传佳，2004.林木容器育苗研究综述[J].林业科技开发，(4)：10-13.

孙梅，黄运湘，孙楠，等，2015.农田土壤孔隙及其影响因素研究进展[J].土壤通报，46(1)：233-238.

田吉，王林，张芸香，等，2016.育苗容器对一年生文冠果苗木生长和根发生的影响[J].山西农业大学学报(自然科学版)，36(7)：500-505.

王金凤，陈卓梅，柳新红，2014.紫薇容器育苗基质配方筛选研究[J].浙江林业科技，34(1)：12-16.

王庆，刘国宇，张瑞博，等，2021.基质理化性质对菩提树容器苗的生长效应[J].西北林学院学报，36(5)：88-93，172.

王淑安，王鹏，张振宇，等，2013.'金薇'的硬枝扦插技术研究[J].北方园艺，290(11)：72-75.

王希刚，詹亚光，张桂琴，等，2017.施肥对水曲柳生长及开花结实的影响[J].植物研究，37(2)：298-303.

王肖雄，祝俊健，季晶晶，等，2016.不同基质、容器规格和施肥对紫薇容器苗质量的影响研究[J].绿色科技，(13)：123-125.

卫茂荣，1990.一次取样连续测定土壤物理性质的方法[J].辽宁林业科技，(1)：56-57，49.

吴宇，张蕾，邸东柳，等，2020.园林废弃物堆肥替代泥炭对紫薇容器育苗影响研究[J].林业与生态科学，35(1)：105-111.

许云鹏，2016.容器类型和肥料配比对苹果容器苗生长和生理特性的影响[D].咸阳：西北农林科技大学.

杨延杰，赵康，陈宁，等，2013.不同基质理化性状对春季番茄幼苗生长及根系形态的影响[J].西北农业学报，22(7)：125-131.

尹砾，田长平，张序，等，2018.不同基质、容器对樱桃苗生长的影响[J].烟台果树，(2)：20-21.

詹孝慈，罗在柒，武忠亮，等，2018.不同栽培基质对油茶容器苗生长和光合特性的影响[J].江苏农业科学，46(21)：123-127.

张帆航，顾伊阳，李泽，等，2019.不同规格容器对油桐幼苗生长及光合特性的影响[J].中南林业科技大学学报，39(10)：71-75，122.

张青青，杨永洁，王慷林，等，2020.不同容器类型及施肥对云南松苗木生长的影响[J].西部林业科学，49(3)：92-98，116.

张艳红，2022.不同栽培基质对大叶芹生长和品质的影响[J].农业与技术，42(1)：9-12.

赵英永，戴云，崔秀明，等，2006.考马斯亮蓝G-250染色法测定草乌中可溶性蛋白质含量[J].云南民族大学学报(自然科学版)，(3)：235-237.

郑坚，陈秋夏，王金旺，等，2016.不同育苗容器对木荷生理生长及造林效果的

影响 [J].西南林业大学学报，36(4)：53-58.

周劲松，闫平，张伟明，等，2016.生物炭对水稻苗期生长、养分吸收及土壤矿质元素含量的影响 [J].生态学杂志，35(11)：2952-2959.

周新华，武晓玉，何平，等，2021.3 种育苗因素对闽楠容器苗生长和根系发育的影响 [J].中南林业科技大学学报，41(3)：45-53.

Sandra L.C,Arnulfo A,Javier L,et al.,2018.Effect of container,substrate and fertilization on *Pinus greggii* var.*australis* growth in the nursery[J].Agrociencia,52(1).

Tian N,FangS Z,YangW X,et al.,2017.Influence of Container Type and Growth Medium on seedling growth and root morphology of *Cyclocarya paliurus* during nursery culture[J].Forests,8(10).

第14章　紫薇在铅锌矿废弃地生态修复中的关键技术研究

14.1 重金属胁迫对紫薇生理特性的影响

紫薇（*Lagerstroemia indica*）属于千屈菜科紫薇属，花色艳丽，花期长，是园林绿化的优良树种。研究表明紫薇对Zn、Cd有较强的吸附能力，在铅锌矿土中具有较高的综合重金属积累能力（商侃侃 等，2019），但是在重金属污染土壤中紫薇的生理生化变化的研究较少。因此，本项目以'赤红紫叶'紫薇为材料，研究其在Pb、Zn、Sb、Mn、Cd共五种重金属和不同比例的锑矿尾砂处理下的生长、生理参数的变化，了解其在重金属胁迫下的生理响应规律，为深入研究紫薇的重金属耐受能力，及其用于锑矿和其他重金属污染土壤的生态修复提供理论依据。

14.1.1 试验材料

本试验使用的'赤红紫叶'紫薇由湖南省林业科学院提供。苗木平均高度为25.3cm，地茎为2.61mm。锑尾矿砂来自湖南省锑矿区，黄土来自湖南省林业科学院试验林场。基质的理化性质及重金属含量见表14.1。

表14.1 盆栽试验土壤基本理化性质

基质	pH	有机质含量（g·kg^{-1}）	重金属含量（mg·kg^{-1}）						
			Pb	Cd	Sb	Zn	Mn	Cr	As
黄土	4.4	8.47	20.2	0.0978	0.94	64.2	33.4	70.1	14.6
锑矿尾砂	8.5	9.09	21.1	21.1	848	32.1	101	42.3	278

14.1.2 试验方法

14.1.2.1 试验设计

试验于2020年3—10月份在湖南省林业科学院试验林场进行（113°01′30″E，28°06′40″N），试验包括五种重金属处理和锑矿尾砂处理两部分。

①重金属处理基质配置：五种重金属Pb、Zn、Sb、Mn、Cd均分别设置5个不同浓度梯度处理（表14.2）；先将黄土与泥炭土按照2∶1（体积比）混合，再分别与Pb（NO$_3$）$_2$、K（SbO）C$_4$H$_4$O$_6$·1/2H$_2$O、ZnSO$_4$·7H$_2$O、CdCl$_2$·2.5H$_2$O、MnSO$_4$·H$_2$O（试剂为分析纯）溶液混合，以加入去离子水溶液为对照（CK–1），最终配置成含有不同浓度重金属离子的污染土壤处理。

②锑矿尾砂处理基质配置：锑矿尾砂与黄土按不同体积比混合组成4组处理：CK–2（对照，全黄土）；Sb1（锑尾矿砂∶黄土=1∶3）；Sb2（锑尾矿砂∶黄土=1∶1）；Sb3（全锑尾矿砂）。

称取1.9kg试验土壤放入花盆（19.5cm×16cm×13.5cm）中，花盆底部放入托盘，防止重金属溶液渗漏。移植生长良好且一致的幼苗于各处理基质中，每盆种植1株；每个处理3次重复，每重复5株，共种植15株。定期观察植株生长状况，确定紫薇在五种重金属污染土壤中能正常生长的离子最高浓度，试验结束时采集以上五种最高浓度重金属胁迫处理和各锑矿尾砂处理中的植物样本进行相关指标数据测定。

表14.2　试验设定的五种重金属浓度梯度

浓度梯度 (mg·kg⁻¹)	试剂				
	$Pb(NO_3)_2$	$CdCl_2·2.5H_2O$	$MnSO_4·H_2O$	$ZnSO_4·7H_2O$	$K(SbO)$ $C_4H_4O_6·1/2H_2O$
I	900	50	900	900	3000
II	1500	100	1500	1500	4000
III	3000	200	3000	3000	6000
IV	4000	400	4000	4000	8000
V	6000	800	6000	6000	10000

14.1.2.2 测量指标与方法

（1）生长指标

株高：用直尺垂直测量地上部分至长出完整叶片的最高点。

地径：用游标卡尺距离土壤5cm处测量。

叶面积：用网格法测量。

（2）光合色素含量

每个处理采集新鲜的植物叶片，用去离子水清洗去除表面杂质。将叶片剪碎后放入80%的丙酮溶液中，放置于黑暗中提取24h。利用分光光度计测定提取液在波长663nm、646nm和470nm下的吸光度值A663、A646和A470。根据以下公式计算叶绿素和类胡萝卜素含量：

叶绿素a（Chla）=12.21×A663-2.81×A646

叶绿素b（Chlb）=20.13×A646-5.03×A663

总叶绿素（Total chlorophyll）=Chla+Chlb

类胡萝卜素（Total carotenoid）=（1000×A470-3.27×Chla-104×Chlb）/229

（3）叶片气体交换参数

选择植株上部成熟且展开的叶片测量。在晴天上午，用Li-6400 XT便携式光合仪（Li-COR, USA）测量叶片的净光合速率（Pn）、气孔导度（Gs）、蒸腾速率（Tr）、细胞间CO_2浓度（Ci），并计算水分利用效率WUE=Pn/Tr。测定时光强度设置为1200μmol·m⁻²·s⁻¹，叶室温度设置为28℃，CO_2浓度为380~420μmol·mol⁻¹。

（4）生理生化指标

采集同一功能区的叶片装入冰盒带回，用液氮速冻。使用北京索莱宝科技有限公司的试剂盒测量MDA、可溶性蛋白含量，以及POD、CAT活性值。使用南京建成生物工程研究所的试剂盒测量脯氨酸含量和SOD活性值。操作步骤按照开发商的说明书进行。

14.1.2.3 数据分析

用Microsoft Excel 2016进行数据统计，采用SPSS 25.0对数据进行单因素方差分析（one-way ANOVA），采用LSD法检验分析样本间的差异显著性（$P < 0.05$），用Origin 2019制图。每次试验重复3次。

14.1.3 结果与分析

14.1.3.1 重金属胁迫和锑矿尾砂处理对紫薇生长的影响

由表14.3可知，紫薇在五种重金属污染土壤中能正常生长的最高浓度（mg·kg⁻¹）分别为1500（Pb）、900（Zn）、10000（Sb）、2000（Mn）、200（Cd）。根据表14.1可知，锑矿尾砂中各重金属含量远低于以上最高浓度，说明紫薇可以在锑矿尾砂土中正常生长。与对照相比较，除了10000mg·kg⁻¹ Sb处理外，紫薇的株高均受到其他重金属胁迫的显著抑制，且在900mg·kg⁻¹ Zn胁迫下株高生长抑制程度最大，显著降低了46.88%；紫薇的地径和叶面积在各重金属胁迫下均有不同程度降低，但地径仅在1500mg·kg⁻¹ Pb和200mg·kg⁻¹ Cd胁迫下降幅达到显著水平，叶面积仅在200mg·kg⁻¹ Cd和900mg·kg⁻¹ Zn胁迫下降低显著，两指标均在200mg·kg⁻¹ Cd胁迫处理下受到抑制程度最大，分别显著下降了33.71%和39.68%。同时，随着基质中锑矿尾砂比例的增加，紫薇的生长指标均呈下降的趋势，但仅全锑矿尾砂（Sb3）基质中植株的生长受到显著抑制，此时株高、地径和叶面积与对照相比分别显著下降了57.95%、42.82%和36.80%。

表14.3 五种重金属胁迫和不同比例锑矿尾砂处理下紫薇生长的变化

处理	株高（cm）	地径（mm）	叶面积（cm²）
CK-1	62.07 ± 4.37a	5.19 ± 0.56a	6.88 ± 1.34a
Pb1500	38.33 ± 6.99cd	3.52 ± 1.01b	5.26 ± 0.47ab
Zn900	32.97 ± 3.01d	3.67 ± 0.66ab	4.43 ± 0.75b
Sb10000	66.47 ± 2.38a	4.82 ± 0.42ab	5.63 ± 1.17ab
Mn2000	52.46 ± 4.39b	4.60 ± 0.74ab	5.57 ± 0.87ab
Cd200	45.56 ± 0.66bc	3.44 ± 0.28b	4.15 ± 0.59b
CK-2	103.73 ± 6.21a	7.31 ± 0.32a	5.57 ± 0.32a
Sb1	94.53 ± 10.39a	8.01 ± 0.48a	4.91 ± 0.45ab
Sb2	88.37 ± 11.96a	7.05 ± 1.15a	4.48 ± 0.34ab
Sb3	43.6 ± 6.28b	4.18 ± 0.26b	3.52 ± 0.305b

注：同列不同小写字母表示处理间在 0.05 水平差异显著（$P < 0.05$）（下同）。

14.1.3.2 重金属胁迫和锑矿尾砂处理对紫薇光合参数的影响

不同重金属处理的 Pn 均低于对照组，表现为 Sb > Pb > Cd > Mn > Zn，Zn 900mg·kg⁻¹ 处理下比对照组显著降低了61.76%（表14.4）。Ci 的变化表现为 Sb > Pb > Mn > Cd > Zn，Gs 和 Tr 的变化趋势与 Ci 相同。WUE 均高于对照，但变化不显著。在五种重金属胁迫中，Sb 处理下紫薇的生长和光合参数受抑制程度最小。

表14.4 五种重金属胁迫和不同比例锑矿尾砂处理下紫薇叶片光合气体交换参数的变化

处理	净光合速率（μmol·m⁻²·s⁻¹）	气孔导度（mol·m⁻²·s⁻¹）	细胞间CO₂浓度（μmol·mol⁻¹）	蒸腾速率（mmol·m⁻²·s⁻¹）	水分利用效率（μmol·mol⁻¹）
CK-1	12.92 ± 0.68a	0.40 ± 0.91a	326.22 ± 16.28a	6.48 ± 0.15a	2.00 ± 0.15a
Pb1500	6.57 ± 1.86ab	0.10 ± 0.52bc	262.44 ± 42.75abc	2.50 ± 1.20bc	3.22 ± 1.25a
Zn900	4.94 ± 1.21b	0.05 ± 0.01c	225.56 ± 49.48c	1.15 ± 0.39c	5.36 ± 3.35a
Sb10000	11.09 ± 1.34a	0.20 ± 0.20b	293.11 ± 6.8abc	3.92 ± 0.90b	3.07 ± 1.07a

处理	净光合速率 （µmol·m⁻²·s⁻¹）	气孔导度 （mol·m⁻²·s⁻¹）	细胞间CO$_2$浓度 （µmol·mol⁻¹）	蒸腾速率 （mmol·m⁻²·s⁻¹）	水分利用效率 （µmol·mol⁻¹）
Mn2000	5.43 ± 0.66b	0.10 ± 0.02bc	297.89 ± 15.26ab	2.18 ± 0.25c	2.50 ± 0.25a
Cd200	6.01 ± 0.83ab	0.07 ± 0.10c	249.8 ± 24.35bc	1.82 ± 0.44c	3.55 ± 1.16a
CK-2	8.18 ± 1.63ab	0.164 ± 0.05a	284.44 ± 7.74a	6.36 ± 1.34a	1.29 ± 0.04b
Sb1	7.87 ± 0.16ab	0.14 ± 0.02a	303.67 ± 9.43a	4.03 ± 0.45b	1.97 ± 0.16a
Sb2	9.12 ± 1.28a	0.17 ± 0.05a	305.69 ± 17.11a	3.88 ± 0.97b	2.44 ± 0.41a
Sb3	5.69 ± 0.60b	0.09 ± 0.02a	292.62 ± 15.90a	2.57 ± 0.44b	2.25 ± 0.25a

锑矿尾砂基质处理的净光合速率 Pn 呈现先增加后降低的趋势（表14.4）。在Sb2处理下 Pn 最大为9.12µmol·m⁻²·s⁻¹，Sb3处理下 Pn 最小为5.69µmol·m⁻²·s⁻¹，比对照组降低了30.44%。气孔导度 Gs 和胞间CO$_2$浓度 Ci 的变化与 Pn 变化趋势相同。蒸腾速率 Tr 随着锑矿尾砂比例的增加呈现下降的趋势，而水分利用效率WUE呈现上升的趋势。

14.1.3.3 重金属胁迫对紫薇光合色素含量的影响

与对照相比较，Zn 900mg·kg⁻¹处理显著增加了叶绿素a的含量，增加了14.42%（表14.5）。Cd 200mg·kg⁻¹处理下显著降低了叶绿素a、叶绿素b含量和叶绿素总量的影响，分别降低了35.24%、43.00%和37.41%。Mn 2000mg·kg⁻¹处理下显著降低了叶绿素a、叶绿素总量和类胡萝卜素的含量，分别降低了8.81%、7.26%和23.81%。不同比例的锑矿尾砂处理对光合色素含量变化均不显著。

表14.5　重金属处理和不同比例锑矿尾砂处理对紫薇光合色素含量的影响

处理	叶绿素a （mg·g⁻¹）	叶绿素b （mg·g⁻¹）	叶绿素a/叶绿b Chla/Chlb	叶绿素总量 （mg·g⁻¹）	类胡萝卜素 （mg·g⁻¹）
CK-1	10.33 ± 0.52bc	4.14 ± 0.50a	2.52 ± 0.31a	14.46 ± 0.73ab	1.89 ± 0.25ab
Pb1500	10.74 ± 1.22ab	4.40 ± 0.55a	2.69 ± 0.07a	14.73 ± 1.76ab	2.00 ± 0.25a
Zn900	11.82 ± 0.82a	4.50 ± 0.52a	2.64 ± 0.22a	16.32 ± 1.22a	2.10 ± 0.22a
Cd200	6.69 ± 0.19d	2.36 ± 0.23b	2.86 ± 0.29a	9.05 ± 0.31c	1.45 ± 0.10a
Mn2000	9.42 ± 0.18c	4.00 ± 0.64a	2.39 ± 0.34a	13.41 ± 0.80b	1.44 ± 0.49b
Sb10000	10.68 ± 0.28ab	3.82 ± 0.10a	2.79 ± 0.07a	14.47 ± 0.34ab	2.09 ± 0.03a
CK-2	11.88 ± 0.70a	4.40 ± 0.29a	2.71 ± 0.07a	16.26 ± 0.98a	2.18 ± 0.11a
Sb1	10.64 ± 0.96a	4.03 ± 0.22a	2.64 ± 0.10a	14.66 ± 1.17a	1.95 ± 0.20a
Sb2	11.12 ± 1.39a	4.19 ± 0.44a	2.65 ± 0.05a	15.32 ± 1.82a	1.98 ± 0.25a
Sb3	10.44 ± 0.15a	3.85 ± 0.66a	2.71 ± 0.01a	14.28 ± 0.21a	2.01 ± 0.06a

14.1.3.4 重金属胁迫对脯氨酸和蛋白质含量的影响

重金属处理显著增加了植株脯氨酸的含量。由图14.1可知，在五种重金属处理中，Pb 1500mg·kg⁻¹处理的脯氨酸含量最高。随着锑矿尾砂浓度的增加，脯氨酸含量呈现上升的趋势。Mn 2000mg·kg⁻¹和Sb 10000mg·kg⁻¹的蛋白质含量相比对照分别降低了44.29%、22.37%，其他处理均高于对照。随着锑矿尾砂浓度的升高，蛋白质出现先升高后降低的趋势，但全锑矿尾砂处理下蛋白质含量高出对照组9.27%。

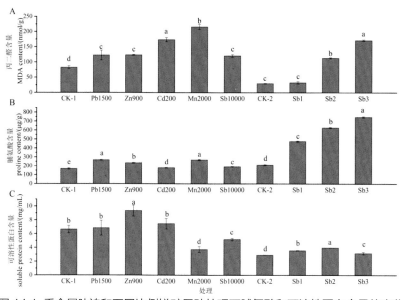

图 14.1 重金属胁迫和不同比例锑矿尾砂处理下脯氨酸和可溶性蛋白含量的变化

14.1.3.5 重金属胁迫对 SOD、POD、CAT 活性和丙二醛含量的影响

由图 14.2 可知，与对照相比较，Pb 1500mg·kg^{-1} 的 SOD 活性降低了 20.39%，其他处理下的 SOD 活性均增加。锑矿尾砂处理中，SOD 活性呈现升高的趋势。

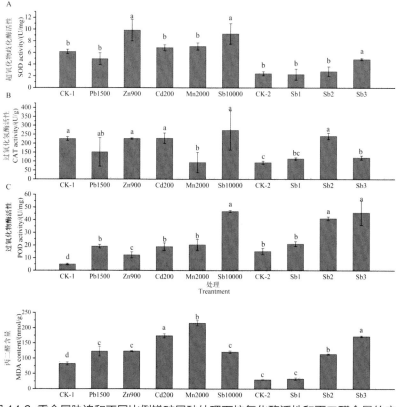

图 14.2 重金属胁迫和不同比例锑矿尾砂处理下抗氧化酶活性和丙二醛含量的变化

Sb3 处理下 SOD 活性值是对照组的 2.01 倍。五种重金属处理中，Mn 2000mg·kg^{-1} 处理下 CAT 活性值显著低于对照组的 58.61%，其他处理与对照相比变化不显著。在锑矿尾砂处理中，CAT 酶活性随着锑矿浓度的升高呈现先升高后降低的趋势，在 Sb2 处理下的活性值最高，为 240.82U·g^{-1}。与未经处理相比较，重金属处理显著增加了 POD 活性。Sb 10000mg·kg^{-1} 的 POD 活性值最高，是对照组的 9.55 倍。随着锑矿尾砂比例的增加，POD 活性值呈现上升的趋势，在全锑矿尾砂处理下，POD 活性值最高为 45.68U·mg^{-1}，为对照的 3 倍。同时，重金属胁迫使紫薇 MDA 含量显著增加。Mn 2000mg·kg^{-1} 胁迫下 MDA 含量最高，高于对照组 79.58%。Sb2 和 Sb3 处理下的 MDA 含量值分别为对照组的 3.80、5.75 倍。

14.1.4 结论与讨论

①高浓度重金属会导致自由基产生过多，降低植物体内保护酶活性，导致植物代谢紊乱，生长受到抑制。本试验结果表明：紫薇在五种重金属污染土壤中能正常生长的最高浓度（mg·kg^{-1}）分别为 1500（Pb）、900（Zn）、10000（Sb）、2000（Mn）、200（Cd），在锑矿尾砂土中可以正常生长。除了 Sb 10000mg·kg^{-1} 处理外，紫薇的株高均受到其他重金属胁迫的显著抑制；地径和叶面积在各重金属胁迫下均有不同程度降低。同时，随着基质中锑矿尾砂比例的增加，紫薇的生长指标均呈下降的趋势。牟祚民等（2019）研究重金属胁迫对天竺葵生长及生理特性的影响中发现：随着 Pb、Cd、Cu、Zn 浓度的增加，天竺葵的株高、地径和生物量显著降低。Elmahrouk（2019）在研究植物对镉、铜和铅污染土壤的修复中发现：*Salix mucronata* 这种柳属植物在中、高浓度重金属处理下的营养生长和根系受到严重的抑制。以上均说明重金属胁迫下植物生长受到抑制是一种常见的现象。

②气体交换参数是植物在环境变化中最为敏感的适应性特征之一。研究表明高浓度的重金属会抑制植物的光合作用，影响植物生物量积累（Clijsters，1985）。本试验研究发现紫薇在重金属胁迫下光合作用受到抑制，具体表现为：重金属胁迫下的紫薇 Pn 均低于对照组；Ci 的变化表现为 Sb > Pb > Mn > Cd > Zn；Gs 和 Tr 的变化趋势与 Ci 相同；WUE 均高于对照，但变化不显著。影响净光合速率下降的因素有气孔限制和非气孔限制，以 Ci 的变化为判断标准，若 Pn、Gs 降低时，Ci 同时降低，则为气孔因素，否则为非气孔因素（Farquhar，1982）。在五种重金属试验中，紫薇的 Pn、Gs 和 Ci 都受到不同程度的抑制，表明紫薇叶片净光合速率受到气孔因素的限制。气孔关闭导致 CO_2 供应受阻，叶片内淀粉的水解作用加强，光合产物运出缓慢，使得糖分累积、呼吸消耗增加等，从而导致其光合速率降低（王菲 等，2021）。此外，本试验在锑尾矿砂栽植下的紫薇研究中发现：Pn 呈现先升高后降低的趋势，但是 Ci 变化不显著，且高于对照组，气孔限制不是影响紫薇光合作用的主要因素。可能是由于叶肉细胞光活性降低导致如 Rubisco、RuBP 活性的降低，这与 Cstamv（2016）在水稻中的研究结果一致。在低浓度重金属胁迫下，紫薇可以通过提高净光合速率来维持体内的正常代谢，随着浓度的升高光合作用降低，植株生长受到抑制。紫薇通过降低蒸腾速率来增加水分的利用效率，这也是对逆境胁迫的一种适应机制（李泽 等，2017）。

③不同重金属对紫薇光合色素的影响存在差异。试验中 Cd 对叶绿素含量的影响最为显著。除 Mn 处理下，其他重金属对类胡萝卜素的没有显著的负面影响，叶绿素 a 比叶绿素 b 对重金属更加敏感。叶绿素含量降低可能是由于重金属进入植物体内与叶绿体蛋白上的质巯基结合或取代其中的 Fe^{2+}、Mg^{2+}、Zn^{2+}；重金属胁迫改变叶绿体蛋白结构，会使叶绿素酶失活（Qian，2009）。同时，本试验研究发现：锑矿不同基质处理中叶绿素含量无显著的影响。但 Garrido 等研究表明黏蓬在锑矿尾砂处理中叶绿素含量显著下降，与本研究结果不同。这可能是紫薇的根系对锑矿重金属较强的吸附能力，降低了重金属对叶片的伤害或者植物利用螯合作用实现对重金属的解毒（张帆 等，2011）。

④脯氨酸是一种多功能氨基酸，在清除自由基、保护细胞膜结构、稳定酶活性和维持生物大分子稳定性等方面有重要作用（刘朝荣 等，2021）。本研究发现：重金属处理显著增加了紫薇植株脯氨酸的含量。随着锑矿尾砂浓度的增加，脯氨酸含量呈现上升的趋势。这与 Wang 等（2016）研究紫薇在不同浓度 Cd 胁迫下研究结果基本一致。同时，本试验中还发现：随着锑矿尾砂浓度的增加，可溶性蛋白的含量先增加后降低，但均高于对照组。但是在 Mn 和 Sb 处理下可溶性蛋白的含量的低于对照组。这与 Ali 等（2014）研究油菜体内可溶性蛋白含量会随 Cd 浓度增加而降低的结论不同。可能是因为重金属胁迫可以诱导植物合成重金属螯合肽来减少对细胞的毒害，当重金属浓度过高时，重金属螯合肽表达受到抑制，无法结合更多的重金属，此时可溶性蛋白的含量降低。当重金属毒性严重，紫薇膜脂化程度加重，渗透调节能力降低。

⑤在非生物胁迫下，植物细胞氧化损伤程度与活性氧自由基的产生和清除速率有关。而抗氧化酶是植物细胞中清除活性氧自由基的重要物质（Bhaduri，2012）。重金属胁迫下紫薇叶片中的 SOD、POD 活性显著增加，$Mn2000mg \cdot kg^{-1}$ 处理下 CAT 活性显著低于对照组，锑矿尾砂处理下 CAT 活性值呈现先升高后降低的趋势，表明紫薇对重金属胁迫具有有效的防御机制。抗氧化酶活性的变化与植物种类与重金属浓度有关。王芳洲等（2019）研究秋茄幼苗胁迫试验中发现，随着 Cu 和 Pb 浓度的升高，SOD 和 CAT 活性降低，POD 活性呈现升高后降低的趋势。Wang（2010）发现白花泡桐在 Pb、Cd 胁迫下其抗氧化酶活性随着重金属浓度的升高而升高，而在 Zn 胁迫下随着重金属浓度的升高，这三种酶活性呈现降低的趋势。在重金属胁迫下，紫薇可以诱导 SOD、POD 和 CAT 来减少活性损伤，但是当重金属浓度超过植物耐受极限时，CAT 活性受到抑制，自身防御系统也会受到损害，乃至死亡。

14.2 紫薇在铅锌矿废弃地生态修复中的适宜品种选择研究

紫薇作为多地市花和湖南省乡土树种，不仅适应性强、耐干旱、能抗寒，萌蘖性强，也具吸收二氧化硫等有毒气体、吸滞粉尘、净化空气等抗污染能力，特别是对土壤重金属有较强的适应能力，是矿区生态修复、绿化美化的理想树种。我国拥有丰富的紫薇种质资源，近年来相继开展了杂交育种、诱变育种、辐射育种等研究，选育出一些新品种。目前，国内选育的紫薇新品种多应用于园林绿化，具有高抗的突破性的优良新品种较缺乏。因此，本文开展了紫薇在铅锌矿废弃地生态修复中的适宜品种选择研究，旨为紫薇在铅锌矿废弃地生态修复提供技术支撑。

14.2.1 试验材料

14.2.1.1 供试苗木

供试紫薇品种共15个，分别为'红火箭''红火球''红叶''丹红紫叶''火红紫叶''赤红紫叶''银辉紫叶''紫韵''紫玉''紫精灵''紫莹''彩霞''紫霞''丹霞'和'晓明1号'。苗木由湖南省林业科学院提供，为1年生苗。

14.2.1.2 供试铅锌尾砂

供试铅锌尾砂来自于苏仙区五盖山凉伞坪村铅锌矿尾矿库。土壤重金属形态采用Tessier连续分级提取各级形态，土壤有效态采用DPTA提取法，采用原子吸收光谱仪测定重金属含量，以标准土样GBW07405、标准植物样中GBW07403进行质量控制，质控样测定均值和平行样偏差都在规定要求范围内。具体理化性质见表14.6。与《土壤环境质量农用土地土壤污染风险管控标准（试行）》（GB 15618—2018）进行对比后表明，尾砂中重金属元素多数超出风险筛选值范围，特别是铅、锌含量，远远高于风险筛选值。

表14.6 铅锌尾砂基本理化性质

样品信息	检测项目/计量单位/分析结果									
	铬 (mg·kg⁻¹)	铜 (mg·kg⁻¹)	镉 (mg·kg⁻¹)	锰 (g·kg⁻¹)	锌 (mg·kg⁻¹)	铅 (mg·kg⁻¹)	钨 (mg·kg⁻¹)	水解氮 (mg·kg⁻¹)	有机质 (g·kg⁻¹)	pH
尾砂	14.0	117.3	11.5	24.8	1305.7	3067.7	90.5	7.8	17.7	8.0
	速效钾 (mg·kg⁻¹)	有效态铜 (mg·kg⁻¹)	有效态镉 (mg·kg⁻¹)	有效态锰 (mg·kg⁻¹)	有效态锌 (mg·kg⁻¹)	有效态铅 (mg·kg⁻¹)	有效磷 (mg·kg⁻¹)	有效态铁 (mg·kg⁻¹)	锑 (mg·kg⁻¹)	
	15.0	1.6	2.7	77.3	165.7	966.3	12.8	58.7	24.0	

$$表14.6 中 铬(mg·kg^{-1}), 铜(mg·kg^{-1}), 镉(mg·kg^{-1}), 锰(g·kg^{-1}), 锌(mg·kg^{-1}), 铅(mg·kg^{-1}), 钨(mg·kg^{-1}), 水解氮(mg·kg^{-1}), 有机质(g·kg^{-1})$$

14.2.2 试验方法

14.2.2.1 试验地概况

盆栽试验在郴州市林业科学研究所育苗大棚进行，位于北纬25°15′、东经113°1′，属中亚热带季风湿润气候区。年平均气温17.4℃，最冷1月，平均气温6.5℃，7月最热，平均气温27.8℃，年平均日照时数1574.4h，无霜期284d，雨量充沛，年均降水量1452.1mm。

田间试验地位于郴州市苏仙区五盖山镇凉伞坪坪村铅锌矿尾矿库。该库面积约40亩，已完成封库，尾砂上面铺设黄泥土厚度约50cm，播撒混合草籽。该地区海拔770m，属亚热带季风气候，雨量充沛。年平均气温17.8℃，无霜期265d，平均降雨日182d，平均降水量为1473mm。

14.2.2.2 紫薇不同品种对铅锌尾砂的耐受性试验

采用单因素完全随机试验。参试紫薇品种15个，分别设计盆栽试验和田间试验。设计盆栽试验栽培基质二种，分别是黄心土：铅锌尾砂=1：1、纯铅锌尾砂；田间试验栽培基质一种，即黄心土：铅锌尾砂=1：1。每个试验的每处理12株苗木，3次重复。栽种时在距土面10cm处测量苗木地径并标记，栽植2年后再次测量地径，计算年地径增长量。每年12月测量当年生新梢生长量。

14.2.2.3 铅锌尾砂的不同配比对紫薇生长和紫薇光合－光响应曲线影响试验

以'赤红紫叶'为试验材料，采用单因素完全随机试验。田间试验设置六种铅锌尾砂配比处理（表14.7），以纯黄土为对照（CK）。每个处理20株，4次重复。栽种时在距土面10cm处测量苗木地径并标记。每年12月测量当年地径和新梢生长量。8月使用Li-6400便携式光合仪（Li-COR，USA）测定净光合速率。

表14.7 基质配比试验处理

处理	铅锌矿尾砂配比（体积比）	
	尾砂	纯黄土
T1	1	0
T2	1	2
T3	2	3
T4	1	1
T5	2	1
T6	3	1
CK	0	1

14.2.2.4 紫薇栽植纯铅锌矿尾砂中光响应曲线与特征参数比较

参试的紫薇品种8个，分别为'红火箭''红火球''紫韵''丹红紫叶''紫精灵''紫玉''赤红紫叶''火红紫叶'；栽植基质为纯铅锌矿尾砂。8月使用Li-6400便携式光合仪（Li-COR，USA）进行光合特性各项指标测定，主要是光合－光响应曲线测定，仪器自动记录叶片净光合速率、蒸腾速率、气孔导度、胞间CO_2浓度等生理参数。每个处理测定3株，挂牌标记，测定时选取每株树中上部成熟健康且大小、颜色基本一致的功能叶，保持叶片的自然生长角度，测定前将叶片进行充分诱导活化。

14.2.2.5 铅锌矿尾砂不同配比对紫薇重金属含量的影响试验

于2021年8月采集植物样品，采集不同基质栽培处理下（表14.7）的'赤红紫叶'紫薇地上部分，每个处理随机选择3株采集茎叶，分别用密封袋装好并做好标记。

①植物重金属含量的测定：植物样品5g与坩埚中放于电热板，碳化2h，转至马弗炉800℃灰化8h。冷却，加水溶解残渣，通过中速滤纸滤入100mL容量瓶中，每次用少量水洗滤纸2~3次，用水稀至标线，摇匀。此即为试液。

②应用原子火焰分光光度法，测定按所列参数选择分析线波长和调节火焰。仪器用0.20%硝酸溶液调零，吸入空白试样和试液，测量其吸光度。扣除空白试样吸光度后，从校准曲线上查出试样重金属的量。再按公式计算出水样中的浓度，分别检测紫薇茎叶中的重金属元素含量。

14.2.2.6 栽植后管理

定期开展除萌、浇水、除草、病虫害防治等常规抚育工作。

14.2.2.7 数据处理

采用WPS Office 2020和DPS数据处理系统V18.1进行图表绘制和数据统计分析，多重比较采用Duncan新复极差法。

14.2.3 结果与分析

14.2.3.1 紫薇不同品种对铅锌矿尾砂的耐受性分析

紫薇15个品种采用铅锌矿尾砂盆栽和田间栽植后均能成活与生长。经过2年的生长，各品种植株的株高和地径均有增长，均能不同程度地适应高浓度的铅锌矿污染状况。

由表14.8可知，盆栽条件下，不同铅锌矿尾砂基质配比对紫薇不同品种地径增长量影响不同。在黄心土：铅锌矿尾砂=1∶1条件下，年地径增长量最高的是'赤红紫叶'，地径增长量为3.67mm；其次为'丹红紫叶'，年地径增长量为3.45mm；最低为'紫韵'，年地径增长量仅为1.14mm。地径增长量从高到低分别为：'赤红紫叶'＞'丹红紫叶'＞'紫精灵'＞'银辉紫叶'＞'紫玉'＞'紫莹'＞'红叶'＞'晓明1号'＞'红火球'＞'火红紫叶'＞'丹霞'＞'紫霞'＞'红火箭'＞'彩霞'＞'紫韵'。多重比较结果显示：'赤红紫叶'地径增长量显著高于除'丹红紫叶'以外的其余品种，'丹红紫叶'地径增长量显著高于除'紫精灵'以外的其余品种，'赤红紫叶'与'丹红紫叶'间没有显著性差异。在黄心土：铅锌矿尾砂=1∶1条件下，新梢生长量最高的是'紫玉'，新梢生长量为55.26cm；其次为'紫精灵'，新梢生长量为51.99cm；最低为'红火球'，新梢生长量为25.68cm。新梢生长量从高到低分别为：'紫玉'＞'紫精灵'＞'银辉紫叶'＞'赤红紫叶'＞'丹红紫叶'＞'紫韵'＞'丹霞'＞'紫莹'＞'紫霞'＞'彩霞'＞'红叶'＞'火红紫叶'＞'晓明1号'＞'红火箭'＞'红火球'。多重比较结果显示：'紫玉'新梢生长量显著高于除'紫精灵''银辉紫叶'以外的其余品种，但'紫玉''紫精灵''银辉紫叶'的新梢生长量间没有显著性差异。

从表14.8可知：在盆栽基质为纯铅锌矿尾砂条件下，年地径增长量最高的是'赤红紫叶'，地径增长量为3.48mm；其次为'丹红紫叶'，地径增长量为3.32mm；再次为'紫精灵'，地径增长量为2.94mm；最低为'彩霞'，地径增长量为1.24mm。年地径增长量最高与最低的品种间相差2.24mm。地径增长量从高到低分别为：'赤红紫叶'＞'丹红紫叶'＞'紫精灵'＞'紫玉'＞'紫莹'＞'银辉紫叶'＞'红叶'＞'红火球'＞'丹霞'＞'紫霞'＞'晓明1号'＞'紫韵'＞'火红紫叶'＞'红火箭'＞'彩霞'。通过多重比较发现：'赤红紫叶'的年地径增长量显著高于除'丹红紫叶''紫精灵'以外的其他品种，但这3个品种间没有显著性差异。在盆栽纯铅锌矿尾砂条件下，新梢生长量最高的品种是'紫玉'，新梢生长量为53.07cm；第二为'紫精灵'，新梢生长量为50.37cm；最低为'红火球'，新梢生长量为23.52cm。新梢生长量从高到低分别为：'紫玉'＞'紫精灵'＞'赤红紫叶'＞'银辉紫叶'＞'丹红紫叶'＞'紫韵'＞'丹霞'＞'彩霞'＞'紫霞'＞'紫莹'＞'红叶'＞'火红紫叶'＞'晓明1号'＞'红火箭'＞'红火球'。通过多重比较发现：'紫玉'的新梢生长量显著高于除'紫精灵''赤红紫叶''银辉紫叶'以外的其他品种，但这3个品种间没有显著性差异。'红火球''红火箭'的新梢生长量显著低于其他品种。通过盆栽试验结果可以发现，在黄心土：铅锌矿尾砂=1∶1条件下，地径增长量和新梢生长量排名前五的为'赤红紫叶''丹红紫叶''紫精灵''银辉紫叶''紫玉'5个品种，而在纯尾砂矿栽植条件下，这几个品种的地径增长量和新梢生长量排名同样靠前，说明在盆栽试验中，'赤红紫叶''丹红紫叶''紫精灵''银辉紫叶''紫玉'5个品种对铅锌尾砂的耐受性较好。

表14.8 紫薇不同品种对铅锌矿尾砂的耐受性试验结果

序号	紫薇品种	盆栽试验基质 黄心土：铅锌矿尾砂=1：1		盆栽试验基质 纯铅锌矿尾砂		田间试验基质 黄心土：铅锌矿尾砂=1：1	
		年地径增长量（mm）	年新梢生长量（cm）	年地径增长量（mm）	年新梢生长量（cm）	年地径增长量（mm）	年新梢生长量（cm）
1	红火球	1.78±0.38efg	25.68±1.64h	1.60±0.43d	23.52±6.00g	1.44±0.81cde	34.85±5.04cd
2	红火箭	1.52±0.34gh	26.76±3.05h	1.26±0.48d	26.73±4.34g	1.61±0.39cde	32.24±1.61cd
3	赤红紫叶	3.67±0.77a	48.30±4.07bcd	3.48±0.39a	49.31±6.98abc	3.42±0.83a	47.23±11.09ab
4	火红紫叶	1.73±0.42efg	38.97±2.46fg	1.29±0.43d	36.12±4.14f	1.40±0.9cde	34.40±7.40c
5	紫韵	1.14±0.32h	43.98±2.99def	1.30±0.27d	45.24±5.15bcd	1.09±0.38de	36.54±6.26c
6	晓明1号	1.91±0.52ef	36.00±4.32g	1.40±0.30d	34.56±4.19f	1.39±0.74cde	34.44±5.63cd
7	银辉紫叶	2.86±0.73c	50.88±5.76abc	2.47±0.73c	48.93±7.25abc	2.16±1.13bc	40.13±8.45bc
8	丹红紫叶	3.45±0.74ab	46.38±7.17cde	3.32±1.16ab	45.86±6.72bc	2.63±0.73b	38.99±12.36bc
9	紫玉	2.81±0.75c	55.26±7.98a	2.74±1.74bc	53.07±5.85a	2.54±0.91b	51.59±12.33a
10	紫莹	2.63±0.56cd	41.49±4.53ef	2.51±0.47c	39.60±4.85def	1.63±0.94cde	33.30±5.66cd
11	红叶	2.22±0.44de	39.48±4.71fg	1.68±0.43d	38.07±8.36ef	1.88±0.64bcd	36.68±7.25c
12	彩霞	1.25±0.21gh	40.95±3.72f	1.24±0.25d	44.19±5.21cd	0.94±0.34e	27.59±5.45de
13	紫精灵	3.11±0.66bc	51.99±6.95bc	2.94±0.92abc	50.37±4.26ab	2.48±0.69b	40.38±6.45bc
14	紫霞	1.60±0.34gh	41.46±4.37ef	1.46±0.62d	43.41±4.70cde	1.55±0.26cde	38.75±5.96c
15	丹霞	1.65±0.46gh	43.17±3.35ef	1.50±0.52d	44.40±3.09cd	1.43±0.78cde	23.85±3.54e

注：有相同字母的处理间差异不显著，无相同字母的差异显著。小写字母表示0.05的显著水平（下同）。

在五盖山尾矿库田间试验中，相同尾砂配比（黄心土：铅锌矿尾砂=1：1）对不同品种紫薇的生长影响见表14.8。地径增长量最高为'赤红紫叶'，达3.42mm，其次为'丹红紫叶'，地径增长量为2.63mm，最低为'彩霞'，仅为0.94mm。地径增长量从高到低分别为：'赤红紫叶'＞'丹红紫叶'＞'紫玉'＞'紫精灵'＞'银辉紫叶'＞'红叶'＞'紫莹'＞'红火箭'＞'紫霞'＞'红火球'＞'丹霞'＞'火红紫叶'＞'晓明1号'＞'紫韵'＞'彩霞'。多重比较结果显示，'赤红紫叶'的地径增长量显著高于其他14个品种，'丹红紫叶''紫玉''紫精灵'的地径增长量显著低于'赤红紫叶'，但显著高于除'银辉紫叶''红叶'以外的其余的品种。新梢生长量最高为'紫玉'，达51.59cm，其次为'赤红紫叶'，新梢生长量为47.23cm，第三为'紫精灵'，新梢生长量为40.38cm，最低为'丹霞'，新梢生长量为23.85cm。新梢生长量从高到低分别为：'紫玉'＞'赤红紫叶'＞'紫精灵'＞'银辉紫叶'＞'丹红紫叶'＞'紫霞'＞'红叶'＞'紫韵'＞'红火球'＞'晓明1号'＞'火红紫叶'＞'紫莹'＞'红火箭'＞'彩霞'＞'丹霞'。多重比较结果显示：'紫玉'新梢生长量显著高于除赤红紫叶以外的其他品种，排第二、第三的'赤红紫叶'和'紫精灵'之间没有显著性差异。通过田间试验结果可以得出：地径增长量和新梢生长量排名前五的依然为'赤红紫叶''丹红紫叶''紫精灵''银辉紫叶''紫玉'5个品种，说明在田间试验中，'赤红紫叶''丹红紫叶''紫精灵''银辉紫叶''紫玉'5个品种同样对铅锌尾砂表现出良好的耐受性。

此外，对比盆栽和田间试验数据可以看出：同样在黄心土：尾砂=1：1的配比下，不同紫薇品种盆栽试验与田间试验的地径增长量和新梢生长量都有一定的差异。从地径增长量数据对比来看，除'红火箭'以外，其余14个品种的盆栽地径增长量均要高于田间栽植的，高出量在0.04~1.47mm，差异最小的为'紫韵'，差异最大的为'丹红紫叶'。从新梢生长量数据对比来看，除'红火球''红火箭'以外，其余12个品种的盆栽新梢生长量均要高于田间栽植的，高出量在0.84~19.32cm，差异最小的为'火红紫叶'，差异最大的为'丹霞'。试验结果表明，绝大多数紫薇品种在盆栽条件下生长量要高一些。可能与尾矿库海拔较高，气候凉爽，植株生长速度较慢有一定的关系。

综上所述，15个紫薇品种对铅锌尾砂均具有一定的耐受性。其中'赤红紫叶''丹红紫叶''紫精灵''紫玉''银辉紫叶'5个品种不管在盆栽条件下还是在田间试验中，地径增长量和新梢生长量都排名靠前，表明这5个品种对铅锌尾砂的适应性比其他紫薇品种更强，推广应用价值更高。

14.2.3.2 铅锌矿尾砂的不同配比对紫薇生长和光合－光响应曲线的影响

1. 铅锌矿尾砂的不同配比对紫薇生长的影响

尾矿库田间试验中，以'赤红紫叶'为试验材料，不同基质配比处理下，地径增长量与新梢生长量均有显著性差异。如表14.9所示，在处理T5下，'赤红紫叶'地径增长量最高，为3.69mm，其次为处理T4，地径增长量为3.66mm，最低为处理T1，地径增长量仅为2.53mm，比处理T5的地径增长量45.8%。多重比较结果表明，处理T5的地径增长量显著高于处理T1、处理T1、处理T3、处理T6和CK，但与处理T4之间没有显著性差异。新梢生长量方面，处理T4的新梢生长量最高，为55.13cm，其次为处理T6，新梢生长量为52.73cm，最低为处理T2，新梢生长量仅为40.18cm。多重比较结果显示，处理T4的新梢生长量显著高于处理T2和CK。整体趋势来看，随着基质中尾砂含量的减少，地径增长量逐步升高，在配比为1∶2时地径增长量达到最大值后，随着基质中黄土含量的增加，地径增长量又逐步降低。可能与尾砂与黄土配比后改变了土壤理化性质有关。

表14.9 铅锌矿尾砂的不同配比对紫薇生长量的影响

处理	配比比例（尾砂∶黄土）	年地径增长量（mm）	年新梢生长量（cm）
T1	纯尾砂	2.53 ± 0.79b	47.59 ± 12.93abc
T2	2∶1	2.58 ± 1.37b	40.18 ± 12.53c
T3	3∶2	3.21 ± 1.40b	48.52 ± 13.63abc
T4	1∶1	3.66 ± 1.80ab	55.13 ± 13.80a
T5	1∶2	3.69 ± 1.44a	48.13 ± 6.89abc
T6	1∶3	2.82 ± 1.13b	52.73 ± 9.80ab
CK	纯黄土	2.83 ± 1.34b	43.73 ± 10.71bc

2. 铅锌矿尾砂的不同配比对紫薇光合 - 光响应曲线的影响

'赤红紫叶'在不同铅锌尾砂配比栽植下的光合速率对光的响应规律见图14.3。从图14.3可以看出，'赤红紫叶'在不同铅锌尾砂配比栽植下的光合 - 光响应曲线的变化趋势基本一致：在光合有效辐射为0时，净光合速率均为负值；随着光合有效辐射的升高，净光合速率逐渐升高，在光合有效辐射为0~200μmol·m^{-2}·s^{-1}时，净光合速率几乎呈线性增加；随着光合有效辐射继续升高，不同栽培基质的净光合速率持续增高，达到光饱和点，随后净光合速率逐渐下降，呈单峰型。

从图14.3可以看出，不同基质配比栽植'赤红紫叶'的最大净光合速率最高为纯土，达14.50μmol·m^{-2}·s^{-1}，最低为纯矿，最大净光合速率仅为3.31μmol·m^{-2}·s^{-1}。整体趋势而言，栽培基质中铅锌尾砂比例过高，最大净光合速率会降低。说明铅锌尾砂对紫薇的光合作用能力会造成一定的影响。

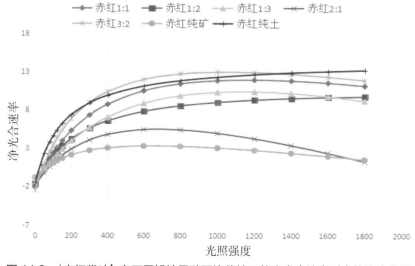

图14.3 '赤红紫叶'在不同铅锌尾砂配比栽植下的净光合速率对光的响应曲线

14.2.3.3 紫薇栽植纯铅锌矿尾砂中光响应曲线与特征参数比较

光照是光合作用的主导因子，也是影响净光合速率的最重要的因素，植物叶片对环境的光合响应，保障了植物在不同光条件下生存和生长的能力，以及对不断变化的环境条件的适应能力。8个紫薇品种在纯铅锌尾砂栽植下的光合速率对光的响应规律见图14.4。

在光合－光响应曲线中，植物的光饱和反映了植物利用强光的能力，光补偿点反映了植物利用弱光的能力。从图14.4可以看出，不同紫薇品种光合－光响应曲线的变化趋势基本一致：在光合有效辐射为0时，净光合速率均为负值；随着光合有效辐射的升高，净光合速率逐渐升高，在光合有效辐射为0~200μmol·m^{-2}·s^{-1}时，净光合速率几乎呈线性增加；随着光合有效辐射继续升高，各紫薇品种的净光合速率持续增高，在光合有效辐射为800~1200μmol·m^{-2}·s^{-1}，8个紫薇品种逐渐达到光饱和点，随后净光合速率逐渐下降。

8个紫薇品种在纯铅锌尾砂栽植下的光合特征参数见表14.10。最大净光合速率是评价植物光合作用的潜在能力。8个紫薇品种最大净光合速率在1.23~10.90μmol·m^{-2}·s^{-1}之间，最高为'赤红紫叶'，最大净光合速率为10.90μmol·m^{-2}·s^{-1}；其次为'紫精灵'，最大净光合速率为9.82μmol·m^{-2}·s^{-1}；最低为紫韵，最大净光合速率仅为1.23μmol·m^{-2}·s^{-1}。最高的'赤红紫叶'与最低的'紫韵'之间最大净光合速率相差9.67μmol·m^{-2}·s^{-1}。净光合速率从大到小排序表依次为：'赤红紫叶'＞'紫精灵'＞'紫玉'＞'丹红紫叶'＞'红火箭'＞'火红紫叶'＞'红火球'＞'紫韵'。说明在纯铅锌矿栽植下，'赤红紫叶'的光合能力最强，'紫精灵'次之，'紫韵'的光合能力最弱。与紫薇在铅锌矿栽植下的生长量呈正比。

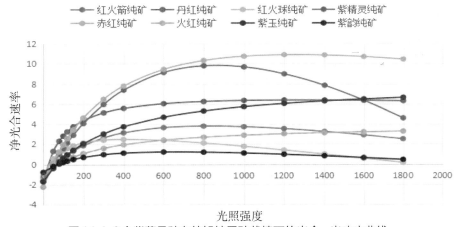

图14.4　8个紫薇品种在纯铅锌尾砂栽植下的光合－光响应曲线

光照强度超过光补偿点后，随着光照强度增强，光合速率逐渐提高，这时光合强度就超过呼吸强度，植物体内积累干物质。但达到一定值后，再增加光照强度，光合速率却不再增加，此即光饱和现象。达到光饱和时的光照强度，即光饱和点。8个紫薇品种光饱和点在417.50~1267.85μmol·m^{-2}·s^{-1}之间，最高为'丹红紫叶'，最低为'红火球'。光饱和点从高到低的排序表依次为：'丹红紫叶'＞'赤红紫叶'＞'紫玉'＞'红火箭'＞'紫精灵'＞'火红紫叶'＞'紫韵'＞'红火球'。

表14.10 不同紫薇品种光响应曲线光合特征参数比较

紫薇品种	最大净光合速率 ($\mu mol \cdot m^{-2} \cdot s^{-1}$)	光饱和点 ($\mu mol \cdot m^{-2} \cdot s^{-1}$)	光补偿点 ($\mu mol \cdot m^{-2} \cdot s^{-1}$)	暗呼吸速率 ($\mu mol \cdot m^{-2} \cdot s^{-1}$)	表观量子 效率
红火箭	4.05	982.50	76.83	1.05	0.017
紫玉	8.14	1100.26	67.89	1.70	0.030
紫韵	1.23	646.25	71.25	0.77	0.014
紫精灵	9.82	862.25	47.85	1.65	0.037
赤红紫叶	10.90	1254.42	47.61	2.23	0.053
红火球	2.49	417.50	27.96	1.07	0.048
火红紫叶	2.99	718.17	28.82	0.95	0.040
丹红紫叶	6.38	1267.85	23.03	1.63	0.086

光补偿点是指在一定的光照强度下，植物呼吸作用释放的CO_2量和光合作用吸收的CO_2量相等时的光照强度，此时植物消耗的有机物和光合作用合成的有机物相等，无碳水化合物的产生，反映了叶片对弱光的利用能力。8个紫薇品种光补偿点在23.03~76.83$\mu mol \cdot m^{-2} \cdot s^{-1}$。最高为'紫韵'，最低为'丹红紫叶'。从大到小排序表依次为：'红火箭'>'紫韵'>'紫玉'>'紫精灵'>'赤红紫叶'>'火红紫叶'>'红火球'>'丹红紫叶'。

暗呼吸速率是在晚上没有光合作用的条件下呼吸作用放出CO_2的量，暗呼吸越高，植物同化的碳水化合物在晚上消耗越多，不利于光合产物的积累，降低暗呼吸速率是提高植物碳水化合物的有效措施之一。8个紫薇品种的暗呼吸速率在0.77~2.23$\mu mol \cdot m^{-2} \cdot s^{-1}$，最高为'赤红紫叶'，最低为'紫韵'。暗呼吸速率从大到小排序表依次为：'赤红紫叶'>'紫玉'>'紫精灵'>'丹红紫叶'>'红火球'>'红火箭'>'火红紫叶'>'紫韵'。

净光合速率与光合有效辐射在一定范围内呈线性正相关时曲线的斜率被称为表观量子效率。表观量子效率的大小反映了植物吸收的光能用于转换光能的色素蛋白复合体的多少，是光合作用中光能转换效率的指标，其值越高表明其利用弱光的能力越强。8个紫薇品种表观量子效率在0.014~0.086，最高为'丹红紫叶'，最低为'紫韵'，表观量子效率从大到小排序表依次为：'丹红紫叶'>'赤红紫叶'>'红火球'>'火红紫叶'>'紫精灵'>'紫玉'>'红火箭'>'紫韵'。结果表明：'丹红紫叶'对弱光的利用能力最强，'紫韵'对弱光的利用能力最弱。

14.2.3.4 铅锌矿尾砂不同配比对紫薇重金属含量的影响

试验地为铅锌矿尾矿库，主要的毒害性重金属是铅和锌，同时在土壤中还伴生着镉、铜等的污染（孙健 等，2006）。从表14.11和表14.12可以看出，不同尾砂配比下，紫薇茎叶中重金属含量各有不同。

紫薇茎干中铅的含量2.27~5.06$mg \cdot kg^{-1}$；锌的含量18.60~85.90$mg \cdot kg^{-1}$；钨的含量0.04~0.11$mg \cdot kg^{-1}$；锰的含量112.00~218.00$mg \cdot kg^{-1}$；铬的含量1.03~1.93$mg \cdot kg^{-1}$；锑的含量0.13~0.34$mg \cdot kg^{-1}$；镉的含量0.90~1.30$mg \cdot kg^{-1}$；铜的含量5.36~9.83$mg \cdot kg^{-1}$；锡的含量0.18~0.27$mg \cdot kg^{-1}$。九种重金属含量中最高的为锰，平均含量为171.29$mg \cdot kg^{-1}$；其次为锌，平均含量为38.71$mg \cdot kg^{-1}$；最低为钨，平均含量仅为0.07$mg \cdot kg^{-1}$。不同基质配比栽培下，紫薇茎中各重金属含量有一定的差异，根据表14.11可以得出，所有重金属

含量均在T1（纯尾砂矿）处理下呈现最高值，在CK（纯黄土）处理下呈现最低值，整体来看，各种金属含量随着基质中铅锌尾砂矿的比例升高而升高。

　　紫薇叶片中各重金属含量见表14.12。叶片中铅的含量1.65~3.00mg·kg^{-1}；锌的含量17.40~81.60mg·kg^{-1}；钨的含量0.05~0.10mg·kg^{-1}；锰的含量75.60~219.00mg·kg^{-1}；铬的含量0.48~0.89mg·kg^{-1}；锑的含量0.24~0.48mg·kg^{-1}；镉的含量0.59~1.22mg·kg^{-1}；铜的含量5.63~8.85mg·kg^{-1}；锡的含量0.23~0.31mg·kg^{-1}。九种重金属含量中最高的为锰，平均含量为130.80mg·kg^{-1}；其次为锌，平均含量为36.34mg·kg^{-1}；最低为钨，平均含量仅为0.08mg·kg^{-1}。不同基质配比栽培下，紫薇叶中各重金属含量与茎中规律一致：所有重金属含量均在T1（纯尾砂矿）处理下呈现最高值，在CK（纯黄土）处理下呈现最低值，各种金属含量随着基质中铅锌尾砂矿的比例升高而升高。

表14.11　紫薇不同基质配比下茎中重金属检测结果

样品信息		检测项目（mg·kg^{-1}）								
	处理	铅	锌	钨	锰	铬	锑	镉	铜	锡
茎	T1	5.06	85.90	0.11	218.00	1.93	0.34	1.30	9.83	0.27
	T2	4.36	40.60	0.08	213.00	1.36	0.26	1.12	9.21	0.22
	T3	4.26	37.10	0.08	210.00	1.29	0.21	1.12	9.05	0.21
	T4	3.82	35.00	0.08	209.00	1.03	0.16	1.00	9.07	0.20
	T5	3.62	29.20	0.07	122.00	1.05	0.17	0.94	8.94	0.21
	T6	3.14	24.60	0.05	115.00	1.12	0.14	0.98	6.16	0.21
	CK	2.27	18.60	0.04	112.00	1.11	0.13	0.90	5.36	0.18
	均值	3.79	38.71	0.07	171.29	1.27	0.20	1.05	8.23	0.21

　　结合表14.11和表14.12来看，铅、锌、锰、铬、镉、铜六种重金属元素整体含量在叶片中比在茎干中的要低，而钨、锑、锡三种元素在叶片中的含量比在茎干中的含量低，但数值接近。可能是因为钨、锑、锡三种元素含量均在0.5mg·kg^{-1}以下，数值太低导致容易出现误差。根据前人研究的参考值，即植物地上部如茎或叶重金属含量应达到一定的临界含量标准，如锌、锰为10000mg·kg^{-1}；铅、铜、镍、钴、砷均为1000mg·kg^{-1}；镉为100mg·kg^{-1}；金为1mg·kg^{-1}等的植物称为重金属超富集植物（聂亚平 等，2016）。从表14.11和表14.12中可以看出，紫薇茎叶内的铅、锌、锰、铜等重金属含量均远低于超富集植物的标准，因此，紫薇不是重金属的超富集植物。但根据前面的研究，紫薇对铅锌矿尾砂还是有很强的耐受性，而且茎叶中不富集重金属，落叶后将不会造成土壤的再次污染。

表14.12　紫薇不同基质配比下叶中重金属检测结果

样品信息		检测项目（mg·kg^{-1}）								
	处理	铅	锌	钨	锰	铬	锑	镉	铜	锡
叶	T1	3.00	81.60	0.10	219.00	0.89	0.48	1.22	8.85	0.31
	T2	2.46	47.80	0.08	192.00	0.87	0.46	1.20	7.90	0.30
	T3	2.39	35.20	0.08	148.00	0.82	0.36	0.94	7.02	0.30
	T4	2.36	27.80	0.08	107.00	0.74	0.38	0.86	6.58	0.29
	T5	2.21	26.60	0.08	94.40	0.73	0.35	0.81	6.44	0.24
	T6	2.10	18.00	0.07	79.60	0.51	0.31	0.85	5.48	0.23
	CK	1.65	17.40	0.05	75.60	0.48	0.24	0.59	5.63	0.23
	均值	2.31	36.34	0.08	130.80	0.72	0.37	0.92	6.84	0.27

14.2.4 结论与讨论

14.2.4.1 紫薇不同品种对铅锌矿尾砂的耐受性分析

①紫薇15个品种采用铅锌矿尾砂盆栽和田间栽植后均能成活与生长。经过2年的生长，各品种植株的株高和地径均有增长，均能不同程度地适应高浓度的铅锌矿污染状况。通过盆栽试验结果可以发现：在黄心土：铅锌矿尾砂=1:1条件下，地径增长量和新梢生长量排名前五的均为'赤红紫叶''丹红紫叶''紫精灵''银辉紫叶''紫玉'5个品种，而在纯尾砂矿栽植条件下，这几个品种的地径增长量和新梢生长量排名同样靠前，说明在盆栽试验中，'赤红紫叶''丹红紫叶''紫精灵''银辉紫叶''紫玉'5个品种对铅锌尾砂的耐受性较好。而通过田间试验结果可以得出：地径增长量和新梢生长量排名前五的依然为'赤红紫叶''丹红紫叶''紫精灵''银辉紫叶''紫玉'5个品种，说明在田间试验中，'赤红紫叶''丹红紫叶''紫精灵''银辉紫叶''紫玉'5个品种同样对铅锌尾砂表现出良好的耐受性。表明在这5个品种对铅锌矿尾砂的适应性相对较强，在铅锌矿地区推广应用价值较高。

②在同样在黄心土：尾砂=1:1的配比下，不同紫薇品种盆栽试验与田间试验的地径增长量和新梢生长量都有一定的差异。从地径增长量数据对比来看，除'红火箭'以外，其余14个品种的盆栽地径增长量均要高于田间栽植的，高出量0.04~1.47mm，差异最小的为'紫韵'，差异最大的为'丹红紫叶'。从新梢生长量数据对比来看，除'红火球''红火箭'以外，其余12个品种的盆栽新梢生长量均要高于田间栽植的，高出量0.84~19.32cm，差异最小的为'火红紫叶'，差异最大的为'丹霞'。试验结果表明，绝大多数紫薇品种在盆栽条件下生长量要高一些。可能与尾矿库海拔较高，气候凉爽，植株生长速度较慢有一定的关系。陈思伟等（2022）年研究发现不同海拔高度对柳杉人工林的生长有较大影响，生长量与海拔高度呈正比。但本试验中，紫薇生长量与海拔高度呈反比。可能是因为柳杉喜温暖湿润、夏季较凉爽的山区气候，而紫薇更适应温暖湿润的强阳性环境，在高海拔地区中生长反而容易受到影响。

14.2.4.2 铅锌矿尾砂的不同配比对紫薇生长和净光和速率的影响

①在尾矿库田间试验中，随着基质中尾砂含量的减少，'赤红紫叶'紫薇的地径增长量和新梢生长量逐步升高，在达到最大值后，随着基质中黄土含量的增加，两者又逐步降低。可能与尾砂与黄土配比后改变了土壤理化性质有关。基质在植物的生长发育过程中有着重要的作用，其理化性质的不同是植物生长状况产生差异的主要因素（孟格蕾，2019）。试验中使用的基质，随着尾砂与纯黄土混合比例的不同而造成基质的孔隙度、保水能力等方面的差异，因此对紫薇的生长造成了不同的影响。

②不同的基质配比将会造成植物光合特性的差异。李英忠等（2018）研究不同基质对苹果大苗的光合作用研究发现：不同配比基质的净光合速率都极显著高于对照，且不同基质间苹果幼树的净光合速率差异显著。本研究结果表明：不同基质配比栽植赤红紫叶紫薇的最大净光合速率最高为纯土，达$14.50\mu mol \cdot m^{-2} \cdot s^{-1}$，最低为纯矿，最大净光合速率仅为$3.31\mu mol \cdot m^{-2} \cdot s^{-1}$。整体趋势而言，栽培基质中铅锌尾砂比例过高，最大净光合速率会降低。说明铅锌尾砂对紫薇的光合作用能力会造成一定的影响。

14.2.4.3 紫薇栽植铅锌矿尾砂中光响应曲线与特征参数比较

①光合作用是植物一系列复杂代谢反应的总和，是植物赖以生存的关键，而光是植物进行光合作用的基础；光的强弱影响植物的生长发育，不同光环境及快速变化的光照均会对植物的表型性状和生理生态指标产生影响，植物会出现趋异适应，光响应曲线是研究环境对植物光合作用影响程度的有效方法（袁梦琦 等，2022）。本试验研究发现：不同紫薇品种光合–光响应曲线的变化趋势基本一致。在光合有效辐射为0时，净光合速率均为负值；随着光合有效辐射的升高，净光合速率逐渐升高，在光合有效辐射为0~200μmol·m^{-2}·s^{-1}时，净光合速率几乎呈线性增加；随着光合有效辐射继续升高，各紫薇品种的净光合速率持续增高，在光合有效辐射为800~1200μmol·m^{-2}·s^{-1}，8个紫薇品种逐渐达到光饱和点，随后净光合速率逐渐下降。

②通过光响应曲线可以计算出植物的最大净光合速率（Pn_{max}）、光饱和点（LSP）、光补偿点（LCP）及暗呼吸速率（Rd）等光响应参数，这些参数能反映植物的光合生理特性、衡量植物光合能力强弱。最大净光合速率反映了植物对光的利用能力，最大净光合速率越高，光和能力越强。光饱和点和光补偿点反映了植物对光的利用范围，光饱和点越高，说明对强光的适应能力越强，光补偿点越低，说明对弱光的适应能力越强。表观量子效率表现的是植物叶片在弱光条件下的光合作用能力，说明利用弱光的能力最强（汤文华 等，2020）。不同种类植物的光合参数间存在很大的差异，同种植物不同品种或品系间光合参数也表现出较大的差异（吴方圆，2018）。杨文英等（2002）对4个扁桃品种，刘元铅等（2004）对11个李品种进行光合特性研究，结果均表明：相同条件下，不同品种的光合参数是不同的。本试验研究8个紫薇品种在纯铅锌尾砂栽植下的净光合速率对光响应规律，结果显示：8个紫薇品种最大净光合速率1.23~10.90μmol·m^{-2}·s^{-1}，最高为'赤红紫叶'，最大净光合速率为10.90μmol·m^{-2}·s^{-1}，说明在纯铅锌矿栽植下，'赤红紫叶'的光合能力最强。8个紫薇品种光饱和点417.50~1267.85μmol·m^{-2}·s^{-1}。光饱和点从高到低的排序表依次为：'丹红紫叶'＞'赤红紫叶'＞'紫玉'＞'红火箭'＞'紫精灵'＞'火红紫叶'＞'紫韵'＞'红火球'。8个紫薇品种光补偿点23.03~76.83μmol·m^{-2}·s^{-1}，最高为'紫韵'，最低为'丹红紫叶'。从大到小排序表依次为：'红火箭'＞'紫韵'＞'紫玉'＞'紫精灵'＞'赤红紫叶'＞'火红紫叶'＞'红火球'＞'丹红紫叶'。8个紫薇品种的暗呼吸速率0.77~2.23μmol·m^{-2}·s^{-1}，最高为'赤红紫叶'，最低为'紫韵'。暗呼吸速率从大到小排序表依次为：'赤红紫叶'＞'紫玉'＞'紫精灵'＞'丹红紫叶'＞'红火球'＞'红火箭'＞'火红紫叶'＞'紫韵'。8个紫薇品种表观量子效率0.014~0.086，最高为'丹红紫叶'，最低为'紫韵'，表观量子效率从大到小排序表依次为：'丹红紫叶'＞'赤红紫叶'＞'红火球'＞'火红紫叶'＞'紫精灵'＞'紫玉'＞'红火箭'＞'紫韵'。综合光合特性各项指标，给8个品种按光合能力大小基本排序为：'赤红紫叶'＞'紫玉'＞'紫精灵'＞'丹红紫叶'＞'红火箭'＞'火红紫叶'＞'红火球'＞'紫韵'，这与盆栽试验中不同品种紫薇生长量的高低趋势基本一致。

14.2.4.4 不同铅锌尾砂栽植下紫薇重金属含量

不同基质配比栽培下，紫薇茎、叶中各重金属含量有一定的差异：所有重金属含量均在T1（纯尾砂矿）处理下呈现最高值，在CK（纯黄土）处理下呈现最低值，整体来看，各种金属含量随着基质中铅锌尾砂矿的比例升高而升高。九种重金属含量中最高的为锰，其次为锌，最低为钨。铅、锌、锰、铬、镉、铜六种重金属元素整体含量在叶片中比在茎干中的要低，而钨、锑、锡三种元素在叶片中的含量比在茎干中的含量低，但数值接近。可能是因为钨、锑、锡三种元素含量均在$0.5mg \cdot kg^{-1}$以下，数值太低导致容易出现误差。

根据前人研究的参考值，植物地上部如茎或叶重金属含量达到一定的临界含量标准，如锌、锰为$10000mg \cdot kg^{-1}$；铅、铜、镍、钴、砷均为$1000mg \cdot kg^{-1}$；镉为$100mg \cdot kg^{-1}$；金为$1mg \cdot kg^{-1}$等的植物称为重金属超富集植物（聂亚平 等，2016）。本试验结果表明：紫薇茎叶内的铅、锌、锰、铜等重金属含量均远低于超富集植物的标准，因此，紫薇不是重金属的超富集植物。有研究表明，可以通过在重金属污染土壤中种植重金属耐受性植物，通过植物根系对重金属的积累来固化土壤中的重金属以及通过植株根部所分泌的物质改变重金属形态，阻缓重金属在环境中的迁移，弱化重金属的毒害性。（朱佳文，2020）因此，紫薇可作为重金属耐性植物用于铅锌矿区高污染地的生态修复的先锋植物。

14.3 紫薇在铅锌矿废弃地生态修复中的栽培技术研究

通过前期盆栽试验表明，紫薇在铅锌尾砂上能正常生长，对铅锌矿有较强的适应性。但是铅锌矿废弃地作为一种特殊的立地类型，立地条件相对恶劣，植物生长受限，植被恢复难度大，因此还需研究高效造林配套关键技术，包括：土地整理、土壤改良、种植密度、精准施肥等培育技术，对提高造林保存率，提升生态景观价值有重要意义。

14.3.1 试验材料

试验材料为'赤红紫叶'紫薇。试验地位于郴州市苏仙区五盖山镇凉伞坪村铅锌矿尾矿库。

14.3.2 试验方法

14.3.2.1 栽植密度试验

采用单因素试验设计，设置四种栽植密度处理，分别为：A1（株行距1.0m×1.0m）、A2（株行距1.5m×1.5m）、A3（株行距2.0m×1.0m）、A4（株行距2.0m×2.0m），每个处理栽20株，重复4次。

14.3.2.2 栽植穴大小试验

采用单因素试验设计，设置三种处理，穴大小规格分别为：B1（长×宽×深：70cm×70cm×70cm）、B2（长×宽×深：50cm×50cm×50cm）、B3（长×宽×深：30cm×30cm×30cm），以不挖穴为CK，每个处理20个穴，重复4次。

14.3.2.3 起垄栽植试验

采用单因素试验设计，设置三种处理，起垄规格分别为：C1（垄高 0.4m）、C2（垄高 0.3m）、C3（垄高 0.2m），以不起垄为 CK，垄面上部宽 50~60cm，下部 70~80cm。每种处理 20 米长（栽 20 株），重复 4 次。

14.3.2.4 基肥试验

采用单因素试验设计，设置四种基肥处理，分别为：D1（菌肥 1kg·株$^{-1}$）、D2（有机肥 1kg·株$^{-1}$）、D3（有机肥 1kg·株$^{-1}$+过磷酸钙 1kg·株$^{-1}$）、D4（有机肥 1kg·株$^{-1}$+过磷酸钙 1kg·株$^{-1}$+复合肥 0.15kg·株$^{-1}$）（以下简称有机 +P+ 复合），以基肥为零作为 CK。每个处理 20 株，重复 4 次。

根据测量出来的各基肥处理（包括对照）的紫薇苗高和地径，计算出各基肥处理的紫薇平均苗高、地径，按平均值 ±5% 的误差在每个处理中取 3 株标准株。在距离标准株主干 50cm 处挖土壤剖面，筛选出全部根系，测量水平根幅、根系深度、主根直径，记录Ⅰ级侧根数量。同时将标准株完整挖取出来，先用水冲洗干净后用吸水滤纸吸取苗木表面水分，再将苗木分为叶、茎干、根三部分，分别称量其鲜重，再用报纸分装包好，先放置于恒温鼓风干燥箱中，保持 105℃烘 30min 进行杀青，再调至 80℃烘 2d 至恒重后分别称取各部分重量。

14.3.2.5 栽植地覆盖方式试验

采用单因素试验设计，设置四种处理，分别为：E1（覆盖黑色地膜）、E2（覆盖稻草）、E3（栽种草覆盖）、E4（栽种金银花），以不覆盖作为 CK。每个处理 20 株，重复 4 次。

14.3.2.6 生长量测定

栽种时在距土面 10cm 处测量苗木地径并标记，栽植 2 年后再次测量地径。每年 12 月测量当年生新梢生长量。

14.3.2.7 数据处理

采用 WPS Office 2020 和 DPS 数据处理系统 V18.1 进行图表绘制和数据统计分析，多重比较采用 Duncan 新复极差法。

14.3.3 结果与分析

14.3.3.1 栽植密度对紫薇生长量的影响

由表 14.13 可知，不同栽培密度对紫薇地径增长量的影响没有达到显著水平。但以 A4（栽培密度 2.0m×2.0m）的平均地径增长量最高，为 3.73mm，其次是 A2（栽培密度 1.5m×1.5m）的处理，平均地径增长量为 3.50mm，最低为 A1（栽培密度 1.0m×1.0m）处理，平均地径增长量为 3.10mm，比 A2、A3、A4 处理下的密度分别低 13.0%、10.2%、12.3%。随着栽植密度的下降，地径增长量也不断提高。

不同栽培密度对矿区紫薇新梢生长量的影响不同。在 A2（栽培密度为 1.5m×1.5m）的处理下，新梢生长量最高，为 57.54cm，最低为处理 A1（栽培密度为 1.0m×1.0m）的处理，新梢生长量为 54.07cm。4 个处理间新梢生长量也没有显著性差异。因此，在造林中选择1.0m×1.0m以上密度均可。但从整体效果和后期生长方面考虑，以选择1.5m×1.5m栽植密度为宜。

表14.13 不同栽植密度对紫薇生长的影响

处理编号	栽植密度（m）	年地径增长量（mm）	年新梢生长量（cm）
A1	1.0×1.0	3.10±0.83a	54.07±10.34a
A2	1.5×1.5	3.50±0.57a	57.54±11.93a
A3	2.0×1.0	3.42±0.21a	55.38±12.54a
A4	2.0×2.0	3.73±0.64a	56.56±11.51a

14.3.3.2 栽植穴大小对紫薇生长量的影响

不同栽植穴大小对尾矿库紫薇年地径增长量有显著的影响（表14.14）。处理B1（70cm×70cm×70cm）平均地径增长量最高，达3.26mm；其次为处理B2（50cm×50cm×50cm），平均地径增长量为2.81mm；第三为处理B3（30cm×30cm×30cm），平均地径增长量为2.55mm，最低为CK，平均地径增长量为2.03mm。多重结果比较表明，处理B1地径增长量显著高于其他3个处理，CK的地径增长量显著低于其他3个处理。处理B2、B3之间没有显著性差异。总的来说，随着栽植穴的降低，地径增长量也不断降低。

不同栽植穴大小对矿区紫薇年新梢生长量影响也有显著性差异。在B1（70cm×70cm×70cm）的处理下，新梢生长量最高，为58.57cm，比最低的CK新梢生长量高出30.7%。多重比较结果显示：处理B1新梢生长量显著高于其他3个处理，处理B2、B3和CK之间没有显著性差异。说明栽植穴越大，植株长势越好，新梢生长量越高。

表14.14 不同栽植穴大小对紫薇生长的影响

处理编号	栽植穴大小（cm）	年地径增长量（mm）	年新梢生长量（cm）
B1	70×70×70	3.26±0.55a	58.57±7.02a
B2	50×50×50	2.81±0.47b	45.29±11.73b
B3	30×30×30	2.55±0.53b	48.73±8.80b
CK	不挖穴	2.03±0.51c	44.82±9.03b

14.3.3.3 起垄栽植对紫薇生长量的影响

起垄栽植对紫薇生长量的影响试验结果见表14.15，从表中可知：地径增长量从高到低依次顺序为CK（3.07mm）＞C3（2.47mm）＞C2（2.37mm）＞C1（1.93mm）。随着起垄高度的增加，地径增长量反而不断降低。多重结果比较表明，CK的地径增长量显著高于其他3个处理，C1的地径增长量显著低于其他3个处理。处理C2、C3之间没有显著性差异。

起垄栽植对尾矿库紫薇平均新梢生长量也有显著性差异。新梢生长量最高的为CK，达43.34cm，最低的处理为处理C1，新梢生长量为31.94cm。多重比较结果显示：CK的新梢生长量显著高于处理C1和处理C2，但与处理C3之间没有显著性差异。试验结果显示：不起垄的紫薇生长量反而高于起垄的处理，可能原因是起垄后虽然不容易积水，但由于去年的干旱天气，反而造成了土壤保水性能降低，引起紫薇受到干旱影响。

表14.15　起垄栽植对紫薇生长的影响

处理编号	起垄高度（m）	年地径增长量（mm）	年新梢生长量（cm）
C1	0.4	1.93 ± 0.59c	31.94 ± 11.72b
C2	0.3	2.37 ± 0.46b	32.77 ± 6.47b
C3	0.2	2.47 ± 0.54b	39.17 ± 13.86ab
CK	不起垄	3.07 ± 0.37a	43.34 ± 7.42a

14.3.3.4　不同基肥处理对紫薇生长量、生物量和根系的影响

不同基肥配比对紫薇地径增长量有一定的影响。从表14.16可以看出：D4处理（有机肥 1kg·株$^{-1}$+P肥 1kg·株$^{-1}$+复合肥 0.15kg·株$^{-1}$）平均地径增长量最高，达2.97mm；其次为D2处理（有机肥 1kg·株$^{-1}$），平均地径增长量为2.88mm；最低为CK，平均地径增长量为2.29mm。D1、D2、D3、D4的地径增长量分别比CK高出24.5%、25.8%、22.7%和30.0%。多重结果比较表明，D4处理的地径增长量显著高于处理D1和CK，但与D2、D3处理之间没有显著性差异。试验结果说明使用基肥处理能有效提高紫薇地径增长，采用有机肥 1kg·株$^{-1}$+P肥 1kg·株$^{-1}$+复合肥 0.15kg·株$^{-1}$效果最好。

不同基肥配比对紫薇新梢生长量也有一定的影响。新梢生长量最高的为处理D4，达51.91cm，最低的处理为CK，新梢生长量仅为35.73cm。多重比较结果显示：D4处理的新梢生长量显著高于D1和CK，但与D2和D3之间没有显著性差异。试验结果表明：施基肥能有效促进紫薇枝条生长，但不同基肥效果不同，混合基肥比单一基肥效果更好。

表14.16　不同基肥处理对紫薇生长的影响

处理编号	基肥配比	年地径增长量（mm）	年新梢生长量（cm）
D1	菌肥 1kg·株$^{-1}$	2.85 ± 0.46b	38.75 ± 7.07b
D2	有机肥 1kg·株$^{-1}$	2.88 ± 0.48ab	43.91 ± 10.08ab
D3	有机肥 1kg·株$^{-1}$+P肥 1kg·株$^{-1}$	2.81 ± 0.43ab	45.35 ± 9.61ab
D4	有机肥 1kg·株$^{-1}$+P肥 1kg·株$^{-1}$ +复合肥 0.15kg·株$^{-1}$	2.97 ± 0.63ab	51.91 ± 13.06a
CK	不施肥	2.29 ± 0.53b	35.73 ± 9.29b

不同基肥处理对紫薇生物量的影响见表14.17。从表14.17可以看出，不同基肥处理的根生物量从高到低分别为D3（26.02g）＞D4（25.25g）＞D2（21.99g）＞D1（18.66g）＞CK（16.42g）。但多重比较结果表明，这五种处理间的根生物量没有显著性差异。

不同基肥处理对紫薇茎和叶的生物量有显著影响。茎生物量最高为D4处理，达127.21g，其次为D3处理，为97.85g，二者之间差异未达显著性水平；D4处理的茎生物量分别比D1、D2和CK显著高出70.3%、56.6%和64.6%，说明D4处理更有利于紫薇茎干的生长。叶生物量最高为D4处理，为23.85g，其次是D3、D2处理，分别为19.74g、17.37g。多重比较结果表明，这3种处理间的叶生物量未达显著性差异水平，但均显著高于对照组（CK），说明施肥能显著提高紫薇叶片的生物量。

不同基肥处理对紫薇单株生物量积累的影响有所不同。单株生物量最大的D4处理，达176.31g，显著大于D2、D1和CK处理；其次是D3处理，为143.61g；单株生物量最少的为CK，仅为103.50g。D3、D2、D1和CK之间没有显著性差异。单株生物量最大的D4处理比最小的CK显著高出70.3%。

表14.17 不同基肥处理对紫薇生物量的影响

处理编号	基肥配比	根生物量（g）	茎生物量（g）	叶生物量（g）	单株生物量（g）
D1	菌肥 1kg·株⁻¹	18.66 ± 3.80a	74.71 ± 18.42b	13.89 ± 1.61bc	107.26 ± 21.01b
D2	有机肥 1kg·株⁻¹	21.99 ± 0.62a	81.23 ± 8.26b	17.37 ± 2.61ab	120.60 ± 6.76b
D3	有机肥 1kg·株⁻¹+P肥 1kg·株⁻¹	26.02 ± 2.71a	97.85 ± 7.69ab	19.74 ± 1.45ab	143.61 ± 11.20ab
D4	有机肥 1kg·株⁻¹+P肥 1kg·株⁻¹+复合肥 0.15kg·株⁻¹	25.25 ± 7.01a	127.21 ± 25.38a	23.85 ± 5.84a	176.31 ± 37.94a
CK	不施肥	16.42 ± 5.48a	77.28 ± 16.09b	9.80 ± 1.80c	103.50 ± 16.64b

　　总体而言，施基肥能有效提升紫薇的生物量。D3、D4的基肥配比更有利于紫薇生物量的积累，D1、D2和CK在此方面表现较差，说明混合肥料配方比单一肥料配方的施肥效果更好。

　　不同基肥处理对紫薇的根系的影响见表14.18。由表14.18可知，不同基肥处理的紫薇水平根幅30~46cm，根幅最大的为D4处理（有机肥1kg·株⁻¹+P肥1kg·株⁻¹+复合肥0.15kg·株⁻¹），为46cm×45cm，最小为CK（不施肥），为30cm×33cm。五种基肥处理的紫薇根系纵深均在40cm以内，最深为D4处理（有机肥1kg·株⁻¹+P肥1kg·株⁻¹+复合肥0.15kg·株⁻¹），达35.33cm，其次为D3处理（有机肥1kg·株⁻¹+P肥1kg·株⁻¹），为31.67cm，最低为CK，仅为18.33cm。多重比较结果表明，D4处理的根系纵深显著高于除D3处理外的其他3个处理。

　　不同基肥配比对紫薇主根直径有一定的影响。五种处理的主根平均直径从大到小依次为D4（15.78mm）＞D3（13.89mm）＞D2（12.93mm）＞D1（11.20mm）＞CK（11.15mm）。D4处理显著高于D1和CK，但与D2、D3间没有显著性差异。从表14.18还可以看出，紫薇的Ⅰ级侧根数量平均在5.33~8.00根之间，五种处理的Ⅰ级侧根数量没有显著性差异。

　　试验结果说明，施用基肥能有效促进紫薇根系的增长，采用有机肥1kg·株⁻¹+P肥1kg·株⁻¹+复合肥0.15kg·株⁻¹的施肥效果最好。

表14.18 不同基肥处理对紫薇根系生长的影响

处理编号	基肥配比	水平根幅（cm）	根系纵深（cm）	主根直径（mm）	Ⅰ级侧根数量（根）
D1	菌肥 1kg·株⁻¹	30×34	19.33 ± 1.89c	11.20 ± 0.55b	6.00 ± 0.82a
D2	有机肥 1kg·株⁻¹	40×38	26.33 ± 4.92bc	12.93 ± 1.59ab	6.00 ± 1.63a
D3	有机 1kg·株⁻¹+P 1kg·株⁻¹	45×43	31.67 ± 5.31ab	13.89 ± 2.85ab	8.00 ± 2.45a
D4	有机肥 1kg·株⁻¹+P肥 1kg·株⁻¹+复合肥 0.15kg·株⁻¹	46×45	35.33 ± 2.49a	15.78 ± 1.05a	7.67 ± 1.70a
CK	不施肥	30×33	18.33 ± 1.25c	11.15 ± 0.51b	5.33 ± 1.25a

14.3.3.5 不同覆盖物处理对紫薇生长量的影响

　　不同覆盖物处理对矿区紫薇平均地径增长量影响见表14.19。由表14.19可知，采用稻草覆盖平均地径增长量最高，达3.37mm；其次为采用黑色地膜覆盖，平均地径增长量为3.11mm；最低为不覆盖处理，平均地径增长量为2.79mm。但是多重结果比较表明，五种处理之间均没有显著性差异。试验结果表明：不同覆盖物处理对紫薇地径生长量有一定的影响，但影响不大。

由表14.19可知，不同覆盖物处理对紫薇年新梢生长量影响不同。新梢生长量最高的为处理E1（黑色地膜覆盖），达49.88cm，最低的处理为CK（不覆盖），新梢生长量为41.29cm。但多重比较结果显示：五种处理之间均没有显著性差异。虽然不同覆盖物处理对紫薇地径增长量和新梢生长量均没有显著性影响，但是不覆盖处理下的紫薇，其地径增长量和新梢生长量均是所有处理中最低的，因此，实际造林中，可以根据具体情况，选择覆盖物，将会有效提高造林效果。

表14.19　不同覆盖物处理对紫薇生长的影响

处理编号	覆盖物	年地径增长量（mm）	年新梢生长量（cm）
E1	黑色地膜	3.11 ± 0.86a	49.88 ± 12.24a
E2	稻草	3.37 ± 0.71a	42.57 ± 8.06a
E3	栽种草	2.90 ± 0.60a	43.25 ± 8.73a
E4	金银花	2.86 ± 0.57a	45.42 ± 16.07a
CK	不覆盖	2.79 ± 0.91a	41.29 ± 11.42a

14.3.4 结论与讨论

①栽植密度往往会对林木生长质量产生影响，具体表现为对林木树体生长情况、对直径及成材率的影响（赵勇，2018）。王宁宁等（2015）对不同栽植密度下欧美杨叶片片生物累积量的关系中发现：不同栽植密度中，树冠叶片耐荫性对叶面积指数存在重要影响。本试验研究结果显示：发现不同栽培密度对尾矿库紫薇平均地径增长量有一定的影响。其中平均地径增长量最高处理为栽培密度2.0m×2.0m，平均地径增长量达3.73mm，随着栽植密度的下降，地径增长量也不断提高。因此，在造林中选择1.0m×1.0m以上密度均可。但从整体效果和后期生长方面考虑，以选择1.5m×1.5m栽植密度为宜。

②栽植穴规格对植物生长有一定的影响，栽植穴大小需根据不同土壤质地、不同水位、不同气候因子等因素选择（陶联侦，2002）。本试验结果显示：不同栽植穴大小对尾矿库紫薇平均地径增长量和新梢生长量均有显著的影响。在栽植穴大小为70cm×70cm×70cm的处理下，地径增长量最高，达3.26mm，新梢生长量也最高，为58.57cm。试验结果表明：栽植穴越大，植株长势越好，生长量越高。

③垄作是广泛应用于土壤改良和农业生产的栽培方式。与平作相比，垄作栽培可以提高作物产量、改善土壤水分、温度、通气等土壤性状，而且通过起垄还可人为改变植物根系与地下水位的距离（郑旭 等，2020）。张琛等（2020）研究不同起垄高度对黑果枸杞生长的影响，结果显示起垄种植黑果枸杞更有优势，但对黑果枸杞生长的影响较小。本试验结果显示：不起垄栽植的紫薇平均地径增长量和新梢生长量反而显著高于起垄的处理。可能原因是起垄后虽然不容易积水，但由于2021年的持续干旱天气，反而造成了土壤过于干燥，保水性能降低，引起紫薇生长受到影响。

④施肥可以显著改善土壤肥力，在造林过程中施基肥能有效促进苗木地径与树高的生长，科学施用基肥不仅可以提高肥料利用效率，还有利于造林树种的生长发育（杜天宇，2018）。汤行昊等（2021）研究发现：适量施肥（复合肥肥量应控制在150g·株$^{-1}$，有机肥肥量应控制在1.0~1.5kg·株$^{-1}$）才能有效提高闽楠造林成效。本试

验研究发现：采用有机肥1kg·株⁻¹+P肥1kg·株⁻¹+复合肥0.15kg·株⁻¹基肥处理的紫薇平均地径增长量、新梢生长量、根系增长值及生物量均最高。试验结果表明：施基肥能有效促进紫薇生长，但不同基肥效果不同，混合基肥比单一基肥效果更好。

⑤土壤覆盖是造林中水分调控的主要方式之一。生产中通常采用地膜覆盖、砂石覆盖、有机物覆盖等方式在土壤表面形成一道减少土壤与大气间水热交换的物理阻隔层，阻碍土壤与大气间的水分和能量交换，使得土壤的水、肥、气、热等状况得到重新组合（陈雄弟，2021）。本试验研究结果显示：不同覆盖物处理对紫薇地径增长量和新梢生长量均没有显著性影响，但是不覆盖处理下的紫薇，其地径增长量和新梢生长量均是所有处理中最低的，因此，实际造林中，可以根据具体情况，选择覆盖物，将会有效提高造林效果。

14.4 紫薇在铅锌矿废弃地生态修复中的环境因子评价

研究表明紫薇对Zn、Pb有较强的适应能力，是废弃矿区生态修复的优良树种。为深入研究紫薇的生态修复能力和生态效益功能，研究紫薇在湖南郴州五盖山铅锌矿尾砂区域生长期间对生长区域环境因子（温度、湿度、风速、光照、紫外辐射和空气颗粒物等）和植物多样性的影响，对紫薇生态修复试验地环境功效进行初步评价，旨为紫薇在铅锌矿废弃地生态修复中的环境因子评价提供科学依据。

14.4.1 监测地概况

环境监测地位于郴州市苏仙区五盖山镇凉伞坪村铅锌矿尾矿库紫薇生态修复试验林。采用典型抽样法，选择了紫薇生态修复试验林（ZW）20亩作为试验样地，将试验林旁的空旷地（CK）20亩作为对照区进行同步观测。

14.4.2 试验方法

14.4.2.1 紫薇栽植对区域环境因子的影响

1. 样地设置

为了使监测结果更能代表试验样地的平均状况，在每块样地按对角线法四等分的3个等分点上设置3个10m×10m的样方进行观测，作为3个重复，各观测点间距离大于30m。

2. 观测时间

根据郴州市的天气气候特点和紫薇的生长特性，于6月对'赤红紫叶'紫薇修复的区域和空旷地（CK）进行环境因子监测。选择晴天作为观测日，每个观测日的监测时间为9：00—17：00，分别监测各样的气温、相对湿度、风速、紫外辐射、光照强度、空气颗粒物浓度等环境因子，每次测定紫薇修复试验林和CK同步进行。

3. 小气候测定

温度、相对湿度和风速等指标使用NK 5500便携式气象测定仪（美国Kestrel）测定：温度测定范围为–29~70℃，分别率为±0.1℃；湿度测定范围为0~99.9% RH，分辨率为±0.1% RH；风速测定范围为0~40.0m·s⁻¹，分辨率为±0.1m·s⁻¹。紫外辐射使用双通道紫外线辐照计254通道感光器（北京师范大学光电仪器厂）测定：测量

范围为 0.1×10^4~$19.99 \times 10^4 \mu W \cdot cm^{-2}$，准确度 ±10%，使用温度范围 0~40℃，相对湿度范围 0~85%。光照强度使用 LX1332B 照度表（中国欣宝科仪）测定，测定范围为 0.1×10^5~2×10^5Lux。每个观测点待仪器显示的数值稳定后连续读取 3 组数据，每 2h 测一次并记录。

4. 空气颗粒物浓度

空气颗粒物浓度（TSP、PM10、PM2.5、PM1.0）使用 Dustmate 粉尘检测仪（英国 Turnkey）测量：测定范围为 0.01~6000μg·m⁻³，TSP 分辨率为 ±0.1μg·m⁻³，PM10 分辨率为 ±0.1μg·m⁻³，PM2.5 分辨率为 ±0.01μg·m⁻³，PM1.0 分辨率为 ±0.01μg·m⁻³。采样高度为距地面 1.5m 处，与成人呼吸高度基本一致，在每个观测点待仪器稳定时按东、南、西、北 4 个方向连续读取数据 4 组，每组数据读取时间为 2min。为保证数据的稳定性，尽量使仪器与人体保持一定的距离，以避免人体呼吸对仪器产生影响。

5. 数据分析

所有数据采用 Microsoft Office Excel 2016 进行数据统计，利用 SPSS 23.0 和 Origin 2021 软件对试验数据进行有效性检查、统计分析和图处理；采用 ANOVA 单因素方差结合 LSD 法检验分析样本间的差异显著性（$P < 0.05$），结果用"平均值 ±SD"。每次试验重复 3 次。

14.4.2.2 紫薇栽植对区域植物多样性的影响

1. 样地设置

在每块样地按对角线法设置 5 个 10m×10m 的大样方进行植被盖度计算，每个大样方中设置 3 个 1m×1m 的小样方，调查样方中植被组成和数量。

2. 植被盖度计算

植被盖度采用大疆无人机垂直拍摄样方照片后，经由 CAD 软件进行面积测算和处理后计算得出。

3. 植被组成及特征调查

调查样方内的植物种类组成，将样方内所有的植物进行科、属、种分类，编制一份群落的植物种类名单，统计样方内各物种的高度、多度等。其中多度采用 Drude 的七级制多度（表 14.20）。

表 14.20　植被多度分级表

多度级代号	多度特征	相当于覆盖度
SOC	植株覆盖满或几乎满标准地，地上部分相互连接	76%~100%
COP3	植株遇见很多，但个体未完全衔接	51%~75%
COP2	植株遇见较多	26%~50%
COP1	植株遇见尚多	6%~25%
SP	植株散生，数量不多	1%~5%
SOL	植株只个别遇到	<1%
Un	在标准地内偶然遇到一、二株	个别

4. 物种丰富度指数

采用 Gleason 指数：

计算公式：$D=S/\log_2 A$

式中：

D——Gleason 指数；

S——物种数目；

A——单位面积，m^2。

14.4.3 结果与分析

14.4.3.1 紫薇栽植对区域环境因子的影响

1. 小气候分布特征

植物群落具有明显的温湿效应以及遮荫效果，对周围空气相对湿度的调节作用尤为明显。通过对紫薇栽植区域和对照区小气候指标（包括气风速、温度、相对湿度、光照强度和紫外辐射）的数据进行对比研究发现，紫薇试验林的温度、风速、光照强度和紫外辐射均低于对照区，分别为 $29.04 \pm 1.11 \, ℃$、$1.73 \pm 0.51 \, m \cdot s^{-1}$、$90658 \pm 25920 \, Lux$ 和 $936 \pm 47 \, \mu W \cdot cm^{-2}$，紫薇试验林的相对湿度高于对照区，为 $76.01\% \pm 1.99\%$，如图 14.5~图 14.9 所示，两地间温度、风速和光照强度无显著性差异（$P > 0.05$），而两地间的相对湿度和紫外辐射存在显著差异（$P < 0.05$）。

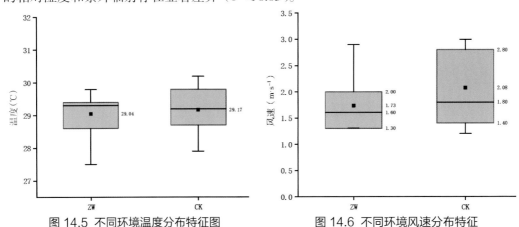

图 14.5 不同环境温度分布特征图　　　　图 14.6 不同环境风速分布特征

注：ZW 代表紫薇试验林，CK 代表空旷地。箱体的上下限分别表示数据的上四分位数和下四分位数，箱子里的横线表示中位数，"■"表示平均数。"*"表示不同林分之间综合舒适度指数的显著差异（$P < 0.05$）（下同）。

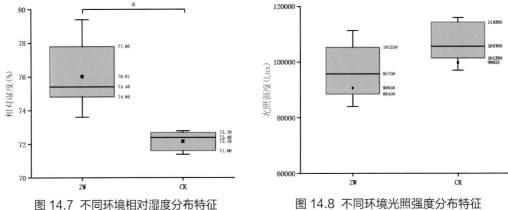

图 14.7 不同环境相对湿度分布特征　　　图 14.8 不同环境光照强度分布特征

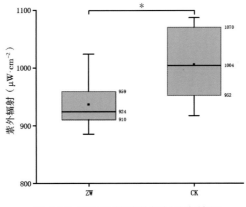

图 14.9　不同环境紫外辐射分布特征

2. 空气颗粒物浓度分布特征

通过对紫薇栽植区域和对照区空气颗粒物（TSP、PM10、PM2.5 和 PM1.0）的数据进行对比研究，如图 14.10~图 14.13 所示，紫薇试验林的 TSP、PM10、PM2.5 和 PM1.0 质量浓度均值依次分别为 $15.4 \pm 18.5 \mu g \cdot m^{-3}$、$12.2 \pm 13.0 \mu g \cdot m^{-3}$、$3.56 \pm 0.75 \mu g \cdot m^{-3}$、$1.18 \pm 0.34 \mu g \cdot m^{-3}$，均低于 CK，但紫薇栽植区域与对照之间的各径粒的颗粒物质量浓度均值无显著性差异（$p > 0.05$），研究结果表明紫薇叶片可有效滞留空气中的颗粒物质。

根据环境保护部和国家质量监督检验检疫总局联合发布的《环境空气质量标准》（GB 3095—2012）的划分（表 14.21），以及本研究中紫薇试验林和 CK 的 TSP、PM10 和 PM2.5 质量浓度分析表明，紫薇栽植区域的空气中各径粒的颗粒物质量浓度均值属于国家一级空气质量标准，空气环境清洁。试验结果表明：紫薇栽植区域的空气颗粒物浓度低于空旷地，空气环境清洁，说明紫薇有利于改善矿区废弃地空气质量。

表 14.21　空气颗粒物质量浓度评价标准

空气颗粒物	年均值 （$\mu g \cdot m^{-3}$）	日均值/小时均值 （$\mu g \cdot m^{-3}$）	等级	空气清洁度
	≤ 80	≤ 120	I	清洁
TSP	80~120	120~300	II	中等
	> 200	> 300	III	污染
	≤ 40	≤ 50	I	清洁
PM10	40~70	50~150	II	中等
	> 70	> 150	III	污染
	≤ 15	≤ 35	I	清洁
PM2.5	16~35	36~75	II	中等
	> 35	> 75	III	污染

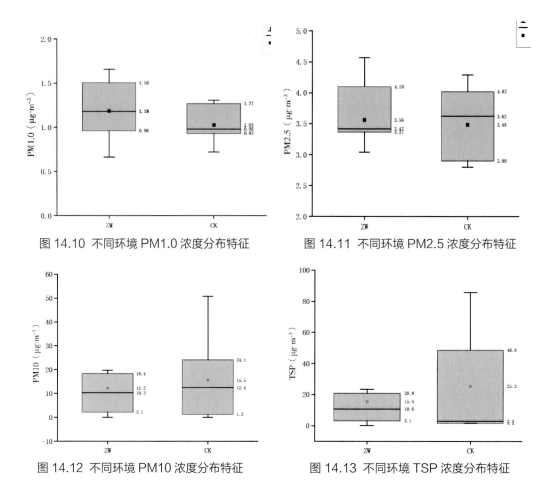

图 14.10 不同环境 PM1.0 浓度分布特征　　图 14.11 不同环境 PM2.5 浓度分布特征

图 14.12 不同环境 PM10 浓度分布特征　　图 14.13 不同环境 TSP 浓度分布特征

14.4.3.2 紫薇栽植对区域植物多样性的影响

1. 紫薇栽植对区域植被盖度的影响

植被的平均盖度是评价生态恢复效果最常用的指标之一，指样方内植物地上部分垂直投影面积占样方总面积的百分比。由表14.22可知，紫薇试验地中植被盖度在88.9%~100%之间，最高的为样方A3和A4，植被盖度达100%，最低为样方A2，盖度为88.9%。CK的植被盖度在25.5%~45.3%之间，最高的为样方B2，盖度为45.3%，最低为样方B5，盖度仅为25.5%。

多重比较结果显示，试验林平均盖度达93.8%，显著高于CK的平均盖度32.8%，试验林平均盖度达到CK盖度的近3倍。试验结果说明经过栽植紫薇后，尾矿库的植被盖度得到了显著的提升，有利于防止水土流失，能一定程度上改善生态环境。

表 14.22　植被覆盖度对比

试验地	植被盖度	CK	植被盖度
样方A1	90.0%	样方B1	27.7%
样方A2	88.9%	样方B2	45.3%
样方A3	100.0%	样方B3	36.8%
样方A4	100.0%	样方B4	28.6%
样方A5	90.2%	样方B5	25.5%
平均值	93.8%	平均值	32.8%

2. 紫薇栽植对区域植被组成及特征的影响

由表 14.23 可知，紫薇栽植区域的植物种类共计 13 科 32 属 34 种。其中菊科 10 种，蔷薇科植物 5 种，禾本科植物 4 种，豆科植物 4 种。由表 14.24 可知，对照区植物种类共计 7 科 17 属 18 种。其中菊科植物 8 种，蔷薇科植物 2 种，禾本科植物 3 种。结合两张表来看，紫薇栽植区域的植物种类要比对照区种类多 6 科 15 属 16 种。根据物种丰富度指数 Gleason 指数计算公式得出：试验区 Gleason 指数为 7.38，对照区 Gleason 指数为 3.91，试验区指数高出对照区 88.7%。说明栽植紫薇后，植物种类有明显的增多，物种丰富度指数增高，有效地提升了栽植区域地生态品质。

植物种群多度指的是在单位面积（样地）上某个种的全部个体数，或者叫作群落的个体饱和度。从多度分级来看，试验区出现多度级别最高的植物为黑麦草（SOC），其次为一年蓬（COP3）和小飞蓬（COP3），五节芒（COP2）、白茅（COP2）等植物也出现较多，锈叶悬钩子、野蔷薇和酸模在样地内会偶尔遇到。对照区（表 14.24）出现最多的植物多度级别最高的植物为五节芒（COP2）、白茅（COP2）、小飞蓬（COP2）和一年蓬（COP2），其次为，黄鹌菜（COP1）、鼠曲草（COP1）、马兰（COP1）、屋根草（COP1）、结缕草（COP1）出现也较多。说明在紫薇栽植区域的优势植物为黑麦草、小飞蓬和一年蓬；对照区优势植物为五节芒、白茅、小飞蓬和一年蓬。

表 14.23　试验林植被种类表

序号	植物	拉丁名	科属	多度分级
1	假臭草	*Praxelis clematidea*	菊科泽兰属	SOL
2	一年蓬	*Erigeron annuus*	菊科飞蓬属	COP3
3	小飞蓬	*Erigeron canadensis*	菊科飞蓬属	COP3
4	马兰	*Aster indicus*	菊科紫菀属	SP
5	黄鹌菜	*Youngia japonica*	菊科黄鹌菜属	SP
6	鼠曲草	*Pseudognaphalium affine*	菊科鼠曲草属	SP
7	蒲公英	*Taraxacum mongolicum*	菊科蒲公英属	SP
8	鬼针草	*Bidens pilosa*	菊科鬼针草属	SOL
9	苣荬菜	*Sonchus wightianus*	菊科苦苣菜属	SP
10	千里光	*Senecio scandens*	菊科千里光属	SOL
11	五节芒	*Miscanthus floridulus*	禾本科芒属	COP2
12	黑麦草	*Lolium perenne*	禾本科黑麦草属	SOC
13	结缕草	*Zoysia japonica*	禾本科结缕草属	SP
14	白茅	*Imperata cylindrica*	禾本科白茅属	COP2
15	蛇莓	*Duchesnea indica*	蔷薇科蛇莓属	COP1
16	委陵菜	*Potentilla chinensis*	蔷薇科委陵菜属	SP
17	锈叶悬钩子	*Rubus neofuscifolius*	蔷薇科悬钩子属	Un
18	小果蔷薇	*Rosa cymosa*	蔷薇科蔷薇属	Un
19	灰白毛莓	*Rubus tephrodes*	蔷薇科悬钩子属	COP1
20	酸模	*Rumex acetosa*	蓼科酸模属	Un
21	水蓼	*Polygonum hydropiper*	蓼科萹蓄属	SOL
22	葛	*Pueraria montana*	豆科葛属	SOL
23	白车轴草	*Trifolium repens*	豆科车轴草属	SP
24	截叶铁扫帚	*Lespedeza cuneata*	豆科胡枝子属	SOL

（续表）

序号	植物	拉丁名	科属	多度分级
25	鹿藿	*Rhynchosia volubilis*	豆科鹿藿属	SOL
26	风轮菜	*Clinopodium chinense*	唇形科风轮菜属	SP
27	紫珠	*Callicarpa bodinieri*	唇形科紫珠属	SOL
28	白背叶	*Mallotus apelta*	大戟科野桐属	SOL
29	葎草	*Humulus scandens*	桑科葎草属	SP
30	酢浆草	*Oxalis corniculata*	酢浆草科酢浆草属	COP1
31	过路黄	*Lysimachia christiniae*	报春花科珍珠菜属	COP1
32	鸭跖草	*Commelina communis*	鸭跖草科鸭跖草属	SP
33	紫花地丁	*Viola philippica*	堇菜科堇菜属	SP
34	鸡肫梅花草	*Parnassia wightiana*	卫矛科梅花草属	SOL

2个区共有的植物有一年蓬、小飞蓬、马兰、黄鹌菜、鼠曲草、蒲公英、结缕草、锈叶悬钩子、野蔷薇、白茅、五节芒、酢浆草、酸模共13种。对比2个区共有植物的多度发现：同样的物种在试验区的多度等级与在对照区的多度等级有差异。如一年蓬和小飞蓬，在试验区多度等级为COP3，但在对照区多度等级为COP2，对照区等级降低1级，说明植株个体减少。而马兰、黄鹌菜、鼠曲草、结缕草四种植物在试验区多度均为SP，在对照区多度为COP1，等级反而升高1级。究其原因，可能是在紫薇栽植区域，优势植物如黑麦草，植株个体较高且密度大，在一定程度上遮挡了马兰、黄鹌菜、鼠曲草、结缕草四种植株个体较矮的植物，影响了它们的生长，导致它们优势不明显。而在对照区中，优势植物如白茅、五节芒等，虽然植株高大，但密度不高，对个体较矮的植物影响较小。

表14.24 对照区植被种类表

序号	植物	拉丁名	科属	多度分级
1	一年蓬	*Erigeron annuus*	菊科飞蓬属	COP2
2	小飞蓬	*Erigeron canadensis*	菊科飞蓬属	COP2
3	黄鹌菜	*Youngia japonica*	菊科黄鹌菜属	COP1
4	鼠曲草	*Pseudognaphalium affine*	菊科鼠曲草属	COP1
5	蒲公英	*Taraxacum mongolicum*	菊科蒲公英属	SP
6	马兰	*Aster indicus*	菊科紫菀属	COP1
7	屋根草	*Crepis tectorum*	菊科还阳参属	COP1
8	泥胡菜	*Hemisteptia lyrata*	菊科泥胡菜属	SP
9	结缕草	*Zoysia japonica*	禾本科结缕草属	COP1
10	白茅	*Imperata cylindrica*	禾本科白茅属	COP2
11	五节芒	*Miscanthus sinensis*	禾本科芒属	COP2
12	野蔷薇	*Rosa multiflora*	蔷薇科蔷薇属	SP
13	锈叶悬钩子	*Rubus lambertianus*	蔷薇科悬钩子属	SOL
14	耳草	*Hedyotis auricularia*	茜草科耳草属	SP
15	白马骨	*Serissa serissoides*	茜草科白马骨属	SOL
16	酢浆草	*Oxalis corniculata*	酢浆草科酢浆草属	SP
17	芹叶牻牛儿苗	*Erodium cicutarium*	牻牛儿苗科牻牛儿苗属	SP
18	酸模	*Rumex acetosa*	蓼科酸模属	SP

14.4.4 结论与讨论

14.4.4.1 紫薇栽植对生长区域环境因子的影响

①紫薇试验林可有效降低周围的风速、气温、光照强度和紫外辐射，并显著增强空气的相对湿度，紫薇有助于矿区生态修复的小气候环境。本研究紫薇示范林的风速、气温、光照强度和紫外辐射均低于CK，说明植物对于降低风速的乱流起到明显的作用；树冠的遮挡作用形成了植物群落特殊的下垫面层，当太阳光辐射到树冠后，大部分被植被冠层结构、叶枝倾角以及叶吸收，其中一部分被反射回大气，使紫外辐射和光照强度减弱；另外一部分光照和紫外辐射透过树冠到达地面，致使植物周围的空气温度降低，同时植物的蒸腾作用也随之减弱，相对湿度增大，因此紫薇示范林的相对湿度显著高于CK（$P < 0.05$）。武峰等（2015）、邵永昌等（2015）、秦仲等（2016）、段文军（2017）等大多数学者研究发现森林可以显著减弱风速、气温、太阳辐射、光照强度，结果与本研究结果相似。本研究中紫薇示范林和空旷地CK的小气候指标差异不明显，表明小气候因子受植物群落结构特征的影响较大，植物群落叶面积指数、郁闭度越大，温湿效益和屏蔽紫外线效果越好。

②紫薇试验林可有效降低空气中的TSP、PM10、PM2.5和PM1.0质量浓度，紫薇有助于改善矿区生态修复的空气质量。本研究紫薇示范林空气中的TSP、PM10、PM2.5和PM1.0质量浓度均低于对照区。郭二果等（2013）、王成等（2014）、张斌斌等（2019）大部分前人研究结果与本研究结果相似，植物具有滞尘作用；但紫薇示范林与空旷地无显著性差异，此现象可能与试验地的海拔和地理位置等因素有关，且周围人烟稀少，总之，植物群落内空气颗粒物质量浓度的变化受群落结构、植物生理活动周期、地理因素、气候特征以及外源颗粒物输送等多种因素的影响（王晓磊 等，2014；王成 等，2014；吕铃钥 等，2016）。

14.4.4.2 紫薇栽植对生长区域植物多样性的影响

①矿区废弃地的生态修复最根本和有效的方法主要还是要依赖以植物为基础的植物修复措施。植物修复对土壤重金属污染的治理往往起着决定性作用，也是矿区生态恢复的关键步骤（赵磊，2009）。植被覆盖度是生态修复效果体现的重要指标之一。本试验研究表明：栽植紫薇后的试验地植被盖度88%~100%，对照区中植被盖度25%~45%。试验林平均盖度达93.80%，显著高于CK的平均盖度32.80%，试验林平均盖度达到CK盖度的近3倍。试验结果说明经过栽植紫薇后，尾矿库的植被盖度得到了显著的提升，有利于防治水土流失，能一定程度上改善生态环境。

②试验区植物种类共计13科32属34种。对照区植物种类共计7科17属18种。试验区植物种类要比对照区种类多6科15属16种。其中菊科植物种类较多，占整个物种数量的一半左右，优势比较明显。试验区Gleason指数为7.38，对照区Gleason指数为3.91，试验区指数高出对照区88.7%。陈福春（2016）对资兴市铅锌尾矿库区植物资源调查发现该区共记录高等植物81种，分属34科，其中菊科植物21种，优势明显，与本试验调查结果类似。但本试验林面积仅40亩，仅调查了草本和灌木，故种类偏少。栽植紫薇后，植物种类有明显的增多，物种丰富度指数增高，有效地提升了栽植区域地

生态品质。

③植物种群多度指的是在单位面积（样地）上某个种的全部个体数，或者叫作群落的个体饱和度。试验区出现多度级别最高的植物为黑麦草（SOC），其次为一年蓬（COP3）和小飞蓬（COP3）。对照区植物多度级别最高的植物为五节芒（COP2）、白茅（COP2）、小飞蓬（COP2）和一年蓬（COP2）。说明在试验区的优势植物为黑麦草、小飞蓬和一年蓬；对照区优势植物为五节芒、白茅、小飞蓬和一年蓬。同样的物种在试验区的多度等级与在对照区的多度等级有差异：植株高大的植物多度等级在试验区中比对照区低，植物低矮的植物多度等级低在试验区中比对照区高。

参考文献

陈福春，易心钰，张路红，2016.资兴市铅锌尾矿库区植物资源调查及耐性植物筛选[J].湖南林业科技，43(2)：64-67.

陈思伟，2022.不同海拔高度对柳杉生长及材质的影响[J].安徽农学通报，28(6)：82-83.

陈兴浩，刘晗琪，张新建，等，2022.彩叶杨‘全红’和‘炫红’光合生理特性的比较分析[J].园艺学报，49(2)：11-13.

陈雄弟，2021.不同覆盖措施对油茶产量和果实经济性状的影响[J].防护林科技，(5)：11-13，29.

杜天宇，2021.配施基肥对核桃生长及结果的影响[D].咸阳：西北农林科技大学.

段文军，2017.深圳园山三种典型城市森林康养环境保健因子动态变化[D].北京：中国林业科学研究院.

郭二果，蔡煜，赛音，等，2013.绿化植物对城市空气悬浮颗粒物消减效应的研究进展[J].北方环境，25(3)：78-81.

环境保护部，国家质量监督检验检疫总局，2012.GB3095—2012环境空气质量标准[S].北京：中国环境出版社.

李泽，谭晓风，卢锟，等，2017.干旱胁迫对两种油桐幼苗生长、气体交换及叶绿素荧光参数的影响[J].生态学报，37(5)：1515-1524.

刘朝荣，张柳青，杨艳，等，2021.珙桐幼苗生理生化指标对重金属铅、镉胁迫的响应[J].广西植物，41(9)：1401-1410.

刘元铅，王开芳，杜华兵，等，2004.11个李品种光合速率及蒸腾强度测试研究[J].山东林业科技，(1)：15-16.

吕铃钥，李洪远，杨佳楠，2016.植物吸附大气颗粒物的时空变化规律及其影响因素的研究进展[J].生态学杂志，35(2)：524-533.

吕英忠，王新平，李小平，2018.不同基质对控根容器下苹果大苗生长和光合作用的影响[J].农学学报，8(6)：47-52.

孟格蕾，2019.不同基质理化性质及养分含量对北美红杉容器苗生理生长的影响研究[D].上海：上海应用技术大学.

牟祚民，姜贝贝，潘远智，等，2019.重金属胁迫对天竺葵生长及生理特性的影响[J].草业科学，36(2)：434-441.

聂亚平，王晓维，万进荣，等，2016.几种重金属(Pb，Zn，Cd，Cu)的超富集植物种类及增强植物修复措施研究进展[J].生态科学，(2)：9-11.

秦仲，李湛东，成仿云，等，2016.北京园林绿地5种植物群落夏季降温增湿作用[J].林业科学，52(1)：37-47.

商侃侃，张国威，蒋云，2019.54种木本植物对土壤Cu、Pb、Zn的提取能力[J].生态学杂志，38(12)：3723-3730.

邵永昌，庄家尧，李二焕，等，2015.UV 城市森林冠层对小气候调节作用[J].生态学杂志，34(6)：1532-1539.

孙健，铁柏清，钱湛，等，2006.湖南郴州铅锌矿区周边优势植物物种重金属累积特性研[J].矿业安全与环保，(1)：29-31，42，87.

汤文华，窦全琴，潘平平，等，2020.不同薄壳山核桃品种光合特性研究[J].南京林业大学学报：自然科学版，44(3)：8.

汤行昊，张亚玲，柯彦杰，等，2021.不同施基肥措施下闽楠造林成效研究[J].防护林科技，(6)：1-4.

陶联侦，安学惠，李建强，等，2002.关于杨树栽植穴规格与栽植深度的几点看法[J].河北林业科技，(6)：13-14.

王成，郭二果，郄光发，2014.北京西山典型城市森林内 PM2.5 动态变化规律[J].生态学报，34(19)：5650-5658.

王芳洲，王友绍，2020.Cu^{2+}、Pb^{2+} 胁迫对秋茄幼苗可溶性蛋白和抗氧化酶活性的影响[J].生态科学，39(4)：10-18.

王菲，肖雨，程小毛，等，2021.镉胁迫对吊兰及银边吊兰生长及镉富集特性的影响[J].应用生态学报，32(5)：1835-1844.

王宁宁，黄娟，丁昌俊，等，2015.不同栽植密度下欧美杨叶片耐荫性与生物累积量的关系[J].林业科学研究，28(5)：10-12.

王晓磊，王成，2014.城市森林调控空气颗粒物功能研究进展[J].生态学报，34(8)：1910-1921.

武锋，郑松发，陆钊华，等，2015.珠海淇澳岛红树林的温湿效应与人体舒适度[J].森林与环境学报，35(2)：159-164.

吴方圆，2018.油茶 18 个主栽品种苗期光合特性比较研究[D].长沙：中南林业科技大学.

徐自恒，房丽莎，刘震，等，2021.不同种源山桐子光合特性分析[J].河南农业大学学报，55(1)：44-50.

杨文英，钱翌，刘天齐，等，2002.新疆英吉沙县 4 种扁桃果树叶片光合速率及相对含水量和细胞膜透性的比较研究[J].新疆农业大学学报，25(4)：4.

袁梦琦，李黎明，檀婷婷，等，2022.不同遮阴下刺楸幼苗的光响应特性及最适模型[J].西部林业科学，51(2)：155-158.

张斌斌，伍文忠，孙丰宾，等，2019.冬季不同植物配植类型绿地内 PM(2.5) 致变因素研究[J].中国城市林业，(5)：25-30.

张琛，韩婷，马洁，等，2020.起垄高度对黑果枸杞生长及生理特性的影响[J].中国农业科技导报，22(9)：153-161.

张帆，万雪琴，王长亮，等，2011.镉胁迫下增施氮对杨树生长和光合特性的影响[J].四川农业大学学报，29(3)：317-321.

赵磊，2009.白音诺尔铅锌矿铅超富集植物筛选及其耐性研究[D].呼和浩特：内蒙古农业大学.

赵勇，2018.营造林密度对树木生长质量的影响分析[J].农家参谋，(9)：128-129.

郑旭，李斌，张万银，等，2020.垄上栽培对盐碱地食叶草根系生长和产量的影响[J].干旱区研究，37(2)：470-478.

朱佳文，2012.湘西花垣铅锌矿区重金属污染土壤生态修复研究[D].长沙：湖南农业大学.

ALI B,QIAN P,JIN R,et al.,2014.Physiological and ultrastructural changes in Brassica napus seedlings induced by cadmium stress[J].Biologia Plantarum,58(1):131-138.

BAHRI N B,LARIBI B,SOUFI S,et al.,2015.Growth performance,photosynthetic status and bioaccumulation of heavy metals by *Paulownia tomentosa*(Thunb.) Steud growing on contaminated soils[J].International Journal of Agronomy and Agricultural Research,6(4):32-43.

BHADURI A M,FULEKAR M H.2012.Antioxidant enzyme responses of plants to heavy metal stress[J].Reviews in Environmental Science and Biotechnology,11(1):55-69.

CLIJSTERS H,VAN ASSCHE F,1985.Inhibition of photosynthesis by heavy metals[J].Photosynthesis Research,7(1):31-40.

COSTAMV J D ,SHARMA P K,2016.Effect of copper oxide nanopar ticles on growth,morphology,photosynthesis,and antioxidant response in Oryza sativa[J].Photosynthetica,54(1):110-119.

EL-MAHROUK E,EISA A H,HEGAZI M A,et al.,2019.Phytoremediation of cadmium,copper,and lead- contaminated soil by Salix mucronata (Synonym Salix safsaf)[J].HortScience,54(7):1249-1257.

FARQUHAR G D,SHARKEY T D,1982.Stomatal conductance and photosynthesis[J].Annual Review of Plant Physiology,33:317-345.

GARRIDO I,ORTEGA A,HERNÁNDEZ M,et al.,2020.Effect of antimony in soils of an Sb mine on the photosynthetic pigments and antioxidant system of Dittrichia viscosa leaves[J].Environmental Geochemistry and Health,(11).

QIAN H,LI J,SUN L,et al.,2009.Combined effect of copper and cadmium on Chlorella vulgaris growth and photosynthesis-related gene transcription[J].Aquatic Toxicology,94(1):56-61.

WANG J,LI W H,ZHANG C B,et al.,2010.Physiological responses and detoxifific mechanisms to Pb,Zn,Cu and Cd in young seedlings of Paulownia fortunei[J].Journal of Environmental Sciences,22(12):1916-1922.

WANG Y X,GU C H,BAI S B,et al.,2016.Cadmium accumulation and tolerance of *Lagerstroemia indica* and *Lagerstroemia fauriei* (Lythraceae) seedlings for phytoremediation applications[J].International Journal of Phytoremediation,18(11):1104-1112.